Gesa Steinbrink
Magie und Metapher bei Clemens J. Setz

Gegenwartsliteratur –
Autoren und Debatten

Gesa Steinbrink

Magie und Metapher bei Clemens J. Setz

Poetologie seiner Romane aus kognitionsästhetischer Perspektive

DE GRUYTER

Die Arbeit wurde mit dem Titel *"Magician or Trick?" Kognitionsästhetische Untersuchungen zu Magie und Metapher in den Romanen von Clemens J. Setz* vom Fachbereich Germanistik und Kunstwissenschaften der Philipps-Universität Marburg als Dissertation angenommen.

Erstgutachter: Prof. Dr. Jochen Strobel
Zweitgutachterin: Prof. Dr. Doren Wohlleben

ISBN 978-3-11-077333-0
e-ISBN (PDF) 978-3-11-077359-0
e-ISBN (EPUB) 978-3-11-077393-4
ISSN 2567-1219

Library of Congress Control Number: 2022932202

Bibliografische Information der Deutschen Nationalbibliothek
Die Deutsche Nationalbibliothek verzeichnet diese Publikation in der Deutschen Nationalbibliografie; detaillierte bibliografische Daten sind im Internet über http://dnb.dnb.de abrufbar.

© 2022 Walter de Gruyter GmbH, Berlin/Boston

Einbandabbildung: Radu Belcin: The Right Way. 2011. Acryl auf Leinwand. 50x50cm. Courtesy: Radu Belcin/Selected Artists Gallery, Berlin.
Druck und Bindung: CPI books GmbH, Leck

www.degruyter.com

Inhalt

1 Einleitung —— 1

Teil I: Grundlagen

2 **Zum Werk von Clemens J. Setz** —— 17
2.1 Im Spiegel von Literaturkritik und literarischer Öffentlichkeit —— 18
2.2 Klassifikatorische Überlegungen und erste Forschungsschwerpunkte —— 23
2.2.1 Referenzräume und stilistische Merkmale —— 24
2.2.2 Traditionsanleihen und Genrefragen —— 31
2.2.3 Thematische und motivische Zugänge —— 46
2.3 Poetisch-poetologische (Selbst-)Reflexionen —— 52
2.3.1 „Folgen Sie niemals dem Storymodus": Zur *Gamification* der Literatur —— 54
2.3.2 *Non sequitur*: Produktivität der Fehlschlüsse —— 59
2.3.3 „Die Poesie des ASMR" —— 60
2.3.4 Enzyklopädie des abseitigen Wissens: Thomassons, Strahlenkatzen und *Kayfabe* —— 61
2.3.5 (Post-)Moderne Mythen —— 63

3 **Perspektiven der Kognitiven Literaturwissenschaft** —— 67
3.1 Theorieimport: Chance oder Trugschluss? —— 67
3.2 *Going cognitive*: Inhalte und Aufgaben der KLW —— 73

4 **Kognitionsästhetische Ansätze zum Textkorpus** —— 77
4.1 Zum Literaturbegriff —— 79
4.2 Magische Fiktionen —— 81
4.3 Wahrnehmungsweisen —— 84

Teil II: Theoriekontext

5 **Kulturgeschichtliche und theoretische Entwicklungslinien im Überblick** —— 89
5.1 Verwandtschaftliche Beziehungen des ‚Uneigentlichen'? —— 90
5.1.1 Magie —— 93

5.1.2	Metapher —— 108
5.2	Zur Familienähnlichkeit von Magie und Metapher —— 119
5.2.1	Anthropologische Konstanten —— 120
5.2.2	Soziologische Dimensionen —— 126
5.2.3	Psychologische Lesarten —— 128
5.2.4	Strukturalistische Zugänge —— 131
5.2.5	Philosophische Einlassungen —— 136

6	**Magie und Metapher als kognitionsästhetische Verfahren —— 141**
6.1	Die heuristische Qualität von Analogiebildungen —— 142
6.2	Kognitionsästhetisch wirksame Gemeinsamkeiten —— 149

Teil III: Analyse

7	*Söhne und Planeten* (2007) —— 155
7.1	„Jedes zweite Wort ist Entropie": Zu Inhalt und Struktur des Romans —— 158
7.2	Körper in Raum und Zeit —— 161
7.3	„Die Weizenähre" oder Wider die Macht der Natur —— 164
7.4	(Alp-)Traumwelten —— 168
7.5	Zusammenfassung —— 172

8	*Die Frequenzen* (2009) —— 175
8.1	Die Weltmaschine: Zu Inhalt und Struktur des Romans —— 176
8.2	Der Riss —— 182
8.3	„Über den Zusammenhang von Zufall und Ordnung in der Welt": Die Frequenzen —— 187
8.4	Fernwirkung —— 191
8.5	Zusammenfassung —— 195

9	*Indigo* (2012) —— 197
9.1	Im *uncanny valley*: Zu Inhalt und Struktur des Romans —— 198
9.2	Alteritätserfahrungen: Das Indigo-Syndrom als Megametapher —— 203
9.3	Der Katalog des Unheimlichen —— 210
9.3.1	Exkurs: Das Unheimliche im Anschluss an Freud —— 212
9.3.2	Doppelgänger —— 217
9.3.3	Anthropomorphismen —— 224
9.4	Grenzgänge —— 228

9.5	Zusammenfassung —— 234	

10	***Die Stunde zwischen Frau und Gitarre* (2015) —— 239**	
10.1	„Die unbeobachtbare Welt": Zu Inhalt und Struktur des Romans —— 241	
10.2	*Theory of Mind* im Kopf von Natalie Reinegger —— 246	
10.3	Zur Verbundenheit von Mikro- und Makrokosmos —— 251	
10.4	Machtverhältnisse —— 254	
10.5	*Luminous details* und poetologische Metaphern —— 258	
10.6	Zusammenfassung —— 264	

11	**Zwischenbilanz —— 269**	

Teil IV: Diskussion und Ergebnisse

12	**Magie und Metapher als epistemische Instrumentarien transgressiver Wahrnehmung —— 275**	
12.1	Poetik des Wissens —— 277	
12.2	Vom Zauber des Zufälligen – oder: Spielarten der Kontingenz —— 282	
12.3	Exkurs(ion) zum „synästhetischen Sonderplaneten" —— 289	
12.4	Subversion der Ordnungen —— 296	

13	**Magie oder Trickserei? Wahrnehmungs- und Wirkungsweisen —— 299**	
13.1	Magische Lektüren —— 300	
13.2	„Kognitive Leidenschaften" und die Provokationen der Vernunft —— 304	
13.3	Technizistische Strukturen: *Two Cultures* unter einem Dach —— 307	

14	**Fazit: Magie und Metapher als poetologische Konzepte —— 313**	
14.1	Ordnungsarbeiten —— 313	
14.2	Das Wesen nichtexistenter Dinge —— 318	
14.3	Sprachgrenzen und Weltgrenzen —— 320	
14.4	Energieübertragung als Kulturtechnik —— 323	

Schlusswort —— 327

Verzeichnis der Abkürzungen und Siglen —— 331

Literaturverzeichnis —— 333

Personenregister —— 365

Dank —— 371

1 Einleitung

„Literatur ist Energieübertragung",[1] erklärte Clemens J. Setz im Rahmen der Berichterstattung zum Preis der Leipziger Buchmesse, mit dem er 2011 für seinen Erzählungsband *Die Liebe zur Zeit des Mahlstädter Kindes*[2] ausgezeichnet wurde. Diese eher beiläufig geäußerte Formel gilt insbesondere auch für sein eigenes Schreiben: Rätselhafte Übertragungsvorgänge mit beträchtlichen Folgen prägen die Erzählwelten des österreichischen Schriftstellers, die mit einem „unendliche[n] Spiel an Möglichkeiten, Exzessen, Beschreibungswut und Bildopulenzen"[3] aufwarten. Setz gilt als „literarischer Extremist im besten Sinne",[4] dessen zumeist als irritierend beschriebenen Texte immer wieder „genau den Punkt" erreichen, „an dem der kognitive Prozess der Lektüre in eine physische Reaktion umschlägt".[5] Mit welchen Mitteln aber gelingt es ihm, Figuren wie Leser:innen diesen eigentümlichen Vorgängen mit offenbar transformierender Wirkung auszusetzen? These dieser Studie ist, dass in den Texten magische Vorstellungen im Verbund mit metaphorischen Konzeptionen literarisch verarbeitet werden und in ihrem gemeinsamen Auftreten eine bedeutsame ästhetische und epistemische Funktion einnehmen.

Ein Beispiel dafür ist René Templ, Protagonist des Debütromans *Söhne und Planeten*, der bei psychischer Überforderung schrumpft und seine Normalgröße erst durch konzentrierte Lektüre zurückerlangt. Letztlich bleibt offen, was ihm ‚wirklich' widerfahren ist, und so scheint es zunächst den Leser:innen überlas-

---

[1] Clemens J. Setz im Rahmen der Verleihung des Preises der Leipziger Buchmesse 2011, zit. n. dem Beitrag von Ulrich Rüdenauer: „‚Literatur ist eine Sache der Ehrlichkeit'", in: *Börsenblatt* 12 (2011), S. 44 f., hier S. 44.
[2] Vgl. Clemens J. Setz: *Die Liebe zur Zeit des Mahlstädter Kindes*. Erzählungen. Berlin: Suhrkamp 2011 [im Folgenden: MK].
[3] Iris Hermann: „‚Es gibt Dinge, die es nicht gibt'. Vom Erzählen des Irrealen im Werk von Clemens Setz", in: dies./Nico Prelog (Hg.): *„Es gibt Dinge, die es nicht gibt." Vom Erzählen des Unwirklichen im Werk von Clemens J. Setz*. Würzburg: Königshausen & Neumann 2020, S. 7–17, hier S. 14.
[4] Aus der Jurybegründung zum Kleist-Preis 2020; online unter: https://www.heinrich-von-kleist.org/kleist-gesellschaft/kleist-preis/ (10.04.2020).
[5] Jens Jessen: „Kinder zum Kotzen. Wovor sich Eltern schon immer gefürchtet haben: Clemens J. Setz' unheimliches Meisterwerk ‚Indigo'", in: *Die Zeit* (Literaturbeilage) vom 04.10.2012; online unter: https://www.zeit.de/2012/41/Clemens-Setz-Indigo (21.12.2019). Norbert Otto Eke bestätigt diesen Eindruck, wenn er in seinem Beitrag über Setz' Texte schreibt, diese zielten auf eine „ganzheitliche Erfahrung der Wirklichkeit". Eke: „Wider die Literaturwerkstättenliteratur? – Der Autor als ‚Obertonsänger'. Clemens J. Setz und die Gegenwartsliteratur", in: Hermann/Prelog (Hg.): *„Es gibt Dinge, die es nicht gibt"*, S. 35–49, hier S. 35.

https://doi.org/10.1515/9783110773590-001

sen, dieses unheimliche Erlebnis tatsächlich als magische Begebenheit oder als metaphorische Beschreibung einer seelischen Extremsituation aufzufassen. Dass jedoch die Entscheidung für eine dieser Deutungsvarianten kaum möglich, mit Blick auf die poetologischen Prämissen vielleicht sogar falsch oder zumindest unerheblich ist, sollen die Untersuchungen der Romane von Clemens J. Setz zeigen. Denn die zugrundeliegenden kognitiven Prozesse magischer und metaphorischer Formationen weisen eine elementare Verwandtschaft auf, deren Wahrnehmungs- und Darstellungsmodus auf der Bildung von Analogien beruhen, was im theoretischen Teil zunächst ausführlich zu begründen sein wird. Ziel dieser Studie ist es demnach auch, entlang verschiedener kulturgeschichtlicher Perspektiven die Verbindungslinien von Magie und Metapher nachzuzeichnen und daraus eine kompakte kognitionsästhetische Theorie für literarisch-fiktionale Texte zu entwickeln. Nicht zuletzt sind damit wissenschaftstheoretische Kriterien ebenso wie ästhetische Anschauungen zu Authentizität, Rationalität und Realität auf den Plan gerufen, die für das Schreiben von Clemens J. Setz zu bestimmen sind. Templs Einsicht zur Auflösung seines prekären Zustands liest sich in diesem Zusammenhang wie ein mahnender Hinweis für das anschließende analytische Verfahren: „Er musste den Sinn verstehen. Sonst funktionierte es nicht."[6] Doch macht es Setz seinen Leser:innen und selbst seinen Figuren nicht immer leicht, den ‚Sinn' der zahlreichen ungewöhnlichen Assoziationen und sonderbaren Ereignisse zu ergründen und überdies zu einer kohärenten Erzählung zusammenzuführen.

Für die Literaturkritik, die Setz' schriftstellerische Laufbahn von Beginn an mit großem Interesse begleitet hat, bietet seine hochgradig figurative Sprache mit „exzessiver Freude an der Metapher" und einer „oft extravaganten, ja exaltierten Bildlichkeit"[7] Anlass zu Lob und Tadel gleichermaßen: So einhellig das literarische Talent des 1982 in Graz geborenen Autors bezeugt wird, so sehr stört sich manche:r an den „labyrinthische[n] Metapherngärten" und der „aufdringliche[n] Vitalisierung der Dingwelt, die mit der Körperwelt verschmilzt".[8] Was bleibt, ist der Eindruck von Grenzerfahrung: „Eine Literatur, die sich im Metapherntaumel ins Übersinnliche wagt, balanciert schon allein deshalb stets am

---

[6] Vgl. Clemens J. Setz: *Söhne und Planeten*. Roman. München: btb ²2010 [1. Aufl. Salzburg: Residenz 2007; im Folgenden: SuP], S. 51.
[7] Daniela Strigl: „Schrauben an der Weltmaschine", in: *Volltext – Zeitung für Literatur* vom 29.03.2011, S. 1 und S. 38 f., hier S. 38.
[8] Christoph Schröder: „Magie und Maske", in: *Der Tagesspiegel* vom 14.03.2011; online unter: https://www.tagesspiegel.de/kultur/buchkritk-magie-und-maske/3943972.html (15.08.2019).

Rande des Wahnsinns",[9] urteilt die *FAZ* über Setz' zweiten Roman *Die Frequenzen*. Die Literaturwissenschaftlerin und -kritikerin Daniela Strigl bringt zwar Verständnis für die partielle Überforderung mancher Leser:innen auf, hebt aber anerkennend die vielen „Zaubertricks" hervor, die Setz „in seiner Literatur auf Lager" habe.[10] Nachdrücklich verweist sie auf die Ausgewogenheit der literarischen Komposition und deutet zugleich eine grundlegende ästhetische Strategie an, die sie im Magisch-Metaphorischen ausmacht: „Stringenz und Verspieltheit halten sich die Waage – kein Wunder, liegt diesem Schreiben doch offenbar die Idee der Weltmaschine zugrunde, von der im Buch [i. e. *Die Frequenzen*, d. Verf.] auch die Rede ist: ein Apparat, in dem alles mit allem mechanisch und zugleich magisch verbunden ist."[11]

Unter dem Stichwort „Zaubertricks" versammeln sich allerdings auch Vorbehalte, zumal es in den Texten selbst wiederholt auftaucht und damit Wahrnehmung und Einordnung des Geschehens beeinflusst, mindestens ambivalent hält. „Magician or Trick?"[12] lautet daher die Frage, die aus einer der Erzählungen von Clemens Setz stammt und mit der im Folgenden ein poetologisch bedenkenswerter Aspekt fokussiert und zugleich auf einen von Literaturkritik und -wissenschaft bisweilen insinuierten Vorwurf gegenüber seinen literarischen Verfahrensweisen reagiert wird: Handelt es sich beispielsweise bei Templs Schrumpfung um einen zwar literarisch inszenierten, aber gleichwohl ‚ernst gemeinten' und daher ‚ernstzunehmenden' Vorgang der Magie oder um ‚bloße Trickserei' zu ästhetischen Zwecken? Ist also das Magische hier womöglich ‚nur' eine Metapher aus der Trickkiste literarischer Tropen, die ihrerseits geschickt und kunstvoll auf etwas anderes Gemeintes verweist?[13] Zweifellos liegt der Ver-

---

9 Richard Kämmerlings: „Clemens J. Setz: Die Frequenzen. Vor den eigenen Fiktionen gibt es kein Entrinnen", in: *Frankfurter Allgemeine Zeitung* vom 18.09.2009; online unter: https://www.faz.net/aktuell/feuilleton/buecher/rezensionen/belletristik/clemens-j-setz-die-frequenzen-vor-den-eigenen-fiktionen-gibt-es-kein-entrinnen-1855473.html?printPagedArticle =true#pageIndex_0 (05.08.2019).
10 Strigl: „Schrauben an der Weltmaschine", S. 38. Als Beispiel nennt sie den „Warnhinweis" am Ende der *Frequenzen*, „der das Ritual juristischer Absicherung kurzerhand umdreht"; vgl. Clemens J. Setz: *Die Frequenzen*. Roman. München: btb ²2011 [1. Aufl. Salzburg: Residenz 2009; im Folgenden: DF], S. 714: „Alle realen Personen, die sich in den Figuren dieses Romans wiederfinden, werden durch den Akt der Identifikation zwangsläufig fiktiv und zu einem reinen Produkt meiner Fantasie."
11 Ebd.
12 Clemens J. Setz: „Kleine braune Tiere", in: MK: 256–286, hier S. 278; vgl. ausführlicher dazu Kap. 2.1 in diesem Band.
13 Den Vorwurf artifizieller Zurschaustellung liest auch Oberreither aus manchen literarkritischen Kommentaren heraus: „Bilden tatsächlich das Bizarre, der Schock, das Exzentrische

dacht einer effektvollen literarischen ‚Gemachtheit' nahe, doch wird sich anhand des zu untersuchenden Textkorpus zeigen lassen, dass es sich bei den als magisch aufzufassenden Vorstellungen und Vorgängen keineswegs um reine Illusionskunst handelt, die sich jederzeit ‚entzaubern', also rationalisieren ließe, sondern um ein kognitionsästhetisch erklärbares und für Setz' Schreiben notwendiges Verfahren. Gleiches gilt für den zu Recht als ‚exzessiv' bezeichneten Gebrauch von Metaphern, die aufgrund ihrer Komplexität häufig im vieldeutigen ‚Uneigentlichen' verharren und sich daher entgegen kritischer Einwände nicht ohne Weiteres auf ein konkret zu bestimmendes ‚Eigentliches' zurückführen lassen, mithin schon deshalb mehr sind als bloßes Ornament.

Im Zuge analytischer Bemühungen zur Beantwortung dieser Frage ist die Vielzahl der innovativen Sprachbilder, figurativen Sentenzen und weitläufigen Referenzen erst einmal aufzunehmen und in erklärbare Zusammenhänge zu bringen – nicht selten geschieht auch dies in Form von Analogien. So wird beispielsweise Setz' Fähigkeit zum Obertongesang von Norbert Otto Eke als poetologische Maxime ausgewertet: die Idee einer „welthaltige[n] Dichtung", die durch Überlagerung verschiedener Schichten Mehrstimmigkeit erzeugt und damit „scheinbar disparate[ ] Elemente" zusammenzwingt und zum Klingen bringt, führe in seinen fiktionalen Welten zu einer „Erweiterung des aisthetischen Wahrnehmungsraums".[14] Auch der vorliegende Band reklamiert eine solche kognitionsästhetisch funktionale Metapher, die auf den Autor selbst zurückgeht: Gemeinhin wird mit der eingangs zitierten „Energieübertragung" der Austausch von Energie über eine Systemgrenze hinweg beschrieben; ein Vorgang, der ja in Physik wie Esoterik gleichermaßen als nachweislich gültig und wirksam beansprucht wird.[15] Dass der studierte Mathematiker und *„poeta*

---

die bestimmende ästhetische Ratio dieser Texte? Der Unterton der kritischen Stimmen im medialen Diskurs ist ja oft deutlich: Anstelle von literarischem Wert, so der Nenner, auf den viele Einwände gebracht werden können, stehe hier der bloße Schauwert des Abseitigen." Bernhard Oberrheither: „Irritation – Struktur – Poesie. Zur Poesie erzählter Welten bei Clemens Setz". in: *Dossier Graz 2000+. Neues aus der Hauptstadt der Literatur*. Hg. von Gerhard Fuchs et al. Erstellt am 16.01.2020 (= Dossier*online*), S. 125–143, hier S. 126.

14 Eke: „Wider die Literaturwerkstättenliteratur?", S. 44. Weitere Vorschläge zur ästhetisch-literarischen Programmatik von Clemens J. Setz – darunter die Poetik des Ekels, der Störung und der Simulation – werden im Folgenden noch zu diskutieren sein.

15 Ein gutes Beispiel ist der Magnetismus als physikalische Erscheinung einerseits, die durch bewegte elektrische Ladung magnetische Energie (Kraft) erzeugt und zugleich von dieser beeinflusst werden kann, und als esoterische Heilmethode des Mesmerismus – benannt nach dem Arzt Franz Anton Mesmer (1734–1815) – andererseits, die die Körpersäfte ausbalancieren soll. Dass zahlreiche neuzeitliche Erklärungsmodelle und Ordnungsmuster esoterischen, hermetischen oder kabbalistischen Ursprungs sind, erläutern Andreas B. Kilcher und Philipp

nerd"[16] Clemens J. Setz keinerlei Berührungsängste zu haben scheint, sich mit ganz verschiedenen Wissensbereichen, kontroversen Theorien und Weltanschauungen – bevorzugt abseits des Mainstreams und etablierter Diskurse – zu befassen und literarisch nutzbar zu machen, ist gleichermaßen Qualität wie Erschwernis: Die Identifizierung literarischer Strategien und ihrer semantischen Implikationen provoziert im Vorfeld zumeist weitläufige Klärungen der aufgerufenen Referenzen.[17] In besonderem Maße gilt daher auch hier, dass das Ganze weit mehr ist als die Summe seiner Teile. Im Rahmen dieser Studie wird also Energieübertragung als ästhetischer Ausdruck einer kognitiven Leistung mit erkenntnisfördernder Wirkung nachvollzogen werden, und zwar ausdrücklich in der Verpflichtung, sowohl jedweder Apologie von Arkanprinzipien als auch genereller Missbilligung rationalistischer Provenienz gegenüber den schon historisch beziehungsweise notorisch strittigen Begriffsfeldern entgegenzutreten.[18] Stattdessen steht hier die mögliche „Transgression bestehender Ordnun-

---

Theisohn in der Einleitung zu dem von ihnen herausgegebenen Band *Die Enzyklopädik der Esoterik. Allwissenheitsmythen und universalwissenschaftliche Modelle in der Esoterik der Neuzeit*. München: Fink 2010, S. 7–22. Zur Attraktion des Energiebegriffs in nahezu synonymer Verwendung zu Magie am Beginn des zwanzigsten Jahrhunderts vgl. Robert Stockhammer: *Zaubertexte. Die Wiederkehr der Magie und die Literatur 1880–1945*. Berlin: Akademie 2000, S. 180–184.

16 „Für den poeta nerd", so Christian Dinger, „gibt es keinen Unterschied zwischen Hoch- und Populärkultur". Insofern sei Setz der „Prototyp eines neuen Autorentypus" […], der auf den Schultern des poeta doctus steht, aber durch einen erweiterten Wissensbegriff neue Verknüpfungen schafft, die jenseits der bildungsbürgerlichen Tradition seines Vorgängers liegen." Dinger: „Das autofiktionale Spiel des poeta nerd. Inszenierung von Authentizität und Außenseitertum bei Clemens J. Setz", in: Hermann/Prelog (Hg.): „Es gibt Dinge, die es nicht gibt", S. 65–75, hier S. 75. Vgl. dazu auch Christian Neuhuber: „Autorschaft, Auto(r)fiktion und Selbstarchivierung in Clemens J. Setz' Erzählwerk", in: Klaus Kastberger, ders. (Hg.): *Archive in/aus Literatur. Wechselspiele zweier Medien*. Berlin: De Gruyter 2021, S. 177–188.

17 Vgl. Hermann: „„Es gibt Dinge, die es nicht gibt"", S. 11: „Setz weitet die Erzählanlässe, die zu finden sind, um zu erzählen, auf ein bisweilen unerträgliches Maß aus, gerade darin liegt die Stärke und die Radikalität seines Erzählens."

18 Auch Eke ist sich mit Verweis auf Wolfgang Braungarts „berechtigte[r] Warnung" der Gefahr „wolkiger Metaphorisierungen'" durch die leichtfertige Vereinnahmung bestimmter Begriffe und Konzepte aus anderen Disziplinen bewusst und bezieht infolgedessen entschieden Stellung gegen eine „esoterische Überformung des Obertonphänomens". Eke: „Wider die Literaturwerkstättenliteratur?", S. 45; mit Bezug auf Wolfgang Braungarts Beitrag: „Was für ein Theater! Versuch zur geschichtlich-kulturellen Ökologie der sozialen und dramatischen Rolle", in: Karl Eibl et al. (Hg.): *Im Rücken der Kulturen*. Paderborn: Mentis 2007, S. 467–501, hier S. 467.

gen"[19] durch das Zusammenwirken der beiden Phänomene Magie und Metapher im Mittelpunkt, die als „übergreifende literarische Epistemologie"[20] anhand der Romane von Clemens J. Setz diskutiert wird. Dabei werden diese zwei ausgiebig und dabei gleichermaßen leidenschaftlich wie kontrovers diskutierten Begriffe erstmals systematisch in Theorie und Analyse aufeinander bezogen, um einen geeigneten literaturwissenschaftlichen Ansatz zu entwickeln, mit dem sich magisch-metaphorische Erzählweisen gezielt untersuchen und interpretieren lassen.

Auf der Suche nach einer brauchbaren Begriffsbestimmung der Magie in literarisch-fiktionalen Texten drängt sich allerdings rasch der Verdacht auf, dass das Magische vor allem als Platzhalter für die vielfältigen Erscheinungsformen des Unwirklichen, Unmöglichen und infolgedessen auch Unvermittelbaren dient. Denn, um die große Ernüchterung gleich vorwegzunehmen: Eine universal gültige Definition liegt nicht vor und ist auch – abgesehen von ethnologischen Studien zu spezifischen Formen von Magie in bestimmten Kulturkreisen – schlichtweg nicht zu haben, was im starken Kontrast zur offenbar intuitiven, jedenfalls freimütigen Verwendung des Begriffs beispielsweise in Literaturkritik und Werbung oder auch in sogenannter Pop- und Alltagskultur steht (vgl. ausführlicher dazu Kap. 5.1.1). Diese Unentschiedenheit oder vielmehr: Unentscheidbarkeit wird mithilfe verschiedener interdisziplinärer Annäherungen im theoretischen Teil der Studie problematisiert, um so immerhin ein möglichst umfangreiches Bild dessen zu liefern, was unter Magie vorzustellen ist und was sie darüber hinaus im Rahmen einer größer angelegten „Familienähnlichkeit" mit der Metapher verbindet. Zugleich ist die theoretische Ausarbeitung auch ein Plädoyer, trotz oder vielmehr wegen der definitorischen Aporien dennoch mit diesem „uneigentliche[n] ästhetische[n] Grundbegriff"[21] zu arbeiten.

Überlegungen zum Zusammenspiel von Dichtung und Magie haben geistes- und literaturgeschichtlich eine lange Tradition.[22] Die Idee des Magischen erfährt

---

19 Alexander C. T. Geppert, Till Kössler: „Einleitung: Wunder der Zeitgeschichte", in: dies. (Hg.): *Wunder. Poetik und Politik des Staunens im 20. Jahrhundert*. Berlin: Suhrkamp 2011, S. 9–68, hier S. 38.
20 Leonhard Herrmann: „Andere Welten – fragliche Welten. Fantastisches Erzählen in der Gegenwartsliteratur", in: Silke Horstkotte, ders. (Hg.): *Poetiken der Gegenwart. Deutschsprachige Romane nach 2000*. Berlin, Boston: De Gruyter 2013, S. 47–66, hier S. 51.
21 Carlos Rincón: [Art.] „Magisch/Magie", in: Karlheinz Barck et al. (Hg.): *Ästhetische Grundbegriffe* (ÄGB). *Historisches Wörterbuch in sieben Bänden*. Bd. 3: *Harmonie – Material*. Stuttgart, Weimar: Metzler 2003, S. 724–760, hier S. 724.
22 Vgl. Robert Stockhammer: „Magie", in: ders. (Hg.): *Grenzwerte des Ästhetischen*. Frankfurt a. M.: Suhrkamp 2002, S. 87–117, hier S. 91.

im Umfeld ästhetischer und poetischer Reflexionen vielleicht noch die größte Akzeptanz, während ihre Geschichte in theoretischer Hinsicht und mithin in praktischer Anwendung bis heute mit bemerkenswerter Radikalität zwischen Befürwortung und Verwerfung changiert. Im Zentrum steht dabei die polarisierende Wirkung von Magie, die seit je die Prämissen des vernunftbegabten Menschen herausfordert.[23] Robert Stockhammer spricht in seiner komparatistischen Studie *Zaubertexte* von einer „Rekonfiguration" und „Konjunktur" der Magie um 1900 und unternimmt folglich den Versuch einer „allgemeinen Theorie der modernen Magie", der dieser Band maßgebliche Einsichten und Impulse verdankt.[24] Grundlage der aktuelleren Forschung sind dabei die Ergebnisse der anthropologischen, religionswissenschaftlichen, soziologischen und psychologischen Arbeiten, die zwischen Ende des neunzehnten und Mitte des zwanzigsten Jahrhunderts entstanden sind und sich ihrerseits teils kritisch, teils affirmativ aufeinander beziehen. In seinem einflussreichen Standardwerk zu Magie und Religion mit dem Titel *The Golden Bough* (dt.: *Der goldene Zweig*, erstmals 1928) hatte der Ethnologe James G. Frazer 1890 unter dem Begriff „Sympathetische Magie" zwei elementare Kennzeichen magischen Denkens zusammengefasst, nämlich einerseits die „homöopathische" oder „imitative" Magie, die auf dem Gesetz der Ähnlichkeit basiert, und andererseits die kontagiöse oder Übertragungsmagie, die dem Gesetz der Berührung folgt[25] (vgl. Kap. 5.2.1).

In Sigmund Freuds psychoanalytischer Traumdeutung tauchen Frazers Bestimmungen zur „falschen Anwendung der Ideenassoziation" als Prozesse der ‚Verschiebung' und ‚Verdichtung' wieder auf. Auch in seinen psychoästhetisch interessierten Studien zu Animismus und Allmacht der Gedanken, zur Phantasie der Dichtung sowie zum Unheimlichen hat sich Freud teils implizit, teils explizit auf die ethnologischen Forschungen zur Magie von Frazer und anderen berufen (vgl. Kap. 5.2.3), übernimmt dabei aber auch größtenteils deren Superioritätsgedanken und pejorative Ansichten, weshalb seine zweifellos aufschlussreichen Überlegungen zu Magie und magischem Denken hier nur mit Einschränkungen aufgenommen werden. Dennoch wird hier die theoretische Verquickung von Magie und Metapher bereits sichtbar: „Den Primitiven, das Kind und den Künstler eint […] nach Überzeugung der Ethnologen, Entwick-

---

23 Vgl. u. a. Ian C. Jarvie, Joseph Agassie: „Das Problem der Rationalität von Magie", in: Hans G. Kippenberg, Brigitte Luchesi (Hg.): *Magie. Die sozialwissenschaftliche Kontroverse über das Verstehen fremden Denkens*. Frankfurt a. M.: Suhrkamp 1978, S. 120–149; Stanley J. Tambiah: *Magic, Science, Religion, and the Scope of Rationality*. Cambridge: Cambridge Univ. Press 1990.
24 Vgl. Stockhammer: *Zaubertexte*, S. XII.
25 Vgl. James G. Frazer: *Der goldene Zweig: Das Geheimnis von Glauben und Sitten der Völker* (1890). Reinbek bei Hamburg: Rowohlt 2000, S. 15–54.

lungspsychologen und Pädagogen um 1900 das ‚magische Denken', d. h. [...] ein Denken im Bann der Einbildungskraft und ihrer Verfahren", mit dem Dichter verbindet sie „außerdem der metaphorische Gebrauch der Sprache".[26]

Es ist aber vor allem Roman Jakobsons strukturalistisch motivierten Einsichten über bestimmte Sprachstörungen zu verdanken, wiederum mit Bezug auf Frazer und Freud beide Prinzipien zunächst als grundlegende sprachliche Operationen erkannt zu haben – was schon deutlich auf kognitive Konzepte vorgreift, um die es hier geht.[27] Anhand der operativen Entsprechungen von Similarität und Metapher sowie von Kontiguität und Metonymie erläutert er den „Doppelcharakter der Sprache". Bezugsrahmen seiner Überlegungen ist dabei zunächst das „gesamte sprachliche Verhalten und das menschliche Verhalten im allgemeinen", bevor er sich der Dichtkunst zuwendet.[28] Mit Blick auf die poetische Funktion der Sprache verweist Jakobson zufolge ein *Mehr* an metaphorischer Imitation beziehungsweise ein *Mehr* an metonymischer Übertragung auf die jeweils zugrundeliegende Realismuskonzeption poetischer Texte, nämlich gemessen an ihrer relativen Nähe beziehungsweise Ferne zur empirischen Wirklichkeit (vgl. Kap. 5.2.4).

Anknüpfend an Jakobsons sprachtheoretische Überlegungen zur Metapher und vor allem in dezidierter Abkehr von ihrer antiken Bestimmung als Redeschmuck akzentuieren der Linguist George Lakoff und der Philosoph Mark Johnson, dass Sympathie- und Analogiebildungen eben nicht nur bei der poetisch motivierten, sondern auch und gerade bei der alltagssprachlichen Metaphernbildung vollzogen werden, die wiederum das kognitive Fundament unserer Weltwahrnehmung darstellt. Hauptanliegen ihrer 1980 erschienenen Studie *Metaphors We Live By* (dt. *Leben in Metaphern*, erstmals 1998)[29] ist daher die Anerkennung eines ubiquitären Prozesses: Durch Metaphern lässt sich Abstrak-

---

26 Nicola Gess: „‚Magisches Denken' im Kinderspiel. Literatur und Entwicklungspsychologie im frühen 20. Jahrhundert", in: Thomas Anz, Heinrich Kaulen (Hg.): *Literatur als Spiel. Evolutionsbiologische, ästhetische und pädagogische Aspekte*. Berlin: De Gruyter 2009, S. 295–314, hier S. 301.

27 Vgl. dazu die Hinweise in Stockhammer: *Zaubertexte*, S. 32 f., mit Bezug auf Roman Jakobson: „Zwei Seiten der Sprache und zwei Typen aphatischer Störungen", in: ders., Moritz Halle: *Grundlagen der Sprache*. Berlin: Akademie 1960, S. 47–70, bes. S. 51–54, S. 69. Zwei Auszüge daraus („Der Doppelcharakter der Sprache" und „Die Polarität zwischen Metaphorik und Metonymie") sind wiederabgedruckt in Anselm Haverkamp (Hg.): *Theorie der Metapher*. Darmstadt: WBG 1996, S. 163–174.

28 Jakobson: „Zwei Seiten der Sprache", S. 67.

29 Vgl. George Lakoff, Mark Johnson: *Metaphors We Live By*. Chicago: Chicago Univ. Press 1980; zitiert wird im Folgenden nach der dt. Ausgabe *Leben in Metaphern*. Heidelberg: Carl Auer ³2003.

tes in konkret Wahrnehmbares und Verstehbares überführen, und zwar mithilfe des sogenannten *mappings*, das heißt der Übertragung von einem (*konkreteren*) Herkunftsbereich auf einen (*abstrakteren*) Zielbereich. Dass dieser Prozess im Kontext *poetischer* Metaphern nicht immer strikt linear verläuft und somit semantische Spielräume eröffnet, wird im Folgenden noch zu erörtern sein.

Theoretisch orientiert sich dieser Band an der kognitiven oder auch konzeptuellen Metapherntheorie (engl. *Cognitive* beziehungsweise *Conceptual Theory of Metaphor*, im Folgenden zumeist kurz: CTM), die sich im Zuge des *cognitive turn* inzwischen in Teilen modifiziert, präzisiert und vielfach erweitert als essentielle Teildisziplin der kognitiven Literaturwissenschaft (im Folgenden zumeist kurz: KLW) etabliert hat.[30] Anhaltenden, auch und besonders innerdisziplinär geführten kritischen Reflexionen zum Trotz sind die klar überwiegenden Vorteile dieses Ansatzes zu betonen, der seinen Ausgang von der nur vermeintlich trivialen Einsicht nimmt, dass es sich beim Schreiben und Lesen um genuin kognitive Prozesse handelt, dass sich also auch Literatur erst durch neuronale Prozesse im Gehirn realisiert und damit körperlich verankert ist. Der hier favorisierte, weil pragmatisch-prägnante Begriff „kognitionsästhetisch" ist Sophia Weges instruktiver Studie entnommen.[31] Er beinhaltet, dass Erkenntnisse und Verfahrensweisen aus der Kognitionstheorie sowohl in den literaturwissenschaftlichen Ansatz der Untersuchung einfließen als sich auch im Untersuchungsgegenstand selbst – der Literatur also – konzeptuell und in ihrer ästhetischen Ausgestaltung niederschlagen und damit auch innerfiktional für Erzähler und Figuren gelten. Es ist daher sinnvoll, einen weiten Begriff der Kognition zu veranschlagen, weil er Theorie und analytische Praxis des wissenschaftlichen Zugriffs auf der einen Seite ebenso wie Poetologie und poetische Praxis auf der anderen Seite und schließlich auch noch deren kognitiv fundierte ästhetische Rezeption gleichermaßen einschließt. Zudem lassen sich Theorien und Erkenntnisse aus anderen Fachdisziplinen als verfügbare Wissensbestände, die zu inferieren, das heißt konzeptuell zu integrieren sind, in den kognitionsästhetischen Ansatz aufnehmen und somit für die Argumentation nutzen, ohne jeweils Reformulierungen zu erzwingen.

---

30 Vgl. dazu die Einleitung von Constanze Spieß und Klaus-Michael Köpcke zu dem von ihnen herausgegebenen Sammelband *Metapher und Metonymie. Theoretische, methodische und empirische Zugänge*. Berlin u. a. 2015, S. 1–21; sowie den darin enthaltenen Beitrag von Monika Schwarz-Friesel: „Metaphern und ihr persuasives Inferenzpotenzial", ebd., S. 143–160.
31 Vgl. Sophia Wege: *Wahrnehmung – Wiederholung – Vertikalität. Zur Theorie und Praxis der Kognitiven Literaturwissenschaft*. Bielefeld: Aisthesis 2013 (zugl. Diss. Univ. München).

So sind inzwischen kognitionstheoretische Annahmen und Modelle vermehrt auch in rezenten anthropologischen und religionswissenschaftlichen Auseinandersetzungen mit dem Thema Magie aufgegriffen worden, die versuchen, forschungsdisziplinär verhärtete Dichotomien zu überwinden und Magie nicht nur als „marker of otherness"[32] aufzufassen, sondern vornehmlich als „mode of thinking"[33] zu konzipieren. Es geht also bei der Bestimmung der Magie weniger um konkret benennbare Praktiken, Objekte, Personen oder Glaubensvorstellungen als um die zugrundeliegenden kognitiven Prozesse. Diese verlaufen wie bei der Metapher über das Erkennen von Ähnlichkeiten jenseits konventionalisierter Kausalitäten, nämlich intuitiv und assoziativ auf der Grundlage von identifizierten gestalthaften Ähnlichkeiten, aber keineswegs beliebig oder gänzlich frei von Regeln. Die Vorstellung einer magischen Beziehungshaftigkeit ereignet sich unter der Annahme einer universellen Verbundenheit kausal nicht zusammengehöriger, häufig als ‚übernatürlich' beziehungsweise ‚übersinnlich' bezeichneter Kräfte, die teils als steuerbar oder zumindest ‚appellationsfähig' angesehen werden, teils (un-)willkürlich und gewaltsam ihre Macht entfalten. Das dabei so schwer fassbare Magische wird also auf dem Wege der metaphorischen Ähnlichkeit beziehungsweise der metonymischen Kontiguität konzeptuell integriert. Dieser Auffassung schließt sich auch diese Studie an, in der Magie und Metapher in ihrem gemeinsamen Auftreten als kognitiver Denk- und Darstellungsmodus mit spezifischen ästhetischen Valenzen und semantischen Konsequenzen beschrieben werden. „Kognitionsästhetisch" meint hier also, der Definition Weges folgend, alle Ansätze, „die im weitesten Sinne eine ‚kognitive Perspektive' auf Literatur und Literaturtheorie haben und sich der KLW zuordnen oder assoziieren lassen".[34]

„Das Werk von Clemens Setz ist ein komplexes Sprachspiel, das von außen beschrieben werden kann, in seinen mannigfaltigen Facetten beobachtbar ist,

---

32 Susan Greenwood, Erik D. Goodwyn: *Magical Consciousness. An Anthropological and Neurobiological Approach.* New York, London: Routledge 2016, S. 11. Zur Einführung kognitiver Ansätze vgl. Ilkka Pyysiainen, Veikko Anttonen (Hg.): *Current Approaches in the Cognitive Science of Religion.* London: Continuum 2002. Eine aktuelle Bestandsaufnahme bieten Luther H. Martin, Donald Wiebe (Hg.): *Religion Explained? The Cognitive Science of Religion After Twenty-Five Years.* London: Bloomsbury 2017.
33 Ebd., S. XV. Vgl. dazu auch Jesper Sørenson: „Magic Reconsidered: Towards a Scientifically Valid Concept of Magic", in: Bernd-Christian Otto, Michael Stausberg (Hg.): *Defining Magic. A Reader.* New York, London: Routledge 2014, S. 233–247; ders.: *A Cognitive Theory of Magic.* Lanham (MD): AltaMira Press 2007.
34 Wege: *Wahrnehmung*, S. 16.

das sich aber nicht verstehend öffnet",³⁵ resümiert Iris Hermann die bestehenden Herausforderungen literaturwissenschaftlicher Beschäftigung in der Einleitung zum bislang einzigen Sammelband, der sich dezidiert an Setz' Werk richtet. Umso notwendiger erscheint das Zusammenführen interdisziplinärer, durchaus heterogener Perspektiven für die Analyse seiner Texte, die auf so vielfältige Weise vom „Unwirklichen" erzählen, wie es im Untertitel des genannten Bandes heißt. Trotz gelegentlich ähnlich lautender Beobachtungen zu Tendenzen der Gegenwartsliteratur, die sich von einem längere Zeit dominanten Realismusdiktat loszulösen scheint,³⁶ stand eine systematische Untersuchung der neuerlichen Konjunktur magischer und metaphorischer Formationen noch aus. Das betrifft auch die Klärung ihrer ästhetischen Funktionen und ihrer grundsätzlich gemeinsamen Strukturbedingungen. Insofern ist auch hier auf ein theoretisches Desiderat zu reagieren.³⁷

Jakobsons Überlegungen sind in jüngerer Zeit von Robert Stockhammer und Moritz Baßler für den Realismus von der literarischen Moderne bis in die Gegenwart fruchtbar gemacht worden und werden im Rahmen der Untersuchung mit Blick auf Clemens Setz kritisch diskutiert. Mit Stockhammer ist zu konstatieren, dass Magie „nicht auf den Status einer Metapher zu reduzieren"³⁸ ist – und *vice versa*, wäre zu ergänzen, denn auch nicht jede (poetische) Metapher enthält oder bewirkt zwangsläufig Magisches. Was sie eint, ist die Art und Weise, Beziehungen unabhängig von empirischer Wirklichkeit, von logischen oder auch physikalischen Gesetzmäßigkeiten herzustellen. Baßler zufolge konfligieren jedoch metaphorische Elemente und Texturen – selbst in nur punktueller Präsenz – mit dem Prinzip realistischen Erzählens, dem Setz' Romane durchaus zuzuordnen sind; sie müssen sich daher metonymisch in die ‚gemeinte Sache' auflösen lassen. Die Ergebnisse der Untersuchung widersprechen dieser strikten Ansicht zumindest teilweise, weil sich Unwirkliches und Nichtzusammenpassendes in Setz' Erzählwelten nicht einfach durch Buchstäbliches substituieren

---

35 Hermann: „Es gibt Dinge, die es nicht gibt"', S. 10.
36 Vgl. ebd., S. 7; vgl. weiterhin Herrmann: „Andere Welten – fragliche Welten" sowie den Sammelband von Søren R. Fauth, Rolf Parr (Hg.): *Neue Realismen in der Gegenwartsliteratur*. Paderborn: Fink 2016.
37 Vgl. als Reaktion darauf von literaturwissenschaftlicher Seite etwa den 2019 von Francesca Goll und Kay Wolfinger am Institut für Deutsche Philologie der LMU München initiierten Workshop, der unter dem Titel „Something weird ...' – Eine Tendenz der Gegenwartsliteratur" so unterschiedliche Motive wie das der Störung, des Unheimlichen, Magischen und Zwischenweltlichen in den Blick genommen hat; siehe das Programm unter https://www.kay-wolfinger.de/archive/583 (03.09.2021).
38 Stockhammer: *Zaubertexte*, S. X.

und auch nicht immer durch metonymische Nachbarschaft zur Realität neutralisieren lässt. Und genau deshalb werden darin nicht formalstrategische ‚Zaubertricks' inszeniert, sondern magische Vorstellungen als potentielle Bedeutungsträger innerhalb einer weiterhin realistischen Erzählanlage metaphorisch konzeptualisiert.

Dieser Band liefert als monographische Bestandsaufnahme dieses äußerst facettenreichen, sich stetig vergrößernden und weiterentwickelnden Werks einen theoretisch innovativen Zugang zu einem schon jetzt enorm umfangreichen wie gehaltvollen Textkorpus. Um sich nicht in der schieren Fülle der potentiellen Untersuchungsanlässe zu verlieren, die Setz' Texte bieten und sich überdies aller Gattungen bedienen, erschien der übliche Weg einer auf Vollständigkeit gerichteten Einführung nicht zielführend. Trotz zweifelsfreier Forschungswürdigkeit wäre es womöglich verfrüht, die bisherigen Veröffentlichungen bereits einer versammelnden Werkschau zu unterziehen. Durch die Identifizierung poetologischer Prämissen und deren literarischer Umsetzung soll ein analytischer Zugang zum Romanwerk von Clemens J. Setz entwickelt werden, auf den sich künftig aufbauen lässt.

Teil I versammelt zunächst Einführendes und Einordnendes zu einem sich noch deutlich *in progress* befindlichen Œuvres, das zwar viel öffentliche Resonanz erfahren hat (Kap. 2.1), aber literaturwissenschaftlich bislang kaum erschlossen wurde. Im Zuge dessen werden unter Berücksichtigung der bislang vorliegenden Forschungsansätze Überlegungen zu stilistischen (Kap. 2.2.1), genrespezifischen (Kap. 2.2.2) und motivischen (Kap. 2.2.3) Aspekten diskutiert sowie poetologische Selbstauskünfte des Autors kritisch reflektiert, die in thematischer Gruppierung bereits grundlegende literarische Verfahrensweisen freilegen, aber bewusst separat von der Textanalyse vorgestellt werden (Kap. 2.3). Im Rahmen der Vorarbeiten werden weiterhin Mittel und Wege der Kognitiven Literaturwissenschaft beschrieben, die das theoretische Fundament dieser Studie bildet (Kap. 3). Im letzten Kapitel werden die wichtigsten Punkte schließlich mit Blick auf den Textkorpus noch einmal gebündelt präsentiert (Kap. 4).

Teil II kontextualisiert die zentralen Begriffsfelder Magie und Metapher. Zunächst werden deren kultur- und begriffsgeschichtliche Entwicklungen samt verwandter Formen und Phänomene nachgezeichnet (Kap. 5.1) und anschließend entlang einschlägiger Bezugsdisziplinen von Anthropologie über Psychoanalyse bis zur Philosophie in Beziehung gesetzt (Kap. 5.2) – mit dem Ziel, eine literaturwissenschaftlich brauchbare Theorie und Methodik zu entwickeln (Kap. 6). Dass die systematische Zusammenführung der Gemeinsamkeiten von Magie und Metapher bewusst nicht streng chronologisch erfolgt, resultiert zum einen aus den anhaltenden innerdisziplinären Friktionen im Hinblick auf Relevanz, Funktionen und Analyse beider Begriffe, die schlichtweg nicht sinnvoll in eine lineare zeitliche Abfolge zu bringen sind. Zum anderen lassen sich gerade anhand ihrer Allgegenwärtigkeit – trotz beziehungsweise gerade wegen aller theoretischen Brisanz – in ganz verschiedenen wissenschaftlichen Diskursen bestimmte Grundprinzipien ausmachen.

Teil III beinhaltet die ausführliche Auseinandersetzung mit dem Textkorpus und ist daher auch der umfangreichste. Im Zentrum der Analysen stehen die vier bislang erschienenen Romane von Clemens J. Setz, angefangen bei dem mit gut 200 Seiten noch relativ schmalen Debüt *Söhne und Planeten* (2007; Kap. 7), über die schon deutlich dickeren Bücher *Die Frequenzen* (2009; Kap. 8) und *Indigo* (2012; Kap. 9) bis zu dem 2015 erschienenen Tausendseiter *Die Stunde zwischen Frau und Gitarre* (Kap. 10). Auf induktivem Wege werden die Texte zunächst einzeln und entlang der Chronologie ihres Erscheinens auf Formen magisch-metaphorischer Schreibweisen in ihrer jeweiligen literarischen Ausarbeitung und textinternen Funktion untersucht und anschließend in deduktivem Abgleich mit den theoretischen Grundlagen zu Magie und Metapher verbunden. Dabei tritt ein reichhaltiges magisch-metaphorisches Inventar zutage, das gelegentlich theoretische Ergänzungen erforderlich macht. Am Ende jedes Kapitels werden die Ergebnisse kompakt zusammengefasst und schließlich in einer Zwischenbilanz (Kap. 11) den theoretischen Hypothesen aus Teil II noch einmal gegenübergestellt. Angesichts der Vielzahl von Metaphern und verwandter Tropen, die Setz' Romane aufweisen, werden mikrosprachliche Einheiten dabei zu makrostrukturellen Motivgruppen zusammengefasst, aus denen sich poetologische Prinzipien ableiten lassen.

In Teil IV wird zu überprüfen sein, ob die veranschlagten Schlüsselbegriffe Magie und Metapher einer kritischen Ergebnisdiskussion standhalten – und das meint hier: in Konfrontation mit jenen aus Theorie und Analyse konsequent hervorgegangenen Diskursfeldern. Zu diesem Zweck werden sie im Sinne der KLW in ihrem epistemischen und wirkungsästhetischem Potential entlang verwandter beziehungsweise alternativer poetologischer Konzepte diskutiert – namentlich einer Poetik der Störung beziehungsweise Abweichung (Kap. 12) und insbesondere einer Poetik des Wissens (Kap. 12.1) sowie im Verhältnis zu Phänomenen der Kontingenz (Kap. 12.2), der Synästhesie (Kap. 12.3) und schließlich in ihrem ordnungssubversiven Vermögen (Kap. 12.4).

Im Zuge der eingangs formulierten Frage nach Magie oder Trickserei wird der Blick in Kapitel 13 auch auf die Wirkungsweisen der literarischen Entsprechungen von Magie und Metapher zu richten sein, als möglicher magischer Lektürevorgang (Kap. 13.1), als Aktivierung der sogenannten „kognitiven Leidenschaften"[39] (Kap. 13.2) sowie ihre Nähe zu den Vorgehensweisen und Effekten experimenteller Technik/Technologie und (Natur-)Wissenschaft (Kap. 13.3). Wie sich zeigen wird, offenbaren sich darin keineswegs eine anachronistische, vormoderne Einstellung zu Rationalität und Realität, bloße Strategien der Manipulation und Täuschung oder gar ein eskapistisches Vorhaben, sondern im Gegenteil das Bedürfnis nach prinzipieller Offenheit, um nicht zu sagen: Entgrenzung, die fähig ist, Ambiguitäten sichtbar zu machen und gleichsam den *State of the Art* wissenschaftlicher Erkenntnisse oder technologischer Errungenschaften in sich aufzunehmen.

Das Fazit in Kapitel 14 befasst sich noch einmal im Rückgriff auf theoretische Abwägungen mit dem Einfluss und den Konsequenzen magischer und metaphorischer Konzeptualisierungen auf das Verhältnis von Fiktion und Wirklichkeit im Romanwerk von Clemens J. Setz. Es wird dafür argumentiert, dass es sich bei dem untersuchten Textkorpus eindeutig um realistische Prosa handelt, die ihre diegetisch errichtete Ordnung sowie ihren außerfiktionalen Wirklichkeitsbezug zwar immer wieder selbst zur Disposition stellt, aber nicht aushebelt (Kap. 14.1). Auf dieser Grundlage lassen sich für das poetologische Programm von Clemens Setz drei wesentliche Strategien ermitteln: Erstens fußen Wahrnehmung und Darstellung auf magisch-metaphorischen Verfahrensweisen, das heißt auf kognitiv evolvierten und sprachlich verarbeiteten Gleichheits- beziehungsweise Ähnlichkeitsbeziehungen (Kap. 14.2); zweitens ist die damit anvisierte Darstellung des herkömmlich Undarstellbaren durch wiederkehrende kognitive und sprachliche Grenzüberschreitung hier nicht nur ein ästhetisch-literarisches, sondern auch ein epistemologisches Projekt, das die konventionalisierte Wahrnehmung der Welt und ihrer inneren Zusammenhänge irritiert (Kap. 14.3); drittens wird auf diese Weise ein Effekt ausgelöst, der produktionsseitig auf kognitionsästhetischen Prozessen beruht sowie rezeptionsseitig wirksam wird und sich daher als sprachlich vermittelte Übertragung literarischer Energie beschreiben lässt (Kap. 14.4).

---

39 Diese sinnfällige Wendung stammt aus dem einem Buch der Wissenschaftshistorikerin Lorraine Daston: *Wunder, Beweise und Tatsachen. Zur Geschichte der Rationalität.* Frankfurt a. M.: S. Fischer 2001; vgl. Kap. 13.2 in diesem Band.

Teil I: **Grundlagen**

2 Zum Werk von Clemens J. Setz

In diesem einführenden Kapitel wird die bisherige Resonanz auf das Werk von Clemens Setz zunächst kompakt illustriert (Kap. 2.1), bevor klassifikatorische Ansätze und die ersten Sondierungen von literaturwissenschaftlicher Seite im Kontext dieses Bandes diskutiert werden (Kap. 2.2). Ergänzend dazu werden anschließend poetologische Ambitionen in den Blick genommen, wie sie Setz verschiedentlich selbst formuliert hat (Kap. 2.3).

Die durchaus beachtliche Publikationsliste seit dem Debüt 2007 mit bislang vier Romanen, die im Fokus der Analyse stehen, weiteren vier Bänden mit Erzählungen beziehungsweise Nacherzählungen,[40] von denen *Die Liebe zur Zeit des Mahlstädter Kindes* (2011) und *Der Trost runder Dinge* (2019) gelegentlich zur Sprache kommen werden; einem Gedichtband,[41] fünf uraufgeführten Theaterstücken,[42] einem verfilmten Drehbuch,[43] den beiden Hybridformen *Bot. Gespräch ohne Autor* (2018),[44] das zwischen literarischem Journal und Interviewband angesiedelt ist, und *Die Bienen und das Unsichtbare* (2020), das sich – vereinfacht – als erzählendes Sachbuch bezeichnen ließe, sowie zahlreichen Essays, Reportagen, Übersetzungen und Beiträgen zu Anthologien, ist zweifellos bereits als veritables und vielseitiges Œuvre zu bezeichnen. Für all das ist der noch relativ junge Österreicher zudem mit den renommiertesten Preisen ausgezeichnet worden,[45] was seine Position unter den bedeutenden Autorinnen

---

[40] Neben MK vgl. Clemens J. Setz: *Glücklich wie Blei im Getreide*. Nacherzählungen. Mit Zeichnungen von Kai Pfeiffer. Berlin: Suhrkamp 2015; ders.: *Till Eulenspiegel. Dreißig Streiche und Narreteien*. Nacherzählt und mit einem Nachwort von Clemens J. Setz. Mit Illustrationen von Philip Waechter. Berlin: Insel 2015; ders.: *Der Trost runder Dinge*. Erzählungen. Berlin: Suhrkamp: 2019 [im Folgenden zumeist: TrD].
[41] Vgl. Clemens J. Setz: *Die Vogelstraußtrompete*. Gedichte. Berlin: Suhrkamp 2014.
[42] Vgl. Clemens J. Setz: *Mauerschau*. UA: Schauspielhaus Wien, 13.01.2010. Regie: Sebastian Schug; ders.: *Vereinte Nationen*. UA: Nationaltheater Mannheim, 11.01.2017. Regie: Tim Egloff; ders.: *Erinnya*. UA: Schauspielhaus Graz, 15.11.2018. Regie: Claudia Bossard; ders.: *Die Abweichungen*. UA: Staatsschauspiel Stuttgart, 18.11.2018. Regie: Elmar Goerden; ders.: *Flüstern in stehenden Zügen*. UA: Schauspiel Graz, 19.05.2021. Regie: Anja Michaela Wohlfahrt.
[43] Vgl. Clemens J. Setz: *Zauberer*. Drehbuch (zus. mit Sebastian Brauneis und Nicholas Ofczarek) für den gleichnamigen Kinofilm unter der Regie von Sebastian Brauneis. Premiere am 24.01.2018 beim 39. Filmfestival Max Ophüls Preis in Saarbrücken.
[44] Vgl. Clemens J. Setz: *Bot. Gespräch ohne Autor*. Hg. von Angelika Klammer. Berlin: Suhrkamp 2018.
[45] Dazu zählen u. a. der Ernst-Willner-Preis beim Ingeborg-Bachmann-Wettbewerb (2008); der Literaturpreis der Stadt Bremen (2010); der Preis der Leipziger Buchmesse (2011); der Literaturpreis des Kulturkreises der Deutschen Wirtschaft (2013); der Wilhelm Raabe-Literaturpreis

und Autoren der deutschsprachigen Gegenwartsliteratur durchaus unterstreicht.

Mittlerweile interessiert sich auch die akademische Forschung für Clemens Setz, mit Poetikdozenturen samt anschließender Kolloquien in Tübingen (2015) und Bamberg (2016),[46] einem Symposium mit Vorträgen und Werkstattgesprächen im Rahmen des 28. Seminars zur österreichischen Gegenwartsliteratur im japanischen Nozawa Onsen (2019),[47] einer Gastprofessur an der Freien Universität Berlin in Verbindung mit dem Berliner Literaturpreis (2019),[48] verschiedenen Veranstaltungen wie dem „Science in Perspective-Talk" an der ETH Zürich zum Thema „Literatur und Mathematik" (2017)[49] sowie ersten Aufsätzen und Arbeiten zu bestimmten Motiven seines Schreibens, die bereits in den literaturkritischen Auseinandersetzungen anklingen.

2.1 Im Spiegel von Literaturkritik und literarischer Öffentlichkeit

Schon *Söhne und Planeten* (2007) rief enthusiastische Reaktionen hervor: „Wüsste man nicht, dass es sich um ein Debüt handelt, und wäre das Ganze nicht so frisch und unverfroren, man könnte ‚Söhne und Planeten' für ein Al-

---

(2015); der Literaturpreis des Landes Steiermark (2017) der bereits erwähnte Berliner Literaturpreis (2019), der Kleist-Preis (2020) und der Büchner-Preis (2021) sowie zahlreiche Nominierungen.
46 Die 29. Tübinger Poetikdozentur hielt Clemens J. Setz gemeinsam mit der Journalistin und Schriftstellerin Kathrin Passig vom 27.–29.11.2015; der Vortragstext erschien 2016 unter dem Titel *Verweilen unter schwebender Last*. Unter dem Titel „Jugend und Langlebigkeit von Literatur bzw. von Computerspielen" sprach Clemens J. Setz in vier Abendvorträgen im Juni/Juli 2016 an der Universität Bamberg. Die Beiträge des anschließenden Kolloquiums im Internationalen Künstlerhaus Villa Concordia sind erschienen in Hermann/Prelog (Hg.): *„Es gibt Dinge, die es nicht gibt"*.
47 Vgl. das Programm zum 28. Seminar zur österreichischen Gegenwartsliteratur unter dem Titel „Clemens J. Setz – Am Nullpunkt des Menschseins" vom 15.–17.11.2019 in Nozawa Onsen/Japan; online unter: http://www.onsem.info/seminar2016/ (25.08.2019).
48 Vgl. die Pressemeldung unter: https://www.geisteswissenschaften.fu-berlin.de/we03/media/pdf/Berliner-Literaturpreis-2019-verliehen_PM.pdf (02.03.2022).
49 Unter dem Motto „Zählen und Erzählen" erörterte Clemens J. Setz im Gespräch mit Physikern, Mathematikern und Philosophen die Rolle der Mathematik in seinen Werken sowie in der Literatur im Allgemeinen und diskutierte, inwiefern diese nur scheinbar weit voneinander entfernten Sprach- und Denksysteme eine Beziehung miteinander eingehen können. Vgl. die Ankündigung auf der Website der ETH Zürich: https://gess.ethz.ch/news-und-veranstaltungen/sip-talk/sip-talk-3.html (23.12.2019).

terswerk halten, so souverän und lässig erzählt Setz diese mitunter hochkomplexe Geschichte", urteilt Tobias Lehmkuhl in der *Süddeutschen Zeitung*.[50] Allerdings sind auch erste Einwände zu vernehmen, gegen die Strigl argumentiert: „Ja, natürlich schlägt da auch ein junger Autor, im Vollgefühl seiner Möglichkeiten, sein Rad. Aber selbst wenn er da und dort Federn lässt: Die Freude über einen, der die Literatur als ein Abenteuer riskiert, überwiegt bei Weitem."[51]

Trotz zahlreicher bedeutender Auszeichnungen und steter Aufmerksamkeit durch Feuilleton, Buchhandel und Leserschaft, der sich unterdessen auch die Literaturwissenschaft anschließt – trotz also der damit gewissermaßen verbrieften Anerkennung spiegeln sich in den Reaktionen immer wieder Ambivalenz und Unbehagen bis hin zu Ratlosigkeit und Überforderung mit häufig ausgeprägten psychischen wie physischen Folgen.[52] Schon das Debüt betreibe „Geisteskinetik",[53] heißt es in der *FAZ*; den zweiten Roman mit dem Titel *Die Frequenzen* (2009)[54] beschreibt Strigl in der *ZEIT* als „ein atemberaubendes, ein in die Magengrube fahrendes Buch".[55] An seiner „oft extravaganten, ja exaltierten Bildlichkeit" scheiden sich zunehmend „die kritischen Geister", resümiert sie später. „Fanden die einen viele Bilder verunglückt und unfreiwillig komisch,

---

50 Tobias Lehmkuhl: „Das Knie küssen. Clemens J. Setz' brillantes Debüt ‚Söhne und Planeten'", in: *Süddeutsche Zeitung* vom 04.08.2008.
51 Daniela Strigl: „Mann, Kind und Hund", in: *Die Zeit* vom 08.10.2009; online unter: https://www.zeit.de/2009/42/L-B-Setz-TAB/komplettansicht (05.08.2019). Die österreichische Literaturwissenschaftlerin und -kritikerin ist eine frühe und kontinuierliche Förderin von Setz' Schreiben; bereits 2008 lud sie ihn als Mitglied der Jury zum Ingeborg Bachmann-Wettbewerb nach Klagenfurt ein, wo er für die später in MK aufgenommene Erzählung „Die Waage" den Ernst-Willner-Preis erhielt; 2020 hat sie ihn als von der Jury der Heinrich-von-Kleist-Gesellschaft gewählte Vertrauensperson gemäß den Vergaberichtlinien in alleiniger Verantwortung zum Preisträger bestimmt und hielt die Laudatio.
52 Vgl. dazu auch die Bilanz von Maciej Jędrzejewski in seinem Beitrag „Geniekult versus Sprachkritik. Zur Rezeption vom Clemens Setz im deutschsprachigen Raum", in: Anke Bosse, Elmar Lehnhart (Hg.): *literatur JETZT. Sechs Perspektiven auf die zeitgenössische österreichische Literatur*. Klagenfurt u. a.: Ritter 2020, S. 155–185; sowie den kompakten Überblick über die kontroverse Rezeption seiner Texte im Beitrag von Helena Jaklová: „Im Prosalabor von Clemens J. Setz", in: Alexandra Millner et al. (Hg.): *Experimentierräume in der österreichischen Literatur*. Pilsen: Westböhmische Universität Pilsen: 219, S. 308–328.
53 Richard Kämmerlings: „Nur keine Einflussangst, mein Sohn", in: *Frankfurter Allgemeine Zeitung* vom 30.07.2011; online unter: http://www.faz.net/aktuell/feuilleton/buecher/rezensionen/belletristik/nur-keine-einflussangst-mein-sohn-1493153.html (14.12.2019).
54 Vgl. Clemens J. Setz: *Die Frequenzen*. Roman. München: btb ²2011 [1. Aufl. Salzburg: Residenz 2009; im Folgenden zumeist: DF].
55 Strigl: „Mann, Kind und Hund".

begeisterten sich die anderen an ihrer Originalität und Kühnheit".[56] Gereizt wird etwa in der österreichischen Wochenzeitung *Falter* von „Stilblüten und angestrengte[n] Bilder[n]" berichtet: „Alles scheint beseelt: Ein Aspirin ist ‚einsam', ein Taschentelefon ‚besorgt'".[57] Auch im *Deutschlandfunk* wird die „unablässige[ ] Produktion ungewöhnlicher Bilder und Analogien" zwar positiv hervorgehoben: „Und doch – oder gerade deswegen – hat der Roman ein Problem. Er scheint, kurz gesagt, von seiner eigenen Originalität begraben zu werden."[58]

Zu einer ähnlichen Beobachtung kommt der *Tagesspiegel* in seiner Kritik des preisgekrönten Erzählungsbandes *Die Liebe zur Zeit des Mahlstädter Kindes* (2011), die bereits vielsagend mit „Magie und Masche" überschrieben ist und anhand einer der Erzählungen einen bedenkenswerten Verdacht lanciert: In „Kleine braune Tiere" wird im Stil einer literarischen Reportage von dem fiktiven „Universalpoet[en]" Marc David Regan berichtet, der – künstlerisch wie mathematisch außerordentlich begabt – ein Computerspiel namens *„Figures in a Landscape"*[59] erfand, dessen letztes Level zumindest durch das Spiel selbst unerreichbar zu sein scheint. Dieser Umstand zog wiederum zahlreiche – ebenfalls fiktive – Studien nach sich. Eine davon trägt den Titel „Magician or Trick?",[60] was der Kritiker poetologisch liest und daher reklamiert: „Clemens J. Setz ist viel zu klug, um nicht zu wissen, dass die Frage auch an sein eigenes Werk zu richten ist."[61]

Dieser Aufforderung will der vorliegende Band mit der Analyse der vier Romane nachkommen, denn tatsächlich scheint sich eine bestimmte ‚Energieübertragung' vom Text auf die Leser:innen zu vollziehen, wenn etwa laut *NZZ* „die metaphysische Verlorenheit" in den Erzählungen „so würgend spürbar" sei.[62] Ein Effekt, der sich bei Setz' drittem Buch *Indigo* (2012)[63] noch einmal erheblich

---

[56] Strigl: „Schrauben an der Weltmaschine", S. 38.
[57] Sebastian Fasthuber: „Geklingel beim Sex und Umwege beim Eierköpfen", in: *Falter* vom 15.09.2009; online unter: https://shop.falter.at/detail/9783701715152 (14.12.2019); unter dem Titel „…Oh!" auch veröffentlicht in: *Frankfurter Rundschau* vom 25.09.2009; online unter: https://www.fr.de/kultur/oh-11525373.html (05.08.2019).
[58] Tobias Lehmkuhl: „Von Ironie durchzogen", in: *Deutschlandfunk* im Rahmen der Sendung „Büchermarkt" vom 31.08.2009; online unter: https://www.deutschlandfunk.de/von-ironie-durchzogen.700.de.html?dram:article_id=84223 (05.08.2019).
[59] Setz: „Kleine braune Tiere", S. 257.
[60] Ebd., S. 278.
[61] Schröder: „Magie und Masche".
[62] Franz Haas: „Seelenabgründe aus dem Erzählbaukasten", in: *Neue Zürcher Zeitung* vom 29.03.2011; online unter: https://www.nzz.ch/seelenabgruende_aus_dem_erzaehlbaukasten-ld.572671 (21.12.2019).
[63] Clemens J. Setz: *Indigo*. Roman. Berlin: Suhrkamp 2012 [im Folgenden zumeist: Indigo].

intensiviert: Dieser sei „eine Provokation, deren Wirkung so sicher ist wie die eines Schlags in die Magengrube", befindet *Die Zeit* einhellig mit Strigls oben genannter Formulierung über den Lektüreeffekt der *Frequenzen*, denn die „radioaktive Intensität der Geschichte" leuchte derart aus dem Text heraus, „dass dem Leser auch fast schwindelig und übel wird. Ganz ohne beklemmenden Kopfschmerz kann man das Buch jedenfalls nicht lesen".[64] Manche sehen gerade darin die besondere Qualität dieses Schreibens begründet: „*Indigo* verursacht [...] bei fortschreitender Lektüre leichte Kopfschmerzen und heftigen Schwindel", schildert die Rezensentin in der *taz* ihre Eindrücke und kommt zu dem Ergebnis: „Dass sein Text sogar den Körper der Leser erfasst, infiziert, angreift – das ist vermutlich das größte Kompliment, das man Setz machen kann."[65]

Und auch der bislang umfangreichste, vierte Roman *Die Stunde zwischen Frau und Gitarre*[66] (2015) imponiert der Kritik mit seiner „tausendseitigen synästhetischen Gehirnmassage", erneut ist in bewunderndem Tenor von „Qual" und „Zumutung"[67] die Rede sowie von einem „hinterlistige[n] Anschlag auf die seelische Unversehrtheit des Lesers".[68] Dem schließt sich auch die *Süddeutsche Zeitung* an, die den Roman in einer euphorischen Rezension als „zart-groteskes Morphing-Ballett von Wörtern, die sich unterm Bedeutungsradar in etwas anderes verwandeln", beschreibt und schließlich akzentuiert: „Kaum einem Schriftsteller gelingen so fantastische Verschaltungen von Organischem und Mechanischem, Belebtem und Unbelebten"[69] – ein Vorgang, der, wie im Folgenden herauszuarbeiten sein wird, auch magische und metaphorische Vorstellungsweisen charakterisiert (vgl. Kap. 6 und Kap. 9).

---

64 Jessen: „Kinder zum Kotzen".
65 Eva Behrendt: „Angriff auf die Vernunft", in: *taz – Die Tageszeitung* vom 15.09.2012; online unter: https://taz.de/!558475/ (14.12.2019).
66 Clemens J. Setz: *Die Stunde zwischen Frau und Gitarre*. Roman. Berlin: Suhrkamp 2015 [im Folgenden zumeist: FuG].
67 Jan Wiele: „Wer ist hier eigentlich krank?", in: *Frankfurter Allgemeine Zeitung* vom 03.09.2015; online unter: https://www.faz.net/aktuell/feuilleton/buecher/rezensionen/belle tristik/clemens-setz-die-stunde-zwischen-frau-und-gitarre-13782080.html (05.08.2019). Als „raffinierte Zumutung" wurde bereits die Lektüre der Erzählungen in MK bezeichnet, vgl. Haas: „Seelenabgründe aus dem Erzählbaukasten".
68 Richard Kämmerlings: „Der helle Wahnsinn", in: *Die Literarische Welt* vom 29.08.2015; online unter: https://www.welt.de/print/welt_kompakt/kultur/article145764922/Der-helle-Wahnsinn.html (05.08.2019).
69 Jutta Person: „Anmutige Erstarrung", in: *Süddeutsche Zeitung* vom 05./06.09.2015; online unter: https://www.sueddeutsche.de/kultur/literatur-anmutige-erstarrung-1.2634534?reduced =true (05.08.2019).

Der 2019 erschienene Erzählungsband *Der Trost runder Dinge* forderte erneut das Beschreibungsrepertoire des Feuilletons heraus: In der *Zeit* heißt es, die Erzählungen seien „verzweifelt lebendig, vertrackt, witzig, tragisch und sogar tröstlich",[70] kurzum eine „Reise auf den synästhetischen Sonderplaneten von Clemens J. Setz"[71] (*SZ*) oder auch ein „hochkomische[r] Rundgang durch den Kosmos der Zwangsstörungen"[72] (*NZZ*); der Germanist und Literaturkritiker Klaus Kastberger bilanziert: „Neue Welten der deutschsprachigen Literatur gehen auf."[73] Das bezeugen auch die Jurybegründungen der ihm zuerkannten Literaturpreise, demnach habe Setz nicht nur „in allen Großgattungen originelle Akzente gesetzt",[74] sondern „[s]ämtliche Wissensfelder scheinen hier zusammenzuströmen und neu abgemischt zu werden".[75] Von einem „sensorische[n] Wunderwerk" und einem „ein Feuerwerk an Assoziationen und Metaphern"[76] ist andernorts die Rede und immer wieder von „beängstigender Intensität und künstlerischer Autonomie",[77] von besonderer „Kühnheit" und „Eigenwillig-

---

[70] Juliane Liebert: „Amokläufer am Nordpol", in: *Die Zeit* vom 07.02.2019; online unter: https://www.zeit.de/2019/07/clemens-j-setz-der-trost-runder-dinge-erzaehlungen-rezension (19.08.2019).

[71] Birthe Mühlhoff: „Normal ist das nicht", in: *Süddeutsche Zeitung* vom 09./10.02.2019; online unter: https://www.sueddeutsche.de/kultur/deutsche-gegenwartsliteratur-normal-ist-das-nicht-1.4322595 (19.08.2019).

[72] Paul Jandl: „Die Hölle ist immer zu Hause", in: *Neue Zürcher Zeitung* vom 13.02.2019; online mit anderem Titel unter: https://www.nzz.ch/feuilleton/clemens-setz-erzaehlt-von-der-hoelle-die-immer-zu-hause-ist-ld.1458842 (19.08.2019).

[73] Klaus Kastberger: „Der blinde Fleck auf der Netzhaut", in: *Die Presse* vom 09.02.2019; online unter: https://diepresse.com/home/spectrum/literatur/5576595/Clemens-J-Setz_Der-blinde-Fleck-auf-der-Netzhaut (19.08.2019).

[74] Aus der Jurybegründung zum Berliner Literaturpreis 2019; online unter: https://www.geisteswissenschaften.fu-berlin.de/we03/media/pdf/Berliner-Literaturpreis-2019-verliehen_PM.pdf (01.03.2022).

[75] Aus der Jurybegründung zum Wilhelm Raabe-Literaturpreis 2015; online unter: http://www.braunschweig.de/literaturzentrum/literaturpreis/literaturpreis/setz_clemens.php (23.08.2019).

[76] Angela Leinen: „Lost in Natalie", in: *taz – Die Tageszeitung* vom 06.09.2015; online unter: https://taz.de/Neuer-Roman-von-Clemens-J-Setz/!5228449/ (03.05.2020).

[77] Aus der Jurybegründung zum Bremer Literaturpreis 2010; online unter: https://www.rudolf-alexander-schroeder-stiftung.de/bremer-literaturpreis/preistraeger/2010 (23.08.2019); vgl. dazu auch Jandl: „Die Hölle ist immer zu Hause": „Selten sind Débuts so eigenständig wie dieses".

keit",[78] von der Verbindung „wachste[r] Zeitgenossenschaft mit den ganz alten Fragen".[79]

Ungeachtet stilistischer Notwendigkeiten in den Belobigungen des Feuilletons und der Preisjurys artikulieren sich hier bereits die Herausforderungen für die literaturwissenschaftliche Untersuchung des gewählten Textkorpus, um den genannten Idiosynkrasien und den reichhaltigen assoziativen Verweisen in systematisierender Absicht zu begegnen, ohne sich darin zu verlieren. So wird das Spektrum möglicher Forschungsansätze in dem bereits erwähnten Sammelband zum Werk von Clemens J. Setz zu Recht mit dem pragmatischen Untertitel „Vom Erzählen des Unwirklichen" gefasst.[80] Er indiziert bereits einige grundlegende Fragestellungen: Wie lässt sich Unwirkliches wahrnehmen und literarisch mitteilen? Was daran widerspricht überhaupt unseren Realitätskonventionen und auf welche besondere Weise wird es hier erzählt? Wie kann schließlich eine wissenschaftliche Auseinandersetzung mit etwas gelingen, das außerhalb der empirischen Wirklichkeit zu liegen scheint, ja offenbar nicht mal existent ist? Im Zuge einer solchen Annäherung an den literarischen Kosmos von Clemens J. Setz sind die verschiedenen Fährten zunächst aufzunehmen und mit den Thesen dieser Studie in Beziehung zu setzen.

2.2 Klassifikatorische Überlegungen und erste Forschungsschwerpunkte

Klassifikatorische Bestimmungen sind für die Identifikation poetologischer Prinzipien unerlässlich, zumal die hier zentralen Begriffsfelder Magie und Metapher unweigerlich bestimmte stilistische und genretypologische Kennzeichen konnotieren, die es für den Textkorpus abzuwägen gilt. Hinzu kommen Verortungen anhand von intertextuellen und intermedialen Referenzen, die in den literaturkritischen wie -wissenschaftlichen Kommentaren zum Werk von Clemens J. Setz zahlreich vertreten sind und dabei, wie sich zeigen wird, bisweilen in höchst unterschiedliche Ergebnisse münden. Prämissen und Argumentationen der diversen, zum Teil erheblich konträren Gattungs- oder Genretheorien werden hier nicht aufgegriffen; diese Diskussion ist an anderer Stelle nachzu-

---

[78] Aus der Jurybegründung zum Preis der Leipziger Buchmesse in der Kategorie Belletristik; online unter: https://www.preis-der-leipziger-buchmesse.de/de/archiv/index-2 (23.08.2019).
[79] Aus der Jurybegründung zum Kleist-Preis 2020; online unter: https://www.heinrich-von-kleist.org/kleist-gesellschaft/kleist-preis/ (10.04.2020).
[80] Vgl. Hermann/Prelog (Hg.): *„Es gibt Dinge, die es nicht gibt."*

vollziehen beziehungsweise fortzuführen.[81] Im Folgenden wird es also darum gehen, Genre- und Stilfragen sowie thematische und motivische Schwerpunkte im Kontext literarischer Traditionen zu erläutern, die für die Forschungsziele dieses Bandes von Bedeutung sind.

2.2.1 Referenzräume und stilistische Merkmale

„Pedro Almodóvar meets Kafka – oder doch eher Musil?": Diese Sentenz einer quasi-textuellen Begegnung zwischen dem zeitgenössischen spanischen Regisseur Pedro Almodóvar und den beiden Schriftstellern der literarischen Moderne, Franz Kafka und Robert Musil, stammt aus der bereits zitierten Rezension von Daniela Strigl zu Setz' Roman *Die Frequenzen*, die sie an anderer Stelle sogar noch um den US-amerikanischen Filmemacher Quentin Tarantino erweitert.[82] Auf diese Weise wird Setz mit einem ästhetischen Spektrum assoziiert, auch wenn die Bezüge meistens nicht detaillierter aufgeschlüsselt werden und hier zudem strategisch offengelassen ist, welche der genannten Referenzen schlussendlich die treffendste ist.[83]

---

[81] Einen guten Überblick hierzu bieten u. a. die Arbeiten von Rüdiger Zymner: *Gattungstheorie. Probleme und Positionen der Literaturwissenschaft*. Paderborn: Mentis 2003; ders. (Hg.): *Handbuch Gattungstheorie*. Stuttgart: Metzler 2010.

[82] Eingeleitet wird die Überlegung zur künstlerischen Verwandtschaft folgendermaßen: „Das Erstaunlichste an diesem Buch ist die Kühnheit, man könnte auch sagen Unverfrorenheit, mit der ein junger Autor seine Figuren in den Erzählmarathon schickt, mit der er ihre Lebensbahnen berechnet, arrangiert und kreuzt, mit der er in einem ekstatischen Finale das Irreale triumphieren lässt." Vgl. Daniela Strigl: „Das Leben als Kettenreaktion", in: *Der Standard* vom 06.03.2009; online unter: https://www.derstandard.at/story/1234508859947/die-frequenzen-das-leben-als-kettenreaktion (19.09.2019); vgl. auch dies.: „Schrauben an der Weltmaschine", S. 38: „Kafka meets Almodovar, könnte man sagen. Oder auch: Tarantino meets Musil."

[83] Vorbehaltlich konkreter Analysen seien hier als Stichworte möglicher Gemeinsamkeiten genannt: Drastische Darstellungen erfahrener oder ausgeübter seelischer und körperlicher Gewalt unter diffusen Machtverhältnissen, Phantasiereichtum, ästhetische Opulenz und Überzeichnung durch groteske oder ironische Elemente ebenso wie Orientierungslosigkeit in einer kaum greifbaren, komplexen Welt, die sich in der Anordnung der Geschehnisse und der Gedankenführung spiegelt, weiterhin die Integration neuer Technologien und wissenschaftlicher Erkenntnisse sowie eine umfassende Intertextualität. Eine mögliche Referenz auf Musils dreibändiges Hauptwerk *Der Mann ohne Eigenschaften* liest Julian Reidy in der Figur des Walter Zmal aus den Frequenzen heraus, der sich schon aus dem heute eher seltenen Namen ergebe sowie aus gemeinsamen charakterlichen Dispositionen: „Der Musil'sche Walter oszilliert ja ebenfalls zwischen pathetischer künstlerischer Selbstüberschätzung und bürgerlich-banaler Bodenständigkeit." Ihre jeweils privilegierte Situation (Beamtenstatus resp. Kind reicher El-

Das Anführen bedeutender Persönlichkeiten und ihres Schaffens ist ein ebenso heikles wie beliebtes Mittel im literaturkritischen Bewertungsprozess und kann sich dabei für Pro- und Contra-Argumente gleichermaßen als dienlich erweisen. So lässt sich etwas die künstlerische Autonomie eines in Rede stehenden Textes mit einem gezielten Hinweis solcherart ebenso negieren wie positiv hervorheben. In jedem Fall wird damit ein etablierter ästhetischer Kosmos bestimmter Charakteristika aufgerufen und in Beziehung gesetzt, was natürlich nur dann im Sinne des Qualitätsmanagements beziehungsweise als Orientierungsangebot gelungene Wirkung entfaltet, wenn diese geschickt platziert und plausibel hergeleitet sind sowie auf Rezipient:innenseite auch in ihrer referenziellen Bedeutung verstanden werden.

„So böse wie Nabokov, so virtuos wie David Foster Wallace",[84] heißt es 2011 über Setz' ersten Erzählungsband, dessen „Radikalität einer beinahe luftdicht abgepackten Verzweiflung" es „in der Literatur zuletzt in den Jahrzehnten, bevor Setz geboren wurde", gegeben habe: „Sie steckt in den Beckettschen Mülltonnen und den letzten Erzählungen und Stücken des alten Max Frisch."[85] Auch die bereits erwähnte „metaphysische Verlorenheit"[86] in den Erzählungen teilten sich diese mit Becketts Dramen oder den Filmen von Stanley Kubrick; „Robert Walser und Franz Kafka grüßen von ferne",[87] lautet eine Beobachtung zu *Indigo*, mit Letzterem verbinde Setz ohnehin eine „spezifische Zeitgenossenschaft".[88] „Dabei haben die Texte wenig Ähnlichkeit mit der sperrigen Avant-

---

tern) wirke bei beiden „nicht beflügelnd, sondern, im Gegenteil, paralysierend." Julian Reidy: *Rekonstruktion und Entheroisierung. Paradigmen des ‚Generationenromans' in der deutschsprachigen Gegenwartsliteratur*. Bielefeld: Aisthesis 2013, S. 244 f., Anm. 19.

84 Richard Kämmerlings: „‚Quälerei? Das ist doch ganz normal'", in: *Welt am Sonntag* vom 13.3.2011; online unter: https://www.welt.de/print/wams/kultur/article12797879/Quaelerei-Das-ist-doch-ganz-normal.html (07.12.2019).
85 Iris Radisch: „Einsam sind die Hochbegabten", in: *Die Zeit* vom 10.03.2011; online unter: https://www.zeit.de/2011/11/L-B-Setz (07.12.2019).
86 Haas: „Seelenabgründe aus dem Erzählbaukasten".
87 Jan Wiele: „Die X-Akten des postmodernen Romans", in: *Frankfurter Allgemeine Zeitung* vom 20.09.2012; online unter: https://www.faz.net/aktuell/feuilleton/buecher/rezensionen/belletristik/clemens-j-setz-indigo-die-x-akten-des-postmodernen-romans-11896226.html (07.12.2019).
88 Kastberger: „Der blinde Fleck auf der Netzhaut". Bereits in seiner Laudatio zum Wilhelm Raabe-Literaturpreis hatte Kastberger über FuG erklärt: „Dieses Implodieren bzw. fast absichtslose Vergessen der erzählerisch aufgebauten Spannungen verbindet das Schreiben von Setz mit demjenigen von Kafka. [...] Nicht um den Kampf zwischen den Figuren und die Definitionsmacht über die Welt geht es, sondern um die Vermeidung des Kampfes im konkreten Gebrauch, den die Figuren Kafkas von der Welt machen. Natalie Reinegger ist eine kafkaeske und dabei vollauf gegenwärtige Heldin." Kastberger: „Being Clemens Setz. Laudatio", in: Hubert

garde à la Joyce",[89] so das Urteil über die 2019 erschienenen Erzählungen. Nach dem eingangs genannten Prinzip funktioniert dieser Vorgang auch unter umgekehrten Vorzeichen. Um zu illustrieren, dass sich Setz in seinen Erzählungen zu viel vornehme, heißt es: „Da schreibt jemand mit dem unheimlichen Wahrnehmungsexzess E. T. A. Hoffmanns über Gestalten, die in kafkaesker Verwandlung begriffen sind, wie auf einem Trip in eine Parallelwelt à la Borges."[90]

Und natürlich wird Setz in der österreichischen Literaturgeschichte verortet: Keineswegs epigonal, aber doch als „entfernter Nachfahre" der Grazer Moderne, von der er als gebürtiger und lange Zeit ortsansässiger Autor trotz des zeitlichen Abstands „einiges inhaliert" haben müsse, wird er mit dem „frühe[n], stilistisch und ästhetisch Grenzen auslotende[n]" Peter Handke in Verbindung gebracht, „wenn man an die Zielstrebigkeit und Radikalität"[91] von Setz denke; manche Erzählung wiederum erinnere an die „ungeheuerlichen Kurzgeschichten" Ilse Aichingers.[92] Der acht Jahre ältere, deutsch-österreichische Schriftsteller Daniel Kehlmann gilt vielen als Antipode, Setz sei dessen „dunkelabgründiger Widerpart",[93] „nicht so streberhaft",[94] aber doch als gleichsam literarisches Wunderkind, gerade noch im Schatten oder zumindest in der Nachfolge des

---

Winkels (Hg.): *Clemens J. Setz trifft Wilhelm Raabe. Der Wilhelm Raabe-Literaturpreis 2015*. Göttingen: Wallstein 2016, S. 14–24, hier S. 23.

89 Liebert: „Amokläufer am Nordpol". Kastberger wiederum erkennt in der engen Verschaltung von Autor und Figur in FuG eine deutliche Parallele zur extremen Fokussierung des Protagonisten im Ulysses: „James Joyce war an Leopold Bloom nicht näher dran, als es Clemens Setz an Natalie Reinegger ist." Kastberger: „Being Clemens Setz", S. 22.

90 Sandra Kegel: „Am Riesenrad des Lebens gedreht"; in: *Frankfurter Allgemeine Zeitung* vom 17.3.2011; online unter: https://www.faz.net/aktuell/feuilleton/buecher/rezensionen/belletristik/clemens-j-setz-die-liebe-zur-zeit-des-mahlstaedter-kindes-am-riesenrad-des-lebens-gedreht-1613002.html (05.08.2019).

91 Rüdenauer: „Literatur ist eine Sache der Ehrlichkeit", S. 44.

92 Klaus Kastberger: „Ich schalte das Meer aus", in: *Die Presse* vom 12.03.2010; online unter: https://www.diepresse.com/641244/ich-schalte-das-meer-aus (07.12.2019); vgl. auch ders.: „Der blinde Fleck auf der Netzhaut".

93 Elmar Krekeler: „Sieg eines Absturzers", in: *Die Welt* vom 18.03.2011; online unter: https://www.welt.de/print/die_welt/kultur/article12871925/Sieg-eines-Abstuerzers.html (07.12. 2019); vgl. auch Haas: „Seelenabgründe aus dem Erzählbaukasten", der meint, Setz sei „ein Feind des ‚neuen Erzählens'"; und auch Wolfgang Höbel schreibt, seine Geschichten wollten „in all ihrer Drastik ein Gegengift sein [...] zur Bescheidungskunst von Erfolgsschriftstellern wie Judith Hermann, Arno Geiger oder Peter Stamm". Wolfgang Höbel: „Haus der Qual. Buchkritik: Clemens J. Setz berichtet in seinem Erzählband ‚Die Liebe zur Zeit des Mahlstädter Kindes' aus einer surrealen Schreckenswelt", in: *Der Spiegel* 12/2011 vom 21.03.2011; online unter: https://www.spiegel.de/kultur/haus-der-qual-a-f3b46461-0002-0001-0000-000077531720 (08.12.2019).

94 Kämmerlings: „,Quälerei? Das ist doch ganz normal'".

„erfolgreichen Publikumslieblings" Kehlmann.[95] Zwar sei Setz „nicht so missionarisch wie Dietmar Dath", habe aber mit diesem wie mit Kehlmann die obsessive Schreibwut und „das Enzyklopädische und Superhirnhafte"[96] gemein. In puncto Innovation und Talent sei er der „Özil der österreichischen Literatur",[97] so wurde mit größtmöglicher feuilletonistischer Zuspitzung schon 2011 verkündet, als seinerzeit Mesut Özil zum Shooting Star des Fußballs avancierte. Einige Jahre später wird Setz – keineswegs despektierlich, wie der Rezensent extra betont –, als „Böhmermann unter den Autoren" bezeichnet, insofern dieser ja der „Borges unter den Moderatoren"[98] sei. Letztlich aber hätten all diese Vergleichsbemühungen, wie der Grazer Germanist Günther Höfler feststellt, wenig Aussagekraft: „Will man etwa eruieren, wie sich die Prosa von Setz zur Tradition verhält, stößt man bald an Grenzen beziehungsweise landet man in hilflosen Kohärenzsituationen". So habe ein Rezensent Setz' Roman *Die Stunde zwischen Frau und Gitarre* mit „Sprachkrise, Empiriokritizismus und allen literarischen Ansätzen von Mach bis Musil, von Bahr bis Bernhard letztlich nichtssagend verklammert".[99]

Dieser keineswegs vollständige Reigen ließe sich noch um einige Namen ergänzen, nicht zuletzt ist es Clemens Setz selbst, der hier weitere Größen in seinen Texten buchstäblich herbeizitiert oder manche der genannten als literarische Vorbilder in Interviews anführt oder bestätigt.[100] Neben den obligatorischen Zitaten und Motti zu Beginn eines Romans beziehungsweise eines Kapitels oder einer Erzählung sind es häufig genug die Figuren selbst, die insbesondere über Literatur, aber auch über Kunst, Musik, Architektur und soge-

---

95 Haas: „Seelenabgründe aus dem Erzählbaukasten".
96 Kämmerlings: „‚Quälerei? Das ist doch ganz normal'"; zu den Gemeinsamkeiten mit Dietmar Dath vgl. auch Person: „Anmutige Erstarrung".
97 Richard Kämmerlings: „Frühjahr ohne Romane?", in: *Die Welt* vom 11.02.2011; online mit leicht abgeänderter Überschrift unter: https://www.welt.de/print/welt_kompakt/kultur/article 12506061/Ein-Fruehjahr-ganz-ohne-Romane.html (07.12.2019).
98 Oliver Jungen: „Die geheime Lust der Stiefmütterchen", in: *Frankfurter Allgemeine Zeitung* vom 28.03.2019; online unter: https://www.faz.net/aktuell/feuilleton/buecher/clemens-j-setz-die-kuenstliche-intelligenz-des-autoren-15517473.html (07.12.2019).
99 Günther A. Höfler: „Harold Blooms ödipale Einflussmystik", in: Joanna Drynda et al. (Hg.): *Zwischen Einflussangst und Einflusslust. Zur Auseinandersetzung mit der Tradition in der österreichischen Gegenwartsliteratur*. Wien: Praesens 2017, S. 11–22, hier S. 19. Höfler bezieht sich auf die *FAZ*-Besprechung von Wiele: „Wer ist hier eigentlich krank?"
100 In den zahlreichen Interviews wird aber vor allem ersichtlich, dass sich Setz bei der Beantwortung der beliebten Frage nach literarischen Vorbildern nicht gänzlich festlegt, sondern durchaus immer wieder andere Namen ins Spiel bringt, was auch seine intertextuelle Schreibpraxis – trotz einiger Mehrfachnennungen – widerspiegelt.

nannte popkulturelle Phänomene reflektieren und sich darüber hinaus mit historischen, technologischen und naturwissenschaftlichen Themen befassen. Im Debütroman *Söhne und Planeten* erfährt René Templ heilende Wirkung durch die Lektüre Daniel Defoes und Anton Tschechows (vgl. dazu Kap. 7.4 und Kap. 13.1); Victor Senegger aus den *Frequenzen* wiederum hatte versucht, Kafkas unvollendete Erzählung „Der Bau" zu Ende zu schreiben; im Roman unterhalten sich zudem Walter Zmal und sein Freund Joachim über ihre Lieblingsautoren, den Comiczeichner Chris Ware und den Blog-Schriftsteller Dennis Cooper,[101] auch Shakespeare und Dave Eggers sowie Camus, Proust, Thomas Glavinic und sogar Setz selbst mit seinem Debütroman kommen darin vor. Die bereits erwähnte fußnotengespickte, reportagehafte Erzählung „Kleine braune Tiere"[102] erinnert deutlich an David Foster Wallace,[103] der häufig gemeinsam mit Thomas Pynchon zu Setz' literarischen Leitfiguren gezählt wird, was sich auch im dritten Roman *Indigo* niederschlage sowie in der auffälligen Präsenz mathematischer Überlegungen. Ezra Pounds poetologische Idee der „luminous details" sowie die von Borges entlehnten „Alephs" spielen, wie zu zeigen sein

---

101 Aufschlussreich sind die Ausführungen von Kalina Kupczyńska zu den Parallelen zwischen Chris Ware und Clemens J. Setz; vgl. Kupczyńska: „‚Einfluss' und seine Frequenzen in der Postmoderne", S. 28–31; in einem vielbeachteten Zeitungsbeitrag zu Dennis Cooper, gleichsam als Hommage zu lesen, empört sich Setz 2016 über die unrechtmäßige Löschung von dessen Blog durch *Google* und schreibt: „Wenn ich mir eines wünschen dürfte, dann wäre es, in der Literatur so furchtlos, so eisklar und beseelt zu sein wie Dennis Cooper." Clemens J. Setz: „Abschaltung einer Welt", in: *taz – Die Tageszeitung* vom 31.07.2016; online unter: https://taz.de/Dennis-Coopers-Blog-ist-offline/!5322442/ (31.05.2020).

102 Tatsächlich ließe sich die Erzählung über den fiktiven Computerspielerfinder Marc David Regan auch als ein humorvoll überzeichnetes Kompendium solcher ästhetischen Referenzen aus verschiedenen künstlerischen Sphären lesen, dem sich auch Literaturkritik und -wissenschaft häufig bedienen. Denn zur Beschreibung von Regans genialischem Schaffen werden hier u. a. aufgerufen: Konrad Bayer, Beckett, Joyce, David Foster Wallace und Thomas Pynchon, Chris Ware, Melville, Dostojewski, Kafka und Burroughs; Mozart und Bob Dylan; M.C. Escher, Bosch, Dalí und Goya; Méliès, Murnau, Fritz Lang und David Lynch. Vgl. Setz: „Kleine Braune Tiere", in: MK: 256–286.

103 Die Ähnlichkeit der literarischen Verfahrensweisen seien „nicht von der Hand zu weisen", schreibt Hermann in ihrem Beitrag „‚Es gibt Dinge, die es nicht gibt'", S. 14. Ausgiebig befasst sich Julian Reidy mit den Parallelen zwischen Setz' Figur Marc David Regan und David Foster Wallace in seinem Beitrag „Mehr als ein ‚unendlicher Spaß': Figurationen von David Foster Wallace in Clemens Setz' Erzählung *Kleine braune Tiere*. Von Interauktorialität, Intertextualität und Selbstmorden", in: *Glossen* 34 (2012); online unter: https://blogs.dickinson.edu/glossen/archive/most-recent-issue-glossen-342012/julian-reidy-glossen-34/ (19.01.2020).

wird, in *Die Stunde zwischen Frau und Gitarre* eine tragende Rolle (vgl. Kap. 10.5).

Die hier lediglich exemplarisch illustrierte umfangreiche Intertextualität, sei sie andeutungshalber oder namentlich, implizit wie explizit, faktual oder fiktional beziehungsweise sogar fingiert, ist ein typisches Merkmal von Setz' Schreiben und wäre daher eigens zu sondieren und auf ihre Funktion hin untersuchen. Unter dem Titel „Der Lesebesessene" widmet sich etwa Kay Wolfinger in seinem Beitrag den Lektüren von Clemens Setz.[104] Ob durch die konkrete Benennung oder in subtiler Anspielung beispielsweise auf W. G. Sebald, Robert Walser, Georg Trakl, Thomas Bernhard, Elfriede Jelinek, Peter Handke oder Josef Winkler, womit sich Setz überdies explizit und zumeist affirmativ in die „Reihe dieser österreichischen Literatengenealogie" stelle,[105] erwiesen sich die intertextuellen Verweise laut Wolfinger stets als funktional, nämlich sinnstiftend insofern, als sie stets den Weg zurück in Setz' eigene Texte bahnen. Zudem wirkten sie „wie Belohnungen für den findigen Leser",[106] der auf diese Weise an Setz' literarischem Projekt beteiligt werde: die „Hervorbringung einer privaten Riesenbibliothek, die in seinen Texten versteckt ist".[107]

Inwiefern die starke intertextuelle Evidenz an sich als Ausweiskriterium für eine bestimmte literarische Strömung taugt, ist Thema des nächsten Kapitelabschnitts. Im Zusammenhang damit steht das ebenfalls umfangreiche Sammelsurium von Attributen, die Auskunft über stilistische Besonderheiten und rezeptionsästhetische Effekte von Setz' Schreiben geben sollen und dabei ihrerseits potentiell auf Genretypologien verweisen. Darunter finden sich neben magisch häufig unheimlich, grausam, phantastisch und rätselhaft, avantgardistisch und surreal, aber auch abschweifend, verspielt, absurd und hochkomisch, bis hin zu allegorisch und parabelhaft, paranoid oder dystopisch und häufiger auch postmodern – die Spannbreite ist wie bei den intertextuellen Referenzen enorm groß und lässt daher vorerst nur den Schluss zu, dass die Vielzahl an teils deutlich divergierenden Beobachtungen schlicht die Reichhaltigkeit der Texte widerspiegelt. Zumindest aber offenbaren die genannten Begriffe ein Spannungsverhältnis nicht nur zur empirischer Realität, sondern auch zum literarischen Realismus und ließen sich demnach durchaus treffend unter ‚Erzählweisen des Unwirklichen' subsummieren. Immer geht es Setz dabei um spezifische Wahr-

---

104 Vgl. Kay Wolfinger: „Der Lesebesessene. Zu den Lektüren von Clemens J. Setz", in: Hermann/Prelog (Hg.): *„Es gibt Dinge, die es nicht gibt"*, S. 51–63.
105 Ebd., S. 59.
106 Ebd., S. 57.
107 Ebd., S. 62.

nehmungen von der Welt und deren literarische Darstellungsmöglichkeiten. Eke betont zu Recht, dass die „Andeutungen und Leerstellen" mit „Surrealismus – ein den Texten Setz' immer wieder zugeschriebenes Epitheton – nur insofern zu tun [haben], als man bereit ist, ‚Surrealismus' nicht einfach umstandslos mit Unverständlichem und Irrationalem gleichzusetzen, sondern, wie Setz selbst, als einen Modus der Weltbeobachtung anzuerkennen".[108]

Besonders auffallend ist dies bei den beiden Erzählungsbänden, die ein breites Repertoire stilistischer Eigenarten und thematischer Einfälle in zumeist längeren, aber auch denkbar kurzen Texten von nur einer Seite präsentieren.[109] Dass dabei nie der Hinweis auf den immensen Assoziations- und Bilderreichtum fehlt, der zum Übersinnlichen neigt, war, wie eingangs beschrieben, einer der Impulse für das vorliegende Buch. Magische und metaphorische Konzepte finden sich auf Mikro- wie auf Makroebene, strukturieren also einzelne Sätze und Passagen ebenso wie den übergreifenden erzählerischen Rahmen. Sie bestimmen den gesamten Modus des Erzählens, indem sie nicht auf die Perspektive einzelner Figuren beschränkt werden, in deren Gedanken und weitläufigen Bewusstseinsströmen sie sich zeigen, sondern auch die Stimme des Erzählers prägen. Zudem sind sie Teil der Dialogsequenzen, in denen sie zusammen mit einer bisweilen starken Mündlichkeit, darunter nicht selten Aphasien und Ellipsen, durchaus drastischen Schilderungen emotionaler Zustände sowie synästhetisch entstandenen Neologismen insgesamt den Eindruck einer permanenten Suchbewegung erwecken – es ist die Suche nach den richtigen Worten und passenden Bildern, in denen sich die Welt den Figuren mitteilt, in der Hoffnung auf eine gelingende Kommunikation und Verständigung, und zwar textintern, also der Figuren untereinander, wie textextern, mit den Leser:innen.

---

108 Eke: „Wider die Literaturwerkstättenliteratur?", S. 38.
109 Die Erzählung „Eine sehr kurze Geschichte" (in: MK: 255), in der eine Frau namens Lilly feststellt, dass ihr kleine „schmutzig rosafarbene" Flügel auf den Schulterblättern wachsen, ist tatsächlich kaum eine halbe Seite lang, ebenso „Vorgehen" (in: TrD: 156) oder die Geschichte mit dem Titel „Die zwei Tode" über eine Begegnung zwischen einem Mann und einem Salamander (in: TrD: 101). Unabhängig von ihrem Umfang konzentriert sich Setz in seinen Erzählungen zumeist auf nur ein bestimmtes Motiv beziehungsweise einen sprachlichen Einfall: „Mütter" beispielsweise handelt von Frauen, die auf der Straße ‚mütterliche' Dienste wie kochen, gemeinsam fernsehen oder ins Bett bringen gegen Geld anbieten (vgl. MK: 173–187); die Erzählung „Spam" wiederum ist ein Sprachexperiment, nämlich eine knapp achtseitige E-Mail im ungelenk-grotesken Stil einer klassischen Spam-Nachricht, mit der ein zufälliger Empfänger zu einer Geldüberweisung animiert werden soll (vgl. TrD: 148–155).

2.2.2 Traditionsanleihen und Genrefragen

Clemens J. Setz ist verschiedentlich als postmoderner Autor etikettiert worden, insbesondere aufgrund der autofiktionalen und teils unzuverlässigen Erzählhaltung im Verbund mit einer (häufig inter- oder paratextuell erzeugten) Spannung zwischen Fakt und Fiktion, die wiederum einen spielerischen Umgang mit dem fragmentarisch oder collagenhaft sowie in teils nonlinearer Anordnung präsentiertem Erzählten offenbart. Hinzukommen die Figuren, in der Regel soziale Außenseiter:innen oder jedenfalls Sonderlinge mit allerlei Idiosynkrasien, deren charakteristische Eigentümlichkeiten den Leser:innen minutiös vor Augen geführt werden und sie auf diese Weise sehr nah an der zumeist zum Scheitern verurteilten Suche nach Orientierung und Halt in einer extrem komplexen, undurchsichtigen und oft genug kaltherzigen Umgebung samt aller Sackgassen, Verirrungen und Abgründe teilhaben lässt. Was darin ‚wirklich' ist und was ‚erfunden', gehört zu den bislang häufigsten Fragen in den Auseinandersetzungen mit Setz' Texten, insbesondere aufgrund der Tatsache, dass sich der reale Autor von diesem Spiel selbst nicht ausnimmt, wie eine Erzählung aus dem 2011 erschienenen Erzählungsband auf exemplarische Weise belegt: „Das Herzstück der Sammlung", so der Titel, nämlich der in Auflösung begriffenen „Sammlung Setz" eines Literaturarchivs, ist der greise Autor selbst, der offenbar bettlägerig und in seinen verbalen Ausdrucksmöglichkeiten stark beschränkt im Halbdunkel eines sonderbaren Raums „mit melancholischem Licht" und umgeben von „größtenteils beschädigten oder verbogenen Regenschirmen" sein schwindendes schriftstellerisches Dasein fristet.[110] Mit solchen autofiktionalen Inszenierungsstrategien in der deutschsprachigen Gegenwartsliteratur befassen sich die Untersuchungen von Christian Dinger[111] und Jörg Pottbeckers.[112] Setz' dritter

---

110 Clemens J. Setz: „Das Herzstück der Sammlung", in: MK: 196–207, hier S. 205. Neben dem bei Setz beliebten Motiv des Regenschirms bietet der Text zahlreiche weitere autoreferenzielle Bezüge zur eigenen Werkbiographie, dabei häufig selbstironisch oder parodistisch überformt.
111 Vgl. Christian Dinger: „Die Ausweitung der Fiktion. Autofiktionales Erzählen und (digitale) Paratexte bei Clemens J. Setz und Aléa Torik", in: Sonja Arnold et al. (Hg.): *Sich selbst erzählen. Autobiographie – Autofiktion – Autorschaft*. Kiel: Ludwig 2017, S. 361–377; ders.: „Das autofiktionale Spiel des *poeta nerd*", S. 65–75; sowie ders.: *Die Aura des Authentischen. Inszenierung und Zuschreibung von Authentizität auf dem Feld der deutschsprachigen Gegenwartsliteratur*. Göttingen: V&R unipress 2021 (zugl. Diss. Univ. Göttingen), bes. Kap. 3.4.2 zu Clemens Setz.
112 Vgl. Jörg Pottbeckers: *Der Autor als Held. Autofiktionale Inszenierungsstrategien in der deutschsprachigen Gegenwartsliteratur*. Würzburg: Königshausen & Neumann 2017, insb. S. 190–198.

Roman *Indigo* dient beiden als ein Beispiel (neben anderen) für eine stark zunehmende Fiktionserweiterung in aktuellen Erzähltexten.[113] Dinger konzentriert sich zunächst auf die literaturgeschichtlich verbürgte Namensgleichheit von Autor, Erzähler und Figur.[114] Diese sei nicht nur als Hinweis auf eine autobiographische (Teil-)Identität zu werten, sondern als ausschlaggebendes Textmerkmal autofiktionaler Strategien, die er sodann auf die Eignung des Begriffs ‚Paratext' nach Genette im Kontext der „grenzüberschreitenden Fiktionsspiele in der Gegenwartsliteratur" hin diskutiert.[115] Ziel seines Beitrags ist es, zu zeigen, wie „mithilfe von werkinternen und werkexternen, scheinbaren und tatsächlichen, digitalen und analogen Paratexten eine Ausweitung der im Haupttext konzipierten Fiktion"[116] betrieben wird. Im Falle von *Indigo* akzentuiert Dinger das Zusammenspiel aus „(fingierten) Paratext[en]" im Rahmen des Buches, deren „künstlerische Intention sehr deutlich erkennbar ist", und den „(digitalen) Epitext[en]", bei denen es sich „zunächst nur um ein verlagsökonomisches Marketinginstrument zu handeln" scheint, wie etwa zwei eigens geführte ‚Werkstattgespräche' zum Roman mit dem Autor für die Website des Verlags.[117] Beides sei aber, so Dinger, einer stark erweiterten Fiktionalitätskonzeption zuzurechnen, weil nahegelegt werde, dass erzählte und tatsächliche Realität inei-

---

113 Vgl. Dinger: „Die Ausweitung der Fiktion", S. 362.
114 Im Kontext einer angeregt geführten Forschungsdebatte zur Autofiktion in der Gegenwartsliteratur sei hier verwiesen auf Studien zu Dantes Divina Commedia; vgl. den Beitrag von Frank Zipfel: „Autofiktion. Zwischen den Grenzen von Faktualität, Fiktionalität und Literarität?", in: Simone Winko et al. (Hg.): *Grenzen der Literatur. Zum Begriff und Phänomen des Literarischen*. Berlin, New York: De Gruyter 2009, S. 285–314.
115 Dinger: „Die Ausweitung der Fiktion", S. 377, mit Bezug auf Gerard Genette: *Paratexte. Das Buch vom Beiwerk des Buches*. Frankfurt a. M.: Suhrkamp 2001. Vgl. auch Philippe Lejeune: *Der autobiographische Pakt*. Frankfurt a. M.: Suhrkamp 1994; und Serge Doubrovsky: „Nah am Text", in: Alfonso de Toro, Claudia Gronemann (Hg.): *Autobiographie revisited. Theorie und Praxis neuer autobiographischer Diskurse in der französischen, spanischen und lateinamerikanischen Literatur*. Hildesheim u. a.: Olms 2004, S. 117–128; sowie die Arbeiten von Martina Wagner-Egelhaaf, u. a. die Monographie zum Thema *Autobiographie*. Stuttgart, Weimar: Metzler ²2005, und ihre Einleitung „Was ist Auto(r)fiktion?" zu dem von ihr herausgegebenen Sammelband: *Auto(r)fiktion. Literarische Verfahren der Selbstkonstruktion*. Bielefeld: Aisthesis 2013, S. 7–21.
116 Ebd., S. 364.
117 Vgl. das Interview mit Clemens J. Setz sowie das Werkstattgespräch zur Gestaltung des Buches mit Judith Schalansky auf der Website des Suhrkamp Verlags unter https://www.suhrkamp.de/mediathek/clemens_j_setz_ueber_seinen_roman_indigo_interview_548.html und https://www.suhrkamp.de/mediathek/clemens_j_setz_und_judith_schalansky_im_gespraech_571.html (18.11.2019).

nander fallen.[118] Dieses „Spiel mit den Authentizitätserwartungen des Publikums"[119] durch gezielte Selbstinszenierungspraktiken diene Setz und anderen Gegenwartsautor:innen einerseits dazu, sich dem noch immer virulenten Diktum Roland Barthes' vom ‚Tod des Autors' entgegenzustellen, und sei zum anderen als Reaktion auf die komplexen, teils voyeuristisch, teils ökonomisch motivierten Anforderungen an Präsenz und Präsentation von Autor:innen in Medien und Öffentlichkeit zu werten. „Der Austragungsort ist dabei ihr ureigenes Kommunikationsmedium: der literarische Text."[120]

Unter dem Stichwort „Irreale Autofiktion" siedelt Pottbeckers seine Ausführungen über *Indigo* zwischen Texten von Jorge Luis Borges und Irmtraud Morgner an. Diktion und Argumentation seiner Analyse suggerieren dabei durchaus Vorbehalte gegenüber der literarischen Konstruktion des Romans, der eine „regelrecht aberwitzige autofiktionale Dopplung" generiere: „Der reale Setz schreibt mit *Indigo* einen Roman mit einer Hauptfigur Setz, die wiederum eine Geschichte schreibt, in der die Figur Setz auftaucht: eine Autofiktion *in* einer Autofiktion."[121] Nach der Darlegung dieser „literarisch wie medial vielschichtigen"[122] autofiktionalen Inszenierungs- und Authentifizierungsstrategien des Romans münden Pottbeckers Beobachtungen in der These, dass die vermittelte habituelle und „vor allem physisch wenig schmeichelhafte"[123] Ähnlichkeit zwischen dem empirischen Autor Clemens J. Setz und der gleichnamigen fiktionalen Figur des Romans einen literarischen „Antiheld[en] an der Grenze zur Paro-

---

118 Vgl. Dinger: „Die Ausweitung der Fiktion", S. 372.
119 Ebd., S. 67.
120 Ebd., S. 65. Diese durchaus zutreffenden Beobachtungen beruhen wiederum auf literaturbegrifflichen Implikationen, denn: „Fragwürdig werden die Grenzen der Texte generell: Prinzipiell können die Identitätsbedingungen von Texten nicht angegeben werden, und es lässt sich nicht begründen, was zu einem Text gehört und welche Beziehungen über ihn hinausgehen. Festlegungen von Textgrenzen sind immer Setzungen, ergeben sich mithin nicht aus den Texten selbst. Als gegeben angenommen wird allein ein universaler – verborgen sinnstiftender – textueller Zusammenhang." Fotis Jannidis, Gerhard Lauer, Simone Winko: „Einleitung: Radikal historisiert: Für einen pragmatischen Literaturbegriff", in: dies. (Hg.): *Grenzen der Literatur. Zu Begriff und Phänomen des Literarischen*. Berlin, New York 2009, S. 3–37, hier S. 9.
121 Pottbeckers: *Der Autor als Held*, S. 192. An Begriffen wie „vorgaukeln" (S. 190) und „abdriften" (S. 191), „unmotiviert" (ebd.) und „schnöde" (S. 193) zeigt sich ein gewisses Missfallen, zumal der Roman „fraglos" einen „merkwürdigen Humor" (S. 191, Anm. 605) habe, wie Pottbeckers in den Anmerkungen schreibt, wo sich eigentümlicherweise denn auch der gewichtige Hinweis auf die These seiner Arbeit findet, „dass Setz' narrative Strategien seinen Indigo ganz offensichtlich verdorben haben". (S. 195, Anm. 617)
122 Ebd., S. 190.
123 Ebd., S. 197.

die und Karikatur"[124] entwerfe, worin Pottbeckers zugleich einen besonderen Autofiktionstypus ausmacht, den er im Anschluss an Setz mit Texten von Bret Easton Ellis, Michel Houellebecq und Thomas Glavinic zu vertiefen sucht. Unabhängig von persönlichen Beurteilungen, wie sie Pottbeckers bisweilen anklingen lässt, ist die unverkennbar humoristische Komponente, die Setz' Schreiben von heiter über albern bis grotesk durchwirkt und daher die ständig präsente, gewissermaßen komplementäre Größe zum Ernst des Abgründigen, Unheimlichen und Verzweifelten bildet, auch bei der anstehenden Analyse magisch-metaphorischer Strukturen im Auge zu behalten (vgl. Kap. 9.3). Überdies ist die mal explizite, mal implizite Anwesenheit einer offenbar stets involvierten Autorpersona narratologisch bemerkenswert, weil sie den kognitiv evolvierten Nachvollzug der Geschehnisse im Rahmen der *Theory of Mind* zwar nicht gänzlich verhindert, aber deren eindeutige Zuordnung und Zuverlässigkeit konstant erschwert (vgl. Kap. 10.2.).

Für das literarisch erzeugte Spannungsfeld zwischen Fakt und (Auto-)Fiktion interessiert sich auch die Germanistin und Übersetzerin Ayano Inukai in ihrem Beitrag „Lügende Figuren", der sich ebenfalls mit *Indigo* befasst. Wie Dinger bezeichnet auch Inukai den deutlich spürbaren Einfluss digitaler Medien- und Kommunikationsmittel als bedeutsam für die Präsenz verschiedener „Figurationen des Ichs"[125] in literarischen Texten der Gegenwartsliteratur. Ihr spezifisches Interesse gilt aber Setz' sprachlich-literarischen Grenzgängen, die sie in Auseinandersetzung mit Wittgensteins Überlegungen zu den Grenzen der Sprache aus dem *Tractatus logico-philosophicus* diskutiert – eine poetologisch

---

124 Ebd., vgl. auch S. 191, S. 195 f. Vgl. weiterhin dazu Dinger: „Das autofiktionale Spiel des *poeta nerd*", S. 71 f., der darin ein poetologisches Selbstverständnis erkennt: „Das Installieren einer Autorfigur, deren Charakterisierung, Verhalten und Äußerungen direkt mit dem empirischen Autor in Verbindung gebracht werden, kann man in diesem Sinne ohne Zweifel zu den stärksten Mitteln schriftstellerischer Selbstinszenierung zählen. In den autofiktionalen Texten von Clemens Setz wird ganz deutlich ein bestimmtes Bild, das in der Öffentlichkeit vom Autor existiert, aufgegriffen und teilweise verstärkt, teilweise ironisiert. Es handelt sich dabei um das Bild des verschrobenen Außenseiters, der Schwierigkeiten damit hat, mit seinem sozialen Umfeld zu interagieren." Vgl. auch ders.: *Die Aura des Authentischen*, bes. S. 228–231.

125 Ayano Inukai: „Lügende Figuren – Überlegungen zum Verhältnis von Fakten und Fiktionen im Roman *Indigo* von Clemens J. Setz und dem frühen Wittgenstein", in: *Beiträge zur österreichischen Literatur* 34 (2018), S. 12–23, hier S. 12; vgl. auch dies.: „Clemens J. Setz und seine Grenzen der Sprache", in: *Jimbun-Gakuho. The Journal of Social Sciences and Humanities. German Studies* 513–514 (2017), S. 101–111. Für ihre Übersetzung von *Indigo* ins Japanische hat sie gemeinsam mit dem Autor den Merck-Kakehashi-Literaturpreis 2018 erhalten. Vgl. die Pressemeldung des Goethe Instituts Tokyo; online unter: https://www.goethe.de/resources/files/pdf161/pressemitteilung_merck-mit-fotos_1dt.pdf (23.05.2019).

höchst ergiebige Konfrontation, auf die im Rahmen der Analyse (vgl. insb. Kap. 9.4) und schließlich auch im Ergebnisteil konkreter eingegangen wird (vgl. Kap. 14.3).

Als weiteres Indiz für postmodernes Schreiben gilt eine „schamlose Lust am Zitat",[126] die sich eklektisch und bisweilen ironisch durchwirkt alles bisher Dagewesene einverleibt und mit gegenwärtigen Settings und kulturellen Codes vermischt, um letztlich auf paradigmatische Verunsicherungen und die ‚Krise des Subjekts' zu verweisen. Doch obwohl diese Beobachtungen durchaus auf Setz zutreffen, ist hier aus textspezifischen Gründen, aber auch schon aufgrund prinzipieller Bedenken gegenüber der ohnehin heiklen und womöglich längst überwundenen Kategorie des Postmodernismus Zurückhaltung geboten.[127] Denn das intertextuelle Spiel „schmälert", so Strigl über *Die Frequenzen*, „keineswegs die ästhetische Autonomie des Textes. Früher hätte man es leicht abfällig *postmodern* genannt, wenn ein Roman mit Motti prunkt und erfundene Werke und Briefe erfundener Dichter enthält."[128] Und auch Kastberger markiert den Begriff als überholt, wenn er über Setz schreibt: „Als das Universum an Zitaten, das uns umgibt, noch etwas ungewohnter war, hätten wir die Art und Weise, in der der Autor schreibt, wohl ‚postmodern' genannt. Heute scheint die Reaktivierung kultureller Versatzstücke so üblich, dass es dafür einen gesonderten Begriff nicht mehr braucht."[129]

Alessandra Goggio stellt in ihrem Beitrag gar die Frage nach einer „Überwindung der Postmoderne", lenkt aber ihren Fokus gleich zu Beginn auf eine neue Phase postmoderner deutschsprachiger Literatur statt auf einen massiven Bruch mit dieser. Anhand von *Indigo* und Wolf Haas' 2012 erschienenem Roman *Die Verteidigung der Missionarsstellung*, die sie beide als „Gipfel der postmodernen Literatur deutschsprachiger Herkunft" bezeichnet und ihnen zuschreibt, „einen neuen Weg für eine ethischere und dynamischere Variante einer (Post-) Postmoderne"[130] zu bahnen, will sie zeigen, wie beide in Anknüpfung an die

---

126 Strigl: „Schrauben an der Weltmaschine", S. 38. Vgl. grundlegend mit entsprechenden Literaturhinweisen dazu Hans Ulrich Gumbrecht: [Art.] „Postmoderne", in: *Reallexikon der deutschen Literaturwissenschaft*. Neubearbeitung des *Reallexikons der deutschen Literaturgeschichte*. Hg. von Klaus Weimar et al. Bd. 3: P–Z. Berlin, New York: De Gruyter ³2007, S. 136–140.
127 Vgl. dazu etwa Terry Eagleton: *Die Illusionen der Postmoderne. Ein Essay*. Stuttgart, Weimar: Metzler 1997.
128 Strigl: „Schrauben an der Weltmaschine", S. 38.
129 Kastberger: „Ich schalte das Meer aus".
130 Alessandra Goggio: „Eine Überwindung der Postmoderne? Neue Tendenzen der österreichischen Literatur am Beispiel von Clemens J. Setz und Wolf Haas", in: Olivia C. Díaz Pérez et

österreichische Literaturtradition ihre Leser:innen mit einem ausgeklügelten Spiel zwischen Fakt und Fiktion nicht mehr „zum zweite[n] Autor", sondern „zum Lektor" ihrer Texte machen und ihnen infolgedessen mit Umberto Eco eine geradezu „enzyklopädische Kompetenz"[131] abverlangten. „Die Aufgabe der Literatur in der Post-Postmoderne-Ära besteht in der Widerspiegelung der Welt nicht wie sie ist, sondern wie sie ‚gemacht' und ‚mitgeteilt' wird", konstatiert Goggio und sieht darin eine veränderte Position post-postmoderner Autor:innen, die ihr Spiel mit der Tradition gleichsam mit einem „didaktischen Substrat" beladen, das zur „‚Erziehung' des Publikums dient".[132] Während Letzteres Setz geradezu in die Nähe programmatischer Forderungen von Lessing bis Brecht zu rücken scheint, wird in diesem Band seine poetologische Position nicht als didaktisch, sondern vielmehr als epistemisch motiviert beschrieben. Zuzustimmen ist Goggio in der Diagnose, dass in Setz' Texten Reflexionen über die ‚Gemachtheit' der Welt eine bedeutende Rolle spielen, insofern sprachlich innovative Wege ihrer Mitteilbarkeit genommen werden.

Es gibt allerdings, neben den positiven Befunden und einer möglicherweise tatsächlich zunehmenden, demnach schon post-postmodernen Routiniertheit, weitere Gründe, Setz' Schreiben nicht diesem mittlerweile zwielichtig erscheinenden Etikett zu überlassen. Denn trotz nachweislicher Traditionsanleihen aus Romantik und (Wiener) Moderne sowie gelegentlich bestimmten genretypischen Merkmalen der Phantastik und Science-Fiction sind Setz' Texte von experimenteller Seriosität statt dekadentem *Ennui* gekennzeichnet. Zugleich zeugen sie eher von humanistischem Humor statt eskapistischer Ironie, um nur zwei der gängigen Kriterien – oder vielmehr: Vorbehalte aufzugreifen. Und auch das reichhaltige ‚Universum an Zitaten' weist Setz eher als einen enthusiastischen und dabei respektvollen ‚Vielleser' aus denn als zweckorientierten, gar klitternden Spieler. Insofern ist mit Iris Hermann zu konstatieren: „Das Schreiben von Clemens J. Setz ist nicht einfach postmodern zu nennen. Es hat Verfahren, die ähnlich erscheinen, aber sie haben auch ein besonderes Beharrungsvermögen, das sich an Traditionen orientiert, die viel weiter zurückreichen."[133]

---

al. (Hg.): *Deutsche Gegenwarten in Literatur und Film. Tendenzen nach 1989 in exemplarischen Analysen*. Tübingen: Stauffenburg 2017, S. 29–45, hier S. 30.

131 Ebd., S. 33; auch als „semantische Kompetenz" bezeichnet, vgl. Umberto Eco: *Lector in fabula. Die Mitarbeit der Interpretation in erzählenden Texten*. München, Wien: dtv 1987, S. 94 f. Aus kognitiver Perspektive wird darunter zumeist das breite Spektrum von sprachlich (im Sinne linguistischer Kenntnisse und Fähigkeiten), literarisch, historisch (im Rückgriff auf Weltwissen) und intertextuell gefasst.

132 Ebd., S. 34.

133 Hermann: „‚Es gibt Dinge, die es nicht gibt'", S. 15.

Unter diese Feststellung fällt auch der Einsatz der hier zentralen Konzepte Magie und Metapher, die eben nicht bloß als ‚kulturelle Versatzstücke' vergangener Epochen oder bestimmter Genres beziehungsweise Stilrichtungen aktualisiert werden, sondern einen autonomen Status als literarische Wahrnehmungs- und Darstellungsformen erhalten. So ist das Unheimliche, wie die Analyse darlegen wird, nicht nur in *Indigo* prägendes Gestaltungsmerkmal, sondern findet sich in verschiedensten Facetten in fast allen Romanen und Erzählungen und bildet insofern eine Klammer zwischen dem ästhetischen Programm der Romantik und den psychoanalytischen Reflexionen der Moderne. In den literaturkritischen Kommentaren findet dieser Umstand häufig in den Bezeichnungen ‚(schauer-)romantisch' oder ‚phantastisch' Resonanz.[134] Auch die Literaturwissenschaft erkennt „[r]omantische Topoi und Intertexte", auf die beispielsweise Florian Lehmann anhand der Schilderung eines Traums aus den *Frequenzen* verweist, darunter „das Bergwerk als Ort des seelisch Unbewussten, der Golem-Mythos, E. T. A. Hoffmanns „Der Sandmann" (1816) und Doppelgängerfiguren"[135] (vgl. dazu Kap. 9.3.2). Als Verarbeitung eines romantischen Ideals ließe

---

134 Mit Bezug auf die fiktive Kalendergeschichte Hebels in *Indigo* vermerkt etwa Eva Behrendt in ihrer Rezension „Angriff auf die Vernunft", Setz stelle sich damit „in die Tradition des romantischen Projekts, hinter dem empirisch Erfahrbaren das Abgründige und Abweichende zu erkennen. Die Indigo-Kinder, deren Existenz außerhalb des Romans nur in Esoterik-Foren diskutiert wird, sind dafür die ideale Metapher: Wer durch sein Auf-der-Welt-Sein den anderen und selbst seinen Liebsten schadet, muss der einsamste Mensch auf der Welt sein." Verena Auffermann erklärt den Roman u. a. zu einer „literarische[n] Auseinandersetzung [...] mit dem großen Einfluss des Fantastischen auf das Innenleben des Menschen. Wie die Romantiker von der blauen Blume, so sind die Menschen [im Roman, d. Verf.] von einer indigoblauen Aura umgeben." Verena Auffermann: „Die Gefahr der seelischen Überlastung", in: *Deutschlandradio Kultur* vom 08.10.2012; online unter: https://www.deutschlandfunkkultur.de/die-gefahr-der-seelischen-ueberlastung.950.de.html?dram:article_id=223593 (31.05.2020). Jessen sieht in Setz' autofiktionalem Spiel eine Parallele zum „Ideal romantischer Fiktionsironie" eines E. T. A. Hoffmann, allerdings in radikalerer Form; Jessen: „Kinder zum Kotzen"; ähnlich argumentierte Platthaus mit Bezug auf Setz' Erzähltechniken; vgl. Andreas Platthaus: „Es geht ums nackte Überleben", in: *Frankfurter Allgemeine Zeitung* vom 07.08.2012; online unter: https://www.faz.net/aktuell/feuilleton/buecher/vorschau-auf-den-literaturherbst-es-geht-ums-nackte-leben-11845777.html (05.08.2019); auch Wiele macht für *Indigo* Anleihen u. a. „aus der Schauerromantik" geltend; Wiele: „Die X-Akten des postmodernen Romans"; während Böttiger die Orientierung an einer „romantisch-vertrackten Erzähltradition" wiederum bestreitet und Indigo stattdessen als „Fantasy-Roman" mit Hang zum „Nerdhafte[n]" bezeichnet; Helmut Böttiger: „Batman, du hast recht", in: *Süddeutsche Zeitung* vom 14.09.2012.
135 Florian Lehmann: „Rauschen, Glitches, non sequitur. Clemens J. Setz' Poetik der Störung", in: Hermann/Prelog (Hg.): „*Es gibt Dinge, die es nicht gibt*", S. 119–137, hier S. 127. Vgl. dazu die entsprechende Textpassage in DF: 107.

sich auch die ‚weltumspannende' und synästhetische Wahrnehmung auffassen, wie die Natalie Reineggers in *Die Stunde zwischen Frau und Gitarre*, die sich damit immer wieder in Richtung Subjektauflösung bewegt[136] (vgl. Kap. 10.2 und Kap. 12.3). Diese Sehnsucht, der realen Welt zumindest zeitweise zu entkommen und sich stattdessen in eine der ihr angenehmer erscheinenden Parallelwelten zu flüchten, von deren Existenz sie ohnehin überzeugt ist und in denen alles mit allem verbunden ist, stellt sich zumeist dann ein, wenn sie sich von ihrer alltäglichen Umgebung überfordert, befremdet oder missverstanden fühlt, sich keinen Reim auf die Vorgänge und Verhältnisse machen kann. Dabei vermag sie die Errungenschaften moderner Technologien und sonstiger Hilfsmittel effektiv für ihre Zwecke einzusetzen. Auch in den vorherigen drei Romanen steht die enthusiastisch-affektive Hinwendung zur Natur, zu Tieren[137] und Pflanzen, ganzen Landschaften, Himmelserscheinungen oder Wetterphänomenen, die in ihren anthropomorphen oder geisterhaften Beschreibungen beseelt und häufig geradezu sublim erscheinen (vgl. Kap. 9.3.3), nicht grundsätzlich im Widerspruch zu den Vorteilen einer rational und physikalisch erklärbaren oder technisch beherrschbaren Welt. Es gibt daher auch keine konsequente Zurückweisung der materialistischen Beschaffenheit zugunsten einer metaphysisch-transzendentalen beziehungsweise werden vielmehr Wahrnehmung und Ästhetik beispielsweise digitaler (Computer-Spiel-)Welten sowie deren Praktiken und Prozesse auf ganz ‚natürliche' Weise integriert. Nico Prelog bezeichnet diesen „spielerischen Zugang zur Wirklichkeit" als „*Gamification*", das heißt als Übertragung virtueller (Spiel-)Elemente und -prinzipien auf reale Begebenheiten, die die herkömmliche Grenzen zwischen Simulation und wirklicher Erfahrung verwischen lässt, wenn nicht gar aufhebt (vgl. dazu auch Kap. 2.3.1).[138]

---

136 Vgl. dazu den lesenswerten Beitrag von Setz' Schriftstellerkollegen Frank Witzel: „Auf der Suche nach der Subjektlosigkeit. Natalie Reineggers Welt der Sphären und Blasen", in: Winkels (Hg.): *Clemens J. Setz trifft Wilhelm Raabe*, S. 47–58.
137 In Anbetracht der „tiersensible[n] Lektüren", die Setz in seinen Texten präsentiere, komme man nicht umhin, darin „eine Selbstbeschreibung und -reflexion des eigenen Werks mitzulesen, in der eine Poetik der Ambivalenz, Rätselhaftigkeit und existentiellen Bedrohung verdichtet zum Ausdruck kommt." Aus Sicht der sogenannten Animal Studies seien Tiere für Setz „offensichtlich ein prädestiniertes Themen- und Motivreservoir", schreibt Jonas Meurer in seinem Beitrag „Tiersensible Lektüren des Werks von Clemens J. Setz", in: Hermann/Prelog (Hg.): *„Es gibt Dinge, die es nicht gibt"*, S. 205–224, hier S. 210. Vgl. auch ders.: „Tierversuche und Versuchstiere in Clemens J. Setz' Indigo (2012)", in: Björn Hayer, Klarissa Schröder (Hg.): *Tierethik transdisziplinär. Literatur – Kultur – Didaktik*. Bielefeld: Transcript 2018, S. 269–279.
138 Nico Prelog: „Computerspiele im Werk von Clemens J. Setz", in: Hermann/ders. (Hg.): *„Es gibt Dinge, die es nicht gibt"*, S. 91–106, hier S. 98. Vgl. dazu auch den Beitrag von Gudrun

Wiederkehrendes Thema ist in der Tat das Ringen des Individuums um Orientierung und Bestehen in einer immer komplexer werdenden Welt mit ihren sozialen Herausforderungen zwischen Isolation und permanenter Bedrängnis. Hierin mag man Anschluss an die ausufernden seelischen Erkundungen der Wiener Moderne finden, die Setz seinen Figuren angedeihen lässt; im Zuge dessen wird auch die exponierte Vater-Sohn-Thematik in den ersten beiden Romanen vor dem Horizont einer psychoanalytisch inspirierten Einflussangst gelesen. Ebenfalls ließen sich hier die häufigen Schilderungen von Träumen und Visionen, Ängsten und Zwangsneurosen, Sex- und Gewaltphantasien einreihen; viele der Figuren befürchten, wahnsinnig zu werden, und steigen – metaphorisch lesbar – hinab ins Unbewusste, nämlich in den Keller (wie René Templ in SuP, vgl. Kap. 7.4; oder auch Georg Kerfuchs in DF, vgl. Kap. 8.2), ins „Souterrain" (wie Natalie Reinegger in FuG; vgl. Kap. 10.5) oder in unterirdische Tunnelsysteme (wie die flüchtenden Männer aus Robert Tätzels Vision in *Indigo*; vgl. ebd.: 110–112), wo sie auf Erlösung hoffen, manchmal aber nur das noch viel größere Grauen entdecken, wie Templs plötzliche Schrumpfung, den Riss im Hause Kehrfuchs oder den lebenslang eingesperrten, kläglich krähenden Hahn im Nachbarskeller von Robert Tätzels Eltern, dessen Namen er wie ein bedeutendes Geheimnis hütet (vgl. Indigo: 239 f.).[139]

Schließlich sind gleich mehrere der Romane teilweise oder überwiegend in einer Form von ‚Anstalt' angesiedelt: Alexander Kehrfuchs ist, gerade noch und durchaus widerstrebend, Altenpfleger, die Therapeutin Valerie Messerschmidt leitet ein „Institut für Lebensführung" (DF: 47), der Lehrer Clemens J. Setz unterrichtet die Indigo-Kinder im eigens eingerichteten Helianau-Institut, Robert Tätzels Onkel lebt seit Jahrzehnten mit einem Zählzwang in der Psychiatrie, und Natalie Reinegger betreut psychisch Kranke in einem privaten Wohnheim namens „Villa Koselbruch" – neben der „dumme[n], mittelgroße[n] Zwischendingstadt" Graz (FuG: 58) sind solche Institutionen eine Konstante, die sich mit

---

Heidemann: „,The Gadget Lover' – Rauschen, Echos und Phantome in Die Stunde zwischen Frau und Gitarre" im selben Band, S. 181–203.
139 Über den 2019 erschienenen Erzählungsband schreibt Kastberger: „Rätselhaftigkeit und Unheimlichkeit entstehen im ‚Trost der runden Dinge' durchaus noch in den Mitteln und im Zitat der klassischen Moderne. Allerdings tritt etwas hinzu: nämlich ein unmittelbarer Zugriff auf Phänomene der Krankhaftigkeit, den Clemens J. Setz wohl auch von seinen amerikanischen Vorbildern, Philip K. Dick und Stephen King, nimmt. So sprechen seine Geschichten es selbst aus: Ihre Figuren sind ‚krank' oder ‚geisteskrank'". Kastberger: „Der blinde Fleck auf der Netzhaut".

Foucault diskursanalytisch als Heterotopie deuten ließe.¹⁴⁰ Für Goggio zeichnen diese Anstalten in der Umkehrung ihrer traditionsreichen literarischen Motivik von Thomas Mann, Günter Grass und Thomas Bernhard bis in die Gegenwart zu Michael Kumpfmüller, Joachim Meyerhoff und David Wagner in Setz' Werken „ein allegorisches Portrait einer ‚kranken' Gesellschaft", deren „Verkommenheit zu einer von Gewaltverhältnissen durchdrungene[n] Sozialität" gleichsam „das Motto der Postmoderne, nämlich jene ‚anything-goes'-Poetik, zum Prinzip seiner Konstruktion und Dekonstruktion" erhebe.¹⁴¹ Dass es sich dabei weniger um postmoderne Inszenierungen des Beliebigen handelt, wie oben bereits erläutert wurde, sondern vielmehr um die kognitionsästhetisch präzise Darstellung von Erfahrungen mit opaken Machtstrukturen, stellt Goggio im Fortgang ihrer Argumentation selbst heraus: „Ohne dass es an der architektonischen Struktur klar ablesbar wird, zeugen solche Institute schon beim ersten Blick metonymisch von ihrer heterotopischen Natur, die sie als Orte, an denen Gewalt ausgeübt wird, sofort erkennen lässt."¹⁴² Wie sich schließlich – und meistens zu spät – zeigt, ist es nicht die unheimliche, weil grenzlos erscheinende Beschaffenheit der Institutionen an sich, die die Figuren ängstigt, sondern die „Ritualität"¹⁴³ des Personals und der Bewohner:innen dieser Mikrokosmen, die „als Sinnbilder einer neuen institutionalisierten Gewalt" fungierten, „die immer hinter den Kulissen und im Namen höherer Mächte auf perfide[ ] und oft unsichtbare[ ] Weise ausgeübt wird".¹⁴⁴ Durch ihre präzise sprachliche Vermittlung

---

140 Heterotopien sind nach Foucault institutionalisierte Räume oder Orte, die bestimmten Regeln unterworfen sind und somit eine Gesellschaft strukturieren; an deren Rändern fungieren sie einerseits als Orte der Krise, in denen normabweichende Individuen versammelt und von den Herrschenden kontrolliert werden, andererseits bieten sie die Möglichkeit zu Reflexion und Widerspruch; vgl. Michel Foucault: „Die Heterotopien" (1966), in: ders.: *Die Heterotopien. Der utopische Körper. Zwei Radiovorträge*. Berlin: Suhrkamp 2013, S. 7–22. Einschlägige Beispiele aus der Literaturgeschichte wären neben dem 1924 erschienenen Roman *Der Zauberberg* von Thomas Mann auch Robert Musils *Die Verwirrungen des Zöglings Törleß* (1906) sowie Robert Walsers *Jakob von Gunten* (1909), den Campe als „Institutionenroman" bezeichnet; vgl. Rüdiger Campe: „Robert Walsers Institutionenroman Jakob von Gunten", in: Rudolf Behrens, Jörn Steigerwald (Hg.): *Die Macht und das Imaginäre. Eine kulturelle Verwandtschaft in der Literatur zwischen Früher Neuzeit und Moderne*. Würzburg: Königshausen & Neumann 2005, S. 235–250.
141 Alessandra Goggio: „Unheimliche Heime. Die Heilanstalt als Ort der Gewalt im Werk von Clemens J. Setz", in: Hermann/Prelog (Hg.): *„Es gibt Dinge, die es nicht gibt"*, S. 139–156, hier S. 141.
142 Ebd., S. 144.
143 Ebd.
144 Ebd., S. 145.

lasse sie Setz die Leser:innen „sozusagen am eigenen Leib spüren",[145] was Goggio als gesellschaftskritischen Impetus liest. Die Anstalt gilt hier also nicht mehr als Sonderbereich, der die Grenzen zwischen Innen- und Außenwelt, Gesundheit und Krankheit, Heil und Unheil markiert – sie verweist hingegen paradigmatisch auf das Fehlen „eines gemeinsame[n] Begriffs von Normalität".[146]

Als „apokalyptisch-sozialkritisch-intendierte Dekadenzversion der gesellschaftlichen Realität" bezeichnet Maciej Jędrzejewski auch die fiktive Indigo-Krankheit in Setz' drittem Roman, in dem „der kulturelle Untergang der modernen Zivilisation verarbeitet" werde.[147] Anhand von *Indigo* und der Erzählung „Character IV" aus dem Erzählungsband *Die Liebe zur Zeit des Mahlstädter Kindes*, die von einem Mann handelt, der ganz allein in einer Schneekugel lebt, die eigentlich ein Planet ist, und sich einen Roboter als Freund baut, prüft Jędrzejewski die Legitimität, Setz der Science-Fiction zuzuordnen. Anhaltspunkte dafür liefere *Indigo* etwa durch die Verlagerung der Handlung in die (nahe) Zukunft des Jahres 2021 samt (naheliegender) technischer Innovationen wie „iSocket" und „iBall"[148] sowie durch die literarische Verarbeitung szientifisch-experimenteller Interessen und pseudowissenschaftlicher Begriffe, Erklärungen und Institutionen, darunter etwa der Vorgang der „Relokation", an dem die obskure „Association for the Peaceful Use of Indigo Potential", kurz „APUIP", beteiligt zu sein scheint, oder auch die zu erlernende Technik der „Proximity Awareness", des Abstand-Haltens, sowie die Erwähnungen zeitgenössischer

---

145 Ebd., S. 153.
146 Ebd., S. 148.
147 Maciej Jędrzejewski: „Die Illusion der Wirklichkeit. Elemente des Science-Fiction-Genres in Clemens Setzs Werk", in: Paweł Wałowski (Hg.): *Der (neue) Mensch und seine Welten. Deutschsprachige fantastische Literatur und Science-Fiction*. Berlin: Frank & Timme 2017, S. 197–215, hier S. 205.
148 Trotz mehrfacher Erwähnung wird der „iSocket" nicht genauer erklärt, es scheint ein besonders leistungsfähiger und mit sozialen Kompetenzen ausgestatteter Computer zu sein, der sowohl privat genutzt wird als auch im öffentlichen Raum installiert ist, vgl. Indigo: 39, 158, 419. Ähnlich verhält es sich mit dem „iBall", einem offenbar weit verbreiteten intelligenten Aufzeichnungs- beziehungsweise Überwachungssystem, das auf Robert Tätzels Nachtisch ebenso wie in Straßenbahnen oder über Geschäftseingängen zu finden ist; vgl. u. a. Indigo: 67, 178, 237, 389. Technische Innovationen dieser Art, die in der Regel nicht allzu weit entfernt von tatsächlich existierenden oder jedenfalls in naher Zukunft denkbaren Installationen sind, begegnen einem häufiger in Setz' Texten, so etwa die multifunktionale „id"-App mitsamt ihrer Community („Peers"), die Natalie Reinegger im Epilog zu FuG benutzt (vgl. FuG: 1011 f., 1018 f.), oder auch der lebensnotwendige „Apparat", in dem der Schüler Daniel Grondl steckt und dabei aussieht „wie eine Steckdose" – ein Anblick, der das „Schulfoto" in den Augen mancher Eltern ‚ruiniert', vgl. die gleichnamige Erzählung in TrD: 157–168.

TV-Serien aus der populären Science-Fiction wie „Star Trek" und auch „Batman". Jędrzejewski bezeichnet diese Beobachtungen am Ende seiner Ausführungen als „verschlüsselte Codes der Gegenwartsreflexion"[149] mit literarisch-ästhetischer Bedeutung und akzentuiert, dass die Science-Fiction-Elemente demnach „nicht nur als Versatzstücke diffamiert werden sollten".[150]

Ähnliches gilt für Phantastik und Fantasy, die – häufig in grober Vermischung, worin sich zugleich die heikle Theoriediskussion spiegelt – als Genre-Kategorien für Setz herangezogen werden.[151] Obwohl sich viele Elemente des Phantastischen ausmachen lassen, etwa der Verstoß eines Ereignisses innerhalb der fiktiven Welt gegen mindestens ein „fundamental-ontologisches Basispostulat"[152] wie im Fall von René Templs plötzlicher Schrumpfung im Debütroman, wäre eine eindeutige Zuschreibung verfehlt. Das Phantastische ist auch hier vielmehr „ein Sammelname für ein Ensemble von Wirkungen",[153] das die grundsätzlich realistische Erzählweise allenfalls vorübergehend in Frage stellt:

> In Abgrenzung von Fantasy einerseits und Realismus andererseits greifen [solche] Texte der Gegenwart die Tradition des fantastischen Erzählens auf und verzichten auf eine geschlossene Erzählwelt, sei sie nun analoger oder virtueller Natur. Stattdessen durchbrechen sie ihr eigenes Realitätsparadigma immer wieder durch Handlungselemente, die sich allein mit den Gesetzmäßigkeiten der im Text konstituierten Welt [...] nicht erklären lassen.[154]

Das trifft, wie noch auszuführen sein wird, ganz konkret auf die hier vorgelegte Konzeption von Magie und Metapher zu. Moritz Baßler bezeichnet eine solche Erzählweise als progressiven, poetischen oder gebrochenen Realismus, die er

---

149 Ebd., S. 211.
150 Vgl. Indigo: 155–158, 160, 281.
151 Harald Staun greift diesen Umstand in seiner Besprechung von Indigo auf, wenn er schreibt: „Vermutlich ist diese ontologische Twilight-Zone, in der Setz' Geschichten spielen, für die hilflose Diagnose verantwortlich, die sie dem Genre der phantastischen Literatur zuordnet (oder noch schlimmer: der Fantasy)." Harald Staun: „Unerträgliche Vertrautheit", in: *Frankfurter Allgemeine Sonntagszeitung* vom 07.10.2012.
152 Marianne Wünsch: *Die fantastische Literatur der frühen Moderne (1890–1930). Definition; Denkgeschichtlicher Kontext; Strukturen.* München: Fink 1991, S. 66.
153 Monika Schmitz-Emans: „Phantastische Literatur: Ein denkwürdiger Problemfall", in: *Neohelicon* 22.2 (1995), S. 53–116, hier S. 94.
154 „Indem sie so verfährt, hält Gegenwartsliteratur den ,anderen Welten' des Fantasy eine ,fragliche Welt' entgegen, deren zentrale Paradigmen nicht einfach nur ,fremd', sondern vorübergehend unbestimmt sind oder gar dauerhaft unbestimmbar bleiben." Herrmann: „Andere Welten – fragliche Welten", S. 51.

schließlich allesamt dem magischen Realismus zurechnet.[155] Für Clemens J. Setz diagnostiziert er: „Hier wird nirgends versucht, die überkommenen Muster, mit denen wir die Welt erfassen, zu zerstören und eine neue Welt radikal von der Basis aus sprachlich aufzubauen, wie das die historischen Avantgarden auf ihre Fahnen geschrieben hatten."[156] Dem ist mit Einschränkungen zuzustimmen: Es ist zum einen richtig, dass Setz' Erzählwelten – trotz überwiegend konsistenter Diegese – keine klar definierten, keine von Figuren (und Leser:innen) ‚begehbaren' alternativen Territorien in offenkundiger Unterscheidung zur realen Welt sind. Zum anderen trifft auch die Diagnose zu, dass die sprachlich-erzählerische Innovation von Setz' Texten nicht mit den inhaltlich, stilistisch und formal exzentrischen oder provokativen Ideen etwa im Zeichen von Symbolismus und Surrealismus zu vergleichen ist, sondern dem Realismus überwiegend treu bleibt.[157] Dennoch ist gegen Baßlers Einschätzung zu argumentieren, dass es Setz vielleicht nicht in aggressiver Auflehnung, aber doch ganz entschieden um alternative, vielleicht sogar präzisere Wahrnehmungs- und Deutungskonzeptionen von der Welt geht. Insofern mag es zwar eine relative Ähnlichkeit zu den Intentionen des magischen Realismus geben, doch haften diesem Begriff literaturgeschichtliche, in Teilen sogar kulturell-geographische Besonderheiten an, die sich nicht ohne weiteres auf die Gegenwartsliteratur übertragen lassen.[158]
Stockhammer diskutiert in diesem Zusammenhang die von den Soziologen Marcel Mauss und Henri Hubert in ihrem „Entwurf einer allgemeinen Theorie

---

155 Trotz des Zugeständnisses verschiedener Ursprünge des magischen Realismus sieht Baßler hier Gemeinsamkeiten zwischen Autor:innen wie Haruki Murakami oder Elisabeth Langgässer, Harry Mulisch, Daniel Kehlmann oder Clemens J. Setz. Vgl. Baßler: „Realismus – Serialität – Fantastik. Eine Standortbestimmung gegenwärtiger Epik", in: Horstkotte/Herrmann (Hg.): *Poetiken der Gegenwart*, S. 31–46; vgl. konkreter zu FuG ders.: „Realistisches non sequitur. Auf der Suche nach einer kostbaren Substanz", in: Winkels (Hg.): *Clemens J. Setz trifft Wilhelm Raabe*, S. 59–81, hier S. 70; vgl. ausführlicher dazu auch Kap. 14.1 in diesem Band.
156 Baßler: „Realistisches non sequitur", S. 66.
157 Laut Baßler gilt die realistische Erzählweise wieder als Gütesiegel der Gegenwartsliteratur: „Heute sind – hierzulande ebenso wie international – fast alle Romane, die die Feuilletons beschäftigen und die Literaturpreise abräumen, wieder durchgehend realistisch erzählt." Moritz Baßler: „Zeichen auf der Kippe. Aporien des Spätrealismus und die Routinen der Frühen Moderne", in: ders. (Hg.): *Entsagung und Routines. Aporien des Spätrealismus und Verfahren der frühen Moderne*. Berlin, Boston: De Gruyter 2013, S. 3–21, hier S. 4.
158 Vgl. die Überlegungen zur literaturwissenschaftlich legitimen Anwendung des Begriffs entgegen seiner bisherigen Inflationierung bei Michael Scheffel: *Magischer Realismus. Die Geschichte eines Begriffes und ein Versuch seiner Bestimmung*. Tübingen: Stauffenburg 1990 (zugl. Diss. Univ. Göttingen). Vgl. weiterhin Thorsten Leine: *Magischer Realismus als Verfahren der späten Moderne. Paradoxien einer Poetik der Mitte*. Berlin, Boston: De Gruyter 2018 (zugl. Diss. Univ. Münster).

der Magie" eingeführte, „eigenwillig modern anmutende Gattungsbezeichnung ‚magischer Roman'", der an einem „Motivreservoir" partizipiert, „das auch in nicht-fiktionalen (zum Beispiel ethnologischen und okkultistischen) Texten omnipräsent ist" und auf diese Weise zur Überlieferung des geheimen Spezialwissens beigetragen hat.[159] „Fast alle magischen Romane enthalten Szenen, in denen das Verhältnis eines esoterischen Wissens zum erzählten Geschehen diskutiert wird", konstatiert Stockhammer, was insbesondere für *Indigo* zutrifft, in dem ein esoterischer Mythos aufgegriffen und diskutiert wird (vgl. Kap. 9). „Bisweilen nimmt dies die Form einer ‚mise-en-abyme' an, wenn die Rahmenerzählung von ausgedehnten Diskussionen skandiert wird, in die wiederum kleine Erzählungen eingeflochten werden."[160] Dabei transportiert und transformiert der magische Roman um 1900 eher „disparate Mythologeme, die an den Rändern einer Gesellschaft erscheinen, als eine in sich geschlossene Mythologie, die eine ganze Gesellschaft organisieren könnte", insofern magisch-mythologisches Erleben in der Moderne längst nicht mehr als kollektiv geteilte Erfahrung zu werten ist. Daraus schlussfolgert Stockhammer, dass magische Romane, auf der Ebene des Erzählten wie des Erzählens, nicht ein feststehendes Realismuskonzept ins Wanken bringen, sondern dass die Rekonfiguration der Magie zu Beginn des zwanzigsten Jahrhunderts bereits als Reaktion auf einen ohnehin verunsicherten Realitätsbegriff anzusehen ist.[161] Denkbar wäre demnach – und wird Thema der Ergebnisdiskussion sein –, dass es sich im Falle magischer Vorkommnisse in Setz' Texten eher um das (inner-)literarisch inszenierte Durchspielen einer Art *Possible World Theory* handelt, also um Alternativwelten und die weitläufige Frage nach dem Verhältnis von Fiktionalität und Faktualität, um das Ausloten ontologischer Konditionen oder eben auch um den postmodern weithin eingeübten ‚Möglichkeitssinn', der mit Kontingenzerfahrungen und deren Bewältigungsstrategien inzwischen relativ unbefangen und souverän operiert (vgl. Kap. 12.2).

Abschließend und zugleich in Vorbereitung auf die wirkungsästhetischen Faktoren ‚magischer Lektüren' (vgl. Kap. 13.1) sei aber noch auf ein in Vergessenheit geratenes – oder vielleicht genauer: ein durch Popularisierung derart stark abgewandeltes Subgenre eingegangen, das für Setz' Romane sicherlich nicht unmittelbar zur Debatte steht, aber für den Vorgang der ‚Energieübertra-

---

159 Stockhammer: *Zaubertexte*, S. 35 f. Vgl. Marcel Mauss, Henri Hubert: „Entwurf einer allgemeinen Theorie der Magie" (1904), in: Marcel Mauss: *Schriften zur Religionssoziologie*. Hg. und eingeleitet von Stephan Moebius et al. Berlin: Suhrkamp 2012, S. 243–402, hier S. 267.
160 Ebd., S. 36.
161 Ebd., S. 37; vgl. S. 40, S. 44.

gung' durch Literatur aufschlussreich ist: das Zauberbuch oder auch *Grimoire*.[162] Darin wurden prinzipielle Regeln, insbesondere aber praktische Anleitungen zu Ritualen und Formeln, Gebrauchsanweisungen zur Herstellung magischer Symbole und nützlicher Gegenstände sowie Rezepte kompiliert.[163] Solche Zauberbücher wurden ebenso verehrt wie gefürchtet, nicht nur als Kompendium machtvollen Geheimwissens, sondern auch als magisch wirksamer Gegenstand selbst, wie es auch für andere große Schriften gilt: „Books can be magical without actually containing magic",[164] erläutert Owen Davis in der Einleitung zu seiner Kulturgeschichte des Grimoire und verweist dabei auf die traditionell protektive Funktion der Bibel im Christentum, das die Magie zwar größtenteils entschieden ablehnt, sich aber auch hier nicht gänzlich ihrer Wirksamkeit entziehen kann.[165] Trotz aller Veränderungen in Inhalt und Ansehen sind Zauberbücher auch heute noch eine schwer zu fassende Kategorie, gegenwärtig werden darunter der große Bereich der Jugend- und Unterhaltungsliteratur wie Michael Endes *Die unendliche Geschichte*, Joanne K. Rowlings *Harry Potter* oder Cornelia Funkes *Tintenwelt*-Trilogie ebenso wie alltagspraktische Ratgeber mit Neigung zu esoterischen Weltanschauungen versammelt, die – mit völlig verschiedener Motivation – eine der Magie gegenüber grundsätzlich positive Haltung vermitteln und als Quelle lesend erfahrbarer, zum Teil sogar real erlernbarer Magie aufgefasst werden.

---

162 In einem Blogbeitrag bezeichnet Setz das Grimmsche Wörterbuch wortspielerisch als „Grimmoire", das ihm als reichhaltiger und inspirierender Fundus dient; vgl. Setz: „Grimmoire", in: *Suhrkamp Logbuch*; online unter: https://www.logbuch-suhrkamp.de/clemens-j-setz/grimmoire/ (22.09.2019), vgl. auch Kap. 2.3.5. in diesem Band.
163 Aus den wenigen auffindbaren Definitionen dieses Genres geht hervor, dass hier der gesamte Bereich der Trickkunst explizit ausgeklammert ist; vgl. Stephan Bachter: *Anleitung zum Aberglauben. Zauberbücher und die Verbreitung magischen „Wissens" seit dem 18. Jahrhundert*. Diss. Univ. Hamburg 2005: online unter: https://ediss.sub.uni-hamburg.de/bitstream/ediss/1653/1/DissBachter.pdf (22.09.2019), S. 32 f.; vgl. außerdem die theoretischen Erläuterungen zur Magie und den ihr verwandten Begriffen in Kap. 5.1.1 in diesem Band.
164 Owen Davis: *Grimoires. A History of Magic Books*. New York: Oxford Univ. Press 2009, S. 3. Aus volkskundlicher Perspektive befasst sich Bachter in seiner Dissertation mit dem Grimoire; vgl. Bachter: *Anleitung zum Aberglauben*; vgl. auch ders.: „Wie man Höllenfürsten handsam macht. Zauberbücher und die Tradierung magischen Wissens", in: Achim Landwehr (Hg.): *Geschichte(n) der Wirklichkeit. Beiträge zur Sozial- und Kulturgeschichte des Wissens*. Augsburg: Wißner 2002, S. 371–390.
165 Vgl. dazu auch Jürgen Nelles: [Art.] „Magische Lektüren", in: Alexander Honold, Rolf Parr (Hg.): *Grundthemen der Literaturwissenschaft: Lesen*. Berlin, Boston: De Gruyter 2018, S. 346–370, insb. S. 348, S. 356.

Für Setz gilt das natürlich nicht: Weder erzählen seine Texte ausschließlich von magischen Figuren und Ereignissen noch bieten sie Handreichungen zur praktischen Anwendung oder argumentieren apologetisch zu ihren Gunsten. Das Magische erscheint hier dezenter, subtiler und – hierin wieder übereinstimmend mit dem stark präsenten Metaphorischen – zugleich ästhetisch wie intellektuell konzeptualisiert, auch wenn es, wie alle Magie und jede zumindest *poetische* Metapher, auf bestimmte Wirkungen aus ist, die sich innerhalb der realistischen Diegese zunächst als Irritation oder Störung bemerkbar machen.

2.2.3 Thematische und motivische Zugänge

Devianz- und Störphänomene bilden eine deutlich hervorstechende Motivgruppe in Setz' Texten, die sich nicht auf literaturgeschichtliche oder genretypologische Zuordnungen beschränken lässt. Normabweichungen auf der großen Skala von individualistischer Exzentrik, sozialer Stigmatisierung und daraus entstehenden Identitätskonflikten sind in Setz' Romanen und Erzählungen omnipräsent und werden im Folgenden aus verschiedenen Blickwinkeln diskutiert.[166]

Gesellschaftskritisches Potential sieht Maciej Jędrzejewski in den meist expliziten, durchaus drastischen und häufig gewalttätigen Sexszenen in Setz' ersten drei Romanen und dem Erzählungsband *Die Liebe zur Zeit des Mahlstädter Kindes*, deren provokante Wirkung er mit vier Funktionen begründet: (1) als gekonnte Verkaufs- und Marketingstrategie, (2) als textuelles Ornament und Ausweis poetischer Begabung, (3) als Evokation einer intimen Beziehung zwischen Autor und Leser:innen und schließlich (4) als die allen genannten Aspekten übergeordnete Kritik an der zunehmenden Liebes- und Beziehungsunfähigkeit, an Verrohung und Werteverfall in modernen Gesellschaften.[167] Diese Beobachtungen führt er in einem weiteren Aufsatz zu *Die Stunde zwischen Frau und Gitarre* fort, lässt sich dabei theoretisch und methodisch bedenklich in seiner gesamten Argumentation von einer Interviewaussage des Autors leiten,

---

[166] Normverstöße verschiedenster Art, die von der Text- auf die Darstellungsebene übergreifen, charakterisieren laut Bernhard Oberreither die Poetik von Clemens J. Setz; vgl. ders.: „Irritation – Struktur – Poesie"; vgl. dazu Teil IV in diesem Band.

[167] Vgl. Maciej Jędrzejewski: „Zwischen Gesellschaftskritik, Provokation und Pornografie. Die Erotik im literarischen Werk von Clemens Setz", in: Edward Białek, Monika Wolting (Hg.): *Erzählen zwischen geschichtlicher Spurensuche und Zeitgenossenschaft. Aufsätze zur neueren deutschen Literatur*. Dresden: Neisse Verlag 2015, S. 341–367.

dessen Absicht es sei, „Anormalität als Normalität darzustellen".[168] So sehr das zutreffen mag und so wichtig die „Sexualitätsnarrative" bei Setz – wenngleich ohne „tragend-elementare Handlungsfunktion", aber doch dominant für das „Denken und Handeln der Figuren"[169] –, so wenig überzeugend ist ein ausschließlich daran orientierter Analyseweg.

Marta Wimmer widerspricht diesen Ansichten teilweise, wenn sie zunächst ebenjene Passagen in Setz' Büchern als misslungen, „grotesk statt poetisch" und „plump"[170] bezeichnet und auch den möglichen Versuch, durch derbvulgäre Schilderungen von Sexualpraktiken „künstlerische Fähigkeiten" durch die Erzeugung bestimmter Bilder bei den Leser:innen unter Beweis zu stellen eher als „unangenehme Nähe zwischen Leser und Text" schildert, die gar ein „Scham-/Peinlichkeitsgefühl"[171] auslöse. Im Hinblick auf einen möglichen kritischen Impetus stimmt sie aber insofern mit Jędrzejewskis Ausführungen überein, als auch sie die Möglichkeit in Betracht zieht, dass Setz hier „bewusst mit der Unzulänglichkeit der Sprache bei der Darstellung von Sexszenen [spielt] und [...] somit Sprachkritik aus[übt]".[172] Einig sind sie sich auch in der Feststellung, dass die romantische Liebe bei Setz selten eine Rolle spiele, stattdessen meistens zugunsten destruktiver, animalischer und pervertierter Sexualpraktiken „diffamiert und diskreditiert"[173] werde.

---

168 Maciej Jędrzejewski: „Anormalität als Normalität. Sexualästhetik in *Die Stunde zwischen Frau und Gitarre* von Clemens Setz", in: Albrecht Classen et al. (Hg.): *Eros und Logos. Literarische Formen sinnlichen Begehrens in der (deutschsprachigen) Literatur vom Mittelalter bis zur Gegenwart*. Tübingen: Narr Francke Attempto 2018, S. 308–322, hier S. 308; vgl. dazu auch ders.: „,Es geht generell sehr viel um Freiheit' – ein Interview mit dem österreichischen Schriftsteller Clemens Setz", in: *Studia Niemcoznawcze – Studien zur Deutschkunde* 56 (2015), S. 311–327.
169 Ebd., S. 313.
170 Marta Wimmer: „Textsex. Literaturwissenschaftliche ‚Stellensuche' im Werk von Clemens J. Setz", in: Arnulf Knafl (Hg.): *Literatur als Erotik. Beispiele aus Österreich*. Wien: Praesens 2018, S. 134–145, hier S. 139.
171 Ebd., S. 142.
172 Ebd., S. 145.
173 Wimmer begründet ihre Ansicht mit einem Zitat aus Indigo: 435: „,Liebe ist Unfug, sagte der Lehrer. [...] Liebe! [...] Liebe ist nichts als ein Virus, in die Welt gesetzt von jungen Frauen, die Macht besitzen wollen. Lassen Sie am besten für immer die Finger davon!'"; vgl. Wimmer: „Textsex", S. 140; vgl. dazu – in höchst zweifelhafter Diktion – Jędrzejewski: „Anormalität als Normalität", S. 315 f.: „In alldem deutet sich bereits an, dass in *Die Stunde zwischen Frau und Gitarre* ein Ansatz von Dekadenzdenken und Kulturpessimismus vorliegt, weil das Erotische Anzeichen sozial konnotierter Entartung [!] trägt. Es basiert nämlich nicht auf zwischenmenschlicher Liebe, sondern auf Destruktion, animalischem Willen und vor allem auf dem

Dem Befund über sprachkritische Tendenzen schließt sich auch der vorliegende Band an, weil Setz in seinen Texten kontinuierlich divergierende Wahrnehmungen von der Welt schildert und damit sowohl deren sprachliche Mitteilbarkeit problematisiert als auch ästhetische Fragen aufwirft, die auf einen stark erweiterten Literaturbegriff hinweisen.[174] Ob explizit oder vermittelt zum Ausdruck gebracht, bieten sie unter kognitionsästhetischen Gesichtspunkten ein vielfältiges Untersuchungsfeld und fordern – nicht zuletzt mit Blick auf den Spezialfall synästhetischer Wahrnehmung und Sprachgestaltung – eine Standortbestimmung zwischen ‚Privatsprachenargument', künstlerischer Idiosynkrasie und ästhetisch-epistemischer Entgrenzung heraus (vgl. Kap. 9.4, Kap. 10.4 und Kap. 12.3). Auch deshalb erscheint die von Jędrzejewski und Wimmer postulierte grundsätzliche Desavouierung ‚romantischer' Liebeskonzeptionen in Setz' Romanen und Erzählungen voreilig, hierzu wären aktualisierte respektive alternative Begrifflichkeiten und Vorstellungen zu klären, mit denen sich die vielen verschiedenen Formen von Beziehungen, die Setz in seinen Werken präsentiert, differenzierter diskutieren ließen.[175] Bedeutsamer für den Untersuchungszusammenhang dieser Studie ist die Beziehung zwischen Text und Leser:innen, die in beiden Beiträgen durch die Darstellung bestimmter sexueller Vorlieben als auf unangenehme Weise intim beschrieben wird. In Erweiterung dessen stellt Marie Gunreben die Ästhetik des Ekels zwischen Faszination und Abwehr ins Zentrum ihrer Überlegungen und akzentuiert, dass die „Ekel-Narration" in *Die Stunde zwischen Frau und Gitarre* vor allem dazu dient, Machtverhältnisse zu klären, und zwar zunächst innerhalb der Diegese zwischen den

---

Willen zur Exploration persönlicher sexueller Grenzerfahrungen. In diesem Zusammenhang erhält die Triebbefriedigung eine oftmals irrationale, homosexuelle [?] oder sadistische Form."
174 Neben inhaltlichen Aspekten gilt dies auch und besonders für die gewählte Form, etwa die Einbeziehung neuer Medien samt ihrer spezifischen Vorgaben, die durchaus „sprachreflexive Tendenzen" begünstigen können, wie Lickhardt herausstellt und dabei exemplarisch auf Setz verweist, der „auf Twitter die 140 Zeichen pro Tweet [nutzt], um seinen Followern sprachlich dichte, deautomatisierende ‚Lyrik' in die Timeline zu spielen." Maren Lickhardt: [Art.] „Sprachkritik in der Literatur", in: Thomas Niehr et al. (Hg.): *Handbuch Sprachkritik*. Berlin: Metzler 2020, S. 156–162.
175 Zu den möglicherweise tatsächlich von Triebbefriedigung dominierten Beziehungen lassen sich ebenso gut Gegenbeispiele finden: Schon die Partnerschaft des oben zitierten Lehrers Setz aus Indigo, zum Zeitpunkt der Aussage bereits von Alkoholismus und Alterserscheinungen gezeichnet, widerspricht ihrer Darstellung im Roman. Auch das Verhältnis von Alexander Kerfuchs und Valerie Messerschmidt in DF scheint keineswegs auf rein sexueller Attraktion zu beruhen, und Natalie Reineggers Zuneigung zu dem tragisch-geheimnisvollen Straßenjungen Mario in FuG ist eher von jugendlich-naivem Enthusiasmus gekennzeichnet als von erotischem Begehren.

konkurrierenden Figuren, letztlich aber mit dem Ziel, eine „übergriffige[ ] Nähe" zu den Leser:innen aufzubauen und sie somit zu infiltrieren (vgl. dazu ausführlicher Kap. 10.4 und Kap. 10.6).[176]

In ihrem Beitrag „Spielarten männlicher Interaktion" widmet sich Wimmer den Familienkonstellationen, insbesondere den misslingenden Beziehungen zwischen Vätern und Söhnen, was auch ein Scheitern an ihren Geschlechterrollen impliziere. Diesem uralten Problem nähere sich Setz in seinen ersten beiden Romanen *Söhne und Planeten* und *Die Frequenzen* mit äußerster Präzision und ganz in österreichischer Literaturtradition, indem er einen Blick hinter die Kulissen des schönen Scheins wage. Dort lasse sich vor allem eines erkennen: „die destruktive Kraft der Familie".[177] Um das ‚Kraftfeld Familie' geht es auch in Anja-Simone Michalskis Dissertation, das sie mit Blick auf *Söhne und Planeten* als „Ort der Krise" bezeichnet und an topologische Überlegungen knüpft, konkreter: an die „Kontingenz sozialer Strukturen", die „weder sinnstiftend noch ‚natürlich'" seien, das Individuum aber stets „bedrohlich oder beruhigend" begrenzten.[178] Ihre überzeugenden Beobachtungen zum Einfluss räumlicher Paradigma im Debütroman werden im entsprechenden Kapitel wieder aufgenommen, spielen aber auch bei allen weiteren Romananalysen eine Rolle, zumal topographische Gegebenheiten – oder auch: deren zweckmäßige Suspendierung – bereits bei der kognitionsästhetischen Ausarbeitung von Magie und Metapher zur Sprache kommen (vgl. Kap. 6.2 und Kap. 7.2).

Ausgehend von einer anhaltenden Konjunktur des Familienromans nimmt sich Julian Reidy in seiner Studie *Rekonstruktion und Entheroisierung* der literaturwissenschaftlichen Neubewertung eines allzu unscharfen und defizitären Genrebegriffs an und schlägt stattdessen die Kategorien „‚rekonstruktiver'" und „‚postheroischer Generationenroman'" vor, die er anhand zahlreicher Beispiele aus der Gegenwartsliteratur in Theorie und Analyse belegt. Setz' Roman *Die Frequenzen* klassifiziert er zusammen mit Texten von Judith Zander und Peggy Mädler als postheroisch, insofern diese ein weniger „‚diachrones' Interesse an

---

[176] Marie Gunreben: „Abscheu und Faszination. Zur Ästhetik des Ekels in Die Stunde zwischen Frau und Gitarre", in: Hermann/Prelog (Hg.): *„Es gibt Dinge, die es nicht gibt"*, S. 167–180, hier S. 173.

[177] Marta Wimmer: „Spielarten männlicher Interaktion im Romanwerk von Clemens J. Setz", in: Joanna Drynda, dies. (Hg.): *Neue Stimmen aus Österreich. 11 Einblicke in die Literatur der Jahrtausendwende*. Frankfurt a. M.: Lang 2013, S. 102–110, hier S. 109.

[178] Vgl. Anja-Simone Michalski: *Die heile Familie. Geschichten vom Mythos in Recht und Literatur*. Berlin, Boston: De Gruyter 2018 (zugl. Diss. Univ. Tübingen), insb. Kap. VI: „Väter wider Willen: Clemens J. Setz' Würfel und Wilhelm Genazinos Familienfurcht", S. 180–189, hier S. 185.

Familiengeschichte(n)" aufwiesen, als vielmehr „entschieden ‚synchrone' private und gesellschaftliche Problemkomplexe im Hinblick auf die Verflechtung mit den Genealogien der Protagonisten" thematisierten.[179] Dabei seien die im Roman geschilderten Auseinandersetzungen mit der Familiengeschichte allenfalls noch „phantasmatische", das heißt, sie vollziehen sich zumeist autosuggestiv und selbsttherapeutisch, finden unter Alkoholeinfluss oder im Ahnengespräch, häufiger noch in (Tag-)Träumen statt, die Reidy schließlich als poetologische Basis des Romans qualifiziert.[180] Mit erzwungener Passivität fügten sich die Protagonisten Alexander Kerfuchs und Walter Zmal als Vertreter der ‚Generation Praktikum' „gemäß der postmodernen Subjektkonzeption" ihrem vorgezeichneten Lebensweg. Dabei bilde die „Ausbeutung nicht nur des kreativen Potenzials der jüngeren Romangeneration durch die älteren [...] geradezu ein Leitmotiv in *Die Frequenzen*", denn aus diesem intergenerationellen Kampf um wirtschaftliche und gesellschaftliche Macht gingen sie „geradezu zwangsweise als Verlierer"[181] hervor. Im Anschluss daran führt Reidy Harold Blooms Theorie der „Einflussangst" ein, die er den literaturkritischen Kommentaren entnimmt und ihre Manifestationen im Roman ausführlich nachzeichnet.[182] Indem Setz die Angst der Söhne vor dem Einfluss ihrer Väter sowohl inhaltlich thematisiere als auch ihre Emanzipation durch eingebaute beabsichtigte Fehllektüren seiner eigenen ‚literarischen Väter' inter- wie metatextuell nahezu triumphierend zur Schau stelle, werde ‚Generation' zu einer „‚Figur des Wissens', die nicht retrospektiv ausgerichtet sei, sondern eine gegenwartsdiagnostische Funktion einnehme[183] und somit „im Gefolge Blooms als poetologische Metapher" gelten könne.[184] Reidys gründlich ausgearbeitete Fokussierung der heterogen funktionalisierten Generationenmetapher bestätigt die Tiefe und die Vielseitigkeit der grundsätzlich metaphorischen Konzeption in den Romanen

---

179 Reidy: *Rekonstruktion und Entheroisierung*, S. 20.
180 Ebd., S. 248 f.
181 Ebd., S. 254.
182 So bezieht sich die eingangs bereits zitierte Rezension des Debütromans von Kämmerlings schon in der Überschrift auf Bloom: „Nur keine Einflussangst, mein Sohn"; und über DF schreibt er: „Clemens J. Setz legt mit sechsundzwanzig Jahren einen sprachlich verwegenen und gedanklich kühnen Roman vor, der seine Väter neidisch machen könnte." Vgl. dazu Harold Bloom: *Einfluss-Angst. Eine Theorie der Dichtung*. Basel, Frankfurt a. M.: Stroemfeld 1995 [1973].
183 Reidy: *Rekonstruktion und Entheroisierung*, S. 262; die Begriffe „Figur des Wissens" und „Gegenwartsdiagnostik" sind dem Band von Ohad Parnes et al. entnommen: *Das Konzept der Generation. Eine Wissenschafts- und Kulturgeschichte*. Frankfurt a. M.: Suhrkamp 2008, S. 330, S. 316.
184 Ebd., S. 274.

von Clemens J. Setz, die auch im Rahmen dieser Studie als konstitutiv angesehen wird.

Blooms wirkmächtiger Theorie widmet sich auch der Sammelband *Zwischen Einflussangst und Einflusslust* im Kontext der österreichischen Gegenwartsliteratur. Laut Kalina Kupczyńska ist in Setz' Roman *Die Frequenzen* die Kategorie des Einflusses in ihrer Ambivalenz präsent, doch habe er Blooms Konzept nicht einfach fortgeschrieben, sondern „ironisch aufgeweicht", und zwar ganz im Sinne einer postmodernen Rekonfiguration, die an binären Oppositionen nicht interessiert sei.[185] Die Ironisierung begründe sich durch bestimmte erzählerische Verfahren, die sich mit Genette als metafiktionale Identitätskonstrukte beschreiben ließen und somit die Authentizität der Figuren ebenso wie die Idee der Autorschaft desavouierten. Die weitläufige Intertextualität des Romans, insbesondere Referenzen auf Erzeugnisse der Popkultur, führe zu einer Selbstverdopplung, die nicht etwa im Sinne Blooms Signifikanz produziere, sondern stets auf sich selbst verweise und damit „Autorschaft zu einem ‚Jenseitsmythos' erkläre.[186] Auf Kupczyńskas differenzierte Beobachtungen zur Postmodernität der Setz'schen Prosa wird noch zurückzukommen sein (vgl. insb. Kap. 8). Zweifellos ließen sich aus den ungemein zahlreichen impliziten wie expliziten intertextuellen Bezügen und deren paratextuell inszenierten Funktionen inklusive fingierter Referenzen vielfältige Fragestellungen zum Verhältnis von Fakt und Fiktion und/oder zur literaturhistorisch und ästhetisch programmatischen Positionierung entwickeln. Gerade Letzteres wäre etwa im Hinblick auf eine zeitgenössische Aktualisierung von Motiven aus Romantik und Moderne, wie das der ‚Weltumspannung' oder der ‚Subjektauflösung', interessant, worunter auch natur- und sprachphilosophische sowie metaphysische Betrachtungsweisen fallen, deren Anklänge in Setz' Werken zu vernehmen sind (vgl. insb. Kap. 10).

Aus wiederum dezidiert erziehungswissenschaftlicher Perspektive befasst sich der Beitrag von Hans-Christoph Koller mit *Indigo*, der die darin geschilderte Begegnung mit dem Fremden als Krisengeschehen innerhalb eines Bildungsprozesses mit transformierender Wirkung erörtert.[187] Kollers Ansatz wird in der

---

185 Kalina Kupczyńska: „‚Einfluss' und seine Frequenzen in der Postmoderne – zur Prosa von Clemens J. Setz", in: Drynda et al. (Hg.): *Zwischen* Einflussangst *und* Einflusslust, S. 23–33, hier S. 32, vgl. auch S. 25.
186 Ebd., S. 31. Kupczyńska bezieht sich ist hier auf die fingierte Kopie des Eintrags zu „Setz, Clemens Johann" aus dem ebenfalls fingierten „Konversationslexikon der Jenseitsmythen", der den eigentlichen Romantext umrahmt.
187 Vgl. Hans-Christoph Koller: „Antworten auf den Anspruch des Fremden? Zur (Un-)Darstellbarkeit von Fremdheitserfahrungen und Bildungsprozessen in Clemens J. Setz' Roman

Analyse des Romans zusammen mit Jędrzejewskis Überlegungen zu Science-Fiction-Elementen[188] (vgl. auch Kap. 2.2.2) sowie den Hinweisen aus den Arbeiten von Timon Mikocki zu Anthropomorphismen[189] und David Steinort zur Struktur des Unheimlichen[190] noch ausführlicher besprochen (vgl. Kap. 9.3).

2.3 Poetisch-poetologische (Selbst-)Reflexionen

„Ich gebe zu, ich beschäftige mich privat selten mit literarischen Fragen im engeren Sinn",[191] bekennt Clemens Setz 2015 im Rahmen der Tübinger Poetikdozentur. Zwar ist die Kommentierung der Literatur im Allgemeinen und des eigenen Schreibens im Besonderen weder kommerziell verpflichtend noch analytisch maßgeblich, auch wenn Positionierungen dieser Art zunehmend Bestandteil einer profilierten Selbstdarstellung in der literarischen Öffentlichkeit sind. Und gerade bei höchst komplexen, eigensinnigen oder sperrigen Werken erhöht sich der Bedarf, Fragen direkt an die Autor:innen zu richten. Bereitwillig gibt daher auch Setz in zahlreichen Interviews, Reden und Beiträgen Auskunft über sein Verhältnis zur Literatur, was jedoch nicht zwingend als poetologisches Diktum misszuverstehen ist. Überdies sind Absichtserklärungen und Deutungsangebote von Dichter:innen für den Untersuchungszusammenhang zunächst nicht von Belang, obwohl das häufig – und auch bei Setz – auf so kunstvolle und plausible Weise formuliert leicht zu entsprechenden Interpretationen der Texte verführt. Immerhin sind gerade Poetikvorlesungen traditionell mit einigem Recht Ort und Anlass, den Dichter oder die Dichterin beim Wort zu nehmen und damit Einblicke in den jeweiligen „Maschinenraum der Literatur"[192] zu erhalten. Setz selbst scheint, wenn nicht dem gesamten Ansin-

---

Indigo", in: Sara Vock, Robert Wartmann (Hg.): *Ver-antwortung im Anschluss an poststrukturalistische Einschnitte*. Paderborn: Schöningh 2017, S. 59–75.
188 Vgl. Jędrzejewski: „Die Illusion der Wirklichkeit".
189 Vgl. die Diplomarbeit „Anthropomorphismen von Dingen bei ausgewählten Vertretern der deutschsprachigen Gegenwartsliteratur" von Timon Mikocki bei Michael Rohrwasser an der Universität Wien, insb. Kap. 5.1: „Clemens Setz – Kosmologie der belebten Dinge"; online unter: https://othes.univie.ac.at/26697/ (24.08.2019).
190 Vgl. David Steinort: *Die Krise der Darstellung. Untersuchung der unheimlichen Wirkung von Clemens J. Setz' „Indigo"*. München: GRIN 2019.
191 Clemens J. Setz: [1. Vorlesung:] „Strahlenkatzen und Literatur", in: Kathrin Passig, ders.: *Verweilen unter schwebender Last. Tübinger Poetik-Dozentur 2015*. Hg. von Dorothee Kimmich, Alexander Ostrowicz. Künzelsau: Swiridoff 2016, S. 7–32, hier S. 24.
192 Vgl. den Beitrag über die Tübinger Poetikdozentur von Uschi Götz im Rahmen der Sendung „Fazit" auf *Deutschlandfunk Kultur* vom 24.11.2015; online unter: https://www.deutsch

nen, so zumindest dem dozierenden Impetus einer solchen Poetikvorlesung, durchaus kritisch gegenüberzustehen, wie er zwischendurch bemerkt:

> Sie merken, diese eigentlich poetologisch orientierte Vorlesung ist in Wirklichkeit nur ein Vorwand, Ihnen interessante Anekdoten über das seltsame Verhalten von Menschen auf der Erde zu erzählen. Dies mag wie eine Unsitte erscheinen, aber es wäre für mich schwer vertretbar, so lange vor Ihnen zu sprechen, ohne hie und da wirklich Nützliches in meine Rede einzuflechten.[193]

Aber auch unabhängig davon geht es bei der nun anschließenden Darstellung einiger von Setz selbst wiederholt oder jedenfalls prägnant benannter Motive und Motivationen seines Schreibens explizit nicht darum, sich am Ende dank eines synoptischen Kurzschlusses mit einem leichtfertigen *quod erat demonstrandum* aus der textanalytischen Affäre zu ziehen. Von Bedeutung sind in diesem Zusammenhang vielmehr die folgenden Gründe: (1) kann die Zusammenschau unterschiedlicher, auch peripherer Texte in bedachter Auswahl für einen Band, der Interpretationswege zu einem bislang kaum erschlossenen und sich häufig auch verschließenden Werk aufzeigen will, durchaus hilfreich sein; (2) wird gerade bei Setz, wie auch bei einigen anderen zeitgenössischen Autor:innen,[194] die Ausweitung der literarischen Inszenierung auf herkömmlich außerliterarische Sphären unter den Schlagworten Auto- und Metafiktionalität intensiv diskutiert, die zwar allenfalls am Rande Thema dieser Studie sind, denen aber durch die Einbeziehung selbstreferenzieller beziehungsweise -reflexiver Texte hier Rechnung getragen wird; (3) lässt sich auf besagter Metaebene die These dieser Studie insofern gut illustrieren, als schon hier bestimmte kognitive Muster und deren sprachliche beziehungsweise rhetorische Ausarbeitungen gut nachvollziehbar sind, wenn Setz Phänomene, Begriffe oder Vorgänge aus Bereichen weitab von der Literatur auf das Schreiben überträgt, Analogien bildet, sie in wechselseitige Beziehungen setzt und damit häufig beide Gegenstandsbereiche in ein neues Licht rückt: „Wie immer bei schwierigen Fragen lohnt es sich, sie an einem ganz anderen, in diesem Falle literatur-

---

landfunkkultur.de/tuebinger-poetik-dozentur-im-maschinenraum-der-literatur-100.html (07.09.2019). Eine Übersicht zu den Poetikdozenturen und -vorlesungen im deutschsprachigen Raum findet sich in Monika Schmitz-Emans et al. (Hg.): *Poetiken. Autoren – Texte – Begriffe*. Berlin: De Gruyter 2009, S. 445–466.
193 Setz: „Strahlenkatzen und Literatur", S. 23.
194 Vgl. etwa Thomas Glavinic: *Das bin doch ich*. Roman. München: Hanser 2007; Felicitas Hoppe: *Hoppe*. Roman. Frankfurt a. M.: S. Fischer 2012; Wolf Haas: *Verteidigung der Missionarsstellung*. Roman. Hamburg: Hoffmann & Campe 2012; Aléa Torik [d. i. Claus Heck]: *Aléas Ich*. Roman. Berlin: Osburg 2013.

fernen Denkbezirk zu stellen."[195] Es geht also zunächst um ein spezifisches Verfahren, weniger um dessen Inhalt. Und schließlich ist es (5) durchaus auffällig, wie häufig Setz selbst die Begriffe Magie und Zauberei – deren signifikante Verschiedenheit im Folgenden noch Thema sein wird (vgl. Kap. 5.1) – für die Beschreibung aller möglichen (auch rational erklärbaren) Ereignisse, Vorgänge und Effekte anwendet.

Dessen ungeachtet ist aber in aller Deutlichkeit festzuhalten: Weder ist Setz' Selbsteinschätzung für die Analyse seiner Texte ausschlaggebend noch sind – wie es in psychoanalytischen Zugriffen der Fall sein kann – Spekulationen über die psychische Strukturiertheit des empirischen Autors von Interesse oder Bedeutung. Im Mittelpunkt der Betrachtungen stehen die dezidiert auf Fragen der Literatur ausgerichteten Poetikdozenturen in Tübingen, Bamberg und Berlin sowie einige, mehr oder minder explizit poetologische Essays und schließlich – mit aller gebotenen Vorsicht – Aussagen aus Interviews und Zeitungstexten.

2.3.1 „Folgen Sie niemals dem Storymodus": Zur *Gamification* der Literatur

Der Einfluss digitaler Technologien und Medien, deren Strukturen oder auch: Texturen, Inhalte und Besonderheiten, ist für Clemens Setz' Schreiben kaum zu unterschätzen und erfordert eben deshalb eigene Untersuchungen mit spezifischer Expertise, wie sie der Autor selbst mitbringt.[196] Setz hat verschiedentlich darauf hingewiesen, wie nachhaltig er die Prägung durch Computerspiele und Internetnutzung empfindet.[197] So bezeichnet er die frühen, technisch noch sehr rudimentären Computerspiele als „die erste Kunstform, für die ich ein ästhetisches Koordinatensystem entwickelte. Für lange Zeit war dieses sogar das einzige derartige System, das ich hatte. Computerspiele bilden mein Fundament. Sie

---

195 Setz: „Strahlenkatzen und Literatur", S. 24.
196 Vgl. hierzu wieder Prelog: „Computerspiele im Werk von Clemens J. Setz".
197 Vgl. u. a. Clemens J. Setz im Interview mit Tobias Haberl im *Süddeutsche Zeitung Magazin* Nr. 38 vom 24.09.2015: „Ich glaube, die Computerwelt ist eine Art Hintergrund für mein Weltbild und meine ästhetischen Vorstellungen. Allein die Tatsache, dass ich vor meinem 16. Lebensjahr hunderttausendmal gestorben und wiederauferstanden bin, nicht wörtlich, aber in den Spielen; ich habe mich schon sehr mit den Avataren identifiziert. So eine repetitive Erfahrung des eigenen Sterbens konnte ein Jugendlicher in den Fünfzigerjahren nicht machen. Das hat schon was gemacht mit mir. Der Tod wurde irreal, umso größer war der Schock, als später tatsächlich Menschen starben, die ich gemocht und geliebt habe."

sind die wichtigste Bezugsform."[198] Das weltweit außerordentlich beliebte ‚Puzzlespiel' *Tetris*, heute bereits zum Klassiker avanciert, dient ihm gar als eine „in ihrer Bedeutung ständig zunehmende Metapher":

> Immer wieder erstaunt mich diese perfekte Metapher, die Tetris für unser Leben auf dem Planeten liefert. Von oben, von außen, ungewollt und ungeplant, kommt das Chaos, man rückt es irgendwie zurecht und legt es hin. Und hat man einmal Ordnung geschaffen, zerfällt sie zu nichts. Was einzig und allein stehen bleibt, sind die Fehler, schief aus dem Boden wachsende Ruinen – und alle, wirklich alle, können sie sehen [...].[199]

Die so universale Gültigkeit der *Tetris*-Metapher identifiziert Setz daher auch in der Literatur, etwa bei Konstantino Kavafis oder Thomas Pynchon, und verehrt manche Spiel-Entwickler als ihnen ebenbürtige Künstler, wie den US-Amerikaner Jason Rohrer, dessen „im Retro-Stil programmiert[es], mit großpixeliger Grafik und gameboyartigem Sound" versehenes Spiel *Passage* ihn in dieselbe ‚verzauberte' Stimmung versetzt hat wie die Lektüre des seiner Ansicht nach mit nichts vergleichbaren Romans von weltliterarischem Rang *Through the Valley of the Nest of Spiders* von Samuel R. Delany: „All der Jammer, all die glorreiche Klarheit, die tiefe Bewegung im Inneren, all das war da. Hier ein achthundertseitiger Roman, hier ein kleines iPhone-Spiel. Und dieselbe Wirkung. Wie war das möglich?"[200] Eine konzise Antwort bleibt Setz schuldig, erläutert aber umso ausführlicher die motivischen, erzählstrategischen, sogar ins Metaphysische deutenden Gemeinsamkeiten verschiedener Spiele mit Texten der Weltliteratur und rückt damit plausibel zwei nur vermeintlich getrennte Sphären nah aneinander. „Und noch etwas kann man aus Computerspielen für die Kunst des literarischen Schreibens lernen: das Prinzip der unfertigen Welt. Egal, wie riesig oder detailreich ein Level gestaltet ist, es besitzt immer Ränder."[201] Eine Beobachtung, die er am Beispiel von *Grand Theft Auto 5*, einem sogenannten *Open-World*-Spiel,[202] festmacht, in dem man in relativer Freiheit den Spielverlauf (*story mode*) gestalten und sich sogar gänzlich ohne zu spielen darin

---

198 Clemens J. Setz: „Frühe und späte Spiele". Unveröffentlichtes Skript zur ersten Vorlesung im Rahmen der Bamberger Poetikprofessur am 16.06.2016 [unpag.]. Die Zitation erfolgt mit freundlicher Genehmigung des Autors.
199 Ebd.
200 Ebd.
201 Ebd.
202 Vgl. hierzu auch die schlüssigen Erläuterungen von Nico Prelog zu den vielen „metafiktionalen und intermedialen Referenzen aus dem Feld der Videospiele", die sich in FuG vornehmlich um das Open-World-Spiel *Grand Theft Auto* drehten. Prelog: „Computerspiele im Werk von Clemens J. Setz", insb. S. 100 f.

aufhalten kann. Abseits dieser eigentlich zu begehenden Spielwege gerät man an jene genannten Ränder der sorgfältig angelegten Spielwelt, ein verschwommenes, diffuses Terrain, in das einen laut Setz auch die Texte von beispielsweise Fernando Pessoa oder Peter Handke locken. Am Ende der ersten Bamberger Vorlesung formuliert Setz aus dieser Beobachtung gar einen „kategorischen Imperativ", und zwar für „Computerspiele, fürs Leben und für die Literatur", der da lautet: *„Folgen Sie niemals dem Storymodus"*.[203]

Auch in seinem richtungsweisenden Essay mit dem Titel „Die Poesie der Glitches"[204] überträgt Setz ein Phänomen aus der Welt der Computerspiele auf die der Kunst. *Glitches* sind unbeabsichtigte Fehler im Programmcode eines Spiels, die sich in bizarren visuellen Effekten oder ungeplanten Abläufen niederschlagen. Für Setz gehören sie „zu der kostbaren Kategorie absichtslos entstandener Kunst", woraus er ein narratologisches Konzept, ja sogar ontologische Konditionen des modernen Menschen ableitet, die er exemplarisch bei Kafka, dem polnischen Autor Bruno Schulz und dem jiddischen Schriftsteller Isaac Bashevis Singer literarisch verwirklicht sieht.

> Für mich sind sie die vielleicht bedeutendsten, mich am stärksten umtreibenden und elektrisierenden Beispiele surrealer Poesie in unserer Zeit. Vieles, was als moderne Erzählstrategie gilt, verläuft im Grunde entlang der Logik von Glitches: Fehler, Blasen, Verwerfungen im Gewebe der Wirklichkeit. Sie weisen darauf hin, dass die Parameter, nach denen wir existieren, alle veränderbar sind. Gegenstände kommen abhanden, Menschen springen durch Zeit und Raum, jemand begegnet seinem Doppelgänger, ein anderer entdeckt eine Parallelwelt.[205]

Im anschließenden „Bestiarium" erläutert Setz verschiedene Typen von *Glitches*, etwa solche, die rein ästhetische Qualität besitzen, indem sie „urbane Körper-Poesie" vermitteln: „Alles ist aus Flächen zusammengefügt, die für einen gemacht sind, die man berühren und mit denen man endlos interagieren kann."[206] Diese unterscheiden sich von jenen *Glitches*, „die eine – ebenfalls unbeabsichtigte – Geschichte erzählen, die sowohl innerhalb der Spielwelt als

---

203 Setz: „Frühe und späte Spiele".
204 Clemens J. Setz: „Die Poesie der Glitches", online mit abspielbaren Beispielen erschienen im Blog des Verlags *Suhrkamp Logbuch*; https://www.logbuch-suhrkamp.de/clemens-j-setz/die-poesie-der-glitches/ (15.09.2019); abgedruckt in: Winkels (Hg.): *Clemens J. Setz trifft Wilhelm Raabe*, S. 33–41. Die im Folgenden angegebenen Seitenverweise beziehen sich auf diese Publikation.
205 Setz: „Die Poesie der Glitches", S. 33 f.
206 Ebd., S. 35.

auch unseres Universums eine bedeutungsvolle Symbolkraft besitzen",[207] zum Beispiel schemenhafte Geistertiere, deren Erscheinen im Rahmen des Spiels nicht mehr oder noch nie vorgesehen war. Mit Verweis auf einen Essay über W. G. Sebald untermauert Setz seine These, als nämlich jener seinen Studierenden die narrative Finesse geraten haben soll, dass die „Anwesenheit von Geistern [...] immer ein guter erzählerischer Einfall" sei.[208] Weiterhin stellt Setz fest, dass viele *Glitches* mit dem Tod zu tun haben und fragt nach Urheberschaft und Intention dieser rätselhaften, mal majestätischen, mal verstörenden, dabei stets poetisch gehaltvollen Begebenheiten, um schließlich zu mutmaßen:

> Computerspiele scheinen, auf ihre streng begrenzte Weise, einige der Sensibilitäten des modernen Bewusstseins selbst nachzuspielen, ob es nun Phantasmagorien und Versuchungen des heiligen Antonius sind oder fühlbare Anwesenheiten von Geistern, Wiedergängern, Zeitreisenden, Parallelweltbewohnern. Oder [...] die Unauslöschlichkeit der Vergangenheit.[209]

Und zu diesen „Sensibilitäten des modernen Bewusstseins" gehört klassischerweise auch die Verunsicherung darüber, welche Mächte – rational zwar nicht identifizierbar, irrational aber umso wirksamer – hier am Werk sind, die Setz andeutet, wenn er beispielsweise fragt: „Welche Präsenz innerhalb der Welt [der Computerspiele, d. Verf.] hat sich gebündelt, verschworen, um uns diese bemerkenswerte Geschichte zu erzählen?",[210] etwas später heißt es: „weshalb das Spiel auf diese seltsame Laune verfällt, weiß niemand".[211]

Von eigenwilliger Metaphorik erscheint Setz auch der Online-Dienst *Google Street View*, der ihm als das „bedeutendste unfreiwillige Kunstwerk der jüngeren Geschichte"[212] gilt, in dem sich das ganze Leben, eingefroren in Momentaufnahmen, offenbart und damit vor allem auf Vergangenes und Vergänglichkeit

---

207 Ebd., S. 36.
208 Ebd. Setz bezieht sich auf einen Erinnerungstext der amerikanischen Autorin Sarah Emily Miano: „Hands in Pockets", in: *Grand Street* 72 (2003), S. 164–173. Darin schildert Miano, die bei W. G. Sebald während dessen Lehrzeit in England studierte, ihre Beziehung und die literarischen Einsichten, die Sebald ihr vermittelte, darunter das genannte Zitat „Spirit presence is always a good idea"; ebd., S. 173.
209 Ebd., S. 39 f. Dem heiligen Antonius von Padua (um 1195–1231) werden aufgrund seiner außerordentlichen rhetorischen Begabung zahlreiche Wunder zugerechnet, womit er auch Ungläubige überzeugte.
210 Ebd., S. 38.
211 Ebd., S. 39.
212 Clemens J. Setz: „Fiktion und ihr Double", in: Hermann/Prelog (Hg.): *„Es gibt Dinge, die es nicht gibt"* [2. Vorlesung im Rahmen der Bamberger Poetikprofessur am 23.06.2016], S. 19–44, hier S. 30.

verweise: „Alles daran ist majestätisch", befindet er.[213] Studien zur Verwendung metaphorischer Begriffe in der Informatik, zu ihren allegorischen Qualitäten und zur (Re-)Integration eines spezifischen Vokabulars, das seinen Weg bemerkenswerterweise aus dem Referenzraum der ‚analogen' Sprache in die digitale Welt und von dort wieder zurück in ganz verschiedene, insbesondere alltagsprachliche Bereiche genommen hat, liegen vor.[214] Innerhalb der transdisziplinären *Game Studies* wurde zudem eine heftige Debatte über geeignete Instrumentarien zur Analyse von Spielen geführt, die sich auf die Formel ‚Ludologie vs. Narratologie' bringen lässt.[215] Clemens J. Setz' Texte ästhetisch, sprachlich und narratologisch im Umfeld solcher Theorien zu untersuchen, ist zweifellos ertragreich, wie es Prelog in seinem Beitrag unter Beweis stellt.[216]

Für den Untersuchungszusammenhang dieses Bandes sollte zunächst deutlich geworden sein, dass er sich nicht um rein rhetorische Strategien bemüht, die Bewertungshierarchien kreativer Leistungen markieren, sondern ganz im Gegenteil um die authentische Wiedergabe der eigenen Wahrnehmung einer

---

213 Ebd.
214 Unter Bezugnahme auf die aus dem achtzehnten Jahrhundert stammende Mensch-Maschine-Metapher (vgl. auch Kap. 8.1 in diesem Band) befassen sich seit Ende des zwanzigsten Jahrhunderts immer mehr Arbeiten dezidiert mit den Entwicklungen im sog. Informationszeitalter; vgl. etwa Carsten Busch: *Metaphern in der Informatik: Modellbildung – Formalisierung – Anwendung*. Wiesbaden: Springer 1997 (zugl. Diss. Techn. Univ. Berlin); ders.: „Zur Bedeutung von Metaphern in der Entwicklung der Informatik", in: Dirk Siefkes et al. (Hg.): *Sozialgeschichte der Informatik. Studien zur Wissenschafts- und Technikforschung*. Wiesbaden: DUV 1998, S. 69–83; Matthias Bickenbach, Harun Maye: *Metapher Internet. Literarische Bildung und Surfen*. Berlin: Kadmos 2009; Michael Bölker et al. (Hg.): *Menschenbilder und Metaphern im Informationszeitalter*. Münster, Berlin: Lit 2010; insb. Kap. 4: „Metaphern für die Informatik und aus der Informatik"; Alexander Friedrich: „Das Internet als Medium und Metapher. Medienmetaphorologische Perspektiven", in: Annette Simonis, Berenike Schröder (Hg.): *Medien, Bilder, Schriftkultur. Mediale Transformationen und kulturelle Kontexte*. Würzburg: Königshausen & Neumann 2012, S. 227–251.
215 Vgl. u. a. Gonzalo Frasca: „Ludology Meets Narratology: Similitude and Differences Between (Video) Games and Narrative", [ursprünglich in finnischer Sprache publiziert] in: *Parnasso* 3 (1999), S. 365–371; engl. Version online unter: http://www.ludology.org/articles/ludology.htm (11.01.2020); Jesper Juul: *Half-Real. Video Games Between Real Rules and Fictional Worlds*. Cambridge: MIT Press 2005; Jesse Schell: „Die Zukunft des Erzählens. Wie das Medium Geschichten formt", in: Benjamin Beil et al. (Hg.): *New Game Plus. Perspektiven der Game Studies. Genres – Künste – Diskurse*. Bielefeld: Transcript 2015, S. 357–374.
216 Vgl. Prelog: „Computerspiele im Werk von Clemens J. Setz". Vgl. dazu etwa auch Setz' Beitrag „Der neue Kübelreiter", in dem er das Computerspiel *Getting over it* mit Franz Kafkas gleichnamiger Erzählung von 1917 (Erstveröffentl. 1921) assoziiert, in: *Suhrkamp Logbuch*; https://www.logbuch-suhrkamp.de/clemens-j-setz/der-neue-kuebelreiter/ (22.09.2019).

Welt gleichwertiger Erfahrungsphänomene, mit denen sich auch die folgenden Kapitelabschnitte befassen.[217]

2.3.2 *Non sequitur*: Produktivität der Fehlschlüsse

Zum vielfältigen Reservoir der „absichtslos entstandenen Kunst" gehört für Setz auch der logische Fehlschluss, das sogenannte *Non sequitur* insbesondere der analogen wie vor allem digitalen Alltagskommunikation, das er sprachlich und literarisch produktiv macht. Im Grunde beruht der gesamte Interviewband *Bot* auf ebendieser Idee: Auf die gestellte Frage *folgt nicht* eine Antwort, die den Prämissen der Frage in zureichendem Maße entspricht, selbst wenn sie wahr ist. In den Tübinger Vorlesungen widmet Setz solchen unmotivierten Verkettungen sprachlicher Einheiten, die eigentlich weder syntaktisch noch semantisch zusammengehören, viel Raum und führt dabei vor, wie sich aus sogenannten *Blockchain*-Einträgen oder kombinierten Zeitungsüberschriften, aus irrwitzig formulierten und platzierten Verkehrsschildern oder abstrusen Übersetzungen durch *Google Translate* Literatur ergeben kann. Als zugrundeliegende ästhetische Verfahren nennt Setz die Technik der Collage, wie sie die Situationisten um Guy Debord durch *dérive* (zielloses Umherschweifen) und *détournement* (Zweckentfremdung) beschrieben werden, und die *cut-up*-Technik der Beat-Generation um Burroughs und andere.[218]

In seinem Essay „QuickType" berichtet er fasziniert davon, wie ein lästiges Software-Update, das eine automatische Vervollständigungsfunktion eingegebener Wörter entlang der eigenen digitalen Such- und Schreibbewegungen enthielt, Poesie in der Bauart des *Non sequitur* produzieren kann: „Wie jedes Mal, wenn man Zugang zu einem fremden Bewusstsein erhält, wie durchtränkt und abgeleitet es vom eigenen (oder vom Durchschnitt vieler fremder) auch sein mag, stellt sich ein belebendes, ja momentweise sogar bewegendes Pionierge-

---

217 Vgl. dazu Dinger: *Die Aura des Authentischen*, Kap. 3.4.2.
218 Vgl. Clemens J. Setz: [2. Vorlesung] „'Der Tag begann in der Sub-Luft'. Über Beginne, Schreibanlässe, Überschriften, Kombinationen", in: Passig/ders.: *Verweilen unter schwebender Last*, S. 33–67, hier S. 60: „Dérive führt oft zu leuchtenden Fundstücken, Détournement zu beglückenden Kombinationen." Inwiefern es sich bei Setz' Methode des non sequitur um aktualisierte Formen des Cut-Up-Verfahrens handelt, das mittels Collage und Neukombinationen Irritationen des Bekannten erwirkt und so neue Bedeutungen stiften kann, wäre eigens zu untersuchen. Zweifellos ist es ein einschlägig zu beobachtendes Phänomen digitaler Kommunikation (insb. in Chat-Dialogen), die Setz auch in seinen Romanen anwendet.

fühl ein."²¹⁹ Es lässt ihn an den österreichischen Dichter Ernst Herbeck denken, dessen Gedichte in den 1960er Jahren unter Anleitung seines Arztes in einer Nervenheilanstalt entstanden.

Insbesondere im Zuge der Textanalyse von *Die Stunde zwischen Frau und Gitarre* (vgl. Kap. 10), aber auch bei der Darstellung von Setz' grundlegenden literarischen Strategien (vgl. Teil IV) wird auf das poetische Vermögen des Nichtzusammengehörigen noch zurückzukommen sein.

2.3.3 „Die Poesie des ASMR"

„Autonomous Sensory Meridian Response", kurz: ASMR – das klingt, wie Setz selbst einräumt, zunächst nach einer Krankheit, ist aber für Menschen mit entsprechender neurologischer Sensibilität – zu denen Setz nach eigener Auskunft zählt – vielmehr ein „Paradieszustand".²²⁰ Gemeint ist damit ein angenehm kribbelndes Gefühl, ausgelöst durch akustische, visuelle oder taktile Reize, das auf der hinteren Kopfhaut beginnt und sich über Nacken und Schultern ausbreitet. Das Repertoire an *Triggern* ist dabei beliebig und individuell sehr verschieden, was sich anhand der äußerst vielfältigen ASMR-Videos im Internet zeigt, die sich seit gut einem Jahrzehnt immer größerer Beliebtheit erfreuen: „ihr Konsum ähnelt dem von Pornografie", schreibt Setz in seinem Beitrag „Die Poesie des ASMR", obwohl der langanhaltende, sanfte Erregungszustand, der in wohlige Entspannung mündet, keinerlei sexuelle Stimulation beinhaltet. Da zu diesem relativ jungen Phänomen noch kaum gesicherte Forschungsergebnisse vorliegen, lassen die bislang wenigen Studien nur Vermutungen zu, etwa dass der Effekt dem der sozialen Körperpflege (genannt *grooming*) bei Primaten gleicht oder dass er der in der Wissenschaft lange als Mythos geltenden Synästhesie zuzurechnen sei. – Letzteres wird mit Blick auf Natalie Reinegger, Protagonistin des Romans *Die Stunde zwischen Frau und Gitarre*, zur Sprache kommen (vgl. Kap. 10.2) sowie im Kontext kognitionsästhetischer Verarbeitung von magischen und metaphorischen Vorstellungen noch ausführlicher zu diskutieren sein (vgl. Kap. 12.3). – Eben weil es eine moderne Entdeckung ist, seien

---

219 Clemens J. Setz: „QuickType", in: *Suhrkamp Logbuch*; https://www.logbuch-suhrkamp.de/clemens-j-setz/quicktype/ (22.09.2019).

220 Clemens J. Setz: „High durch sich räuspernde Menschen", in: *Süddeutsche Zeitung* vom 06.04.2015; online unter: https://www.sueddeutsche.de/kultur/gastbeitrag-das-namenlose-gefuehl-1.2423469 (21.09.2019); wiederabgedruckt unter dem Titel „Die Poesie des ASMR" in: Winkels (Hg.): *Clemens J. Setz trifft Wilhelm Raabe*, S. 42–46, hier S. 44. Die auch im Folgenden angegebenen Seitenverweise beziehen sich auf diese Publikation.

Anzeichen für ASMR in der Weltliteratur nur sehr vereinzelt auszumachen, schreibt Setz, nämlich in Virginia Woolfs Roman *Mrs. Dalloway*, in manchen Passagen der Romane und Novellen des japanischen Literaturnobelpreisträgers Yasunari Kawabata und womöglich in abgewandelter Form auch in David Foster Wallace' Roman *Unendlicher Spaß*.[221] Für Setz ist es demnach und nicht zuletzt dank der Verbreitung entsprechender Videos im Internet, die den Konsum enorm erleichtert haben, eine Kunstform, die sich auf Produktions- wie Rezeptionsseite mehr und mehr ausdifferenziert, schließlich sogar „die Entdeckung des Menschlichen hinter der reinen Triggersuche, die Verbindung mit echter Kunst, echtem Austausch".[222]

2.3.4 Enzyklopädie des abseitigen Wissens: Thomassons, Strahlenkatzen und Kayfabe

Es ist offenkundig, dass Setz eine starke Faszination für Randgebiete, Un-Orte und Ab-Wege hegt, ganz im Sinne des oben genannten *dérive*, das – in Setz' eigenen Worten – „ziellose Umherschweifen in einer Stadt oder einer städteähnlichen Struktur (wozu man durchaus auch digitalisierte Zeitungen, Bücher, Nachlässe oder Programmcodes zählen darf)".[223] Denn hier befinden sich die reichhaltigen, literarisch verwertbaren Fundgruben – wie zum Beispiel „Thomassons", einem Begriff aus der japanischen Konzeptkunst um 1980 für verwaiste architektonische Strukturen oder bauliche Elemente, die in ihrer isolierten Verfassung keinen Zweck mehr erfüllen, aber aus rätselhaften Gründen

---

[221] Vgl. Setz: „Die Poesie des ASMR", S. 44, S. 46. In einer kritischen Auseinandersetzung mit Lisa Zunshines breit rezipierter kognitionstheoretischer Studie *Why We Read Fiction*, die das in den 1970er Jahren entstandene Konzept der ‚Theory of Mind' unter Einbeziehung der Devianzforschung in Woolfs zweifellos experimentellem Roman von 1925 literarisch beglaubigt sieht, diskutiert Yvonne Wübben die Legitimität dieses Ansatzes, dessen Prämisse entweder als anachronistisch zu verwerfen oder als universell gültig zu fassen sei, jedenfalls zahlreiche Differenzierungen im Hinblick auf die ästhetischen und epistemischen Leistungen von Literatur erforderlich mache. Vgl. Yvonne Wübben: „Lesen als Mentalisieren? Neuere kognitionswissenschaftliche Ansätze in der Leseforschung", in: Martin Huber, Simone Winko (Hg.): *Literatur und Kognition. Bestandsaufnahmen und Perspektiven eines Arbeitsfeldes*. Paderborn: Mentis 2009, S. 29–44. Dennoch könnte die Überprüfung dieser Hinweise von Setz zur literarischen Verarbeitung des sensorischen Phänomens ASMR zusammen mit Zunshines Ausführungen zur *Theory of Mind* in Woolfs *Mrs. Dalloway* ein lohnenswertes Unterfangen im Rahmen der Kognitiven Literaturwissenschaft sein (vgl. hierzu auch das anschließende Kap. 3).
[222] Ebd., S. 46.
[223] Setz: „‚Der Tag begann in der Sub-Luft'", S. 60.

instandgehalten werden. Setz nimmt diese anrührend-komischen Überbleibsel vergangener Zeiten zum Anlass für literaturgeschichtliche und rezeptionstheoretische Überlegungen und konstatiert: Literarische Klassiker seien ebensolche Thomassons, die nur noch „aus Liebe oder Pflichtgefühl"[224] am Leben gehalten werden, obwohl ihre Funktion mit der Zeit immer unklarer wird: „Denken wir etwa an hochmüde und unlesbare Bücher wie *Wilhelm Meisters Wanderjahre* oder die, wie mir scheint, allein durch die lebensverlängernden Maßnahmen der Germanistik bei Atem gehaltenen Romane von Hermann Broch."[225] Eine Zeitreise erlebe auch das in Urheberschaft und/oder Wortlaut mehrfach verfälschte Zitat, das sich durch diese Kolportage umso hartnäckiger halte. „Beide, Thomassons und reisendes Zitat, erscheinen uns als natürliche Überlebensformen literarischer Einheiten",[226] erklärt Setz.

Dass bestimmte Texte wiederum zum Überdauern regelrecht gezwungen würden, führt er anhand eines Briefs von Thomas Mann vor, den man nebst seinem Essay „Freud, Goethe, Wagner" 1939 in einer Zeitkapsel verschlossen, in 15 Meter Tiefe versenkt habe und erst im Jahr 6939 überhaupt wird öffnen und – nur vielleicht – lesen können. Seinen Ausführungen über literarische Langlebigkeit fügt er schließlich noch eine weitere Metapher hinzu, nämlich die der titelgebenden Strahlenkatzen (engl. *Ray Cats*), die er einem philosophischen Aufsatz aus den 1980er Jahren entnommen hat: Darin wird die Idee präsentiert, Nacktkatzen zu züchten, deren Haut auf Radioaktivität reagiert, indem sie sich detektorhaft verfärbt und damit alle Menschen in der Umgebung vor dem kontaminierten Bereich warnt. Zur nachhaltigen Etablierung dieser lebenswichtigen Tierart sei ein einprägsamer Name zu finden sowie eine Art volkstümliche, stetig weitertradierte Erzählung rund um ihre Existenz zu konstruieren, die sie langfristig im kollektiven Gedächtnis verankert. Am Ende seiner Ausführungen schlussfolgert Setz: „Ray Cats sind, so möchte ich behaupten, strukturell dasselbe wie gut erzählte Literatur. Oder wie Gedichte, die *im Kopf bleiben*. Dieselben Prinzipien leiten ihren Erfolg."[227] Sie sind unvergänglich, können sogar still und unerkannt mitten unter uns existieren. „Aber die Zauberzutat ist der Fellwechsel", sagt Setz, den es auch in der Literatur gebe. „Es ist, zugegeben, eine Metapher und Metaphern sind zumeist aufgeblasen und seltsam", räumt er weiterhin ein (zudem müsste es hier genau genommen Hautfarbenwechsel heißen, da es sich ja um Nacktkatzen ohne Fell handelt). „Aber ich denke dabei

---

224 Setz: „Strahlenkatzen und Literatur", S. 14.
225 Ebd., S. 30.
226 Ebd., S. 16.
227 Ebd., S. 30.

an einen Text, bei dem bestimmte Teile, Sätze, Abschnitte, in unerhörten Warnfarben zu leuchten anfangen, wenn sich die gesellschaftliche oder menschliche Entwicklung einem bedenklichen Bereich nähert."[228]

Ein weiteres Fundstück, diesmal aus der Welt des Wrestlings, ist *Kayfabe*, ein Begriff, der „sofort zu einem unvermeidlichen und essentiellen Werkzeug der Weltwahrnehmung wird". Setz gebraucht ihn in seiner scharfsinnigen ‚Rede zur Literatur' anlässlich der Eröffnung des Bachmann-Bewerbs 2019 für den mahnenden Hinweis auf ein wirkmächtiges Prinzip in Politik und Literatur: Die unbedingte, folgsame Einhaltung der Fiktion entlang einer zumeist von außen und durch Marktinteressen diktierten *Storyline* führe – im Wrestling, in der Literatur und im wahren Leben – zum „lebensverkehrten" Ausschluss der Wirklichkeit und damit geradewegs in die Unmündigkeit.[229]

2.3.5 (Post-)Moderne Mythen

Etwas in etwas (gemeinhin oder scheinbar) völlig anderem wiederzuerkennen, ließe sich als das wesentliche Bauprinzip von Clemens Setz' literarischer Weltwahrnehmung bezeichnen. Der erhellende Erkenntnismoment dieser unerwarteten semantischen Verwandtschaft kann dabei die gesamte Bandbreite affektiver Begleiterscheinungen provozieren, von erschreckend bis belustigend, von empathisch bis argwöhnisch. Danach ist nichts mehr wie zuvor.[230] Diese Kippbewegung illustriert Setz in seiner Antrittsvorlesung unter dem Titel „Kombination und Widerstand" zur Gastprofessur an der Freien Universität Berlin anhand eines großformatigen Bildes im Flur eines Wiener Fitnessstudios, das ihm zunächst wie die Abbildung eines klassischen Kirchenfensters erschien, bis er bei

---

228 Ebd., S. 31.
229 Clemens J. Setz: „Kayfabe und Literatur". Rede zur Literatur am Eröffnungsabend der 43. Tage der deutschsprachigen Literatur 2019 in Klagenfurt; online unter: https://bachmannpreis.orf.at/v2/stories/2987078/ (16.09.2019).
230 Ein häufig überraschender Vorgang mit nachhaltigen Konsequenzen, den Setz auch literarisch mehrfach bearbeitet, vgl. etwa die Erzählung „Die Katze wohnt im Lalande'schen Himmel", in: TrD: 115–147, über einen Mann namens Conradi, der plötzlich statt der klassischen Sternenformationen ein grauenerregendes Bild am Himmel entdeckt, das ihn nicht mehr loslässt und in den Wahnsinn treibt. Fortan muss er mit einer „immer schlimmer werdende[n] Furcht […] vor Dingen und Erscheinungen [leben], die irgendeinem anderen Gegenstand gleichen." Ebd., S. 133. Conradi bezeichnet diesen Umstand seinem Arzt Dr. Gehweyer gegenüber als „gewaltsam stattfindende ‚bildnerische Umerziehung'" sowie als „‚fortwährende Vertreibung aus dem Paradiese'". Ebd., S. 130.

genauerer Betrachtung feststellte, dass es sich um die grausam-kleinteilige Darstellung eines Sklavenschiffs mit unzähligen eng aneinander gepferchten Menschen handelt. Eine grauenerregende Entdeckung, die die ästhetische Perspektive in eine moralische Frage kippen lässt.[231]

Die sonderbare Begebenheit über die zunächst unheimlich anmutenden Drehbewegungen einer ägyptischen Statue in einem britischen Museum, die sich schließlich als das Resultat der Vibrationen durch Besuchermassen erweisen, nimmt Setz in einer Dankesrede zum Anlass, über diese „geisterhaft-tröstliche[ ] Fernwirkung"[232] zu reflektieren, die es für einen kurzen Moment ermöglicht, Kontakt mit den uns umgebenden Menschen, Wesen und Gegenständen aufzunehmen, bevor sie sich weiterdrehen und das Verbindungssignal wieder erlischt.

In einem Blog-Beitrag berichtet Setz von der Live-Übertragung der Landung einer Sojus-Kapsel, in der er einen symbolischen Ritus für eine Art (Wieder-)Geburt samt Opfergaben identifiziert, wie ihn der Ethnologe James G. Frazer zu Beginn des zwanzigsten Jahrhunderts für die seinerzeit sogenannten primitiven Völker vielfach untersucht und umfangreich beschrieben hat. „Eigentlich überrascht es, dass mir das nicht schon viel früher aufgefallen ist. Wozu habe ich mich sonst jahrelang in James George Frazers *Der Goldene Zweig* festgelesen?"[233] Frazers Ausführungen zu magischen Vorstellungen, zu denen etwa auch die oben genannte ‚Fernwirkung' und die nun folgende ‚Übertragung' gehören, sind nicht nur für Setz von zentraler Bedeutung, der sich in seinen Texten wiederholt implizit wie explizit darauf bezieht, sondern auch für den theoretischen Rahmen dieses Bandes (vgl. Teil II).

Als „Zauberbuch" bezeichnet Setz das dreiunddreißig Bände umfassende Wörterbuch von Jacob und Wilhelm Grimm (vgl. Kap. 13.1): „Es gibt in der Tat keine andere Publikation in deutscher Sprache, in der mehr verzauberte Nischen, heilige Winkel, unheimliche Höhlen und geborgene Täler existieren [...]",[234] schreibt Setz, der sich die Lektüre des Wörterbuchs zur Gewohnheit

---

231 Vgl. dazu auch den Beitrag „Kippbilder des Clemens J. Setz" von Lukas Rameil in der Campuszeitung *Furios* der FU Berlin; online unter: https://furios-campus.de/2019/05/06/kippbilder-des-clemens-j-setz/ (22.09.2019).
232 Clemens J. Setz: „Drehungen. Dankrede", abgedruckt in: Winkels (Hg.): *Clemens J. Setz trifft Wilhelm Raabe*, S. 27–32, hier S. 29.
233 Clemens J. Setz: „Die Landung der Sojus, betrachtet als Herbstfest und Mysterienspiel", in: *Suhrkamp Logbuch*; https://www.logbuch-suhrkamp.de/clemens-j-setz/die-landung-der-sojus/ (22.09.2019).
234 Clemens J. Setz: „Grimmoire", in *Suhrkamp Logbuch*; https://www.logbuch-suhrkamp.de/clemens-j-setz/grimmoire/ (22.09.2019).

gemacht hat und dabei neue Bedeutungen für nicht mehr verwendete Begriffe erfindet, um sie fortan wieder in die Kommunikation einzuschleusen: „In drei Fällen ist mir die ‚Übertragung' geglückt",[235] triumphiert er.

Für bedauernswert hält er hingegen das Scheitern der Gegenstandstheorie von Alexius Meinong, dem Begründer der sogenannten Grazer Schule, die dann als „Meinongs Dschungel" in die Philosophiegeschichte verbannt wurde. Zwar sei die Widerlegung durch niemand anderen als Bertrand Russell gerechtfertigt, wie Setz einräumt, aber eben auch betrüblich: „Denn in ihr geht es vor allem um etwas, das naturgemäß auch einen Schriftsteller täglich beschäftigt: das Wesen nichtexistenter Dinge", die Meinong mit der Kategorie des *Soseins* erfolglos zu legitimieren versuchte. Als Beispiel für die ungeheure Suggestivkraft von Meinongs Überlegungen zieht Setz die Website *thiscatdoesnotexist.com* heran, ein „friedvoll unterhaltsames Zaubertheater", in dem sich eine Künstliche Intelligenz darum bemüht, auf der Grundlage stetig elaborierter Algorithmen Katzenbilder zu identifizieren und auszugeben, was – bislang – zu höchst bizarren Vermengungen von Katzen, anderen Lebewesen, Gegenständen und sogar Textelementen führt.[236] Setz schließt seinen Text mit einer Zukunftsprognose: „Künstliche Intelligenzen werden mehr und mehr Teile unseres Lebens verwalten, und sie werden dabei uneinholbar genialer und geistesgegenwärtiger agieren als Menschen – allerdings immer mit gewissen Leerstellen."[237]

Scheinbar Anekdotisches, Sagenhaftes oder sonstige ‚Zaubereien' und Skurrilitäten werden von Setz auf metaphorische Weise in poetisch-poetologische Überlegungen überführt. In dem 2018 erschienenem Journal *Bot. Gespräch ohne Autor* fasst er in einem Limerick mit dem Titel „CJS-Bücher" seine Romane zusammen. Das Gedicht, datiert auf Januar 2015, beginnt folgendermaßen: „Bemühte Metaphern. Vergleiche/Sexszenen wie blubbernde Teiche" und stellt zum Ende hin fest: „Wenn die Handlung feststeckt, wird's

---

235 Ebd. „Ich beobachtete, wie Freunde die alten Wörter in ihrer neuen Bedeutung im Gespräch verwendeten, zwei Mal live, einmal in einer Chatunterhaltung. Die Wörter, die so in noch sehr begrenzten Umlauf gerieten, waren ‚walpern', ‚Diech' und ‚Zweil'". Alle drei Begriffe sind mit völlig neuen Inhalten ausgestattet, ein „Zweil" beispielsweise ist laut Setz' Definition ein „mensch auf der strasse, der verschlungen dahingehende paare teilt, indem er absichtlich oder in schlafwandlerischer zielsicherheit genau ihre mitte ansteuert." Das Grimmsche Wörterbuch verweist in seinem Eintrag hingegen auf den „Zweig".
236 Clemens J. Setz.: „I RANAR TIMAN TERIE", in: *Suhrkamp Logbuch*: https://www.logbuch-suhrkamp.de/clemens-j-setz/i-ranar-timan-terie/(22.09.2019); vgl. auch die darin erwähnte Website unter https://thiscatdoesnotexist.com (12.01.2020).
237 Ebd.

magisch./Einsame Männer sind tragisch."[238] Magie also als Ausweg aus der erzählerischen Impasse? Auch der häufige Einsatz von Metaphern erfolge, wie Setz in einer Poetikvorlesung behauptet, nahezu absichtslos:

> Wer irgendwann mal ein Buch von mir gelesen hat, wird bemerkt haben, dass ich ständig und praktisch ohne die geringste Motivation Metaphern und Vergleiche in meine Sätze einfüge. Die meisten Kritiker hassen das. Und das kann man auch verstehen, denn für gewöhnlich muss man lange herumtunen an einem Vergleich, bis er wirklich funktioniert.[239]

Dass sich metaphorische und magische Darstellungsweisen dieser Selbsteinschätzung zwischen Koketterie und Selbstkritik nach tatsächlich unmotiviert vollziehen, wird sich in den Untersuchungen dieser Bandes nicht bestätigen, im Gegenteil: Sie gehören zum Grundprinzip des literarischen Schreibens von Clemens J. Setz.

---

238 Setz: *Bot*, S. 36.
239 Setz: „Frühe und späte Spiele".

3 Perspektiven der Kognitiven Literaturwissenschaft

In diesem Kapitel werden die potentiellen Leistungen des kognitionsästhetischen Ansatzes in den Kerngebieten literaturwissenschaftlichen Arbeitens (insbesondere Theoriebildung, Textanalyse/-interpretation, Rezeption)[240] skizziert. Kritische Einwände gegen diese Art ‚Hirnforschung' in und anhand von literarisch-fiktionalen Texten, die von verschiedenen Standpunkten aus zu vernehmen sind, sollen dabei nicht verschwiegen werden (Kap. 3.1). Dass die Vorteile im Hinblick auf den Erkenntnisgewinn kognitionsästhetischer Perspektiven auf literarische Wahrnehmungs- und Darstellungsweisen dennoch überwiegen, wird im Folgenden zunächst prinzipiell erläutert (Kap. 3.2) und im letzten Kapitel dieses Grundlagenteils mit Blick auf die These für den zu untersuchenden Textkorpus noch einmal genauer begründet (Kap. 4).

3.1 Theorieimport: Chance oder Trugschluss?

Am Beginn nahezu jeden Beitrags aus dem vielfältigen Forschungsfeld der kognitionstheoretisch orientierten Literaturwissenschaft stehen zwei Argumente: Erstens sind Lesen und Schreiben genuin kognitive Prozesse – so trivial diese Einsicht erscheinen mag, so wichtig ist den meisten zu betonen, dass sie als solche notwendigerweise unter die Ägide (auch) kognitionstheoretischer Betrachtungsweisen fallen;[241] und zweitens hat die relativ junge Disziplin zwar noch immer und trotz oder gerade wegen zunehmender Ausdifferenzierung und Optimierung der darin versammelten Ansätze mit Rechtfertigungsansprüchen durch Kritik von interner wie externer Seite zu kämpfen. Dennoch sollte die Chance auf Erkenntnisgewinn durch Theorieimport stets höher bemessen werden als die Verteidigung der traditionellen Dichotomie zwischen den *two cul-*

---

[240] Vgl Martin Huber, Simone Winko: „Literatur und Kognition. Perspektiven eines Arbeitsfeldes", in: dies. (Hg.): *Literatur und Kognition*, S. 7–26, hier S. 9.
[241] „Cognitive Poetics is all about reading literature", schreibt Peter Stockwell gleich zu Beginn seiner 2002 erschienenen Einführung und räumt ein: „This sentence looks simple to the point of seeming trivial." Vgl. Peter Stockwell: *Cognitive Poetics. An Introduction*. London: Routledge 2002, S. 1; vgl. auch Huber/Winko: „Literatur und Kognition", S. 15; sowie Wege: *Wahrnehmung*, S. 13.

tures (vgl. auch Kap. 13.3).²⁴² Thomas Eder bezeichnet den Einzug kognitiver Theorien und Methoden daher als „folgerichtige Entwicklung" und „notwendige Reaktion"²⁴³ der Geisteswissenschaften auf das herrschende Erkenntnisparadigma dominant naturwissenschaftlicher Prägung und plädiert dafür, die vorliegenden Theorieangebote wahrzunehmen. Ohne damit die ‚klassische' Literaturwissenschaft suspendieren zu wollen, sollten kognitivistische Ansätze vielmehr als komplementär angesehen werden.²⁴⁴ Unter diesem Legitimationsdruck legen aktuelle Studien mit Bezug auf die wegweisenden Arbeiten um die Jahrtausendwende, zumeist aus dem anglo-amerikanischen Raum,²⁴⁵ wo der *cognitive turn* im Unterschied zur deutschsprachigen Geisteswissenschaft weit früher Beachtung fand,²⁴⁶ die Genese des Fachgebiets samt seiner diversen Teildisziplinen zunächst ausführlich dar und diskutieren dabei offen die vielfältigen Einwände und Modifikationen. Somit ist der gegenwärtige Stand der Forschung gut dokumentiert, weshalb hier nur einige Hauptlinien der diffizilen Standortbestimmung prolegomenatisch und unter steten Verweisen auf die einschlägige Literatur nachgezeichnet werden.²⁴⁷

---

242 Vgl. u. a. Huber/Winko: „Literatur und Kognition", S. 7–26; Wege: *Wahrnehmung*, insb. „Einleitung", S. 13–17; Marcus Hartner: *Perspektivische Interaktion im Roman. Kognition, Rezeption, Interaktion*. Berlin, Boston: De Gruyter 2012 (zugl. Diss. Univ. Bielefeld unter dem Titel „Kognition und Perspektive"), insb. S. 21–45.
243 Thomas Eder: [Art.] „Kognitive Literaturwissenschaft", in: *Handbuch Literatur und Philosophie*. Hg. von Hans Feger. Stuttgart, Weimar: Metzler 2012, S. 311–332, hier S. 329.
244 Ebd., S. 313.
245 Vgl. Stockwell: *Cognitive Poetics*; Reuven Tsur: *Toward a Theory of Cognititve Poetics*. Amsterdam: North Holland 1992; Raymond W. Gibbs: *The Poetics of Mind. Figurative Thought, Language, and Understanding*. New York: Cambridge Univ. Press 1994; Alan Richardson, Francis F. Steen (Hg.): *Literature and the Cognitive Revolution*. Sondernummer der Zeitschrift *Poetics Today* 23.1 (2002); Elena Semino, Jonathan Culpeper (Hg.): *Cognitive Stylistics: Language and Cognition in Text Analysis*. Amsterdam: John Benjamins 2002; Joanna Gavins, Gerard Steen (Hg.): *Cognitive Poetics in Practice*. London 2003; David Herman (Hg.): *Narrative Theory and the Cognitive Science*. Stanford: CSLI Publ. 2003. Zoltán Kövecses: *Language, Mind, and Culture. A Practical Introduction*. New York: Oxford Univ. Press 2006; Lisa Zunshine (Hg.): *The Oxford Handbook of Cognitive Literary Studies*. Oxford, New York: Oxford Univ. Press 2015; Geert Brône, Jeroen Vandaele (Hg.): *Cognitive Poetics: Goals, Gains and Gaps*. Berlin, Boston: De Gruyter 2009.
246 Vgl. dazu exemplarisch Wege: *Wahrnehmung*, S. 15, S. 17; sowie Roman Mikuláš/dies.: „Vorwort", in: dies. (Hg.): *Schlüsselkonzepte und Anwendungen der Kognitiven Literaturwissenschaft*. Münster: Mentis 2016, S. 7–12, hier S. 7.
247 Vgl. u. a. den differenzierten Überblicksbeitrag von Rüdiger Zymner: „Körper, Geist und Literatur. Perspektiven der ‚Kognitiven Literaturwissenschaft' – eine kritische Bestandsaufnahme", in: Huber/Winko (Hg.): *Literatur und Kognition*, S. 135–154; kritisch durchmisst auch

Ausgehend von der elementaren Einsicht, dass sich Literatur erst durch neuronale Prozesse im Gehirn realisiert, damit also körperlich verankert (*embodied*) ist, weist Sophia Wege in der Einleitung zu ihrer großangelegten Studie darauf hin, dass Literatur und Literaturwissenschaft in gewisser Weise „immer schon eine Art ‚Hirnforschung'" betreiben, insofern sie Texte überhaupt erst aus solchen – bewussten wie unbewussten – mentalen Vorgängen heraus konstruktiv erschaffen beziehungsweise wahrnehmen und erforschen.[248] Wie sich dieser Prozess grundsätzlich vollzieht und wie er zu analysieren und zu beschreiben wäre, ist zunächst Aufgabe der Kognitionswissenschaft, deren theoretische und methodische Verfahrensweisen, Modellbildungen und bisherigen Ergebnisse sich die literaturwissenschaftliche Forschung für ihr spezielles Untersuchungsfeld anzueignen versucht. Die Kognitive Literaturwissenschaft versucht also zu klären, wie Denken und sprachlicher/literarischer Ausdruck produktions- wie rezeptionsseitig zusammenhängen, wie Textlektüre durch „kognitiven Konstruktivismus"[249] in (imaginative) Erlebnissequenzen umgewandelt werden, auf welchen biologisch fundierten und soziokulturell vermittelten mentalen Konzepten und Repräsentationen dies basiert und welche Voraussagen sich über ihre affektive Wirkung treffen lassen. Analog zur Komplexität menschlicher Wahrnehmung und ihren Verarbeitungsprozessen (darunter etwa denken und sprechen, erinnern und lernen, bewerten und wünschen) ist auch das Programm der KLW, die ihre Prämissen, Programme und Instrumentarien ihrer jeweiligen Ausrichtung nach aus wiederum stark spezialisierten Disziplinen wie der Neurowissenschaft, Evolutionsbiologie, Informatik, Psychologie, Philosophie und Linguistik versammelt. Während die Verfechter:innen hierin die ‚experientialistische' Ablösung des limitierenden Objektivismus einer analytisch

---

Julia Mansour die „Chancen und Grenzen des Transfers kognitionspsychologischer Annahmen und Konzepte in die Literaturwissenschaft – das Beispiel *Theory of Mind*", in: Huber/Winko (Hg.): *Literatur und Kognition*, S. 155–163, und unterzieht die einschlägigen Studien einer genauen Prüfung; vgl. Mansour: „Stärken und Probleme einer kognitiven Literaturwissenschaft", in: *KulturPoetik* 7.1 (2007), S. 107–116; vgl. weiterhin Hans Adler, Sabine Gross: „Adjusting the Frame. Comments on Cognitivism and Literature", in: *Poetics Today* 23.2 (2002), S. 195–220, sowie Thomas Eder: „Zur kognitiven Theorie in der Literaturwissenschaft. Eine kritische Bestandsaufnahme", in: Franz Josef Czernin, ders. (Hg.): *Zur Metapher. Die Metapher in Philosophie, Wissenschaft und Literatur*. München: Fink 2007, S. 167–195.
248 Vgl. Wege: *Wahrnehmung*, S. 13. Zymner spezifiziert: „Im Grunde genommen betreibt man – wie um 1900 Wilhelm Wundt oder auch die ersten Gestaltpsychologen – eine beobachtungsgestützte ‚Hermeneutik des Gehirns', bei der man lediglich ‚von außen' plausible Vermutungen über eine ‚black box' anstellt." Zymner: „Körper, Geist und Literatur", S. 145.
249 Ebd., S. 136.

orientierten Literaturbetrachtung begrüßen,[250] lehnen Gegner:innen diese Bewegung als pseudowissenschaftliche Modererscheinung aufgrund unzulässigen oder zumindest eklektizistischen Theorietransfers, der zudem einen eklatanten ‚Kategorienfehler' aufweise, vehement ab.[251] Mit Bezug auf die Praxis – auch innerhalb der KLW – treffen demnach Klagen über fehlende Validität auf Vorwürfe allzu empiristischer, mechanistischer und daher „blutleerer Analysen",[252] die gerade dem Untersuchungsgegenstand Literatur nicht gerecht würden. In diesem Zusammenhang wird auch eine „unnötige Verdopplung der Terminologie" beanstandet, die zwar der Beschreibung kognitiver Prozesse diene, mit der sich aber nur wenig Neues über die ästhetischen Qualitäten eines Textes mitteilen ließe.[253] „Revolutionär neue Textbedeutungen zu erschließen, ist erklärter-

---

250 Vgl. Eder: „Kognitive Literaturwissenschaft", S. 313; vgl. auch die daran anschließende kritische Auseinandersetzung mit Lakoffs Invektive gegen den „Mythos des Objektiven", ebd., S. 314; vgl. Lakoff/Johnson: *Leben in Metaphern*, insb. Kap. 26 und Kap. 27.
251 Ausgangspunkt der anhaltenden Debatte ist das durch William K. Wimsatt und Monroe Beardsley im Umfeld des *New Criticism* formulierte Prinzip der „Affective Fallacy", demzufolge ein Text nicht anhand seiner emotionalen Wirkung rekonstruiert oder beurteilt werden kann. Vgl. Wimsatt/Beardsley: „The Affective Fallacy", in: *Sewanee Review* 57.1 (1949), S. 31–55; sowie dies.: *The Verbal Icon: Studies in the Meaning of Poetry*. Lexington: Univ. of Kentucky Press 1954; Positionierungen dazu finden sich u. a. bei Eder: „Kognitive Literaturwissenschaft", S. 312 f., und Huber/Winko: „Literatur und Kognition", S. 7 f.; dem Vorwurf des ‚mereologischen Fehlschlusses', der von dem Neurowissenschaftler Maxwell R. Bennett und dem Philosophen Peter M. S. Hacker eingeführt wurde, stellt sich Fotis Jannidis in seinem Beitrag „Verstehen erklären?", in: Huber/Winko (Hg.): *Literatur und Kognition*, S. 45-62, hier bes. S. 57 f.; vgl. Bennett/Hacker: *Die philosophischen Grundlagen der Neurowissenschaften*. Darmstadt: WBG 2010, u. a. S. 171 f.
252 So Dietmar Till in seiner Sammelbesprechung verschiedener Studien zur (vornehmlich) kognitiven Metapherntheorie: „Aktualität der Metapher, Wiederkehr der Rhetorik. Zum ‚rhetorical turn' in den Humanwissenschaften", in: *literaturkritik.de* 3 (2008); online unter: https://literaturkritik.de/id/11725 (29.09.2019). Der Rhetorikspezialist vermisst in vielen kognitiv-poetischen Analysen gerade denjenigen „Aspekt der Metapher, der für die Tradition der Rhetorik zentral ist: ihre Wirksamkeit, die gerade im Bereich der Emotionalität des Menschen angesiedelt ist." Als erfreuliche Ausnahme hebt er Katrin Kohls Monographie hervor, die die Vernachlässigung der ästhetisch-affektiver Dimensionen thematisiert und für den Einbezug der Rhetorik plädiert, „weil die kognitive Linguistik zu rationalistischen Grenzziehungen tendiert, die einem Verständnis für die Wirkkraft der Metapher im Wege stehen." Katrin Kohl: *Metapher*. Stuttgart, Weimar: Metzler 2007, S. 123: Ähnlich formuliert es Eder: „Literatur und deren Analyse ohne Einbeziehung psychischer Prozesse ist ein leerer Begriff"; Eder: „Kognitive Literaturwissenschaft", S. 311.
253 Vgl. Alexander Bergs, Peter Schneck: [Art.] „Kognitive Poetik", in: *Handbuch Kognitionswissenschaft*. Hg. von Achim Stephan, Sven Walter. Stuttgart, Weimar: Metzler 2013, S. 518–

maßen nicht das Ziel der Kognitiven Poetik", konstatiert hingegen Wege mit Bezug auf Stockwell, „auch wenn Neuinterpretationen angestoßen werden können".[254]

Nun ist vieles an dieser durchaus hitzig geführten Debatte gar nicht so neu, wie auch manche der Beteiligten einräumen: Weder die traditionsreiche Auseinandersetzung um den Dualismus Natur/Kultur – gegenwärtig vielleicht eher: Gehirn vs. Geist[255] – noch die damit verbundenen systematischen Betrachtungsweisen menschlicher Erkenntnisfähigkeit; auch nicht die gängige ‚Infiltrationsangst' bestehender Disziplinen durch importierte Ansätze anderer Fachrichtungen, woran häufig die Sorge um Exklusivität- und in der Folge Relevanzverlust gekoppelt ist; und schließlich ist vor letztgenanntem Szenario auch die Idee nicht neu, drohenden Bedeutungseinbußen durch einen interdisziplinären Brückenschlag zu begegnen, um – positiv formuliert – wieder mehr Kontakt zur realen Lebenswelt aufzunehmen und bisherige Perspektiven zu bereichern und zu erweitern oder – so die negative Deutung – eine allzu zweckmäßige Profilierung im Wissenschaftsbetrieb anzustreben und sich damit der Forderung nach permanenter Innovation lediglich aus rein strategischen Gründen zu unterwerfen.[256]

Neu sind allerdings gerade im Bereich der Neurowissenschaften Mittel und Wege der Erforschung, insbesondere bildgebende Verfahren, menschlicher Kognition und im Anschluss daran auch die Präsenz dieser Erkenntnisse in Öffentlichkeit und Alltag – und damit naturgemäß die zunehmende Integration solcher Themen und Perspektiven auch und vor allem in Theorie und Praxis des Ästhetischen.[257] Demnach ist der *cognitive turn*, ausgehend von seiner Stammdisziplin, der empirischen Psychologie, in seinen Auswirkungen auf die Geisteswissenschaften zunächst einmal als Folgeerscheinung des *cultural turn* von denkbar breit angelegter kulturwissenschaftlicher Prägung, insofern davon die Gesamtheit aller (nicht nur menschlichen) Kultur (-praktiken, -erzeugnisse,

---

522, hier S. 521; ähnlich kritisch sieht auch Zymner den Erkenntnisgewinn, vgl. ders.: „Körper, Geist und Literatur", S. 146.
254 Wege: *Wahrnehmung*, S. 20; vgl. Stockwell: *Cognitive Poetics*, S. 7.
255 Vgl. u. a. Huber/Winko: „Literatur und Kognition", S. 7 f., S. 11.
256 Vgl. dazu ausführlich Hartner: *Perspektivische Interaktion im Roman*, S. 17–26, und auch Zymner: „Körper, Geist und Literatur", S. 143, sowie Steen/Gavins: „Contextualising Cognitive Poetics", in: dies. (Hg.): *Cognitive Poetics in Practice*, S. 1–12, hier S. 2.
257 Vgl. u. a. das Forschungsprogramm der Abteilung „Sprache & Literatur" des 2012 gegründeten Max-Planck-Instituts für Empirische Ästhetik unter der Leitung von Winfried Menninghaus: https://www.aesthetics.mpg.de/forschung/abteilung-sprache-und-literatur.html (26.10. 2019).

-theorien etc.) im weitesten Sinne betroffen sind.[258] Dieser Auffassung trägt beispielsweise Patrick C. Hogans umfangreiche Studie *Cognitive Science, Literature, and the Arts* von 2003 Rechnung, deren Direktive im Untertitel – *A Guide for Humanists* – durch die Anregung zu kognitionswissenschaftlichen Ansätzen in Literatur, Kunst, Musik, Film und Philosophie eingelöst werden soll.[259] Trotz ihrer zum Teil enorm anspruchsvollen Implikationen habe auch der Einzug kognitionswissenschaftlicher Theorien zu einer veränderten und stark erweiterten, ja ‚demokratisierten' Sichtweise auf Literatur beigetragen.[260] Indem sie sich der Analyse und Beschreibung ganz grundlegender Strukturen und Prozesse widmet, seien Literatur und Literaturwissenschaft nunmehr „less elitist" und „not just a matter for the happy few",[261] sondern eine generische anthropologische Fähigkeit und Praxis, die sich potenziell auf jede Form bewusster wie unbewusster, sprachlicher wie (noch) nichtsprachlicher Gestaltungs- und Verarbeitungsprozesse bezieht. Für den Gegenstandsbereich der KLW gilt daher:

> Der Import von Kognitionswissen geschieht unter der Annahme, dass Erkenntnisse über evolvierte Prinzipien der menschlichen Kognition Erklärungen für allgemeine Charakteristika von Literatur (formal-ästhetisch, sprachlich, stofflich), ihre Entstehung, Wirkung und Funktion liefern und zum anderen konkrete Textanalysen und -interpretationen bereichern können.[262]

In diesem Sinne bilden kognitionstheoretische Einsichten auch die Grundlage für diese Studie. Es sei noch einmal betont, dass der klare Vorteil dieses Ansatzes darin liegt, bestehende Erkenntnisse, Theorien und Begrifflichkeiten (etwa zur Poetik des Unheimlichen, der Kontingenz oder Störung) nicht suspendieren und folglich neu begründen zu müssen, sondern sie als verfügbare Wissensbereiche in den kognitiven Prozess zu integrieren. Gerade im Fall des reichhaltigen literarischen Universums von Clemens J. Setz scheint es angebracht, zunächst grundlegende ästhetische Verfahrensweisen freizulegen, die motivische, narratologische und auch poetologische Studien keineswegs ersetzen, sondern stützen sollen.

---

[258] Einen umfangreichen Überblick über die Geschichte, Teildisziplinen, vielfältigen Bezugssysteme, Leistungsfelder und künftigen Entwicklungen bietet das von Achim Stephan und Sven Walter herausgegebene *Handbuch Kognitionswissenschaft* von 2013.
[259] Vgl. Patrick Colm Hogan: *Cognitive Science, Literatur, and the Arts. A Guide for Humanists*. New York, London: Routledge 2003.
[260] Vgl. Stockwell: *Cognitive Poetics*, S. 11.
[261] Steen/Gavins: „Contextualising Cognitive Poetics", S. 1.
[262] Wege: *Wahrnehmung*, S. 23.

3.2 *Going cognitive*: Inhalte und Aufgaben der KLW

Unter dem Motto *going cognitive*[263] lassen sich Befürwortung wie Skepsis der Geisteswissenschaften gleichermaßen versammeln: als geeigneter Zugang zu einem tieferen Verständnis menschlicher Geistestätigkeit einerseits, als pejorativer Ausdruck für ein ebenfalls tiefliegendes wissenschaftstheoretisches Missverständnis andererseits. Dennoch sind kognitive Ansätze nach gut zwei Jahrzehnten aus dem Kanon rezenter Kultur- und Literaturtheorien nicht mehr wegzudenken, was durchaus als Indiz dafür gelten mag, dass sie sich trotz vehementer Kritik und vermeintlicher Aporien haben etablieren können.[264] Ein geradezu explosionsartiger Zuwachs an kognitionstheoretisch informierten Beiträgen bestätigt diese Vermutung. Die Anwendbarkeit der verschiedenen Perspektiven innerhalb der KLW werden dabei zumeist kritisch reflektiert und die bis dato fehlende einheitliche Terminologie, Theorie und Methodik sowie der Mangel an exemplarischen Umsetzungen moniert, die eine Operationalisierbarkeit beglaubigen könnten.[265] Diese Heterogenität zeichnet sich auch in den divergierenden Forschungsschwerpunkten innerhalb des „umbrella term" KLW ab, die ihrerseits jeweils aus interdisziplinären Überschneidungen und Zusammenschlüssen resultieren und daher unter ganz unterschiedlichen Bezeichnungen im deutsch- wie im englischsprachigen Forschungskontext firmieren.[266] Dabei ist zunächst einmal festzuhalten, dass sich das Epitheton *kognitiv* an die bestehenden literaturwissenschaftlichen Teildisziplinen angliedert, die darin enthaltene programmatische Perspektive grundsätzlich beibehalten und um ihre spezifischen Annahmen und Erkenntnisse der Kognitionsforschung

---

[263] Vgl. zu diesem Begriff die Forschungsarbeiten von Alfonsina Scarinzi zur kognitiven Wende in der Literaturwissenschaft, insbesondere im Bereich der Themenforschung, darunter der Beitrag „*Going Cognitive* in der Themenforschung. Das Thema eines Textes der Literatur zwischen *Manifestness* und *Interestingness*", in: *ORBIS litterarum* 71.3 (2016), S. 189–214; dies.: *Das Thema als Brücke zum Leser. Themenforschung zwischen klassischer Kognitionswissenschaft und Postkognitivismus*. Wiesbaden: Springer VS 2016, insb. Kap. 1.2 „Zum Stand der Forschung: Literatur- und Kognitionswissenschaften", S. 25–36.
[264] Vgl. u. a. Manuel Paß, Max Rhiem: „Kognition", in: Patrick Durdel et al. (Hg.): *Literaturtheorie nach 2001*. Berlin: Matthes & Seitz 2020, S. 58–65; Tilmann Köppe, Simone Winko: *Neuere Literaturtheorien. Eine Einführung*. Stuttgart, Weimar: Metzler ²2013; Martin Sexl (Hg.): *Einführung in die Literaturtheorie*. Wien: WUV 2004.
[265] Zur Abgrenzung zentraler Begriffe – wie Kognition, Erkenntnis, Kategorie – von der philosophischen Terminologie vgl. exemplarisch Zymner: „Körper, Geist und Literatur", S. 136 f.
[266] Ausführlich stellt Wege die verschiedenen Begrifflichkeiten und Spezialisierungen innerhalb der KLW vor; vgl. Wege: *Wahrnehmung*, S. 17–33; einen Überblick über Perspektiven und Arbeitsfelder bietet auch Eder: „Kognitive Literaturwissenschaft".

ergänzt werden. So befassen sich – freilich exemplarisch und verkürzt formuliert – die eher naturwissenschaftlich-technisch orientierten Zweige der Kognitiven Linguistik und Narratologie zum Teil mithilfe computergestützter Verfahren mit evolutionsbiologischen und neuropsychologischen Phänomenen literarischer Texte auf mikrosprachlicher Ebene und bilden damit das Instrumentarium für die Untersuchung ästhetischer Strategien beim Aufbau und ihrer emotionalen Effekte bei der Wahrnehmung fiktionaler Welten im Rahmen einer Kognitiven Poetik und Stilistik. Mit dem Anspruch als „Supertheorie" gilt das Interesse der KLW stets der Präsentation ‚innerfiktionaler' Kognition und Emotion (etwa die Wahrnehmung der Figuren) sowie dem Verhältnis von Leserkognition und Textsignal (als indes strikt voneinander zu trennende analytische Bereiche) unter Berücksichtigung von Ersterem, und zwar „durch *explikative Bezugnahme* auf oder durch *kreative Operationalisierung* von Wissen, Konzepten, Begriffen, Modellen aus einer Vielzahl natur- und geisteswissenschaftlicher Referenzdisziplinen".[267]

Als unmittelbare Vorläufer einer kognitiven Betrachtungsweise von Literatur lassen sich im Gefolge der sprachkritischen Wende ganz verschiedene Ansätze ausmachen: So ist eines der Hauptanliegen der in den 1970er Jahren begründeten Empirischen Literaturwissenschaft, die als methodische Willkür beklagte Herangehensweise der hermeneutischen Textinterpretation an ‚das Kunstwerk' zugunsten einer empirisch überprüfbaren Beschreibung des so viel mehr umfassenden ‚Systems Literatur' aufzugeben.[268] Ins Zentrum des Interesses rücken folglich verstärkt die Bedingungen und beteiligten Faktoren der Literaturproduktion und -rezeption; so richtet die Wirkungsästhetik den Blick auf die Leser:innen[269] und gibt damit den Anstoß für eine anthropologische Literatur- und Lese(r)forschung; sprach- und geistesphilosophische, (post-)strukturalistische und semiotische sowie psychoanalytische Perspektiven auf die Sinnkonstitution mittels Sprache im Allgemeinen und Literatur im Besonderen gehen mit mehrfachen Neujustierungen in der Linguistik einher. „[C]ognitive poetics does not come out of the blue", unterstreichen denn auch

---

267 Wege: *Wahrnehmung*, S. 23.
268 Vgl. insb. Siegfried J. Schmidt: *Grundriß der Empirischen Literaturwissenschaft*. Frankfurt a. M.: Suhrkamp 1991.
269 Literaturtheoretisch verfestigt sich der Begriff Wirkungs- beziehungsweise Rezeptionsästhetik vornehmlich im Umfeld der sogenannten Konstanzer Schule um Hans Robert Jauß, Manfred Fuhrmann, Wolfgang Iser und Wolfgang Preisendanz. Im Rahmen dieser Studie steht er im weiteren Sinne für Fragen nach Wahrnehmung und Effekten der Lektüre literarischer Texte, wie sie beispielsweise Thomas Anz im Sinn hat; vgl. Thomas Anz: *Literatur und Lust. Glück und Unglück beim Lesen*. München: dtv 2002, S. 21 f.; vgl. auch Kap. 13 in diesem Band.

Gerald Steen und Joanna Gavins in der Einleitung zu ihrem Band *Cognitive Poetics in Practice*,[270] der die verschiedenen Ansätze aus der Sicht einiger prominenter Vertreter:innen mittels exemplarischer Textanalysen im Anschluss an Peter Stockwells maßgebliche Einführung in das Forschungsfeld versammelt. Die Begriffe ‚Kognition', ‚Sprache' und ‚Literatur' werden dabei denkbar weit gefasst: „Cognitive linguistics offers an approach to all language, not just literary language",[271] schreiben Steen und Gavins, demnach sei Literatur aus dem Blickwinkel der Kognitiven Poetik wiederum als „a specific form of everyday human experience and especially cognition that is grounded in our general cognitive capacities for making sense of the world"[272] anzusehen.

Unter dieser Prämisse hat sich die KLW in besonderem Maße einer „Kernoperation des Poetischen"[273] zugewandt und zum funktionalen Nukleus kognitiver Prozesse deklariert: die Metapher. Demgemäß haben die Auseinandersetzungen mit der kognitiven beziehungsweise konzeptuellen Metapherntheorie eine kaum überschaubare Zahl an Forschungsbeiträgen hervorgebracht.[274] Als Gründungstext gilt die von George Lakoff und Mark Johnson vorgelegte Studie *Metaphors We Live By* von 1980, in der sie darlegen, dass der Mensch seine Wahrnehmungen, Erfahrungen und Erkenntnisse maßgeblich in metaphorischen Prozessen konstruiert, strukturiert und im exekutiven Sprechakt zum Ausdruck bringt. Das vielzitierte Diktum lautet, „daß die Metapher unser Alltagsleben durchdringt, und zwar nicht nur unsere Sprache, sondern auch unser Denken und Handeln. Unser alltägliches Konzeptsystem, nach dem wir sowohl denken als auch handeln, ist im Kern und grundsätzlich metaphorisch."[275] Obwohl der Ansatz von Lakoff und Johnson mehr oder minder einhellig als ‚bahnbrechend'[276] bezeichnet wird, hat ihre Theorie auch eine Vielzahl an kritischen

---

270 Steen/Gavins: „Contextualising Cognitive Poetics", S. 5; vgl. kritisch zum Innovationsgrad und der Auseinandersetzung mit theoretischen Vorläufern Zymner: „Körper, Geist und Literatur", S. 144.
271 Ebd., S. 2.
272 Ebd., S. 1.
273 Vgl. Eder: „Kognitive Literaturwissenschaft", S. 313.
274 Wege bezeichnet sie als „eine der wichtigsten Bezugsdisziplinen der KLW"; Wege: *Wahrnehmung*, S. 17; Eder als „besonders fruchtbar"; Eder: „Kognitive Literaturwissenschaft", S. 311; „im Mittelpunkt" sehen sie auch Huber/Winko: „Literatur und Kognition", S. 11.
275 Lakoff/Johnson: *Leben in Metaphern*, S. 11; vgl. näher dazu Kap. 5.1.2 in diesem Band.
276 So beispielsweise Constanze Spieß und Klaus-Michael Köpcke in der Einführung zu ihrem Sammelband *Metonymie und Metapher. Theoretische, methodische und empirische Zugänge*. Berlin u. a.: De Gruyter 2015, S. 1–21, hier S. 2. Laut Kohl markiere das Buch von Lakoff und Johnson „den wohl wichtigsten Paradigmenwechsel in der Metaphernforschung." Kohl: *Metapher*, S. 119.

Modifikationen und Reformulierungen provoziert, an denen sich die beiden Autoren zum Teil sogar selbst beteiligt haben.[277] Neben theoretischen, methodischen und begrifflichen Monita betrifft das im Kontext literaturwissenschaftlicher Fragestellungen vor allem die mangelnde Aufmerksamkeit gegenüber der ästhetisch-poetischen Dimension literarischer Texte, die jedenfalls anfänglich der prioritären Anerkennung eines ubiquitären Status der Metapher als Basisoperation auch und vor allem alltäglicher menschlicher Kognition deutlich nachgeordnet wurde. Menschliche Kognition grundsätzlich als kreative Leistungsprozesse zu etablieren, die in der Zusammenführung komplexer konzeptueller mentaler Schemata besteht, ist zweifellos eine bedeutende Feststellung – für die Analyse von Literatur in Produktion und Rezeption sind aber die graduellen Besonderheiten im Hinblick auf Intention, Situation und Innovation unbedingt zu berücksichtigen.

---

[277] Vgl. u. a. das neue Nachwort zur 2. Auflage von *Metaphors We Live By* (2003) sowie George Lakoff, Mark Johnson: *Philosophy in the Flesh. The Embodied Mind and Its Challenge to Western Thought*. New York: Basic Books 1999.

4 Kognitionsästhetische Ansätze zum Textkorpus

Aufgrund ihrer interdisziplinären und eher prozessorientierten Ausrichtung ist die KLW besonders für die Erforschung solcher literarisch-fiktionalen Textwelten geeignet, in denen eine Vielzahl von Erfahrungsbereichen und Wissensdomänen ineinanderfließen und aus unterschiedlichen individuellen, bisweilen idiosynkratischen Perspektiven wahrgenommen und reflektiert werden, diesen Vorgang an sich also metafiktional in den Mittelpunkt stellen.[278] In Kombination mit formalen Besonderheiten der Textgestaltung und komplexen Erzählverfahren, die – wie im Fall von Clemens J. Setz – häufig nonlinear, unzuverlässig, polyphon und intertextuell angelegt sind, wird eine semantische Unschärfe erzeugt, die stets mit Bedeutungsvielfalt beziehungsweise -offenheit einhergeht und damit kognitionsästhetisch besonders produktiv wird.[279] Darin zeichnen sich Überschneidungen der Kognitiven mit der Empirischen Literaturwissenschaft sowie mit rezeptionsästhetischen (in ihrer Ausrichtung auf Leser:innen und Lektüreprozess), semiotischen (im Hinblick auf zeichentheoretisch evolvierte und strukturalistisch analysierbare Bedeutungskonstitution in und von Texten) und nicht zuletzt hermeneutischen (im Sinne einer systematischen Methodologie des Verstehens und Auslegens) und psychoanalytisch interessierten Ansätzen (die tiefpsychologische Mechanismen in ihrer ästhetischen Verarbeitung untersucht). Jedoch ist die Deutung literarischer Texte nicht vorrangiges Ziel der KLW, stattdessen werden grundlegende Einsichten in kognitive Prozesse im Rahmen einer Interpretationsheuristik anderen literaturtheoretischen beziehungsweise ansatzspezifischen Untersuchungen komplementär zur Seite gestellt oder überhaupt erst initiiert.[280] Zudem scheint der Einzugsbereich dessen, was in literarisch-fiktionalen Texten verarbeitet und ästhetisch geltend

---

278 Metafiktionalität im Sinne einer bewussten diegetischen und/oder sprachlichen Selbstreflexion eines Textes über seinen fiktionalen Charakter wird seit den 1980er Jahren im Anschluss an Patricia Waughs *Metafiction. The Theory and Practice of Self-Conscious Fiction* (New York, London: Methuen 1984) und Linda Hutcheons *Narcissistic Narrative. The Metafictional Paradox* (London: Methuen 1980) insbesondere mit Blick auf Texte der (postmodernen) Gegenwartsliteratur umfänglich diskutiert; vgl. u. a. J. Alexander Bareis, Frank Thomas Grub (Hg.): *Metafiktion. Analysen zur deutschsprachigen Gegenwartsliteratur*. Berlin: Kadmos 2001; Stefan Brückl et al. (Hg.): *METAfiktionen. Der experimentelle Roman seit den 1960er Jahren*, München: edition text+kritik 2021 (der auch einen Text über Setz' Roman *Indigo* enthält; vgl. Kap. 9 in diesem Band).
279 Vgl. dazu etwa Hermann: „„Es gibt Dinge, die es nicht gibt"", S. 10.
280 Vgl. Tilmann Köppe, Simone Winko: [Kap.] „*Cognitive Poetics*", in: dies.: *Neuere Literaturtheorien. Eine Einführung*. Stuttgart, Weimar: Metzler ²2013. S. 300–312, hier S. 308.

gemacht wird, weder poetologischen noch poetischen Beschränkungen zu unterliegen, was auch das Werk von Clemens Setz eindrücklich unter Beweis stellt. Angesichts dieser enormen Ausweitung wird der Literaturbegriff aus kognitionsästhetischer Sicht an dieser Stelle noch einmal konkreter zu fassen sein (Kap. 4.1).

Da sich kognitiv orientierte Ansätze vornehmlich den zugrundeliegenden mentalen Konzepten und deren sprachlichen Verarbeitungsprozessen zuwenden, zeigen sie gegenüber Ambiguitäten – semantisch, formal, interpretatorisch etc. – eine hohe Toleranz, was mit Blick auf Setz wie auch auf andere Texte der Gegenwartsliteratur angemessen erscheint.[281] Denn in den zahlreichen Irritationen und Abweichungen, die Florian Lehmann richtigerweise als „konstitutiv" für Setz' Romane beschreibt, liegen „Lesepotentiale", die es aufzuspüren und zu nutzen gilt. Lehmann zufolge verweisen sie auf eine übergeordnete „Poetik der Störung", der „ein poetisches Reflexionsangebot inhärent ist".[282] Darunter ließen sich prinzipiell auch die hier anvisierten magisch-metaphorischen Formationen fassen, die dank ihrer unkonventionellen Logik und Kausalität zweifellos narrative und semantische Störfaktoren bilden. Gegen diese Auffassung ist jedoch einzuwenden, dass das Konzept der Störung als Widerspruch gegen bestehende Ordnungen wiederum eine Dichotomie untermauert, die von Setz poetologisch wie literarisch zwar nicht gänzlich negiert, aber als deutlich durchlässiger veranschlagt wird (vgl. dazu Kap. 12). Seine Romane sind demnach weder als Plädoyer für ein magisches Weltbild als die ‚wahre' beziehungsweise ‚richtige' alternative Wirklichkeitsauffassung noch als Inszenierung literarischer Zauberkunst misszuverstehen (Kap. 4.2).

Vielmehr lassen sich darin mit Leonhard Herrmann poetologische Reflexionsprozesse innerhalb der Gegenwartsliteratur ausmachen, „die im Rahmen einer übergreifenden literarischen Epistemologie der Gegenwart darauf verweisen, dass fiktionale Rede Darstellungsformen für rational nicht zugängliche

---

281 Dementsprechend steht der 27. Deutsche Germanistentag im Jahr 2022 unter dem Rahmenthema „Mehrdeutigkeiten", die sich als Bestandteil menschlichen „Erfahrungswissen[s]" sowie „der kognitiven, emotionalen und ästhetischen Aneignung von Welt [...] in besonderer Weise in Sprache(n) und Literatur(en)" offenbaren. „Begrifflich breit diskutiert – von Ambiguitäten und Ambivalenzen bis hin zu Vagheiten und Unschärfen reicht die terminologische Vielfalt –, werden Mehrdeutigkeiten in allen germanistischen Teildisziplinen konzeptionell, theoretisch und empirisch, formal und funktional erforscht"; siehe die Ankündigung unter: https://deutscher-germanistenverband.de/verbandsprofil/deutscher-germanistentag/ (02.09.2021).
282 Lehmann: „Rauschen, Glitches, non sequitur", S. 137.

Phänomene der Erfahrungswelt besitzt",[283] worin das welterschließende Potential von Literatur buchstäblich zum Ausdruck kommt. Es geht also in erster Linie um die Problematisierung der Mitteilbarkeit verschiedener, nicht selten unkonventioneller Wahrnehmungsweisen (Kap. 4.3).

4.1 Zum Literaturbegriff

Die Rückkopplung von Denken und Sprache an eine elementare kognitive Apparatur führt notwendigerweise zu der Frage, was Literatur im Rahmen der Untersuchung kognitiver Leistungen überhaupt von anderen Formen sprachlicher (Text-)Einheiten unterscheidet. In strenger Auslegung der von Lakoff und Johnson oder auch der von Mark Turner[284] und anderen vertretenen Ansicht, ist Literatur nicht als sprachlicher Sonderfall zu betrachten, vielmehr funktioniert die alltägliche, *natürliche* Sprache nach herkömmlich als ‚poetisch' bezeichneten Prinzipien wie insbesondere Metaphern. Ausgangspunkt der KLW ist daher „die Frage nach den allgemeinen kognitiven Funktionsprinzipien der Sprache" bei der Produktion und Rezeption von Literatur, wobei die Zuspitzung auf (vermeintlich) exemplarische Texte beziehungsweise konstitutive Eigenschaften und „Kanonbildung" möglichst vermieden werden sollen. „Wenn Texte als literarisch empfunden werden, so liegt das an ihrer Präsentation in einem bestimmten institutionellen Kontext sowie bestimmten, schematisierten Verarbeitungsmodi auf Seiten der Leser. Ergänzt werden kann dieses Modell allerdings durch die Benennung für Literatur typischer Texteigenschaften."[285] Letzteres führt jedoch erneut in potentiell höchst strittige normative Setzungen und damit unausweichlich in Aporien – ein Dilemma, das sich nur mithilfe eines pragmatischen Zugangs lösen lässt. Denn so bedeutsam und richtig die Einsicht in die fundamentalen Strukturen *allen* Sprachgebrauchs ist, eine völlige Einebnung der *differentia specifica*, wie Roman Jakobson im Rückgriff auf die aristotelische Formel den Unterschied zwischen „Wortkunst" und „anderen Künsten" sowie zu „anderen Arten verbalen Verhaltens"[286] akzentuiert, wird hier dementsprechend nicht befürwortet. Denn gerade das Hinlenken der Aufmerksamkeit auf

---

283 Herrmann: „Andere Welten – fragliche Welten", S. 51.
284 Vgl. Mark Turner: *The Literary Mind. The Origins of Thought and Language.* Oxford: Oxford Univ. Press 1996.
285 Köppe/Winko: [Kap.] „*Cognitive Poetics*", S. 304.
286 Roman Jakobson: „Linguistik und Poetik" (1960), in: ders.: *Poetik. Ausgewählte Aufsätze 1921–1971.* Hg. von Elmar Holenstein, Tarcisius Schelbert. Frankfurt a. M., später Berlin: Suhrkamp ⁵2016, S. 83–121, hier S. 84.

die sprachliche Verfasstheit eines Textes indiziert seinen poetischen Charakter.[287] Doch ist auch Jakobson zu entgegnen, dass die proklamierte Dominanz der ‚poetischen Funktion' von Sprache in literarischen Texten wiederum eine unangemessene Engführung des Literaturbegriffs mit sich bringt, der sich auf eine spezifische Sprach*verwendung*[288] fokussiert und sich dabei sogar auf bestimmte literarische Epochen und Strömungen kapriziert (vgl. auch Kap. 5.2.4).[289]

Die zumindest knappe begriffliche Positionierung zu Literatur/Poetik im Umfeld der KLW/*Cognitive Poetics* scheint daher in Vorbereitung auf die in Teil II anstehende theoretische Kontextualisierung der hier zentralen Schlüsselbegriffe Magie und Metapher darin geboten. In bemerkenswerter Ausführlichkeit nehmen Alexander Bergs und Peter Schneck zu Beginn ihres Artikels „Kognitive Poetik" im *Handbuch Kognitionswissenschaft* eine solche Standortbestimmung vor, was gewiss dem Veröffentlichungskontext geschuldet ist, aber im Anschluss an die Unterscheidung von normativer Regelpoetik und individueller Werkpoetik zu einer wichtigen Feststellung führt:

> Wenn also heute überhaupt noch sinnvoll von Poetik die Rede sein kann, dann nur im Hinblick auf die Differenz literarischer Sprache und Texte gegenüber anderen Formen sprachlicher Praxis – und zwar zunächst ganz unabhängig davon, ob diese Differenz als ontologisch unabdingbar, anthropologisch konstant oder kulturell konstruiert verstanden wird.[290]

Darin klingt wiederum ein pragmatischer Standpunkt an, der unter dezidierter Berücksichtigung historisch bedingter Variablen und Spezifika den Literaturbegriff denkbar weit fasst, ohne dabei in Beliebigkeit zu verfallen. Für einen solchen „pragmatischen Literaturbegriff" plädieren auch Fotis Jannidis, Gerhard Lauer und Simone Winko, der im Wissen um die theoretischen Friktionen von seinen Grenzen her gedacht wird. Bestehende Kriterien wie Fiktionalität und Poetizität, individuelle wie kollektive Funktions- und Wertzuschreibungen, (Kon-)Textualität und Materialität „als Set von Prototypen, die durch Familienähnlichkeit miteinander verbunden sind",[291] werden darin zwar aufgenommen, aber vom Anspruch universaler Gültigkeit befreit. Stattdessen ist Literatur ent-

---

287 Vgl. ebd.
288 Vgl. Köppe/Winko: [Kap.] „*Cognitive Poetics*", S. 304: „Zu den Grundsätzen der *Cognitive Poetics* gehört die Annahme, dass es keine spezifisch ‚literarische' Sprachverwendung gibt."
289 Vgl. dazu Jannidis et al.: „Einleitung: Radikal historisiert", S. 7.
290 Bergs/Schneck: [Art.] „Kognitive Poetik", S. 518. Vgl. zur Entwicklung von Individualpoetiken auch Schmitz-Emans et al. (Hg.): *Poetiken*, bes. „Vorbemerkung".
291 Jannidis et al.: „Einleitung: Radikal historisiert", S. 29.

lang dieser Merkmale, deren Eignung und Angemessenheit jeweils geprüft werden müssen, immer wieder neu zu kontextualisieren. Darin liegt eine „Distanzierungsleistung", mit der „nicht mehr das Ferne zum Nahen wird, sondern auch schon das scheinbar nah Verwandte in seiner Fremdheit sichtbar, und somit der Erkenntnislust, aber auch dem Respekt vor dem Anderen Genüge getan wird".[292] Dieser Auffassung schließt sich trotz offenkundiger Zusatzbelastungen für die literaturwissenschaftliche Arbeit der vorliegende Band an, da dem Literaturbegriff aus der Sicht der KLW obligatorisch keine ästhetischen, ideologischen oder funktionalen Festlegungen anhaften, sondern vielmehr kognitive Verfahrensweisen von Interesse sind, die diese Fixierungen als literarisch-fiktionale Konzeptualisierungen zunächst nur registrieren und sie auf dieser Grundlage diskutieren können, aber nicht interpretieren müssen.

Unter dieser Voraussetzung werden auch die beiden hier als kognitionsästhetisch wirksam beanspruchten Phänomene Magie und Metapher, deren diskursives, ja provokatives Potential kaum von der Hand zu weisen ist, erst einmal konzeptuell zu integrieren sein. Während das im gegebenen Rahmen für die Metapher unstrittig sein dürfte, wird für die Magie ein Umweg zu gehen sein, da sie bereits in der ‚klassischen' Literaturwissenschaft eher als ungeklärter Nischenbegriff firmiert und im Umfeld kognitionstheoretischer Zugriffe auf Literatur bislang noch gar nicht untersucht wurde. Um also ihre Einbettung in einen kohärenten theoretischen Zusammenhang zu gewährleisten, werden neuere Studien der kognitiv orientierten Anthropologie und Religionswissenschaft zur Magie herangezogen (vgl. Teil II). Schließlich sollen sie gemeinsam als tragfähig für die Analyse der hier anvisierten Romane von Clemens Setz entwickelt werden, die sich auf dessen Erzählungen, Gedichte, Dramen, Essays, publizistischen und poetologischen Texte ausweiten lässt, und darüber hinaus als literaturwissenschaftlich brauchbare Kategorien für ähnliche Textkorpora etabliert werden.

4.2 Magische Fiktionen

So vielfältig die zahl- und wortreichen Reaktionen der Literaturkritik auch sind, lassen sich doch einige wiederkehrende Beobachtungen extrahieren: Unabhängig vom Ergebnis der jeweiligen Besprechung werden Clemens Setz ein immenser sprachlicher Innovations- und Gestaltungswille attestiert, darunter insbesondere die starke Neigung zum Figurativen; weiterhin die Fusion verschie-

---

292 Ebd., S. 33.

denster Wissensfelder, die stilistisch und motivisch auf bestimmte literarische Vorbilder und Traditionen verweisen, etwa Anleihen aus der Romantik, Phantastik und Science-Fiction über die österreichische Moderne bis hin zu den sogenannten postmodernen Erzähltechniken; und schließlich die stete Fokussierung auf das Abseitige, Abgründige und Absurde. „Nie hat er dabei einen Zauberhut auf, aber ohne Zweifel ist er ein Sprachmagier", schreibt Lothar Müller in der *Süddeutschen Zeitung*, was man an seinen „Obsessionen" erkenne.[293] Angesichts ebenjener Besessenheit, die Welt sprachlich zu durchdringen, der unheimlichen Verrätselungen und teils irreal anmutenden Erzählwelten, durch die Setz seine Figuren wie Leser:innen irrlichtern lässt, teilt sich in fast allen Kritiken eine gewisse Irritation, schwankend zwischen Bewunderung und Unbehagen, mit. Die anfänglich kursierende und daher bis dato viel zitierte Kurzvita – „[...] 1982 in Graz geboren. Studium der Mathematik und Germanistik in Graz; Übersetzer, Obertonsänger und Gelegenheitszauberer" – mag zur Etikettierung als „Wunderkind" oder „Nerd" beigetragen haben, was allerdings sein Ansehen als „literarischer Jungstar" keineswegs schmälert.[294]

Umso entschiedener ist aber mit Müller gegen die vermeintlich naheliegende Idee des *Autors als Magier* einzutreten: Mit der eingangs formulierten Frage nach (‚echter') Magie oder (‚bloßer') Trickserei werden weder künstlerische Intentionen noch individuelle Charakteristika fokussiert, sondern zuallererst kognitionsästhetisch analysierbare Schreib- und Wirkungsweisen literarisch-fiktionaler Texte beschrieben, die sich gegen klassifikatorische und semanti-

---

293 Lothar Müller: „mudel tudel vedel", in: *Süddeutsche Zeitung* vom 12.11.2020; online unter: https://www.sueddeutsche.de/kultur/clemens-setz-buch-esperanto-1.5114131 (20.01.2021).
294 Vgl. etwa den Klappentext von MK; Jörg Magenau sieht in diesen „auffallend erfahrungsarmen" Aktivitäten aus Setz' Vita einen Zugang zu seinen Erzählungen und bestätigt die oben genannten Etikettierungen in der Überschrift seiner Rezension, die betitelt ist mit: „Der Jungstar gibt gern Rätselhaftes auf", in: *taz – Die Tageszeitung* vom 17.03.2011; online unter: https://taz.de/!313633/; vgl. exemplarisch zu „Wunderkind" beziehungsweise „Wunderknabe" auch Kämmerlings: „Quälerei? Das ist doch ganz normal'"; und Haas: „Seelenabgründe aus dem Erzählbaukasten"; zu „Junggenie" vgl. u. a. Kegel: „Am Riesenrad des Lebens gedreht"; als „Außerirdische[n] der deutschsprachigen Literatur" und als „Nerd" bezeichnet ihn etwa Böttiger in seiner Rezension „Batman, du hast recht"; als „Literaturwunderling" und „Computerfreak" wird er bspw. von Jérôme Jaminet in seinem Text „Obotobot" vom 12.02.2018 auf *Spiegel online* vorgestellt; https://www.spiegel.de/kultur/literatur/clemens-j-setz-bot-gespraech-ohne-autor-ein-tagebuchinterview-vom-literaturwunderling-a-1192208.html (19.08.2019); vgl. weiterhin den Beitrag von Jędrzejewski: „Geniekult versus Sprachkritik", bes. S. 162–165; sowie Dinger zum mittlerweile stärker positiv konnotierten Nerd-Begriff als Sammler und Vermittler von „Spezialwissen" in der Tradition des *poeta doctus*; Dinger: *Die Aura des Authentischen*, S. 233–235.

sche Eindeutigkeit in erhöhtem Maße zu sperren scheinen. Sie illustriert weiterhin die immensen definitorischen Probleme und die oftmals leichtfertige Verwendung des Magie-Begriffs, auch und gerade in Literaturkritik und -wissenschaft. Stärker noch als die Metapher, deren Ansehen zwischen verzichtbarem Redeschmuck und gefährlichem Instrument aus der ‚sophistischen Trickkiste' oszillierte, bis sie zum universalen Wahrnehmungskonzept avancierte, steht die Magie in dem Ruf, auf exzentrisch-esoterische Weise Weltferne zu begünstigen, aus niederen Motiven heraus Illusionen zu erschaffen oder eher Unterhaltungszwecke und adoleszente Phantasiewelten zu bedienen. Wie an den Romanen zu zeigen sein wird, ist die Magie in Setz' literarischen Fiktionen keine „trügerische Verhaltungsmaßregel" oder gar „unfruchtbare Kunst", wie Frazer schrieb – ganz im Gegenteil.[295] Fiktionalität bedeutet hier vielmehr in der Definition Peter Blumes, dass das „Ziel der Darstellung [...] weder die Täuschung des Rezipienten noch das unmittelbare Erfassen eines Wirklichkeitsausschnitts ist", sondern dass der mit dem Text „gegebene Darstellungszusammenhang [...] an mindestens einer Stelle [...] ein intentional neu geschaffenes Konzept enthält".[296]

Auf einer ähnlichen definitorischen Gratwanderung befindet sich auch die bedeutsame Kategorie der Kausalität fiktionaler Narrative, für die sich die kognitive Erzählforschung besonders interessiert und dabei gegenüber graduellen Abweichungen von herkömmlichen Gesetzmäßigkeiten durchaus aufgeschlossen ist: „Auffallend wird die Kausalität in einem Text meistens erst dann, wenn sein Gefüge nicht den kognitiven Schemata entspricht, dann wird es auch literaturwissenschaftlich interessant."[297] Gerade in den magischen Vorstellungen, aber auch in den metaphorischen Konzeptionen, die für Setz' Texte – so die These – konstitutiv sind, werden solche Konventionen auf den Prüfstand gestellt, modifiziert oder ins Gegenteil verkehrt. Kupczyńska bezeichnet diese wiederkehrenden Verunsicherungen der Kausalität im Werk von Setz als „phantastische Momente", die den Leser:innen „meistens *en passant* als Teil des Set-

---

295 Frazer: *Der goldene Zweig*, S. 16.
296 Peter Blume: *Fiktion und Weltwissen. Der Beitrag nichtfiktionaler Konzepte zur Sinnkonstitution fiktionaler Erzählliteratur*. Berlin: Erich Schmidt 2004 (zugl. Diss. Univ. Wuppertal), S. 78 [i. Orig. kursiv]. Ähnlich argumentiert Dinger mit Blick auf die zugrundeliegenden Authentizitätseffekte in Setz' Texten, in denen „nicht die Täuschung der Rezipient*innen, sondern die spielerische Unterwanderung der Authentizitätsnorm" im Vordergrund stehe und demnach von den Leser:innen die Bereitschaft einfordere, sich auf dieses Spiel „mit der Grenze zwischen Fakt und Fiktion" einzulassen; Dinger: *Die Aura des Authentischen*, S. 242.
297 Kalina Kupczyńska: „Ohne Rückenwind. Über Kausalität in der Prosa von Clemens J. Setz", in: Hermann/Prelog (Hg.): *„Es gibt Dinge, die es nicht gibt"*, S. 107–118, hier S. 107 f.

tings erzählt werden", so dass sie „den Einbruch des Übernatürlichen in die Logik des Narrativs selbst einordnen" müssen.[298]

Setz selbst hat seine Verfahrensweise in einem Pressegespräch indes einmal moralisch begründet: „Die fantastischen, übersinnlichen Sachen entstehen, weil ich das Gefühl habe, Literatur sei eine Sache der Ehrlichkeit – es ist aufrichtiger, wenn man in eine surreale, groteske Welt überwechselt."[299] Dass es also dezidiert nicht um Trickserei geht, wird die Analyse seiner Texte begründen müssen.

4.3 Wahrnehmungsweisen

Im Bewusstsein der durchaus delikaten Forschungslage der KLW und der daraus resultierenden Desiderata sieht sich dieser Band zu einer moderaten, das heißt heuristischen Herangehensweise verpflichtet. Die Studie ist also der Vorschlag zu einer kognitionsästhetischen Lesart der Romane von Clemens J. Setz.[300] Weder können dabei theoretische Streitigkeiten beseitigt noch die – durchaus mit Recht – eingeforderten empirischen Belege erbracht werden. Dennoch wird die Auffassung vertreten, dass es zur Analyse eines Werks wie dem von Clemens Setz, dem einerseits starke „inter"-Bezüge bescheinigt werden (Interferenz und Interreferentialität, Intertextualität und Intermedialität), das sich andererseits bisweilen gerade gegen intersubjektive Nachvollziehbarkeit sperrt, konsequenterweise interdisziplinärer Ansätze bedarf. Überdies sind Wahrnehmungsweisen im Zusammenspiel mit mentalen und physischen Konstitutionen auf der Ebene des Erzählens und des Erzählten bei Setz gleichermaßen exponiert, dass sich schon allein deshalb Fragen kognitionsästhetischer Verfahrensweisen aufdrängen. Und schließlich sind es die oben geschilderten Lektüreeindrücke eines Schreibens, in dem Normabweichungen die Regel sind, emotionale Randgebiete erkundet und „[s]ämtliche Wissensfelder" rekonfiguriert werden, das – in bemerkenswert starker Metaphorik – als „sensorische[s]

---

[298] Ebd., S. 118. Eine solcherart von Setz ‚entfesselte Kausalität' dient, so Kupczyńskas Fazit, aus der Perspektive der KLW der „poetologischen Herstellung von Bedeutung und impliziert Bedeutsamkeit." Ebd., S. 117, mit Verweis auf Mark Turner: *Death Is the Mother of Beauty: Mind, Metaphor, Criticism*. Chicago: Univ. of Chicago Press 1987, S. 40 f.

[299] Clemens J. Setz zit. n. Rüdenauer: „‚Literatur ist eine Sache der Ehrlichkeit'", S. 45.

[300] Vgl. Wege: *Wahrnehmung*, S. 23 f.; vgl. dazu auch Hartner: *Perspektivische Interaktion im Roman*, S. 19: „*Cognitive literary studies* zeichnen sich damit nicht durch einen essentiellen Kern, sondern durch ein gemeinsames Interesse an kognitiven Fragestellungen und der Suche nach interdisziplinärer Inspiration aus."

Wunderwerk"[301] oder auch als „feuerfreudige[s] neuronale[s] Prosanetzwerk"[302] bezeichnet wird, weil sich der mentale Lesevorgang in physisch spürbare Affekte übersetzt.

Das Hauptinteresse dieses Bandes gilt daher dem durch magische und metaphorische Konzeptualisierungen strukturierten Wahrnehmungs- und Darstellungsweisen und dem davon induzierten Inferieren von Weltwissen seitens der Leser:innen gemäß der Vorgaben des Textes im Modus der Analogie sowie schließlich den davon ableitbaren poetologischen Prämissen für den Aufbau der fiktiven Welt.[303] Im Hinblick auf die emotionale Wirkungsweise ist festzuhalten, dass es sich dabei notwendigerweise um hypothetische Aussagen handelt, die sich theoretisch an der Auffassung orientieren, dass Kognition und Emotionen als integrative Komponenten eines ‚weiten' Kognitionsbegriffs aufzufassen sind.[304] Denn aufgrund von Textinformationen die psychischen Dispositionen und Mechanismen der Figuren einerseits und die der Leser:innen andererseits erklären zu wollen, ist ein methodisch durchaus heikles Unterfangen, das der literaturwissenschaftlichen Erklärungskompetenz Grenzen aufzeigt, mindestens aber Bescheidenheit fordert, will sie sich nicht allzu psychoanalytisch betätigen.[305] Wenn also im Folgenden emotionale Wirkungsweisen in beziehungsweise ausgehend von den untersuchen Texten zur Sprache kommen, geschieht dies unter der Annahme, dass literarische Figuren mit denselben psychischen Funktionen ausgestattet sind wie reale Menschen – so der Ausgangspunkt der *Theory of Mind*.[306] Und obwohl darin Ansätze und Erkenntnisse aus Entwicklungspsychologie, Psychoanalyse und anderen Disziplinen durchaus als abrufbare real-

---

301 Aus der Jurybegründung zum Berliner Literaturpreis 2019; online unter: https://www.geisteswissenschaften.fu-berlin.de/we03/media/pdf/Berliner-Literaturpreis-2019-verliehen_PM.pdf (23.08.2019).
302 Liebert: „Amokläufer am Nordpol".
303 Vgl. Huber/Winko: „Literatur und Kognition", S. 14 f.
304 Vgl. den Überblick bei Wege: *Wahrnehmung*, S. 167–172; sowie spezifischer zu theoretischen Sondierungen des Verhältnisses von Kognition und Emotion Gesine Lenore Schiewer: „Kognitive Emotionstheorien – Emotionale Agenten – Narratologie. Perspektiven aktueller Emotionsforschung für die Sprach- und Literaturwissenschaft", in: Huber/Winko (Hg.): *Literatur und Kognition*, S. 100–114. Kognition im ‚engen' Sinne ließe sich, so Schiewer, „als ein selbstständiger Bereich der psychischen Ausstattung des Menschen" begreifen; ebd., S. 100. Vgl. grundlegend auch Manuel Bremer: [Art.] „Kognition/Kognitionstheorien", in: Helmut Reinalter, Peter J. Brenner (Hg.): *Lexikon der Geisteswissenschaften. Sachbegriffe – Disziplinen – Personen*. Wien u. a.: Böhlau 2011, S. 405–413.
305 Vgl. Huber/Winko: „Literatur und Kognition", S. 14 f.
306 Vgl. Lisa Zunshine: *Why We Read Fiction. Theory of Mind and the Novel*. Columbus: Ohio State Univ. Press 2006 sowie Kap. 6.2 und Kap. 10.2 in diesem Band.

weltliche Wissensbestände enthalten sein können (vgl. etwa Kap. 9.3), orientiert sich die Analyse an den neurowissenschaftlich gestützten Modellen und Ordnungsschemata im Rahmen der KLW. Das gilt mithin für den empirischen Autor Clemens J. Setz, der hier weder psychoanalytisch ‚auf die Couch' gelegt noch dessen individuelle kognitiv-emotionale Verfasstheit thematisiert wird.

Teil II: **Theoriekontext**

5 Kulturgeschichtliche und theoretische Entwicklungslinien im Überblick

Zur Vorbereitung auf die kognitionsästhetisch wirksame Synthese von Magie und Metapher in den Texten von Clemens J. Setz werden die beiden Begriffsfelder in diesem Kapitel unter Zuhilfenahme interdisziplinärer Ansätze zunächst sondiert. Ihre jeweilige kulturgeschichtliche Genese ist immens umfangreich und stark divergent, höchst strittig sind demnach auch die Definitionen, die hier kursorisch in ihren signifikanten Merkmalen diskutiert und kontextualisiert werden (Kap. 5.1). Ziel ist also nicht die einwandfreie terminologisch-theoretische Klärung, sondern vielmehr die Eröffnung neuer Perspektiven, in der die strukturellen Gemeinsamkeiten sichtbar werden. Für dieses Vorhaben sind zwangsläufig weitere Forschungsdisziplinen zu konsultieren; Fixpunkt ist aber natürlich die Literatur, und die theoretischen Überlegungen bleiben ausdrücklich dem Kompetenzbereich literaturwissenschaftlicher Theorie verbunden. Durch die Einbeziehung kognitionsästhetischer Bestimmungen sollen Magie und Metapher schließlich als operationalisierbare Begriffe profiliert werden, mit denen dominante und wiederkehrende sprachlich-literarische Ausdrucksformen auf die ihnen zugrundeliegenden Muster und Strukturen zurückgeführt werden können.

Im Folgenden werden also Magie – als eher ‚fachferner' Begriff in stärker diachron angelegter Perspektive (Kap. 5.1.1) – und Metapher – als vormals genuin rhetorische Figur und kognitionsästhetisch gewichtiges Thema (Kap. 5.1.2) – kompakt und ohne Anspruch auf Vollständigkeit in ihren historischen Dimensionen einzeln nacheinander betrachtet. Dabei wird sich zeigen, dass die klassifikatorischen Bemühungen häufig ex negativo und/oder in bisweilen irritierender Vermischung mit angrenzenden Phänomenen formuliert sind, weshalb im Anschluss auf einige begriffliche Unterscheidungen respektive Überschneidungen verwiesen wird, um die unabänderlichen Unschärfen beziehungsweise Durchlässigkeiten zu markieren; ein Umstand, der wiederum eine elementare Verbundenheit offenbart, die Wittgenstein als „Familienähnlichkeit" bezeichnete (Kap. 5.2).[307] Daran anschließend wird der genealogische Zu-

---

[307] „Wittgensteins Theorie von der ‚Familienähnlichkeit' gilt der kognitiven Linguistik als Ausgangspunkt für die radikale Infragestellung der klassischen Kategorienlehre und die Entwicklung der Prototypentheorie in der neueren Semantik [...]. Bedeutsam für die Weiterentwicklung von Wittgensteins Ansatz war die interdisziplinäre Übertragbarkeit." Katrin Kohl:

sammenhang von Magie und Metapher im Umfeld verschiedener Forschungsdiskurse nachvollzogen, die in der Auseinandersetzung mit beiden Phänomenen implizit wie explizit interagieren (Kap. 5.2.1 bis 5.2.5). Im Verbund lassen sich diese als kognitionsästhetische Verfahrensweisen im Modus der Analogie beschreiben (Kap. 6.1), die schließlich in einer kompakten Übersicht gemeinsamer Merkmale versammelt werden (Kap. 6.2), um sie sodann als heuristischen Ansatz im Rahmen der KLW für die anstehende Textanalyse fruchtbar zu machen.

5.1 Verwandtschaftliche Beziehungen des ‚Uneigentlichen'?

Zweifellos stellt einen das Werk von Clemens J. Setz selbst ohne jeden (literatur-)wissenschaftlichen ‚Durchdringungswillen' vor Herausforderungen – und das nicht einmal aufgrund besonders artifizieller Sprache oder exzentrischer Syntax, sondern vielmehr wegen des ausgeklügelten Verweissystems auf mehreren Ebenen und eines Darstellungsmodus in, zugespitzt formuliert, ‚permanenter Transzendenz'.[308] Einfache oder jedenfalls eindeutige Erklärungen für die dargebotenen Geschehnisse gibt es größtenteils nicht, was im eigentümlichen Kontrast zu den häufig ausladend geschilderten Gedanken- und Gefühlswelten der Figuren und ihrer textweltlichen Umgebung steht. Hier scheint den Leser:innen nahezu ‚enzyklopädische Kompetenz' im Sinne Ecos abverlangt zu werden, wenigstens aber die Bereitschaft, der Welt „hinter den Dingen", von der schon im Debütroman die Rede ist,[309] auch ohne gesicherte Kenntnisse ihrer tatsächlichen Existenz und Beschaffenheit Akzeptanz entgegenzubringen, mehr noch: sie ohne Kompass, aber womöglich mit einem geradezu Musil'schen

---

Poetologische Metaphern. Formen und Funktionen in der deutschen Literatur. Berlin, New York: De Gruyter 2007, S. 118; vgl. auch Zymner: „Körper, Geist und Literatur", S. 137.

308 Wobei Transzendenz hier weniger im streng religiösen Sinne zu verstehen ist, sondern im Kontext kognitiver Überlegungen als etwas, das außerhalb des sinnlich erfahrbaren Möglichen liegt. Vgl. exemplarisch dazu Hermanns Ausführungen zur Erzählung „Milchglas" (in: MK: 9–38): Darin zieht ein rundes Kirchenfenster den Blick des Erzählers Felix „magisch an", doch ist es „eben nicht das kirchliche Ritual des Abendmahls, das einen Weg ins Transzendente ebnet, aber es ist dieses Bild des opak numinosen Ausblicks, das den Jungen fesselt und sich ihm mit dem Abendmahl verknüpft." Hermann: „‚Es gibt Dinge, die es nicht gibt'", S. 8. Oberreither ist in diesem Punkt zurückhaltender, bestätigt aber letztlich die hier postulierte Beziehungshaftigkeit: „Wie verhalten sich diese beiden Dinge, Hostie und Fenster, zueinander? Metaphorisch? Analogisch? Fest steht ihre Äquivalenz, sie stehen gewissermaßen auf zwei Seiten einer Gleichung." Bernhard Oberreither: „Irritation – Struktur – Poesie", S. 137.
309 SuP: 155; vgl. Kap. 7.1.

‚Möglichkeitssinn' ausgestattet, erkunden zu wollen (vgl. Kap. 12.2). Und dieser poetologisch fixierte Anspruch artikuliert sich, so die These, in der Reichhaltigkeit metaphorischer Konzeptualisierungen und magischer Vorstellungen.

Klassisch werden diese bis zu Aristoteles zurückreichenden Dechiffrierungsaufforderungen durch metaphorische Gestaltung unter dem Begriff der ‚Uneigentlichkeit' gefasst. Die Metapher gilt gemeinhin als forschungsgeschichtlicher „Musterfall" uneigentlichen Sprechens und wird als solcher mancherorts nicht mehr als bloß punktuelles Phänomen, sondern gar als Ausdruck von Fiktionalität und Poetizität überhaupt angesehen.[310] Gegen diese Auffassung als vorübergehendem Platzhalter beziehungsweise einzutauschendes Substitut haben sich neuere Metapherntheorien vehement zur Wehr gesetzt, indem sie gegen diesen bloß spielerisch implizierten oder rein ästhetisch motivierten Dualismus von ‚uneigentlich Gesagtem' und ‚eigentlich Gemeintem' und stattdessen für die kognitive Notwendigkeit und Erkenntnisfähigkeit solcher konzeptuellen Übertragungsvorgänge plädieren.[311] „Auf diese Weise werden insbesondere Vorstellungen von Ähnlichkeiten, Analogien, Übertragungen durch eine Sichtweise ersetzt, die verstärkt auf dynamisierte Sprachpraktiken der Erweiterung, Kreation, Unbestimmtheiten und Öffnung ausgerichtet ist."[312]

Dieser theoretischen Prämisse schließt sich die Studie prinzipiell an, ohne dabei die aristotelischen Grundlagen gänzlich zu verwerfen, die kognitive Aspekte bei der Bildung von Metaphern weit mehr berücksichtigen als häufig vermutet. Zudem ist gerade im Umfeld literarisch-fiktionaler Texte Besonderheiten zu berücksichtigen, die das ‚Uneigentliche' metaphorischen Sprechens – durchaus in Ermangelung einer besseren Bezeichnung – insofern wieder aufgreifen, als damit Bedeutungsvielfalt im Sinne eines ästhetischen Werts ‚an sich' beschrieben wird. So kritisiert etwa Rüdiger Zymner mit Recht, dass der Begriff Uneigentlichkeit, abgeleitet von der nur eingeschränkt zulässigen *Im-*

---

310 Rüdiger Zymner: [Art.] „Uneigentlichkeit", in: *Reallexikon der deutschen Literaturwissenschaft*, S. 726–728, hier S. 727. Zwar räumt Zymner hier ein, dass „[u]neigentliche Sprachverwendung [...], wie es scheint, zu allen Zeiten und in allen Literaturen" (ebd.), wendet sich aber in einem Beitrag entschieden gegen eine solche Überfrachtung des Begriffs; vgl. Zymner: „Uneigentliche Bedeutung", in: Fotis Jannids et al. (Hg.): *Regeln der Bedeutung. Zur Theorie der Bedeutung literarischer Texte.* Berlin, Boston: De Gruyter 2003, S. 128–168; vgl. weiterhin ders.: *Uneigentlichkeit. Studien zur Semantik und Geschichte der Parabel.* Paderborn u. a.: Schöningh 1991.
311 Vgl. u. a. Simona Leonardi: „Metaphern in literarischen Texten", in: Anne Betten et al. (Hg.): *Handbuch Sprache in Literatur*. Berlin: De Gruyter 2017, S. 160–181.
312 Jens Birkmeyer: „Metaphern verstehen. Probleme literarischer Hermeneutik", in: Betten et al. (Hg.): *Handbuch Sprache in Literatur*, S. 509–527, hier S. 510.

proprietas (unzutreffend, unpassend im Unterschied zu dem anzustrebenden Ideal des *Proprium*, also dem treffenden Ausdruck) aus der antiken Rhetorik, die Unschärfe dieser Gegenüberstellung fortführt, weil darunter ‚indirekt Gemeintes', als Domäne der Ironie, wie ‚anders Bedeutendes' gleichermaßen versammelt werden. Beide Formationen zeigen eine Abweichung vom wörtlichen Gebrauch und damit von Bedeutungskonventionen an und fordern eine semantische Erweiterung oder sogar Neuausrichtung heraus.[313] Denn Bedeutungskonstitution ist eine „anthropologische Universalie", die sich auf alle Bereiche menschlicher Weltwahrnehmung bezieht,[314] ko- beziehungsweise kontextuelle Uneigentlichkeit kommt daher einem Störsignal gleich, das diesen Vorgang reaktiviert und durch diese Appellstruktur zu einer neu justierten Kohärenzbildung aufruft. Dabei ist die jeweilige Relation von Signifikat und Signifikant zu berücksichtigen, die auf verschiedenen Wegen zu semantischen Polyvalenzen, zu unterschiedlichen oder auch gänzlich offenen Bedeutungspotentialen führen kann: „Eigentlichkeit" besteht bei einem fixierten Bezug zwischen Bezeichnetem und Bezeichnendem, Uneigentlichkeit ist das „Resultat einer Destabilisierung" dieses Bezugs.[315] Zymner sieht darin produktionsseitig eine zwar „nur sehr bewusst und kontrolliert" vorgenommene, aber doch expressive Befreiung vom konventionalisierten Sprachgebrauch („bis hin zur Benutzung von ‚poetischen Schatzkammern' und ‚Metaphernmaschinen'"), rezeptionsseitig führe diese Entschematisierungsleistung zu einer durchaus positiv erfahrenen Konfrontation des Individuums mit sich selbst.[316]

Über diese epistemische Kraft des Uneigentlichen in literarischen Texten, „indefinit und in diesem Sinne konzis unscharf",[317] verfügt wie die Metapher, so die These der hier entwickelten theoretischen Konzeption, auch die Magie, die im Anschluss als „uneigentlicher ästhetischer Grundbegriff" vorgestellt wird.

---

313 Zymner unterscheidet Indirektheit von Uneigentlichkeit insbesondere an ihrer ‚Gelenktheit': Bei Indirektem ist die Richtung der Kohärenzbildung vorgegeben, es lässt sich semantisch eindeutig auflösen; Uneigentliches hingegen hält Verstehensspielräume offen, es bleibt semantisch indefinit. Vgl. ebd., S. 148.
314 Ebd., S. 128 f.
315 Kohl: *Metapher*, S. 26. Wobei gerade für die Interaktionstheorie und die konzeptuelle Metapherntheorie gilt, dass die Annahme, die Metapher verfüge bereits „im Voraus über eine fixe Bedeutung, die ihrerseits erst durch das metaphorische Spiel hervorgebracht wird" eine Illusion ist, „wodurch auch eine angenommene und unterstellte semantische Eindeutigkeit angesichts von Arbitrarität und Kontiguität als maßgebliche Konstellationen des Metaphorischen hinfällig wird." Birkmeyer: „Metaphern verstehen", S. 510.
316 Zymner: „Uneigentliche Bedeutung", bes. S. 157–163, Zitate S. 162.
317 Ebd., S. 148.

Auch hier besteht keine semantische Invarianz, sondern im Gegenteil fließen ganz „unterschiedliche diskursive Ordnungen und Problemkonstellationen" zusammen, je nachdem, ob sie „mit Zauber, Wunder, Phantastik oder Automatismus in Verbindung gebracht wird", was überdies mit „der großen Vielfalt der zum Bedeutungsfeld der Magie gehörenden Praktiken" korreliert.[318]

Magie und Metapher verbindet daher eine intensionale wie extensionale Uneigentlichkeit, die analytisch ihre Tücken hat, aber auch ihren besonderen Reiz ausmacht. Diese zugunsten eindeutiger (‚eigentlicher') Begriffs- und Bedeutungsbestimmungen aufzulösen, kann daher gar nicht Ziel sein. Wenn also im Folgenden verwandtschaftliche Formen und Varianten von Magie und Metapher beschrieben werden, geschieht dies nicht unter dem Anspruch, letztgültige Definitionen zu liefern, sondern um die verschiedenen Kontexte, Gewichtungen und Praktiken magisch-metaphorischer Bedeutungskonstitution aufzuzeigen, die im Einzelfall zu berücksichtigen, aber nicht grundsätzlich einzuebnen sind.

5.1.1 Magie

Zu den auffälligen Eigenschaften der Magie gehört zweifellos die erstaunliche Hartnäckigkeit, sich über Jahrtausende hinweg und gegen alle energischen Bemühungen bis heute weder aus den theoretischen Diskursen zur menschlichen Weltwahrnehmung noch aus der alltäglichen Praxis derselben verbannen zu lassen.[319] Das ist umso erstaunlicher, weil völlig offen ist, was darunter zu fassen ist. „Um die Terminologie nicht unnötig zum Anstoß zu machen: Mit Magie ist das große Spektrum von Lehren beziehungsweise Überzeugungen gemeint, deren gemeinsamer Nenner im Glauben an geheime Kräfte der Natur liegt",[320] schreibt der Mediävist Karl-Heinz Göttert in der Vorbemerkung zu seinem Buch über die langwierigen Auseinandersetzungen um die Magie und schlussfolgert daraus: „Es hat keinen Zweck, dafür eine strenge Definition zu suchen."[321] Als Sammelbezeichnung für ein buntes Ensemble an Überzeugun-

---

318 Rincón: „Magisch/Magie", S. 727.
319 Vgl. dazu die Einleitung „'Magic': A Critical Category in the Study of Religions" zu dem von Bernd-Christian Otto und Michael Stausberg herausgegebenen Band *Defining Magic*, S. 1–13.
320 Karl-Heinz Göttert: *Magie. Zur Geschichte des Streits um die magischen Künste unter Philosophen, Theologen, Medizinern, Juristen und Naturwissenschaftlern von der Antike bis zur Aufklärung*. München: Fink 2001 („Vorbemerkung", unpag.).
321 Ebd. Auch Christoph Daxelmüller überschreibt die Aporien des Magie-Begriffs mit „Die Mühsal der Definitionen", denn „Bestimmungsversuche, die einen gemeinsamen Nenner für

gen, Lehren und Praktiken hat sich die Magie tatsächlich stets allen eindeutigen Festlegungen verweigert und dennoch – mit schwankender Präsenz und Reputation – bis in die Gegenwart durchzusetzen vermocht. Diese Feststellung gilt mithin für die Literatur und ihre wissenschaftliche Erforschung, in der sie als „uneigentlicher ästhetischer Grundbegriff mit einer komplexen transkulturellen Geschichte [...] trotz allem dazu dient, übergreifende Zusammenhänge, die den Gegenstandsbereich der modernen und der gegenwärtigen Ästhetik bilden, zu erfassen und zu analysieren".[322]

Als sogenanntes Wanderwort wird der Begriff ‚Magie' etymologisch seit dem Ende des sechsten Jahrhunderts v. Chr. in der griechischen (*magos, mageia*) und römischen (*magus*,[323] *magia*) Antike mit Bezug auf eine persische Priesterkaste (*mager*, pl. *magoi*) verortet, worin zugleich ein fortan wesentlicher Zug des Magischen erkennbar wird, nämlich die Abgrenzung gegenüber ‚dem Fremden', ob – wie hier – in konkreter Gestalt oder auch in allgemeiner und abstrakter Vorstellung.[324] Diese zoroastrischen *magoi* galten als Experten der Astrologie, als Weissager und Traumdeuter und lebten gleichermaßen gefürchtet wie im Verborgenen regelmäßig zu Rate gezogen am Rande der Gesellschaft, wo sie Opferrituale und Kulthandlungen durchführten und mit ihrem geheimen Spezialwissen nicht nur die Götter zu beeinflussen, sondern die Seelen der Le-

---

alle historischen Zeitschichten zwischen Paläolithikum und Gegenwart, für die unterschiedlichsten geographischen Räume und Kulturen suchen, sind früher oder später zum Scheitern verurteilt." Daxelmüller: *Zauberpraktiken. Eine Ideengeschichte der Magie*. Zürich: Artemis & Winkler 1993, S. 23 f. Dem stimmt aus soziologischer Perspektive auch Carlo Mongardini zu, „und zwar wegen der Natur und Flüssigkeit des Phänomens, wegen seiner Möglichkeit, in verschiedenen Augenblicken in Erscheinung zu treten, entgegengesetzte Funktionen zu erfüllen, sich mit gegensätzlichen Phänomenen und Haltungen zu verbinden und mit ihnen in parasitärer Weise zu existieren." Mongardini: „Über die soziologische Bedeutung des magischen Denkens", in: Arnold Zingerle, ders. (Hg.): *Magie und Moderne*. Berlin: Guttandin & Hoppe 1987, S. 11–62, hier S. 42.
322 Rincón: [Art.] „Magisch/Magie", S. 724.
323 Zum Begriff des *magus* vgl. u. a. Fritz Graf: „Theories of Magic in Antiquity", in: Paul Mirecki, Marvin Meyer (Hg.): *Magic and Ritual in the Ancient World*. Leiden u. a.: Brill 2015, S. 93–104.
324 Vgl. Rincón: „Magisch/Magie", S. 731. Unter Verweis auf den Kulturkritiker und Orientalismus-Forscher Edward Said beschreibt auch die *Encyclopedia Britannica* das westliche/europäische Interesse an magischen Traditionen aus dem Vorderen Orient, insbesondere seit der Renaissance, als eine Faszination am „sense of the ‚other'/otherness"', der schon von den frühen Definitionen im Altertum herrührt. Vgl. John F. M. Middleton, Robert Andrew Gilbert, Karen Louise Jolly: [Art.] „Magic", in: *Britannica Online Encyclopedia*; https://www.britannica.com/topic/magic-supernatural-phenomenon (14.10.2019); zum Motiv des ‚Fremden' vgl. auch Kap. 9.2 in diesem Band.

benden wie der Toten mit positiven wie negativen Konsequenzen beliebig zu ‚verzaubern' vermochten. Die Sophisten erkannten in diesem Vermögen eine der machtvollen Rhetorik gleichzusetzende Technik, wie sie Gorgias in seiner *Lobrede auf Helena* zufolge auch die Dichtung besitzt, denn mit gelungener Stilistik, so das Credo, sei „schlechthin alles durchzusetzen". Im Fokus standen die „sinnliche[ ] Seite der Sprache", die „irrationalen Wirkungen, die sich durch Rhythmus und Klang erzielen lassen".[325] Prominenter Gegner all dessen war Platon, der den spekulativen und manipulativen Charakter der sophistischen Rhetorik wie der Magie verurteilte.

Eine erste Bestandsaufnahme unternahm Plinius d. Ä. in seiner *Historia naturalis*, bezichtigte sie darin der „Lügenhaftigkeit" und hob zugleich hervor, dass diese „betrügerischste aller Künste auf dem ganzen Erdkreis und in den meisten Jahrhunderten große Bedeutung hatte".[326] Plinius' alarmierendalarmistische Beobachtung über den weitreichenden Stellenwert der Magie gilt indes bis in die Gegenwart, was auf ein weiteres bedeutsames Charakteristikum schließen lässt, dass sie nämlich in besonderem Maße in der Lage ist, elementare Gegensätze einerseits zu betonen, andererseits aber auch zu vereinen, etwa Gut und Böse, Hell und Dunkel, Schwarz und Weiß, *Ver*zauberung und *Ent*täuschung – und zwar samt aller graduellen Abstufungen je nach Kulturkreis und der darin herrschenden Auffassung von (in moderner Klassifikation gesprochen) Religion, Philosophie und Naturwissenschaft der jeweiligen Zeit. Die Unterscheidung von schwarzer und weißer Magie gehört von jeher zu ihrem Wesen und hat maßgeblich zu ihrem ambivalenten Ruf beigetragen. Während die weiße Magie grundsätzlich Gutes für die einzelne Person oder eine ganze Gruppe im Sinne hat, steht die schwarze Magie im Dienst des Bösen, Schädlichen und Zerstörerischen.[327]

---

[325] Manfred Fuhrmann: *Die antike Rhetorik. Eine Einführung.* Mannheim: Artemis & Winkler ⁶2011, S. 19. Auch Stockhammer verweist auf Gorgias' *Helena* als dem „ältesten[n] integral überlieferte[n] Text der abendländischen Rhetorik", der von der „Zaubermacht der Rede" handelt; Stockhammer: *Zaubertexte*, S. 21; vgl. weiterhin die Zusammenführung von magischer und rhetorischer (metaphorischer) Sprachmacht mit Bezug auf Gorgias bei Marie-Cécile Berteau: *Sprachspiel Metapher. Denkweisen und kommunikative Funktion einer rhetorischen Figur.* Wiesbaden: Springer 1996 (zugl. Diss. Univ. München), S. 23–26, S. 33–36.
[326] Plinius d. Ä.: *Naturkunde.* Lat.-dt. Bücher 29/30: *Medizin und Pharmakologie: Heilmittel aus dem Tierreich.* Hg. und übersetzt von Roderich König in Zus.arb. mit Joachim Hopp. München, Zürich: Artemis & Winkler 1991, S. 117; vgl. Rincón: „Magisch/Magie", S. 732.
[327] Vgl. Leander Petzoldt: „Einleitung", in: ders. (Hg.): *Magie und Religion. Beiträge zu einer Theorie der Magie.* Darmstadt: WBG 1978, S. VI–XVI, hier S. VIII f. Die Unterscheidung zwischen schwarzer und weißer Magie ist bis heute virulent, wird aber durchaus kritisch betrachtet: „the distinction between ‚black' magic and ‚white' magic is obscure since both practices

Die starke Heterogenität der Konstitutions- und Gültigkeitsfelder sowie die Vielzahl der zum Bedeutungsfeld Magie gehörenden Praktiken erschweren die Rekonstruktion ihrer transkulturellen Begriffsgeschichte immens.[328] Gleichwohl bemüht sich die Forschung, vornehmlich aus archäologischer, historischer, philologischer, religionswissenschaftlicher und ethnologischer Perspektive, weiterhin akribisch darum, wie die zahlreichen, auch rezenten Publikationen belegen.[329] Insbesondere die umfangreichen Überblicksdarstellungen verweisen durch eine Begrenzung des Zeitraums auf eine offenkundige Zäsur, wenn sie die Kulturgeschichte der Magie von ihren Ursprüngen in Altertum und Antike über das Mittelalter bis in die Frühe Neuzeit nachzeichnen und zumeist dort, spätestens aber mit der beginnenden Aufklärung, enden lassen.[330]

Zweifellos sind hier ihre Blütezeiten auszumachen: Im Anschluss an die neuplatonischen Lehren Plotins, die im Renaissance-Humanismus von Marsilio Ficino, Giovanni Pico della Mirandola, Paracelsus und Agrippa von Nettesheim wiederbelebt wurden, sollte die Magie der Erkundung und Beherrschung der Natur dienen. Um sie in das christliche Weltbild zu integrieren, ist sie dabei teils modifiziert, teils verworfen und teils verteidigt worden.[331] Mit ihren Ansichten zur *Magia naturalis* als ‚magischer Wissenschaft' und legitimer ‚Universallehre' gerieten ihre Verfechter indes allesamt unter Häresie-Verdacht seitens der Inquisition und sahen sich infolgedessen in unterschiedlicher Härte mit Verfemung konfrontiert in Form von Anklagen und Prozessen, Lehr- und Publikationsverboten, Folter und Inhaftierung bis hin zum Todesurteil für Giordano Bruno.[332] Darin zeigt sich aber auch, wie tief verwurzelt magische Vorstellungen

---

use the same means and are performed by the same person", argumentieren etwa die Autor:innen des Beitrags zum Stichwort „Magic" in der *Britannica Online Encyclopedia* – zweifellos ein wichtiger Hinweis auf das Potential magischer Praxis, sich je nach ‚ethischem' Verständnis und der daraus resultierenden Zweckausrichtung in den Dienst des einen oder des anderen zu stellen. Dennoch lehren Geschichte und Theorie der Magie, dass über die Ausrichtung in der Praxis oftmals eine klare Entscheidung zu treffen ist und nicht beides in Personalunion ausgeübt wird. Zu diesem steten Dualismus und seiner ambivalenten Beurteilung vgl. auch Daxelmüller: *Zauberpraktiken*.

328 Vgl. Rincón: „Magisch/Magie", S. 727 f.
329 Vornehmlich handelt es sich dabei um religionswissenschaftliche, kulturhistorische und altphilologische Studien, wie sie etwa in der Reihe „Ancient Magic and Divination" bei Brill erscheinen.
330 Vgl. u. a. Bernd-Christian Otto: *Magie. Rezeptions- und diskursgeschichtliche Analysen von der Antike bis zur Neuzeit*. Berlin, New York: De Gruyter 2011; sowie Göttert: *Magie*.
331 Vgl. Daxelmüller: *Zauberpraktiken*, insb. Kap. 9.
332 Giordano Brunos Interesse an der Magie, deren Tätigkeitsbereiche er klassifizierte und hierarchisierte, war eindeutig philosophischer Natur. Ausgehend von der neuplatonischen

und Lehren noch im neuzeitlichen Weltbild und somit in den sich ausdifferenzierenden Wissenschaften und Künsten waren, was allerdings auch zur Folge hatte, dass der alchemistische ‚Stein der Weisen' immer wieder zum Stein des Anstoßes wurde.

Während also das sechzehnte Jahrhundert die große Zeit der Magietheorien war, verlagert sich die Diskussion um die Magie im darauffolgenden Jahrhundert einerseits ins universitäre Umfeld – laut Daxelmüller „eine wissenschaftsgeschichtlich folgenschwere Entwicklung"[333] –, andererseits in mystische Zirkel und schließlich als performativer und dabei sozial wirksamer Akt in den ‚Volksglauben' der ‚unteren' Bevölkerungsschichten.[334] All dem wollte die Aufklärung ein Ende setzen, denn ihr „Programm war", wie Adorno und Horkheimer mit Rekurs auf Max Weber schreiben, „die Entzauberung der Welt. Sie wollte die Mythen auflösen und Einbildung durch Wissen stürzen".[335] Kant habe man daher, so Wolfgang Brückner, das „irreführende Schimpfwort des ‚Aberglaubens' für alles vordergründig nicht rationale Denken"[336] zu verdanken. Ein guter Indikator für den Betrachtungs- und Bedeutungswandel sind die Einträge in den einschlägigen zeitgenössischen Lexika und Enzyklopädien.[337] So heißt es 1765 in der *Encyclopédie* von Diderot und d'Alembert: „MAGIE, science ou art occulte qui apprend à faire des choses qui paroissent au-dessus du pouvoir humain."[338] Magie ist hier also in der Systematik der Aufklärung potentiell Wissenschaft

---

Vorstellung eines beseelten Universums, in dem alles miteinander verbunden ist, beschrieb er den Magier als denjenigen, der sein Wissen um diese Verbindungen in Wahrnehmung und Imagination der Welt kreativ einzusetzen vermag. Vgl. seine Ende des sechzehnten Jahrhunderts entstandenen Schriften „De Magia" und „De vinculis in genere", die erstmals 1891 in Florenz erschienen. In deutscher Übersetzung gemeinsam erschienen unter dem Titel *Die Magie. Die verschiedenen Arten des Bannens und Bezauberns*. Peißenberg: Skorpion 1998.
333 Daxelmüller: *Zauberpraktiken*, S. 33.
334 Vgl. ebd., S. 32–45.
335 Theodor W. Adorno, Max Horkheimer: *Dialektik der Aufklärung. Philosophische Fragmente*, in: Theodor W. Adorno: *Gesammelte Schriften in 20 Bänden*. Bd. 3. Hg. von Rolf Tiedemann. Frankfurt a. M.: Suhrkamp 1981, S. 19. Vgl. dazu Florian Lehmann: „Einführung", in: ders. (Hg.): *Ordnungen des Unheimlichen. Kultur – Literatur – Medien*. Würzburg: Königshausen & Neumann 2016, S. 9–28, hier S. 13 f.
336 Wolfgang Brückner: *Bilddenken. Mensch und Magie oder Missverständnisse der Moderne*. Münster: Waxmann 2013, S. 11.
337 Vgl. Rincón: „Magisch/Magie", S. 732–735.
338 [Art.] „Magie", in: Denis Diderot, Jean Baptiste le Rond d'Alembert (Hg.): *Encyclopédie ou Dictionnaire raisonné des sciences, des arts et des métiers*. Bd. 9: *JU–MAM*. Paris: 1765, S. 852a–854a, hier S. 852. Online unter: Édition Numérique Collaborative et Critique de l'Encyclopédie ou Dictionnaire raisonné des sciences, des arts et des métiers (1751–1772) [ENCCRE]; http://enccre.academie-sciences.fr/encyclopedie/article"v9-2385-0/ (26.04.2020).

(oder okkulte Kunst), allerdings, wie weiterhin ausgeführt wird, ‚dunkle' Wissenschaft, die in Ländern der Barbarei und primitiven Völker regiere.[339]

In *Grimms Wörterbuch* wird Magie als ‚lateinisches Gewand' des sich im späten siebzehnten Jahrhundert durchsetzenden Begriffs „Zauberkunst" angegeben, wobei es – mit Verweis auf die einschlägige Stelle in Goethes *Faust*[340] – „bei den dichtern oft, nicht nur im sinne von zauberkunst, schwarzkunst"[341] sei. Das Interesse der Frühromantiker an (natur-)magischen, mythisch-mystischen, universalen Zusammenhängen als Kernelementen einer ästhetischen Konzeption und Weltanschauung, wie es insbesondere die programmatischen Schriften von Novalis und den Brüdern Friedrich und August Wilhelm Schlegel bekunden, mag diese Hinwendung der Dichtung zum Magischen bestätigen und hat ihr zugleich die bis heute anhaltende Kritik und den Vorwurf des Irrationalismus eingebracht.

Als antizivilisatorisch und Kennzeichen kultureller ‚Zurückgebliebenheit' beschreibt auch *Meyers Konversations-Lexikon* von 1890 die Magie:

> In ihren Hauptgrundzügen gehört die M[agie] der niedrigsten Stufe der Zivilisation an, und nur bei den rohesten Völkern steht sie noch in Ansehen. [...] Je tiefer der allgemeine Bildungszustand war, um so leichter konnten einzelne Personen sich den Ruf verschaffen, Macht und Einfluß auf die übernatürlichen Wesen auszuüben und andre Menschen entweder den Dämonen preiszugeben, oder sie vor ihren Angriffen schützen zu können. Die gesamten niedersten Kulte bewegen sich in Vorstellungen, die man eher als Zaubereisystemen denn als einer Religion angehörig betrachten möchte.[342]

Vor diesem Horizont wandte sich um 1900 die aufkommende sozialanthropologische und religionsethnologische Forschung den seinerzeit sogenannten pri-

---

339 Vgl. ebd.: „Comme c'est une science ténébreuse, elle est sur son trône dans les pays où regnent la barbarie & la grossiereté."
340 Die berühmte Passage aus der Szene „Nacht" lautet: „Es möchte kein Hund so länger leben!/Drum hab ich mich der Magie ergeben,/Ob mir durch Geistes Kraft und Mund/Nicht manch Geheimnis würde kund;/Daß ich nicht mehr mit sauerm Schweiß /Zu sagen brauche, was ich nicht weiß;/Daß ich erkenne, was die Welt/Im Innersten zusammenhält." Johann Wolfgang von Goethe: *Werke*. Hamburger Ausgabe in 14 Bänden. Bd. 3: *Dramen I: Faust: Der Tragödie erster Teil. Der Tragödie zweiter Teil. Urfaust*. Textkritisch durchges. und kommentiert von Erich Trunz. München: C. H. Beck ¹⁶1996, S. 20, Sp. 376–383.
341 *Deutsches Wörterbuch von Jacob und Wilhelm Grimm* (DWB). 16 Bde. in 32 Teilbänden. Leipzig 1854–1961. Quellenverzeichnis Leipzig 1971. Bd. 12: *magie bis magnetenkraft*, Sp. 1445–1447; online unter: http://www.woerterbuchnetz.de/DWB?lemma=magie (26.04.2020).
342 o.V. [Art.] „Magie", in: *Meyers Konversations-Lexikon. Eine Encyclopädie des allgemeinen Wissens*. Bd. 11: *Luzula–Nathanael*. Leipzig, Wien: Verlag des Bibliographischen Instituts ⁴1890, S. 71 f., hier S. 71.

mitiven Kulturen und wilden Völkern zu und studierte in teils langjähriger Feldforschung u. a. in Polynesien, in Regionen Afrikas und Südamerikas, teils auch nur aufgrund umfangreicher Quellenauswertung von Kolonial- und Missionarsberichten, deren als magisch fundiert geltende Weltanschauungen und Lebensgewohnheiten. Protagonisten auf britischer Seite waren Edward B. Tylor, James G. Frazer, Edward E. Evans-Pritchard und der aus Polen stammende Bronisław Malinowski, auf französischer Seite Lucien Lévy-Bruhl, Émile Durkheim, Marcel Mauss und Claude Lévi-Strauss. Ihre Forschungsergebnisse stießen auf breite Resonanz, untereinander wurden Herangehensweisen, Begrifflichkeiten und Ergebnisse zum Teil heftig diskutiert und darüber hinaus auch in anderen Disziplinen der Kultur- und Geisteswissenschaften rezipiert, insbesondere in der Philosophie, Soziologie, Psychoanalyse und natürlich in der Literatur.[343] Bis heute gelten diese zwischen Ende des neunzehnten bis zur Mitte des zwanzigsten Jahrhunderts entstandenen Studien als grundlegend für die Erforschung von Magie und magischem Denken, wenn auch in deutlich kritischer Revision des darin herrschenden ethnozentristischen Weltbildes im Sinne einer postkolonialen Reflexion und Neuausrichtung des Forschungsverständnisses. Ein gutes Beispiel ist hier Stanley J. Tambiahs einflussreiches Buch *Magic, Science, Religion, and the Scope of Rationality* von 1990, in dem er die Prämissen der anthropologischen Forschung von Tylor, Frazer und anderen einer kritischen Lektüre unterzieht und Konzepte von Realismus und Rationalität diskutiert.[344]

Aus kognitionstheoretischer Perspektive befassen sich auch aktuelle anthropologische und religionswissenschaftliche Forschungen mit Magie als „mode of thinking" und versuchen damit, sie wertneutral als Denkformation zu beschreiben und mit den kognitiven Prozessen der konzeptuellen Metapherntheorie in Verbindung zu bringen.[345] Es mag daher nicht verwundern, dass geradezu entgegen der aufklärerischen Zielsetzung die Begriffe ‚Rationalität'/‚rational' nicht mehr in strenger Opposition zu ‚Magie'/‚magisch' verwendet werden. Wolfgang Brückners im Kontext magiegeschichtlicher Überlegungen viel zitierte Definition aus dem *Brockhaus* von 1970 bestimmt Magie als den

> Inbegriff menschlicher Handlungen, die auf gleichnishafte Weise ein gewünschtes Ziel zu erreichen suchen; dann die dahinter stehende magische Denkform; im besonderen Sinne ein rationalisiertes und konventionalisiertes System von zwingenden Handlungen, bei

---

343 Vgl. Stockhammer: *Zaubertexte*, bes. S. 3–53.
344 Vgl. Stanley J. Tambiah: *Magic, Science, Religion, and the Scope of Rationality*. Cambridge: Cambridge Univ. Press 1990.
345 Vgl. Sørenson: „Magic Reconsidered", S. 238; vgl. auch ders.: *A Cognitive Theory of Magic*.

denen naturwissenschaftlich nicht faßbare, aber von den Handelnden angenommene ‚übernatürliche' Kräfte beansprucht werden.[346]

Deutlich moderater noch beginnt der Eintrag in der aktuellen Online-Ausgabe der *Encyclopedia Britannica*, in dem Magie erläutert wird als „a concept used to describe a mode of rationality or way of thinking that looks to invisible forces to influence events, effect change in material conditions, or present the illusion of change".[347]

Obwohl die Magie also erneut einen Paradigmenwechsel erlebt, bleiben die Erkenntnisse über bestimmte grundlegende Annahmen und Prozesse magischen Denkens aus der anthropologischen Forschung am Ende des neunzehnten und zu Beginn des zwanzigsten Jahrhunderts auch heute noch relevant. Hier setzt Robert Stockhammers „Entwurf einer allgemeinen Theorie der modernen Magie" an, in der er die Hochkonjunktur der Magie um 1900 damit erklärt, dass sie sich „an die verschiedensten Phänomene anzulagern vermag" und damit „omnipräsente Marginalität" erlangt.[348] Als „Schlüsselwort" im Diskurs um die Beziehung zwischen den drei Instanzen ‚Mensch', ‚Technik' und ‚Sprache', die im ausgehenden neunzehnten Jahrhundert das Zentrum der Reflexion ausmache, untersucht Stockhammer die Magie aus komparatistischer Perspektive anhand von Texten, die deren Rekonfiguration nicht nur bezeugten, sondern zu dieser eben „*als literarische Texte*" ein spezifisches Verhältnis aufwiesen, das es zu beschreiben gilt.[349] Im Kontext literaturwissenschaftlicher Forschung finden sich Auseinandersetzungen mit Magie überwiegend in historischer Motivgeschichte, als Genrekennzeichen der Phantastik und des literaturgeschichtlich eng umgrenzten Magischen Realismus sowie als gegenwärtig enorm erfolgreiches Thema in der Jugend- und sogenannten Unterhaltungsliteratur. Als eher holistische Kategorie kommt sie allenfalls noch in der Lyrikforschung zur Anwendung, die der Sprachmagie und dem ‚Zauber der Dichtung' sprachlich-formale wie inhaltliche Relevanz zuspricht.[350] Schließlich sind noch

---

346 Wolfgang Brückner: [Art.] „Magie", in: *Brockhaus Enzyklopädie*. Bd. 11: *L–Mah*. Wiesbaden: Brockhaus [17]1970, S. 786–788, hier S. 786.
347 Middleton et al.: [Art.] „Magic".
348 Stockhammer: *Zaubertexte*, S. IX–X. Der Titel referiert offenkundig auf die Studie von Marcel Mauss und Henri Hubert, die Stockhammer vielfach zu Rate zieht.
349 Ebd., S. XII–XIII.
350 Vgl. exemplarisch Peter Cersowskys Monographie *Magie und Dichtung: zur deutschen und englischen Literatur des 17. Jahrhunderts*. München: Fink 1990; weiterhin Stockhammers Erläuterungen zu Stéphane Mallarmé und Hugo Ball (*Zaubertexte*, bes. S. 29–32) sowie zu William Butler Yeats und Hugo von Hofmannsthal (ebd., bes. S. 142–144); sowie Ulrich Ernst: „Sprachmagie in fiktionaler Literatur. Textstrukturen – Zeichenfelder – Theoriesegmente", in: *Arcadia*

sprachphilosophische Arbeiten in Auseinandersetzung mit Walter Benjamins 1916 entstandener Abhandlung zur Sprachmagie zu nennen, die programmatische Übereinstimmungen mit Romantik, Strukturalismus und Psychoanalyse diskutieren.[351]

„Auf der Ebene des Erzählten kann wechselweise menschliche, technische oder sprachliche Magie transportiert werden, die Magie der literarischen Verfahrensweisen jedoch kann nur als eine Form der Sprachmagie vorgestellt werden",[352] konstatiert Stockhammer gleich zu Beginn seiner vergleichenden Untersuchung mit Verweis auf die Hochphasen phantastischer Literatur in England, Frankreich und mit leichter Verzögerung in Deutschland, die von Magie erzählt (so etwa Edgar Allan Poe), und auf das Programm der ‚absoluten Poesie' (*poésie pure*), der sie als formalsprachliches Kriterium gilt (etwa bei Stéphane Mallarmé, Charles Baudelaire und Hugo Ball). Unter Einbeziehung sozialanthropologischer Erkenntnisse zur bedeutsamen – ursprünglich jedoch nichtfiktionalen – ‚poetischen' Kraft magischen Sprachgebrauchs, die mit der Macht des ‚wahren' Magiers korreliert, erhellt Stockhammer anhand zahlreicher Beispiele die

---

30.2 (1995), S. 113–185; und aus kulturgeschichtlicher Perspektive auch Harald Haarmann: *Die Gegenwart der Magie. Kulturgeschichtliche und zeitkritische Betrachtungen.* Frankfurt a. M., New York: Campus 1992, bes. Kap. 5: „Sprachmagie – Wort und Schrift im Dienst des magischen Symbolismus".

351 Vgl. Walter Benjamin: „Über Sprache überhaupt und über die Sprache des Menschen", in: ders.: *Gesammelte Schriften*. Bd. 2.1: *Aufsätze, Essays, Vorträge*. Hg. von Rolf Tiedemann, Hermann Schweppenhäuser. Frankfurt a. M.: Suhrkamp 1991, S. 140–157. Vgl. dazu Winfried Menninghaus: *Walter Benjamins Theorie der Sprachmagie*. Frankfurt a. M.: Suhrkamp 1995; weiterhin Stockhammer: *Zaubertexte*, S. 208–214; und Ulrike Kistner: „Das Ereignis des Unaussprechlichen. Traumdeutung, Sprachmagie, Poesie – und Kritik", in: Carlotta von Maltzan (Hg.): *Magie und Sprache*. Bern u. a.: Peter Lang 2012, S. 239–258; sowie Kathrin Busch: „Dingsprache und Sprachmagie. Zur Idee latenter Wirksamkeit bei Walter Benjamin", in: *Politics of Translation* (2006); online unter: https://transversal.at/transversal/0107/busch/de#_ftn2 (14.06.2020).

352 Stockhammer: *Zaubertexte*, S. XII., vgl. auch die Ausführungen zum demagogischen Sprechen und zum „Sprachmagier als Brandstifter", ebd., S. 30 f. Zu kabbalisitischen Codierungs- und Dechiffrierungstechniken vgl. das Kap. „Buchstabenmystik und Wortmagie" in Daxelmüller: *Zauberpraktiken*; zur Einbeziehung der kognitiven Metapherntheorie und der Magie in die Lyrikanalyse vgl. Jochen Strobel: *Gedichtanalyse. Eine Einführung*. Berlin: Erich Schmidt 2015, Kap. 8.2 und Kap. 8.3; vgl. weiterhin Heinz Schlaffer: *Geistersprache. Zweck und Mittel der Lyrik*. München: Hanser 2012; Walter Muschg: „Vom magischen Ursprung der Dichtung", in: ders.: *Pamphlet und Bekenntnis. Aufsätze und Reden*. Ausgewählt und hg. von Peter André Bloch in Zus.arb. mit Elli Muschg-Zollihofer. Olten, Freiburg i. Br.: Walter 1968, S. 154–165; Herbert Lehnert: *Struktur und Sprachmagie. Zur Methode der Lyrik-Interpretation*. Stuttgart u. a.: Kohlhammer ²1972.

wiederbelebte Auffassung einer (auch gefährlichen) rhetorischen Sprachmacht in der Literatur um die Jahrhundertwende.[353] So bleibe die von Malinowski hervorgehobene Möglichkeit, „Zaubersprüche ohne eine begleitende Handlung zu sprechen", auch in der beginnenden Moderne aktuell. „Der Name dieser Praxis ist unter bestimmten Umständen ‚Dichtung'".[354] Diese Feststellung ist – wie viele weitere aus Stockhammers Ausführungen – für den vorliegenden Band von einschlägiger Bedeutung, weshalb auf die poetologisch wichtige Unterscheidung zwischen Magie als Motivreservoir und der extrem komplexen Idee einer dem literarischen Text inhärenten und gleichsam extern wirksamen Sprachmagie sowie auf die „bestimmten Umstände" noch mehrfach zurückzukommen sein wird.

So wirksam und wertvoll das Projekt der Aufklärung war und ist, hat es die Magie in ein prekäres Schattendasein gedrängt, aufrechterhalten in den Arkanprinzipien okkulter Geheimgesellschaften und esoterischer Bewegungen, wo sie bis heute als Latenzphänomen innerhalb einer sich selbst als überwiegend rational betrachtenden Gesellschaft seinen Platz behaupten konnte. „Es stimmt schon: Magie ist derzeit ein Modethema", stellt Thomas Macho bereits 1979 zu Beginn seines Vortrags über philosophische Ansätze zur Magie fest.[355] Der Hinweis auf eine eher unreflektierte und zugleich verstärkt um sich greifende Verwendung des Begriffsfelds Magie/magisch in Werbung und Popularkultur bekräftigt nach Ansicht mancher Studien nur diesen durchaus problematischen Verbleib im ‚Uneigentlichen'.[356]

Der paradigmatische Hinweis, dass es gar nicht sinnvoll und erstrebenswert sei, „die Magie mit allem, was mit ihr assoziiert ist, klar von anderen Bereichen abtrennen zu wollen", findet sich wiederholt und fachübergreifend in der umfangreichen Literatur zum Thema. Denn schließlich gebe es „Grenzen für das Streben des Menschen nach wohldefinierter Ordnung, und im Falle der Magie wird man mit diesem Problem konfrontiert. Schon wenn man versucht, die Magie mit anderen kulturellen Institutionen zu vergleichen, wird klar, wie sich dieser Begriff gegen pauschale Eingrenzung sperrt."[357] So gibt es zweifellos eine

---

353 Eingehend befasst sich Stockhammer mit Magie und Machtmissbrauch unter rhetorischen und ideologischen Gesichtspunkten; vgl. u. a. die Ausführungen zur nationalsozialistischen Indienstnahme im Kapitel „Braune Magie?", in: ebd., S. 50–53 et passim.
354 Ebd., S. 28.
355 Thomas H. Macho: „Bemerkungen zu einer philosophischen Theorie der Magie", in: Hans Peter Duerr (Hg.): *Der Wissenschaftler und das Irrationale*. Bd. 1: *Beiträge aus Ethnologie und Anthropologie*. Frankfurt a. M.: Syndikat, S. 330–350, hier S. 330.
356 Vgl. bspw. Otto: *Magie*, S. 2–5; Göttert: *Magie*, S. 10–13.
357 Haarmann: *Die Gegenwart der Magie*, S. 13.

ganze Reihe von Begriffs- und Phänomenbereichen (allen voran Zauber, Zauberei und Zauberkunst, aber auch Hexerei, Wunder, Mythos und Aberglaube), Praktiken (u. a. Mantik und Divination, Mesmerismus/Magnetismus), Lehren (u. a. Okkultismus, Spiritismus, Esoterik, Alchemie, Hermetik, Astrologie oder auch die philosophischen Schulen des Neuplatonismus und der Metaphysik sowie die gesamte Mythologie) sowie (neu-)religiösen Strömungen (u. a. Theosophie, Schamanismus, Fetischismus, interkonfessionelle Mystik, Kabbala, Voodoo, Wicca, Spiritismus, Neopaganismus und *New Age*) oder auch ästhetischen Genres (darunter Phantastik und Fantasy, Science-Fiction, Märchen und Magischer Realismus), die das Magische in vielfältigster Weise und je unterschiedlicher Gewichtung für sich beanspruchen. Im Zusammenhang mit dieser starken Heterogenität der Bedeutungen und damit einhergehenden Praktiken ist zudem ein wissenschaftsgeschichtliches Problem zu berücksichtigen, dem die Magie mit Beginn der Neuzeit in zunehmendem Maße unterliegt: Sie steht im Spannungsfeld, wenn nicht gar in Opposition zu den Idealen von Rationalität, Objektivität und Empirie der sich formierenden modernen Wissenschaften (vgl. Kap. 13.2 und Kap. 13.3). Je nach wissenschaftstheoretischem Standpunkt gehen die oben genannten Bezeichnungen daher durchaus häufig mit pejorativen Werturteilen und infolgedessen mit Abgrenzungsbestrebungen einher, was etwa an der Zuordnung zu Para- beziehungsweise Pseudowissenschaft ersichtlich wird, die die Kriterien der akademischen Forschung nicht erfüllen oder bewusst negieren.

Die irritierende Tatsache, „dass ein Begriff, der sich im akademischen Diskurs als so problematisch, mithin undefinierbar erwiesen hat, im außerwissenschaftlichen Diskurs derzeit so üppig aufgegriffen, ja gefeiert wird", nimmt Bernd-Christian Otto in seiner reichhaltigen religionswissenschaftlichen Studie[358] zum Anlass für eine philologisch-historiographische Annäherung an den Begriff Magie anhand eines 2500 Jahre umfassenden Quellenkorpus. Ausdrücklich wendet er sich darin gegen Hans G. Kippenbergs Diagnose vom „Zerfall der Kategorie",[359] die, wie Otto vermutet, eher auf eine innerakademische Kluft mangels definitorischer Klarheit hindeute und daher zu überwinden sei, zumal sie in bemerkenswerter Diskrepanz zu dem „gegenwärtig hohen Rezeptionsniveau eines positiv konnotierten Magiebegriffs in zahlreichen Sparten moderner

---

[358] Vgl. Otto: *Magie*.
[359] Hans G. Kippenberg: [Art.] „Magie", in: Hubert Cancik et al. (Hg.): *Handbuch religionswissenschaftlicher Grundbegriffe*. Bd. 4: *Kultbild–Rolle*, Stuttgart: Kohlhammer 1998, S. 85–98, hier S. 86; vgl. Otto: *Magie*, S. 2 et passim.

Popularkultur" stehe.³⁶⁰ Obwohl sich Ottos eindrucksvolle Untersuchung an einem vornehmlich religionsgeschichtlichen Bezugsrahmen orientiert, sind seine Beobachtungen hinsichtlich des zerklüfteten Magiediskurses für die Literaturbetrachtung relevant, insofern sich hier ganz ähnlich gelagerte respektive sich daran anschließende Probleme ergeben. Literatur kann die Stoffe, Motive und Theoreme der eingangs gelisteten Weltanschauungen und Lehren apologetisch oder diskursiv aufgreifen, sie wissenschaftlich fundieren oder ästhetisch funktionalisieren, indem sie von magischen Praktiken und übersinnlichen Kräften, von Hexen, Zauberern und Geistern erzählt oder selbst durch bestimmte klangliche, lautliche und rhythmische Artikulation sprachmagisch wirksam wird,³⁶¹ wie es von Gorgias und Agrippa über Johannes Kepler und die Romantik, Helena Blavatsky und Aleister Crowley, dem Symbolismus und Magischen Realismus bis zu J. R. R. Tolkien und Joanne K. Rowling in höchst unterschiedlicher Art und Weise geschehen ist. Die Literaturwissenschaft ist sich aber auch hier zumeist völlig uneins, was wie zu bestimmen wäre und wo die Trennlinien

---

360 Otto illustriert diese Beobachtung mit Hinweisen auf die auffallend gestiegene Präsenz der Magie im Medium Internet, in „(ritual-)praktisch ausgerichteter Weltbewältigungsliteratur" in Smartphonewerbung und Sportberichterstattung sowie auf den immensen Erfolg der *Harry-Potter*-Heptalogie und die 1994 in den USA offiziell erfolgte Anerkennung der Wicca-Bewegung als Religion. Insgesamt sei daran „im 20. Jahrhundert ein weitreichender, sich auch [in] öffentlichen Diskursen niederschlagender Umdeutungs- und Aufwertungsprozess des Magiebegriffs" ersichtlich, „der aus begriffsgeschichtlicher Sicht", so seine These, „geradezu einmalig dasteht"; Otto: *Magie*, S. 2, S. 5. Ähnlich formuliert es Pfaller, der auf das gegenwärtig eigentümliche Verhältnis zur Magie verweist, die wir allenfalls „als zweifelhaftes Element" klassifizieren, „das wir vor allem in anderen Kulturen ansiedeln, von denen wir meist [...] nur indirekte Kenntnis haben", vornehmlich aber der Unterhaltungsindustrie und Produktwerbung zuordnen. „Selten denken wir dabei vielleicht an Magie oder Aberglauben; darum mögen diese Redeweisen das sein, was der russische Poetologe Viktor Šklovskij als ‚eingeschlafene Tropen' bezeichnet hat: Ausdrücke, deren buchstäbliche, bildhafte Bedeutung weitgehend in Vergessenheit geraten ist." Schon Tertullian habe auf die tiefere Bedeutsamkeit magischer Redewesen aufmerksam gemacht und hätte demnach „aus den verblassten Magie-Metaphern unserer Kultur wohl auf eine tiefe magische Verfasstheit der vermeintlich aufgeklärten, ‚zivilisierten' Kultur geschlossen." Robert Pfaller: „Die Rationalität der Magie und die Entzauberung der Welt in der Ideologie der Gegenwart", in: Brigitte Felderer (Hg.): *Rare Künste: Zur Kultur- und Mediengeschichte der Zauberkunst*. Wien: Springer 2006, S. 385–408, hier S. 385 f. Und auch Stockhammer konstatiert im Ausblick seiner Monographie eine Zunahme jener Verzauberung, „die im Verhältnis glänzender Benutzeroberflächen zu den darunter versteckten, ganz normalen Dingen nistet." Nicht nur habe sich „das magische Potenzial der Werbung entfaltet", auf das schon Walter Benjamin aufmerksam machte, sondern müsse seine eigene Studie „wohl als Geschichte der Software weitergeschrieben werden". Stockhammer: *Zaubertexte*, S. 260.
361 Vgl. Ernst: „Sprachmagie in fiktionaler Literatur".

jeweils verlaufen. Infolgedessen hat sie eine kaum zu bewältigende Zahl an theoretischen Ansätzen hervorgebracht, die sich mit der Poetik des Phantastischen, Wunderbaren, Imaginären, Unheimlichen oder Unmöglichen befassen, und zwar genre- wie textübergreifend in Mythen, Märchen, Sagen, Schauerromanen und auch bei der Bewertung eines nur punktuellen Ereignisses innerhalb einer ansonsten realistisch konstituierten Textwelt.[362] Unter Verweis auf die Forschungsliteratur ließe sich als Essenz festhalten, dass es sich bei all den genannten poetologisch wie klassifikatorisch wirksamen Phänomenen um Störsignale, Brüche oder Risse, die kurzzeitige oder dauerhafte Dekonstruktion oder Entgrenzung eines Referenz- beziehungsweise Realitätssystems handelt, das anschließend entsprechend neu justiert werden muss, dabei aber potentiell auch ihren ungewissen Status beibehalten kann. Die Magie ist darin das stets präsente, gewissermaßen ‚amorphe' Element, und sie ist „deshalb so attraktiv, weil [sie] etwas Naheliegendes unterstützt: den Augenschein. Zum magischen Weltbild gehört der Glaube, daß wir die Welt um uns herum nicht nur wahrnehmen, sondern daß in dieser Wahrnehmung etwas ‚Wahres' liegt."[363] Das gilt zunächst auch für die von der Magie theoretisch zu unterscheidende Zauberei, die allerdings als Illusions- und Trickkunst ihre ‚technische' Verfasstheit zwar nicht preisgibt, aber eben grundsätzlich auch nicht leugnet.[364] Magisches Denken macht dieses Zugeständnis nicht:

> Magie – dies gilt für die traditionellen wie auch für die modernen Erscheinungsformen – baut auf dem *Wissen* (bzw. auf dem Dafürhalten) über die Wirkungsweise übersinnlicher

---

[362] Vgl. in exemplarischer Auswahl: Tzvetan Todorov: *Einführung in die fantastische Literatur* (1970). Berlin: Wagenbach 2013; Wünsch: *Die fantastische Literatur der frühen Moderne*; Uwe Durst: *Das begrenzte Wunderbare. Zur Theorie wunderbarer Episoden in realistischen Erzähltexten und in Texten des „Magischen Realismus"*. Münster: Lit 2008; Jan-Erik Antonsen: *Poetik des Unmöglichen. Narratologische Untersuchungen zu Phantastik, Märchen und mythischer Erzählung*. Paderborn: Mentis 2007; sowie die Beiträge von Louis Vax und Roger Callois zum Phantastischen in *Phaicon I. Almanach der phantastischen Literatur*. Hg. von Rein A. Zondergeld. Frankfurt a. M.: Insel 1974.

[363] Göttert: *Magie*, S. 10; tatsächlich gilt im Rahmen der Prozessordnungen (vgl. u. a. § 86 StPO) der richterliche ‚Augenschein' als „sinnliche Wahrnehmung beweiskräftiger Tatsachen" (etwa durch Hören, Schmecken, Riechen, Sehen, Fühlen) und ist daher als Beweismittel zulässig.

[364] Vgl. Middleton et al.: [Art.] „Magic": „Modern magicians' success with entertaining audiences is dependant primarily on their performance skills in manipulating material objects to create illusion." https://www.britannica.com/topic/magic-supernatural-phenomenon (14.10. 2019). Bedeutsam ist hier allerdings auch, dass der englische Begriff ‚Magic' sowohl ‚Magie'/‚magisch' als auch ‚Zauber(ei)' meint.

Kräfte und Kraftquellen auf, und deshalb hat sie absolut nichts mit Zauberei (oder Gaukelei) zu tun, die *wissentlich* darauf abzielt, andere zu täuschen.[365]

Nicht nur im alltäglichen Sprachgebrauch, sondern auch in wissenschaftlichen und literarischen Texten wird diese Unterscheidung häufig vernachlässigt.[366] Für das theoretische Fundament dieser Studie ist sie indes von Bedeutung, weil sie eine poetologische Distinktion enthält: Magie als Modus der Weltwahrnehmung, als ein System von Überzeugungen mit kognitionsästhetischer Funktion, ist nicht mit absichtlicher Irreführung zugunsten bestimmter Effekte zu verwechseln. Das Magische als Sammelbezeichnung für alles Irrationale, Erdichtete und Erfundene sowie Geheimnisvolle und ‚Übersinnliche', das dem ‚Logos' widerspricht, findet sich auch im Mythischen und Mystischen wieder. Obwohl die beiden Termini ursprünglich und prinzipiell noch heute zwei völlig verschiedene Phänomene bezeichnen – der Mythos die Überlieferung kollektiver Narrationen mit häufig „religiöser oder kultischer Dimension",[367] die Mystik hingegen die Einheitserfahrung mit dem Göttlichen –, kommt es auch hier nicht selten zu Überschneidungen, womöglich sogar zu Verwechslungen. Gründe dafür liegen in der geistes- beziehungsweise ideengeschichtlich zunehmend sich wandelnden Auffassung beider Begriffe, die sie spätestens mit der Aufklärung in der Opposition zu Vernunft und Verstand, Logik und empirischer Erfahrung eint. So verweist ‚mythisches Denken' auf eine Form „vorrationalen Weltverständnisses", mit dessen tradierten Stoffen und Vorstellungsmustern sich Anthropologie, Psychologie und Literaturwissenschaft stets aufs Neue auseinandersetzen.[368] Die Mystik wiederum ist lange Zeit Gegenstand der Theologie

---

365 So Haarmanns dezidierte Feststellung in einem Kapitel seines Buches, das mit „Magie und Trickkunst – Die Welt des Wissens und die Welt der Täuschung" überschrieben ist und bereits darin die Differenz deutlich markiert; Haarmann: *Die Gegenwart der Magie*, S. 27. Wie sehr sich magische und theatralische Praktiken ähneln können und wie man sich infolgedessen mit betrügerischem Bühnenzauber an dem Unwissen, den Ängsten und Sehnsüchten beziehungsweise an der daraus resultierenden Leichtgläubigkeit der Menschen von jeher bereichert hat, erläutert Daxelmüller: *Zauberpraktiken*, bes. S. 294–299. Pfaller wiederum konstatiert: „[Die Magie] ist nicht dort, wo man sie vermutet: etwa im Gebrauch von Amuletten oder anderen Gegenständen, wie sie in Esoterik-Shops erkauft werden. Solche Objekte sind Entsprechungen einer (esoterischen) Gesinnung"; Pfaller: „Die Entzauberung der Welt in der Ideologie der Gegenwart", S. 397.
366 Frazer beispielsweise verwendet in *Der goldene Zweig* beide Begriffe synonym, ebenso verhält es sich, wie die Analyse zeigen wird, in Setz' Texten.
367 Ute Heidmann Vischer: [Art.] „Mythos", in: *Reallexikon der deutschen Literaturwissenschaft*, Bd. 2: *H–O*, S. 664–668, hier S. 664.
368 Ebd. Aufschlussreich für die literaturwissenschaftliche Auseinandersetzung ist hier beispielsweise der von Matías Martínez herausgegebene Sammelband *Formaler Mythos. Beiträge*

und Religionsphilosophie, hat aber dann verstärkt Einzug in die literaturgeschichtliche Forschung gehalten, zumal „mystische Begriffe und Denkstrukturen" im Zuge der Romantik „vielfach ästhetisch umbesetzt", das heißt entgegen der aufklärerischen Kritik poetisch aufgewertet werden. In Form von „ekstatische[n] Einheits- und Entgrenzungserfahrungen" ist das Mystische in der Literatur seit Beginn des zwanzigsten Jahrhunderts nicht mehr zwingend das transzendente Göttliche, sondern wird durch „innerweltliche Größen wie z. B. ‚Leben', ‚Natur', ‚Welt'" substituiert, als „Figur der Differenz von Repräsentationssystemen und Realität" sowie als „Versprachlichung des Unaussprechlichen" literarisch fruchtbar gemacht.[369] – Wenn also im Folgenden vom Mythischen beziehungsweise Mystischen die Rede ist, wird damit zumeist ein Phänomenbereich bezeichnet, der im Bewusstsein ihrer oben skizzierten Differenzen das Magische nur insofern einschließt, als hier – durchaus kritisch zu betrachtende – Verwandtschaften und Synonymsetzungen zum Ausdruck kommen; im Fall einer konkreten Bezugnahme auf ihren jeweiligen terminologischen Ursprung ist die Differenzierung im argumentativen Kontext deutlich.

„Von einem ‚Niedergang der Magie' im 20. Jahrhundert kann keine Rede sein", diagnostizieren die Historiker Alexander C. T. Geppert und Till Kössler in der Einleitung zu ihrem erhellenden Sammelband über das ebenfalls verwandte Phänomen des Wunders, und ihre rätselhafte Erscheinung „wird sich auch nicht erschließen, wenn man sie als ‚Anfechtungen' oder ‚Provokationen' der Vernunft begreift und damit einem Denken in binären Oppositionen verhaftet bleibt, anstatt es gezielt zu durchbrechen und zu überwinden".[370] Dass die Verunsicherung von Rationalität und Ordnung allerdings auch eine der wirksamsten epistemischen Qualitäten der Magie ist, worin sich eine Schnittstelle mit der Metapher ergibt, wird im Rahmen der Untersuchung zu zeigen sein (vgl. insb. Kap. 12 und Kap. 13).

---

zu einer Theorie ästhetischer Formen. Paderborn u. a.: Schöningh 1996, der sich dem von Clemens Lugowski im Anschluss an Cassirers *Philosophie der symbolischen Formen* geprägten Begriff des ‚mythischen Anologons' widmet.
369 Otto Langer [Art.] „Mystik", in: ebd., S. 653–659, hier S. 657. Zu Wittgensteins Auffassung des Unaussprechlichen als dem Mystischen vgl. Kap. 9.4. und Kap. 14.3 in diesem Band.
370 Geppert/Kössler: „Einleitung: Wunder der Zeitgeschichte", in: dies. (Hg.): *Wunder*, S. 9–68, hier S. 27 f.

5.1.2 Metapher

Ähnlich umstritten, wenn auch nicht gleichermaßen affektgeladen und in ihrer Praxis existentiell folgenreich, sind die theoretischen Bestimmungen zur Metapher, die ebenfalls bis in die Antike zurückreichen. Etymologisch stammt der Begriff vom altgriechischen *metaphorá* („Übertragung"; zusammengesetzt aus *meta*: „nach, hinter" und *phérein*: „tragen, bringen") – Problematik wie Faszinosum sind damit bereits im Wortursprung angelegt, die das Metaphernverständnis bis heute begleiten: dass nämlich *über* Metaphern nur *in* Metaphern zu sprechen sei. Im Kanon antiker Redekunst gilt sie als eine der wichtigsten Tropen und wurde von Aristoteles und Quintilian als sprachliches Phänomen mit ästhetisch-ornamentaler – und daher potentiell verzichtbarer – Funktion exklusiv in Rhetorik und Poesie angesehen und dabei grundsätzlich als Normabweichung respektive bei unangemessener Verwendung sogar als ‚erkenntnisverhindernd' beschrieben, weil Verdunkelungsgefahr und damit Unverständlichkeit drohen. Ein aufwändiges ästhetisches Procedere, das im Grunde nicht mal notwendig sei, da sich Metaphern jederzeit durch einen „normalen" beziehungsweise durch den „üblichen" Ausdruck[371] ersetzen ließen. Grundlage dieser auch ‚Substitutions'- und ‚Vergleichstheorie' genannten Auffassung ist, dass die Metapher ein auf objektiven Ähnlichkeiten beruhender, verkürzter Vergleich ist, bei dem das ‚eigentlich' gemeinte Wort aus vornehmlich ästhetischen Motiven beziehungsweise zu rhetorischen Zwecken durch einen ‚uneigentlichen', ‚bildlichen' Ausdruck ersetzt wird, der dann im Verlauf des Verstehensprozesses anhand der jeweils ausgelösten Assoziation, dem *tertium comparationis*, semantisch zu integrieren ist. Der Übertragungsvorgang verläuft nach Aristoteles' berühmter Definition „entweder von der Gattung auf die Art oder von der Art auf die Gattung oder von einer Art auf eine andere Art oder gemäß einer Analogie".[372] Beseeltes und Unbeseeltes können sich so wechselweise repräsentieren.[373] Entscheidend für das Gelingen ist, dass dabei auch die weitläufigeren Relationen des auf diese Weise miteinander Verbundenen korrelieren. Eine gewisse Begabung und sichere Intuition sind daher erforderlich: „Denn gute

---

[371] Aristoteles: *Poetik*, in: ders: *Werke in deutscher Übersetzung*. Begr. von Ernst Grumach. Hg. von Hellmut Flashar. Bd. 5. Übers. und erläutert von Arbogast Schmitt. Berlin: Akademie 2008, Kap. 22, 1458b, S. 31. Schmitt bevorzugt in seiner Übersetzung die Bezeichnung „normal", während Fuhrmann „üblich" verwendet; vgl. Aristoteles: *Poetik*. Griech./Dt. Übers. und hg. von Manfred Fuhrmann. Stuttgart: Reclam 1982, S. 73.
[372] Aristoteles: *Poetik*, Kap. 21, 1457b5, S. 29.
[373] Quintilian: *Ausbildung des Redners*. Zwölf Bücher. Lat./Dt. Hg. und übersetzt von Helmut Rahn. Zweiter Teil. Buch VII–XII. Darmstadt: WBG 1975, Buch VIII, Kap. 6, 9–10, S. 221.

Metaphern zu finden, hängt von der Fähigkeit ab, Ähnlichkeiten zu erkennen",[374] um *energeia* („Verwirklichung") zu erzielen.[375]

Traditionsbildend war diese Auffassung, wie die Metapherngeschichte über Stationen der zumeist kritischen Betonung ihrer Nachteile und Gefahren bei Augustinus, Thomas von Aquin, Kant und Hegel zeigt, bis ins zwanzigste Jahrhundert hinein und ist noch immer die Basis theoretischer Diskussionen. Erste Gegenentwürfe formierten sich, als die Metapher zum Kulminationspunkt tiefgreifender wissenschaftstheoretischer und sprachkritischer Reflexionen wurde. Im Zuge dessen entwickelte sich die Bedeutung der Metapher immer stärker weg vom ‚schmückenden Beiwerk' in begrenzten sprachlichen Kontexten zum zentralen Werkzeug alltäglicher Wahrnehmung und Kommunikation.[376] Obwohl verschiedentlich darauf aufmerksam gemacht wird, dass bereits das antike Metaphernverständnis kognitive und kreative Prozesse im Blick hat,[377] etabliert sich dieser Ansatz in mehreren theoretischen Etappen vornehmlich ab der Mitte des zwanzigsten Jahrhunderts und hat zu einer kaum überschaubaren Fülle von

---

374 Aristoteles: *Poetik*, Kap. 22, 1459a5, S. 33.
375 Zum Begriff der „energeia" vgl. Aristoteles: *Metaphysik*. Zweiter Halbband. Bücher VII (Z) XIV (N). Griech./Dt. Neubearb. der Übers. von Hermann Bonitz. Mit Einl. und Kommentar von Horst Seidl. Hamburg: Meiner ⁴2009, Buch IX, Kap. 8, 1050a, S. 124–126. Während diese ‚Ähnlichkeiten' nach Aristoteles stets rational auflösbar bleiben und Quintilian die strenge Form der Analogie nicht in poetischer Ausrichtung, sondern nur für die Beweisführung als geeignet ansieht (vgl. u. a. ders.: *Ausbildung des Redners*, Buch VIII, Kap. 3, 72–75, S. 181), wenden sich kognitive Ansätze in der Metapherntheorie verstärkt ihren Gemeinsamkeiten zu. Kritisch bewertet Kohl diese Gleichsetzung von Analogie und Metapher: „Denn besonders bei der ‚belebenden' Metapher und der Personifikation ist der Begriff wenig hilfreich; und er versagt bei komplexen innovativen Metaphern, die eine interaktive Bewegung zwischen konzeptuellen Bereichen aktivieren." Infolgedessen sei die Funktion der „rationalen Verdeutlichung" vornehmlich „für didaktische und wissenschaftliche Kontexte angemessen." Kohl: *Metapher*, S. 76; vgl. dies.: *Poetologische Metaphern*, S. 111. Dem soll hier unter Verweis auf variierende Begriffsbestimmungen der Analogie im Allgemeinen und im Kontext kognitiver und performativer Funktionen der Magie im Besonderen widersprochen werden, vgl. dazu bes. Stanley J. Tambiah: „Form und Bedeutung magischer Akte. Ein Standpunkt (1970)", in: Kippenberg/Luchesi (Hg.): *Magie*, S. 259–296, sowie Kap. 6.1. in diesem Band.
376 Richards wendet sich entschieden gegen die Exklusivität der Metapher aufgrund von Begabung in der aristotelischen Definition; vgl. den Auszug aus *The Philosophy of Rhetoric* unter dem Titel „Die Metapher" (1936), in: Haverkamp (Hg.): *Theorie der Metapher*, S. 31–52. Kohl widerspricht dieser Einschätzung mit Verweis auf entsprechende Stellen aus Aristoteles' *Rhetorik*; vgl. Kohl: *Poetologische Metaphern*, S. 109.
377 Vgl. Kohl: *Poetologische Metaphern*, S. 109 f.; Olaf Jäkel: *Wie Metaphern Wissen schaffen. Die kognitive Metapherntheorie und ihre Anwendung in Modell-Analysen der Diskursbereiche Geistestätigkeit, Wirtschaft, Wissenschaft und Religion*. Verb., aktual. und erw. Neuaufl. Hamburg: Kovač 2003, S. 88–90.

Theorien geführt. So versammelt etwa Eckhard Rolfs typologisches Lexikon von 2005 nicht weniger als 25 verschiedene und überdies miteinander konkurrierende Theorieansätze.[378]

Entscheidende Impulse kamen von Ivor A. Richards, der die Metapher in seinem Buch *The Philosophy of Rhetoric* 1936 als „allgegenwärtige[s] Prinzip der Sprache" beschreibt und sich damit für eine prinzipielle Metaphorizität des Denkens ausspricht,[379] und Max Black, der sie daran anschließend in einem Beitrag von 1954 als kontextbezogenes Phänomen auffasst, das zudem nicht auf ihm vorgängigen Wahrnehmungen und Deutungen beruht, sondern diese entscheidend mitkonstituiert und damit zu einer kontextuellen und semantischen Erweiterung beiträgt.[380] Grundlage dieser Interaktionstheorie ist – dem Namen nach – die interaktive Beziehung zwischen zwei Relaten, die ihrerseits zumeist ein komplexes System von Vorstellungen und Begriffen unter sich versammeln. Zur näheren Bestimmung des Explanandums (*tenor* beziehungsweise *focus*) werden die charakteristischen Eigenschaften und damit assoziierten Implikationen vom Explanans (*vehicle* beziehungsweise *frame*) übertragen. Aus diesem Prozess gehen – sprachlich realisiert als metaphorische Rede – neue Bedeutungen hervor, die weder ihrem wörtlichen Gebrauch entsprechen noch wörtlich ersetzbar sind.

In ähnlicher Weise, allerdings mit deutlichem Akzent auf die sprachliche Anschaulichkeit der Metapher, hat Harald Weinrich seine „Bildfeldtheorie" entworfen, in der zwei „Sinnbezirke", die er „Bildspender" und „Bildempfänger" nennt, durch einen analogiestiftenden Akt gekoppelt werden.[381] Die „einzig mögliche Metapherndefinition" ist Weinrich zufolge „ein Wort in einem Kon-

---

[378] Vgl. Eckhard Rolf: *Metapherntheorien. Typologie, Darstellung, Bibliographie.* Berlin, New York: De Gruyter 2005. Vgl. kritisch dazu die Rezension von Peter Gansen: „Vier aus 25? – Vom (Un-)Sinn einer Typologie der Metapherntheorien", in: *KULT-online. The Review Journal* 15 (2008); online unter: http://kult-online.uni-giessen.de/archiv/2008/ausgabe-15/rezensionen/vier-aus-25-vom-un-sinn-einer-typologie-der-metapherntheorien (07.11.2019).
[379] Vgl. Richards: „Die Metapher" (1936), S. 33.
[380] Vgl. Max Black: „Die Metapher" (1954), in: Haverkamp (Hg.): *Theorie der Metapher*, S. 55–79.
[381] Harald Weinrich: *Sprache in Texten.* Stuttgart: Klett 1976, S. 248. Weinrichs textsemantische Theorie dürfe laut Jäkel nach Kants Analogie- und Symbolbegriff sowie Blumenbergs Metaphorologie durchaus als Vorläufer der kognitiven Metapherntheorie gelten; vgl. Jäkel: *Wie Metaphern Wissen schaffen*, S. 116–130; zu einer kritischen Betrachtung des theoretischen „'Vorläufer-Topos'" vgl. Kohl: *Metapher*, S. 117 f. Eine Verknüpfung der Theorien Weinrichs und Lakoffs/Johnsons nimmt Petra Drewer vor; vgl. Drewer: *Die kognitive Metapher als Werkzeug des Denkens. Zur Rolle der Analogie bei der Gewinnung und Vermittlung wissenschaftlicher Erkenntnisse.* Tübingen: Narr 2013 (zugl. Diss. Univ. Hildesheim).

text, durch den es so determiniert wird, daß es etwas anderes meint, als es bedeutet", denn „[v]om Kontext hängt wesentlich ab, ob eine Metapher sich selbst deutet oder rätselhaft bleibt. Eine starke Kontextdetermination zwingt auch das fremdeste Wort in den gemeinten Sinnzusammenhang".[382] Die Distanz, die es dabei semantisch zu überbrücken gilt, bezeichnet er als „Bildspanne", ein Indiz für die sogenannte kühne Metapher, die schon Aristoteles schätzte und gemeinhin der kreativen Innovation in poetischen Texten zugerechnet wird. In Paul Ricœurs „lebendiger Metapher"[383] findet sie sich wieder, sie ist das Gegenteil der ‚toten Metapher', die aufgrund ihrer Konventionalisierung nicht mehr als solche erkannt wird, sondern regulärer Bestandteil des Sprachgebrauchs und damit lexikalisiert ist (prominente Beispiele dafür sind das ‚Stuhlbein', der ‚Wolkenkratzer' oder die ‚Motorhaube'). Gegen die verbreitete Ansicht, dass die kühnsten Metaphern auch die hochwertigsten seien, argumentiert Weinrich, dass sich diese häufig genug als Stereotypen erwiesen, weil die Bildspanne schon routinemäßig an Kriterien der semantischen ‚Entfernung' der gekoppelten Sinnbezirke beziehungsweise am Grad ihrer Widersprüchlichkeit gemessen werde, was aber traditionell zu jeder Metapher gehöre. Als ‚kühn' ist sie nach Weinrich dann aufzufassen, wenn sich die Intensität des Widerspruchs zur sinnlich erfahrbaren Realität gerade durch eine nur geringe Abweichung erhöht, die Irritation sei umso größer, je näher – und doch unvereinbar – die verknüpften Vorstellungen sind.[384]

---

382 Weinrich: *Sprache in Texten*, S. 311.
383 Vgl. Paul Ricœur: *Die lebendige Metapher*. München: Fink 1986. Vgl. dazu das Kap. 7 in Alexander Friedrich: *Metaphorologie der Vernetzung. Zur Theorie kultureller Leitmetaphern.* Paderborn: Fink 2015 (zugl. Diss. Univ. Gießen): „Im Anschluss an die aristotelische Theorie der Abweichung und den interaktionstheoretischen Grundgedanken der Wechselbeziehung lautet [Ricœurs] Befund, dass die Bedeutung der Metapher etwas mit dem unerwarteten Erscheinen eines Wortes innerhalb eines Kontextes zu tun hat, mit dem es nicht zu vereinbaren ist." Ebd., S. 156. Ricœur gehe demnach von einer prädikativen Spannung zwischen wörtlicher und metaphorischer Bedeutung aus, die nur interpretativ zu erschließen sei.
384 Vgl. Weinrich: *Sprache in Texten*, S. 298–306. Als Beispiel führt Weinrich Paul Celans Formulierung „Schwarze Milch der Frühe" aus der *Todesfuge* an: Das Oxymoron (Weinrich zufolge ebenfalls eine Metapher) „weiße Milch" ließe sich „mühelos mit der sinnlich erfahrbaren Realität in Einklang bringen", während die Wendung „*traurige Milch*" wiederum sehr weit von dieser entfernt sei und „ganz verschiedene Gegenstände" verbinde, was aber unserem alltäglichen Metapherngebrauch entspräche; die Wortfügung „schwarze Milch" hingegen weiche nur geringfügig von unserer sinnlichen Erfahrungswelt ab und werde eben deshalb in ihrem Widerspruch als stark beziehungsweise als kühn empfunden: „Sie trägt uns nicht in einen ganz anderen Bereich, sondern nur einen kleinen Schritt weiter zu einer anderen Farbe. Diese Nähe ist es, die uns keine Ruhe läßt und uns die Frage nach Richtig oder Falsch eingibt. Wir können nicht umhin, die nahen Gegenstände in unserer Vorstellung nebeneinanderzustel-

Den Begriff der „absoluten Metapher" prägte Hans Blumenberg 1960 im Rahmen seines groß angelegten Projekts der Metaphorologie. Gemeint sind damit, verkürzt gesagt, provisorische Begriffe, die für unanschauliche Ideen verwendet werden. Sie sind die Platzhalter für alles begrifflich Unbestimmbare und lassen sich nicht mehr „ins Eigentliche, in die Logizität zurückholen".[385] Ihre Funktion ist dennoch pragmatisch, ihre Ausrichtung praktisch: Sie bieten Orientierung und Struktur für die begrifflichen Leerstellen der Welt, die ihrerseits selbst eine absolute Metapher ist.[386] Blumenbergs Metapherntheorie ist im Rahmen dieser Studie gerade deshalb so aufschlussreich, weil er einerseits – wie die anschließend vorzustellende konzeptuelle Metapherntheorie – davon ausgeht, dass unser Wirklichkeitsbezug grundlegend metaphorisch angelegt ist[387] und diese anthropologische Bedingung andererseits direkt in den Mythos, ins magische Denken führt, was im Folgenden noch näher erläutert wird (vgl. Kap. 5.2.1 und Kap. 5.2.5).

Diese skizzierten Ansätze bilden den theoretischen Nährboden für die kognitive oder auch konzeptuelle Metapherntheorie, die George Lakoff und Mark Johnson 1980 vorgelegt haben. In seinerzeit radikaler Fortführung des bereits begonnenen Gegenprogramms zur klassischen Theorie beschreiben sie die Metapher als den elementaren kognitiven Prozess menschlicher Weltwahrnehmung und -strukturierung: „Wir haben festgestellt, daß die Metapher unser

---

len und über ihre Vereinbarkeit zu urteilen. Es irritiert, daß sie dann nicht vereinbar sind." Ebd., S. 305.

385 Hans Blumenberg: *Paradigmen zu einer Philosophie*. Frankfurt a. M.: Suhrkamp 1997, S. 10. Zu Blumenbergs Metaphorologie vgl. die Arbeiten von Anselm Haverkamp, zuletzt etwa *Metapher – Mythos – Halbzeug. Metaphorologie nach Blumenberg*. Berlin, Boston: De Gruyter 2018.

386 Literarisch findet das Konzept der ‚absoluten Metapher' vor allem in der Lyrik der Moderne Resonanz: Für Mallarmé beispielsweise habe sich der Argwohn gegenüber dem ‚Uneigentlichen' der Metapher im Verhältnis zum ‚eigentlich Gemeinten' beziehungsweise ‚Wirklichen' als obsolet erwiesen: „Die ‚Vereigentlichung' der sprachlich-metaphorischen Ebene und die radikale Emanzipation von allem ‚Wirklichen' vollzieht sich allmählich in dem Zeitraum von Baudelaire bis Mallarmé und erreicht hier ihren Gipfelpunkt. Die Metaphorik dieser Autoren, die auf einen ‚Bezug zur Sache', ein ‚eigentlich Gemeintes' weitgehend zu verzichten scheint, zwang die Forschung zu einer Überprüfung der herkömmlichen Metaphern-Auffassung." Gerhard Neumann: „Die ‚absolute Metapher'. Ein Abgrenzungsversuch am Beispiel Stéphane Mallarmés und Paul Celans", in: *Poetica* 3 (1970), S. 188–225, hier S. 194. Vgl. dazu auch Hugo Friedrich: *Die Struktur der modernen Lyrik. Von der Mitte des neunzehnten bis zur Mitte des zwanzigsten Jahrhunderts*. Neuausg. Reinbek bei Hamburg: Rowohlt 2006.

387 Vgl. Hans Blumenberg: „Anthropologische Annäherung an die Aktualität de Rhetorik", in: ders.: *Ästhetische und metaphorologische Schriften*. Auswahl und Nachwort von Anselm Haverkamp. Frankfurt a. M.: Suhrkamp 2001, S. 406–431.

Alltagsleben durchdringt, und zwar nicht nur unsere Sprache, sondern auch unser Denken und Handeln. Unser alltägliches Konzeptsystem, nach dem wir sowohl denken als auch handeln, ist im Kern und grundsätzlich metaphorisch."[388] Metaphern sind demnach ubiquitär, sie sind kategorisierendes Prinzip und kommunikatives Instrument zugleich, indem sie Abstraktes in konkret Wahrnehmbares und Verstehbares überführen mithilfe des sogenannten *mappings*, das heißt auch hier: die *Übertragung* von einem ('konkreteren') Herkunftsbereich (etwa: ‚Gebäude') auf einen (‚abstrakteren') Zielbereich (etwa: ‚Argument'): „Das Wesen der Metapher besteht darin, daß wir durch sie eine Sache oder einen Vorgang in Begriffen einer anderen Sache beziehungsweise eines anderen Vorgang verstehen und erfahren können."[389] In dem Ausdruck ein ‚Argument aufbauen' beziehungsweise ‚niederreißen' werden also beide Bereiche miteinander verschränkt, in der etablierten Darstellung der CTM heißt das metaphorische Konzept: ARGUMENTE SIND GEBÄUDE.[390]

Dabei können bestimmte Aspekte des zugrundeliegenden Konzepts fokussiert, das heißt hervorgehoben, oder auch unterdrückt werden,[391] denn kognitive Metaphernkonzepte basieren auf einem gestalthaften Hintergrundwissen, das zur Konstitution von Wahrnehmung herangezogen beziehungsweise ‚inferiert' wird. Da die kognitiven Fähigkeiten des Menschen körperlich verankert (*embodied*)[392] und folglich dadurch determiniert sind, werden im Rückgriff auf sogenannte *Image-Schemata*, damit sind wiederkehrende dynamische Muster unserer sensomotorischen Körpererfahrung gemeint (etwa: ‚Vertikalität', also OBEN/UNTEN),[393] abstrakte Konzepte auf physisch Vorstellbares projiziert. In

---

388 Lakoff/Johnson: *Leben in Metaphern*, S. 11. Vgl. dazu die Studie von Christa Baldauf: *Metapher und Kognition. Grundlagen einer neuen Theorie der Alltagsmetapher*. Frankfurt a. M.: Lang 1997 (zugl. Diss. Univ. Saarbrücken).
389 Ebd., S. 5 (im Orig. kursiv).
390 Vgl. weiterführend dazu die folgende Studie, in der die Metapherntheorie der Kognitiven Linguistik mit philosophischen Ansätzen verbunden werden, von Christian Hoffstadt: *Denkräume und Denkbewegungen. Untersuchungen zum metaphorischen Gebrauch der Sprache der Räumlichkeit*. (zugl. Diss. Univ. Karlsruhe 2008). Karlsruhe: Universitätsverlag 2009.
391 Nach Lakoff und Johnson ist die Fokussierung durch *hiding* („verbergen") und *highlighting* („beleuchten") eine der essentiellen Funktionen metaphorischer Übertragung; vgl. ebd., S. 18–21. Eine gute Übersicht der kommunikativen Leistungen von Metaphern und Metonymien bieten Spieß/Köpcke: „Metonymie und Metapher", S. 5–10.
392 Zum Konzept des *Embodiments* vgl. u. a. Francisco. J. Varela et al.: *The Embodied Mind. Cognitive Science and Human Experience*. Cambridge (MA): MIT Press 1991.
393 Lakoff/Johnson: *Leben in Metaphern*, Kap. „Orientierungsmetaphern", S. 22–30. Vgl. auch Zoltán Kövecses: *Metaphor. A Practical Introduction*. New York, Oxford: Oxford Univ. Press ²2010, S. 37–40.

übergeordneten ‚Idealisierten Kognitiven Modellen' (engl. *Idealized Cognitive Models*, kurz: ICM; etwa: ‚Dienstag' als Teil der Organisationseinheit ‚Woche') werden komplex organisierte, miteinander verwobene konzeptuelle Metaphern versammelt und gewissermaßen prototypisch erfasst.

> Eine regelrechte kognitive Erschließungsfunktion übernimmt die Metapher daher prinzipiell für abstrakte Begriffsdomänen, theoretische Konstrukte und metaphysische Ideen. Konzeptuelle Metaphern sorgen durch Rückbindung des abstrakt-begrifflichen Denkens an die sinnliche Anschauung für die körperlich-biophysische Fundierung der Kognition und gewährleisten die Kohärenz und Einheit unserer Erfahrung.[394]

Während die Image-Schemata als kognitive Universalien gelten können, zeigt sich in den ICM durchaus eine Kontext- und Kulturabhängigkeit, die dazu führen kann, dass bestimmte konzeptuelle Metaphern je nach Kommunikationssituation nicht zur Erschließung und Verständigung beitragen. „Metaphern und Metonymien sind als kulturelle Orientierungsmuster damit zugleich Ausprägungen kultureller (sprachlicher) Praxis. Kulturelle Kontexte spielen demnach für das Verstehen und Nicht-Verstehen von Metaphorik und Metonymie eine wichtige Rolle."[395] Neben diesen prinzipiellen Vermittlungs- und Systematisierungsleistungen heben Lakoff und Johnson das kreative Innovationspotential der Metapher hervor: „Neue Metaphern haben die Kraft, neue Realität zu schaffen. Dieser Prozeß kann an dem Punkt beginnen, an dem wir anfangen, unsere Erfahrung von einer Metapher her zu begreifen, und er greift tiefer in unsere Realität ein, sobald wir von einer Metapher her zu handeln beginnen."[396]

Zweifellos ist das Verdienst von Lakoffs und Johnsons Theorie, dass sie die Aufmerksamkeit und auch das Bewusstsein für die alltägliche metaphorische Struktur menschlicher Kognition geschärft hat.[397] Ihr Bemühen, die Metapher von ihrer rein sprachlichen, ornamentalen Funktion in ästhetischen Kontexten zu befreien und im Alltag zu profilieren, hat für den literaturwissenschaftlichen

---

394 Jäkel: *Wie Metaphern Wissen schaffen*, S. 41.
395 Spieß/Köpcke: „Metonymie und Metapher", S. 10.
396 Lakoff/Johnson: *Leben in Metaphern*, S. 167f; vgl. auch dies.: *More Than Cool Reason. A Field Guide to Poetic Metaphor*. Chicago: Univ. of Chicago Press 1989, S. 80.
397 In Erweiterung des CTM-Ansatzes haben Gilles Fauconnier und Mark Turner die Theorie des *Conceptual Blending*, entwickelt, die ebenfalls ein *mapping* von mindestens zwei Relaten (*input spaces*) vorsieht, und zwar zwischen *generic space* und *blended space*, um somit allgemeine (nicht streng als metaphorisch bezeichnete) kognitive Prozesse beschreibbar machen sollen. Vgl. Gilles Fauconnier, Mark Turner: *The Way We Think. Conceptual Blending and the Mind's Hidden Complexities*. New York: Basic Books 2002.

Zugang allerdings auch neue Probleme aufgeworfen.[398] Kritik an der Anwendbarkeit der CTM auf poetische Texte kommt dabei auch aus den eigenen Reihen: Reuven Tsur, einer der Mitbegründer der Kognitiven Poetik, kritisiert beispielsweise die massiven und stark vereinfachten Standardisierungen des konzeptuellen Repertoires sowie die damit allzu rasch kurzgeschlossene Identifizierung der vermeintlich nur einen, klar umrissenen aktivierten Metapher. Beides ist laut Tsur gerade für poetische Metaphern nicht maßgeblich, die häufig erst mit beabsichtigter Verzögerung erkannt werden und zudem nicht nur auf *ein* mentales Konzept verweisen, sondern sich gerade dadurch auszeichnen, dass viele potentielle Bedeutungen in einer einzigen Metapher verdichtet werden.[399] Tsur empfiehlt daher, sich nicht mit schematisierten Analysen zu befassen, die das Risiko einer „unnötigen Verdopplung der Terminologie" ohne Neuigkeitswert mit sich bringen, sondern sich stattdessen auf relevante Brüche mit den regulär ablaufenden kognitiven Prozesse zu konzentrieren, die der Text evoziert.[400]

Tatsächlich ist es nicht unproblematisch, die Anwendung der ohnehin durchaus komplexen Theorie auf einen umfangreichen literarisch-fiktionalen Text beziehungsweise Textkorpus anhand der zahlreichen Beispiele, die häufig alltägliche Redewendungen (und damit ‚tote Metaphern') oder nur einzelne Gedichtzeilen beschreiben, zu übertragen.[401] Zudem erscheint die vollständige Darstellung aller metaphorisch strukturierten Einheiten etwa innerhalb eines Romans auch nicht zielführend. Die wenigen Studien, die sich mit größeren Textkorpora befassen, fokussieren daher in der Regel bestimmte Metaphernkomplexe beziehungsweise sogenannte Megametaphern, auch erweiterte Metaphern genannt.[402] Hier wiederum ergeben sich terminologische respektive kon-

---

398 In der Überbetonung der Universalität metaphorischer Konzepte aufgrund ihrer körperlichen Fundierung haben Lakoff und Johnson den „Aspekt der Kulturalität" – und, so wäre zu ergänzen, auch der Poetizität – vernachlässigt. Nachfolgende Studien plädieren daher „für eine Integration kultureller Faktoren in die Theoriebildung zur Metapher und Metonymie". Spieß/Köpcke: „Metonymie und Metapher", S. 19; vgl. u. a. Zoltán Kövecses: „Metaphor. Does it Constitute or Reflect Cultural Models?", in: Raymond Gibbs, Gerard J. Steen (Hg.): *Metaphor in Cognitive Linguistics*. Elected Papers From the Fifth International Cognitive Linguistics Conference. Amsterdam, July 1997. Amsterdam, Philadelphia: Benjamins 1999, S. 167–188.
399 Reuven Tsur: „Lakoff's Road Not Taken", in: *Pragmatics and Cognition*, Bd. 7.2 (1999), S. 339–359; dem folgt auch Eder: „Zur kognitiven Theorie der Metapher in der Literaturwissenschaft", S. 188 f.
400 Vgl. ebd. sowie Bergs/Schneck: „Kognitive Poetik", S. 521.
401 Einen Versuch unternehmen Lakoff und Johnson selbst in *More Than Cool Reason*, S. 57–139. Orientierungshilfen sollen dabei die Aspekte *extending, elaboration, questioning* und *combining* bieten. Vgl. auch Kövecses: *Metaphor*, S. 53 f.
402 Vgl. Kövecses: *Metaphor*, S. 57–59; Stockwell: *Cognitive Poetics*, S. 111.

zeptuelle Problematiken, die auch in der Kritik an Lakoffs und Johnsons Theorie bereits zu vernehmen sind: Die dichotomische Anordnung von Herkunfts- und Zielbereich in abstrakt/konkret, bekannt/unbekannt etc. ist mindestens heikel und für literarische Texte häufig nicht ohne weiteres zutreffend.[403] Infolgedessen steht auch die vielfach skeptisch betrachtete und teils revidierte Unidirektionalitätsthese der CTM in Frage, die besagt, dass sich das *mapping* stets vom konkreten auf den abstrakten Bereich vollzieht, niemals umgekehrt. Grundsätzlich gilt zwar: „Original, creative *literary metaphors* [...] are typically less clear but richer in meaning",[404] aber genau dieser Umstand kann sich bereits in den beiden Konzeptbereichen niederschlagen, die sich dann nicht hierarchisch – eins ist bereits konkreter als das andere –, sondern nur gegenseitig, also in der Synthese ihrer jeweils zahlreichen Implikationen, erklären lassen.[405] Der Modus des ‚Uneigentlichen' im eingangs beschriebenen Sinne (vgl. Kap. 5.1) bleibt dabei bestehen und erhöht somit die erforderliche Transferleistung.[406]

---

[403] Vgl. exemplarisch Kohl: *Metapher*, S. 31. Die Blending-Theorie von Fauconnier/Turner reagiert auf diesen Einwand, indem in ihrem Modell nicht nur zwei, sondern mehrere mentale Räume (*mental spaces*) selektiv aufeinander bezogen werden; in diesem mehrstufigen, unbewussten kognitiven Prozess (*blending*) wird vorhandenes Wissen inferiert, um schließlich in der komprimierten Fusion (*blend*) emergente – das heißt hier: neue – mentale Strukturen (Bedeutungen) zu erzeugen, die ursprünglich nicht Bestandteil der *inputs* waren. Vgl. Fauconnier/Turner: *The Way We Think*; vgl. kritisch dazu Sophia Wege: „Die kognitive Literaturwissenschaft lässt sich blenden. Anmerkungen zum Emergenz-Begriff der Blending-Theorie", in: Huber/Winko: „Literatur und Kognition", S. 243–260.
[404] Kövecses: *Metaphor*, S. 49. In diesem Zusammenhang ist auch von einer „kohärenzstiftenden" Funktion zu sprechen, die „häufig in literarischen Textformen zur Geltung" komme und einen „höheren kognitiven Aufwand" erfordere; Spieß/Köpcke: „Metonymie und Metapher", S. 7 f., S. 9.
[405] In einer ausführlichen begriffskritischen Diskussion befasst sich Jäkel mit der umstrittenen Unidirektionalitätsthese von Lakoff und Johnson, die er für die von ihm veranschlagten Diskursbereiche „Geistestätigkeit", „Wirtschaft", „Wissenschaft" und „Religion" empirisch überprüft und schließlich als bestätigt ansieht; vgl. Jäkel: *Wie Metaphern Wissen schaffen*, bes. Kap. 1.3.3 und Kap. 2. Unter Berücksichtigung der Komplexität poetischer Metaphern sowie magischer Denkformationen schließt sich die Studie in diesem Punkt allerdings der Interaktionstheorie von Richards und Black an, die – hierin einig mit Aristoteles – von einer wechselseitigen Beeinflussung der beiden miteinander verschalteten Konzeptbereiche ausgeht. Entschieden wendet sich auch das Konzept des *blendings* von Fauconnier/Turner gegen die Unidirektionalität der Projektion, da häufig mehr als nur zwei Konzepte an der Bedeutungskonstitution beteiligt seien.
[406] Empirische Studien zur Blickrichtung legen diesen erhöhten kognitiven Aufwand beim Verstehen von Metaphern nahe; vgl. Lisa von Stockhausen, Ursula Christmann: „Die Verarbeitung konventioneller und unkonventioneller Metaphern: eine Blickbewegungsstudie", in: Spieß/Köpcke (Hg.): *Metonymie und Metapher*, S. 355–371.

Überdies gilt die Metapher gemeinhin als Repräsentantin einer Gruppe benachbarter Tropen im Rahmen des figurativen, ‚uneigentlichen' Sprechens, darunter Vergleich und Analogie, Metonymie und Synekdoche (mit den weiteren Spezialformen Periphrase und Antonomasie), Katachrese, Gleichnis, Parabel und Allegorie, Bild oder Symbol sowie Ironie. Ihre höchst diffizil zu bestimmenden Unterschiede werden traditionell in Rhetorik, Linguistik und Literaturwissenschaft umfangreich diskutiert und bleiben im Wissen darum häufig dezidiert unberücksichtigt. Die KLW hat diese Unschärfen übernommen, wie schon die Bezeichnung Konzeptuelle *Metaphern*theorie zeigt, negiert sie zwar keinesfalls, sondern diskutiert durchaus Unterschiede und Gemeinsamkeiten.[407] Stockwell beispielsweise fordert: „A theory of metaphor must describe the conceptual differences between metaphor, simile, analogy, and metonymy".[408] Grundsätzlich aber wird Metapher als Oberbegriff für kognitive Übertragungsprozesse beibehalten, unabhängig davon, wie sich dieser Vorgang genau vollzieht, die klassischen Charakteristika werden der Rhetorik entnommen und zumeist in kognitionstheoretisches Vokabular ‚übersetzt'.[409]

Für diese Studie sind nur bestimmte der oben genannten Stilfiguren – oder auch: Realisationstypen des Übertragungsvorgangs – relevant. Zunächst der Vergleich zweier als ähnlich identifizierter Konzepte, der durch die Partikel „wie" oder konjunktivisch mit „als ob" beziehungsweise „als sei/wäre" angezeigt wird. Der sprachliche Unterschied entspricht einer kognitiven Differenz, indem Ähnlichkeit und zugleich Nichtidentität signalisiert werden, was infolgedessen auch keinen Konflikt mit der empirischen Wirklichkeit hervorruft. Statt metaphorischer Komprimierung also vergleichende Extension: „A simile makes a weaker claim."[410] In der Analogie wird Übereinstimmung in einem oder mehreren Punkten behauptet beziehungsweise darauf geschlossen, in der CTM

---

[407] Vgl. zu Metapher und Metonymie etwa Kövecses: *Metaphor*, Kap. 12 sowie Kap. 14–16; zu Allegorie und Symbol vgl. u. a. Peter Crisp: „Allegory and Symbol – A Fundamental Opposition?", in: *Language and Literature* 14.4 (2005), S. 323–338; zur Parabel vgl. u. a. Michael Burke: „Literature as Parable", in: Gavins/Steen (Hg.): *Cognitive Poetics in Practice*, S. 115–128.
[408] Ausschlaggebend für die Unterscheidung der genannten metaphorischen Realisationen ist nach Stockwells Definition die graduelle Sichtbarkeit der jeweils übertragenen Konzepte beziehungsweise Eigenschaften: „from potentially most visible to most invisible"; Stockwell: *Cognitive Poetics*, S. 106.
[409] Vgl. Kohl: *Metapher*, S. 30.
[410] Lakoff/Turner: *More Than Cool Reason*, S. 133.

wird ihr eine hervorgehobene Rolle zugewiesen, weil sie vor allem rationale Prozesse stimuliert, ohne abschließend zu sein.[411]

Die Metonymie verbindet, anders als die Metapher, zwei Vorstellungen oder Begriffe *aus einem einzigen* konzeptuellen Bereich und wird überwiegend für Referenzbeziehungen verwendet: „one entity in a schema is taken as standing for one other entity in the same schema, or for the schema as a whole".[412] Grundlage dafür ist nach Lakoff und Turner „die Erfahrung mit physischen Objekten".[413] Als ihre Unterform gilt die Synekdoche, in der CTM als „WHOLE-FOR-PART metonymy" beziehungsweise „PART-FOR-WHOLE metonymy" bezeichnet, die Fokussierungen spezifischer Details vornimmt.[414] Häufige Verwechslungen begründen sich auch darin, dass sie zumeist gemeinsam und in komplexer Interaktion auftreten, sich dabei in ihren Funktionen und so möglicherweise die Wirkung intensivieren.[415]

Als erweiterte, narrativ ausgestaltete Großformen des Vergleichs werden Gleichnis und Parabel angesehen, wobei Ersterem häufig ein didaktischer Impetus zugeschrieben wird. Unter die elaborierten Formen der Metapher[416] – demnach ohne explizites Vergleichssignal – fällt prinzipiell auch die Allegorie, in der der bildlich-konkrete Herkunftsbereich narrativ ausgestaltet und durch das *mapping* auch in seinen zahlreichen assoziierten Elementen großräumig auf

---

411 Vgl. exemplarisch Hans Georg Coenen: *Analogie und Metapher. Grundlegung einer Theorie der bildlichen Rede.* Berlin, New York: De Gruyter 2002 (Kap. X enthält eine dezidierte Auseinandersetzung mit Lakoffs Metaphernkonzept), sowie Drewer: *Die kognitive Metapher als Werkzeug des Denkens.*
412 Lakoff/Turner: *More Than Cool Reason*, S. 103. Vgl. dazu auch Spieß/Köpcke: „Metonymie und Metapher".
413 Lakoff/Johnson: *Leben in Metaphern*, S. 73.
414 Kövecses: *Metapher*, S. 151 f.
415 Vgl. Lakoff/Turner: *More Than Cool Reason*, S. 100–106, sowie Kohl: *Metapher*, S. 82.
416 Nach Stockwell sind Megametaphern solche konzeptuellen Übertragungen, die wiederholt im Text auftauchen, und zwar „often in pivotal moments and often in the form of thematically significant extended metaphors"; Stockwell: *Cognitive Poetics*, S. 111. Kritisch diskutiert Peter Crisp das Verhältnis zwischen erweiterter Metapher und Allegorie: „From one point of view indeed the only difference is the degree of their elaboration. From another however there is a qualitative rather than just a quantitative difference." Peter Crisp: „Between Extended Metaphor and Allegory: Is Blending Enough?", in: *Language and Literature* 17.4 (2008), S. 291–308, hier S. 291. Pragmatisch fassen Spieß/Köpcke die verschiedenen Ausprägungen zusammen und betonen vielmehr deren kontextuelle Einbettung: „Die Kohärenz von Texten kann durch Metaphorik gewährleistet sein. So können ganze Texte durch spezifische Metaphorik konstituiert sein. Dabei können unterschiedliche Metaphern miteinander vernetzt werden und durch die Spezifik des Kontextes semantische Erweiterungen erfahren." Spieß/Köpcke: „Metonymie und Metapher", S. 7.

den Zielbereich übertragen wird; einbezogen wird hier auch die Personifikation als narrativ verdichtete Anthropomorphisierung eines abstrakten Konzepts. Im Rahmen der Allegorese, einer Form der mittelalterlichen Bibelexegese, wird ein Text als bildlicher Bedeutungsträger für abstraktere Sinnebenen wahrgenommen.

Diese ebenso grundlegende wie höchst komplexe Beziehung zwischen Text beziehungsweise Wort und Bild ist eine der meistdiskutierten Problematiken im Kontext der Metapherntheorie. Besonders deutlich wird dies am Begriff des Symbols, der tendenziell konkrete Objekte, Prozesse, Handlungen, Positionen etc. bezeichnet und zugleich über diese unmittelbar ersichtliche Bedeutung hinausweist, ohne seine Eigenständigkeit zu verlieren. Für den kognitiven Übertragungsprozess heißt das, dass ein Symbol ein konkretes, physisch wahrnehmbares Signifikat ist, das für sich stehen kann, was bei der Übertragung Einfluss auf den abstrakten Signifikanten hat.

In diesem Band bleibt die Metapher unter generischem Verweis auf die benachbarten Tropen prototypischer Begriff. Sofern eine genauere Differenzierung notwendig erscheint, insbesondere im Hinblick auf die Beziehung zur Metonymie, wird darauf eingegangen, grundsätzlich gilt jedoch: „Wenn auch der Unterschied zwischen Metonymie und Metapher, wie er in der neueren Forschung betont wird, theoretisch deutlich ist, so zeigt doch der praktische Einsatz eine eher komplementäre Funktion [...]."[417]

5.2 Zur Familienähnlichkeit von Magie und Metapher

Ausgehend von den skizzierten kultur- und begriffsgeschichtlichen Perspektiven auf Magie und Metapher, die im Laufe des zwanzigsten Jahrhunderts diskursiv deutlich an Fahrt aufnehmen und schließlich in kognitionstheoretischer Ausrichtung zu umfangreichen Rekonzeptualisierungen führen, werden im Folgenden entlang einiger forschungsdisziplinären Stationen die Gemeinsamkeiten beider Phänomene herausgearbeitet. In diesem schlaglichtartigen Aufriss von teils miteinander korrespondierenden, teils kontrovers aufeinander bezogenen Konzeptionen wird keine streng chronologische Genese behauptet, durchaus aber eine stringente Entwicklung sichtbar, und zwar in beiden Fällen weg vom Status des spezifisch Sonderbaren hin zur Anerkennung eines generischen Prinzips mit ubiquitärem Status: Der Verbleib im oben beschriebenen ‚Uneigentlichen' geht mit der Tatsache einher, Bestandteil verschiedenster

---

[417] Kohl: *Metapher*, S. 79; vgl. S. 30.

Phänomenbereiche zu sein, sowie mit der Fähigkeit, sich ganz unterschiedlichen Diskursen „anzulagern".[418] Darin liegt eine Gemeinsamkeit, die sich mit Wittgensteins Formel von der „Familienähnlichkeit" beschreiben lässt, wie sie von der Prototypensemantik aufgegriffen und im Anschluss daran von George Lakoff und anderen als ICM spezifiziert wurden. In den *Philosophischen Untersuchungen* versammelt Wittgenstein darunter all jene Begriffe mit „verschwommenen Rändern", deren Eigenschaften mit einer taxonomischen Klassifikation nicht hinreichend erfasst werden können, aber in „indirekte[r] Verwandtschaft" stehen.[419]

5.2.1 Anthropologische Konstanten

Dass magische Vorstellungen von jeher zum Wesen des Menschen gehören, gilt in der anthropologischen Forschung als unbestritten. „Magie ‚entsteht' nie, sie wird nie gemacht oder erfunden", schreibt Bronisław Malinowski, der ‚Vater der Feldforschung', 1925 in seinem Aufsatz „Magie, Wissenschaft und Religion": „Jede Magie ‚war' einfach von Anfang an ein wesentliches Attribut all solcher Dinge und Vorgänge, die für den Menschen von vitalem Interesse sind, die sich jedoch seinen normalen rationalen Bestrebungen entziehen. Die Beschwörung, der Ritus und die Dinge, die von ihnen beherrscht werden, sind gleich alt."[420]

Uneins war sich Malinowski indes mit seinen enorm einflussreichen theoretischen Vorgängern Edward B. Tylor und durchaus auch mit seinem Lehrer James G. Frazer, und zwar zum einen über deren Vorgehensweise der *armchair*

---

[418] Stockhammer: *Zaubertexte*, S. IX.
[419] Ludwig Wittgenstein: „Philosophische Untersuchungen", in: ders.: *Werkausgabe*. Bd. 1: *Tractatus logico-philosophicus, Tagebücher 1914–1916, Philosophische Untersuchungen*. Frankfurt a. M.: Suhrkamp ²³2019, S. 237–580, hier S. 278, S. 280. Als Beispiel führt er den Begriff des „Sprachspiels" an, der weder für sich genommen noch in seinen beiden Komponenten „Sprache" und „Spiel" jeweils Merkmale aufweise, die für alle Varianten Gültigkeit beanspruchen könnten. Zur Verwendung des Begriffs in der Prototypensemantik vgl. die Arbeiten von Eleanor Rosch, u. a. „Natural Categories", in: *Cognitive Psychology* 4.3 (1973), S. 328–350; dies.: „Cognitive Representations of Semantic Categories", in: *Journal of Experimental Psychology* 104.3 (1975), S. 192–233. Zu der daraus entwickelten Theorie der ICM vgl. u. a. Mark Johnson: *The Body in the Mind: The Bodily Basis of Meaning, Imagination, and Reason*. Chicago: Univ. of Chicago Press 1987; sowie George Lakoff: *Women, Fire, and Dangerous Things: What Categories Reveal About the Mind*. Chicago: Univ. of Chicago Press 1987.
[420] Bronisław Malinowski: „Magie Wissenschaft und Religion" (1925), in: ders.: *Magie, Wissenschaft und Religion. Und andere Schriften*. Frankfurt a. M.: S. Fischer 1983, S. 3–74, hier S. 59.

anthropology,[421] zum anderen über die Interpretation dieser Erkenntnis: Tylor und Frazer gingen, ganz dem kolonialen Überlegenheitsdenken ihrer Zeit verpflichtet, von einer evolutionistischen Trias aus,[422] die den Weg des kognitiv unterentwickelten ‚primitiven' Menschen von der zwar allgemein verbreiteten, aber alogischen, animistischen Magie auf der untersten ‚Bewusstseinsstufe' zur Religion und nach deren Überwindung schließlich zur Wissenschaft beschreibt. Tylors Animismustheorie, die er 1871 in *Primitive Culture* (dt. *Die Anfänge der Cultur*, 1873)[423] entwickelte, wurde bereits 1910 von Lucien Lévy-Bruhl durch das „Gesetz der Teilhabe" (oder auch „der mystischen Partizipation") erweitert und immerhin mit dem wichtigen Hinweis versehen, dass es verschiedene Mentalitäten und demnach auch Auffassungen von Logik geben könne, die zunächst einmal *anders* seien und sich durch eine spezifische Kausalität auszeichneten.[424] Doch folgt auch seine Argumentation noch dem Inferioritätsgedanken, wenn er schreibt, dass „in den Kollektiv-Vorstellungen der primitiven Mentalität die Objekte, Wesen und Phänomene in einer für uns unverständlichen Weise zugleich sie selbst und etwas anderes als sie selbst sein können" und überdies „Kräfte, Eigenschaften, mystisches Leben" ausstrahlen und empfangen können – allesamt Phänomene, „die außerhalb von ihnen spürbar sind".[425]

Tylors Bestimmung gilt zwar mittlerweile als unhaltbar und der Begriff ‚Animismus' als problematisch, die Idee einer ‚beseelten Natur' als Vorstellungskonzept der Magie hat aber weiterhin Bestand und sich etwa durch Jean

---

421 Im Unterschied zur lediglich Quellen anderer auswertenden Forschung vom ‚Lehnstuhl' beziehungsweise Schreibtisch aus; vgl. ebd., S. 4 f. Diese Kritik hielt Malinowski indes nicht davon ab, Frazer mit einer Widmung zu würdigen; vgl. S. 77 f.
422 Dass die Verlaufslinien auch gegenwärtig noch relevant sind, zeigen Middleton et al. in ihrem Artikel „Magic" in der *Britannica Online Encyclopedia*: „Although magic is similar in some respects to science and technology, it approaches efficacy (the ability to produce a desired material outcome) differently. Magic, like religion, is concerned with invisible, nonempirical forces; yet, like science, it also makes claims to efficacy. Unlike science, which measures outcomes through empirical and experimental means, magic invokes a symbolic cause-effect relationship. Moreover, like religion and unlike science, magic has an expressive function in addition to ist instrumental function. Magical rainmaking strategies, for example, may or may not be efficacious, but they serve the expressive purpose of reinforcing the social importance of rain and farming to a community." Online unter: https://www.britannica.com/topic/magic-supernatural-phenomenon (14.10.2019).
423 Vgl. Edward B. Tylor: *Die Anfänge der Cultur. Untersuchungen über die Entwicklung der Mythologie. Philosophie, Religion, Kunst und Sitte*. Leipzig: Winter 1873.
424 Lucien Lévy-Bruhl: „Das Gesetz der Teilhabe" (1922), in: Petzoldt (Hg.): *Magie und Religion*, S. 1–26, hier S. 1–3. vgl. ders.: *La mentalité primitive*. Paris: Félix Alcan 1922.
425 Ebd., S. 7.

Piaget als präoperationales Stadium in der Entwicklungspsychologie etabliert; Lévy-Bruhls Ansatz findet sich in C. G. Jungs Analysen des ‚kollektiven Unbewussten' wieder.[426]

Besonders Frazers Beobachtungen stehen trotz massiver Kritik und zahlreicher Korrekturen noch immer im Zentrum der Magiedefinitionen, die er gleich zu Beginn des *Goldenen Zweigs* prägnant formuliert: „Kurz, die Magie ist ein unechtes System von Naturgesetzen und zugleich eine trügerische Verhaltungsmaßregel, sie ist eine falsche Wissenschaft und zugleich eine unfruchtbare Kunst."[427] Unter der Bezeichnung „Sympathetische Magie" fasst er die zwei großen Prinzipien der „falsche[n] Anwendungen der Ideen-assoziationen"[428] zusammen, nämlich einerseits die homöopathische oder imitative Magie, deren Gesetz die Ähnlichkeit ist und von der Vorstellung ausgeht, dass „Gleiches wieder Gleiches hervorbringt, oder daß eine Wirkung ihrer Ursache gleicht"; und andererseits die kontagiöse Magie, die dem Gesetz der Berührung folgt und von der Annahme ausgeht, dass „Dinge, die einmal in Beziehung zueinander gestanden haben, fortfahren, aus der Ferne aufeinander zu wirken, nachdem die physische Berührung aufgehoben wurde".[429] Diese häufig als ‚intellektualistisch' bezeichnete Konzeption beruht wegen der „Spärlichkeit unserer Kenntnisse" auf einer, wie Frazer selbst sagt, „mehr oder weniger glaubwürdige[n] Hypothese";[430] Der „Tieferdenkende", mutmaßt er, habe erst im Scheitern der Magie allmählich zur Religion gefunden und seine „völlige Abhängigkeit" vom Göttlichen erkannt. Gleichwohl lebe sie auch nach Erreichen der höheren Entwicklungsstufen Religion und schließlich Wissenschaft als beständige Bedro-

---

426 Vgl. Jean Piaget: *Das Weltbild des Kindes*. Vollst. durchges., überarb. und erw. Neuausgabe. Stuttgart: Klett Cotta 2015; Carl Gustav Jung: *Gesammelte Werke*. Bd. 9.1: *Die Archetypen und das kollektive Unbewußte*. Hg. von Lilly Jung-Merker, Elisabeth Rüf. Ostfildern: Patmos [8]2019.

427 Frazer: *Der goldene Zweig*, S. 16.

428 Ebd., S. 17. Den Begriff der „Ideenassoziation" übernimmt er von Tylor, der in *Die Anfänge der Cultur*, S. 115, schreibt: „Der Hauptschlüssel zum Verständnis der schwarzen Kunst besteht darin, dass wir sie als beruhend auf der Ideenassoziation betrachten [...]. Der Mensch, der auf einer noch unterentwickelten geistigen Stufe gelernt hat, in Gedanken jene Dinge zu verbinden, von denen ihm die Erfahrung gezeigt hat, dass sie wirklich in Zusammenhang stehen, ist weiter gegangen und hat irrtümlich diese Verrichtung umgekehrt und den Schluss gezogen, dass eine Verbindung in Gedanken notwendig einen ähnlichen Zusammenhang in der Wirklichkeit bedinge." Die menschliche Fähigkeit zur Ideenassoziation ist demnach Grundlage sowohl für vernünftiges – also wissenschaftliches – Denken als auch für unvernünftiges – nämlich magisches – Denken.

429 Ebd., S. 15.

430 Ebd., S. 82.

hung in den ‚unteren' Bevölkerungsschichten weiter.[431] Pointiert ließe sich der Unterschied zwischen Magie und Religion nach Frazer folgendermaßen formulieren: Während das magische Denken bestrebt ist, die Kräfte zu zwingen, ist die religiöse Haltung eine demütige, die bittet.[432]

Malinowski akzentuiert hingegen, dass Magie, Religion und Wissenschaft immer schon synchron nebeneinander existierten, aber verschiedene Funktionen erfüllen. Magie sei in diesem Sinne komplementär zur Wissenschaft in ungewissen Situationen und übernehme vor allem die Aufgabe emotionaler und sozialer Kompensation.[433] Darin sei sie allerdings, in Übereinstimmung mit Frazer, eine Pseudo-Wissenschaft: „Der Glaube an Magie ist auch entsprechend ihrer rein praktischen Natur äußerst einfach. Er ist immer die Bestätigung der Macht des Menschen, wenn er bestimmte Wirkungen durch eine bestimmte Beschwörung und einen bestimmten Ritus erzielt."[434] In dieser ausschließlich zweckorientierten Ausrichtung unterscheide sie sich nach Malinowski, trotz vieler gemeinsamer Praktiken wie dem Ritual oder dem formelhaften Sprechen, wesentlich von der Religion, „die selbst die Erfüllung ihres Zweckes" sei und weitaus komplexeren Zielen und Werten folge.[435]

Malinowskis Überarbeitungen der Ansichten Tylors und Frazers lassen sich insgesamt einer funktionalistischen Leitidee zuordnen, während sein Schüler Edward E. Evans-Pritchard dessen Forderung nach teilnehmender Beobachtung engagiert einlöst und dabei einen eher empiristischen Standpunkt einnimmt. Seine in umfangreicher Feldforschung versammelten Ergebnisse beschreibt er 1937 in seiner Monographie *Hexerei, Orakel und Magie bei den Zande*, die in der Diskussion um die Magie als „eine Art archimedischer Punkt" und „methodisches Paradigma für das Verstehen fremden Denkens"[436] in der Sozialanthropologie gilt, weil es ihm gelingt, einschlägige Fehlurteile seiner Vorgänger über die Magie zu widerlegen. Das betrifft insbesondere die Logik der Magie, die so vehement bestritten wurde, deren Evidenz Evans-Pritchard aber belegen kann, ohne dabei ihre Prämissen zu übernehmen.[437] Er zeigt, dass das magische Den-

---

431 Ebd., S. 80 f. Vgl. ähnlich Tylor: *Die Anfänge der Cultur*, S. 136.
432 Vgl. ebd., S. 83–85.
433 Bronisław Malinowski: *Eine wissenschaftliche Theorie der Kultur. Und andere Aufsätze.* Frankfurt a. M.: Suhrkamp ²1985, S. 190.
434 Malinowski: „Magie, Wissenschaft und Religion", S. 72.
435 Vgl. ebd.
436 Hans G. Kippenberg: „Einleitung", in: ders./Luchesi (Hg.): *Magie*, S. 9, S. 31. Vgl. ausführlich dazu Victor Merten: *Eine gezielte Beschreibung. Edward E. Evans-Pritchards Beitrag zur Theorie der Magie.* Zürich: Fadenspiel 1996.
437 Ebd., S. 35.

ken durchaus zwischen Realem und Vorgestelltem unterscheiden kann. Indem er die Bewertung des Wahrheitsgehalts nach inhaltlichen Kriterien einerseits und nach Kohärenz und Regelmäßigkeit andererseits differenziert, wird deutlich, dass magische Handlungen, „obgleich rituell, folgerichtig" und die angegebenen Gründe dafür „logisch, auch wenn sie mystisch sind".[438]

In der Rückschau lässt sich an den umfangreichen Debatten um die Magie ablesen, wie sich theoretische Grundannahmen, Betrachtungsweisen und Forschungsmethoden geändert haben. Das betrifft nicht zuletzt die ethnozentristische Terminologie, die sich in den Bezeichnungen ‚primitiv', ‚wild', ‚fremd', ‚unzivilisiert', ‚antilogisch', ‚animistisch' etc. niederschlägt, wodurch wiederholt und noch immer die Forderung nach alternativen Begrifflichkeiten ohne soziale, politische oder ideologische Implikationen laut wird. So hat Olof Petterson bereits 1957 die Diskussion um Magie und Religion als ein „künstliches Problem" kritisiert, „das dadurch erzeugt wurde, daß man Religion anhand des idealen christlichen Grundmusters definierte".[439] Zur gleichen Zeit machen Murray und Rosalie Wax darauf aufmerksam, „daß die theoretischen Dichotomien Magie/Wissenschaft und Magie/Religion einfach nicht den Wirklichkeiten des sozialen Lebens nichtwestlicher Völker entsprechen".[440] Dabei seien die beiden jedoch, wie Susanne Lanwerd später herausstellt, in ihrer kritischen Analyse selbst darauf verfallen, eine neue Dichotomie aufzumachen, indem sie Magie mit „‚magischer Weltsicht' übersetz[en], die der ‚rationalistischen Weltsicht des Westens' oder auch der ‚westlichen Wissenschaft' diametral gegenüberstehe".[441]

Dass auch die jüngere Metaphernforschung von theoretischen und terminologischen Streitigkeiten durchzogen ist, wenn auch längst nicht in vergleichbarer Tragweite, wurde bereits thematisiert. Ihre anthropologische Dimension wird dabei zumeist vorausgesetzt oder nachdrücklich betont, zumal aus kognitionstheoretischer Sicht, der zufolge die Metapher das elementare Weltwahrnehmungskonzept ist und daher zwangsläufig Fragen nach Orientierung und Kategorisierung, Logik und Kohärenz der Erfahrung behandelt. Deutlichster Anknüpfungspunkt zur Magie ergibt sich hier aus der ihnen gemeinsamen visuellen Kompetenz, die sie von jeher als elementare Kulturtechniken ausgezeichnet haben. Ernst Cassirer befasst sich in seiner Kulturphilosophie eingehend mit

---

438 Edward E. Evans-Pritchard: *Hexerei, Orakel und Magie bei den Zande*. Frankfurt a. M.: Suhrkamp 1978, S. 225.
439 Olof Petterson: „Magie – Religion. Einige Randbemerkungen zu einem alten Problem", in: Petzoldt (Hg.): *Magie und Religion*, S. 313–324, hier S. 323.
440 Murray Wax, Rosalie Wax: „Der Begriff der Magie", in: ebd., S. 325–353, hier S. 353.
441 Susanne Lanwerd: *Mythos, Mutterrecht und Magie. Zur Geschichte religionswissenschaftlicher Begriffe*. Berlin: Friedrich Reimer 1993, S. 138.

der Bedeutsamkeit symbolischer Formen im mythischen Denken; auch für Hans Blumenberg sind Mythos und Metaphorik anthropologisch eng verbunden, weil sie das Reservoir und zugleich die Struktur des „nie erfahrbare[n], nie übersehbare[n] Ganze[n] der Realität" bilden: „Absolute Metaphern beantworten jene vermeintlich naiven, prinzipiell unbeantwortbaren Fragen, deren Relevanz ganz einfach darin liegt, daß sie nicht eliminierbar sind, weil wir sie nicht stellen, sondern als im Daseinsgrund gestellte vorfinden."[442]

Die Diskussion um das Wesen des Metaphorischen ist also auch und gerade im Hinblick auf ihre sprachliche ‚Bildlichkeit' und ‚Anschaulichkeit' keine Domäne exklusiv literaturwissenschaftlicher Forschung, sondern spielt interdisziplinär im Kontext traditioneller Streitigkeiten über das Verhältnis von Text und Bild im Hinblick auf eine epistemologische ‚Hierarchie der Sinne' eine entscheidende Rolle. Unter Einbeziehung der kognitiven Anthropologie beschreibt der Volkskundler Wolfgang Brückner die Verstrickungen anhand des sogenannten Bildzaubers. Der *visual* oder *pictorial turn* in den Geisteswissenschaften habe dazu geführt, dass nun auch Bilder als Texte gelesen werden, was immerhin zu einem „kognitiven Gleichgewicht" geführt habe, während bislang gerade die Magietheorien das rationale Denken vornehmlich im Wort, magische Vorstellungen wiederum im Bild verwirklicht sahen.[443] „Unser Abstraktum ‚Vorstellungen' formuliert einen optischen Prozess, und Metaphern sind nicht auf die Sprache beschränkt", sondern „Produkte kognitiver Strukturen, die der empirischen Wahrnehmung entstammen. Sie referieren auf etwas und werden daher in Argumentationszusammenhängen benutzt."[444] Magie und Metapher ‚führen' also gleichsam ‚etwas vor Augen' und aktivieren dabei die Imagination. Mit einiger Verve verteidigt Brückner daher die Magie als soziales Phänomen, das es kommunikations- und handlungstheoretisch zu bestimmen gilt, weshalb er auch den Bildzauber zunächst kultur- und mentalitätsgeschichtlich einordnet und ihn schließlich als Repräsentation einer beabsichtigten Wirkung jenseits prälogischer Denkweisen verstanden wissen will, nämlich als konkret gestalteten Wunsch.[445]

---

442 Blumenberg: *Paradigmen zu einer Philosophie*, S. 62. Vgl. dazu auch: Michael Schumann: „Die Kraft der Bilder. Gedanken zu Hans Blumenbergs Metaphernkunde", in: *DVjs* 69 (1995), S. 407–422; David Adams: „Metaphern für den Menschen. Die Entwicklung der anthropologischen Metaphorologie Hans Blumenbergs", in: *Germanica* 8 (1990), S. 171–191.
443 Brückner: *Bilddenken*, S. 22.
444 Ebd., S. 32 f.
445 Ebd., S. 340. Vgl. dazu Mauss/Hubert: „Entwurf einer allgemeinen Theorie der Magie", S. 381.

5.2.2 Soziologische Dimensionen

Nach Auffassung des französischen Religionssoziologen Émile Durkheim formieren sich Religion und Magie jeweils aus der „Summe der Überzeugungen und der entsprechenden Riten", die er zunächst gegen Tylor und Frazer aufgrund ihrer Verbreitung und dauerhaften Präsenz prinzipiell als sinnvolle kulturelle Einrichtung des Menschen anerkennt. Durch diesen Ansatz ist er auch darum bemüht, die pejorativen Implikationen, mit denen der Begriff „primitiv" belegt ist, zu mildern und zunächst keine Hierarchisierung der Glaubenssysteme vorzunehmen, da sie alle „auf ihre Art wahr" seien.[446] Für ihre Unterscheidung macht er vielmehr ein soziologisches Argument geltend: Während die Religion für ihn ein „solidarisches System" ist, das eine Gemeinschaft mit denselben moralischen Überzeugungen und daran anschließenden Praktiken in der Kirche vereint, gibt es keine stabilen Beziehungen zwischen dem Magier und den Individuen.[447] Magie ist demnach grundsätzlich privater, egoistischer und damit antisozialer Natur: „Der Magier hat eine Kundschaft, keine Kirche."[448]

Ganz ähnlich argumentierten zehn Jahre zuvor seine Schüler Marcel Mauss und Henri Hubert in ihrem „Entwurf einer allgemeinen Theorie der Magie" (im frz. Original 1902 erschienen), in der sie Magie von der Gemeinschaft her im Verhältnis zum Individuum konzipieren und als „soziales Phänomen"[449] beschreiben, denn „Magier ist nicht, wer es sein will",[450] sondern nur, wer von der Gesellschaft als solcher anerkannt wird. Soziale Stellung und Befähigung zur Ausübung der Magie bedingen sich daher wechselseitig. Dennoch sind es häufig besondere physische Merkmale (wie der „böse Blick") und/oder außerge-

---

446 Émile Durkheim: *Die elementaren Formen religiösen Lebens* (1912). Frankfurt a. M.: Suhrkamp 1994, S. 19.
447 Ebd., S. 75. Malinowski hingegen bestreitet den grundsätzlich antisozialen Zug der Magie: „In sozialer Hinsicht hilft die Magie [...] durch Disziplinierung und Einführung von Ordnung die Gruppe zu einem Ganzen zusammenzuschweißen." Malinowski: *Eine wissenschaftliche Theorie der Kultur*, S. 191. Zu den kontroversen Ansichten der beiden „Diskursbegründer" vgl. Otto: *Magie*, S. 45–76; sowie Kippenberg: „Einleitung", S. 17: Kippenberg verweist hier auch auf die „symbolistische Reduktion der Magie", die Durkheim mit seiner Auffassung vollzogen habe, magische Vorstellungen „nicht wortwörtlich" zu nehmen, „sondern als Symbole, die soziale Beziehungen zum Ausdruck bringen".
448 Ebd., S. 71. In dieser durchaus drastischen Darstellung zeichnet sich ein „idealisiertes, moralisch überhöhtes Bild von Religion" ab, das andere, etwa auch synkretistische Erscheinungsformen von Religion gänzlich vernachlässigt; „sie mussten durch den Magiebegriff sozusagen kollektiv aufgefangen werden." Otto: *Magie*, S. 66.
449 Mauss/Hubert: „Entwurf einer allgemeinen Theorie der Magie", S. 294.
450 Ebd., S. 260.

wöhnliche Eigenschaften (wie hohe Intelligenz und großes Wissen, Geschicklichkeit oder auch poetisches Talent), die den Magier auszeichnen und ihn vom ‚gewöhnlichen' Menschen unterscheiden; diese sind erworben, angeboren, verliehen oder einfach vorhanden. Nach Mauss und Hubert sind das alles wiedererkennbare Aspekte eines traditionellen Bildes: „Diese mythischen und wunderbaren Züge sind Gegenstand von Mythen oder, besser gesagt, mündlicher Überlieferungen, die im Allgemeinen die Form der Legende, der Erzählung oder des Romans haben" und daher im „Volksleben auf der ganzen Welt"[451] eine Rolle spielen. Ihre Verführung bestehe darin, die Einbildungskraft zu aktivieren und kollektive Phantasien zu nähren – sei es „wegen allerlei Befürchtungen, sei es wegen des romanhaften Interesses, dessen Gegenstand die Magie ist".[452] Wie einflussreich diese Zuschreibung ist, zeige sich daran, dass es durchaus Magier wider Willen gebe: „Es ist also die Meinung, die den Magier und die von ihm entbundenen Einflüsse schafft."[453] Ursprung dessen ist nach Mauss und Hubert eine Mischung aus individuellen und kollektiven Gefühlen und Wünschen, die in der spirituellen Macht des „*mana*", einem Sammelbegriff, den sie aus dem Melanesischen übernehmen, vereinigt beziehungsweise verwirklicht werden.[454] „Magie heißt in diesem Sinne auch", stellt Thomas Macho heraus, „daß Utopien als Bedürfnisse öffentlich und institutionalisiert auftreten können", und definiert Magie provisorisch als „Synthesis von Utopie und Bedürfnis".[455] Für Mauss und Hubert begründet sich darin die Beharrlichkeit der Magie beziehungsweise ihre Fähigkeit zur Behauptung, da ihr ebenso häufig Einhalt geboten wie sie kontinuierlich von der Gesellschaft erschaffen werde.[456]

So enorm kenntnisreich und sorgfältig Mauss und Hubert in ihrem soziologischen Theorieentwurf auch vorgehen, lassen sich bestimmte Ambivalenzen

---

[451] Ebd., S. 266. Zuvor hatten sich Mauss und Hubert bereits in einer vorläufigen Definition zur Abgrenzung von der Religion Jacob Grimms Bestimmung aus seiner *Deutschen Mythologie* angeschlossen, der nach Magie „gewissermaßen eine religion für den ganz niederen hausbedarf" sei; ebd., S. 255, vgl. Jacob Grimm: *Deutsche Mythologie*. Zweiter Band. Göttingen: Dieterichsche Buchhandlung 1844, S. 1060.
[452] Ebd., S. 267.
[453] Ebd., S. 276.
[454] Ebd., S. 256: „Das *mana* ist nicht einfach nur eine Kraft, ein Wesen, sondern es ist auch eine Handlung, eine Qualität, ein Zustand. Anders gesagt, das Wort ist zugleich ein Substantiv, ein Adjektiv und ein Verb." Insofern ist es, wie sie später einräume auch nicht trennschärfer als Religion oder Magie (vgl. ebd., S. 389), subsumiert aber als „Ursprungsidee" (ebd.) eine ganze Reihe von Attributen und „verwirklicht jene Verschmelzung von Handelndem, Ritus und Dingen, die uns in der Magie als fundamental erscheinen." Ebd., S. 356.
[455] Macho: „Bemerkungen zu einer philosophischen Theorie der Magie", S. 341.
[456] Mauss/Hubert: „Entwurf einer allgemeinen Theorie der Magie", S. 392.

und Spannungsverhältnisse dennoch nicht leugnen, die offenbar zum Charakter der Magie gehören: etwa zwischen privatem beziehungsweise geheimem Vollzug vs. öffentlicher Anerkennung; zwischen individualistischer Ausrichtung vs. Abhängigkeit von der Meinung anderer; zwischen erforderlichen praktisch-performativen Fähigkeiten vs. praktischer Trägheit zugunsten rein gedanklicher Suggestion.

Bemerkenswerterweise unterliegt die soziologische Bewertung der Metapher ganz ähnlichen Schwankungen. Abgesehen von ihrer strittigen Qualität als erkenntnisleitendes Instrument, worin sich kein spezifisch soziologisches, sondern ein wissenschaftstheoretisches Problem widerspiegelt, stehen auch hier Fragen ihrer Sozialität auf dem Prüfstand, und zwar als kulturabhängige gesellschaftliche Praxis der Bedeutungskonstitution und gemeinschaftlichen ‚Welterzeugung', als sozial-regulatives Element der Kommunikation oder auch als implizit formulierte und daher umso wirksamere Handlungsanweisungen.[457] Es liegt auf der Hand, dass die genannten potentiellen sozialen Funktionen noch keineswegs Gütekriterien metaphorischen Sprachgebrauchs sind, sondern als solche genauer definiert werden müssten, zumal sie gleichermaßen sozial destruktive Effekte beinhalten können.

5.2.3 Psychologische Lesarten

Wiederholt hat sich Sigmund Freud bei der Ausarbeitung seiner psychoanalytischen Theorie auf ethnologische Schriften gestützt, insbesondere auf Frazer, und sich zur Erforschung geeigneter Methoden überdies der Literatur zugewandt. Von Interesse sind hier neben *Totem und Tabu* seine psychoästhetischen Betrachtungen zur Phantasie des Dichters, zum Unheimlichen (anhand von E. T. A. Hoffmanns Novelle „Der Sandmann", vgl. Kap. 9.3) und zu bestimmten Mechanismen aus der *Traumdeutung*, die als metaphorische beziehungsweise metonymische Prozesse gelten können.

Gleich zu Beginn seines Essays über „Animismus, Magie und Allmacht der Gedanken" (1913) setzt Freud einen generischen Verweis u. a. zu Frazer und Tylor, deren Ausführungen zum ‚primitiven Denken' er weitgehend übernimmt.

---

[457] Vgl. Matthias Junge: „Der soziale Gebrauch der Metapher", in: ders. (Hg.): *Metaphern in Wissenskulturen*. Wiesbaden: VS 2010, S. 266–279; vgl. auch ders.: „Die metaphorische Rede: Überlegungen zu ihrer Wahrheit und Wahrheitsfähigkeit", in: ders. (Hg.): *Metaphern und Gesellschaft. Die Bedeutung der Orientierung durch Metaphern*. Wiesbaden: VS 2011, S. 205–218; vgl. auch das Kap. 6.3 „Sozialwissenschaften" in Kohl: *Metapher*.

„Der Animismus ist ein Denksystem", schreibt er, eine der drei großen Weltanschauungen neben Religion und Wissenschaft, freilich auf der untersten Entwicklungsstufe, aber „vielleicht die folgerichtigste und erschöpfendste, eine, die das Wesen des Menschen restlos erklärt." Insofern sei sie „eine psychologische Theorie"[458] der Menschheit, deren Prinzip kompakt mit Tylor, „wenn man von dem beigefügten Werturteil absieht", als *„mistaking an ideal connexion for a real one"* zu beschreiben sei.[459] In einem bestimmten Punkt äußert sich Freud allerdings kritisch gegenüber dem Postulat der „falschen Ideenassoziation", da es „bloß die Wege aufklärt, welche die Magie geht, aber nicht deren eigentliches Wesen", das auf dem Missverständnis beruhe, „psychologische Gesetze an die Stelle natürlicher zu setzen".[460] Die Motive identifiziert Freud in den uneingelösten Wünschen des Menschen, die in ‚primitiver' und – was er eigentlich zu erklären sucht – in neurotischer Ausdehnung zu einer „allgemeine[n] Überschätzung der seelischen Vorgänge" dränge und die Dinge gegen deren Vorstellungen zurücktreten lasse. „Zusammenfassend können wir nun sagen: das Prinzip, welches die Magie, die Technik der animistischen Denkweise, regiert, ist das der ‚Allmacht der Gedanken'".[461] In der magischen Weltsicht wie in der Zwangsneurose und Hysterie gelten nur die intensiven Gedanken und affektgeladenen Vorstellungen, ein Abgleich mit der Realität finde dabei nicht statt. Ursprung dessen ist nach Freud die narzisstische Selbstliebe, beim noch ‚stark sexualisierten Wilden' in ‚primitiver', beim Neurotiker hingegen in intellektueller Form, die bei beiden eine Schutzfunktion für das gefährdete Ich übernimmt. Die Denkkonzepte von Religion und Wissenschaft mit ihren Entsprechungen in der individuellen Entwicklung hätten diesen Narzissmus zurückgedrängt und der Realität angepasst. „Nur auf einem Gebiete ist auch in unserer Kultur die ‚Allmacht der Gedanken' erhalten geblieben, auf dem der

---

458 Sigmund Freud: „Animismus, Magie und Allmacht der Gedanken" (1913), in: ders.: *Gesammelte Werke. Bd. 9: Totem und Tabu. Einige Übereinstimmungen im Seelenleben der Wilden und Neurotiker* (1912/1913). Hg. von Anna Freud et al. Frankfurt a. M. 1999, S. 93–121, hier S. 96; verwiesen wird außerdem auf die Ausführungen zum Animismus des ‚Evolutionisten' Herbert Spencer, des Schriftstellers und parapsychologisch interessierten Anthropologen Andrew Lang sowie des Philosophen und Mitbegründers der sog. Völkerpsychologie Wilhelm Wundt.
459 Ebd., S. 98. Grundsätzlich stimmt Freud mit den evolutionistischen Ansichten Tylors und Frazers überein; ganz am Ende seines Textes räumt er zwar ein, „daß dem Seelenleben und der Kulturhöhe der Wilden ein Stück verdienter Würdigung bisher vorenthalten wurde", was sich aber vornehmlich auf die daraus abzuleitenden Einsichten prinzipieller psychischer Mechanismen bezieht, die es aber ja psychoanalytisch zu beheben gilt.
460 Ebd., S. 103.
461 Ebd., S. 106.

Kunst", stellt Freud fest: „Mit Recht spricht man vom Zauber der Kunst und vergleicht den Künstler mit einem Zauberer", denn hier ließen sich noch „mancherlei magische Absichten vermuten", die sich in der Befriedigung verdrängter Wünsche durch künstlerische Illusion mit real anmutenden Affektwirkungen offenbaren.[462]

In seinem wenige Jahre zuvor gehaltenen Vortrag „Der Dichter und das Phantasieren" (1906) hatte Freud bereits erläutert, dass der Dichter im Unterschied zum spielenden Kind, das „seine imaginierten Objekte und Verhältnisse gerne an greifbare und sichtbare Dinge der wirklichen Welt an[lehne]", seine Phantasiewelt „von der Wirklichkeit scharf sondert",[463] und zwar aus dem Wunsch nach Genuss beziehungsweise aus einem Lustprinzip heraus, das sich wiederum aus unerfüllten Kindheitserlebnissen generiere. In den Begriffen ‚anlehnen' und ‚sondern' ließen sich schon Parallelen zu Metonymie und Metapher erahnen. Deutlicher – allerdings auch komplizierter – verhält es sich mit den ‚Werkmeistern der Traumarbeit', die Freud mit den Begriffen „Verdichtung" und „Verschiebung" beschreibt und damit einerseits den seelischen Vorgang der Verschmelzung verschiedener Gedanken und Erinnerungen zu einer repräsentativen Vorstellung meint, andererseits die Verlagerung der auf eine bestimmte Person gerichteten „seelischen Energie" auf eine andere bezeichnet. Hier sind also Nachbarschaftsbeziehungen am Werk, während „Identifikation" (als Einverleibung der Normen und Wertvorstellungen anderer) und „Symbol" (als kulturell vererbte Manifestationen unbewusster Wünsche) Ersetzungsvorgänge beschreiben.[464] Im Rahmen der strukturalistischen Wende in der Psychoanalyse hat Jacques Lacan mit Rekurs auf Roman Jakobson hierin metaphorische und metonymische Prozesse extrapoliert und ihnen damit zu zentraler

---

[462] Ebd., S. 111. Vgl. auch hier wieder die Kontextualisierung von Magie und Metapher in Freud'scher Perspektive bei Berteau: *Sprachspiel Metapher*, S. 26–28.
[463] Sigmund Freud: „Der Dichter und das Phantasieren", in: ders.: *Gesammelte Werke*. Bd. 7: *Werke aus den Jahren 1906–1909*. Hg. von Anna Freud et al. Frankfurt a. M.: S. Fischer [4]1966, S. 213–223, hier S. 214. Aus kulturpsychologischer Sicht untersucht Ernst E. Boesch Verhältnis und Funktionen von magischem und ästhetischem Handeln; vgl. Boesch: *Das Magische und das Schöne. Zur Symbolik von Objekten und Handlungen*. Stuttgart-Bad Cannstatt: Frommann-Holzboog 1983.
[464] Vgl. Sigmund Freud: *Die Traumdeutung*, in: ders.: *Gesammelte Werke*: Bde. 2 und 3. Frankfurt a. M.: S. Fischer [3]1961, S. 313, vgl. auch Kap. VI: „Die Traumarbeit". Die unverkennbare Übereinstimmung formuliert auch Helmuth Vetter in seinem Beitrag „Psychoanalyse und Rhetorik", in: *IWK-Mitteilungen* 51.1 (1996), S. 17–23, hier S. 20: „Das Grundgerüst Verdichtung und Verschiebung, die beiden großen ‚Werkmeister' der Traumarbeit, entsprechen aus der Rhetorik bekannten Figuren."

Bedeutung verholfen.[465] Doch obwohl es in Freuds Patientengeschichten wesentlich um die Verknüpfung von Zusammenhängen gehe, werde nur selten hervorgehoben, „dass Metapher und Psychoanalyse die Parallele eint, höchst eigensinnige Sondersprachen zu Gehör zu bringen".[466] Etabliert hatte sich zunächst nur die Ansicht, dass diese ‚Sondersprache' von den Kindern und Neurotikern, den ‚Wilden' und den Dichtern gesprochen wird.

5.2.4 Strukturalistische Zugänge

Der zentrale Impuls für die hier zu entwickelnde Theoriekonzeption geht von Roman Jakobsons Synthese zwischen magischem Denken und metaphorischem Schreiben aus, die er 1960 im „Doppelcharakter der Sprache" vornimmt und auch von Stockhammer in seinen *Zaubertexten* diskutiert wird.[467] Jakobsons eigentliches Interesse ist linguistischer Natur und gilt den verschiedenen Ausprägungen der Aphasie, einer Sprachstörung, die sich im Verlust der Fähigkeit zur kontextbezogenen Kombination und Selektion sprachlicher Einheiten zeigt. „Beim ersten Typ der Aphasie ist die Relation der Similarität, beim zweiten Typ die Relation der Kontiguität aufgehoben. Bei der Similaritätsstörung entfallen die Metaphern, bei der Kontiguitätsstörung die Metonymien." An dieser Stelle ist es wichtig zu betonen, dass sich Jakobson in seiner Analyse zunächst auf die Alltagssprache bezieht, denn „bei normaler Sprechtätigkeit sind beide Prozesse ständig in Aktion".[468] Im weiteren Verlauf seiner Ausführungen kommt er allerdings auf die ‚Dichtkunst' zu sprechen, die ihm reiches Material für die Untersuchung dieser dichotomischen Beziehung liefert, indem sie sich je nach „Stilgattung" beziehungsweise ästhetischer Motivation entweder das Metaphorische oder das Metonymische bevorzuge, was auch in anderen Bereichen der Kunst,

---

465 Vgl. u. a. Jacques Lacan: „Das Drängen des Buchstabens im Unbewussten oder die Vernunft seit Freud", in: ders.: *Schriften II*. Hg. von Norbert Haas. Olten, Freiburg i. Br.: Walter 1975, S. 15–55. Vgl. kritisch dazu Dieter Flader: „Metaphern in Freuds Theorien", in: *Psyche* 54.4 (2000), S. 354–389. Fladers Beitrag gehört zu den wenigen Auseinandersetzungen mit der Wechselbeziehung zwischen Metapher und Psychoanalyse als erkenntnisgenerierende Denk- und Sprechformen mit deutlicher Nähe zum Literarischen.
466 Moritz Senarclens de Grancy: *Sprachbilder des Unbewussten. Die Rolle der Metaphorik bei Freud*. Gießen: Psychosozial Verlag 2015 (zugl. Diss. HU Berlin), S. 18; vgl. auch die Hinweise zu einigen weiteren Studien ebd., S. 19.
467 Vgl. Jakobson: „Zwei Seiten der Sprache und zwei Typen aphatischer Störungen", bes. S. 51–54; Stockhammer: *Zaubertexte*, S. XX.
468 Ebd., S. 65.

wie Malerei und Film, zu beobachten sei, aber auch mit „persönlichen Verhaltensweisen und Bräuchen" einhergehe. Während etwa Romantik und Symbolismus anerkanntermaßen dem Primat des metaphorischen Prozesses folgten, sei die Metonymie als dominante Strategie des Realismus weithin vernachlässigt worden. Deshalb plädiert Jakobson (bereits Mitte des zwanzigsten Jahrhunderts) für ein interdisziplinäres Forschungskollektiv, das sich mit diesen beiden gelegentlich auch rivalisierenden Darstellungsweisen innerhalb eines jeden symbolischen Prozesses sorgfältig befasse, da sie „von erstrangiger Bedeutung und Konsequenz für das gesamte sprachliche Verhalten und das menschliche Verhalten im allgemeinen zu sein" scheinen.[469]

Freud habe sich der Differenzierung symbolischen Verhaltens in Kontiguität und Similarität in seiner Traumdeutung mithilfe der „metonymische[n] ‚Verdrängung' und synekdochische[n] ‚Verdichtung'" einerseits und den metaphorischen Operationen von „Identifizierung" und „Symbolismus" andererseits genähert. Jakobson begrüßt diese Bemühungen ebenso wie er im Anschluss Frazers Kategorisierung magischer Prinzipien in Similarität und Kontiguität als „einleuchtend" qualifiziert. Dennoch sei diese Polarität – der ‚Doppelcharakter' – der Sprache noch nicht zufriedenstellend untersucht worden. Schuld daran ist nach Auffassung Jakobsons nicht nur die Wissenschaft, sondern auch die Kunst selbst, die schon ‚grammatikalisch' den Weg des geringsten Widerstands gehe: „Da die Poesie stark auf das Symbol angewiesen ist, während sich die pragmatische Prosa viel mehr auf den Gegenstand bezieht, wurden Tropen und Redefiguren vor allem als dichterische Kunstgriffe untersucht."[470] Die „poetische Funktion" der Sprache, die besonders in der Literatur als „Zentrierung auf die Sprache um ihrer selbst willen" hervortrete, entsteht laut Jakobson genau dann, wenn sich der metaphorische Prozess mit dem metonymischen überlagere.[471] Damit überführt Jakobson, wie Stockhammer hervorhebt, das magische Weltbild „in eine Binnenstruktur des Sprachgebäudes".[472]

In jüngerer Zeit hat vor allem Moritz Baßler Jakobsons Bestimmungen für den Poetischen Realismus des späten neunzehnten Jahrhunderts im Anschluss an Hans Vilmar Geppert und Claus-Michael Ort anhand von Fallstudien u. a. zu Wilhelm Raabe und Adalbert Stifter profiliert und realistisches Erzählen als

---

469 Ebd., S. 67.
470 Ebd., S. 69 f.
471 Der zentrale Satz lautet: „*Die poetische Funktion projiziert das Prinzip der Äquivalenz von der Achse der Selektion auf die Achse der Kombination.*" Jakobson: „Linguistik und Poetik", S. 94; wobei er sich vornehmlich auf Poesie im Sinne metrisch gebundener Sprache bezieht.
472 Stockhammer: *Zaubertexte*, S. 33.

„Kippfigur" zwischen metaphorischer Aufladung („Überhöhung" beziehungsweise „Verklärung") und metonymischer Entladung (gewissermaßen als Tribut an das Realismus-Gebot) beschrieben.[473] Letzteres sei deshalb notwendig, weil das realistische Paradigma andernfalls – nämlich durch die Aufrechterhaltung der Metapher – gefährdet sei.[474] Dem würde der strukturalistische Ethnologe Claude Lévi-Strauss vermutlich insofern zustimmen, als er „jenes Gesetz des mythischen Denkens" darin bestätigt sieht, „daß die Transformation der Metapher in einer Metonymie endet".[475]

Sowohl Jakobsons als auch Baßlers Verbannung der Metapher aus dem Realismus scheint zumindest für die Gegenwartsliteratur nicht mehr in dieser Strenge haltbar zu sein, was noch eingehend zu diskutieren sein wird.[476] Einen Hinweis dazu liefert Frazer, wenn er über Similarität und Kontiguität, die beiden Konstituenten des magischen Denkens, schreibt: „In der Praxis jedoch sind die beiden Arten häufig miteinander verbunden. Wenn man genauer sein will,

---

[473] Der Begriff der „Kippfigur" findet in verschiedenen Disziplinen wieder, etwa in der Psychologie, wo er – verkürzt gesagt – den spontanen optischen Gestalt- und Wahrnehmungswechsel an einem stabil gebliebenen Objekt beschreibt, wie er beispielsweise in Kunst und Architektur vorkommt, aber auch in Wittgensteins Sprachphilosophie (vgl. ders.: „Philosophische Untersuchungen", bes. S. 518–577) oder in Wolfgang Isers Theorie der Komik Eingang gefunden hat; vgl. ders.: „Das Komische: ein Kipp-Phänomen", in: Wolfgang Preisendanz, Rainer Warning (Hg.): *Das Komische*. München: Fink 1976, S. 398–402.

[474] Bei Roland Barthes habe dieses „Verbleiben im immer schon Bekannten" den „Ekel des Vorhersehbaren" ausgelöst, „eine heftige Reaktion darauf, dass realistische Texte aufgrund ihres metonymischen Modus hinter den poetischen Möglichkeiten zurückbleiben". In der Tat sei „das Asyndetische symbolischer und emphatisch moderner Fügungen [...] nur im Modus des Metaphorischen beziehungsweise Allegorischen realisierbar", räumt Baßler ein. Vgl. Baßler: „Metaphern des Realismus – realistische Metaphern. Wilhelm Raabes *Die Innerste*", in: Benjamin Specht (Hg.): *Epoche und Metapher. Systematik und Geschichte kultureller Bildlichkeit*. Berlin: De Gruyter 2014, S. 219–231, hier S. 222; vgl. dazu die entsprechende Stelle bei Roland Barthes: *S/Z*. Frankfurt a. M.: Suhrkamp ³1998, S. 101. Zum Begriff der Kippfigur vgl. Baßler: „Figurationen der Entsagung. Zur Verfahrenslogik des Spätrealismus bei Wilhelm Raabe", in: *Jahrbuch der Raabe-Gesellschaft* 51 (2010), S. 63–80. Wiederholt bezieht sich Baßler auf Hans Vilmar Geppert: *Der realistische Weg: Formen pragmatischen Erzählens bei Balzac, Dickens, Hardy, Keller, Raabe und anderen Autoren des 19. Jahrhunderts*. Tübingen: Niemeyer 1994; sowie auf Claus-Michael Ort: *Zeichen und Zeit. Probleme des literarischen Realismus*. Tübingen: Niemeyer 1998. Zur „Gefährdung des realistischen Schreibprojekts" vgl. Baßler: „Zeichen auf der Kippe", S. 9.

[475] Claude Lévi-Strauss: *Das wilde Denken*. Frankfurt a. M.: Suhrkamp 1973, S. 127.

[476] Vgl. hierzu etwa die bereits am Ende von Kap. 2.2.2 erwähnten Überlegungen Leonhard Herrmanns mit Blick auf die Positionierung von Texten der Gegenwartsliteratur in seinem Beitrag „Andere Welten – fragliche Welten. Fantastisches Erzählen in der Gegenwartsliteratur" sowie das Fazit dieses Bandes in Kap. 14.

wird man allerdings gewöhnlich finden, daß [die metonymische; d. Verf.] Übertragungsmagie die Anwendung des homöopathischen oder nachahmenden [metaphorischen; d. Verf.] Prinzips voraussetzt, während die homöopathische oder nachahmende Magie für sich allein ausgeübt werden kann."[477] Und auch Jakobsons strikte Opposition von Metapher und Metonymie ist vornehmlich ihrer sprachpathologischen Analyse geschuldet, denn im Umfeld poetischer Sprache befinden sie sich vielmehr in einem Kontinuum, wie er selbst einräumt: „In der Dichtung, wo die Ähnlichkeit die Kontiguität überlagert, ist jede Metonymie leicht metaphorisch und jede Metapher leicht metonymisch gefärbt."[478]

Damit sind zwei prinzipielle kognitive Prozesse magischer Weltwahrnehmung benannt.[479] Hier kommt die kognitive Metapherntheorie ins Spiel, die mit ihrem Postulat ubiquitärer Konzeptualisierungsleistungen der Metapher teils dezidiert an strukturalistische Lehren anknüpft.[480] Trotz berechtigter Forderung nach differenzierter Betrachtung von Metonymie und Metapher begründet ihr Vorkommen aber keine bestimmten Gattungen oder Genres. Mythen beispielsweise bilden nach Kövecses und Lakoff nur eine unter vielen Kontextualisierungsmöglichkeiten der Metapher.[481]

Als Wegbereiter für die Zusammenführung von linguistischen Erkenntnissen (in ihrem Verhältnis zur Sprache) und ethnologischer Forschung (in ihrem

---

477 Frazer: *Der goldene Zweig*, S. 17.
478 Jakobson: *Linguistik und Poetik*, S. 110; aufschlussreich im Hinblick auf Jakobsons durchaus kryptisch anmutende Bestimmung der poetischen Funktion anhand von Metapher und Metonymie ist das Kap. 7.1 in Luzia Goldmann: *Phänomen und Begriff der Metapher. Vorschlag zur Systematisierung der Theoriegeschichte*. Berlin, Boston: De Gruyter 2019, S. 193–206.
479 Vgl. Harald Haferland: „Kontiguität. Die Unterscheidung vormodernen und modernen Denkens", in: *Archiv für Begriffsgeschichte* 51 (2009), S. 61–104, hier S. 63; vgl. dazu den erweiterten Zugriff bei Mauss/Hubert: „Entwurf einer allgemeinen Theorie der Magie", S. 304: „Es sind die Gesetze der Kontiguität, der Ähnlichkeit und des Kontrasts: die Dinge, die einander berühren, sind oder bleiben eine Einheit, Ähnliches bringt Ähnliches hervor, Gegensätze wirken aufeinander."
480 Vgl. Steen/Gavins: „Contextualising Cognitive Poetics", u. a. S. 6.: „Theories of narrative structure and foregrounded language, for instance, are at the center of attention in various studies in the present-day cognitive poetics but they invariably go back to high-quality theoretical work done in the heyday of structuralism". Vgl. auch die Arbeiten von Tsur (u. a. *Towards A Theory of Cognitive Poetics*) im Anschluss an Theorien des Russischen Formalismus sowie an die Prager Schule und den Französischen Strukturalismus. Zu George Lakoffs Lehrern während seines Studiums der englischen Literatur und Mathematik am MIT gehörte neben Moritz Halle und Noam Chomsky auch Roman Jakobson.
481 Vgl. Kövecses: *Metaphor*, S. 66; Lakoff: „The Contemporary Theory of Metaphor", in: Andrew Ortony (Hg.): *Metaphor and Thought*. Cambridge: Cambridge Univ. Press ²1993, S. 202–251.

Verhältnis zur Kultur) gilt Lévi-Strauss. Mit seiner Forderung nach einer *Strukturalen Anthropologie*, die systematisch Relationen ausfindig macht, deren einzelne Elemente für sich genommen noch nicht sinnstiftend sind, sondern erst nach dieser Ordnung und Kontextualisierung interpretierbar werden, kommt ihm außerdem das Verdienst zu, durch das strukturelle Paradigma auch für mehr sachliche Distanz im Disput um die Magie gesorgt zu haben, indem er ihre Prinzipien ebenfalls den rationalen und universalen kognitiven Operationen zurechnete, die sich lediglich in einem anderen Modus vollziehen.[482] In diesem Zusammenhang rät er auch der Psychoanalyse zu einer Reflexion ihrer Prinzipien und Methoden, ausgehend von Beobachtungen, die er im Rahmen seiner Feldforschungen zu Schamanismus und magischen Heilverfahren indigener Völker gemacht hatte. Daran sei ersichtlich, „daß die Wirksamkeit der Magie den Glauben an die Magie impliziert", und zwar den des Magiers an sich selbst, den auch sein ‚Zielobjekt' teilen muss, und den der Gemeinschaft, die als „eine Art Gravitationsfeld" beiden Beteiligten Vertrauen gegenüber ihrer magisch wirksamen Beziehung schenken muss.[483] Hierin sieht er eine Parallele zu der „beunruhigenden Entwicklung", die die Psychoanalyse durch die Errichtung „eine[r] Art diffuse[n], das Bewußtsein der Gruppe ganz durchdringende[n] Mythologie" aufweise.[484] Damit beanspruche diese Lévi-Strauss zufolge dieselbe theoretische Rechtfertigung wie die Magie:

> Wenn diese Analyse richtig ist, muß man in den magischen Verhaltensweisen die Antwort auf eine Situation sehen, die sich dem Bewußtsein durch affektive Äußerungen offenbart, deren tiefere Natur aber intellektuell ist. Denn nur die Geschichte der symbolischen Funktion böte die Möglichkeit, Rechenschaft abzulegen von dieser intellektuellen Bedingung des Menschen: daß die Welt nicht genug Bedeutung hat und daß das Denken immer über zu viele Bezeichnungen für Objekte verfügt. Hin- und hergerissen zwischen diesen beiden Bezugssystemen, dem des Signifikanten und dem des Signifikats, verlangt der Mensch vom magischen Denken ein neues Bezugssystem, in das sich bis dahin kontradiktorische Gegebenheiten einfügen lassen.[485]

Obwohl Freud auf den zugrundliegenden Irrglauben der ja nur vermeintlich alles erschöpfend erklärenden Magie hingewiesen hat, ist die Psychoanalyse, so ließe sich Lévi-Strauss Mahnung zusammenfassen, selbst nicht davor gefeit. Symbolische Verweissysteme, die Sinn stiften, aber auch mit der Tendenz zur Mythenbildung einhergehen beziehungsweise darauf gründen, haben womög-

---

482 Vgl. Claude Lévi-Strauss: *Strukturale Anthropologie*. Frankfurt a. M.: Suhrkamp 1967.
483 Lévi-Strauss: „Der Zauberer und seine Magie", in: ebd., S. 183–203, hier S. 184.
484 Ebd., S. 201 f.
485 Ebd., S. 202.

lich bis heute nicht an Faszination verloren, was zugleich ihren prekären Status bezeugt.

5.2.5 Philosophische Einlassungen

Der Mythos als sinnstiftender Ursprung der symbolischen Formen, mit denen die Menschen die Wirklichkeit aus verschiedenen Perspektiven erfassen und abbilden, steht im Zentrum von Ernst Cassirers sprach- und kulturphilosophischen Betrachtungen, die er in seinem dreibändigen, in den 1920er Jahren entstandenen Hauptwerk formuliert hat.[486] Das mythische Denken zeichne sich vor allem dadurch aus, dass es die affektiv-emotionale Wahrnehmung der Welt akzentuiert und darin ein zunächst sympathetisches Verhältnis des Menschen zur Natur widerspiegelt. Indem er seinen Eindrücken und Erlebnissen bestimmte Formen verleiht, also die Welt ‚mimetisch', ‚analogisch' und (rein) ‚symbolisch' kategorisiert, distanziere sich der Mensch von seinen subjektiv-emotionalen Anschauungen und gelange zunehmend zu einer objektivierten und rationalisierten Weltsicht, die zugleich eine Befreiung bedeute.[487] Eng verbunden ist damit nach Cassirer auch das sprachliche Erkenntnisvermögen, denn in mythischer Identität fallen Wort und Wirkung noch in eins, erfüllen also eine magische Funktion, die sich erst durch fortschreitende Kategorisierung und Differenzierung zum semantischen *Logos* entwickelt.

Auch für Wittgenstein sind Sprache, mythisches Denken und magische Praxis elementare anthropologische Korrelate, als „Verkörperung alter Mythen"[488] ist der Sprachgebrauch immer auch magische Handlung, weil sie gleichsam eine Synthetisierung von Bild und Bedeutung vornehme, in der Zeichen und Bezeichnetes, Ritual und Anschauung in der Praxis ineinanderfließen."[489] Intensiv und kritisch hat sich Wittgenstein ‚im stummen Gespräch' verteilt über meh-

---

486 Vgl. Ernst Cassirer: *Philosophie der symbolischen Formen*. 3 Bde. Teil. I: *Die Sprache*; Teil II: *Das mythische Denken*; Teil III: *Phänomenologie der Erkenntnis*. Hg. von Birgit Recki. Text und Anmerkungen bearbeitet von Claus Rosenkranz. Hamburg: Meiner 2010.
487 Vgl. ebd., Teil I, S. 133–146.
488 Ludwig Wittgenstein zit. n. Rush Rhees: „Wittgenstein über Sprache und Ritus", in: Ludwig Wittgenstein: *Schriften*, Beih. 3: *Wittgensteins geistige Erscheinung*. Hg. von Hans Jürgen Hering, Michael Nedo. Frankfurt a. M.: Suhrkamp 1979, S. 35–66, hier S. 35.
489 Vgl. u. a. Regine Munz: „Ludwig Wittgenstein: Vom *Vortrag über Ethik* zu *Vorlesungen über den religiösen Glauben*", in: Wilhelm Lütterfelds, Thomas Mohrs (Hg.): *Globales Ethos. Wittgensteins Sprachspiele interkultureller Moral und Religion*. Würzburg: Königshausen & Neumann 2000, S. 125–145, bes. S. 136.

rere Jahrzehnte mit Frazer auseinandergesetzt, dessen ethnologische Perspektive ihn sprachphilosophisch interessierte, deren evolutionistische Grundannahmen er aber entschieden ablehnte.[490] In seinen „Bemerkungen über Frazers *Golden Bough*" notiert er: „In unserer Sprache ist eine ganze Mythologie niedergelegt. [...] Und wenn ich Frazer lese, so möchte ich auf Schritt und Tritt sagen: Alle diese Prozesse, diese Wandlungen der Bedeutung, haben wir noch in unserer Wortsprache vor uns."[491] Trotz der Vehemenz, mit der sich Wittgenstein hier gegen Frazer für die Zusammengehörigkeit von (Sprach-)Bild und Bedeutung einsetzt, und trotz der zahlreichen schillernden Sprachbilder, die sein gesamtes Werk durchziehen, lässt sich keine ausformulierte, systematische Theorie der Metapher in seiner Sprachphilosophie ausfindig machen.[492]

Ganz anders bei Hans Blumenberg, der sich, wie zu Beginn der theoretischen Ausführungen dargestellt, bereits in seiner frühen Schrift dezidiert den ‚Paradigmen der Metaphorologie' zuwandte, die sein philosophisches Interesse konstant begleitet und bestimmt haben. In *Arbeit am Mythos* (1979) profiliert Blumenberg daher nicht nur die anthropologischen Grundlagen seines Denkens, sondern bringt Mythen mit Metaphern als die wesentlichen Entlastungsfunktionen des „Mängelwesens"[493] Mensch gemeinsam in Anschlag, mit denen sich dieser von jeher gegenüber den archaischen Bedrohungen des diffusen Unbekannten und namentlich Unverfügbaren der ihn umgebenden Wirklichkeit zur Wehr setze. Indem Phänomene eingeordnet und benannt werden, ist magische Kontaktaufnahme – „Appellationsfähigkeit"[494] – und damit auch Beeinflussung möglich, was wiederum einerseits das Gefühl von Vertrautheit und Verlässlichkeit stärkt und andererseits Distanz schafft zu den Schrecken und Bedrängnissen einer weithin unbekannten Welt, die auf diese Weise bis zu ih-

---

490 Vgl. ausführlich zur Auseinandersetzung mit Frazer die detailreiche Studie von Marco Brusotti: *Wittgenstein, Frazer und die „ethnologische Betrachtungsweise"*. Berlin, Boston: De Gruyter 2014.
491 Ludwig Wittgenstein: „Bemerkungen über Frazers *Golden Bough*", in: ders.: *Vortrag über Ethik und andere kleine Schriften*. Hg. von Joachim Schulte Suhrkamp: Frankfurt a. M. 1989, S. 29–37.
492 Vgl. Rüdiger Zill: „Der Vertrakt des Zeichners. Wittgensteins Denken im Kontext der Metapherntheorie", in: Ulrich Arnswald et al. (Hg.): *Wittgenstein und die Metapher*. Berlin: Parerga 2004, S. 138–164. Unter Berücksichtigung dieser Feststellung lässt sich, wie Zill in seinem Beitrag zeigt, Wittgensteins Metaphernverständnis anhand seiner Schriften rekonstruieren. Vgl. auch Peter Tarras: „,Philosophie' grammatisch betrachtet. Wittgensteins Begriff der Therapie", in: *Kriterion* 28 (2014), S. 75–97.
493 Den Begriff übernimmt Blumenberg von Arnold Gehlen aus dessen Buch *Der Mensch. Seine Natur und seine Stellung in der Welt*. Frankfurt a. M., Bonn: Athenäum 1962, S. 20, S. 354.
494 Hans Blumenberg: *Arbeit am Mythos*. Frankfurt a. M.: Suhrkamp 1979, S. 22.

rem „Rand"[495] und darüber hinaus benannt und dadurch ‚erzählbar' gemacht wird. Kennzeichen dessen sei die suggerierte Wiederholbarkeit, „ein Wiedererkennen elementarer Geschichten".[496] Mit „Poesie" und „Schrecken"[497] markiert Blumenberg die beiden Pole des Spannungsverhältnisses, in dem sich der Mensch bewege, was auch im Zeitalter von Wissenschaft und Technik noch Bestand habe, die wie Kunst und Literatur in Blumenbergs Auffassung im Grunde ebenfalls Mittel der Durchdringung und Verarbeitung sind, allerdings mit dem Effekt, sich der eigenen Bedeutungslosigkeit immer mehr gewahr zu werden. Das sollte jedoch nicht darüber hinwegtäuschen, dass Blumenberg die Gefahren dieser anthropologischen Notwendigkeit, die ‚Vakanz eines Begriffes durch Imagination zu füllen', sehr wohl erkannt hat.[498]

„Metapher ist kein Zauberwort",[499] mahnt Petra Gehring an und steht damit stellvertretend für eine Seite im philosophischen Diskurs, die die universale Bedeutungsfunktion der Metapher in Zweifel zieht oder relativiert, wenn nicht sogar ihr jedes epistemologische Vermögen gänzlich abspricht.[500] „Warum sollte ein übertragener Sinn *per se* mehr an Ungesagtem enthalten als einer, der wörtlich vermittelt wird?",[501] fragt Gehring weiter und schließt sich darin Donald Davidsons viel diskutiertem Verdikt aus seiner Abhandlung „Was Metaphern bedeuten" von 1978 an, die er mit den auf Freud verweisenden Worten eröffnet: „Metaphern sind die Traumarbeit der Sprache und, wie alle Traumarbeit, sagt ihre Deutung genausoviel über den Deutenden aus wie über den Urheber", worauf er seine provokante These folgen lässt, „daß Metaphern eben das bedeuten, was die betreffenden Wörter in ihrer buchstäblichsten Interpretation be-

---

[495] Ebd., S. 11.
[496] Ebd., S. 70.
[497] Ebd., S. 68.
[498] Vgl. ders.: *Theorie der Unbegrifflichkeit*. Aus dem Nachlaß hg. und mit einem Nachwort von Anselm Haverkamp. Frankfurt a. M.: Suhrkamp 2007, S. 72–75.
[499] Petra Gehring: „Erkenntnis durch Metaphern? Methodologische Anmerkungen zur Metaphernforschung", in: Junge (Hg.): *Metaphern in Wissenskulturen*, S. 203–220, hier S. 203.
[500] Vgl. u. a. Otfried Höffe: „Bild – Metapher – Modell. Eine philosophische Einführung mit einigen Exempla", in: *Nova Acta Leopoldina* 386 (2012), S. 9–21; Bernhard Debatin: *Die Rationalität der Metapher. Eine sprachphilosophische und kommunikationstheoretische Untersuchung*. Berlin, New York: De Gruyter 1993; Bernhard H. F. Taureck: *Metaphern und Gleichnisse in der Philosophie. Versuch einer kritischen Ikonologie der Philosophie*. Frankfurt a. M.: Suhrkamp 2004; Haverkamp: *Theorie der Metapher*; ders.: *Metapher. Die Rhetorik der Ästhetik*. München: Fink 2007.
[501] Gehring: „Erkenntnis durch Metaphern?", S. 205.

deuten, sonst nichts".⁵⁰² Damit wendet er sich gegen die Auffassung von Max Black und anderen Interaktionstheoretiker:innen, die der Metapher die Fähigkeit zusprechen, einen kognitiven Gehalt zu artikulieren und zu kommunizieren.⁵⁰³ „Viele Philosophen [gemeint sind neben Davidson hier auch Nelson Goodman und John Searle; d. Verf.] haben behauptet, Ähnlichkeitsaussagen seien trivial aufgrund der Tatsache, daß alles allem auf *irgendeine* Weise ähnelt."⁵⁰⁴ Dem wird insbesondere von Seiten der kognitionstheoretischen Epistemologie entgegengehalten, dass die analogische Argumentation entscheidend an der Interpretation von Metaphern beteiligt ist. In diesem anhaltenden und mit einigem Furor ausgetragenen Streit stehen nichts Geringeres als die Kernthemen der Philosophie auf dem Spiel; es geht also um Fragen nach Wahrheit, Wirklichkeit und Bedeutung sowie ihrer sprachlichen Verfasstheit respektive Fassbarkeit zwischen objektivistischen und subjektivistischen Positionen. Dem tragen Lakoff und Johnson denn auch mit einer ausführlichen und durchaus rasant vorgebrachten Argumentation in *Leben in Metaphern* über mehrere Kapitel hinweg Rechnung. Ihr zu Recht nicht unumstrittenes Credo lautet, die Metapher zeige dem „Mythos Objektivismus" seine Grenzen auf.⁵⁰⁵

Zum Abschluss der hier nur in groben Strichen nachgezeichneten Auseinandersetzung um Mythos und Metapher in der modernen Philosophie soll mit Blick auf die Analyse der Romane von Clemens J. Setz die These verfolgt werden, dass es sich in der Tat um „Traumarbeit der Sprache", genauer: der poetischen ‚Sondersprache' handelt. Diese steht indes zum einen potentiell allen Menschen zur Verfügung, was kognitionstheoretische Erkenntnisse glaubhaft begründen, und sagt zum anderen nichts psychoanalytisch Verwertbares über ihren Urheber beziehungsweise Verfasser aus, sondern nur – und das ist hier entscheidend – über seine poetologische Strategie, Entsprechungen für das Undarstellbare der Wirklichkeit zu finden, die per definitionem metaphorisch vermittelt werden müssen.

---

502 Donald Davidson: „Was Metaphern bedeuten", in: ders.: *Wahrheit und Interpretation*. Frankfurt a. M.: Suhrkamp 1986, S. 343–371, hier S. 343.
503 Zur Diskussion um Davidsons Metaphernbegriff vgl. u. a. Andris Breitling: „Impertinente Prädikate Davidson, Ricœur und der Streit um die kognitive Funktion der Metapher", in: Junge (Hg.): *Metaphern in Wissenskulturen*, S. 187–202; Eckard: *Metaphertheorien*, Kap. 13: „Extensionbegriff der Metapher: Donald Davidson".
504 Marga Reimer, Elisabeth Camp: „Metapher", in: Czernin/Eder (Hg.): *Zur Metapher*, S. 23–44, hier S. 32.
505 Vgl. Lakoff/Johnson: *Leben in Metaphern*, bes. Kap. 27. Vgl. kritisch dazu Eder: „Zur kognitiven Theorie der Metapher in der Literaturwissenschaft", S. 170–174.

6 Magie und Metapher als kognitionsästhetische Verfahren

Bei genauerem Hinsehen ist die enge konzeptuelle Verwandtschaft von Magie und Metapher weitaus sinnfälliger als es zunächst den Anschein haben mag. In einem zeitgenössischen Standardwerk zur Rhetorik heißt es über die Metapher:

> Die metaphorische Ausdrucksweise ist sehr wirkungsvoll, da sie nicht bloß, wie der Vergleich, einen gemeinten Gegenstand mit einer anschaulichen Vorstellung verbindet, sondern diesen in jene überführt: aus etwas Totem etwas Lebendiges macht, Mineralisches verwandelt oder das Unbelebte verlebendigt. [...] Die Metapher ist Ausdruck einer bewegten Wirklichkeit, in der die Positionen [...] austauschbar sind.[506]

Das klingt zunächst deutlich mehr nach Magie als nach einer ‚bloßen' rhetorischen Stilfigur, die auf diese Weise das „Unfertige, Offene der Gegenstände und Themen" akzentuiert und eine „gemeinte Sache in der Schwebe hält oder erneut schwebend macht".[507] Unter heuristischen Gesichtspunkten liegt darin eine ihrer Stärken, die auch für die Magie zu reklamieren ist. Wie metaphorische Redeweisen können magische Vorstellungen Wissen vermitteln, weil sie die Einbildungskraft mobilisieren; im Umfeld literarischer Texte handelt es sich dabei weniger um „kodifizierte oder formalisierbare Erkenntnisse, sondern vielmehr [um] emotional wirkende Einsichten in individuelle oder kollektive Problemverarbeitungen." Literarische Texte geben also „keine Handlungsanweisungen für reale Situationen, sondern ermöglichen ein symbolisches Probehandeln in imaginierten Welten".[508] Die ‚gemeinten Sachen' in einen semantischen Schwebezustand zu versetzen, ist die ihnen gemeinsame literarische Strategie. Deren Umsetzung zeigt sich bei Clemens Setz in den bereits zitierten

---

[506] Gert Ueding, Bernd Steinbrink: *Grundriß Rhetorik*. Geschichte – Technik – Methode. Stuttgart, Weimar: Metzler ⁴2005, S. 297. Ganz ähnlich argumentiert Heinrich Lausberg, indem er „die Erklärung der Metapher aus dem Vergleich" anhand des berühmten aristotelischen Beispiels „Achill ist ein Löwe" als bloß „nachträgliche rationale Deutung der urtümlich-magischen Gleichsetzung der metaphorischen Bezeichnung mit dem Bezeichneten" beschreibt. Lausberg: *Handbuch der literarischen Rhetorik. Eine Grundlegung der Literaturwissenschaft*. Stuttgart: Steiner ³1990, S. 286.
[507] Ebd.
[508] Ralf Klausnitzer: *Literatur und Wissen. Zugänge – Modelle – Analysen*. Berlin, New York: De Gruyter 2008, S. 11.

„fantastische[n] Verschaltungen von Organischem und Mechanischem, Belebtem und Unbelebten".[509]

Ausgangspunkt der hier entwickelten theoretischen Konzeption zu Magie und Metapher ist der Hinweis auf ein gemeinsames zugrundeliegendes Prinzip, das auf literaturwissenschaftlicher Seite von Robert Stockhammer theoretisch einbezogen, von Moritz Baßler für den Realismus analytisch angewendet und aus religionswissenschaftlicher Perspektive unter Rekurs auf kognitionstheoretische Erkenntnisse von Jesper Sørenson begründet wird. Alle drei beziehen sich dabei auf Roman Jakobsons Integration magischer Prinzipien in die metaphorische und metonymische Gestaltung poetischer Sprache, die wiederum von der kognitiven Metapherntheorie im Anschluss an Lakoff und Johnson zunächst auf die fundamentalen Prozesse des alltäglichen Sprechens und Denkens ausgeweitet wurde und davon ausgehend für den ‚Spezialfall Literatur' inzwischen erneut notwendige Differenzierungen erfahren hat.

Der Streifzug durch die Theoriegeschichte ist dieser Spur nachgegangen und hat dabei einerseits die phänomenologischen Herausforderungen und theoretischen Friktionen, die zugleich ein stetes Interesse an beiden Begriffsfeldern bekunden, offengelegt, andererseits aber auch Übereinkünfte in Struktur und Konzeption identifiziert. Schlüsselbegriff ihrer Gemeinsamkeit jenseits aller Bewertungen ist die Analogiebildung: ein Verfahren, durch das Magie und Metapher ähnliche oder (teil-)identische Eigenschaften zwischen potentiell allen Entitäten (im Sinne des ontologischen Sammelbegriffs für alles konkrete wie abstrakte ‚Seiende': Dinge, Lebewesen, Relationen, Sachverhalte und Ereignisse) erkennen und in Beziehung setzen.[510]

6.1 Die heuristische Qualität von Analogiebildungen

Wissenschaftshistorisch belegt erfreut sich die Analogie (von griech. *analogía* = Entsprechung) von der Antike bis heute quer durch alle Disziplinen und trotz gelegentlich geäußerter Skepsis aufgrund ihrer potentiellen Banalität, Tautologie oder Irreführung großer Beliebtheit. Häufig wird sie, wie gezeigt wurde, in Natur- wie Geisteswissenschaft synonym zu Metapher verwendet, wogegen sich wiederum berechtigte Einwände erheben.[511] Der kategoriale Unterschied bemisst sich, vereinfacht gesagt, an der geringeren Abstraktheit der Metapher, die ge-

---

509 Person: „Anmutige Erstarrung".
510 Vgl. Wege: *Wahrnehmung*, S. 51–55.
511 Vgl. die Ausführungen in Kap. 5.1.2 sowie kritisch dazu Kohl: *Metapher*, S. 76.

genüber der Analogie zwar zunächst konkreter, sinnfälliger erscheint, letztlich aber partikularer, punktueller und damit aus wissenschaftstheoretischer Perspektive ungenauer bleibe.⁵¹² Für die exakten Wissenschaften ist diese Differenzierung sicherlich unabdingbar und sollte durchaus auch in den sogenannten weichen Fächern Berücksichtigung finden. Doch gilt für das Telos der Literaturwissenschaft, mithin für ihren zentralen Gegenstand, die Literatur, vielmehr Max Blacks Plädoyer, das er von philosophischer Warte im Bewusstsein über die mitlaufenden Risiken formuliert: „Je mehr wir jedoch solche formalen Bestimmungen anstreben, verlieren metaphorische Aussagen ihre Effektivität und ihren Witz. Wir brauchen die Metaphern in genau den Fällen, in denen die Präzision wissenschaftlicher Aussagen nicht in Frage kommt."⁵¹³ Überdies basiert sie Black zufolge, der die verwandtschaftlichen Verhältnisse von Tropen der Ähnlichkeit, des Vergleichs etc. ausführlich und kritisch diskutiert, wesentlich auf strukturellen Analogien: „every metaphor may be said to mediate an analogy or structural correspondence".⁵¹⁴ Auf diese Weise können Metaphern Einsichten generieren, „how things are' in reality", was jedoch noch nichts darüber aussagt, ob sie wahr oder falsch sind.⁵¹⁵ Heuristische Stärke erlangt also die Analogie – und mit ihr die Metapher – grundsätzlich durch ihre erkenntnisfördernde Vermittlungstätigkeit zwischen einem bekannteren Quellbereich und einem noch näher zu erkundenden Zielbereich, deren Binnenrelationen und strukturelle Gemeinsamkeiten auf diese Weise sichtbar werden.⁵¹⁶

---

512 Vgl. dazu ausführlich die genauen Differenzierungen im Hinblick auf graduell unterschiedliche Abstraktheit und Konkretheit, die Klaus Hentschel in seinem wissenschaftstheoretischen Beitrag zu Metapher, Analogie, Modell und Theorie vornimmt; Hentschel: „Die Funktion von Analogien in den Naturwissenschaften, auch in Abgrenzung zu Metaphern und Modellen", in: *Acta Historica Leopoldina* 56 (2010), S. 13–66; Hentschel stützt sich dabei auf die kognitionstheoretischen Arbeiten von Dedre Gentner; vgl. u. a. dies.: „Are Scientific Analogies Metaphors?", in: David Miall (Hg.): *Metaphor. Problems and Perspectives*. Brighton: Harvester Press 1982, S. 106–132; dies.: „Structure Mapping. A Theoretical Framework for Analogy", in: *Cognitive Science* 7.2 (1983), S. 155–170.
513 Black: „Die Metapher", S. 68.
514 Max Black: „More About Metaphor", in: Ortony (Hg.): *Metaphor and Thought*, S. 19–42, hier S. 30.
515 Ebd., S. 39.
516 Zur fundamentalen Bedeutung des Analogieprinzips in der KLW vgl. Wege: *Wahrnehmung*, S. 51–56: „Die Wahrnehmung und das Verstehen erfundener, auch gegen alle Wirklichkeitsprinzipien verstoßender Welten erfolgt prinzipiell auf der Basis derselben kognitiven Prozesse, derselben angeborenen Verhaltensprogramme, desselben senso-physischen Systems, desselben individuell mental gespeicherten Wissens, das auch bei der Alltagswahrnehmung, dem Umgang mit realen Objekten, Personen und Ereignissen, beim Verstehen von Alltagssprache und Alltagskommunikation zum Einsatz kommt und an der Lösung realer

Da nun aber schon die Meinungen über Analogie und Metapher gemessen am Grad ihrer tatsächlichen, ‚sauberen‘ Systematisierungsleistung innerhalb des ausgelösten Übertragungsprozesses auseinandergehen, erscheint die Zusammenführung mit der ‚akausal‘ und ‚antilogisch‘ verfahrenden Magie als nahezu unmögliches Unterfangen. Dass sie dennoch Anspruch auf Effizienz und Folgerichtigkeit erhebt, bestätigt nach Meinung ihrer Kritiker:innen nur ihre grundsätzlich falschen Prämissen. Dem ist nicht zu widersprechen. Unberührt von der zumeist fehlenden ‚Logizität‘ ihrer Verknüpfungen bleibt aber das analogische Verfahren, das sie sich zu eigen macht und genau darin mit der Metapher übereinkommt. Mit Tambiah wird hier die These vertreten, dass die *„analogische Denkweise* [...] immer und von allen Menschen verwendet [wurde]. Sowohl die ‚Magie‘ wie die ‚Wissenschaft‘ weisen Züge analogischen Denkens und Handelns auf. Sie umfassen jedoch gesonderte Spielarten, und es wäre unangemessen, deren Gültigkeit mit den gleichen Maßstäben messen und verifizieren zu wollen."[517] Insbesondere poetische Metaphern beziehen ihre Aussagekraft häufig nicht aus strengen Systematisierungen, sondern aus bedeutungstragenden, sinnhaften Bezügen, die sowohl ästhetischen als auch epistemischen Zwecken dienen; sie sind, kurz gefasst, „reicher".[518] Ihr heuristisches Vermögen ist daher nicht zwingend geringer, entfaltet sich jedoch unter anderen Voraussetzungen. Trotzdem besteht auch hier das Risiko ‚schiefer Bilder‘ und misslungener Vergleiche, die ihre Wirkung verfehlen, wie es auch Max Black, hierin wieder einig mit Aristoteles, dessen Substitutionstheorie er ja gerade für die Philosophie zu widerlegen bemüht ist, einräumt: „Zweifellos sind Metaphern gefährlich [...]. Aber ihren Gebrauch zu verbieten wäre eine absichtliche und verhängnisvolle Einschränkung unserer wissenschaftlichen Möglichkeiten".[519] Für die Literaturwissenschaft, die trotz divergierender Ansätze der Metapher gegenüber prinzipiell keine Vorbehalte hegt, soll hier Blacks Mahnung geltend gemacht und um die ästhetisch-epistemische Dimension der Magie in literarischen Texten ergänzt werden.

Probleme beteiligt ist." Ebd., S. 51. Diese Annahme realisiert sich explizit in der *Theory of Mind*, die ja von der Fähigkeit des Menschen ausgeht, „sich gegenseitig als einander ähnlich wahrzunehmen und zu verstehen", ebd., S. 53; ein Prozess, der auch bei der Erschließung literarischer Texte vollzogen wird; vgl. Zunshine: *Why We Read Fiction*.

517 Tambiah: „Form und Bedeutung magischer Akte", S. 259. Vgl. kritisch dazu Boesch: *Das Magische und das Schöne*, S. 106–109.
518 Vgl. Eder: „Zur kognitiven Theorie in der Literaturwissenschaft, S. 193. Zur Definition des Begriffs „richness" vgl. wieder Gentner: „Are Scientific Analogies Metaphors?", S. 114.
519 Black: „Die Metapher", S. 79.

Unstrittig dürfte nach den bisherigen Erörterungen sein, dass die kognitive Metapherntheorie einen wichtigen Beitrag zur Analyse poetischer Metaphern in der Literatur zu leisten vermag, indem sie als ‚ganzheitliches' Phänomen aufgefasst wird:

> Die besondere Stellung der Metapher in literarischen Texten erklärt sich dadurch, dass sie auf Prinzipien beruht, die als grundlegend sowohl für die Produktion als auch für die Rezeption poetischer Texte gelten: Zum einen steht sie als Verbalisierung analogisch erfolgter kognitiver Operationen alternativ zum logischen Denken, zum anderen sind die ihr zugrundeliegenden Bildspender mit sinnlichen Wahrnehmungen verbunden. Auf diese Weise kann sie das abstrakt-logische Denken ergänzen.[520]

Letzteres, also das potentiell komplementäre Erkenntnisvermögen, lässt sich auch der Magie zuschreiben, indes sieht man sich im Umfeld literaturwissenschaftlicher Forschung hier mit zwei theoretischen Hemmnissen konfrontiert: Zum einen gibt es abgesehen von einer Fülle an Untersuchungen zu Phantastik beziehungsweise Fantasy, insbesondere in der Jugendliteratur, und zu sprachmagischen Techniken und Wirkungsweisen im Bereich der Lyrik überhaupt nur wenige aktuelle Auseinandersetzungen mit magischen Vorstellungen in moderner, geschweige denn zeitgenössischer Erzählliteratur – Stockhammers *Zaubertexte* bildet hier eine bedeutende Ausnahme –;[521] zum anderen beziehungsweise als Folge dessen scheinen die kognitionstheoretisch orientierten Beiträge zur Magie aus Anthropologie und Religionswissenschaft bislang noch keine Resonanz auf literaturwissenschaftlicher Seite erfahren zu haben. Diese Lücke soll in diesem Band durch einen Vorschlag zu einem geeigneten Theorieimport zumindest verringert werden.

Den Mangel an differenzierender Forschung zu der „so verbreiteten Konstellation von Magie und Dichtung" nimmt Peter Cersowsky in seiner Studie zur deutschen und englischen Literatur des siebzehnten Jahrhunderts zum Anlass, „dem Begriff ‚Magie' die Chance [zu] geben, sich als literaturwissenschaftliche Analysekategorie zu bewähren".[522] Mehr noch als Ficino habe schon Agrippa betont, „wie sehr Magie und sprachliche, speziell dichterische Äußerungen

---

[520] Leonardi: „Metaphern in literarischen Texten", S. 164.
[521] Ergänzend ist auf den 2012 erschienenen, von Carlotta von Maltzan herausgegebenen Konferenzband *Magie und Sprache* hinzuweisen, der die Beiträge zur gleichnamigen Tagung an der Universität Pretoria im April 2011 versammelt und sich mit „Bedeutungsdimensionen der Magie und Sprache in der Literatur im Kontext afrikanisch-europäischer Beziehungen" befasst. Vgl. Carlotta von Maltzan: „Einleitung: Magie und Sprache", in: dies. (Hg.): *Magie und Sprache*, S. 7–14.
[522] Cersowsky: *Magie und Dichtung*, S. 9.

zusammengehören",⁵²³ denn Worte könnten verändernd auf die Umgebung einwirken – ein Gedanke, den Cersowsky auch bei Foucault ausmacht, der das sechzehnte Jahrhundert zur Epoche der Ähnlichkeiten im Zeichen der alles umspannenden Einheit von Mikro- und Makrokosmos erklärt: „Die magische Form war der Erkenntnisweise inhärent", schreibt Foucault, doch zu Beginn des siebzehnten Jahrhunderts löse sich dieses Denken allmählich auf: „Die Ähnlichkeit ist nicht mehr die Form des Wissens, sondern eher die Gelegenheit des Irrtums, die Gefahr, der man sich aussetzt, wenn man den schlecht durchleuchteten Ort der Konfusionen nicht prüft."⁵²⁴ Das Erkenntnispotential von Analogiebildungen ist, wie oben bereits erläutert, schon historisch ambivalent bewertet worden, hat sich aber auf bemerkenswerte Weise in Naturwissenschaft und Technik gerade mit Bezug auf das ‚Wunderbare' und ‚Magische' ihrer Forschungsobjekte bis heute gehalten (vgl. dazu auch Kap. 13.2 und Kap. 13.3). Die Literaturwissenschaft scheint sich hier nach wie vor auf Textkorpora zu kaprizieren, die zu Zeiten entstanden sind, als die Magie noch fester Bestandteil wissenschaftlicher und ästhetischer Diskurse war, und darin wiederum verstärkt auf rhythmische, lautliche und semantische Verdichtung in lyrischen Schreibweisen. „Das Zeitalter des Ähnlichen ist im Begriff, sich abzuschließen", schreibt Foucault über die Zeit um 1700, dessen Hinterlassenschaft „nur Spiele" seien, „deren Zauberkräfte um jene neue Verwandtschaft der Ähnlichkeit und der Illusion wachsen. Überall zeichnen sich die Gespinste der Ähnlichkeit ab, aber man weiß, daß es Chimären sind." In der Kunst sei es „die Zeit der Sinnestäuschungen, die Zeit, in der die Metaphern, die Vergleiche und die Allegorien den poetischen Raum der Sprache definieren".⁵²⁵ Dass dieser Abgesang natürlich nicht in voller Breite zutrifft, am wenigsten wohl für die Literatur, wird im Folgenden noch zu zeigen sein. Für das frühe neunzehnte Jahrhundert konstatiert beispielsweise Kohl mit Verweis auf Jean Pauls „Vorschule der Ästhetik": „Produktiv wurde die Vorstellung von einer magisch fundierten Metaphorizität der Sprache besonders in der Romantik. [...] Entsprechend ist die Dynamisierung, Belebung und Personifikation typisch für die poetische und poetologische Metaphorik der Romantik."⁵²⁶ Dies zeigt sich nicht zuletzt in Novalis' berühmter

---

523 Ebd., S. 33.
524 Michel Foucault: *Die Ordnung der Dinge. Eine Archäologie der Humanwissenschaften*. Frankfurt a. M.: Suhrkamp 1974, S. 85.
525 Ebd., S. 83.
526 Kohl: *Metapher*, S. 34. Vgl. Jean Paul: „Vorschule der Ästhetik nebst einigen Vorlesungen in Leipzig über die Parteien der Zeit", in: ders.: *Sämtliche Werke*. Abt. 1, Bd. 5. Hg. von Norbert Miller. München: Hanser ⁴1980, S. 7–514, hier § 50, S. 184 f.: „Ursprünglich, wo der Mensch noch mit der Welt auf einem Stamme geimpft blühte [...]", waren die Metaphern, „wie bei

Formel vom „Zauberstab der Analogie", einem ästhetisch wie epistemologisch wirksamen Instrument geschichtsphilosophischer Betrachtung, mit dem die Ähnlichkeit und innere Verbundenheit alles Seienden erfassbar werden soll.[527]

Kritik wie Verteidigung analogischer Beziehungshaftigkeit offenbaren letztlich, dass Magie und Metapher erstens als eng miteinander verknüpft aufgefasst werden, dass sie zweitens dem ‚poetischen Raum' zuzuordnen sind, also vom ‚wissenschaftlichen' getrennt werden, und dass sie drittens demzufolge auch gemeinsam in Verruf geraten. „Der Gedanke ist nicht abwegig, daß alles, was die Begriffe von Kraft, Ursache, Zweck und Substanz noch an Nichtpositivem, an Geheimnisvollen und Poetischem haben, von den alten Gewohnheiten des Geistes herrührt, aus denen die Magie geboren wurde und von denen sich der menschliche Geist nur schwerfällig befreit",[528] vermuten Mauss und Hubert 1902, die zuvor die Magie bereits zum Gegenstand „romanhaften Interesses" erklärt hatten. „Nichtpositiv" und „poetisch" werden hier also zusammengedacht und stehen der Vernunft im Weg. Ähnlich ergeht es dem Begriff der Einbildung beziehungsweise Einbildungskraft, der Magie und Metapher gleichermaßen charakterisiert und nach Adorno und Horkheimer im Zuge der Aufklärung entzaubert und durch Wissen gestürzt werden sollte (vgl. Kap. 5.1.1):

> Wie sehr die Kompetenz in Verruf gekommen ist, bezeugt unser alltäglicher Sprachgebrauch: wer sich etwas ‚einbildet', täuscht sich nur über die Wirklichkeit; ein ‚eingebildeter' Mensch ist bloß ein Mensch, der zur Überschätzung seiner eigenen Fähigkeiten und Möglichkeiten neigt. Generell könnte man ‚Einbildung' dem gegenwärtigen Bewußtsein bloß mit ‚gestörter Wahrnehmung übersetzen [...]. Diese ‚defiziente' Wahrnehmungsform

---

Kindern, nur abgedrungene Synonymen des Leibes und Geistes. Wie im Schreiben Bilderschrift früher war als Buchstabenschrift, so war im Sprechen die Metapher, insofern sie Verhältnisse und nicht Gegenstände bezeichnet, das frühere Wort, welches sich erst allmählich zum eigentlichen Ausdruck entfärben mußte. Das tropische Beseelen und Beleben fiel noch in *eins* zusammen, weil noch Ich und Welt verschmolz. Daher ist jede Sprache in Rücksicht geistiger Beziehungen ein Wörterbuch erblasseter Metaphern. [...] *Personifikation* ist die erste poetische Figur, die der Wilde macht, worauf die *Metapher* als die verkürzte Personifikation erscheint, indes mit den beiden Tropen will er so wenig den Schein haben, als ob er hier besonderen nach Adelung und Batteux stilisiere, so wenig als ein Zorniger seinen Fluch als Ausrufezeichen und ein Liebender seinen Kuß als Gedankenstrich anbringt."

527 Novalis [Friedrich von Hardenberg]: *Schriften. Die Werke Friedrich von Hardenbergs.* Historisch-kritische Ausgabe (HKA) in vier Bänden. Bd. III: *Das philosophische Werk*, 2. Hg. von Richard Samuel. Stuttgart u. a.: Kohlhammer ²1968, S. 518. Vgl. dazu Ulrich Stadler: „‚Ich lehre nicht, ich erzähle'. Über den Analogiegebrauch im Umkreis der Romantik", in: *Athenäum. Jahrbuch der Romantik* 3 (1993), S. 83–105.

528 Mauss/Hubert: „Entwurf einer allgemeinen Theorie der Magie", S. 267.

ist meistens privat, sie kann kaum kommuniziert werden, sie wird allenfalls bei Künstlern und anderen ‚Freaks' toleriert.[529]

Nachdrücklich betonen hingegen die Anthropologin Susan Greenwood und der Neurobiologe Erik D. Goodwyn in ihrem Buch *Magical Consciousness* die grundlegenden und auch heute gültigen „analogical rather than logical thought patterns"[530] magischer Denkformationen, die sich metaphorischer Redeweisen bedienen, was wiederum die Übersetzung nicht nur, aber insbesondere in wissenschaftliche Terminologie erschwert: „A ‚metaphorical language' is sought to bring different types of knowledge together by the process of ‚abduction', the intuitive reasoning that comes from analogical thinking in metaphors".[531] Hierin stimmen sie mit Sørenson überein, der magische Vorstellungen als spezifische kognitive Konzeptualisierung menschlichen Denkens bezeichnet und dies exemplarisch für das magische Ritual folgendermaßen formuliert: „metaphor and metonomy [are] used to express hard-to-grasp domains in terms of easier ones, magical ritual enables hard-to-manipulate domains such as pest control, safety on trip, luck in sexual endeavours and health, to be manipulated by means of proxies established through conceptual blending".[532]

Schwer Fassbares und schwer zu Kontrollierendes werden also in Magie und Metapher durch Analogiebeziehungen auf dem Wege der metaphorischen Ähnlichkeit beziehungsweise der metonymischen Kontiguität konzeptuell integriert.[533] Das bedeutet allerdings nicht, dass sie zwangsläufig immer gemeinsam auftreten, wird daher auch hier nicht für literarisch-fiktionale Texte beansprucht. Eine wichtige Ergänzung zu diesem Punkt liefert Stockhammer, der schreibt, dass Magie „nicht auf den Status einer Metapher zu reduzieren ist".[534] Umgekehrt gilt, dass nicht jede (poetische) Metapher magische Elemente enthalten oder auf eine entsprechende Wirkung abzielen muss. *Magisch* ist an der Metapher zunächst nur die Art und Weise, Beziehungen unabhängig von empi-

---

529 Macho: „Bemerkungen zu einer philosophischen Theorie der Magie", S. 342.
530 Greenwood/Goodwyn: *Magical Consciousness*, S. 13. Vgl. auch dies.: *The Anthropology of Magic*. London, New York: Bloomsbury Academic 2012.
531 Ebd., S. 17.
532 Sørenson: „Magic Reconsidered", S. 238; vgl. auch ders.: *A Cognitive Theory of Magic*.
533 Zur Kontiguität als einem vernachlässigten Begriff bei der Unterscheidung von vormodernem und modernem Denken vgl. insb. Haferland: „Kontiguität".
534 Stockhammer: *Zaubertexte*, S. X. Pfaller bezeichnet die „Oberflächlichkeit der Magie" als Grund für den „Eindruck des Metaphorischen": „Wir meinen, wir sprächen bloß in Metaphern, denn es handle sich gar nicht um ‚richtige' Magie. Genau diese ‚uneigentliche' Magie aber ist die richtige; es gibt gar keine andere […]." Pfaller: „Die Entzauberung der Welt in der Ideologie der Gegenwart", S. 397, Anm. 26.

rischer Wirklichkeit und logischer Wahrscheinlichkeiten herzustellen, und dieser Eindruck kann sich in Richtung Magie verstärken, je entfernter beziehungsweise irritierender, ungewöhnlicher und kreativer die miteinander verschalteten Konzepte sind. *Metaphorisch* ist an magischen Vorgängen hauptsächlich genau diese Verschaltung, darüber hinaus ist wie bei der Metapher im Einzelfall zu entscheiden, ob ihr Vorkommen im Rahmen eines literarischen Textes einen eigenständigen semantischen Raum eröffnet oder sich letztlich doch, dann allerdings metonymisch, also gewissermaßen in Nachbarschaft zur Realität, in die ‚gemeinte Sache' auflösen lässt. Für die Texte von Clemens J. Setz gilt, so die These, dass sie aus Äquivalenz- und Kontiguitätsbeziehungen bestehen, die „durch Ähnlichkeiten und Differenzen paradigmatisch verbunden sind. Dieses Geflecht aus situativer Kontiguität und Äquivalenz wird so explizit verhandelbar – und Strukturalität als Rückgrat der erzählten Welt offengelegt."[535]

6.2 Kognitionsästhetisch wirksame Gemeinsamkeiten

Das Analogieprinzip in kognitionstheoretischer Ausrichtung ist auf verschiedenen Ebenen wirksam. Erstens beruht es auf der Annahme der KLW, „dass beim Verstehen fiktionaler und nicht fiktionaler Texte dieselben kognitiven Werkzeuge/Dispositionen beansprucht werden", denn „die Wahrnehmung und das Verstehen erfundener, auch gegen alle Wirklichkeitsprinzipien verstoßender Welten erfolgt prinzipiell auf der Basis derselben kognitiven Prozesse [...]." Dadurch wird es, zweitens, möglich, dass Leser:innen „die notwendig skeletthafte Darstellung von Welten eigenständig durch Aktivierung extratextuell erworbenen realweltlichen Wissens komplettieren können, [...] es sei denn, die Unterschiede werden explizit gemacht – auch bekannt als *Prinzip der minimalen Abweichung* [*minimal departure*]". Drittens werden davon im Sinne der *Theory of Mind* auch die emotionalen Wirkungen des Textes bestimmt, indem Leser:innen, „vereinfacht formuliert, auf fiktionale Geschehen so [reagieren], als ob es real wäre, das heißt, potentiell können dieselben Emotionssysteme aktiviert werden wie auch in realweltlichen Situationen".[536]

---

535 Oberreither: „Irritation – Struktur – Poesie", S. 139.
536 Wege: *Wahrnehmung*, S. 51 f; zur evolutionsbiologisch und neurowissenschaftlich fundierten Wirksamkeit der *Theory of Mind* innerhalb literarisch-fiktionaler Welten wie bei ihrer Rezeption vgl. ebd., S. 53–56. Zur Aktivierung sinnlicher Wahrnehmung durch Metaphern, die das ästhetische Erleben literarischer Texte entscheidend prägen, vgl. Leonardi: „Metaphern in literarischen Texten", S. 164.

Zum Abschluss der theoretischen Erörterungen, deren Umfang zum einen der Komplexität der jeweiligen Begriffsgeschichte von Magie und Metapher geschuldet ist und die zum anderen im Verbund mit den ihrerseits ebenfalls hoch komplexen Texten von Clemens Setz in der anschließenden Analyse dennoch für Klarheit sorgen sollen, erscheint eine kompakte ‚Handreichung' zu ihrer Synthese angebracht. In der Fachliteratur zu Magie und Metapher finden sich häufig Aufzählungen ihrer landläufig zugeschriebenen Charakteristika und Funktionsweisen einerseits, der nachweislichen oder zu konzipierenden andererseits.[537] Eine solche kompakte Übersicht unter dezidiert heuristischen Vorzeichen soll daher auch hier die weitläufigen und gelegentlich unweigerlich abstrakten theoretischen Ausführungen zusammenfassen und die Orientierung in der anstehenden Textanalyse erleichtern. Gemäß dem inhärenten dualistischen Potential beider Phänomene werden unter den genannten diejenige Attribute, die sowohl positive als auch negative Konnotationen und Implikationen mit sich führen, in beiden Ausrichtungen beschrieben.

Folgende Gemeinsamkeiten lassen sich produktions- wie rezeptionsseitig und schließlich auch innerfiktional für Magie und Metapher benennen:

analogisch – Grundlegendes Prinzip ist das Erkennen von Ähnlichkeiten und korrespondierender Strukturen frei von logischen Gesetzen und streng kausalen Zusammenhängen. Das Aufdecken und Zusammenführen solcher Relationen führt zu einer neuen Bedeutungsstruktur, die auf bestimmte Wirkungen abzielt.

ubiquitär – Metaphorische Prozesse sind elementar für die menschliche Kognition und werden daher kontinuierlich bewusst wie unbewusst ‚still' oder artikuliert vollzogen. Magische Vorstellungen, denen dieselbe kognitive Operation zugrunde liegt, gelten ebenfalls als universale anthropologische Konstante, die zu allen Zeiten an der Konstitution von Wahrnehmungs- und Erklärungsmustern teilhat.

verkörpert – Kognition ist körperlich verankert (*embodied*). Der Körper als Dispositiv menschlicher Wahrnehmung ist zunächst Träger der dafür notwendigen Apparatur (und damit wiederum ubiquitär) und wirkt mit seiner Beschaffenheit, seinen physiologischen Notwendigkeiten, Bewegungs-

---

[537] Unter der Überschrift „Presenting the Family" versammeln beispielsweise Otto und Stausberg in ihrer Einleitung das breite Repertoire an Phänomenen, das gemeinhin mit dem „Label" Magie versehen wird; vgl. Otto/Stausberg: „Einleitung", S. 1 f. Ähnlich verfährt Kövecses im Vorwort zur 2. Auflage seiner Einführung in die konzeptuelle Metapherntheorie, in dem er die zahlreichen Spezialisierungen der Forschung auflistet: Kövecses: *Metaphor*, S. VII.

abläufen, Rhythmen und Zyklen und seiner zeitlich bedingten sowie stets anfälligen Funktionsfähigkeit gleichsam auf sie zurück. Die dadurch konditionierte Positionierung im Raum und zu anderen Objekten ebenso wie die Perspektivierung von oben/unten, hinten/vorne etc. spielt bei der topologischen Strukturierung von Wahrnehmung in Kombination mit den sinnlich aufgenommenen Reizen eine entscheidende Rolle. Die physische Fundierung ist damit auch der Referenzrahmen für die Kernoperationen von Magie und Metapher, an dessen kognitiven Universalien sie sich orientieren.

imaginativ – Ihr Werkzeug ist die Visualisierung, (Sinn-)Bilder werden zum Zweck der Veranschaulichung evoziert; ebenso wie sie auf Einbildungskraft beruhen, wollen sie diese auch aktivieren.

performativ – Kognitive Leistungen unterliegen einem Wirkungsanspruch, der bei Magie und Metapher in potenzierter Form vorliegt und sich auf die Strukturierung, Verständigung mit oder auch Beeinflussung beziehungsweise Manipulation von Entitäten richtet. Diese Wirkungen werden sprachlich initiiert und durch anschauliche (etwa rituelle) Handlungen inszeniert.

repetitiv – Die Identifikation kognitiver Muster ist an ihre Wiederholung und potentielle Wiederholbarkeit gebunden; Analogien werden dann als solche erkannt, wenn sich die darin verknüpften Elemente und Strukturen als regelmäßig wiederkehrende Komponenten eines sinnstiftenden Bezugssystems erweisen. Ihre Etablierung kann indes den Reiz, den die Erkenntnis über ihre ursprüngliche Nichtzusammengehörigkeit ausmacht, vollständig neutralisieren. Das Ergebnis sind ‚tote Metaphern' und, so wäre zu ergänzen, auch ‚tote Magie' wie etwa Daumen drücken, Glück oder Gesundheit wünschen.

adaptiv – Resultat ihrer Ubiquität ist die Fähigkeit, – selbst in der Negation – an allen denkbaren Konzeptionen, Diskursen und Phänomenen zu partizipieren.

kollektiv – Magie und Metapher sind kontext- und kulturabhängig, müssen also mindestens von einer bestimmten Gruppe in ihrer pragmatischen Umgebung sowie in ihren aufgerufenen konzeptuellen Schemata (an-)erkannt werden, um eine ggf. sogar identitätsbildende Wirkung zu entfalten, andernfalls bleiben sie wirkungslos und idiosynkratisch. Im Zuge dessen können sie allerdings auch individualistische Tendenzen verstärken und deutlich Abgrenzungen markieren.

suggestiv – Eng verknüpft mit Visualisierung und Performanz sind suggestive Bestrebungen: die Eindringlichkeit ihrer Darstellung ist häufig stark ergebnisorientiert und auf affektive Reaktionen ausgelegt, indem sie Bedeutungen nahelegen, davon überzeugen wollen oder sogar dazu drängen; Magie und Metapher bewegen sich hier durchaus auf einem schmalen Grat, denn auf der Kehrseite können unlautere Manipulation und regelrecht gewaltsam erzwungene Beherrschung stehen.

disruptiv – Insbesondere durch ihre kalkulierte Modifikation oder gar vollständige Missachtung von rationalen, kausalen, logischen Gesetzmäßigkeiten können sie bestehende Konventionen und Ordnungssysteme subversiv in Frage stellen oder gänzlich erschüttern.

innovativ – Die Zusammenführung von konventionell nicht miteinander in Beziehung stehenden Dingen ist zunächst ein kreativer Akt, der schließlich zur Verschiebung oder zum Wechsel von Perspektiven bis hin zu völlig neuen Bedeutungsstrukturen führen kann, die zumindest zeitweilig relevant oder gar von Dauer sind. Der Innovationsgrad hängt auch hier von Plausibilität und emotionaler Attraktion ab.

transgressiv – In nochmaliger Steigerung von Erschütterung und Neuerung sind Magie und Metapher tendenziell auf Entgrenzung aus, das heißt, ihr potentiell revolutionäres Ansinnen reicht über bestehende Wahrnehmungsdimensionen hinaus in den Bereich des Undarstellbaren, Inkommensurablen oder Metaphysischen. Auch deshalb sind sie nicht ohne weiteres durch ‚buchstäbliche' oder streng rationale Äquivalenzen zu ersetzen beziehungsweise darin aufzulösen.

epistemisch – Nahezu alle der genannten Eigenschaften weisen auf erkenntnisförderndes Potential hin. Zweifellos ist darin eines der Hauptanliegen der kognitiven Inanspruchnahme durch Magie und Metapher zu sehen, da zur Kohärenzbildung bei der präsentierten analogischen Struktur entsprechendes Vorwissen aufgerufen und die neu gewonnenen Informationen in mentale Modelle inferiert werden müssen. Misslingt dieser Vorgang, kann es zu Unverständnis, Sinnentstellung oder -entwertung kommen; die anvisierte Wirkung, welcher Art auch immer, ist verfehlt. Dass solche Effekte aber auch bei Gelingen beabsichtigt sein können, zeigen sophistische Überredungskunst und ‚schwarze Magie'. Der Zusammenhang zwischen Magie und gefährlicher (rhetorischer) Sprachmacht bleibt virulent; (moralische) Wahrheit und Richtigkeit als Kriterien sind daher auch bei ihrer literarisch-fiktionalen Anwendung nicht zwangsläufig verpflichtend.

poetisch – Aus der Summe der Attribute lässt sich für Magie und Metapher nicht zuletzt ein poetisches Begehren, wenn nicht gar Programm, ableiten, das die kognitiven Performanzleistungen, die faszinierende, mitreißende, auch transformative Wirkungen fokussiert und dabei durchaus intellektuelle oder unterhaltende Anreize geben will, um die ästhetische Dimension bereichert. Ihr Ausdruck in literarischen Texten ist der konzeptionelle, vor allem aber der sprachliche Gestaltungswille.

Teil III: **Analyse**

7 Söhne und Planeten (2007)

Bereits Clemens J. Setz' Debütroman *Söhne und Planeten* wartet mit einigen magisch-metaphorischen Vorgängen auf. Nahezu ostentativ werden Analogiebeziehungen von Mikro- und Makrokosmos geschildert, wie sie typisch für ein magisch strukturiertes Weltbild sind und sich zugleich metaphorisch lesen lassen. Schon der Titel verweist auf ein solches Gefüge: Die Kepler'schen Planetengesetze bestimmen die zahlreichen ‚elliptischen' Beziehungen zwischen den Vätern und Söhnen im Roman, die mit variierender Anziehung und Abstoßung ihre Bahnen umeinander ziehen. Es wird überhaupt viel über Beschaffenheit und Gesetzmäßigkeiten des Universums, insbesondere über dessen mögliche ‚intrinsische' Motivation und Einflussmacht gegenüber dem Menschen, spekuliert. „Was hat das mit uns hier zu tun?", fragt sich trotzig der junge René Templ, einer der Protagonisten des Romans, beim Gedanken an die drei Planetengesetze. In Anlehnung an ein Diktum Blaise Pascals schlussfolgert er: „Das Universum weiß von uns nichts" (SuP: 94). Und auch Victor Senegger, eine weitere Hauptfigur, vermerkt diese eklatante Schieflage zwischen Zuwendung und Gleichgültigkeit in seiner Nachlassschrift mit dem paradigmatischen Titel „Buch der Fragen": „Wozu dieses riesige Universum für den winzigen Planeten, der sich als einziger dafür interessiert?" (SuP: 15).[538] Alles scheint in Unordnung und Auflösung begriffen, im Zustand der Entropie, der neben den umeinanderkreisenden Himmelskörpern die Struktur des Textes gut beschreibt (Kap. 7.1).

Von besonderem Interesse sind dabei aus analytischer Sicht Anordnung und Bewegung der Körper im Raum, und zwar im mehrfachen Sinne, nämlich als bebeziehungsweise errechenbare physikalische Objekte und geometrische Figuren sowie als materielle Form und Gestalt des Menschen, dem kognitionstheoretischen Konzept des *embodiment* gemäß Träger und Reflektor psychischer wie physischer Vorgänge (Kap. 7.2). Zum Teil könnten diese aus einem Lehrbuch psychoanalytischer Theorien entstammen; unter narratologischen Vorzeichen betrachtet durchbrechen sie immer wieder die realistische Erzählweise und lassen sich schließlich kognitionsästhetisch als magisch-metaphorische Konzeptualisierungen identifizie-

---

[538] Die Unterstreichung geht auf Karl Senegger, den Vater des verstorbenen Schriftstellers Victor, zurück, der den Verleger Heribert Wolf auf vermutlich übersehene Fehler im Nachlassmanuskript seines Sohnes aufmerksam macht: „(diesmal unverzeihliche – ‚witzigen' statt ‚winzigen')"; SuP: 75. Die kurze Passage ließe sich programmatisch für die bereits erwähnte symbiotische Beziehung zwischen unbekümmerter Heiterkeit und tiefer Resignation fassen (vgl. Kap. 2.2.2): Durch den Austausch nur eines Buchstabens wird eine folgenreiche semantische Verschiebung ausgelöst – welche Bedeutung der Verfasser im Sinn hatte, bleibt offen.

ren: Einem Schriftsteller wächst eine Weizenähre aus dem Ohr (Kap. 7.3), ein anderer schrumpft bei Überforderung (Kap. 7.4), die Söhne im Kindesalter tragen greisenhafte Züge, während sich ihre alternden Väter aus einer geradezu kindlichen Verantwortungslosigkeit heraus ihrem Vatersein nicht gewachsen fühlen. Dann „kugeln" sie sich zusammen (SuP: 22), nehmen „automatisch" (SuP: 40) die „Fötusstellung" ein (SuP: 117), widmen sich aber gleichzeitig akribisch ihren biologisch bedingten Verfallserscheinungen. Viele der Figuren plagen Schwindelattacken, (Angst-) Träume und Visionen voller Geister, Monster und Phantome, bei Tag und vor allem in der Nacht, dieser „todlose[n] Metaphernwelt" – oder auch beim Übergang von einem zum anderen, den „prekären, anthropologisch schwer erklärbaren Stunden von Selbstzweifel und Ausgesetztsein" (SuP: 129).

Doch trotz oder gerade wegen der zyklischen Wiederkehr der Themen bleibt der größere Zusammenhang undurchsichtig, während sich die Unordnung stetig erhöht; ein Zustand, der im Text, wie bereits erwähnt, immer wieder mit dem Begriff ‚Entropie' bezeichnet wird. Gott hingegen, „enorm präsent" zwar, aber doch die „größte Faulheit, die je erdacht worden ist", ein bloßes „Füllwort des 20. Jahrhunderts", bietet offenbar keinen Ausweg. Hier sind andere Mächte am Werk, befindet, leicht verquer in seinem wohl noch jugendlichen Furor, auch der 26-jährige René Templ, denn:

> Nur im ersten Augenblick der mystischen Gegenwart teilt sich vielleicht eine Furcht einflößende Größe und Allmacht mit, durch die magische Oberfläche einer leeren Obstschale oder eine sonnenerhellte Mauerecke von Vermeer oder einen Höhepunkt in einem kontrapunktischen Meisterstück von Bach. Oder durch jeden anderen Gegenstand. Aber schon der zweite Gedanke ist ganz Frieden, ein gleitender Sturz durch die Falltür der Jahrtausendvokabel auf die Ruhebank einer abgelösten Unabhängigkeit. (SuP: 89)

Was bei Templ bemüht abgeklärt klingt, ist für den um seine Frau trauernden Dichter Ernst Mauser Anlass zu bitterer Bilanz über die Unsinnigkeit der großen Welterklärungsmodelle einerseits und deren Unhintergehbarkeit andererseits, wie er beim Durchblättern einer ausliegenden Bibelausgabe in einer Buchhandlung bemerkt:

> *Und siehe, da war Mirjam aussätzig wie Schnee.* Was? Ein Satz aus dem Bibeltext war zu ihm durchgedrungen. Er las ihn noch einmal. Dann suchte er in den darüber stehenden Zeilen nach einem Verbrechen. Wie Schnee? Unsinn, alles Unsinn ... Trotzdem wurde ihm kalt. (SuP: 121)[539]

---

[539] Vgl. 4. Mose 12, 10: Mirjam gilt gemeinhin als Prophetin, Feministin und (gemeinsam mit Aaron) als Anstifterin der Revolte gegen den gemeinsamen ‚Bruder' Moses, wofür sie von Gott

Immer wieder scheitern die Figuren an dem Versuch, die Ereignisse ihres Lebens zu rationalisieren, Kausalitäten herzustellen und Verantwortlichkeiten auszumachen. Sie negieren einerseits die Existenz ‚höherer Mächte', können sich aber andererseits ihrem Einfluss nicht gänzlich entziehen, wie in der zitierten Passage, in der das Wort „Schnee" Mauser selbst ohne nähere Textkenntnis unmittelbar Kälte am eigenen Körper spüren lässt.[540] Eine in sich kohärente oder zumindest integrative Welterklärung gelingt ihnen nicht, was weiterhin Anlass zu der Faszination für Keplers Ansichten sein mag, der auch in dieser Szene wieder auf den Plan tritt: Gleich neben der Bibel befindet sich eine „ebenso schön illustrierte Ausgabe" (SuP: 121) von dessen 1619 veröffentlichten *Weltharmonik*. Darin formulierte Kepler sein drittes Gesetz über das Verhältnis der Umlaufzeiten zweier Planeten um die Sonne, in dem er zugleich eine musikalische Harmonie zu erkennen glaubte, mit der sich Gott im Sonnensystem verewigt habe. Einen Widerspruch zu biblischen Vorstellungen sah er darin nicht, sondern war bemüht, gegen den Willen der Kirche beides miteinander in Einklang zu bringen. Und auch die erst posthum publizierte ‚Science-Fiction'-Erzählung *Somnium (Der Traum)* über eine Reise zum Mond, an die Mauser beim Anblick der *Weltharmonik* denken muss, ist ein literarisches Stück Wissenschaft, durch das Kepler die später als umfassender Paradigmenwechsel geltende kopernikanische Wende zu legitimieren suchte. Darin vermittelt er den geozentrischen Trugschluss mithilfe einer Analogie, die zeigen soll, dass sich aus der Perspektive einer Mondbevölkerung ebenso die irrige Annahme ableiten ließe, man befände sich im Zentrum des Universums. Für Mauser ist das 1634 erstmals erschienene *Somnium* Keplers „schönstes Buch": „Den Rahmen bildet eine knisternde Dämonengeschichte. Der Mond, bevölkert von schlangenartigen Wesen. Und gegen Ende eine Erwähnung der Leute von Lucumoria, die alle Jahre mit dem ersten Winterfrost sterben und im Jahr darauf wieder erwachen." (SuP: 122) Übertragen auf die Menschheit im Allgemeinen und seine eigene Situation im Besonderen ergibt sich daraus für den niedergeschlagenen Mauser jedoch ein düsteres Bild voller Bitterkeit:

> Und bevor sie sterben, bringen sie noch alle Angelegenheiten in Ordnung, sie legen alle wichtigen Dokumente vor sich auf den Boden, verheiraten ihre Töchter, kümmern sich um Ausbildungsplätze für die Söhne, zimmern sich einen Sarg zurecht. Die Bevölkerung teilt sich in Sterbliche und Phönixe. Die Phönixe sind besonders unbeliebt. Mit dem ersten

---

bestraft werden. Vgl. u. a. Ursula Rapp: *Mirjam. Eine feministisch-rhetorische Lektüre der Mirjamtexte in der hebräischen Bibel*. Berlin, New York: De Gruyter 2002 (zugl. Diss. Univ. Graz).
540 Der Vergleich „wie Schnee" in der genannten Bibelstelle bezieht sich allerdings auf die sichtbar weißliche Verfärbung leprös befallener Hautstellen.

Sonnenstrahl im April tauen sie wieder auf, als wäre nichts gewesen. *Monster*. Aber selbst daran könnte man sich gewöhnen. [...] An alles kann man sich gewöhnen, jede entsetzliche Absurdität lässt sich umdeuten in ein warmes Nest. (SuP: 122)[541]

Mit der „entsetzliche[n] Absurdität" ist hier der Tod seiner Frau gemeint, gegen dessen Evidenz und infolge notwendige Akzeptanz sich Mauser sperrt.

Keplers allgegenwärtige Patenschaft für den Roman ist auch deshalb so bedeutsam, weil sie auf ein wiederkehrendes Motiv verweist. Die Erfahrung von Umbrüchen und Übergängen voller Unwägbarkeiten, die auch unsere Gegenwart und damit Setz' Erzählwelten prägen und immer wieder in der Frage münden: Was wissen wir beziehungsweise was können wir wirklich von der Welt wissen, von ihren Funktionsweisen und inneren Zusammenhängen? Welche Entitäten ihre (häufig als unheilvoll wahrgenommenen) Kräfte auf die vielfach gepeinigten Figuren ausüben – mal ist von *dem* Universum, mal von *der* Natur oder *der* Nacht die Rede, im Zusammenspiel damit auch immer wieder vom eigenen unkontrollierbaren Körper und Geist bis hin zu den Akteuren des familiären oder weiteren sozialen Umfelds –, wird in den folgenden Kapitelabschnitten näher beschrieben.

7.1 „Jedes zweite Wort ist Entropie": Zu Inhalt und Struktur des Romans

Wie schon der Titel auf ein streng geregeltes System hindeutet, suggerieren auch Aufbau und Kapitelstruktur des Romans zunächst eine bestehende Ordnung aus vier lose miteinander verbundenen Binnenerzählungen, die sich als Novellen kennzeichnen lassen.[542] Vieles spricht für diese Feststellung, denn in den kurzen, relativ eigenständigen und dabei zyklisch angelegten Erzählungen treten jeweils pointiert Krisen und Konflikte zutage, was Goethes Diktum von der jeweiligen Dominanz des Ereignishaften als „eine sich ereignete unerhörte Begebenheit",[543] die es zu bewältigen gilt, auch hier durchaus bestätigt. Der

---

[541] Vgl. Johannes Kepler: *Der Traum, oder: Mond-Astronomie. Somnium sive astronomia lunaris*. Mit einem Leitfaden für Mondreisende von Beatrix Langner. Berlin: Matthes & Seitz 2011. Vgl. auch die Rezension dazu von Clemens J. Setz: „Die Erde, vom Mond aus betrachtet. Johannes Keplers Traumerzählung über eine Reise zu unserem kalten Nachbargestirn", in: *Die Zeit* vom 07.07.2011; online unter: https://www.zeit.de/2011/28/L-B-Kepler?utm_referrer=https%3A%2F%2Fwww.google.com (19.08.2019).

[542] Vgl. die Ausführungen in Michalski: *Die heile Familie*, Kap. 1.2.

[543] Johann Peter Eckermann: *Gespräche mit Goethe in den letzten Jahren seines Lebens. 1823–1832*. Hg. von Christoph Michel unter Mitwirkung von Hans Grüters. Frankfurt a. M.: DKV 1999, S. 221.

Einbruch schicksalhafter Mächte in eine scheinbar stabile Ordnung ist, wenn auch nicht in gleichbleibender Intensität, ebenso zu konstatieren wie die damit einhergehende Gruppierung um das ‚Symbolhafte' – hier zutreffender: um das magisch-metaphorisch Strukturierte – als eines der klassischen Kennzeichen. Die Rolle des Zufalls, der für die Novelle häufig als konstituierendes Element und Motor des Geschehens beschrieben wird und auch im Zusammenhang mit Magie und Metapher bedeutsam ist, wird im Folgenden noch genauer herauszuarbeiten sein (vgl. Kap. 12.2).[544] Schließlich kommen die für Setz typischen, metafiktional vermittelten Selbstreferenzen und Hinweise zur poetologischen Konzeption des Romans hinzu. So lässt er den Schriftsteller Victor Sennegger – im Begriff, selbst „allmählich zur kritischen Rahmenhandlung einer Reihe unbedeutender Ereignisse" zu werden (SuP: 147) – dessen aktuelles Buch in dezidierter Abgrenzung von „short stories" als „eher längere Novellen, nicht mehr als drei oder vier, die miteinander zusammenhängen", beschreiben (SuP: 207).

Die vier Novellen sind nun ihrerseits in vier, sechs, acht und wieder vier Unterkapitel unterteilt, denen zumeist fiktionale Zitate von ebenjenem Victor oder auch nachweisbar authentische von Kepler und Blaise Pascal, den amerikanischen Schriftstellern John Ashberry und Charles Simic sowie eines des japanischen Dichters Kobo Abe vorangestellt sind. Solche Zitate, Epigraphe (gelegentlich auch Pseudepigraphe) und Motti gehören im Rahmen einer ohnehin ausgeprägten Inter- und Paratextualität zu den auffälligsten Kennzeichen von Setz' Schreiben, was bereits in seinem Erstling zu beobachten ist: Hier werden Briefwechsel, Rezensionen, Leserbriefe und Reden mit ganzen Textpassagen oder nur einzelnen Sentenzen aus Werken der Weltliteratur (u. a. von Daniel Defoe, Anton Tschechow, Edgar Allan Poe und William Butler Yeats) sowie Fragment gebliebenen (fiktionalen) Eigen- und auch Weiterdichtungen (etwa einer Erzählung Kafkas oder René Templs Kurzgeschichte „Das schlafende Herz"), außerdem mit Gedichten („Doom Poetry", Limericks) und einer Passage aus Victors Roman, die er bei einer Lesung vorträgt, miteinander collagiert. Dadurch entsteht eine Polyphonie, die durch die rasch wechselnden Erzählebenen von Kapitel zu Kapitel sowie innerhalb ihrer einzelnen Abschnitte unterstützt wird, und zwar zumeist aus heterodiegetischer Position mit sowohl Null- als auch interner Fokalisierung verschiedener Figuren, vielen Passagen erlebter Rede bis hin zu deren Extremform, dem Bewusstseinsstrom, und schließlich homodiegetischen Erzählsequenzen, insbesondere von René Templ und Victor

---

544 Vgl. Horst Thomé, Winfried Wehle: [Art.] „Novelle", in: *Reallexikon der deutschen Literaturwissenschaft*, Bd. 2: *H–O*, S. 725–731.

Senegger. Auf lange (innere) Monologe folgen hochfrequente Dialoge. Die Fragen *Wer sieht?* und *Wer spricht?* sind somit kaum eindeutig zu beantworten.

Dieses Stimmengewirr findet zudem auf verschiedenen Zeitebenen und darüber hinaus in gleich mehreren Vater-Sohn-Konstellationen statt. Immerhin fix angesiedelt ist der gesamte Roman – wie alle nachfolgenden auch – in Graz und näherer Umgebung. Eine weitere Konstante bildet die Figur des Philosophen Karl Senegger, die in allen vier Teilen mehr oder weniger präsent ist; personelles Zentrum des Romans ist jedoch dessen Sohn Victor, der aber, wie sich bald herausstellt, Selbstmord begangen hat.

So spiegeln sich in der formalen Gestaltung die Themen und Motive des Romans, um die auch die Figuren gedanklich kreisen, ohne dabei sich oder den anderen Objekten beziehungsweise Subjekten jemals näher zu kommen. Es ist ein vielstimmiges Ringen um Ordnung im sie umgebenden Chaos, Figuren wie Leser:innen sind auf der Suche nach Orientierung, nach einer sinnvollen Anordnung der Elemente. „Jedes zweite Wort im Gespräch mit ihm ist *Entropie*" (SuP: 71), entrüstet sich Karl Senegger über den jungen René Templ. In der Tat fällt dieser komplexe Begriff aus der Thermodynamik, mit dem landläufig und zum Unbehagen der professionellen Physik häufig das ‚Maß der Unordnung' in einem geschlossenen System gemeint ist, gleich mehrfach im Text. Auch die Psychoanalyse hat sich zur Beschreibung seelischer Energieverteilung mit der Entropie befasst. Freud übernahm den Begriff aus der Physik, setzte ihn parallel zu seinen Konzepten von Todestrieb beziehungsweise Wiederholungszwang, um die lineare und irreversible Zunahme psychischer ‚Unordnung' speziell in der Neurose sowie allgemein im Alter zu illustrieren, die den Verlust an „psychischer Plastizität", das heißt an der „Fähigkeit zur Abänderung und Weiterentwicklung"[545] des Erlebten, unweigerlich mit sich bringe und sich somit der psychoanalytisch induzierten „Rückbildung des Geschehenen widersetzt".[546] Im Roman spielt er nicht nur in Templs Kunstverständnis eine Rolle (vgl. SuP: 110), sondern tritt auch in Ernst Mausers philosophischen Tiraden auf den Plan: „Das Jenseits beweist, dass es in der Tat das totale Chaos ist, die völlige Entropie des Begreifbaren, eine in ihrer Absurdität beinahe obszöne Geschmacklosigkeit"

---

[545] Sigmund Freud: „Die endliche und die unendliche Analyse" (1937), in: ders.: *Gesammelte Werke*. Bd. 16: *Werke aus den Jahren 1932–1939*. Hg. von Anna Freud et al. Frankfurt a. M.: S. Fischer ²1961, S. 57–99, hier S. 87.

[546] Sigmund Freud: „Aus der Geschichte einer infantilen Neurose" (1918), in: ders.: *Gesammelte Werke*. Bd. 12: *Werke aus den Jahren 1917–1920*. Hg. von Anna Freud et al. Frankfurt a. M.: S. Fischer ⁴1966, S. 27–157, hier S. 151. Zu Freuds Entropie-Begriff, der später von C. G. Jung und Jacques Lacan aufgegriffen und reinterpretiert wurde, vgl. auch Siegfried Bernfeld, Sergej Feitelberg: „Der Entropiesatz und der Todestrieb", in: *Imago* 16.2 (1930), S. 187–206.

(SuP: 120). Und auch Victor scheint damit befasst, wenn er in einem Brief an seine Geliebte Nina schreibt: „Die Glocken, die langsam zu einer Einheit zusammenklingen, während sich in den Stauzonen der Beziehungen die Wärme erhöht. Der Wärmetod ist allerdings nur einer von vielen Schlusspunkten." (SuP: 147 f.) Hier scheint es sich um ein Konglomerat aus Prämissen der Wärmelehre und Keplers Idee der zusammenklingenden Stimmen am Himmel aus seiner *Weltharmonik* zu handeln, auf die sich Victor offenbar häufiger bezogen hat, wie wir durch seinen Freund Thomas erfahren: „Victor hatte oft über etwas gesprochen, das er die Musik *hinter* der Musik nannte, und er hatte sich immer gleich dafür entschuldigt, wie schrecklich esoterisch das klang. [...] Eine erotische Wirbelbewegung hinter den Dingen, von der natürlich jedes gute Musikstück beseelt ist [...]." (SuP: 155) Beim „Wärmetod" wiederum ist gemäß dem zweiten Hauptsatz der Thermodynamik die maximale Entropie eines abgeschlossenen Systems – etwa des Universums oder, worauf Victor in seinem Brief offenbar hinauswill: der menschlichen Beziehungen – erreicht, so dass alles Leben erlischt. Kurz vor seinem eigenen Tod, als er schwer verletzt nach einem Sprung aus dem Fenster im Krankenhaus liegt und an die Decke starrt, vernimmt Victor mit letzter Kraft „Staubpartikel", die „in einem Lichtstrahl Universum und Entropie [spielen]". (SuP: 171)

7.2 Körper in Raum und Zeit

Der Beschaffenheit und Funktionsweise des menschlichen Körpers, dem eigenen wie dem der anderen, wird in Setz' Romanen viel Raum gewidmet: Er wird penibel beobachtet, betastet, begutachtet, man rebelliert und kämpft gegen ihn (oder andersherum), erkennt dessen rätselhafte Verletzlichkeit, „die tiefe Grubenunglückswelt unter der Haut" (SuP: 93), aber auch seine existentielle, identitätsstiftende Notwendigkeit und verführerische Kraft, zugleich seine Unkontrollierbarkeit und instinktive, dispositive Macht über Geist und Psyche, schließlich seine Defizite und alters- oder krankheitsbedingten Verfall bis zum Tod und anschließender ‚Entsorgung'. – Ein weiteres wiederkehrendes Motiv in Setz' Texten, auf das bei der Analyse von *Indigo* und *Die Stunde zwischen Frau und Gitarre* noch zurückzukommen sein wird (vgl. Kap. 9 und Kap. 10). Es handelt sich dabei um eine ‚doppelte' Körper-Metaphorik, denn neben der physiologisch-psychologischen Perspektive werden auch im Rückgriff auf mathematische und physikalische Theorien und Begrifflichkeiten die Anordnung der Körper im Sinne von definierbaren Objekten oder Formen zueinander und/oder im Raum sowie die sich daraus ergebenden emotionalen Beziehungen metaphorisch beschrieben. Neben der übergeordneten Konstellation, die sich bereits aus dem Titel des Romans ergibt, zeigt sich Letzteres in eher beiläufigen Bemerkungen, wie etwa die Mathematiklehrerin Angelika (eine Freundin Victors) über den schüchternen Auftritt einer ihrer Schülerinnen denkt: „Sie hielt sich an ihrer Mappe fest, der selbst gebastelten Formelsammlung. Immer noch die Ellipse, die Berührbedingungen. Armes, weiß nicht, was Berührung ist. Schneiden in einem Punkt". (SuP: 136) Oder Karl Seneggers Spott über die Beweggründe Ernst Mausers, seine Schriftstellerkollegen zu einer Abschiedsparty einzuladen, die Senegger in einem Brief an der Verleger Heribert Wolf folgendermaßen formuliert:

> Oh, das kindliche Bedürfnis, alle geliebten Dinge unter ein Dach zu bringen! Dantes Himmel ist ja das vollkommenste Beispiel dafür. Und, wie du weißt, im Grunde funktioniert alles Denken nur unter dieser stillschweigend vorausgesetzten Annahme. Große vereinheitlichende Theorie in der Physik.[547]

Geradezu programmatisch wird diese komplexe Motivik schon im ersten Kapitel, überschrieben mit „Kubistische Raumaufteilung", eingeführt, in dem es um das Lieblingsbild von René Templs Geliebten Natalie geht, und zwar um die nahezu namensgleiche Lithographie *Kubische Raumaufteilung* (1952) des niederländischen Künstlers M. C. Escher. Templ hält es für ein „merkwürdiges Bild: Ein endloser Raum, angefüllt mit den immer gleichen geometrischen Figuren. Würfel, miteinander verbunden durch längliche Quader". (SuP: 10) Anja Michalski bezeichnet die wiederkehrende Würfelmetapher als eine Reflexion auf das Raumparadigma in topologischer Perspektive: „Räumliche Diskurse und Erlebnisse der Figuren im und mit dem Raum, insbesondere Templs (dessen Name ja bereits auf einen Ort verweist), durchziehen die Novelle."[548] Deutlicher noch wird es wenig später bei der Betrachtung des Escher-Bildes über Natalies Bett, das für sie das „ironischste Bild von allen" ist, worin sie eine Metapher sozialer Gefüge zu erkennen meint:

---

[547] Damit ist eine Theorie gemeint, die alle physikalischen Grundkräfte in einer Art „Weltformel" vereinigt, wie es etwa die String-Theorie vorsieht.
[548] Michalski: *Die heile Familie*, S. 181. So etwa in Anordnung und Form von Häusern, Zimmern und Fenstern, die in Templs Wahrnehmung immer wieder auftauchen; vgl. u. a. SuP: 17: „Es war doch überall dasselbe: Vier Wände, die einen Raum einschlossen, in dem man sich vor den Gezeiten verstecken konnte. Würfel, das war es, nichts anderes, Würfel in der Landschaft."
SuP: 30: „Wieder war alles auf so schrecklich bedrängende Weise da: vier Wände, ein Zimmer, Fenster. Räume: Würfel, in die man sich flüchten konnte oder in die man gesperrt wurde. Einen anderen Unterschied gab es nicht."

Es ist völlig egal, womit der Raum ausgefüllt wird, will der Maler sagen. Das ist mir erst angesichts dieser total fantasielosen Geometrie klar geworden. Und es ist egal, wie ihr euch auf der Welt verteilt. [...] Es ändert sich dadurch nichts. Genau das sagt das Bild. Jeder baut einen soliden Kubus um sich und legt ein paar Kommunikationskanäle zu den anderen. Mehr gibt es nicht. Das Geniale ist, dass das Bild so Recht hat, wie man es nur haben kann, sich aber gleichzeitig total irrt. Vollkommen. Das ist doch einzigartig, oder? (SuP: 42 f.)[549]

Michalski beschreibt Natalies Vermutung als „nihilistisches Bekenntnis zur Kontingenz sozialer Strukturen", die aber weder „sinnstiftend noch ‚natürlich'" seien: „sie wirken zwar auf den ersten Blick unumstößlich und stabil, denotieren aber letztlich nur die absolute Zufälligkeit der angeordneten Elemente." Räume, topologisch ja immer auch eine sozial definierte und wirksame Kategorie, seien daher lediglich „eine kontingent entstandene Möglichkeit, sich ‚auf der Welt zu verteilen'".[550] Sie können Zuflucht bieten und zugleich das Gefühl des Eingesperrtseins hervorrufen, wie es Templ beschreibt, als er vor der Auseinandersetzung mit seiner Frau in sein Arbeitszimmer flüchtet: „Seine Hände zitterten. Wieder war alles auf so schrecklich bedrängende Weise da: vier Wände, ein Zimmer, Fenster. Räume: Würfel, in die man sich flüchten konnte oder in die man gesperrt wurde. Einen anderen Unterschied gab es nicht." (SuP: 30)

Eschers Werk *Kubische Raumaufteilung* lässt sich, wie Keplers Planetengesetze, im Kontext als erweiterte Metapher bezeichnen. Für Roman Jakobson ist der Kubismus hingegen ein „illustratives Beispiel" für den Realismus in Kunst und Literatur, da er eine „ganz offensichtlich metonymische Orientierung"[551] aufweise. Die „ungestüme Entwicklung der Kunst zu Beginn des 20. Jahrhunderts" bildet für ihn den „Auslöser eines neuen Zugangs zur Sprache und zur Sprachwissenschaft", dessen systematische Bipolarität, unter die auch Metonymie und Metapher im magischen Denken fallen, bereits im Theoriekapitel erörtert wurde (vgl. Kap. 5.2.4). Jakobson erklärt:

---

[549] Hierin ließe sich bereits eine Anspielung auf Roman Jakobsons Kommunikationsmodell im Allgemeinen ausmachen, das aus sechs grundlegenden Faktoren – emotiv, konativ (beziehungsweise appellativ), referentiell, metasprachlich, poetisch, phatisch – besteht, sowie auf seine Bestimmungen der poetischen Funktion von Sprache im Besonderen, die er im Sinne seiner Realismuskonzeption für verschiedene Kunstformen mit den metonymischen Verfahren kubistischer Objektauflösung vergleicht: „Der Kubist vervielfachte im Bild einen Gegenstand, zeigte ihn aus mehreren Perspektiven und machte ihn fühlbarer." Jakobson: „Über den Realismus in der Kunst [1921]", in: ders.: *Poetik*, S. 129–139, hier: S. 137; zur Erläuterung des Kommunikationsmodells vgl. Jakobson: „Linguistik und Poetik", S. 93 f.
[550] Michalski: *Die heile Familie*, S. 185.
[551] Jakobson: „Zwei Seiten der Sprache und zwei Typen aphatischer Störungen", S. 67.

> Von allen Seiten wurden wir geradezu gedrängt, diesen Weg zu beschreiten: von der aufsehenerregenden Entwicklung der modernen Physik, von Theorie und Praxis der kubistischen Malerei, in der ‚alles auf Relationen beruht', auf der Wechselwirkung zwischen Teilen und Ganzem, zwischen Farbe und Gestalt, Darstellung und Dargestelltem.[552]

Solche verzweigten Relationen und topologischen Bedingungen, von denen Jakobson hier spricht, prägen auch in Setz' Romanen die Wahrnehmung der Realität und strukturieren, wie Michalskis Untersuchung überzeugend darlegt, die sozialen Beziehungen der Figuren.[553]

7.3 „Die Weizenähre" oder Wider die Macht der Natur

Die zwiespältige Nähe der Magie zu den (experimentellen) Naturwissenschaften beinhaltet auch das stete Kräftemessen mit der Natur; dabei geht es um Beherrschung und Instrumentalisierung, um Nachahmung oder jedenfalls effektive Einbeziehung (über-)natürlicher Kräfte und Prozesse. Entsprechend ambivalent mag das Verhältnis beider sein, so jedenfalls stellt es sich in Setz' Roman dar. Sinnfälligstes Beispiel ist hier die „einsame Weizenähre" (SuP: 112), die seit einigen Jahren mehr oder minder täglich aus dem Ohr des alternden Poeten Karl Auer wächst und ihn zu sorgfältiger Kontrolle nötigt:

> Anfangs hatte er darüber gelacht, dann scherzhaft versucht, sie auszureißen, und war vor dem herben Schmerz zurückgeschreckt. Sie schien stark verwurzelt. Worin? In seinem Gehirn? Das Abschneiden, das Zurechtstutzen jeden Morgen geschah zwar ohne Schmerzen, verlangte aber einige Übung und Fingerspitzengefühl, da er mit der scharfen Klinge recht weit in den Gehörgang vordringen musste. (SuP: 113)

Es ist natürlich möglich, dass es sich hier schlicht um die poetische Umschreibung des zunehmend borstigen Haarwuchses aus Ohren und Nase im höheren Lebensalter handelt. Die Herkunft der Weizenähre bleibt jedenfalls ungeklärt und, wie es an der entsprechenden Stelle heißt, „rätselhaft" (SuP: 112). Den einzigen Hinweis auf ihren Ursprung liefert der Text wie folgt: „Das Alter, die Natur, die ihn langsam zu ihresgleichen machte, mit jedem vergehenden Tag,

---

[552] Roman Jakobson im Gespräch mit Krystyna Pomorska: *Poesie der Grammatik. Dialoge.* Frankfurt a. M.: Suhrkamp 1982, S. 140.
[553] In diesem Zusammenhang ließen sich auch Piagets Hinweise zu den Entwicklungsstufen anführen, die im Kleinkindalter magisches Denken ebenso wie eine zunächst topologische Raumvorstellung aufweisen und erst mit voranschreitender Entwicklung die euklidische Anschauung übernehmen. Vgl. Jean Piaget, Bärbel Inhelder: *Die Entwicklung des räumlichen Denkens beim Kinde.* Stuttgart: Klett-Cotta 1975.

spielte ihm üble Streiche". (SuP: 113) In dieser sonderbaren Begebenheit wird hier der natürliche Alterungsprozess metaphorisiert, das heißt personifiziert als bewusst agierende Entität mit offenbar boshaften Absichten. Deutlich zeigt sich hier die Verkettung von Machtausübung, Zwang (im Sinne von passiv gezwungen werden) und ritueller Handlung, wie sie typisch für das Magische ist. Karl Auer scheint von dieser Macht überzeugt: Gleich im Anschluss an die Weizenähre wird von seinem Traum berichtet, in dem er sich zunächst in eine „überaus seltene und kostbare" Pflanze im Boden verwandelt, die von interessierten Wissenschaftlern zu Forschungszwecken malträtiert wird, ohne dass er sich wehren kann. Beim Aufwachen muss er jedoch feststellen, dass er sich, statt in der Erde zu stecken, „von oben bis unten angeschissen hatte" – „Warum quälte man ihn so?" (SuP: 113 f.), fragt er sich und gibt damit preis, dass er offenkundig eine namenlose Macht dahinter vermutet. Die Weizen- oder Kornähre ist ein Symbol antiker Mysterienkulte für Fruchtbarkeit und Wiederauferstehung.[554] Auch im Christentum steht das Weizenkorn für Fruchtbarkeit und Leben, Vergänglichkeit und Tod. Nach dem Johannes-Evangelium verwendet es Jesus in seinem Gleichnis „Über das Sterben des Menschensohnes".[555] Wohl nicht zufällig beginnt auch das Kapitel in Setz' Roman mit dem Johannes-Evangelium, an das Karl Senegger seine Kollegen erinnert:

> [...] da wird das Wort zu Fleisch und so weiter. Angeblich ein Bild für den Schöpfer. Aber was viel naheliegender ist, ist die simple Umkehr: Zuerst Fleisch, beweglich und alles,

---

554 Das Fundament der Eleusinischen Mysterien bildet der Mythos von Demeter, der Muttergöttin, deren Tochter Persephone von Hades, dem Gott der Unterwelt, entführt wird. In ihrer Trauer verbietet sie den Pflanzen und Bäumen zu wachsen und Früchte zu tragen. Aufgrund des daraus entstehenden Nahrungsmangels sterben Menschen, was die anderen Götter dazu veranlasst, Hades zur Freilassung Persephones zu zwingen. Demeter lässt daraufhin die Erde wieder fruchtbar werden. Hauptattribut in den Darstellungen der Muttergöttin ist daher die Weizenähre als Symbol des Lebens. Später kommen weitere Bedeutungsebenen hinzu: Unter Berufung auf ihren alttestamentlichen Ursprung wird die Kornähre bspw. in den Volksmärchen zum Symbol der Arbeit; in der Emblematik der Frühen Neuzeit steht sie für Demut und Anpassung. Vgl. [Art.] „Ähre/Ährenfeld", in: *Lexikon literarischer Symbole*. Hg. von Günter Butzer, Joachim Jacob. Stuttgart, Weimar: Metzler ²2012, S. 7 f.
555 Vgl. Joh. 12, 24–26: „Wahrlich, wahrlich, ich sage euch: Wenn das Weizenkorn nicht in die Erde fällt und stirbt, bleibt es allein; wenn es aber stirbt, bringt es viel Frucht. Wer sein Leben liebt, verliert es; und wer sein Leben in dieser Welt haßt, wird es zum ewigen Leben bewahren. Wenn mir jemand dient, so folge er mir nach! Und wo ich bin, da wird auch mein Diener sein. Wenn mir jemand dient, so wird der Vater ihn ehren." *Die Heilige Schrift*. Elberfelder Bibel. Rev. Fassung. Wuppertal: Brockhaus ⁶1999, S. 141 f.

dann hört das auf, wie immer, und dann bleibt nur noch das Wort, eine Idee, die Vorstellung davon in den Köpfen der anderen. (SuP: 109)[556]

Auch Ernst Mausers Gedanken werden während der Abschieds-Poolparty in seinem Haus mit den ebenfalls alternden Kollegen von tiefer Melancholie über den Kreislauf des Lebens bestimmt: „[...] in den Wäldern saß schon der Herbst, das langsame, fließende Zerstörungswerk hatte begonnen. Ewige Wiederkehr, Zeit. Konzentrische Kreise". (SuP: 115) Insofern ist auch dies wieder eine metaphorische Schilderung der Szenerie, ebenso wie er kurz darauf die folgende Beobachtung macht:

> Kienspanner, Auer, Templ und Senegger, ihre Körper bildeten Silhouetten, bildeten eine Ur-Gruppe, ein altertümliches Bild, vier Männer, ineinander verschlungen, versponnen in ein Ritual. Ein Ritual, das natürlich sinnlos war, wie alles: Philosophieren, während man sich im eiskalten Wasser den Tod holt. (SuP: 116 f.)

Die Übermacht der Natur scheint für Mauser unaufhaltsam, dagegen kann der Mensch mit seinen Kulturpraktiken (oder auch: Ritualen) nichts ausrichten. In Fortführung dieses Gedankens lesen wir später bei Victors Freund Thomas folgende Überlegung: „Céline hat recht, Philosophieren ist auch nur eine Art, Angst zu haben. Genauso ist Angst haben nur eine Art, mit seinem Körper auszukommen". (SuP: 152) Wie schon das völlig indifferente und darin grausam erscheinende Universum uns „zermalmen"[557] wird, droht auch die gewaltsame, buchstäbliche Einverleibung durch die Natur. So sieht es jedenfalls Mauser in Anbetracht der Badegesellschaft in seinem Garten, hinter der sich die Berglandschaft erhebt:

> Er spielte mit dem Gedanken, dass sie tatsächlich aneinanderstoßen könnten, er, das Fleisch, und das Ganze dahinter, die Natur. Ein Verdacht stieg in ihm auf, dunkel und unaussprechlich. Es war eine finstere Möglichkeit, die irgendwie mit dem Anblick der Badenden vor der abendlichen Kulisse zu tun hatte. (SuP: 116)

Ein weiteres Beispiel aus Mausers inneren Gedankenpfaden synthetisiert geradezu die zuvor behandelte doppelte Körper-Metaphorik mit der hier beschriebenen Perspektive auf die vereinnahmende Natur, in diesem Fall allerdings als beruhigende, eskapistische und damit sogar erwünschte Vorstellung: „Sich jetzt

---

556 Vgl. ebd., Joh. 1, 14, S. 122.
557 Der Ausdruck stammt aus einem Zitat Blaise Pascals in seinen *Pensées*, das Kap. 2 vorangestellt wird; vgl. SuP: 66, 68; sowie Blaise Pascal: *Gedanken*. Kommentar von Eduard Zwierlein. Berlin: Suhrkamp 2012, S. 50.

einfach zusammenkugeln, dachte er. Rund werden, eine nackte Kugel in einer Mulde. Die Zehen in den Mund und einschlafen, bis zum nächsten Frühjahr." (SuP: 117)[558] Mauser phantasiert sich hier in eine Art embryonale Schutzhaltung respektive in ein winterschlafendes und damit temporär weltabgewandtes (und nahezu von ihr unabhängiges) Tier hinein, jedenfalls in eine ihm angenehm erscheinende (Körper-)Form. Dass eine solche Verwandlung aber auch wider Willen geschehen kann, wird an René Templs ‚Schrumpfung' im Anschluss noch zu zeigen sein.

Dieser erlebt zunächst eine Art ‚Zusammenstoß' von Fleisch und Natur, als er wieder einmal vor den Klagen seiner Frau ins Bad flüchtet, um zur Entspannung zu masturbieren: „Templ öffnete den Gürtel, ließ die Hose herunter und befühlte sein Glied, das kraftlos da hing wie ein Erhängter. Ruck am Nacken. Alraunen".[559] Das unvermittelt platzierte Wort ‚Alraunen' erscheint durch seine etymologische Herkunft (zusammengesetzt aus althochdt. *Alb, Mahr, Faun* und *rûnen*, also etwa *heimlich flüstern, raunen* sowie *Rune, Geheimnis*) und die damit verknüpfte onomatopoetische Wirkung wie eine Zauberformel. Die Kulturgeschichte der Alraune reicht weit zurück und bis in die Gegenwart (etwa in J. K. Rowlings *Harry Potter* oder in Cornelia Funkes Romanadaption *Das Labyrinth des Fauns* eines Films von Guillermo del Toro); sie ist eine giftige Heil- und Ritualpflanze, die seit der Antike als Zaubermittel gilt, vor allem wegen ihrer besonderen Wurzelform, die der menschlichen Gestalt ähneln kann und sogar in eine männliche (*der Alraun*) und eine weibliche Form unterteilt wird.[560] In diesem kurzen Textausschnitt verdichten sich die Analogien, werden ineinander verwoben, so dass die Intensität (oder auch Poetizität) durch die Metaphorisierung deutlich zunimmt. Das schlaffe Glied gleicht einem Erhängten, der den Ruck des Strickes um seinen Hals – hier also wohl Templs Hand – erfährt. Die nicht näher bestimmte Alraune assoziiert beziehungsweise genauer: konzeptualisiert Templs zwiespältigen Gefühlszustand: Zum einen könnte er sich beim Anblick seines Glieds auch an die – erhängte – menschenähnliche Wurzel der Pflanze erinnert fühlen, zum anderen wurde das ‚teuflische' Gewächs zeitweise sowohl *für* als auch *gegen* sexuelle Begehrlichkeiten eingesetzt und verstärkt

---

558 SuP: 117.
559 SuP: 15.
560 Vgl. [Art.] „Alraune", in: Wolfgang Pfeifer et al.: *Etymologisches Wörterbuch des Deutschen* (1993), digitalisierte und überarbeitete Version im *Digitalen Wörterbuch der deutschen Sprache*; online unter: https://www.dwds.de/wb/Alraune (26.02.2020); vgl. auch Daxelmüller: *Zauberpraktiken*, S. 100, S. 295.

somit den unlauteren Anschein von Templs Rückzug ins Badezimmer, um den Ansprüchen seiner Familie zu entgehen.

7.4 (Alp-)Traumwelten

„Wenn die Handlung feststeckt, wird's magisch./Einsame Männer sind tragisch."[561] Mit Einschränkungen scheint dieser bereits oben zitierte Befund (vgl. Kap. 2.3.5) für die Figur des René Templ, den von Schwindelanfällen und Visionen geplagten Schriftsteller, zunächst durchaus annehmbar. Es ist jedoch nicht die Handlung, die feststeckt, sondern Templ selbst ist es, der keinen Ausweg aus seiner prekären familiären und beruflichen Situation findet. Immer dann, wenn er sich von seiner Umwelt überfordert und ungerecht behandelt fühlt, schrumpft er.

Dieses im Kontext wohl irritierendste Ereignis magisch-metaphorischer Prägung inmitten einer überwiegend realistischen Diegese findet gleich zu Beginn des Romans statt. Das erste Mal passiert es beim nächtlichen Gang in den Keller auf der Suche nach einer Dartscheibe, die ihm die Schlaflosigkeit erleichtern und die quälenden Gedanken an seine Frau und seinen Sohn, denen er nicht gerecht wird, sowie die vielfältigen Missachtungen in seinem beruflichen Umfeld vertreiben soll. Weder die Auszeit im Badezimmer noch Phantasien über alternative, ihm angemessener erscheinende Dialog- und Handlungsverläufe, „[s]o lange, bis er alle, denen er bei Tageslicht nicht gewachsen war, in die Knie gezwungen hatte" (SuP: 19), schaffen Abhilfe. Wie mächtig diese Probleme auf ihm lasten, wird erst deutlich, als er trotz mehrfacher Anläufe vergeblich das oberste Brett des Kellerregals zu erreichen versucht:

> Als er es nach diesen Übungen ein drittes Mal versuchen wollte, erschrak er, da er schon beim vorsichtigen Näherkommen erkannte, dass er tatsächlich kleiner geworden war. Er reichte jetzt nicht einmal mehr bis zu den Magazinen. Er war nicht viel größer als sein Sohn! Schnell blickte er an sich herunter, untersuchte seinen Körper, tastete sich ab, aber er fand keine Erklärung. (SuP: 21)

Panisch flüchtet er zurück ins Bett, „kugelte [...] sich eng zusammen und versteckte den Kopf unter der Decke". (SuP: 22) Über die Begründung für diese bizarre Transformation und vor allem über deren Reversibilität lässt der Text die Leser:innen vorerst im Unklaren. Nur Templ selbst identifiziert vage eine Urhe-

---

561 Setz: *Bot*, S. 36.

berin: „Er hasste die Nacht und die unsinnigen Zaubertricks, die sie sich mit den Menschen, ihren willenlosen Kulturmarionetten, erlaubte." (SuP: 22 f.)

Auch beim zweiten Mal ist er vor den Vorwürfen seiner Frau geflohen und hat sich in seinem Arbeitszimmer verbarrikadiert. Auf den kurzen Triumph, entkommen zu sein, folgen ein Schwindelanfall und eine erneute, sich deutlich an Kafkas Erzählung anlehnende Verwandlung:

> Der Schwindel machte das Zimmer höher, verzerrte die geraden Linien der Leisten und Bilderrahmen, warf Falten in die Tapeten. Die Decke war auf einmal viel zu hoch. Am Schreibtischsessel angekommen stellte er fest, dass er nicht mehr hinaufkam, sein Becken war zu niedrig – also kletterte er auf den Sessel, wie man zum ersten Mal auf ein Reitpferd klettert: mit allen Vieren strampelnd wie ein Käfer. (SuP: 30 f.)

Doch dieses Mal scheint Templ seinen geschrumpften Zustand etwas gefasster aufzunehmen. Ausgestreckt macht er es sich auf seinem Schreibtisch bequem – „[e]s fühlte sich nicht falsch an, hier zu liegen, im Gegenteil, es war beinahe angenehm" (SuP: 31) –, lässt sich sodann in eine offene Schublade fallen, in der er eine Zeit, offenbar delirierend, neben Anton Tschechows Erzählungsband *Der Mensch im Futteral* verbringt.[562] Nach dem Erwachen ist alles wieder normal, besser sogar: „Er fühlte sich jung und empfangen, wie frisch geschlüpft". (SuP: 31 f.) Nur der Buchtitel ist ihm in Erinnerung geblieben, den er „im Schlaf unzählige Male hintereinander gelesen haben [musste]. Er hing in seinem Gedächtnis fest, wie ein Ohrwurm, nur visuell" (SuP: 32).

Zum dritten Mal schließlich wird er beim Geschlechtsakt mit seiner Geliebten Natalie heimgesucht, bei der er sich verkrochen hatte, um den Anschuldigungen seiner Frau zu entgehen. Erst Natalies entsetztes Geschrei lässt ihn seine erneute Schrumpfung realisieren:

---

[562] Die titelgebende Erzählung des Bandes „Der Mensch [auch: Mann] im Futteral" erschien erstmals 1898 in einer Moskauer Zeitschrift, gehört zu den bekannteren späten Texten Tschechows und bildet zusammen mit „Die Stachelbeeren" und „Von der Liebe" eine Trilogie, die durch eine Rahmenerzählung zusammengehalten wird. Die Geschichte vom Lehrer Belikow, der seine Habseligkeiten stets in Futteralen unterbringt, bis er schließlich selbst im Sarg liegt, gilt als kritische Charakterstudie des biederen, pedantischen und autoritätsgläubigen Menschen und referiert darin auf die ambivalente Bedeutung des Futterals, das sowohl mit schützender Umgebung als auch mit (geistiger/körperlicher) Einengung und Freiheitsverlust assoziiert wird. Vgl. Anton Tschechow: *Der Mensch im Futteral und andere Erzählungen*. München: Goldmann 1959. Walter Benjamin akzentuierte beispielsweise den Stellenwert der „Wohnung als Futteral" und „Abbild des Aufenthaltes des Menschen im Mutterschoße" insbesondere im neunzehnten Jahrhundert, in dem für nahezu alles ein „Gehäuse erfunden" worden sei. Walter Benjamin: *Das Passagen-Werk*, in: ders.: *Gesammelte Schriften*, Bde. 5.1 und 5.2. Hg. von Rolf Tiedemann, Hermann Schweppenhäuser. Frankfurt a. M.: Suhrkamp 1991, S. 292, S. 1035.

> Jetzt blickte er an sich hinunter und sah mit großem Entsetzen die Katastrophe: Er war zusammengeschrumpft auf die Größe einer Handpuppe, nur eine absurde Erektion von normalen Ausmaßen stand daraus hervor, und auch sein Kopf war beinahe gleich groß geblieben. Es war fast unmöglich, aufrecht zu stehen, so schwer wog der Kopf auf seinen Schultern. [...] Er war ein Monstrum! Ein Monstrum, das bei Anstrengung schrumpfte und wuchs, wenn es las. Er hatte sich in eine Allegorie seiner selbst verwandelt. (SuP: 45 f.)

Die Rückverwandlung gestaltet sich um einiges mühsamer. Unter großen Anstrengungen muss Templ Passagen aus Daniel Defoes *Tagebuch des Pestjahrs* (sein „eigentliches Meisterwerk"; SuP: 46) gleich mehrfach lesen und – wichtiger noch – den Sinn des Gelesenen verstehen, um wieder zu Normalgröße heranzuwachsen: „sonst funktionierte es nicht". (SuP: 52)[563] Der Auszug handelt von einem gottesfürchtigen Fischer, der seiner Familie in Zeiten von Krankheit und Tod mit aller Kraft zur Seite steht, um ihr Leiden zu mindern.

Für den ‚Familienverweigerer' Templ steht nun endgültig fest: „Etwas Grausames spielte ein Spiel mit ihm". (SuP: 53) Plötzlich überfällt ihn die grauenerregende Vision, wie er beim Liebesspiel mit Natalie, zunächst noch in Zwergengestalt, in ihrer Vagina seine eigentlich Körpergröße zurückerlangt und den ihren damit „sprengt" – diese Vorstellung ist endgültig zu viel für ihn, erschöpft schläft er in bewährter Stellung auf dem *Tagebuch des Pestjahrs* ein wie ein „menschliches Nagetier [...], eingerollt auf einem aufgeschlagenen Buch. Ein Kätzchen" (SuP: 57 f.), gerade noch fähig, „der schwerer und größer gewordenen Nacht und den vielen stillen Phantomen, die über seine Stirn marschierten" (SuP: 58) zu lauschen.[564]

---

[563] Defoes Buch erscheint hier in wörtlicher Übersetzung des englischen Titels *A Journal of the Plague Year* von 1772, der Titel der deutschen Übersetzung lautet *Die Pest zu London* und erschien erstmals 1924; vgl. Daniel Defoe: *Die Pest zu London*. Frankfurt a. M., Berlin: Ullstein 1990. Der uneindeutige Fiktionsstatus des Textes zwischen literarischem Journal und historisch authentisch anmutendem Augenzeugenbericht wurde in der anglo-amerikanischen Literaturwissenschaft breit diskutiert. Vgl. exemplarisch F. Bastian: „Defoe's *Journal of the Plague Year* Reconsidered", in: *The Review of English Studies*, XVI.62 (1965), S. 151–173; Robert Mayer: „The Reception of *A Journal of the Plague Year* and the Nexus of Fiction and History in the Novel", in: *ELH* 57.3 (1990), S. 529–555.

[564] Die beiden ‚rettenden' Lektüren weisen einerseits inhaltliche Bezüge zu René Templs Situation auf: Er sucht räumliche Zufluchten vor den Anforderungen seiner Familie, denen er sich buchstäblich nicht ‚gewachsen' fühlt. Doch auch diese zunächst behaglich anmutende ‚Futteralexistenz', wie sie Tschechows Belikow pflegt, ist ihm schließlich ebenfalls zu beengt; die aufopferungsvolle Liebe zur Familie, wie sie Defoes Fischer aufbringt, scheint ihm hingegen völlig fern zu liegen. Auf der Ebene der Komposition von *Söhne und Planeten* ergeben sich Parallelen zu Tschechow im Verhältnis von Binnen- und Rahmenerzählungen sowie zum Fiktionsstatus des präsentierten Geschehens, allerdings nur im Abgleich mit der erzählten Welt

Das ereignisreiche Kapitel offeriert gewiss gleich mehrere Ansätze und Interpretationswege. Als Erstes ist zu fragen, ob die Schrumpfung denn auch (im Rahmen der Diegese) ‚wirklich' passiert. Der Text sendet hier, wie so häufig, immer wieder ambivalente Signale:[565] Einmal wird betont, dass Templ „tatsächlich kleiner geworden war" (SuP: 21), dann wieder ist es „der Schwindel", der den Raum verzerrt (erscheinen lässt?), ein anderes Mal geschieht etwas „wie im Traum" (SuP: 31), zudem bezeichnet Templ selbst seine Schrumpfung als Verwandlung „in eine Allegorie seiner selbst". (SuP: 46) So ließe sich das gesamte Ereignis und die damit zusammenhängenden Stränge als metaphorische Schilderung rein psychischer Prozesse auffassen.[566]

Mit Anklängen an die Wiener Moderne lässt Setz seine Figuren – allen voran Templ und Victor Senegger sowie auch die gesamte Dichtergemeinschaft um Ernst Mauser – eine Hinwendung zum Inneren, zur Psyche, vollziehen. Auf dem schmalen Grat zwischen Traum und Wirklichkeit, Verstand und Gefühl, wird das Verhältnis von Ich und Welt ausgelotet, das häufig in krisenhaften Diagnosen über Verfall, Dekadenz und Tod mündet. Was Templ widerfährt, lässt sich zweifellos mit psychoanalytischen Kategorien fassen: Der Gang in den Keller als Hinabsteigen in das Unbewusste, das Ausleben des Sexualtriebs und den damit einhergehenden Allmachtsphantasien zur Selbsterhaltung und -behauptung, seine permanenten Angst- und Schwindelanfälle, Träume und Visionen, sein „subversives Vatersein" (SuP: 24), für das er sich ebenso schämt wie er es beharrlich verteidigt, und schließlich der Rückzug durch die Imitation einer kindlichen oder gar embryonalen Daseinsform. Für Templ selbst

---

und nicht, wie im Fall Defoes, mit Ereignissen der realen Welt. In Kap. 13.1 dieses Bandes wird der gesamte Vorgang noch einmal unter dem Stichwort „magische Lektüren" diskutiert.
565 So folgt beispielsweise auf einen der langen inneren Monologe Ernst Mausers ein plötzlicher Widerspruch des Erzählers: „Nein. All das dachte Mauser nicht, während er in den Himmel schaute. Was er dachte, glich eher dem Kleiderraschen und Räuspern, das auf den Reigen dieser Sätze über Gott und den Zufall folgen würde, bevor sich die imaginäre Zuhörerschaft von ihren Sitzen erhob und zum Buffet drängte." SuP: 85.
566 Vgl. dazu Michalski: *Die heile Familie*, S. 186: „Mein Lektürevorschlag für Templs Problem lautet: Der (psychoanalytisch semantisierte) kleinfamiliäre Mythos bringt seine Erfahrung der Familie als einem ‚engen Raum' hervor." Auch die „Sprengung" der Geliebten deutet Michalski im Rahmen psychoanalytischer Narrative dementsprechend als Allmachtsphantasie, die Schrumpfung auf Kindergröße sowie die Sehnsucht nach „Fötus-Stellung" als „Verweigerung der linearen Subjektwerdung". Ebd., S. 186 f. – Aus medizinischer Sicht ließe sich dieses Ereignis allerdings auch als Halluzination, das heißt als nicht krankhafte Begleiterscheinung von Migräne und Epilepsie, auffassen, die tatsächlich zu solchen Wahrnehmungsstörungen der Mikropsie (Verkleinerung) und Makropsie (Vergrößerung) führt und als „Alice-im-Wunderland-Syndrom" nach Lewis Carrolls gleichnamigem Kinderbuch bezeichnet wird.

scheint dieser Erklärungsansatz hingegen keine Option, wenn er in seiner programmatischen Schrift erklärt: „Ich kann sie beobachten, studieren, Herrenrunden und Väter im Gespräch belauschen, mich selbst, so gut es geht, durch allerlei Kunststücke mit Zerrspiegeln und Traumerzählungen analysieren – aber der Ertrag scheint mir immer erstaunlich mager." (SuP: 104)

Aus der Sicht der kognitiven Metapherntheorie greifen hier die Orientierungsmetaphern, die ein ganzes Set an körperbedingten und kulturell geprägten sowie wechselseitig aufeinander einwirkenden Konzepten umfassen, zueinander in Beziehung setzen und organisieren. In Templs Fall strukturieren sie seinen psychischen Zustand durch die Relation von OBEN beziehungsweise groß oder stark (= GUT) und UNTEN beziehungsweise klein oder schwach (= SCHLECHT).[567] Zugleich führt dieser Vorgang, den er als grausames Spiel eines unbekannten „Etwas" wahrnimmt, direkt in magische Vorstellungen, denn daran zeigt sich das Analogieprinzip von inneren und äußeren Vorgängen durch magische Kräfte: Im selben Moment, in dem die psychosoziale Überforderung von außen über ihn hereinbricht und Macht über ihn hat, sinkt innerlich sein Selbstwertgefühl herab, externalisiert – oder auch imitiert – durch die Schrumpfung seines Körpers. Templ ist plötzlich einer Macht oder Kontrolle ausgesetzt: Er befindet sich UNTEN. Der Wachstumsprozess lässt sich in umgekehrter Richtung gleichermaßen in die genannten Schemata einordnen, denn die Ausübung von Macht und Kontrolle ist nach Lakoff und Johnson OBEN.[568] Er muss indes ein Ritual vollziehen, um seine Verkleinerung aufzuheben, er muss sich zwingen (oder wird gezwungen? – und mit ihm: die Leser:innen), die Passagen aus den Büchern so oft zu lesen, bis er sie tatsächlich verstanden hat. Zwang – in der gesamten Bandbreite von einen Zwang ausüben, etwas zwanghaft tun und zu etwas gezwungen werden – und Ritual sind wiederum Bestandteile magischen Denkens.

7.5 Zusammenfassung

Magische Vorstellungen im Verbund mit metaphorischen Konzeptualisierungen durchziehen bereits Setz' ersten Roman. Sie bestimmen wesentlich die Wahrnehmung und Darstellung der erzählten Welt aus unterschiedlichen Figurenperspektiven. In der prinzipiell engen Verschaltung mikro- und makrokosmischer Vorgänge kommt dabei dem menschlichen Körper als Organismus im

---

567 Vgl. Lakoff/Johnson: *Leben in Metaphern*, Kap. 4: „Orientierungsmetaphern", S. 22–30.
568 Ebd., S. 23.

biologischen Sinne sowie als geometrische beziehungsweise physikalische Größe eine zentrale Bedeutung zu. Er ist gleichsam beeinflussendes Subjekt wie beeinflussbares Objekt dieser universell wirkenden Gesetzmäßigkeiten, die wiederum mit spezifischen Machtkonstellationen einhergehen – geradezu paradigmatisch für magisches Denken, wie im theoretischen Teil bereits dargelegt wurde. Obwohl deren Wirksamkeit von den Figuren größtenteils als gegeben angenommen wird, ohne dass sie sich ‚esoterischen' Weltanschauungen verpflichtet hätten, ringen sie immer wieder mit der oftmals problematischen Undurchsichtigkeit der kausalen Zusammenhänge. Die daraus resultierende Unordnung und der Eindruck des Ausgeliefertseins konditioniert die psychische Verfassung der Figuren, macht sich auch in der kognitiv-emotionalen Bewältigung bestimmter Vorkommnisse bemerkbar und sorgt zusammen mit der polyphonen Erzählanlage insgesamt für eine teils beklemmende, teils grotesk anmutende Atmosphäre. Solche Unwägbarkeiten und Leerstellen werden metaphorisch strukturiert, Ausgangspunkt dessen ist dem kognitionstheoretischen *embodiment* nach der Körper, und zwar – wie eingangs erwähnt – zum einen als natürlicher Organismus: So beginnt Ernst Mauser beim Lesen des Wortes „Schnee" unwillkürlich zu frieren, Karl Auer quält sich mit einer täglich aus dem Ohr wachsenden Weizenähre, und der Anblick seines schlaffen Glieds lässt René Templ an die menschenähnliche Zauberpflanze Alraune in erhängtem Zustand denken, überdies schrumpft er bei emotionaler Überforderung. Zum anderen werden durch Begriffe und Lehren aus Physik und Geometrie zum Scheitern verurteilte Beziehungsdynamiken und prekäre Gefühlslagen metaphorisiert, darunter Keplers Planetengesetze, das Prinzip der Entropie, die Berührbedingungen der Ellipse oder die kubi(sti)sche Raumaufteilung.

Neben den semantischen Erkundungen, zu denen diese kognitiv evolvierten Metaphernfelder herausfordern, ergeben sich stilistische beziehungsweise ästhetisch-literarische Besonderheiten, denn die Sprachbilder, die Setz entwirft, „zeichnen sich aus durch eine große Sinnlichkeit, eine Körperlichkeit, die den Körper am Anfang des einundzwanzigsten Jahrhunderts noch einmal ganz neu befragt, untersucht, mit ihm die Welt erforscht".[569] Obwohl sich Iris Hermann hier auf die phänomenologische Sichtweise Merleau-Pontys bezieht, der den Körper als Werkzeug allen Verstehens und Worte als sinnliche Gebilde beschreibt, lässt sich ihre Beobachtung auch unter kognitionsästhetischen Gesichtspunkten bestätigen. Denn kognitive Wahrnehmung fußt auf sinnlich erfassten Informationen, die u. a. sprachlich, hier also genauer: ästhetisch-literarisch verarbeitet werden. Besonders deutlich wird dies an der Schrump-

---

[569] Hermann: „‚Es gibt Dinge, die es nicht gibt'", S. 15.

fung René Templs, dessen Körper von grausamen Mächten ‚verzaubert' beziehungsweise manipuliert wird und sich erst durch ein ‚magisches' Ritual – das Lesen und Begreifen bestimmter literarischer Passagen – in den Normalzustand zurückversetzen lässt. Templ zieht als Begründung für dieses sonderbare Ereignis neben den boshaften Zaubertricks des Universums auch eine metaphorische (in seinen Worten: allegorische) Deutung in Erwägung, die seine psychische Not widerspiegelt. Letztlich bleibt offen, was genau geschehen ist, wodurch die überwiegend realistische Anlage des Textes plötzlich deutlich irritiert wird. Mit Blick auf die anstehenden Analysen der drei weiteren Romane ist schon vorwegzunehmen, dass diese punktuelle Verunsicherung realistischen Erzählens kein Einzelfall in Setz' Texten ist. Darüber hinaus lässt sich der Verzicht auf konsequent geschlossene Erzählwelten als eine literarisch-fiktional induzierte Reflexion herkömmlicher Vorstellungen von Realismus beziehungsweise Darstellungen von Realität in Texten der Gegenwartsliteratur werten.[570]

---

570 Vgl. Herrmann: „Andere Welten – fragliche Welten".

8 *Die Frequenzen* (2009)

Auch Clemens J. Setz' zweiter Roman trägt eine seiner ‚Megametaphern' bereits im Titel: *Die Frequenzen* ist eine über 700 Seiten starke Versuchsanordnung von mehreren ineinander verschlungenen Lebenswegen, deren Verflechtung auf einem mysteriösen Prinzip zu beruhen scheint. Obwohl manche der Figuren ahnen, dass die Kette der ihnen widerfahrenden Ereignisse irgendeiner höheren Logik folgt und sie gelegentlich sogar Auskunft über ihre Spekulationen geben, bleibt es auch hier letztlich bei möglichen Analogien zu bekannten Gesetzmäßigkeiten, wie es schon an der Metaphorik der Planetenkonstellationen im Debütroman zu beobachten war, auf die sogar konkret Bezug genommen wird.[571]

So strukturiert die sogenannte Rube-Goldberg-Maschine nicht nur den Romanaufbau, sondern auch das Leben der Figuren und ist damit die erste erweiterte Metapher, die näher zu betrachten sein wird (Kap. 8.1). „Hintergrundrauschen"[572] des Romans bilden dabei die verschiedenen Familienkonstellationen, genauer: auch hier wieder die Vater-Sohn-Beziehungen, insbesondere das jeweilige Verhältnis der beiden Protagonisten: zum einen Alexander Kerfuchs, Studienabbrecher, gerade noch als Altenpfleger tätig und zudem wortreicher Synästhet, der als Kind von seinem Vater Georg, einem offenbar höchst idiosynkratischen Doktor der Physik, urplötzlich verlassen wurde. Zum anderen Walter Zmal, der als mäßig erfolgreicher Schauspieler soeben seine Bisexualität entdeckt hat und mit seinem dominanten Vater, einem wiederum hochangesehenen Architekten, ebenfalls im Dauerkonflikt steht. Die Professionen der beiden Väter markieren zugleich zwei wichtige Bezugspunkte des Romans: Es geht vielfach um Naturgesetze und den gebauten Raum als einflussreiche Komponenten des menschlichen Daseins unter topologischen Aspekten.

Ein rätselhafter Riss in der Kellerwand der Familie Kerfuchs – die zweite zu untersuchende Metapher – verschränkt die kognitionsästhetisch wirksame topologische Dimension mit magischen Vorstellungen und psychoanalytischen Deutungsansätzen (Kap. 8.2). Im Zentrum steht dabei die für Setz poetologisch bedeutsame Frage nach der Kausalität der Ereignisse.

---

[571] Vgl. DF: 97: „Meine erste Erinnerung ist das Bild der schwebenden Köpfe meiner Eltern über dieser Wiege: sonderbare, sich gegenseitig abstoßende Planeten, die niemals gemeinsam auftraten." Weiterhin DF: 645: „Er [gemeint ist hier Gabis Lebensgefährte Wolfgang; d. Verf.] verschwindet, lässt nichts zurück als ein paar Fliegen, die um die nackte Glühbirne über meinem Kopf kreisen, in immer wirreren Bahnen, eine chaotische Miniatur des Sonnensystems."
[572] DF: Anhang [unpag.].

Mit solchen Zusammenhängen ist auch die psychisch labile Gabi befasst, die verzweifelt versucht, sich des Stimmengewirrs in ihrem Kopf mithilfe magischer Formeln und Rituale sowie eines detaillierten Frequenzprotokolls zu entledigen, um damit sich und die Welt wieder in Ordnung zu bringen. Auch für Alexander teilt sich die Welt wesentlich in Ton- und Lichtfrequenzen mit, Störungen derselben wirken sich daher unmittelbar auf seine Wahrnehmung und Verfassung aus, was auf die titelgebende Metapher verweist und im dritten Kapitelabschnitt zu erörtern sein wird (Kap. 8.3)

Zugrundeliegendes Prinzip ist die Idee der Fernwirkung und der Kontiguität, die Kennzeichen eines magisch verfassten Weltbilds sind und im Untersuchungszusammenhang die vierte magisch-metaphorische Kategorie bildet, die es genauer zu beschreiben gilt (Kap. 8.4).

8.1 Die Weltmaschine: Zu Inhalt und Struktur des Romans

Die fiktiv-fingierte Kopie einer Doppelseite aus dem ebenfalls nicht existenten „Konversationslexikon der Jenseitsmythen" „hrsg. v. Daniel Tammuz und Prof. Herfried Lorca" mit dem Eintrag zu „Setz, Clemens Johann" umrahmt den eigentlichen Romantext. Im dezent parodierten Stil eines solchen Lexikonartikels wird darin der Inhalt des Romans wiedergegeben, der eben deshalb Eingang in dieses Nachlagewerk gefunden habe, weil „er der einzige deutsche Roman ist, der das *Konversationslexikon der Jenseitsmythen* an mehreren Stellen erwähnt". Zunächst ist festzuhalten, dass Setz also auch hier wieder mit fiktiven oder sogar fingierten Quellen arbeitet, die das Geschehen metatextuell und -fiktional umgeben, also durch erfundene, tatsächlich existierende und/oder modifizierte (Selbst-)Referenzen anreichern.[573] So wird auf der zweiten Seite des vermeintlichen Lexikoneintrags, die nach dem Ende des Romans abgedruckt ist, auf das Thema Familie aus *Söhne und Planeten* (hier als „Söhne und Parasiten" bezeichnet) verwiesen und sogar – nun wieder korrekt – daraus zitiert. Der gesamte Lexikoneintrag weist eine Reihe weiterer Verweise auf, etwa zum Stichwort „Fraktal", „Möbiusschleife" und „Schlange, sich in den eigenen Schwanz beißende" im Hinblick auf die Rekursion, die der Text hier selbst vornimmt. Man erfährt weiterhin von den Cameoauftritten des Autors Setz in seinem eigenen

---

[573] Vgl. grundlegend dazu Harald Stang: *Einleitung – Fußnote – Kommentar. Fingierte Formen wissenschaftlicher Darstellung als Gestaltungselemente moderner Erzählkunst*. Bielefeld: Aisthesis 1992 (zug. Diss. Univ. Bonn).

Roman, von den zahlreichen Figuren und ihren Funktionen für das Romangeschehen sowie von dessen Thema und Erzählstruktur: „Das umfangreiche Werk erzählt in zwei (manchmal auch mehr) parallelen Erzählsträngen von zwei Männern, Alexander und Walter, deren Beziehung sich dem Leser erst nach und nach eröffnet."[574] Erneut wird also in einem vielstimmigen Arrangement, das zunächst gleichmäßig alternierend mit den Erzählsträngen der beiden Hauptfiguren Walter und Alexander beginnt, dann aber um weitere beteiligte Figuren ergänzt wird, die Romanhandlung sukzessive entwickelt.

Gegliedert ist der Roman in drei Teile, die jeweils aus 33, 36 und acht Unterkapiteln bestehen. Dabei sind es neben den unterschiedlichen Perspektiven, von denen eine sogar die eines umherirrenden Hundes ist,[575] wieder zahlreiche Rückblenden, Träume und Visionen, Briefe, Reden, innere Monologe, Schulaufsätze, Listen, Ausstellungsbroschüren, Passagen aus Mozarts *Zauberflöte* und dem Proust'schen Fragebogen, kapiteleinleitende Zitate und Motti bis hin zu zwei weiteren Einträgen aus dem „Konversationslexikon der Jenseitsmythen", die sich collagenhaft zu einem Roman zusammensetzen. Das Ergebnis sei, laut Lexikoneintrag, „ein einziges, großes Liebesgeständnis an das nichtlineare Wesen der Zeit." (DF: 8) Fixpunkt ist dabei der gewaltsam verursachte Tod von Valerie Messerschmidt, einer Therapeutin, in die sich Alexander verliebt und der Walter sein erstes Engagement als Schauspieler zu verdanken hatte. Der dritte Teil, in dem Valeries Vater die Nachricht von dem folgenschweren Angriff mit einem Metallstab auf seine Tochter übermittelt und damit auch die Leser:innen schlussendlich über den bis dahin nur angedeuteten Hergang der Tat informiert werden, ist durchaus sarkastisch überschrieben mit: „Das rechtzeitige Köpfen des Frühstückseis" (DF: 630). Zugleich greift der Titel des Kapitels wiederum einen Gedanken Alexanders im ersten Teil des Romans auf, der sich mit der Funktionsweise einer Rube-Goldberg-Maschine befasst, die das Vehikel der Romanhandlung ist.

Die Metapher der ‚Weltmaschine' wird gleich zu Beginn eingeführt, abermals mit einem vorangestellten Zitat, dass die Beweggründe des US-amerikanischen Ingenieurs und Comiczeichners Rube Goldberg für die Erfindung seiner Nonsense-Installationen erläutert (DF: 6).[576] Eine gewisse Technik-

---

574 Alle Zitate aus der Titelei beziehungsweise im Anhang zu DF [unpag.], d. i. die Seiten 715 und 716 aus dem *Konversationslexikon der Jenseitsmythen*.
575 Vgl. dazu ausführlicher den Beitrag von Jonas Meurer: „Tiersensible Lektüren".
576 Als Quelle ist die Website www.rubegoldberg.com angegeben, auf der u. a. der jährliche Maschinen-Wettbewerb unter bestimmten Aufgaben (2020 lautete dieses bspw.: „Turn off a light!") ausgeschrieben und dokumentiert wird. Das Zitat stammt aus dem Wettbewerbsaufruf von 2012, der unter dem Motto „Make a cup of coffee!" stand.

skepsis soll demnach Anteil an der Idee gehabt haben, mechanische Vorrichtungen unter Einbeziehung von menschlichen, pflanzlichen und tierischen Elementen sowie durch Zweckentfremdung von Alltagsgegenständen zu entwerfen.[577] Als kinetische Kunst hat sie international eine Vielzahl an eigenständigen Entsprechungen, Bearbeitungen und (popkulturellen) Referenzen hervorgebracht. Eins der bekanntesten Exemplare wurde in jahrzehntelanger Arbeit von Franz Gsellmann erbaut und ist im oststeirischen Edelsbach unweit von Graz zu besichtigen.[578] Die Funktionsweise einer solchen Apparatur beruht auf rein physikalischen, meist mechanischen Gesetzen. Im Mittelpunkt steht dabei weniger das dezidiert simple Ergebnis als der unverhältnismäßig aufwendige und zugleich sorgfältig durchdachte Weg dorthin, dessen Faszination und Unterhaltungswert durch die Banalität des Resultats noch hervorgehoben werden – „ein Frühstücksei wird skalpiert oder eine Zigarre angezündet." (DF: 146) Der einstige Anblick dieser effektvollen Installation hatte auch Alexander Kerfuchs so sehr „elektrisiert", dass er „mehrere aufeinander folgende Nächte davon träumte, als wäre es eine Vision meiner eigenen Zukunft. *Weltmaschinen. RubeGoldberg-Installationen.*" (DF: 145 f.)

Bemerkenswert ist hier, dass Alexander das Prinzip einer solchen Maschine auf sein eigenes Leben überträgt, auch in Erwartung eines nur geringfügigen und wohl eher unbedeutenden Ergebnisses, das er indes noch nicht kennt. Obwohl er weder seine eigene aktuelle noch die nachfolgenden Positionen ebenso wenig wie die der anderen Wesen und Elemente im Gesamtgefüge bestimmen kann, geht er von der Wirksamkeit eines allumfassenden Systems aus. Die Geschichtlichkeit des Maschinen-Topos und seiner heterogenen Konzepte zwischen antiker *Deus ex machina*, La Mettries *L'homme machine* und dem Transhumanismus der Künstlichen Intelligenzforschung ist vielfach beschrie-

---

577 Vgl. DF: 8.
578 Auch Clemens J. Setz selbst hat sich verschiedentlich mit der „Weltmaschine" befasst; vgl. etwa seinen gleichnamigen Beitrag in: Monika Sommer et al. (Hg.): *100 x Österreich. Neue Essays aus Literatur und Wissenschaft*. Wien: Kremayr & Scheriau 2018, S. 388 f. Vgl. weiterhin Gerhard Roth: *Gsellmanns Weltmaschine*. Mit Fotografien von Franz Killmeyer. Wien u. a.: Böhlau 2004; vgl. auch die Sonderseite im Rahmen des Webauftritts der Steirischen Tourismus GmbH: https://www.weltmaschine.at (26.02.2020). Zur einer Deutung von Gsellmanns Werk unter Einbezug der archetypischen Psychologie und kybernetischen Philosophie vgl. den Beitrag von Johannes Klopf: „*Anima machinae*: Gsellmanns Grab der Seele und die technische Zivilisation", in: ders. et al. (Hg.): *Mythos – Mensch – Maschine*. Salzburg: Paracelsus 2012, S. 241–260.

ben worden[579] und strukturiert auch hier metaphorisch die Wahrnehmung der Ereignisse sowie ihre kausalen Zusammenhänge: „Seit dem Tag der Reaktorkatastrophe [von Tschernobyl, d. Verf.] hat mein Gedächtnis keine größeren Lücken, besteht aus vielen konkreten Situationen, die allesamt zusammenhängen und aufeinander einwirken, immer noch. Eine Rube-Goldberg-Maschine vergangener Ereignisse." (DF: 497) Damit wird auf das magische Prinzip der universellen Teilhabe aller Dinge und Vorgänge aneinander sowie auf die fortwährende Fernwirkung rekurriert; ein System, wie Strigl schreibt, „in dem alles mit allem mechanisch und zugleich magisch verbunden ist".[580]

Ein regelrechter Bruch innerhalb der überwiegend konstanten Diegese erfolgt gegen Ende des Romans, als Alexander Wolfgang kennenlernt, Gabis geflohenen Mann und langjährigen Freund von Alexanders ebenfalls verschwundenem Vater, der ihm vom gemeinsam verbrachten „Exil" berichtet. Ausführlich beschreibt Alexander Wolfgangs Erzähltechnik („er kann das ganz gut, muss man zugeben"), die in der übergangslosen Aneinanderreihung von Anekdoten besteht ohne roten Faden, „an dessen Spiralverläufen man vielleicht irgendein allgemeines Weltgesetz erkennen könnte" (DF: 643). Darin ließe sich ein metatextueller Hinweis auf die narrative Konstruktion des vorliegenden Romans sehen, die, wie zu zeigen sein wird, tatsächlich darum bemüht ist, „allgemeine Weltgesetze" zu formulieren. Alexander kommentiert den Gesprächsverlauf innerlich mit der sarkastischen Frage: „War's das? Ja, das war's. Okay. Also, hast du meinen Lesern noch irgendwas mitzuteilen, egal was, eine kleine Lebensweisheit, einen Aphorismus." (DF: 645) Ein weiterer metafiktionaler Hinweis auf die personelle Verquickung von Figur und realem Autor, die Setz in seinem nachfolgenden Roman *Indigo* noch auf die Spitze treiben wird (vgl. Kap. 8).

Bedeutsam ist weiterhin, dass – anders als im Fall des Erfinders Rube Goldberg – kein:e Urheber:in dieser alles umfassenden technischen Installation

---

[579] Vgl. Dominik Gruber: „Die Geist-Maschine-Analogie in Geschichte und Gegenwart", in: Klopf et al. (Hg.): *Mythos – Mensch – Maschine*, S. 113–143. Vgl. auch Frank Wittig: *Maschinenmenschen. Zur Geschichte eines literarischen Motivs im Kontext von Philosophie, Naturwissenschaft und Technik*. Würzburg: Königshausen & Neumann 1997; und Italo Calvinos literaturtheoretischen Vortrag von 1967 „Kybernetik und Gespenster", in: ders.: *Kybernetik und Gespenster. Überlegungen zu Literatur und Gesellschaft*. München: Hanser 1984, S. 7–26, dessen Prägung durch Claude Lévi-Strauss' Mythentheorie Jörgen Schäfer freilegt in „Die bedingten Buchstaben. Sprachreflexion und kombinatorische Literatur", in: ders., Thomas Kamphusmann (Hg.): *Anderes als Kunst. Ästhetik und Techniken der Kommunikation*. München: Fink 2010, S. 195–233.
[580] Strigl: „Schrauben an der Weltmaschine", S. 38; vgl. auch die Einleitung zu diesem Band.

identifiziert wird. Und dennoch ist Alexander akribisch damit befasst, die Verkettung der Ereignisse retrospektiv der Abfolge einer Weltmaschine zuzuordnen, die diese unwiderruflich in sich verankert hat. „Es war immer alles vorbestimmt" (DF: 75), denkt sich auch Alexanders Jugendfreund Walter Zmal, der zunächst vermeintlich peripher, aber, wie sich herausstellen wird, doch eng mit Alexanders Geschichte verbunden ist. Der Gedanke kommt ihm, als ihm sein Vater zur Schauspielerei rät, was er insgeheim bereits geplant hatte. Als er dann von Valerie seinen ersten Auftrag als Schauspieler im Rahmen ihrer Therapiegruppe erhält, stellt er beglückt und erleichtert fest: „Wie schön [...], wie selten und kostbar die Einsicht, dass man nichts Besonderes ist und sich alles bereits durch eine kleine Parallelverschiebung der Verhältnisse lösen lässt." (DF: 133) Auch Walter sieht also höhere Mächte am Werk, die – entlang physikalischer Gesetze – den Menschen auf seinen Platz im Universum verweisen, indem sie seinen Lebensweg koordinieren.

Parallelverschiebungen erfolgen linear, das heißt in einem System, das fähig ist, proportional auf die Veränderung eines Parameters zu reagieren. Dieser Vorgang ist beobachtbar wie auch Ursache und Wirkung in der mechanischen Abfolge einer Rube-Goldberg-Maschine prinzipiell nachvollziehbar bleiben. Selbst wenn manche Elemente und Bewegungen parallel zu anderen initiiert werden, ist der gesamte Vorgang doch als linear, allenfalls noch als kollateral zu bezeichnen. Nun behauptet der vorangestellte Paratext des Romans aber, Thema des Basistextes sei das „nicht-lineare Wesen der Zeit".[581] Verstärkt wird diese Deutung durch die mehrfach auftretenden Zeitsprünge, die manche der Figuren zu erleben meinen. Ein Phänomen, das der Auffassung einer materiell beobachtbaren, chronologischen Abfolge der Ereignisse in einer Weltmaschine als Metapher auf das menschliche Leben insofern widerstrebt, als hierin kein wirklicher Zeitsprung möglich ist – schon gar nicht in die Vergangenheit, mit deren Einordnung und zukunftsweisender Bedeutung sich die Figuren des Romans so intensiv auseinandersetzen.

Dem wird indes ein Diktum Ezra Pounds entgegengehalten: „We do NOT know the past in chronological sequence" (DF: 613),[582] das sich in einer nicht näher kontextualisierten Ausstellungsbroschüre zum Thema ‚Litfasssäule' findet, in der zudem auf die Analogie einer solchen zum Freud'schen Wunderblock verwiesen wird: Bei beiden werden Erinnerungen nicht gelöscht, sondern überschrieben oder überklebt, Schicht für Schicht, wodurch sich erst ihr innerer Sinnzusammenhang ergibt, eben: kumulativ, additiv, insofern also durchaus

---

581 Titelei zu DF [unpag.].
582 Ezra Pound: *Guide to Kulchur* [1938]. New York: New Directions 1970, S. 60.

linear und in gewisser Weise unvergänglich. Problematisch sei an der „ständigen Anwesenheit der Vergangenheit" jedoch, so steht es weiter in der Broschüre, „die verführerische Illusion, die daraus erwächst, nämlich die Annahme, ihre Les- oder Erkennbarkeit verändere sich ebenso wenig durch die Zeit wie ihr simples und beinahe schon eigenschaftsloses Da-Sein." (DF: 474) Selbst wenn die Vergangenheit durchaus linear und chronologisch angehäuft wird, ihre nachträgliche Interpretation ist es zumeist nicht. Zeitsprünge wiederum lösen schon grundsätzlich jedwede starre Kategorisierung in Vergangenheit, Gegenwart und Zukunft auf, vermitteln stattdessen eine Einheit oder Vielheit von Raum, Zeit und dem sie erfahrenden Bewusstsein.

Inwiefern also zeitliche Phänomene in die Analogie der Weltmaschine zu integrieren sind, wird nach der näheren Betrachtung der zweiten Großmetapher noch zu klären sein. Einen Hinweis liefert Reichmann, wenn er schreibt: „Wie bei einer Rube-Goldberg-Maschine kennt man zwar das Ergebnis" – hier also den Tod von Alexanders Geliebten Valerie –, „hat aber mitunter Schwierigkeiten beim Versuch, die vielen kleinen Ereignisse zu rekonstruieren, die dazu geführt haben."[583] Dass das höchstwahrscheinlich auch gar nicht beabsichtigt ist, stellt hingegen Kupczyńska heraus, da die Weltmaschine „vielleicht die wichtigsten Widersprüche des modernen Zeitalters – technische Pragmatik und phantasievolle Ausschweifung, Zweckorientierung und Spiel, rationale Kalkulation und Zufall –" vereint und damit „ein Denken in Oppositionen als provisorisch" desavouiert.[584] Kausalität und Chronologie nach den Prinzipien der Weltmaschine sind demnach nur vorgetäuscht beziehungsweise werden ironisiert und letztlich sowohl auf der Ebene des *discours* als auch auf der Ebene der *histoire* ausgehebelt. Durch dieses metaleptische Verfahren vermischen sich die Ordnungen der Wirklichkeit und der Fiktion – ein kaum durchschaubares narratives Spiel, das Clemens Setz zu Beginn und zum Ende des Romans durch die genannten autofiktionalen Referenzen noch einmal potenziert.[585]

---

[583] Wolfgang Reichmann: [Art.] „Clemens J. Setz", in: Kalina Kupczyńska (Hg.): *Junge und jüngere Literatur aus Österreich* (= KLG-Extrakt. Hg. von Hermann Korte). München: edition text+kritik 2017, S. 143–164, hier S. 148.
[584] Kupczyńska: „„Einfluss' und seine Frequenzen in der Postmoderne", S. 27.
[585] In einem der letzten Kapitel macht der soeben verstorbene Messerschmidt auf dem Weg ins Jenseits eine sonderbare Begegnung: „Ein junger, ernster Mann mit Brille. Er fühlte sich auf Hochzeiten nie wohl, da sie ihn an das Kinderkriegen und das uralte Elementarproblem von Vater und Sohn erinnerte, über das er so lange nachgedacht hatte, bis er schließlich einen quirlig-verzweifelten Roman darüber geschrieben hatte." DF: 695. Und im Kapitel „End Credits" heißt es: „Ein junger Mann mit Brille, der über seine Zehen nachdenkt, setzt sich an einen Schreibtisch und beginnt, einen langen Roman zu schreiben." DF: 712.

8.2 Der Riss

Das Phänomen korrelierender, aber kausal nicht nachvollziehbarer Ereignisse bezeichnet C. G. Jung mit dem Begriff der „Synchronizität", und zwar „in dem speziellen Sinne von zeitlicher Koinzidenz zweier oder mehrerer nicht kausal aufeinander bezogener Ereignisse, welche von gleichem oder ähnlichem Sinngehalt sind".[586] Der subjektive psychische Zustand wird als parallele Erscheinung zu einem oder mehreren äußeren Ereignissen wahrgenommen (ggf. auch umgekehrt). Ein zumeist geheimes Ordnungsprinzip wird gerade da unterstellt, wo es keine rationalen Erklärungen zu geben scheint. Über die bloße Kontingenz hinaus kommt dem Ereignis somit eine numinose Qualität hinzu, die auf ein zugewandtes Tätigsein eines ‚übersinnlichen' Agens rekurriert.

Der plötzlich auftauchende Riss in der Kellerwand der Familie Kerfuchs lässt sich als eine solche Synchronizität mit der sich ankündigenden familiären Katastrophe deuten. „Der Riss war in meinem sechsten Lebensjahr aufgetaucht, gegen Ende eines ungewöhnlich heißen Sommers", erinnert sich Alexander. Und dieser Riss ist von besonderer Beschaffenheit: „Im Unterschied zu all den anderen Gegenständen meiner Kindheit war er etwas, das man nicht besitzen konnte; der Riss besaß einen, wenn überhaupt. Aber seine eigentliche Natur war die völliger Ungreifbarkeit, jenseits aller Fragen von Besitz." (DF: 102) Tatsächlich scheint sein Vater von diesem Riss geradezu besessen zu sein, den er fortan penibel observiert, zeichnet und bearbeitet mit dem Ziel, dessen Herkunft und Verlauf zu analysieren. Eine Mission, bei der er in jedem Fall ungestört sein will und sich folglich noch stärker als ohnehin schon von seiner Familie abwendet.

Die metaphorische Bedeutung des Risses bleibt den Figuren des Romans nicht verborgen. Alexanders Mutter deutet ihn zunächst noch bemüht optimistisch als Zeichen eines reaktivierten familiären Zusammenhalts, gibt aber darin zugleich ex negativo ihre Angst vor der unheilvollen Symbolik preis: „Ich bin mir sicher, dass das nicht ohne Grund passiert [...]. Ich weigere mich, das irgendwie als Strafe zu betrachten, weil ich ... weil ich glaube, dass uns dieser Riss als Familie noch enger zusammenschweißen wird." (DF: 104) Der Vater jedoch macht jedwede positive Deutung des Risses „mit einigen sachlichen Erläuterungen" zunichte: „Er führte Zauberworte wie Fundament, Tragfähigkeit und Naivität ein. Die Naivität unseres beschädigten Hauses war dabei das

---

[586] Vgl. Carl Gustav Jung: „Synchronizität als ein Prinzip akausaler Zusammenhänge", in: ders.: *Gesammelte Werke*. Bd. 8: *Die Dynamik des Unbewußten*. Hg. von Marianne Niehus-Jung et al. Olten, Freiburg i. Br.: Walter 1971, S. 475–577, hier S. 500 f.

stärkste Argument." (DF: 104) Auch Alexander rätselt über die „unbegreiflichen Eigenschaften" des Risses, insbesondere aber über die ungute Faszination, die dieser auf seinen Vater ausübt: „Ich war verwirrt. Die Idee eines Risses, der sich weiter erstreckte als alle Wände, war mehr, als ich mir vorstellen konnte. Konnte ein Riss ohne eine Wand überhaupt existieren?" (DF: 103) Und weiter:

> Ich sah aus dem Fenster. Ging der Riss da unten einfach weiter, durch die Luft, als unsichtbare Verwerfung? War der Raum an dieser Stelle entzweigebrochen? Und was geschah, wenn man ahnungslos hindurch rannte? Man knickte einfach in der Mitte ein oder platzte an der Seite auf. Wie sah ein Mensch überhaupt aus, innen? Ich brütete über die sonderbaren Einsichten, die meinem Vater den ganzen Tag durch den Kopf gehen mussten. Wie fühlten sich solche Einsichten wohl an? Es war ohne Zweifel unangenehm, sie zu besitzen. Er geht einfach weiter. (DF: 103 f.)

Obwohl er ihn zunächst nicht auf die Entzweiung seiner Familie bezieht, stellt Alexander Vermutungen zu den kontingenten Effekten beziehungsweise mit C. G. Jung gesprochen: zur Synchronizität des Risses an: „Das Auftreten des Risses fiel mit einigen anderen unangenehmen Vorfällen zusammen. In der Schule wurde ich von einem Schläger namens Philipp belästigt." (DF: 109 f.) Nach dem plötzlichen Verschwinden des Vaters ist es der Riss, der Mutter und Sohn zum Umzug bewegt, denn „der Riss erschien uns, da mein Vater nicht mehr da war, als zu unberechenbar". (DF: 200) Und schließlich ist es auch dessen prophetische Kraft, die Alexander viele Jahre später anhand von Valeries Tod bestätigt sieht und ihn daran erinnert: „Das ist nicht ohne Grund passiert, sagte die Stimme meiner Mutter vor siebzehn Jahren in meinem Kopf. Der Riss, breit und unübersehbar, mitten in der Wirklichkeit." (DF: 609)

Die poetisch-poetologische Bedeutsamkeit des Risses für Clemens J. Setz wurde schon anhand seines oben erläuterten Essays über den *Glitch* ersichtlich, der in Computerspielen ebenso wie in der empirischen Wirklichkeit, mithin in der Literatur auftreten kann und somit die Kohärenz der jeweiligen Welt mindestens in Frage stellt (vgl. Kap. 2.3), aber auch eine „ästhetische Dimension" aufmacht, die „das Fehlerhafte poetisiert und etwa zum Gegenstand der Handlung macht".[587] Darüber hinaus hat der Riss an sich natürlich eine starke Metaphorik als eine sich allmählich vollziehende oder auch plötzlich auftretende Trennung einer Fläche beziehungsweise Textur, aber auch von Vorgängen, Objekten und Substanzen in mindestens zwei ursprünglich zu einer Einheit verbundenen Teilen, die mit der Schädigung ihrer einst zweckhaften Beschaffenheit bis zur Unbrauchbarkeit einhergehen und ebenso gut die willentliche

---

587 Lehmann: „Rauschen, Glitches, Non sequitur", S. 134.

Loslösung aus einem nicht (länger) erwünschten Verbund bedeuten kann. Eine solche Trennung wird daher je nach Blickwinkel als ‚Akt' oder ‚Prozess' einerseits, als ‚Zustand' oder ‚Resultat' andererseits aufgefasst, wie dem einleitenden Beitrag von Katharina Alsen und Nina Heinsohn zu ihrem Sammelband zu entnehmen ist, der aus interdisziplinären Perspektiven „Deutungspotenziale von Trennungsmetaphorik" vermisst: „So treten Destruktion und Versehrung, Konstruktion und Kreativität, Öffnung und Befreiung mit der Trennung gleichermaßen ins Blickfeld – eine Ambivalenz, der es an lebensweltlicher Fundierung nicht mangelt", denn sie erstreckt sich potentiell auf das ganze „Spektrum menschlicher Erfahrung und findet Eingang in den metaphorischen Gebrauch".[588] Im Zuge dessen offenbare sich eine „metareflexive Funktion" des Risses als „Metapher, die bei aller Verwendung – wofür auch immer – eine Bestimmung von Metaphorizität selbstbezüglich zum Ausdruck bringt. Eine Metapher ist *als Metapher* ein Riss [...]."[589] Das erinnert wiederum an die vielzitierte Phantastik-Definition Roger Callois', der zufolge sich das „Übernatürliche wie ein Riß in dem universellen Zusammenhang" offenbare: „Es ist das Unmögliche, das unerwartet in einer Welt auftaucht, aus der das Unmögliche per definitionem verbannt worden ist."[590] Für Alexander bleibt der Riss ein Zeichen des präsentisch Unverfügbaren, das Trennung und Verlust ankündigt: „Etwas Unfassbares ist geschehen, ein Vorgang größter Tragweite, für den es keine Erklärung gibt, ein Ereignis außerhalb der Kausalität, ein furchtbares Wunder", heißt es treffend in einer Rezension des Romans.[591]

---

[588] Katharina Alsen, Nina Heinsohn: „Deutungspotenziale von Trennungsmetaphorik. Interdisziplinäre Perspektiven", in: dies. (Hg.): *Bruch – Schnitt – Riss. Deutungspotenziale von Trennungsmetaphorik in den Wissenschaften und Künsten*. Berlin, Münster: Lit 2014, S. 1–37, hier S. 13. Die kognitive Metapherntheorie hingegen verneint das hier implizierte Nacheinander, also die Differenzierung von mentalen Strukturen und einem daraus resultierenden metaphorischem Sprachgebrauch, da es sich vielmehr um einen ineinander verwobenen Prozess handelt.

[589] Philipp Stoelger: „Im Anfang war der Riss... An den Bruchlinien des Ikonotopos", in: Alsen/Heinsohn (Hg.): *Bruch – Schnitt – Riss*, S. 185–224, hier S. 212.

[590] Roger Callois: „Das Bild des Phantastischen. Vom Märchen bis zur Science Fiction", in: Rein A. Zondergeld (Hg.): *Phaicon I. Almanach der phantastischen Literatur*. Frankfurt a. M.: Insel 1974, S. 44–82, hier S. 46. Vgl. hierzu auch Cassirers Ansatz, der in seiner *Philosophie der symbolischen Formen* schreibt, dass es im Mythos „noch keinen Riß zwischen der ‚eigentlichen' Wahrnehmungswirklichkeit und der Welt der mythischen ‚Phantasie'" gebe; ders.: *Philosophie der symbolischen Formen*. Dritter Teil: *Phänomenologie der Erkenntnis*. Hamburg: Meiner 2010, S. 68.

[591] Kämmerlings: „Vor den eigenen Fiktionen gibt es kein Entrinnen".

Auch sonst befassen sich die Figuren des Romans viel mit Kanten,[592] Flächen und Formen, deren Berührung entweder beruhigt oder Ekel hervorruft,[593] mit den vielen „unbegreifliche[n] Begrenzungen" einer Welt, „in der es Menschenhaut, Zimmerwände und Staatsgrenzen gibt",[594] und mit ihren Rändern: Gleisränder und Waldränder, Regalränder und Papierränder, Wundränder, Ränder der Verdunkelung, Ränder auf Uhrendisplays und Fotos, an Joghurtbechern und auf Buchseiten, die Ränder des Gesichts- oder Blickfelds, die „an den Rändern der Konsonanten sonderbar abgewetzte[ ] Sprache" (DF: 129), die Zehen als äußerster Rand des Körpers.[595] Über Alexanders mysteriösen Nachbarn und Vermieter Steiner erfährt man schließlich: „Seit einiger Zeit fielen ihm überall die Ränder auf, die alle Dinge hatten." Manchmal erscheint ihm einer dieser Ränder „auf beklemmende Weise nicht ausgeprägt genug und er zog ihn nach, zuerst nur symbolisch mit seinem Finger, dann mit einem Bleistift. Er fürchtete um die Dinge. Viele schienen sich ihrer endgültigen Form nicht sicher zu sein." (DF: 189) Alexander gehen ähnliche Gedanken durch den Kopf. Beim Beobachten der „comicartige[n] Schärfe", die einfallendes Licht manchmal Gegenständen verleiht, sinniert er gewissermaßen im Anschluss an Steiners Gedanken: „Die Ränder der Dinge schienen ihr eigentliches, unbemerktes Geheimnis zu sein. Ein Mückenschwarm, der in die Nacht davontanzte, glitt durch die Dinge hindurch, als gäbe es keine festen Oberflächen." (DF: 321)

Gestalt und Wesen der Dinge, darunter auch ihre Unvollkommenheit, ist ein zentrales Thema, das variantenreich durchgespielt wird.[596] Unzureichende,

---

592 Vgl. etwa DF: 620: „als besäße jeder Vokal eine scharfe Kante".
593 Gleich zu Beginn heißt es über Walter: „Er schüttelte den Kopf über seine Schreckhaftigkeit, griff in die Mantelinnentasche und berührte die kleine, scharfkantige Fahrkarte, nur um sich zu vergewissern, dass alles in Ordnung war." DF: 9. Vgl. dazu auch Walters Ekel beim Betasten von Stoffhosen: „Er fragte sich, woher dieses Ekelgefühl bei der Berührung bestimmter Oberflächen komme, was für eine evolutionäre Begründung es dafür wohl geben mochte. Kratzspuren auf Baumrinden. Verletzungsgefahr, automatisch entdeckt von sensiblen Fingerkuppen. Oder es hatte überhaupt keinen Sinn und war einfach nur da." DF: 445. Vgl. weiterhin Alexanders Reaktion auf Valeries Weggang: „Nachdem sie gegangen war, berühre ich ein paar Dinge auf dem Schreibtisch. Eine Zigarettenpackung. Einen Tixospender, der die Zunge zeigte. Ein paar gebrauchte Batterien. Einen magischen Kugelschreiber, der mit Hilfe eines Magneten auf seiner Spitze balancierte." DF: 346.
594 DF: 489.
595 Ein Gedanke, der sich in *Die Stunde zwischen Frau und Gitarre* wiederfindet; vgl. FuG: 485: „Zehen. Der geborgenste Teil am eigenen Körper. Wie eine Außenstation, die verlässlich Nachrichten an das Hauptquartier weiterleitete."
596 Alexander beklagt sich in einem wortreichen Selbstgespräch, das er zur Tarnung in sein Mobiltelefon spricht: „Wörter im stillen Gedankenfluss sind irgendwie hautlos oder nur eine

beschädigte oder gänzlich fehlende Begrenzungen von Dingen oder Zuständen führen zu allerlei kuriosen oder unheilvollen Begebenheiten. Die „mystische Vision" von einem Riss, der „quer durchs Zimmer ging, nein, quer durch die Raumzeit", sucht Alexander noch im jungen Erwachsenenalter heim, und obwohl die Verwerfung unsichtbar ist, kann er sie doch genau orten und beschreiben: „Sie versetzte das ganze Zimmer in Schwingungen. Die verborgene Herzsaite der Dinge" (DF: 274) – ein Hinweis auf die im Folgenden noch genauer zu untersuchenden Frequenzen. Ein besonders eindrückliches Exempel plötzlich aufgelöster Grenzen widerfährt ihm während eines Telefonats mit Valerie: „Sie lachte am anderen Ende der Leitung. Dann streckte sie ihre Hand aus und berührte mich am Kinn, trotz der Distanz, die uns trennte." (DF: 255)[597]

Einen ganz und gar irreparablen Schaden von universellem Ausmaß verursacht Steiner, als er eines Tages irrtümlich ein Kalenderblatt zu viel abreißt: „Jetzt kam die Sieben zum Vorschein, diese schlanke und lasziv zur Seite geneigte Zahl, ein böses weibliches Omen. Nicht umsonst sagte man auch *die* Sieben. Eine verwunschene Zahl. Keine guten Dinge waren siebenfach vorhanden. Die Sieben Weltwunder –". (DF: 566) Der Zahl Sieben wird in der Tat ein durch alle Zeiten und Kulturen breites Repertoire an magischen Qualitäten zugedacht, von denen hier manche aufgerufen werden.[598] Für Steiner ist jedoch weniger die Symbolik der Zahl als vielmehr die Konsequenz seiner Tat von Bedeutung, nämlich dass das unbedachte Abreißen des Kalenderblattes einen unvermeidlichen Zeitsprung zur Folge hat, der wiederum alles ins Wanken bringen würde: „Es war Abend und an der Wand hing das Datum des Folgetages. Wie sollte er diese Nacht überstehen. Alles war aus den Fugen geraten." (DF: 567)

---

geschmacklose Vorform von echten Wörtern. Lautes Sprechen ist viel natürlicher als Denken." DF: 523; vgl. 400 f., als der alte Herr Messerschmidt über seine Einsamkeit sinniert: „Allein. Der absurdeste Zustand von allen. Als wäre die Eins eine wirkliche Zahl, mit der man etwas anfangen konnte. Dabei war sie lediglich die Vorform einer Zahl, eine Art abstrakte Masturbation. Und die Null war überhaupt keine Zahl, sondern ein Phantom, eine schlechte Metapher. Wie ein verkleideter Zwerg unter lauter Kindern."

597 Ähnliches scheint dem Lehrer Setz in *Indigo* zu widerfahren; vgl. Kap. 9.4 in diesem Band.
598 Vgl. u. a. Ernst Hellgardt: [Art.] „Zahlensymbolik", in: Klaus Kanzog et al. (Hg.): *Reallexikon der deutschen Literaturgeschichte*. Bd. 4: *Sl–Z*. Berlin, New York: De Gruyter ²1984, S. 947–957; Franz Carl Endres, Annemarie Schimmel: *Das Mysterium der Zahl. Zahlensymbolik im Kulturvergleich*. Kreuzlingen, München: Diederichs 2005. Eine gute Übersicht in populärwissenschaftlicher Aufbereitung bietet auch Reinhard Schlüter: *Sieben. Eine magische Zahl*. München: dtv 2011.

Während Steiner versehentlich das Universum in die Zukunft gezwungen hat, vollzieht sich Walters Zeitsprung in die Vergangenheit durch den vertrauten Schrankgeruch aus Kindertagen, den sein Pullover unmittelbar angenommen hat, nachdem er ihn nur kurz in diesen hineingelegt hatte. Und Alexander erlebt ad hoc einen solchen Zeitsprung, als er feststellt, dass er durch die versäumte rechtzeitige Immatrikulation sein Soziologiestudium nicht wieder aufnehmen kann, obwohl er dafür extra seinen Job als Altenpfleger aufgegeben hat.[599]

Zeitsprünge bestehen also im Auslassen eines (oder mehrerer) wie auch immer definierten Abschnitts einer zeitlichen Abfolge, die man als gegeben annimmt. Das entspricht also eher der Vorstellung eines unendlichen Möbiusbandes, dessen namensgebender Erfinder mit der „Theorie der elementaren Verwandtschaft" von 1863 topologisch äquivalente Formen beschreiben wollte, was insbesondere für die oben genannten Phänomene der Flächen, Ränder und Formen inklusive des Risses zutrifft. Wie die „sinnvollen Zufälle" der Synchronizität widersprechen Zeitsprünge aber der Stringenz des mechanistischen Weltbildes, das durch die Rube-Goldberg-Maschine vermittelt wird, die stets einen Anfang und ein Ende hat und in ihrer Abfolge nicht umkehrbar ist. Demzufolge handelt es sich hier um zwei konkurrierende Metaphernfelder, deren jeweilige Synthese nicht auf dasselbe hinausläuft. Ihr gemeinsames Anwendungsprinzip bleibt aber die Analogiebildung von äußeren und inneren Vorgängen, die sich im magischen Denken gerade dadurch auszeichnet, dass Kausalketten nicht in strenger Logik geknüpft werden, sondern vor allem das Ergebnis ihre Wirksamkeit beglaubigt.

8.3 „Über den Zusammenhang von Zufall und Ordnung in der Welt": Die Frequenzen

Johannes Kepler ging von einer musikalischen Harmonie des Universums als Ausdruck des Göttlichen aus, was bereits in *Söhne und Planeten* eine Rolle spielte. Das Motiv einer alles durchdringenden, ordnenden Maßeinheit für periodisch auftretende Phänomene findet sich in den titelgebenden Frequenzen im zweiten Roman wieder – allerdings herrscht auch hier erneut schwer erträgliche Unordnung und Disharmonie. Alexander leidet seit seiner Kindheit unter dauerhaften Ohrengeräuschen und reagiert – zumal als Synästhet – äußerst sensibel auf die Töne, Geräusche und Stimmen seiner Umwelt. Wie die oben beschriebenen Ränder können sie ebenso angenehm beglückend und sinnstiftend

---

599 Vgl. DF: 514.

wie angsteinflößend und chaotisch sein,[600] in jedem Fall erscheinen sie als den Dingen innewohnende und sie miteinander verbindende Elemente. So hat Valeries Sprechstimme zufällig dieselbe Tonhöhe wie Alexanders Ohrgeräusch, „allerdings transponiert in höhere Frequenzbereiche." (DF: 255)[601] Nicht nur Ton-, sondern auch Lichtfrequenzen beeinflussen Alexander, als er etwa bei einem Discobesuch feststellen muss, dass ihn die zunehmende Frequenz der blitzartigen Lichter – „wohl nahe bei 10 oder 11 Hz, der Frequenz der Alphawellen im Gehirn" – „schwindlig und benommen" macht und dazu führt, dass die tanzenden Jugendlichen „in Trance" fallen, „Farbexplosionen" und „religiöse Ur-Symbole: Kreuze, Kreise, Spiralen, Sterne" sehen (DF: 320).

An anderer Stelle erklärt er, dass man „ausbalanciertes Licht", „eine halbwegs vernünftige Geräuschkulisse" sowie „einigermaßen erträgliche Temperaturverhältnisse" brauche, um bei Verstand zu bleiben. Darin sieht er ein „verkleidetes Naturgesetz", wie die „universelle Zweiteilung in Tag und Nacht", auf die der Mensch angewiesen sei, sonst ergehe es ihm wie den Vögeln, die die ultravioletten und infraroten Frequenzbereiche eines Regenbogens sehen könnten, die ihnen Angst machten und sie infolgedessen verrückt werden ließen (vgl. DF: 526). Alexander erkundet hier also die basalen Konditionen menschlichen Daseins, deren Abweichungen mindestens eine physische und psychische Zumutung bedeuten, wenn nicht gar in den Wahnsinn führen.

Psychisch versehrt ist auch Gabi, eine der Nebenfiguren, die sich wegen ihrer Stimmen im Kopf bei Valerie in Behandlung begibt. Insofern ist das dem Roman vorangestellte Zitat Robert Musils über das Schwinden der Eindruckskraft alles Beständigen im menschlichen Bewusstsein in gewisser Weise irreführend, denn Musils Schlussfolgerung aus dem *Nachlaß zu Lebzeiten* von 1936: „Ein lästiges dauerndes Geräusch hören wir nach einigen Stunden nicht mehr"

---

[600] Vgl. DF: 352: „Ich schaute den Fieberträumen des Bildschirms eine Zeitlang zu, dann schaltete ich den Ton ein. Alles ergab plötzlich mehr Sinn, und ich ertappte mein Knie dabei, wie es zu einem Rapvideo mitwippte, dessen ansteckender Rhythmus dem schwappenden Geräusch von Badesandalen ähnelte, wenn man damit kraftlos über nasse Fliesen schlurft." Vgl. auch DF: 29 f.: „Als Kind hatte er einmal zugesehen, wie jemand ein Klavier stimmte, und sich entschieden, auf keinen Fall Klavierstimmer zu werden. Entsetzlich, diese richtigen Töne und Frequenzen und Feineinstellungen!"; vgl. auch DF: 620: „[...] aber dieses Gitarrenriff, diese zwei, drei Akkorde [...] haben die Fähigkeit, einen glücklich zu stimmen. Wie zum Teufel machen sie das? Es liegt vielleicht daran, dass ich mein Gehirn mit Getränken unterschiedlichster Art auf die Frequenz eines melancholischen Nachtwächters heruntergetunt habe, der während seiner ewigen Rundgänge interessante Dinge im Mond erkennt."

[601] Dort heißt es weiter: „Das Ohrgeräusch sei außerdem genau jenes Geräusch, das entstehe, wenn sie sich den Stoff ihrer Hose über die glattrasierten Beine ziehe, dieses unnachahmliche Siii, ein seidig behauchter Ton wie von einer gestrichenen Harfensaite."

(DF: 7)[602] gilt weder für Alexander noch für Gabi.[603] Hinzu kommt in ihrem Fall, „dass es gar keine Frequenz mehr war, kein einfacher Dauerton, sondern ein Schwirren von Stimmen, mit einer Hauptstimme, die mit ihrer hellen Degenspitze immer wieder hervorstach (und die Gabi auf ihrer Stirn spüren konnte)." (DF: 304) Valerie rät ihr, durch Nachahmung die störenden Stimmen in ihrem Kopf zu integrieren, was Gabi nach einigen Versuchen auch gelingt. Sie sucht nach gleichklingenden Wörtern und spricht sie ihrem Spiegelbild vor:

> Und siehe da, es war ganz leicht. Sie musste der Lösung all ihrer Probleme auf der Spur sein! Bald hatte sie das perfekte Abbild der Stimme gefunden. [...] Dass sie jetzt ein Wort ausgesprochen hatte, das tatsächlich existierte, fühlte sich an wie der Schlüssel zu einem weiteren Geheimnis, das in dem Ohrgeräusch verborgen war. [...] Das muss es sein. Ich muss die Dinge geradebiegen, die aus irgendeinem Grund unvollständig durch mein Gehirn geistern. Vielleicht ist gerade das der Grund, warum sie dort feststecken – ihre Sinnlosigkeit. (DF: 305)[604]

Um die Wirksamkeit dieser Methode zu testen, legt Gabi eine Nadel in das Bett ihres neugeborenen Kindes: „Denn wenn es eine Gerechtigkeit gab auf Erden, würde sie am nächsten Morgen immer noch dort liegen, das Kind unversehrt und unwissend" – was wie die zur Grausamkeit pervertierten Logik einer Verrückten klingt, ist für die euphorisierte Gabi der Beweis einer tieferen Sinnhaftigkeit, denn „alles wäre wahr, was man ihr über die Bedeutung der Frequenzen gesagt hatte und über den Zusammenhang von Zufall und Ordnung in der Welt". (DF: 307) Umso härter trifft sie Valeries Ablehnung der daraufhin müh-

---

602 Robert Musil: „Denkmale", in: ders.: *Gesammelte Werke. Bd. 2: Prosa und Stücke. Kleine Prosa, Aphorismen. Autobiographisches. Essays.* Hg. von Adolf Frisé. Reinbek bei Hamburg: Rowohlt 1978, S. 506–509, hier S. 507.
603 Lehmann konstatiert: „Wie auch in Musils Kakanien, in dem das Hintergrundrauschen, der bevorstehende Krieg, so omnipräsent ist, dass es zum (leicht überhörbaren) Grundton der erzählten Welt wird, ist auch bei Setz das Rauschen Normalität für die Figuren. Setz' Text wertet Störungen dadurch um. Sie sind nicht länger Ereignis, sondern werden Zustand." Letzteres ist zweifellos richtig, vernachlässigt aber dennoch einen qualitativen Aspekt, den Lehmann schließlich selbst benennt, wenn er schreibt: „Mindestens drei Figuren im Roman leiden unter Ohrenrauschen" und „hadern mit ihrer Lebenswirklichkeit" – von Normalität und Gewöhnung kann demnach keine Rede sein, vielmehr scheint das Leiden an peinigenden Hintergrundgeräuschen weit weniger ungewöhnlich zu sein, also mehr Menschen zu betreffen, als vermutet. Lehmann: „Rauschen, Glitches, Non sequitur", S. 127 f.
604 In gewisser Weise ließe sich hier eine Verarbeitung neuplatonischer Lehren ausmachen, die, wie magische Vorstellungen, davon ausgehen, dass die sinnlich wahrnehmbare Welt ein Abbild der (höherwertigen) geistigen Welt der Ideen ist und der Mensch als sinnliches Wesen insofern immer an dieser teilhat.

sam angefertigten Protokolle aller Frequenzen – „einfach alle!" (DF: 312) – mit dem auch metafiktional lesbaren Hinweis, dass „das mit den Frequenzen vielleicht mehr als *Bild* gemeint war." (DF: 355)

Valerie spricht überhaupt gern in Bildern, als sie beispielsweise Walter bei seinem Einstellungsgespräch von einem angenehmen Schwindelgefühl erzählt, das auftrete, wenn man erkenne: „jeder Mensch ist nur eine gespannte Saite über dem Abgrund." (DF: 277) Und sie berichtet Gabi einleitend als Maßnahme zur Linderung der unangenehmen Frequenzen in ihrem Kopf von einem Mann, der nach einem Unfall mit einem Metallstab im Kopf weiterleben muss und sich schließlich damit arrangiert. Das Wort „Metallstab" wird für Gabi daraufhin zu einer Art Zauberformel, die sie immer und immer wieder vor sich hersagt, um das Gleichnis ihrer Therapeutin auf ihre eigene Situation zu übertragen. – Dass Valerie später mit einem Metallstab erschlagen wird, mag ein Hinweis auf die Täterschaft sein oder aber erneut Ausdruck einer Synchronizität, jedenfalls wird dieser Umstand nicht näher erläutert.

Alexander hält Valeries Vorgehensweise zunächst für grausam: „Aber warum erzählst du den Menschen, ihre Ohrgeräusche hätten irgendeine Bedeutung, wenn sie doch nur Abbilder ihrer tief sitzenden Neurosen und Verzweiflungen sind?", kommt dann aber zu dem Schluss, dass die Frequenzen, tatsächlich „das Entscheidende" sind – „immerhin existiert die Welt aus Geräuschen zwischen 20 und 20 000 Hertz und elektromagnetischen Wellen von 400 bis 800 Nanometer Länge. Für alles andere braucht man Prothesen" –, eine Einsicht, die er an der Stimme seiner Mutter festmacht, „die für alles eine eigene Tonlage" hat (DF: 525) und ihn von Beginn an konditioniert habe, selbst wenn er die einzelnen Worte nicht versteht.

Seine daran anschließenden Ausführungen zum ‚moralischen Aspekt des Lichteinfalls' führen erneut auf eine Metaebene der Reflexion:

> Das Licht, die Stimmung, die Klarheit der durch die Taschenlampe im Mund des Erzählers angestrahlten Details – all das führt einen, wenn es zweideutig und unklar ist, in ein Niemandsland zwischen Schuld und Unschuld, Hoffnung und Aussichtslosigkeit, Über- und Unterlegenheit. Je detailreicher die Dinge und dem Mikroskop daliegen, desto schwieriger ist es, klare Antworten auf ihre stumme Existenz zu geben. Der moralische Aspekt des Lichteinfalls ist im Grunde gleichbedeutend mit der Anwesenheit des Autors in einer Geschichte, also der Anwesenheit Gottes.[605]

---

[605] Wie schon im Debütroman wird hier der niederländische Barockmaler Jan Vermeer (1632–1675) anhand des Lichteinfalls in seinen Bildern mit dem Göttlichen in Verbindung gebracht:

Dieser poetologisch auszuwertende Kommentar zu narratologischen Verfahren lässt sich konkret auf die Erzählweise des vorliegenden Romans beziehen und fokussiert darüber hinaus wieder die Metapher der (Licht- oder Ton-) Frequenzen, deren Ergründung, Ordnung und Kontrollierbarkeit eine Instanz – hier: der Autor = Gott – zu verantworten hat.[606] Weder Detailreichtum noch die mehrfache Schilderung bestimmter Ereignisse aus verschiedenen Perspektiven tragen signifikant zur Erhellung der tatsächlichen Geschehnisse bei.[607]

8.4 Fernwirkung

Es ist bemerkenswert, wie häufig die Figuren in Setz' Romanen einerseits souverän über die, rein logisch betrachtet, doch wenig wahrscheinliche Existenz magischer Phänomene reflektieren, andererseits dann aber völlig unkritisch ihren Prämissen folgen. Besonders deutlich wird das an dem Begriff der Fernwirkung, unter dem sich grundsätzlich alle bislang beschriebenen Vorkommnisse versammeln lassen, da stets von einem rational beziehungsweise logisch nicht begründbaren Zusammenhang zweier aufeinander einwirkender Elemente ausgegangen wird.

„Was? Ha! Ja ... Gott, eine Vorform Vermeers." DF: 527; vgl. SuP: 89, sowie Kap. 7.1 in diesem Band.

606 Vgl. auch Kap. 8.1 zum fingierten Eintrag „Setz, Clemens Johann" aus dem sog. *Konversationslexikon der Jenseitsmythen*, der den eigentlichen Romantext der *Frequenzen* umrahmt. In eindeutiger, wenn auch abbrevierter Anspielung auf das berühmte Diktum Voltaires, dass man Gott hätte erfinden müssen, wenn er nicht existierte, wird hier die autofiktionale Inszenierung des realen Autors Setz thematisiert: „Was er damit ausdrücken wollte, ist nicht überliefert. Vielleicht nur, dass man ihn, wenn er nicht existieren würde, kurzerhand er-." (DF, Anhang [unpag.]); vgl. Reidy: *Rekonstruktion und Entheroisierung*, S. 268 f. Zu den poetologischen Metareflexionen über Ezra Pounds Konzept der „luminous details" in FuG; vgl. Kap. 10.5.

607 Mit Recht weist Kupczyńska in diesem Zusammenhang darauf hin, dass „die Wiederholungsbeziehungen zwischen Erzählung und Diegese" in Genettes Erzähltheorie ebenfalls Frequenzen heißen. „Genette unterscheidet vier Typen von Frequenzen, bei Setz ist einer davon – ‚n-mal erzählen, was einmal passiert ist', also ‚repetitive Erzählung' – besonders prominent und hilfreich für das Verstehen der narrativen Struktur des Romans." Kupczyńska: „‚Einfluss' und seine Frequenzen in der Postmoderne", S. 24, unter Verweis auf Gerard Genette: *Die Erzählung*. München: Fink ³2010, S. 73 f. So wird beispielsweise der tödliche Angriff auf Valerie aus der Sicht ihres Hundes Uljana erzählt (vgl. DF: 374), dann aus der Perspektive von Alexanders Nachbarsjungen Gerald, der alles mit seinem Handy filmt (vgl. DF: 702), und schließlich scheinen auch Walter (vgl. DF: 413) und Gabi (vgl. DF: 305 f.) mit dem Vorfall in Verbindung zu stehen, ohne dass dadurch der Tathergang nennenswert an Klarheit gewinnt.

Namentlich befasst sich Alexander damit, als er in einer seiner vielen „kleine[n] Fantasien" und Visionen eine Fernsehdokumentation zum „Remote Controlling" einer „neue[n] Volkskrankheit" des „ferngesteuerte[n] Telefonismus" (DF: 471) imaginiert: Es handelt sich dabei um geschickt lancierte Anrufe von Personen aus dem näheren Umfeld, die sich aber strafrechtlich nicht als Belästigung werten lassen, weil lediglich von „ganz allgemeinen unangenehmen Angelegenheiten" gesprochen wird, die das Opfer auf subtile Weise umso mehr in den Wahnsinn treiben: „Der Begriff Remote Controlling kommt daher, weil dabei eine Art von Fernsteuerung ausgeübt wird – von einer weit entfernten Person auf eine andere. Das Opfer weist bei dieser Art von Fremdbeeinflussung zumeist ähnliche Symptome auf wie ein Suchtkranker." (DF: 471 f.)[608] In einer anderen Vision stellt sich Alexander vor, wie er die Universität abbrennt und dabei alle Datenbestände vernichtet: „Sogar die Sicherungskopien, die auf Servern Hunderte Kilometer entfernt lagern, werden durch eine Art spukhafte Fernwirkung gelöscht." (DF: 518)[609]

In beiden Fällen ist die Fernwirkung Produkt menschlicher Phantasie und wird auch als solches gekennzeichnet. Aus entwicklungspsychologischer und psychoanalytischer Sicht ist das zunächst kein ungewöhnlicher Vorgang, insbesondere in der kindlichen Entwicklung spielen solche und andere Erkundungen der Welt in der Vorstellungskraft eine Rolle. Kritischer werden solche Allmachtsphantasien nach Freud bei Erwachsenen betrachtet, wie sie Alexander anhand eines Spiels äußert,[610] wenn er sich bei Einbruch der Dunkelheit manchmal in „den Mann am Fenster" verwandelt, der die ahnungslosen Menschen draußen auf der Straße auf magische Weise zum Stehenbleiben bringt:

> Der Trick ist ganz einfach. Man hebt eine Hand, als wollte man ungläubig die Fensterscheibe berühren oder den Menschen auf der Straße einen Segensgruß spenden. Man

---

608 DF: 471 f. Außer in ein paar zweifelhaften Internetquellen über okkulte Techniken zu Beeinflussung, Manipulation und sogenannter *Mind Control* scheint es für die Existenz dieser Belästigungstechnik keinen Nachweis zu geben.

609 Friedhelm Marx macht darauf aufmerksam, dass eben diese „imaginierte[ ] Dokumentation" in *Die Stunde zwischen Frau und Gitarre* zum „erzählerischen Programm" gemacht wird. „Der Roman schildert eine Folge von Fernsteuerungsversuchen und Fernsteuerungsreflexionen". Marx: „Folgen und Verfolgtwerden. Stalking in Clemens J. Setz' Roman *Die Stunde zwischen Frau und Gitarre*", in: Hermann/Prelog (Hg.): *„Es gibt Dinge, die es nicht gibt"*, S. 157–165, hier S. 159.

610 Noch mehr solcher Spiele hat sich Natalie Reinegger ausgedacht, neben *Non-Sequitur*-Dialogen und der weißen Fellkugel (vgl. Kap. 10.5 in diesem Band) sind das etwa „Unangenehmes Gespräch", „Paare teilen", „Verfolgen" und „Anbetung" vgl. FuG: 276 f. Vgl. dazu auch den Beitrag von Prelog: „Computerspiele im Werk von Clemens J. Setz".

sucht sich einen unter ihnen aus. [...]. Man konzentriert sich auf seinen Nacken. Bekanntlich ist der Nacken der empfindlichste Teil des Körpers, die Haut im Nacken spürt sogar die Stimmung dessen, der einen von hinten anstarrt. Man zählt im Geiste von fünf rückwärts bis null. Bei null ballt man die Hand zu einer Faust und schickt ihm das Kommando BLEIB STEHEN, so entschlossen wie möglich. Man muss es ihm regelrecht in den Nacken hämmern. Es funktioniert nicht immer. Von zwanzig Versuchen gelingt vielleicht einer. (DF: 17 f.)

Dass dieses Ritual nicht immer funktioniert, entkräftet keineswegs den Glauben an ihre Wirksamkeit, wie Lévi-Strauss schon bemerkte, im Gegenteil: Misslingende magische Handlungen bestätigen lediglich die (noch) nicht korrekte Ausführung.[611] Typisch dafür ist weiterhin, dass diese alle Zeiten, Räume und Elemente umfassende und durchdringende Verbundenheit sowohl positiv als auch extrem negativ erfahren wird. So schildert Alexander beispielsweise die Auswirkungen eines krisenhaften Zustands in seiner Kindheit buchstäblich als kontagiöse Übertragungsmagie, die seine gesamte Umwelt erfasst:

> Meine Eltern ließen sich von meiner Niedergeschlagenheit anstecken. Aber natürlich nicht nur sie, sondern auch die Bäume vor dem Fenster, die Wolken, die Drehdinger an den Wasserhähnen (mit dem roten und dem blauen Punkt), sogar die Nachbarskinder, die in eine andere Schule gingen und mich nicht mehr wahrnahmen, weil meine Schule in einer anderen Parallelwelt lag, auch das Spielzeug, das in einer großen Holzkiste unter meinem Bett lagerte, die Sammlung Comic-Hefte, alles wurde um eine Spur trauriger, hilfloser und verschwiegener. [...] Der Prozess war unaufhaltsam, alles steckte sich mit Ausweglosigkeit an, die Schuhe, die ich trug, das Badewasser, das immer entweder zu kalt oder zu heiß war, die Regenschirme, die von Kleiderhaken baumelten und langsam den Geist aufgaben, weil es in dem heißen Sommer nie regnete. (DF: 497 f.)

Zweifellos ein Zustand ungewollter Allmacht – insofern auch Ohnmacht –, die außerhalb seines Einflussbereichs steht, dabei aber als umso schuldhafter erlebt wird, weil sie zudem ursächlich verantwortlich für das schwere Missverhalten anderer zu sein scheint: „Ich wunderte mich nicht, als mein Vater meine Mutter eines Tages ohrfeigte. Er hatte das schon vorher manchmal getan, aber diesmal war ich schuld, meine Niedergeschlagenheit, meine aussichtslose Schulkarriere." (DF: 498)

Die ambivalente Haltung gegenüber diesen emergenten Phänomenen kann sich auch im Bedauern darüber artikulieren, dass die Verbundenheit aller Dinge

---

611 Vgl. Kap. 10.3 in diesem Band zu Natalie Reineggers *trial-and-error*-Methode in FuG, mit der sie einen Lichtschalter in Balance zu bringen versucht. Mit Lévi-Strauss ist hier zu konstatieren, „daß die Wirksamkeit der Magie den Glauben an die Magie impliziert". Lévi-Strauss: „Der Zauberer und seine Magie", S. 184.

und Wesen untereinander, die magisches Denken motiviert, nicht in tatsächlicher Berührung oder Begegnung resultiert: Zu Beginn der traumatischen Autofahrt mit seinen Eltern, an deren Ende der Vater Mutter und Sohn in einer „unwirklichen Winterlandschaft"[612] plötzlich zurücklässt, entdeckt Alexander einen alten Mann mit Hut an einem Fenster, der – vermeintlich oder tatsächlich, bewusst oder unbewusst – zu ihnen hinunterblickt: „Dieser Mann wusste nichts von uns, dachte ich, nichts. Er hatte nichts mit uns zu tun, sein unbekanntes Gesicht war Teil eines völlig anderen Universums." (DF: 90) Das erinnert an die Passagen in *Söhne und Planeten*, in denen das nach Pascal grausame, weil gleichgültige und dabei enorm einflussreiche Universum beklagt wird, das sich nicht um die ihm ehrfürchtig zugewandten Menschen schert.

Ähnlich empfindet er beim Beobachten einer Frau durch eine Webcam – ein technisches Gerät, das er als „hübsche und handliche Version des Jenseits" bezeichnet –, die am Hudson River einen schwarzen Dackel spazieren führt: „Niemand würde je wissen, wer sie war. Niemals würde ich mit ihr Kontakt aufnehmen, mit ihr sprechen, nicht in einer Million Jahren." (DF: 300) Und auch Walter ist zu solchen Gedanken fähig, als er beim Anblick eines Flugzeugs am Himmel über dessen Passagiere sinniert: „Er würde nie erfahren, wer sie waren, und sie ahnten nichts von seiner Existenz. Das Einzige, was ihre Welt mit seiner verband, war das fauchende Geräusch der Triebwerke." (DF: 419)

Tiefe, unvermeidbare Verbundenheit zu spüren, die sich entweder nicht real einlöst oder aber völlig ungewollt über einen hineinbricht, ist ein Umstand, mit dem die Figuren in Setz' Roman immer wieder stark beschäftigt sind. An einer Stelle heißt es: „Eine Frage, die nicht beantwortet werden kann, ist bekanntlich nur eine Pseudo-Frage [...], mit anderen Worten: eine Falle." (DF: 475) Dem soll im weiteren Verlauf dieser Studie widersprochen und stattdessen dargelegt werden, dass das Kreisen um unbeantwortete Fragen unter Zuhilfenahme magisch-metaphorischer Darstellungsweisen zum zentralen poetologischen Vorhaben der Romane von Clemens J. Setz gehört. Es sind „Leerstelle[n], die enormes Imaginationspotential" besitzen.[613]

---

612 Titelei zu DF [unpag.].
613 Lehmann: „Rauschen, Glitches, Non sequitur", S. 126.

8.5 Zusammenfassung

Als eine „Galerie psychischer Verletztheit"[614] bezeichnet Marta Wimmer treffend Setz' zweiten Roman, in dessen Mittelpunkt – wie schon im Vorgänger – die Frage nach sinnstiftender, tiefer Verbundenheit steht, die mal ersehnt, aber verhindert, mal als beklemmend, falsch und erzwungen empfunden wird sowie häufig auf undurchsichtige Weise zustande gekommen ist. Narrativ wie metaphorisch wirksames ‚Korsett' der ineinander verschlungenen Ereignisse bildet Rube Goldbergs Weltmaschine, eine Nonsense-Installation, die mit hohem Aufwand und vielen Umwegen verhältnismäßig einfache Ergebnisse erzielt. Sie „persifliert kausallogische Prinzipien" und ist somit „als kontingente *Verkettung der Umstände* lesbar".[615] Darauf nimmt der Text insofern Bezug, als er die Figuren und darunter explizit Gabi nach dem „Zusammenhang von Zufall und Ordnung in der Welt" (DF: 307) suchen lässt. Dass kontingente Effekte und die Annahme magischer Prinzipien nicht im Widerspruch zueinander stehen, sondern sich beide zu konventionellen Vorstellungen von Logik, Kausalität und Rationalität in spezifischer Weise positionieren, wird im Ergebnisteil noch ausführlicher dargelegt (vgl. insb. Kap. 12.2).

So lässt sich auch der Riss in der Kellerwand der Familie Kerfuchs als Element oder Etappe in das unnachgiebige Rattern der ‚mechanisch-magischen' Maschine integrieren, da dieser bedeutsame Zwischenfall das Auseinanderdriften der Familie metaphorisch ankündigt, auch wenn er die Zielgerichtetheit der maschinellen Prozesse letztlich nicht außer Kraft setzt. Im Rahmen einer Poetik der Störung liest auch Lehmann den Riss als „physische Emanation dieser prekären Familienbeziehung", wobei der „familiäre Imperativ allgemeiner Störungsvermeidung [...] durch den auftretenden Riss unterlaufen [werde], das Innerliche wird veräußerlicht".[616] Das erinnert an Templs Schrumpfung in *Söhne und Planeten*, durch die sein seelisches Befinden externalisiert wird (vgl. Kap. 7.4). Zudem erscheint auch hier wieder der Keller als Refugium, in dem sich der Vater unbehelligt dem Riss widmen kann, was Lehmann zu Recht „ganz im Sinne des Freud'schen topographischen Modells als Bereich des Es, mithin des Unbewussten" deutet.[617]

Ähnlich verhält es sich mit den Frequenzen, denen als Metapher für periodisch auftretende oder gar dauerhafte Phänomene individueller psychischer

---

614 Wimmer: „Spielarten männlicher Interaktion im Romanwerk von Clemens J. Setz", S. 110.
615 Lehmann: „Rauschen, Glitches, Non sequitur", S. 129.
616 Ebd., S. 126.
617 Ebd.

Belastung einerseits sowie für den allgemeinen ‚Weltenlauf' andererseits ebenfalls regulatorische Fähigkeiten zugesprochen werden. „Sicher, warum sollten die Frequenzen nicht vielleicht das Entscheidende sein" (DF: 525), überlegt Alexander Kerfuchs, der zuvor schon die Weltmaschine zum ordnenden Faktor seines Lebens erklärt hatte (vgl. DF: 497). Voraussetzung dafür ist auch hier, dass sie sich in eine angemessene Ordnung bringen lassen. Denn dadurch ließen sich, so insbesondere Gabis Hoffnung, die mit ihren wirren Protokollen und unheilvollen Testversuchen indes kläglich daran scheitert, die störenden Hintergrundgeräusche und die quälenden Stimmen im Kopf auflösen.

‚Was die Welt im Innersten zusammenhält', bleibt in den *Frequenzen* wie schon im Debütroman trotz verschiedener, durchaus dezidierter Erklärungsversuche ungewiss, konkrete Ursachen (für den Riss) beziehungsweise Urheber:innen (deren Intention den doch existentiell bedeutsamen Einsatz der Weltmaschine und der Frequenzen begründen könnte) werden nicht benannt. Fundamentales Prinzip scheint vielmehr die Annahme magischer Fernwirkung zu sein, die Kausalzusammenhänge durch sinnstiftende Beziehungshaftigkeit ersetzt. In metonymischer Kontiguität werden deshalb Alexander zufolge nicht nur seine Eltern, sondern alle Personen und Gegenstände seiner Umwelt ungewollt, aber doch schuldhaft von seiner Depression im Kindesalter erfasst und sichtbar in Mitleidenschaft gezogen. Hingegen befähigt ihn seine bewusst eingesetzte telepathische Übertragungsmagie dazu, vorbeigehende Passant:innen zum Anhalten zu zwingen.

Obwohl der Roman keinen so drastischen Realitätsbruch innerhalb der Diegese wie in *Söhne und Planeten* aufweist, ist es nicht immer leicht, die reichhaltigen Assoziationen der Figuren zu entziffern und den vielfältigen Verwicklungen der Handlungsstränge zu folgen. In jedem Fall stellt der Text erhöhte Ansprüche an die kognitiven Fähigkeiten seiner Leser:innen im Hinblick auf Nachvollziehbarkeit, Kohärenzbildung und Interpretation, die über die Erfordernisse des Vorgängers hinausgehen. Der wortgewaltige und extrem mitteilungsbedürftige Gedanken- und Redefluss aus wechselnden Erzählperspektiven, durch den sich das zentrale Geschehen – hier der Tod von Valerie – nur sukzessive und letztlich nicht lückenlos rekonstruieren lässt, wird in den beiden nachfolgenden Romanen allerdings noch einmal deutlich intensiviert. Gleiches gilt für die darin schon quantitativ zunehmenden magisch-metaphorischen Formationen, durch deren gleichsam ansteigende qualitative Komplexität die konzeptuelle Integration ihres semantischen Gehalts erschwert wird und daher umfassende Erörterungen erforderlich macht.

9 Indigo (2012)

Düsterer, abgründiger und irritierender noch als in den beiden Vorgängern sind Grundstimmung, Handlung und Personal von Clemens J. Setz' drittem Roman *Indigo*, was sich nachhaltig im literaturkritischen Echo niederschlägt, das zwischen Faszination und Unbehagen angesichts dieser literarischen Zumutung changiert. Geschickt thematisiert schon der werbende Begleittext des Verlags die Widerspenstigkeit des Buches, wenn darin nach einer knappen Wiedergabe des Inhalts empfohlen wird: „Und jetzt noch einmal von vorne. Vergessen Sie die Zusammenfassung einer Romanhandlung, die sich jeder Zusammenfassung entzieht, und lesen Sie das Buch."[618]

Im Folgenden werden Ursachen und Effekte dieser Verweigerung anhand einiger eng korrespondierender Merkmale diskutiert, die sich unter dem Stichwort des ‚Unheimlichen' subsumieren lassen und deren Verbundenheit mit Magie und Metapher dabei herauszuarbeiten sein wird. Mit dem Phänomen des *uncanny valley* wird zunächst die komplexe Struktur des Romans näher beschrieben (Kap. 9.1). Daran schließt sich die nähere Betrachtung der auch hier erneut titelgebenden Metapher an: Das Indigo-Syndrom als magisch wie metaphorisch konzeptualisierte Fremdheits- beziehungsweise Alteritätserfahrung in mehrfachem Sinne gilt es detaillierter aufzufächern (Kap. 9.2).

Zwei weitere Elemente in diesem ‚Katalog des Unheimlichen' (Kap. 9.3), dem ein kurzer Exkurs zu grundlegenden theoretischen Ausarbeitungen von Freud und anderen vorangeht (Kap. 9.3.1), rücken sodann ins Zentrum der Betrachtungen: das literaturgeschichtlich gut dokumentierte, insbesondere aus der Romantik geläufige Doppelgängermotiv (Kap. 9.3.2), das im Hinblick auf Setz bislang vornehmlich als autofiktionale Selbstinszenierungsstrategie diskutiert wird, im Rahmen dieser Studie aber vielmehr als kognitionssästhetisch konstitutiver Aspekt magisch-metaphorischen Schreibens erläutert werden soll; und die schon in den beiden vorherigen Romanen konstatierte starke „Vitalisierung der Dingwelt",[619] die unter dem Begriff Anthropomorphismus wesentlicher Bestandteil einer Theorie des Unheimlichen sowie von Magie und Metapher ist (Kap. 9.3.3).

Inwiefern sich in der eingangs erwähnten Verweigerung des Romans gegenüber eindeutiger narratologischer und semantischer Festlegung zugleich ein

---

618 Begleittext zu *Indigo* auf der Website des Suhrkamp Verlags unter: https://www.suhrkamp.de/buch/clemens-j-setz-indigo-t-9783518464779 (02.09.2019).
619 Lehmkuhl: „Von Ironie durchzogen".

bedeutsames Vorhaben literarisch manifestiert, ist Thema des letzten Kapitelabschnitts, in dem dargelegt wird, wie sich in dem Bemühen um die ‚Darstellung des Undarstellbaren' eine poetologische Position zu den Grenzen der Sprache artikuliert (Kap. 9.4).

9.1 Im *uncanny valley*: Zu Inhalt und Struktur des Romans

Schon der besondere Einband des Buches sticht ins Auge, den die Autorin und Buchgestalterin Judith Schalansky in Anlehnung an einen typischen Aktenordner mit Wolkenmarmor entworfen hat.[620] Im handschriftlichen Inhaltsverzeichnis sind fünf Teile samt Unterkapiteln notiert, unterbrochen von eingefügten Zetteln, Briefen, Berichten, Auszügen aus Büchern und Zeitschriften sowie verschiedenen Abbildungen und Fotografien, die wiederum in einer „rotkarierten" beziehungsweise in einer „grünen Mappe" versammelt sind, dem entsprechend variieren auch Paginierung sowie die formale und typographische Gestaltung.

Die Geschichte wird entlang zweier Handlungsstränge auf verschiedenen Zeitebenen erzählt, die sich – wie schon in den *Frequenzen* – mit relativer Regelmäßigkeit abwechseln, und zwar als homodiegetische Ich-Erzählung des Mathematiklehrers Clemens J. Setz im Jahr 2006 und in heterodiegetischer Perspektive mit starker interner Fokalisierung Robert Tätzels im Jahr 2021. Die beiden Figuren kennen sich, denn Setz war einst Roberts Lehrer an der Helianau,[621] einem Internat für Kinder mit dem sogenannten Indigo-Syndrom, das bei ihren Mitmenschen Kopfschmerzen, Schwindel und Erbrechen hervorruft, wenn man ihnen zu nahekommt – eine Krankheit also, die sich vornehmlich in ihrer Auswirkung auf andere zeigt und deren Ursache trotz umfangreicher Recherchen und divergierender Erklärungsversuche bis zum Schluss rätselhaft bleibt. Als der Mathematiklehrer Setz feststellt, dass gelegentlich manche der „I-Kinder" auf geheimnisvolle Weise verschwinden, „reloziert" werden, wie der *terminus technicus* im Roman lautet, macht er sich auf die Suche nach ihrem Verbleib. Robert wiederum, ein „ausgebrannte[r] Dingo" [Indigo: 300], so die abfällige Bezeichnung für einstige „I-Kinder", deren Wirkung mit den Jahren nachgelas-

---

[620] Vgl. das Werkstattgespräch zur Gestaltung des Buches mit Judith Schalansky auf der Website des Suhrkamp Verlags unter: https://www.suhrkamp.de/mediathek/clemens_j_setz_und_judith_schalansky_im_gespraech_571.html (02.09.2019).
[621] Eine Referenz auf Georg Trakls Gedicht „Helian", die bereits im Debütroman in Form des „Helian-Verlags" auftaucht, in dem Victor Seneggers Nachlass erscheinen soll (SuP: 66 et passim), wie Kay Wolfinger in seinem Beitrag über intertextuelle Strategien in Setz' Werk herausarbeitet; vgl. Wolfinger: „Der Lesebesessene", S. 58 f.

sen hat, versucht seinerseits herauszufinden, was mit seinem ehemaligen Lehrer geschehen ist, der gerade – wir befinden uns nun rund 15 Jahre später in der nahen Zukunft – von dem Vorwurf freigesprochen wurde, einen Tierquäler brutal ermordet zu haben.

Es sind diese mutmaßlichen Verbrechen und die teils in Dokumenten präsentierten detektivischen Aufklärungsbemühungen der involvierten Figuren, die den Roman – weitaus stärker noch als die Geschehnisse rund um Valeries Tod in den *Frequenzen* – zur Kriminalgeschichte mit Thrillermomenten machen. Anleihen finden sich darüber hinaus in der Science-Fiction, wie einige Untersuchungen – trotz eingestandener begrifflicher Unschärfe des benannten Genres – teils nachzuzeichnen versuchen,[622] teils beiläufig feststellen,[623] dabei aber zumeist zu dem Schluss kommen, dass es sich bei Setz' Roman allenfalls um eine moderate Science-Fiction-Variante handelt, deren eher sporadisch eingesetzte Kennzeichnen eine „lediglich angedeutete[ ] Zukunfts- oder Alternativwelt"[624] kreieren.

Figuren wie Leser:innen irren, wie es auch die Literaturkritik wiederholt bezeugt, einigermaßen orientierungslos und häufig voller Unbehagen durch die komplex komponierte Romanmontage, dieses *uncanny valley*, das unheimliche Tal, von dem im Buch mehrfach die Rede ist. Gemeint ist ein Effekt aus der Robotik, die auf den japanischen Wissenschaftler Masahiro Mori zurückgeht, als dieser 1970 feststellte, dass sich die Akzeptanz künstlich hergestellter Roboter und Avatare nicht linear mit zunehmendem anthropomorphen Niveau entwickelt, sondern im Bereich von 95 bis 99 Prozent erreichter ‚Menschenähnlichkeit' rasant abfällt, bevor sie dann bei hundertprozentiger Übereinstimmung wieder ansteigt.[625] „Dieses Haarscharf-Daneben, das … das hält niemand aus" (Indigo: 159), erklärt Roberts Freund Willi, als sie sich gemeinsam mit ihren Freundinnen Cordula und Elke Roberts altes Poster mit der Aufnahme einer der beiden (historisch real existenten) Raumfahrt-Hündinnen Belka und Strelka ansehen – ein Anblick, der den Lehrer Setz seinerzeit zutiefst erschüttert hatte (vgl. Indigo: 261) und nun für Robert erstes Indiz des späteren mutmaßlichen Mordes an dem rumänischen Tierquäler Franz F. ist. Auf semantischer Ebene formuliert Willi hiermit treffend den Effekt, den die (Schilderungen der) Ereig-

---

622 Vgl. Jędrzejewski: „Die Illusion der Wirklichkeit".
623 Vgl. Pottbeckers: *Der Autor als Held*, S. 190, S. 197; vgl. auch Reichmann: „Clemens J. Setz", S. 153.
624 Ebd., S. 190.
625 Vgl. Masahiro Mori: „The Uncanny Valley", in: *IEEE Robotics & Automation Magazine* 2 (2012), S. 98–100.

nisse intradiegetisch wie außerfiktional ausüben: ‚konzise Unschärfe', die zu bewältigen beziehungsweise, positiv gewendet, als produktive Denkfigur aufzunehmen ist.[626] Auch die Mutter des verstorbenen Indigo-Kindes Christoph Stennitzer beschreibt in einem Telefonat mit dem Lehrer Setz die Verwandlung ihres Sohnes nach einem zwielichtigen Schwimmbad-Ausflug als *uncanny*: „Das war richtig ... unwirklich war das. [...] Uncanny. Kennen Sie das Wort nicht? [...] Ja, wirklich unheimlich war das [...]. Ich hab ihn natürlich sofort wiedererkannt, aber er war insgesamt so verändert, in seinem Wesen." (Indigo: 281)

Zu diesem schwer erträglichen Eindruck des Unheimlichen und Undurchsichtigen tragen mehrere Faktoren bei: Neben der mysteriösen Indigo-Krankheit und ihren Folgen ist es das geschickte Verwirrspiel aus Fakt und Fiktion, das nicht nur die Kritik, sondern insbesondere die Literaturwissenschaft zu prinzipiellen Überlegungen über Meta- und Autofiktion animiert. Im Mittelpunkt stehen dabei zum einen die Namensgleichheit von realem Autor und literarischer Figur, die schon vor Beginn des Romangeschehens paratextuell inszeniert in die Irre führt. Dort wird wie üblich eine Vita angegeben, die, wie sich herausstellt, auf die Romanfigur Clemens J. Setz passt, nicht aber gänzlich auf den realen Autor Setz, was aufgrund der gängigen Erwartung an einen solchen, zumeist ja formal funktionalen Epitext nicht unmittelbar als der Fiktion zugehörig erkennbar ist.[627] Zum anderen erweisen sich die zahlreichen rahmenden Motti und Zitate, wie schon in den beiden Vorgängerromanen, sowie die zwischengeschalteten Kopien von Abbildungen und Auszügen aus diversen Büchern und sonstigen Schriftstücken in den beiden oben erwähnten Mappen bei näherem Hinsehen oder vielmehr: erst nach konkreter, zum Teil sogar mühsa-

---

[626] Staun bezeichnet den *uncanny valley*-Effekt in seinen Rezensionen zu Setz mehrfach als dessen „literarisches Prinzip": „Dass etwas nicht ganz stimmt mit seinen Geschichten oder vielleicht zu viel, das jedenfalls ist eine Erfahrung, die man als Leser seiner Bücher immer wieder macht. Viele von ihnen kommen aus dem unheimlichen Tal, aus jenem Abgrund, wo die Dinge wie ihr Gegenteil aussehen, weil sie sich selbst so nahe sind: Liebe wie Hass, Vernunft wie Wahnsinn oder, vor allem, Fiktion wie Wirklichkeit." Harald Staun: „Unerträgliche Vertrautheit"; vgl. auch ders.: „Der Autor und sein Avatar", in: *Frankfurter Allgemeine Sonntagszeitung* vom 25.04.2018, sowie Reichmann: „Clemens J. Setz", S. 152; und auch Eke veranschlagt eine „Ästhetik der Unschärfe" für Setz' Schreiben; vgl. Eke: „Wider die Literaturwerkstättenliteratur?", S. 41.

[627] Die Einbeziehung para- und extratextueller Ebenen ist laut Pottbeckers „fast schon obligatorisch für eine autofiktionale Inszenierung"; Pottbeckers: *Der Autor als Held*, S. 193; Goggio verortet diesen Kunstgriff als „semiotischen Kurzschluss" post-postmoderner Machart in Anknüpfung an die „österreichische Tradition der Wiener Gruppe"; Goggio: „Eine Überwindung der Postmoderne?", S. 31 f. Vgl. auch die differenzierten Ausführungen zum Verhältnis von (fingiertem) Paratext und eigentlichem Haupttext bei Dinger: „Die Ausweitung der Fiktion".

mer Überprüfung größtenteils als nicht nur fiktive, sondern überdies fingierte Quellen.

So erscheint nicht nur Johann Peter Hebels abgedruckte Kalendergeschichte „Die Jüttnerin von Bonndorf" authentisch, weil sie in ihrer Diktion plausibel imitiert und zudem in historisch glaubwürdiger Gestaltung präsentiert wird, auch der abgedruckte Kapitelauszug über die „üble Fernwirkung" aus Frazers *Der goldene Zweig* stellt sich erst bei näherem Hinsehen als tatsächlich stark frisiert heraus, um nur zwei Beispiele aus der Fülle der dargebotenen Materialien zu nennen. All diese Quellen sind modifiziert oder vielmehr: manipuliert mit dem Zweck, sie den Erfordernissen des Romangeschehens anzupassen und vermeintlich Kohärenz zu erzeugen. Dadurch fordert der Roman kontinuierlich zu Verifikationsanstrengungen heraus. Dem Anschein nach wird also metadiegetisch die Hoffnung bei Figuren wie Leser:innen genährt, faktische Anhaltspunkte für die tatsächliche Existenz und Beschaffenheit der Indigo-Wirkung zu erhalten, die sich aber allesamt als unzuverlässig erweisen.[628]

Für weitere Verunsicherung gegenüber der Authentizität des Erzählten sorgen die rasch aufeinanderfolgenden, ausschweifenden Dialoge, die meistens elliptisch verkürzt und von bloßen Andeutungen, zögerlichen Formulierungen, Umschreibungen und Digressionen geprägt sind. Es scheint, als könne oder dürfe sich hier niemand konkret und unvermittelt äußern. Selbst widersprüchliche respektive den mühsam versammelten Erkenntnissen widersprechende Aussagen vermögen das fiktive Indigo-Rätsel nicht zwangsläufig als solches zu enttarnen: So werden etwa manche Episoden aus zwei Blickwinkeln geschildert, ohne dabei komplementär Aufschluss über das tatsächliche Geschehen zu geben; die teils doppelt befragten Indigo-Expert:innen sind sich zumeist uneins in der Beurteilung der Krankengeschichten betroffener Kinder sowie über die angewandten Theorien und Methoden. Einen starken Gegensatz zu diesen fragmentierten und kontroversen Kommunikationsweisen bildet die überzeichnete Artikulation von Gedanken und Empfindungen im Innern der beiden Figuren Clemens J. Setz und Robert Tätzel, die aufgrund ihres dissoziativen, rausch- oder schon wahnhaften Formats teils eher auf psychopathologische Dispositionen hindeuten. Zuverlässige Erzählinstanzen gibt es also nicht, der Lehrer Setz ist in späteren Jahren alkoholkrank und leidet, wie der Klappentext retrospektiv verrät, unter den Spätfolgen der Indigo-Belastung. Ähnlich ergeht es Robert, der trotz Abklingen des Indigo-Effekts mit sogenannten *Delays* ringt und sein kaum austariertes Innenleben voller extremer Gewaltphantasien mit Medikamenten

---

[628] Vgl. Reichmann: „Clemens J. Setz", S. 152; vgl. auch Pottbeckers: *Der Autor als Held*, S. 193–196.

und anderen Manövern[629] unter Kontrolle zu bringen versucht. Durch die starke interne Fokalisierung beider Erzählperspektiven bleibt folglich auch die Wahrnehmung der Leser:innen verengt. Wie schon in den beiden Vorgängerromanen kreisen alle Beteiligten um das Geschehen, ohne ihm je wirklich näher zu kommen. Thema ist also auch hier die auferlegte, jedenfalls praktisch erforderliche Distanznahme beziehungsweise -wahrung, deren Ursachen und Gesetze allenfalls erahnt und häufig metaphorisch beschrieben werden.

Konsequenterweise schließt der Roman mit einer ebenfalls handschriftlichen Notiz, was den Eindruck eines *work in progress*, eines „unfertigen, lediglich in der Planungs- oder bestenfalls Recherchephase befindlichen Romans" noch verstärkt[630] – falls es ihn je gegeben hat. Denn besonders im letzten Kapitel steht nicht nur die Glaubwürdigkeit des gesamten Geschehens, sondern dessen Kohärenz und sogar tatsächliche Existenz in Frage, wenn der Lehrer Setz seinem ehemaligen Schüler Robert die beiden Mappen mit all seinen Zetteln und Notizen aushändigt,[631] was zunächst Robert als eine Art Nachlassverwalter beziehungsweise Herausgeber der (eben zum Teil auch handschriftlichen) Aufzeichnungen seines Lehrers suggeriert, dieser aber schließlich das gesamte Konvolut verbrennt: „Wie schön das aussah, wenn etwas verbrannte. [...] Die Mappen konnte man vielleicht noch gebrauchen. Robert steckte sie in seinen Rucksack." (Indigo: 473)[632] Damit bleibt offen, wer hier wessen Geschichte recherchiert, dokumentiert und in welcher Fassung wiedergegeben hat – sofern die geschilderten Ereignisse überhaupt stattgefunden haben.

Laut Florian Lehmann ist *Indigo* daher „ein Buch über den Versuch, Sinn herzustellen und dabei zu scheitern. Permanent verweist der Roman, v. a. da, wo er Störfälle, Störungen, Rauschen, Kommunikationsfehler inszeniert, auf den Nicht-Sinn. Hierin liegt seine Poetik als hermeneutisches Lesespiel".[633] Inwiefern dieses Scheitern am Zusammenstellen einer kohärenten Erzählung jedoch vielmehr die Anerkennung von (hermeneutischer) Ambiguität als wiede-

---

629 Dazu gehören etwa eins der eigens zu diesem Zweck gesammelten Streichholzhäuser zu zerstören (vgl. Indigo: 51), der sogenannte „Wutpolster" (Indigo: 145) oder auch, sich ganz nackt auszuziehen, „um den Sender zu wechseln" (ebd.)
630 Pottbeckers: *Der Autor als Held*, S. 196.
631 Vgl. Indigo: 396; dort heißt es weiter: „Fußgängerampelsystem, sagte Setz. Grün: Go. Rot: No-Go."
632 Indigo: 473. Pottbeckers kommt daher zu dem Schluss, dass „strenggenommen (d. h. fiktionsimmanent argumentiert) [...] Indigo kein kohärentes Buch [ist], sondern ein Materialkonglomerat, bestehend aus Zettel- bzw. Einzeltextsammlungen"; Pottbeckers: *Der Autor als Held*, S. 195; vgl. dazu auch Dinger: *Die Aura des Authentischen*, S. 240–242.
633 Lehmann: „Rauschen, Glitches, non sequitur", S. 132.

rum (kognitionsästhetisch evolvierbaren) sinnstiftenden Prozess kennzeichnet, wird in diesem Kapitel zu zeigen sein. Schon diese kurze Einführung in den Roman macht deutlich, wie reichhaltig die Implikationen und potentiellen Deutungsmuster sind. Dem soll mit einer ausführlichen Auseinandersetzung, die auch theoretische Ergänzungen enthält, Rechnung getragen werden.

9.2 Alteritätserfahrungen: Das Indigo-Syndrom als Megametapher

„[D]ie Nähe zu den Dingos kann Menschen verändern. Ich meine, nicht nur körperlich ... sondern auch ihr Weltbild" (Indigo: 23), erläutert Monika Häusler-Zinnbret, Kinderpsychologin und Pädagogin sowie Autorin des 2004 erschienenen Buchs *Das Wesen der Ferne* im Gespräch mit dem Lehrer Setz, kurz nach dessen abruptem Ausscheiden als Mathematik-Tutor am Helianau-Institut und in der Hoffnung auf Informationen von der Expertin. – So beginnt die Romanhandlung um das geheimnisvolle Indigo-Phänomen, das Frau Häusler-Zinnbret im besagten Buch erläutert, was wiederum in Form kurzer Binnenerzählungen im gesamten Roman mehrfach zitiert wird. Natürlich ist nahezu alles – die Autorin, das Buch, die Institution und ihre Forschungs- beziehungsweise Behandlungsmethoden und die Diskussion darüber – ziemlich frei erfunden.

Theorien esoterischer Provenienz über Kinder mit blauer Aura und besonderen Eigenschaften lassen sich zwar ausfindig machen, wissenschaftlich indes nicht belegen. Die Bezeichnung ‚Indigo-Kinder' geht auf die 2012 verstorbene US-amerikanische Autorin Nancy Ann Tappe zurück, die von sich behauptete, die menschliche Aura farbig wahrnehmen zu können. In ihrem 1982 erschienenen Buch *Understanding Your Life Through Color* konstatiert sie die Zunahme an Neugeborenen mit indigoblauer Aura seit den späten 1970er Jahren; rund zwei Jahrzehnte später greift das Autorenduo Lee Carroll und Jan Tober das Phänomen auf und verhalf ihm – zumindest in esoterischen Kreisen – mit einer Reihe von Publikationen wie etwa *The Indigo Children: The New Kids Have Arrived* (1999; dt. *Die Indigo-Kinder: Eltern aufgepasst: Die neuen Kinder sind da!*, 2010) zu einiger Bekanntheit. Typischerweise gelten diese Kinder als hochintelligent, hypersensibel, intuitiv und kreativ, mit außerordentlichem Selbstbewusstsein bis zu Erhabenheitsgefühlen sowie übersinnlichen Fähigkeiten ausgestattet, die Autoritäten häufig nicht anerkennen und sich daher zumeist deren Anweisungen verweigern, dabei ruhelos, unkonzentriert und schnell frustriert sind. An ebendieses durchweg positiv konnotierte ‚Störpotential' wird die Heilserwartung geknüpft, dass diese Kinder den Weg zu einer besseren Welt ebnen, weshalb ein besonders achtsamer Umgang mit ihnen erforderlich sei.[634]

Darauf spielt auch Monika Häusler-Zinnbret an, wenn sie von einem veränderten Weltbild durch die Nähe zu den Indigo-Kindern spricht. Sie berichtet dem Lehrer Setz sogar von den Debatten und Talkshow-Auftritten der genannten Vertreter:innen dieser esoterischen Auffassung über die besonderen Kinder.[635] Der reale Autor Clemens J. Setz hat den Stoff für seinen Roman also der Wirklichkeit entnommen und ihn literarisch angereichert, insbesondere um die physische Komponente: Die Indigo-Kinder im Roman lösen zunächst massive körperliche Reaktionen bei ihren Mitmenschen aus, sogar die Eltern sind davon betroffen, wie Frau Häusler-Zinnbret in drastischen Bildern erläutert:

> Die Leute sind reihenweise krank geworden und haben nicht gewusst, woran das liegt. Mütter, die sich über der Wiege ihres Kindes erbrechen. Eine einzige Schweinerei. Schwindel, Durchfall, Hautausschläge, bis hin zur permanenten Schädigung aller inneren Organe, das sind ja ernste Symptome, die auch nicht immer psychosomatisch zu erklären sind. Verständlich, dass da Panik aufkommt, oder? (Indigo: 27)

Das Leiden an der Krankheit besteht für die Betroffenen also hauptsächlich in ihrer Wirkung auf andere, infolgedessen die Kinder zu einem Leben in dauerhafter Distanz und damit zu völliger Berührungslosigkeit verdammt sind – eine überaus grausame Vorstellung, die sich auch nicht dadurch mildern lässt, dass den Kindern ein starkes Empathiedefizit nachgesagt wird.[636] Ihre „üble Fernwirkung" – ein Effekt, den Setz dem Kapitel „Die Übertragung von Unheil in Europa" aus Frazers *Goldenem Zweig* entnimmt – äußert sich im „Zurückzucken der Mitmenschen, unerklärliche[m] Ekel, der nur durch das zauberkundige Zusammenspiel dunkler Kräfte erklärt werden kann." (Indigo: 137) Wie in Frazers Originalstudie handelt auch der ihm buchstäblich ,angedichtete' Auszug im Roman von verschiedenen Heilungsmethoden befallener Personen, die vornehmlich darin bestehen, mithilfe magischer Rituale die Krankheit auf ande-

---

634 Vgl. Matthias Pöhlmann: „,Indigo-Kinder' – Künder eines neuen Zeitalters?", in: *Materialdienst* 12 (2002), S. 355–369; sowie den Artikel mit weiteren Literaturhinweisen von Tanja Spehr „Indigo-Kinder: Ein neuer Esoterik-Trend" auf der Website der Sekten-Informations- und Beratungsstelle Nordrhein-Westfalen; online unter: http://www.sekten-info-essen.de/texte/indigokinder.htm (10.09.2019).
635 Vgl. Indigo: 55 f.
636 „,I-Kinder [...], das klingt so harmlos", mahnt die Therapeutin Häusler-Zinnbret: „Sie haben kein Mitleid. Ich meine, die ausgebrannten Fälle, die können sich mitunter noch ein wenig regenerieren mit der Zeit, aber die anderen ... treiben immer weiter raus, in ihrer Raumkapsel." Indigo: 60.

re Menschen, Tiere oder Pflanzen im Sinne des Kontiguitätsprinzips übergehen zu lassen,[637] etwa auf Vögel, die anschließend „vereinzelt und in großen Abständen zueinander auf den Bäumen hocken" (Indigo: 137).

In der Internatsschule Helianau unter der Leitung des zwielichtigen Dr. Rudolph werden den Indigo-Kindern daher bestimmte Techniken und Verhaltensregeln vermittelt, darunter die Schulung in *Proximity Awareness* oder die Anordnung nach dem Quincunx-Muster,[638] um ihnen und ihren Mitmenschen ein solcherart geregeltes Beisammensein zu ermöglichen.[639] Dr. Rudolphs freimütiger Enthusiasmus deutet allerdings unverkennbar darauf hin, dass das rein philanthropische Ansinnen nur vorgeschützt ist; vielmehr gilt es, das Potential der Kinder zu nutzen – was auch immer das konkret heißt. „Sie sind die Zukunft" (Indigo: 194), verkündet er. „Welche Führungspositionen werden diese Kinder einmal übernehmen? Das frage ich mich oft." (Indigo: 196). Die Ambivalenz dieser prekären Lebensform ist dem Direktor durchaus bewusst, wird jedoch gänzlich seiner Mission untergeordnet: „Jaaaa, das ist halt die Tragik und auch der Triumph der Kinder, gewissermaßen. Ihr Körpergefühl ist sphärisch, nicht ... wie bei uns. Das sind zwei vollkommen unterschiedliche topologische Räume. Und darauf muss man sich einlassen." (Indigo: 197). Gelegentlich wird die Kehrseite dieser Aufwertung eines eigentlich entsetzlichen Zustands, in dem sich die Indigo-Kinder befinden, insinuiert: Zwar kann beispielsweise der ‚ausgebrannte' Robert inzwischen mehr oder minder reguläre Beziehungen samt

---

637 Vgl. Frazer: *Der goldene Zweig*, S. 790 f. Ohne tiefere Textkenntnis, über die der begeisterte Frazer-Leser Clemens J. Setz vermutlich verfügt (vgl. Kap. 2.3.5), beziehungsweise Synopse der betreffenden Textstelle, ist die Manipulation des Auszugs kaum zu bemerken. Einen Hinweis liefert Pottbeckers: *Der Autor als Held*, S. 194. Im Grunde folgt Setz Frazer in dessen Darstellung, allerdings geschickt im Modus des ‚Haarscharf-Daneben'. Beide rekurrieren beispielsweise auf die magischen Heilmittel des Marcellus von Bordeaux, doch während Frazer dessen Warzenkur beschreibt, geht es bei Setz, dem Indigo-Syndrom gemäß, um die Behandlung von Kopfschmerzen und Übelkeit. Zu Marcellus vgl. auch Mauss/Hubert: „Entwurf einer allgemeinen Theorie der Magie", S. 307.
638 Vgl. Indigo: 196: „Dieses überall in der Natur und der Kunst vorkommende Design wirkte auf mich sehr beruhigend und bestätigend", notiert der Lehrer Setz unterhalb einer Abbildung dieses Musters. Es ist die gleichmäßige Anordnung von üblicherweise fünf (oder auch mehr) Punkten auf Würfeln oder Spielkarten und findet sich u. a. in Architektur und Gartenkunst, Numismatik und Heraldik, Astronomie und Astrologie.
639 Gut sieben Jahre nach Erscheinen des Romans liest sich das von Setz in dieser Form erfundene Indigo-Syndrom samt aller erforderlichen Maßnahmen im Umgang mit den Betroffenen (Stichwort: *Proximity Awareness*) wie eine prophetische Metapher auf den Ausbruch der Covid-19-Pandemie im Jahr 2020, was aber an dieser Stelle nicht weiterverfolgt werden kann.

physischer Nähe eingehen, hat aber dadurch den Nimbus des Besonderen eingebüßt.[640]

Gestützt wird die Existenz der Indigo-Krankheit durch die reichhaltige Materialsammlung des Lehrers Setz, der im Rahmen seiner Recherche allerlei kuriose Fundstücke zum Indigo-Phänomen in seiner rotkarierten Mappe versammelt hat. Darin befindet sich die besagte vermeintliche Kalendergeschichte Hebels von einem Kometenkind mit Indigo-ähnlicher Wirkung, das die titelgebende „Jüttnerin von Bonndorf" zur Welt brachte (vgl. Indigo: 80 f.); ein Auszug aus Robert Burtons *Anatomie der Melancholie*, der von einem jungen Gefangenen in der Antike berichtet, „in dessen Gegenwart die Menschen regelmäßig den Verstand einzubüßen pflegten" (Indigo: 116); die Rede ist weiterhin von einer Lenin-Büste, die man an dem geographisch am weitesten entfernten Punkt der Antarktis errichtet hatte (vgl. Indigo: 62 f.), von dem einsamsten Baum der Welt mitten in der Ténéré-Wüste (vgl. Indigo: 167); vom (offenbar existenten) *Moon Museum*, dem kleinsten künstlerischen Kompendium einiger Künstler aus den späten 1960er Jahren auf dem Mond (ob sie sich tatsächlich dort befinden, ist unklar; vgl. Indigo: 443); von der unlängst vertriebenen Spezies der Tatzelwürmer, deren Fernbleiben schließlich zu Kopfschmerzen geführt hat (vgl. Indigo: 367), neben dem autobiographischen Bericht eines betroffenen Vaters (Indigo: 226) und einigem mehr.

Die Indigo-Krankheit, erklärt Marta Wimmer, „wird vom Autor gekonnt als Metapher der modernen Gesellschaft inszeniert, einer Gesellschaft, die sich gegen Sonderlinge jeglicher Art dezidiert durchsetzt und diese ausgrenzt." Demnach skizziere der Roman „ein äußerst pessimistisches Bild der modernen Zivilisation".[641] Auch Jędrzejewski sieht in der Krankheitsmetapher ein „Vehikel für zivilisationskritische Andeutungen", die „warnend-literaturdidaktische Relevanz offenbare", und schließt daraus, dass es Setz mit seinem Roman um die Kritik an der gesellschaftlich legitimierten Unterdrückung und Ausbeutung Andersartiger, also um nichts weniger als die „fundamentalen Fragen über das Menschsein und den Menschen als soziales Konstrukt"[642] gehe. Goggio zufolge spielt die Krankheitsmetapher auf struktureller wie inhaltlicher Ebene eine bedeutende Rolle, nämlich einerseits als „Knotenpunkt der Handlungsentwick-

---

[640] „Manchmal verfiel er [...] sogar ins alte Gestenspiel oder wanderte im Raum umher, als könnte er die Ränder der alten Zone noch immer spüren. Ein wenig vermisste er sie." Indigo: 162.
[641] Marta Wimmer: [Art.] „Clemens J. Setz", in: *Kindler Kompakt. Deutsche Literatur der Gegenwart*. Ausgewählt von Christiane Freudenstein-Arnold. Stuttgart: Metzler 2016, S. 184 f., hier S. 185.
[642] Jędrzejewski: „Die Illusion der Wirklichkeit", S. 212.

lung", indem sie die Linearität des Geschehens störe und einen sich stetig wiederholenden, zyklischen Ablauf verursache, aus dem es kein Entkommen gibt. In übertragenem Sinne zeige sich hierin „die Machart dieser postmodernen Schreibweise", die in ihrer wuchernden, grenzüberschreitenden Narration auch die Leser:innen anstecke, die nun nur noch die Wahl hätten, sich dem zu ergeben oder – quasi-medizinisch – der Handlung wieder „Linearität und Folgerichtigkeit zu verleihen". Andererseits stehe die Krankheitsmetapher mit Susan Sontag in der Tradition als „Allegorie der Liebe",[643] deren Verhinderung oder krankhafte Erscheinungsform sie symbolisiert, sowie mit Zygmunt Bauman für das ‚Unbehagen in der Postmoderne',[644] also als Ausdruck von Destabilisierung, Unsicherheit, Orientierungslosigkeit und Fehlinformation, kurz: „als Symbol der Umwertung und Verletzung sozialer und [...] sprachliterarischer Normen", wodurch auch der „ungesunde[ ] Umgang unserer Gesellschaft mit ihren technologischen Erneuerungen"[645] mittels Fiktionalisierung einer kritischen Betrachtung unterzogen werde.

Aus erziehungswissenschaftlicher Perspektive nähert sich Hans-Christoph Koller dem Indigo-Phänomen, das er mit Bezug auf Bernhard Waldenfels' phänomenologisches Konzept der Responsivität aus seiner *Topographie des Fremden*[646] als Krisengeschehen innerhalb eines Bildungsprozesses mit transformierender Wirkung konzipiert. Waldenfels zufolge zeigt sich das Fremde, indem es sich dem Zugriff einer etablierten Ordnung verweigert. Ein aktiver Vorgang mit dem Ziel, „in unsere Ordnung einzubrechen, uns heimzusuchen und zu beunruhigen. Die Wirkung des Fremden erscheint dabei als ambivalent: bedrohlich und verlockend zugleich, Gefahr für das Eigene und Eröffnung neuer Möglichkeiten."[647] Überzeugend kann Koller die Verbindungslinien zwischen dieser Definition und den Geschehnissen im Roman nachzeichnen und kommt zu dem Ergebnis, dass der Roman nicht nur Lyotards Formulierung bezeuge, „‚dass es ein Undarstellbares gibt', sondern dass das Indigo-Phänomen als eigentliches

---

643 Vgl. Susan Sontag: *Krankheit als Metapher*. München, Wien: Hanser 1978. In ihrer Auseinandersetzung mit SuP akzentuiert Michalski Sontags Hinweis, dass Krankheit im „nichtliterarischen, realgesellschaftlichen Kontext" keineswegs als Metapher aufzufassen ist; vgl. Michalski: *Die heile Familie*, S. 180.
644 Vgl. Zygmunt Bauman: *Unbehagen in der Postmoderne*. Hamburg: Hamburger Edition 1999.
645 Goggio: „Eine Überwindung der Postmoderne?", S. 42 f.
646 Vgl. Bernhard Waldenfels: *Topographie des Fremden. Studien zur Phänomenologie des Fremden 1*. Frankfurt a. M.: Suhrkamp 1997.
647 Koller: „Antworten auf den Anspruch des Fremden?", S. 64.

Thema des Romans selbst undarstellbar zu sein scheint."[648] Weiterhin unternimmt Koller den Versuch, einen Bezug zwischen den Umgangsweisen mit den Indigo-Kindern im Roman und den drei von Waldenfels beschrieben Reaktionsformen auf die Erfahrung des Fremden herzustellen, nämlich (1) als Strategie der „Ausgrenzung", hier sichtbar an der räumlichen Isolation, und (2) als „Aneignung" durch die Ausbeutung ihrer besonderen Wirkung zu bestimmten Zwecken – mit offenbar noch verhängnisvolleren Konsequenzen für die Betroffenen; beides dient dem „Erhalt beziehungsweise der Wiederherstellung der Ordnung, in welche die befremdlichen Kinder so verstörend eingebrochen sind".[649] Eine weitere Variante besteht (3) laut Waldenfels in den „Antworten auf den Anspruch des Fremden", die Koller wiederum als potentiell produktive „Vollzugsform transformatorischer Bildungsprozesse" bezeichnet, etwa in Form künstlerischer Aktivitäten, mit denen sich die beiden Protagonisten befassen: Robert Tätzel malt und hört Musik zur Beruhigung, der Lehrer Setz flüchtet sich auf Anraten seiner Freundin ins Schreiben.[650] Insofern sich aber auch diese kreativen Strategien schließlich doch wieder als Mittel zum Zweck, nämlich zur Ablenkung beziehungsweise Abwehr von den beunruhigenden Indigo-Erfahrungen, erweisen, bleibt diese vermeintlich produktive Reaktion ebenfalls zweifelhaft und bringt Koller zu dem Schluss, dass der Roman keine Antworten auf den angemessenen Umgang mit Fremdheitserfahrungen bereitstellt, aus dem „neue Figuren des Welt- und Selbstverständnisses" hervorgehen könnten. Allenfalls eröffne die dargestellte ästhetische Bearbeitung des Problems einen Raum, in dem die Suche nach einer Antwort stattfinden kann, deren Ausgang aber undarstellbar bleibt. Stattdessen biete der Roman „eine Auseinandersetzung mit dem Problem der (Un-)Darstellbarkeit von Fremdheitserfahrungen (und des Umgangs damit)".[651]

---

[648] Ebd., S. 68.
[649] Ebd., S. 71. Auch Dr. Rudolphs verheißungsvoller Prognose über die zukünftige Rolle der Indigo-Kinder widerspricht diese Schlussfolgerung nicht, denn letztlich geht es ja auch ihm um die Konsolidierung bestehender Ordnungen und Machtverhältnisse.
[650] Inukai sieht darin eine der vielen komplementären Spiegelungen der Hauptfiguren: „Robert stößt oft auf die Grenzen seiner persönlichen Sprache, er kann die Wörter nicht spontan verstehen oder aussprechen, eine Spätfolge des Indigo-Syndroms. In spiegelverkehrter Weise wird der Ich-Erzähler Setz später zum Schriftsteller, also jemand, der die Sprache beherrschen soll." Inukai: „Lügende Figuren", S. 16. Vgl. ausführlicher dazu Kap. 9.4 in diesem Band.
[651] Koller: „Antworten auf den Anspruch des Fremden?", S. 73. Was Koller hier in spezifischer Ausrichtung auf die Erfahrung des Fremden formuliert, lässt sich erneut der programmatischen Beschreibung für Setz Schreiben im Titel des Sammelbandes von Hermann/Prelog (Hg.) zuordnen: „Es gibt Dinge, die es nicht gibt." Vom Erzählen des Unwirklichen im Werk von Clemens J. Setz.

Ob man das Indigo-Phänomen als Element der Science-Fiction identifiziert oder als Ausdruck postmoderner Reflexionen, als gesellschaftskritischen Anlass oder als anthropologische, psychologische oder pädagogische Herausforderung – es ist unverkennbar eine Metapher des Fremden oder auch: der Alterität, insofern in letzterem Begriff die Abhängigkeit und Bedingtheit von dem Eigenen/Einen und dem Fremden/Anderen mit identitätsstiftender und normierender Funktion stärker betont wird.[652] Zugleich entspricht es auch der Idee von Übertragung und Fernwirkung nach den Gesetzen der Magie:[653] Die geheimnisvollen Kräfte der Indigo-Kinder mögen emotional und sozial eine Katastrophe für die Betroffenen sein, spekuliert wird aber darauf, wie oben bereits geschildert, dass sich darin ihre besondere Berufung zeigt und dass sich diese Wirkung gezielt steuern lässt. Mit Mauss und Hubert lässt sich hier in Fortführung von Kollers Überlegungen argumentieren, dass diese Zuschreibungen sozial determiniert sind – notfalls auch gegen den Willen der als magisch identifizierten Person oder Gruppe: „Was ihnen magische Fähigkeiten verleiht, ist nicht so sehr ihr

---

652 In der Literaturwissenschaft bezeichnet Alterität die „[l]iterarische und/oder kulturelle Andersheit, auch synonym mit Fremdheit, Verschiedenheit, Differenz" und findet sich als Leitbegriff vornehmlich im mediävistischen Diskurs über das Verhältnis von Mittelalter und Moderne beziehungsweise in der kulturwissenschaftlichen Auseinandersetzung zwischen deutschsprachigen und anderen gleichzeitigen literarischen Kulturen; vgl. Peter Stohschneider: [Art.] „Alterität", in: *Reallexikon der deutschen Literaturwissenschaft*, Bd. 1: *A–G*, S. 58 f. Aus philosophischer Perspektive vermisst die Kant- und Hegel-Expertin Karen Gloy das komplexe Verhältnis von Identität und Differenz in ihrem Buch *Alterität: Das Verhältnis von Ich und dem Anderen*. München: Fink 2019, S. 15: „Der Begriff des Anderen wird in unserem Normalverständnis stets in Bezug auf zwei Instanzen, Personen oder Sachen, ausgesagt, von denen die eine auch von der anderen unterscheidet. Ausschlaggebend ist nicht der numerische Aspekt der Zwei, sondern der differenzielle, der die beiden zu ‚der eine – der andere' (lateinisch *alter – alter*) macht. Dominant ist das qualitative Verhältnis der beiden Instanzen im Hinblick auf ihre Unterschiede, die sie in Bezug auf eine Gemeinsamkeit haben. Der Begriff der Andersheit fällt grundsätzlich unter die qualitative Kategorie und meint nicht bloße Abzählbarkeit [...], sondern bezeichnet eine Gemeinsamkeit mit interner Differenz." Seit der Antike habe sich durch die Priorisierung des Logos „zur Abwehr jeder Art von Magie, Mythologie und Poesie, die einer anderen Sphäre als der subjektiv-egologischen angehören", eine rationale Denkhaltung durchgesetzt, „die auf der Entmachtung und Überwindung einer magisch-mythischen Einstellung und Ästhetisierung der Welt aufbaut." Ebd., S. 10.
653 Mit einem krassen Fall kontagiöser Übertragung bekommt es Martina Keller in Setz' Erzählung „Die Visitenkarten" zu tun: Diese sind nämlich eines Tages plötzlich von einer Art Beulenpest befallen, mit der sie allmählich auch alle umliegenden Gegenstände infizieren und Martina, körperlich zwar unversehrt, damit am Ende selbst zur Ausgestoßenen machen. Vgl. MK: 62–74.

individueller physischer Charakter als vielmehr die von der Gesellschaft ihrer ganzen Art gegenüber eingenommene Haltung."[654]

9.3 Der Katalog des Unheimlichen

Der ‚Katalog des Unheimlichen' ist ein wiederkehrendes Motiv bei Setz, das in verschiedenen Varianten auftritt, aber immer dieselbe Funktion zu erfüllen scheint. Wie ein Stück ausgelagerte Seele, das offenbar das Abgründige, Grauenerregende und moralisch Fragwürdige beherbergt, kann er nach Belieben konsultiert werden, und zwar zumeist dann, wenn eine Art emotionale Kompensation oder auch ein gedankliches Refugium vonnöten ist.[655] In der Erzählung „Milchglas" bekennt der von Alpträumen und Einschlafschwierigkeiten geplagte kindliche Ich-Erzähler Felix: „Wenn wirklich gar nichts mehr half, holte ich die blaue Kiste unter meinem Bett hervor."[656] Auf einer ganzen Seite werden später die bizarren, grell-grausamen Bilder aufgezählt, die sich in jener versteckten Kiste befinden.[657] Auch Robert Tätzel kann auf ein solches Archiv in

---

[654] Mauss/Hubert: „Entwurf einer allgemeinen Theorie der Magie", S. 261. Mauss und Hubert gehen hier auch auf die spezifischen sozialen Konsequenzen für Frauen (vgl. ebd.) und Kinder (vgl. ebd., S. 262) ein, die als magisch angesehen werden.

[655] Laut Dinger erfüllt dieses wiederkehrende Motiv des Sammelns und Archivierens bei Setz verschiedene Funktionen: Die Inszenierung des Autors als *poeta doctus* respektive *nerd*, der jedoch jedes damit aufgerufene Authentizitätsversprechen sogleich unterwandert und dessen Kuriositätenkabinette ein „Panoptikum des Unheimlichen" bilden, unter dem sich seine Texte selbst versammeln; Dinger: *Die Aura des Authentischen*, S. 238.

[656] Setz: „Milchglas", S. 11. Vgl. dazu auch Clemens J. Setz: „Der Dauerton. Dankesrede zum Bremer Literaturpreis", in: *Literatur und Kritik*, 443/444 (2010), S. 21–23, bes. S. 22; sowie Ekes Hinweise auf eine parallele Motivik in David Lynchs Film *Mulholland Drive* (2001) in: „Wider die Literaturwerkstättenliteratur?", S. 42 f. Und auch Alexander Kerfuchs hat, wie in Kap. 8.4 dieses Bandes beschrieben, eine solche Kiste unter dem Bett, in der sich zwar offenbar nur harmloses Spielzeug befindet, das sich aber im Zuge unheimlicher Fernwirkung von seiner psychischen Verfassung anstecken lässt.

[657] Vgl. ebd., S. 24: „Die schreckliche Kreuzigung auf der ersten Schauseite des Isenheimer Altars; ein Porträt des Elefantenmenschen Joseph Merrick; das nackt brennende Mädchen in Vietnam; der Lampenschirm aus Buchenwald; ein KZ-Häftling, der in einer Druckkammer ermordet worden ist, mit geborstenen Augenhöhlen; ein alter Kupferstich, der einen Pestdoktor zeigt, geschnäbelt und mit einem Stock zum Berühren der Kranken, vor ihm ein abgezehrter schwarzer Leichnam wie ein Büschel verbrannte Wolle; eine Werbepostkarte zum Film *Eraserhead*; ein paar alte Kinderzeichnungen mit Tunneln, Kerzen und Altären; ein Rosenkranz; eine Bilderserie aus der *Chronik der Medizin* über das Steinschneiden im Mittelalter; die musikalische Hölle von Bosch; ein paar Seiten aus einem Kinderbuch mit Darstellungen von vergreisten Elfen, und die Elfen sind von einem Fluch befallen, der ihre Gesichter altern lässt und ihre

seinem Kopf zurückgreifen, darin befinden sich u. a. „Sexualakte zwischen gesichtslosen Wesen, Nahaufnahmen von menschlicher Haut, Fotos der eigenen Wohnung, aus unmöglichen Winkeln aufgenommen, Fotos von Verwandten, die längst tot sind, Fotos von Leichen auf Operationstischen [...]" (Indigo: 43).[658] Hinzu kommt ein Repertoire an verbotenen, „radioaktiven" Wörtern, die Robert aufsagt, um sich „endgültig zurück auf den Boden zu holen".[659]

Das Unheimliche manifestiert sich bei Setz allerdings nicht nur in solchen konkreten Abbildungen, Visualisierungen oder Artikulationen desselben, sondern erstreckt sich in unterschiedlicher Ausprägung über die gesamte Texte. Für *Indigo* gilt dies in besonderem Maße, hier tritt es als konstante Grundierung zutage, die schon im Phänomen des *uncanny valley* als permanentes ‚Haarscharf-Daneben' angesprochen wurde. Hervorgerufen wird der Eindruck des Unheimlichen weiterhin durch die beschriebene komplexe Anordnung des Geschehens ohne zuverlässige Erzählinstanzen samt ihrer letztlich ungeklärten Verstrickung in die mysteriösen Ereignisse um die Indigo-Kinder, die durch die überwiegend fingierten Begleitdokumente erzeugte Spannung zwischen Fakt und Fiktion sowie durch die sprachliche Darstellung in sowohl überbordenden Informations- und Assoziationsketten als auch in häufig abrupt abbrechenden oder jedenfalls misslingenden Gesprächen und Gedankenfolgen, die insgesamt den Eindruck einer massiven Orientierungs- und Hilflosigkeit hinterlassen.[660] Unter Zuhilfenahme einiger theoretischer Überlegungen zum Unheimlichen lassen sich darüber hinaus konzeptuelle Schnittstellen zu Magie und Metapher ausmachen.

Herzen in graue Pilze verwandelt, die irgendwann aus der Brust schlüpfen wie kleine lebendige Schirme – das grausamste Bild zeigt eine Wiese neben einem Wald, auf ihr eine Schar Elfen, Männer wie Frauen, die sich unter Todesschmerzen krümmen und die Hände gegen ihre Oberkörper pressen, um die Katastrophe aufzuhalten – das und eine Sammlung alter Actionfiguren waren in etwa der Inhalt der blauen Kiste. Als ich sie schon hervorgezogen hatte, merkte ich, dass ich sie heute nicht brauchen würde. Sie wanderte zurück in die Finsternis."
658 Indigo: 43; vgl. 71.
659 „Verstrahlte Kinder, verstrahlte Kinder, verstrahlte Kinder, sagte er sich immer wieder vor und dachte an abplatzende Haut und Ascheregen [...]" (Indigo: 201); weiterhin gehören dazu u. a. „Endlösung" (Indigo: 48) sowie „Dreckfotze, Judensau, entartet, Nigger" (Indigo: 77). Eine Art Kompensation übernehmen solche historisch besetzten, rassistischen, unethischen und beleidigenden Begriffe und Wendungen auch für Natalie und ihre Kolleginnen in ihren sogenannten Betreuerinnengsprächen, in denen sie sich gegenseitig mit großem Vergnügen zu zahlreichen Tabubrüchen provozieren; vgl. exemplarisch FuG: 675–680 sowie Kap. 10.5 in diesem Band.
660 Vgl. dazu u. a. Dinger: *Die Aura des Authentischen*, S. 244.

9.3.1 Exkurs: Das Unheimliche im Anschluss an Freud

Das unvertraute Fremde, auf das die Indigo-Krankheit metaphorisch Bezug nimmt, entfaltet Ernst Jentschs psychologischer Abhandlung von 1906 zufolge typischerweise die Wirkung des Unheimlichen, weil es eine intellektuelle Unsicherheit auslöse.[661] Exemplarisch dafür seien nach Jentsch einerseits angsterfüllte Zweifel an der tatsächlichen Beseeltheit eines lebendigen Wesens und andererseits die unbehagliche Vermutung, dass ein gemeinhin als unbelebt geltender Gegenstand möglicherweise doch beseelt sei. Literarisch ist dieser Effekt des Unheimlichen, wie Jentsch weiterhin ausführt, am besten dadurch zu erzeugen, dass Leser:innen über den Status des Vitalen einer bestimmten Gestalt im Unklaren gelassen werden, wie es bei der humanoiden Olimpia aus E. T. A. Hoffmanns Erzählung „Der Sandmann" der Fall sei, oder umgekehrt, indem man „in dichterischer oder phantastischer Weise irgend ein lebloses Ding als Theil eines organischen Geschöpfs, besonders auch in anthropomorphistischer Weise umzudeuten unternimmt".[662] Somit seien die vom Unheimlichen evozierten Gefühlsregungen „physiologisch häufig mit dem Kunstgenuss direct verbunden", also wesentlicher Bestandteil des ästhetisch Reizvollen,[663] und insofern Sache der Dichter:innen, aber eben auch – ganz den Ansichten der Zeit um 1900 verpflichtet – des noch in der Entwicklung begriffenen Kindes, der Frauen und „Schwärmer", mithin des psychisch Kranken und natürlich insbesondere des ‚primitiven' Menschen.[664] Wichtiger Faktor sei hierbei „die natürliche Neigung des Menschen in einer Art naiver Analogie von seiner eigenen Beseelung auf die Beseelung, oder vielleicht richtiger gesagt auf eine identische Beseelung der Dinge der Aussenwelt zu schliessen. Dieser psychische Zwang

---

[661] Ernst Jentsch: „Zur Psychologie des Unheimlichen", in: *Psychiatrisch-Neurologische Wochenschrift* 22 (1906), S. 195–198 (= Teil 1), und 23 (1906), S. 203–205 (= Schluss).
[662] Ebd., S. 203 f.
[663] Vgl. ebd.: „Der Genuss eines Litteraturwerks, Theaterstücks u.s.w. besteht nicht zum wenigsten darin, dass alle jene Gefühlserregungen, denen die Personen des Stücks, des Romans, einer Ballade u.s.w. unterworfen sind, vom Leser oder Zuschauer mitempfunden werden." Das dabei wachgerufene „starke Lebensgefühl" wird laut Jentsch auch deshalb als besonders genussvoll empfunden, weil die Ursachen selbst der „unangenehme[n] Gefühlstöne" konsequenzlos für das reale Leben bleiben. Vgl. zur rezeptionsästhetischen Frage auch den Beitrag von Christoph Bartsch: „Das Unheimliche in Daniel Kehlmanns *Mahlers Zeit* – ein Gefühl der Figur oder des Lesers? Narratologische Betrachtungen einer nicht-narratologischen Kategorie", in: Florian Lehmann (Hg.): *Ordnungen des Unheimlichen. Kultur – Literatur – Medien*. Würzburg: Königshausen & Neumann 2016, S. 201–218.
[664] Ebd., S. 204.

wird um so unwiderstehlicher, je primitiver die geistige Entwicklungsstufe des Individuums ist."[665]

Jentschs Überlegungen werden wenige Jahre später von Freud in seinem Essay „Das Unheimliche" (1919) aufgegriffen, der heute als theoretischer Kondensationspunkt für eine ausgeprägte Forschungsdiskussion gilt.[666] Ebenfalls mit Bezug auf den „Sandmann", den er einer psychoästhetischen Untersuchung unterzieht, entwickelt Freud wiederum explizit gegen Jentsch die Hypothese, dass das Unheimliche gerade nicht das Unbekannte, sondern vielmehr „jene Art des Schreckhaften [ist], welche auf das Altbekannte, Längstvertraute zurückgeht".[667] Flankiert wird diese Auffassung durch ausschweifende lexikalische beziehungsweise etymologische Betrachtungen der bedeutungstragenden Ambivalenz von ‚heimlich' im Sinne von ‚vertraut' und ‚häuslich' einerseits und ‚versteckt' und ‚verborgen' andererseits. „Unheimlich ist irgendwie eine Art von heimlich",[668] stellt er fest. Und mit Schelling erklärt er es schließlich als etwas, „das im Verborgenen hätte bleiben sollen und hervorgetreten ist".[669] Obwohl Freud einräumt, dass die Wirkung des Unheimlichen individuell verschieden ist, legt er einige Grundzüge dar: Mit Verweis auf den „Sandmann" erläutert er zunächst Nathanaels Angst vor dem Verlust der Augen und erkennt darin das Substitut für den Kastrationskomplex, der beinhaltet, die Integrität des eigenen Körpers als bedroht zu empfinden und damit die schwerwiegendste Störung des kindlichen Narzissmus bildet; das Motiv des Doppelgängers als Wiederbelebung eines nur scheinbar überwundenen Schreckensbildes und damit verwandt die Wiederholung als Eindruck einer beständigen, dabei willkürlichen Wiederkehr des Gleichen, das die „Idee des Verhängnisvollen, Unentrinnbaren" in sich trägt; und schließlich die im Umfeld magischen Denkens bereits erläuterte „Allmacht der Gedanken" in Form eines nur vermeintlich überwundenen Animismus, der sich Bahn bricht und auf die „narzisstische Überschätzung der

---

665 Ebd.
666 Vgl. exemplarisch Klaus Herding, Gerlinde Gehrig (Hg.): *Orte des Unheimlichen. Die Faszination verborgenen Grauens in Literatur und bildender Kunst*. Göttingen: Vandenhoeck & Ruprecht 2006; sowie den von Florian Lehmann herausgegebenen Tagungsband *Ordnungen des Unheimlichen*.
667 Sigmund Freud: „Das Unheimliche" (1919), in: ders.: *Gesammelte Werke*. Bd. 12, S. 229–268, hier S. 231.
668 Ebd., S. 237.
669 Ebd., S. 235 f., S. 254. Vgl. den genauen Wortlaut in Friedrich Schelling: *Philosophie der Mythologie* (1842). Bd. 2. Darmstadt: WBG 1976, S. 649: „unheimlich nennt man alles, was im Geheimniß, im Verborgenen, in der Latenz bleiben sollte und hervorgetreten ist."

eigenen seelischen Vorgänge" und die „Überbetonung der psychischen Realität im Vergleich zur materiellen"[670] zurückgeht (vgl. Kap. 5.2.3).

Wie schon sein Vorgänger Jentsch, wenn auch etwas differenzierter, widmet sich Freud dem „Unheimliche[n] der Fiktion", das seiner Ansicht nach zunächst anderen Regeln folge als das „Unheimliche des Erlebens".[671] Als Beispiel dient ihm das Märchen, in dem die Wirkung unheimlicher Vorkommnisse zwar vorhanden sein könne, aber innerhalb der Fiktion verbleibe, und daher die Rezipient:innen realiter nicht weiter behellige. Zugleich sei es aber gerade in der Dichtung möglich, Unheimliches zu präsentieren, wie es im realen Leben gar nicht möglich wäre. In beiden Fällen finde der entscheidende „Urteilsstreit" über die Frage, „ob das überwundene Unglaubwürdige nicht doch real möglich ist",[672] nicht statt. Dem tatsächlichen Erleben ähnlich sei das Unheimliche in der Dichtung allerdings dann, wenn Ungewissheit darüber herrscht, ob die fiktionale Welt den Bedingungen der realen entspricht.

An ebendiesem Punkt setzt gut 50 Jahre später Samuel M. Webers Beitrag „Das Unheimliche als Struktur" an, in dem er zeigen will, dass das „Unheimliche, obwohl zweifelsohne an das subjektive Gefühl gebunden, dennoch eine eigenständige literarische Struktur impliziert",[673] was er an zwei fiktionalen Texten zu exemplifizieren versucht. Im Mittelpunkt seiner Betrachtungen steht die Kastrationsangst, die mit einer Erschütterung einhergehe, hervorgerufen aus der Entdeckung einer Differenz zum ‚unvollständigen' weiblichen Körper (der Mutter), somit zu einer tiefgreifenden „Krise der Wahrnehmung" und gleichzeitig zu einer „Gefährdung des Subjekts".[674]

> Konstitutiv für das Unheimliche ist nicht die Frage, ob das Gemeinte real oder imaginär sei [...]. Unheimlich ist vielmehr jene Unentscheidbarkeit, die Vorstellungen, Motive, Stoffe, Themen befällt, die [...] immer anderes bedeuten als sie sind, aber auf eine Weise, die auch ihr eigenes Sein in die Strudel der Bedeutung hineinreißt. Aber das Unheimliche setzt noch eine zweite Bewegung voraus [...], nämlich die der Abwehr und des Festhaltens an der Welt der Erscheinungen: den Zwang, doch das zu sehen, zu entdecken, was im

---

670 Ebd., S. 258.
671 Ebd., S. 264.
672 Ebd.
673 Samuel M. Weber: „Das Unheimliche als dichterische Struktur: Freud, Hoffmann, Villiers de l'Isle-Adam", in: Claire Kahane (Hg.): *Psychoanalyse und das Unheimliche. Essays aus der amerikanischen Literaturkritik*. Bonn: Bouvier 1981, S. 122–147, hier S. 123, S. 131.
674 Ebd., S. 144. Vgl. dazu auch die an Weber orientierte Untersuchung zu *Indigo* von Steinort: *Die Krise der Darstellung*. Steinort sieht die unheimliche Wirkung des Romans in seiner konstanten Uneindeutigkeit aufgrund der zahlreichen, sich häufig überlagernden semantischen Referenzebenen.

Verborgenen steckt; das Wesen der Dinge zu erblicken, und sei es ein Unwesen: ein abgeschnittener Kopf oder ausgerissene Augen [...].[675]

Weber ist wichtig zu betonen, wie komplex die Struktur des Unheimlichen ist, die sich überdies als Wiederkehr des Verdrängten oder Überwundenen literarisch nicht bloß rein stofflich oder formal erfassen lasse, sondern auch und gerade in der Fiktion kontextuell zu sehen sei. Trotz der Gebundenheit an die subjektiven Affekte sei das Unheimliche „nicht aber mit ihm einfach identisch, da es eine besondere Struktur der Objektivität, der Erscheinung und der Darstellung mitimpliziert".[676]

Webers Text gehört zu einer Reihe zunächst poststrukturalistisch und dekonstruktivistisch motivierter Perspektiven, die Freuds Ausführungen zum Unheimlichen nach einer langen „Latenzzeit"[677] in den 1970er und 1980er Jahren erfolgreich reaktivieren, im darauffolgenden Jahrzehnt sogar zum Ausruf der „uncanny nineties"[678] verleiten und bis heute in zahlreichen Auseinandersetzungen – nun vermehrt jenseits psychoanalytischer Zugriffe – fortgeführt und aktualisiert werden, wobei sie zumeist auf die diversen Problematiken von Freuds Annäherung hinweisen.[679] Neben konkreten Positionen zum Thema sind hier zudem metareflexive Überlegungen vertreten, insbesondere zum Unheimlichen (in beziehungsweise an) der Psychoanalyse (selbst)[680] sowie zu den poetologischen Prämissen, die Freud mit dem Hinweis auf den aus der Vernachlässigung der eigentlich zuständigen Fachliteratur notwendig gewordenen Ausflug

---

675 Ebd., S. 145.
676 Ebd., S. 144.
677 Vgl. Anneleen Masschelein: *The Unconcept. The Freudian Uncanny in Late Twentieth-Century Theory*. New York: State Univ. of New York Press 2011, S. 4 f.; vgl. auch dies: „The Concept as Ghost. Conceptualization of The Uncanny in Late-Twentieth-Century Theory", in: *Mosaic* 35.1 (2002), S. 53–68; vgl. dazu auch Florian Lehmann: „Einführung: Das Unheimliche als Phänomen und Konzept", in: ders. (Hg.): *Ordnungen des Unheimlichen*, S. 9–28, hier S. 9, S. 22.
678 Das Unheimliche ist nach Jay „one of the most supercharged words in our current critical vocabular"; Martin Jay: „The Uncanny Nineties", in: *Salmagundi*, 108 (1995), S. 20–29, hier S. 20.
679 Vgl. dazu u. a. Hélène Cixous: „Die Fiktion und ihr Geister. Eine Lektüre von Freuds *Das Unheimliche*", in: Herding/Gehrig (Hg.): *Orte des Unheimlichen*, S. 37–59.
680 David Ellison schreibt über Freuds Abhandlung: „The Freudian text ends imitating the object of its scrutiny: the text ‚about' the uncanny is itself uncanny." David Ellison: *Ethics and Aesthetics in European Modernist Literature: From the Sublime to the Uncanny*. Cambridge: Cambridge Univ. Press 2001, S. 53. Vgl. weiterhin den Beitrag von Rupert Gaderer: „Sigmund Freuds ‚Momente' und ‚Technik der Magie'", in: Martin Doll et al. (Hg.): *Phantasmata. Techniken des Unheimlichen*. Wien, Berlin: Turia & Kant 2011, S. 145–153.

des Psychoanalytikers in das fachfremde Gebiet der Ästhetik bereits provoziert und mit der Wahl von E. T. A. Hoffmanns Texten als Gegenstand seiner Betrachtungen bestärkt hat. Gegenwärtig werde daher das Unheimliche inflationär verwendet und dabei allzu oft, wie Florian Lehmann in seiner kenntnisreichen Einführung kritisch bemerkt, mit dem „Literarischen *per se*"[681] identifiziert.

Eine wichtige perspektivische Ergänzung liefert Anthony Vidler mit seiner 1992 erschienenen architekturtheoretischen Studie *The Architectural Uncanny: Essays in the Modern Unhomely* (dt. *unHEIMlich: über das Unbehagen in der modernen Architektur*, 2002), in der er die topologisch-topographische Dimension des Unheimlichen beleuchtet und es als ästhetisches Konzept in die Nähe des Erhabenen rückt, insofern beiden nichts Fremdes, sondern Entfremdetes innewohne.[682] Im Roman *Indigo* betrifft dies topologische Konstruktionen wie die mehrfache erwähnte Möbiusschleife (Indigo: 301), das Qunicunx-Muster (Indigo: 196) oder auch die „unheimliche schneeweiße Freitreppe" (Indigo: 213), bei der nicht klar ist, ob sie lediglich in den Träumen und Erinnerungen des Lehrers Setz vorkommt oder real ist. Allen ist aber gemein, dass sie das Unheimliche als Zustand verstörender, räumlicher Desorientierung vorführen.[683]

Abschließend sei hier noch auf einen wichtigen Einwand Lehmanns eingegangen, der für eine Kontextualisierung der oben beschriebenen Indigo-Metapher als Alteritätserfahrung mit dem Unheimlichen relevant ist. Lehmann schreibt, „dass sich mit Jentschs Ansatz das Unheimliche produktiv mit gesellschaftlichen Ausgrenzungsmechanismen wie Xenophobie in Zusammenhang bringen ließe" und demnach auch der *uncanny-valley*-Effekt „eher mit Jentsch als mit Freud zu erklären"[684] sei. Denn im Zuge der postkolonialen Auflösung der „Fundamentaldichotomie" zwischen dem Eigenen und dem Fremden sei das Unheimliche, also das, wovor wir Angst haben, „nicht mehr im Fremden zu

---

681 Lehmann: „Einführung: Das Unheimliche als Phänomen und Konzept", S. 24. Das Unheimliche sei daher, ähnlich wie Susan Sontags *Camp*-Begriff, „gewissermaßen Opfer seines eigenen Erfolgs". Kritisch bezieht er sich hier u. a. auf Ellison: *Ethics and Aesthetics*, S. 53: „Allegorically speaking, the uncanny stands for all texts exhibiting literariness".
682 Vgl. Anthony Vidler: *unHEIMlich: über das Unbehagen in der modernen Architektur*. Hamburg: Edition Nautilus 2002. Setz' Romane dezidiert auf Vidlers Ausführungen hin zu lesen, wäre mit Sicherheit ein lohnenswertes, aber eben auch ein eigenständiges Projekt, weshalb es hier bei einem Hinweis belassen wird.
683 Vgl. hierzu auch die Beobachtungen zu topologischen im Verbund mit psychoanalytischen Aspekten in SuP von Michalski: *Die heile Familie*, Kap. VI, sowie Kap. 7.2 in diesem Band.
684 Lehmann: „Einführung: Das Unheimliche als Phänomen und Konzept", S. 21.

suchen, sondern in uns selbst".[685] Dem ist mit Blick auf Setz' Roman uneingeschränkt zuzustimmen, dessen zentrales Thema die Frage ist, wie der Lehrer Setz seiner Freundin nach der eigentümlichen Schwitzkur berichtet, während der das Wort „xenopathisch" fiel: „Aber das ist doch falsch, oder? [...] Das heißt nicht, dass ich andere Leute krank mache. Das heißt, dass ich von Fremden krank werde." (Indigo: 425 f.)

Somit ist das Indigo-Syndrom vielmehr eine unheimliche Spiegelung oder auch Reflexion des „Längsvertrauten" im mehrfachen Sinne, zumal sich die Krankheit nur in ihrer Wirkung auf andere offenbart. „So betrachtet indiziert das Unheimliche stets Krisen des heimgesuchten Subjekts",[686] schlussfolgert Lehmann, und ist insofern kognitionsästhetisch durchaus treffend als „influential conceptual metaphor" unabgeschlossener oder verdrängter „Manifestationen unserer Kultur"[687] zu bewerten, was nun anhand zweier einschlägiger Motive ausführlicher zu diskutieren sein wird.

9.3.2 Doppelgänger

„Haben Sie schon mal von Ferenc gehört?", fragt der Lehrer Setz die Kinderpsychologin Monika Häusler-Zinnbret. „Das ist ein Spiel [...]. Soweit ich weiß." Unsicher fragt der Lehrer nach: „Ein Spiel? [...] So wie Reise nach Jerusalem?", erhält aber von ihr nur ein „[u]ngefähr so" als Antwort (Indigo: 59). Robert Tätzel hingegen erinnert sich an das gleichklingende „Ferenz-Spiel" im Garten des Helianau-Instituts, das in der abrupten Unterbrechung des „Zonenspiels" bestand, bei dem die Indigo-Kinder von ihrer sorgfältig eingeübten Abstandsposition abweichen und so ihre unheilvolle Wirkung aufeinander ausloten. Eins der Kinder, der Ferenz, zerrt – „immer unerwartet, das war der Sinn der Sache" – ein anderes fort und bildet somit ein plötzliches „Störsignal", eine „Interferenz", wie ein Mitschüler behauptet (Indigo: 237). Es deutet sich allerdings bereits an, dass es sich hier nicht bloß um ein harmloses Spiel handelt.[688] Jahre

---

685 Ebd., S. 26
686 Ebd., S. 24.
687 Vgl. ebd. unter Verweis auf María del Pilar Blanco, Esther Peeren: „Introduction: Conceptualizing Spectralities", in: dies. (Hg.): *The Spectralities Reader. Ghosts and Haunting in Contemporary Cultural Theory*. New York, London: Bloomsbury Academic 2013, S. 1–27, hier S. 1.
688 Offenbar ist Robert Tätzel am Verschwinden seines Mitschülers Max Schaufler nicht ganz unschuldig, was dessen wütenden Freund Arno Golch dazu veranlasst, Robert physisch anzugreifen und ihm das gleiche Schicksal zu wünschen: „Dass er *dich* kriegt, der Ferenz. Dass *er* dich in seine Finger kriegt. Als was wirst du dich dann verkleiden, hm?" Indigo: 241.

später begegnet Robert auf einer Preisverleihung einem dünnen, „schulterlosen, eiförmigen" Mann (Indigo: 238) mit schütterem Haar und einem eigenartigen Akzent, der ihm seine Visitenkarte übergibt, auf der kein Name steht, sondern nur eine Firma: „InterF. Darunter eine Postadresse in Belgien. E-Mail: inter_f@apuip.eu" (Indigo: 182). Auf eine ähnliche Gestalt trifft der Lehrer Setz im Zuge seiner Recherchen, nachdem er ein Telefonat des Institutsleiters Dr. Rudolph mitangehört hatte, in dem dieser einem gewissen Ferenc ein „Problem", einen „Zwischenfall" gesteht, ihm aber schließlich ein „Happy End" zusichert – in leicht verdrehter Anspielung auf sein vielzitiertes Motto: „Im Leben gibt es selten Happy Ends. Aber zumindest Fair Ends" (Indigo: 195).[689] Später erfährt Setz von einem 2003 verstorbenen „Mann mit dem Glühbirnenkopf" (Indigo: 309–311) und hängenden Schultern namens Charles Alistair Ferenc-Hollereith, der im Dienst der CIA höchst zweifelhafte medizinische Experimente durchführte. Inzwischen sei mit „Ferenc" allerdings, wie dem Lehrer erklärt wird, „nicht einfach nur ein Mensch" gemeint: „Heute ist es mehr ein Prinzip. Ein Prinzip, das von mehreren Menschen aufrechterhalten wird" (Indigo: 315) – ein bemerkenswerter Satz, der ins Poetologische reicht, weil er sich inner- wie außerfiktional auf die gesamte Konstruktion des Romans übertragen lässt. Zudem erinnert er an die Vorstellung des Magiers als Doppelgänger seiner selbst und auch anderer, wie er von Mauss und Hubert beschrieben wird, nämlich als jemand, der sich psychologisch und physiologisch in (meistens) bewusste und kontrollierte „Zustände der Persönlichkeitsspaltung" begibt.[690]

Am Ende sucht der Lehrer Setz einen dieser Menschen mit Namen Ferenc in Belgien auf, um einer eigentümlichen Schwitzkur, der sogenannten Hollereith-Methode, beizuwohnen, bei der Männer, zumeist mit Glühbirnenköpfen, in einer Art Tank sitzen und auf diese Weise offenbar das „Aushalten-Können" von etwas nicht näher Definiertem trainieren. Im Nachhinein schildert er diese Prozedur folgendermaßen: „Die Wirkung setzt nach einiger Zeit ein. Heftiger Schwindel, verbunden mit dem Gefühl, der einzige Mensch auf der Welt zu sein. Dann der Wunsch, meine Stelle am Gymnasium zu kündigen und Schriftsteller zu werden, der bedeutendste der Welt ..." (Indigo: 452). Im Anschluss meint er eine „Lockerung" seines Gedankenflusses zu vernehmen, die möglicherweise nur auf einer Verwechslung beruht, jedoch: „Verwechseln ist immer ein gutes Zeichen" (Indigo: 453), stellt der Lehrer Setz an dieser zentralen Stelle des Romans fest, die ebenfalls poetologisch gelesen werden könne, so Wolfgang

---

[689] Indigo: 195, vgl. 25, 99, 210.
[690] Mauss/Hubert: „Entwurf einer allgemeinen Theorie der Magie", S. 274; vgl. S. 269.

Reichmann mit Bezug auf die autofiktionale Erzählanlage.[691] Letztlich aber bleibt unklar, was konkret das „Prinzip Ferenc" in seinen „unterschiedlichen Inkarnationen"[692] als Rollenspielcharakter „Ferenz", als CIA-Psychiater „Dr. Ferenc-Hollereith", als Firmenname „Inter F.", als Bonmot „Fair Ends", als Tatzelwurm-Fotograf „Ferenc Balkin" und schließlich als mutmaßlicher Tierquäler und tatsächliches Mordopfer „Franz F." mit den „Relokationen" der Kinder tatsächlich zu tun hat. Überdies sind der Vorgang der „Interferenz", also die Störung oder Überlagerung von (Text-)Signalen, ebenso wie die „Inferenz", die einzufügende semantische Leerstelle, zweifellos poetologisch wirksam.[693] Denn gerade diese ontologische wie semantische Ungewissheit verleiht der speziellen Ausprägung des Doppelgängermotivs eine meta- wie innerfiktional bedeutsame Funktion:

> Beim Doppelgänger handelt es sich meistens – jedoch nicht immer – um zwei Gestalten, die einander äußerlich gleichen oder ähnen, also vertausch- und verwechselbar, im Wesen aber verschieden sind. Die Erweiterung des Doppelgänger-Begriffs schließt auch die Form ein, in der ein und dieselbe Person in zwei verschiedenen Erscheinungen auftritt, also quasi ihren eigenen Doppelgänger, ihre eigene Spiegelung darstellt.[694]

Im Fall von *Indigo* besteht das Doppelgängermotiv hingegen nicht mehr aus einer binären Relation, denn neben dem vielfach multiplizierten ‚Prinzip Ferenc' gibt es eine Reihe weiterer solcher Spiegelungen, die sich auf bestimmte Eigenschaften, aber auch auf Handlungen und Erlebnisse der Figuren beziehen.

In seiner Abhandlung über das Unheimliche – nun entlang von E. T. A. Hoffmanns Roman *Die Elixiere des Teufels* – zählt Freud das „Doppelgängertum" zu den „hervorstechendsten unter jenen unheimlich wirkenden Motiven", darunter die telepathische Identifikation im „Wissen, Fühlen und Erleben" mit einer anderen Person, „so daß man an seinem Ich irre wird oder das fremde Ich an die Stelle des eigenen versetzt, also Ich-Verdopplung, Ich-Teilung, Ich-

---

691 Reichmann: „Clemens J. Setz", S. 152. Tatsächlich ist ja der reale Autor Setz ebenfalls nicht Lehrer, sondern Schriftsteller geworden.
692 Ebd., S. 153. Allgemein ist „Ferenc" ein männlicher Vorname und die ungarische Form von „Franz".
693 Katrin Kohl ordnet die „Inferenz der Gegenwart abwesender/unsichtbarer Instanzen aus sichtbaren Spuren" sowie den „Glauben an Übernatürliches; Magie" den poetologischen Metaphern zur Rolle des Dichters („als Priester, Magier, Hexer, Schöpfer usw.") zu. Kohl: *Poetologische Metaphern*, S. 301.
694 Chava Eva Schwarcz: „Der Doppelgänger in der Literatur. Spiegelung, Gegensatz, Ergänzung", in: Doris Fichtner (Hg.): *Von endlosen Spielarten eines Phänomens*. Bern u. a.: Paul Haupt 1999, S. 1–14, hier S. 3.

Vertauschung – und endlich die beständige Wiederkehr des Gleichen".[695] In Otto Ranks psychoanalytischer Studie *Der Doppelgänger* von 1914, die Freud kritisch diskutiert, ist das Repertoire noch um das Spiegelbild, den Schatten und die Idee des Schutzgeistes erweitert – allesamt ursprünglich als „Versicherung gegen den Untergang des Ichs" gedacht, inzwischen aber in die „energische Dementierung der Macht des Todes" umgewandelt, so Freud mit den Worten Otto Ranks.[696] Auf mögliche Ursachen und funktionale Konsequenzen wird später noch zurückzukommen sein, zunächst seien die konkreten Erscheinungsformen aus diesem variantenreichen Kabinett verdoppelter Ich-Figurationen benannt: Neben Doppelgänger und Alter Ego bevölkern nämlich zahlreiche weitere Spiegelungen, Schatten, Masken und Zwillinge den Roman.

Es gibt räumliche Spiegelungen, wie die Wohnung von Frau Häusler-Zinnbret, die „einem Spiegelkabinett auf dem Rummelplatz" (Indigo: 61) gleicht, oder das Helianau-Institut, das Dr. Rudolph „nach dem Spiegelprinzip aufgebaut" (Indigo: 24) hat; es gibt Figuren-Spiegelungen wie das geschilderte ‚Prinzip Ferenc', aber auch der Lehrer Clemens J. Setz und sein Schüler Robert Tätzel bilden gewissermaßen gegenseitig ihr Alter Ego, sie recherchieren teils parallel, teils zeitlich versetzt umeinander herum und sind derweil durch zahlreiche gespiegelte Motive und Episoden verbunden, wie derjenigen über den verlorenen, einsamen Handschuh auf der Straße, dessen „spiegelverkehrte[s] Ebenbild" (Indigo: 293) wenig später auftaucht.[697] Oder die geteilte Vorstellung von Männern, die ankündigen, Zigaretten holen zu wollen und daraufhin für immer in ein unterirdisches Tunnelsystem flüchten,[698] bis hin zu ihren künstlerischen Aktivitäten, die ihnen zu innerem Frieden verhelfen sollen. Darüber hinaus teilen sie sich untereinander und mit weiteren Figuren bestimmte Eigenschaften, etwa Namen und Initialen, Lieblingsbücher, die dünne Statur mit Glühbirnen-Kopf und „so viel Schultern wie ein Ei" (Indigo: 375). Anders als in den *Frequenzen*, wo die Lebenswege der beiden Protagonisten Alexander und Walter gewissermaßen maschinell miteinander verbunden sind, fallen sie hier deutlicher noch in eins. Allerdings gerät auch Alexander Kerfuchs, wie Reidy herausarbeitet, in ein Dilemma mit seinem Spiegel, der nämlich von der Wand fällt und zerbricht (DF: 350), was sich mit Lacan als psychoanalytische Meta-

---

695 Freud: „Das Unheimliche", S. 246.
696 Ebd., S. 47; vgl. Otto Rank: *Der Doppelgänger. Eine psychoanalytische Studie*. Leipzig u. a. Internationaler Psychoanalytischer Verlag 1925, S. 115.
697 Laut Inukai ein programmatisches Beispiel für die Verbundenheit der beiden Protagonisten; vgl. Inukai: „Lügende Figuren", S. 16.
698 Indigo: 101, in der Fassung des Lehrers Setz, vgl. Indigo: 111 f., in Robert Tätzels Version.

pher der (gestörten) Identitätsbildung lesen lasse, zumal sich Alexander keinen neuen leisten kann.[699] Mit Blick auf den gesamten Textkorpus ist an dieser Stelle festzuhalten, dass diese komplementäre Figurenanlage bereits im Debütroman vorzufinden ist (hier sind es die Väter und Söhne; vgl. Kap. 7) und auch im zuletzt erschienenen Roman *Die Stunde zwischen Frau und Gitarre* (in Gestalt von Natalie Reinegger und Christopher Hollberg) wieder zum Tragen kommt (vgl. Kap. 10).

Den Schatten als *conditio humana* erwähnt Robert, als er über seine abklingende Indigo-Wirkung sagt: „Stell dir vor, du wirfst dein Leben lang einen Schatten, und eines Tages wird er schmäler und kürzer und durchsichtiger, bis er plötzlich nicht mehr da ist. Aufgelöst im Sonnenwind. Im Teilchenstrom. Oder was auch immer." (Indigo: 162) In magischen Vorstellungen ist der Verlust des eigenen Schattens zumeist ein Zeichen bevorstehenden Unheils oder auch des Todes.[700] Von besonderer Bedeutung ist er auch in der wirren Eloge des Lehrers Setz auf die alte Glühbirne mit Leuchtfaden, der kein „Elend dieser Welt [...], kein Schauspiel zu unwürdig" war, denn sie hat „ausnahmslos alles begossen, hat ihm Widerschein und Schattenwurf gegeben, sie stand in Verbindung mit ihrer Umwelt wie heute fast nichts", insbesondere im Unterschied zu den neuen Lampen, die von „einer geradezu absurden Gleichgültigkeit" seien, denn deren „Licht befasst sich mit absolut nichts! Weder mit uns noch mit anderen Oberflächen, noch mit den Schatten, die es verursacht. Sie sind ahnungslos und ohne Anteilnahme. Schlecht erzogene, unmenschliche Roboter!" (Indigo: 438)

Masken und Maskierungen spielen beispielsweise eine Rolle bei der Relokation, wenn die Kinder in seltsamen Kostümen und mit einem „Partyhut"[701] verkleidet abgeführt werden, oder bei der ersten Begegnung des Lehrers Setz mit dem Indigo-Kind Christoph Stennitzer, der einen „riesige[n] groteske[n] Osterinselkopf aus Pappe" (Indigo: 121) trägt, was sich beides in einem „fiebrigen"

---

699 Vgl. Reidy: *Rekonstruktion und Entheroisierung*, S. 250 f. Interessant im Hinblick auf die Konsequenzen dieses Deutungsansatzes ist auch Alexanders Überzeugung einer weitläufigen Verbundenheit: „Wie alle Glühbirnen auf diesem Planeten so sind auch alle Badezimmerspiegel miteinander verbunden, man könnte auch sagen: vernetzt." DF: 66.
700 Vgl. dazu „§ 3. Die Seele als Schatten und Widerschein" in Frazer: *Der goldene Zweig*, S. 277: „Häufig betrachtet er [gemeint ist ‚der Wilde', d. Verf.] seinen Schatten oder Widerschein als seine Seele oder jedenfalls als wichtigen Teil seiner selbst, und als solcher ist er für ihn notwendigerweise eine Quelle der Gefahren. Wird der Schatten nämlich zertreten, geschlagen oder erstochen, so empfindet er die Verletzung, als wäre sie seiner eigenen Person zugefügt worden. Wird die Seele aber gar völlig von ihm getrennt, was er für möglich hält, so wird er sterben."
701 Vgl. Indigo: 253, 259, 261, 378, 393.

Traum des Lehrers „von einem Schaf mit einer großen, grauen menschlichen Maske und einem Partyhut" (Indigo: 259) niederschlägt. Der „theatralische" Anblick des weinenden Robert löst in ihm ebenfalls diese Vorstellung aus: „Wie die Maske eines römischen Histrionen, der Mund auberginenförmig, die Augenbrauen zusammengezogen. Eine Nō-Maske." (Indigo: 249) Und die mittels einer Fotosoftware generierten Bilder zur Simulation eines gealterten Menschen, die helfen soll, vermisste Kinder auch viele Jahre später noch ausfindig machen zu können, weisen unheimlicherweise alle die „Gesichtsmaske" ihres Erfinders auf, die dieser zur Grundlage gemacht hatte (vgl. Indigo: 348–354). Schließlich türmen sich in der Wohnung des Herrn Ferenc in Brüssel allerlei Masken, im Inneren eines Exemplars klebt sogar ein unheilvoller „Rest rötlicher Farbe." (Indigo: 381)

Der böse Zwilling des emotionslosen Androiden Data aus *Star Trek* ist Thema bei Robert und seinen Freunden:

> Er sieht gleich aus, aber er lacht fies, und er hat Emotionen und will die Macht und er kämpft gegen Data [...] und will ihn umbringen, weil der keine Emotionen oder ... ah, ich weiß nicht mehr, was der Grund ist, vermutlich ist die Welt zu klein für sie beide, einer muss gehen. [...] das heißt, der böse Data [...] will ihm Emotionen geben, damit er auch böse wird, aber die pflanzt er sich irrtümlich selbst ein, und die beiden sind vertauscht." (Indigo: 143)

Beim Smalltalk im Anschluss an eine Preisverleihung erörtert Robert erneut „die Zwillingsforschung (ein zufällig aus der Luft gegriffenes Thema)" (Indigo: 180), wie er behauptet. Der Lehrer Setz wiederum versucht, in seinem Mathematikunterricht die „sogenannten Kurven zweiter Ordnung" anhand eines Zeitungsartikels über einen Mann zu erklären, „der zwanzig Jahre mit einem Zwillingsanhängsel, einer verkleinerten, verschrumpelten Kopie seiner selbst, gelebt hatte", von dem nach einer Operation nur eine Narbe in Form einer „annähernd perfekte[n] Ellipse" geblieben war. „Warum dies der Fall war und warum ein fraktaler Narbenverlauf wahrscheinlich die Hölle auf Erden sein müsste, hatte ich mir als Fragestellungen für die Stunde aufgehoben." (Indigo: 247 f.)

All diese Figurationen des verdoppelten Ichs verursachen den Eindruck des Unheimlichen: „Seit der Antike stellt der verdoppelte Mensch ein Skandalon und Faszinosum dar, das den menschlichen Körper wie seine Seele herausfordert."[702] Als Urheber des literarischen Motivs in Verbindung mit dem Unheimlichen gilt gemeinhin Jean Pauls „Doppeltgänger" in seinem Roman *Siebenkäs*

---

[702] Thomas Bilda: *Figurationen des ‚ganzen Menschen' in der erzählenden Literatur der Moderne. Jean Paul – Theodor Storm – Elias Canetti*. Würzburg: Königshausen & Neumann 2014, S. 10.

von 1796, der darin in einer Fußnote folgendermaßen bestimmt wird: „So heißen Leute, die sich selber sehen".[703] Damit ist zum einen die Idee der Individualität in Frage gestellt, zum anderen zeigt sich hierin der einschneidende Paradigmenwechsel in Bezug auf den abendländisch traditionsreichen Leib-Seele-Dualismus, der ästhetisch in der Romantik seinen ersten Höhepunkt findet. „Hier tauchen neben Zwillingen dann auch Spiegelbilder, Masken, Schatten oder Automaten auf", und zwar weniger als Sensation denn als „Struktur immer wieder variierter Spaltung und Verdopplung"[704] mit epistemischen Gehalt. Unter Rekurs auf die literarischen Anschauungen bei Jean Paul und E. T. A. Hoffmann bestimmen später Rank und Freud den Doppelgänger samt seiner psychologischen Variationen als „Urproblem des Ich",[705] nämlich die narzisstische Überschätzung beziehungsweise Bedrohung und infolgedessen Todesangst in Form eines Stücks „unabstreifbarer Vergangenheit", also auch hier die Wiederkehr von etwas nur scheinbar Überwundenem, worin Freud die unheimliche Wirkung vermutet und auch Rank zustimmend – mit Verweis auf Tylor und Frazer – das Weltbild des ‚Primitiven', des Neurotikers und des Kindes mit dem des Dichters vereint sieht. Eine begrüßenswerte Reaktivierung der „alte[n] Doppelgängervorstellung", in der dieser nicht nur als Todesbote, sondern geradezu als Schutz vor demselben galt, erkennt Freud in der „Tatsache [...], daß der Mensch der Selbstbeobachtung fähig ist" und somit potentiell in der Lage, dem Narzissmus selbstkritisch gegenüberzutreten.[706]

Besonders an der Verdopplungsstrategie von *Indigo* ist, dass sie sich werkextern fortsetzt, und zwar autofiktional zwischen dem empirischen Autor und seinen Figuren sowie zwischen den versammelten fiktionalisiert-fingierten Paratexten, die – trotz aller Verschiedenheit – im Kern bloß geschickt konstruierte Varianten voneinander sind, wodurch sich die Recherchen der Figuren in der Überprüfung der genannten Quellen durch die realen Leser:innen außerfiktional wiederholen, ja perpetuieren, da sie am Ende tatsächlich ins Bodenlose führen.[707]

---

703 Jean Paul: *Blumen-, Frucht und Dornenstücke oder Ehestand, Tod und Hochzeit des Armenadvokaten F. St. Siebenkäs im Reichsmarktflecken Kuhschnappel*, in: ders.: *Sämtliche Werke*. Abt. 1, Bd. 2. Hg. von Norbert Miller. München: Hanser ⁴1987, S. 7–576, hier S. 66.
704 Vgl. Bilda: *Figurationen des ‚ganzen Menschen'*, S. 10 f.
705 Rank: *Der Doppelgänger*, S. 12.
706 Freud: „Das Unheimliche", S. 248.
707 Vgl. ausführlich dazu Dinger: „Das autofiktionale Spiel des *poeta nerd*"; Pottbeckers: *Der Autor als Held*; Felix Forsbach: „Poetische Realität | realistische Poesie. Über das Feld zwischen Fakt und Fiktion in Clemens J. Setz Indigo", in: Hermann/Prelog (Hg.): „*Es gibt Dinge, die es*

9.3.3 Anthropomorphismen

Unter Anthropomorphismus versteht man im Allgemeinen die Attribution menschlicher Eigenschaften auf andere Lebewesen, aber auch unbelebte Objekte und sogar bestimmte Prozesse können ‚vermenschlicht' werden. Pejorativ als Animismus im magischen Denken denotiert, firmiert sie auch in der Psychologie zunächst als notwendiges, aber zu überwindendes Stadium der kindlichen Entwicklung hin zur Ausbildung des Abstraktionsvermögens. Bereits in der antiken Rhetorik gilt der Anthropomorphismus als Stilfigur, insbesondere in Form von Personifikationen als Typus der Metapher in metonymischer Ausrichtung: Einer beliebigen Entität werden bestimmte menschliche Eigenschaften zugewiesen. Dem schließt sich auch die kognitive Metapherntheorie an – mit dem bedeutenden Unterschied, diesen Vorgang nicht als stilistische Maßnahme in spezifischen Kontexten, sondern als grundlegend konzeptuelles Verfahren zu qualifizieren. Im Fall von Setz' Texten ist die kontinuierlich starke, bisweilen sogar ‚aufdringliche Vitalisierung der Dingwelt' häufig konstatiert worden, ob sie nun im Kopf der Figuren stattfindet oder bei der Beschreibung beziehungsweise Interpretation des Geschehens auftritt. Ihr Vorkommen ist derart häufig, dass sie sich überhaupt nur quantifizierend abbilden ließe, weshalb hier einige exemplarische Stellen genügen sollen.

Oftmals ist es die Natur, der menschliche Eigenschaften zugedacht werden, und zwar sprachlich realisiert entlang der gesamten Bandbreite metaphorischer, metonymischer und verwandter Formen: Bäume beispielsweise sehen aus wie „ein Opernsänger vor dem Chor" oder wie ein „Limbotänzer", sie wollen entweder „immer alles umarmen" oder unterhalten sich die ganze Nacht „mit rauschenden Gebärden" über dich und lesen deine Gedanken; von „leidenschaftslose[m] und uninteressiert wirkende[m] Gras" und respektvollem „Stadtgras" im Unterschied zum „feindseligen" Gras auf dem Land ist die Rede;[708] auch Wetterphänomenen eignen menschliche Wesenszüge: Ein Herbsttag erweist sich als „charakterstark", der „Himmel hatte sich über etwas geärgert und zeigte der Erde nun seinen grimmigen grauen Hinterkopf", die „Nachmittagssonne fiel ins Zimmer, ein rötlicher Schein, der sagte: Ich weiß, dass du hier bist, du gehörst nicht hierher", und der „Wind erwachte alle paar Minuten aus unruhigen Träumen und fegte über alles hin, als wolle er reinen Tisch machen,

---

nicht gibt", S. 77–89; Paul Schäufele: „Haarscharf daneben: Poetik des Unwohlseins. Zu Clemens J. Setz' *Indigo*", in: Brückl et al. (Hg.): *METAfiktionen*, S. 102–124.
708 Alle Zitate Indigo: 76 f., 175, 132, 244.

alles vergessen".⁷⁰⁹ Und schließlich sind es die Gegenstände des Alltags, die zum Leben erweckt werden: Autos zirpen fröhlich oder spielen Fangen, weiße Hemden auf einer Leine „gestikulieren aufgeregt", eine spaltbreit geöffnete Wohnungstür spitzt stellvertretend die Ohren, nachdem es geklingelt hat, der Denkmalschutz, „der jedoch nichts als ein Bannfluch war", verbietet es alten Pflastersteinen, „ihre erschöpften mittelalterlichen Seelen in neue, frische Steine zu verpflanzen", Medikamente bilden eine „Übergangsregierung", ein Drucker „würgt[ ]" an einem Blatt Papier, ein Telefonbuch scheint „angenehm überrascht", Möbel blicken entsetzt, und eine Leuchtstoffröhre ist „infolge ihrer Einsamkeit verrückt geworden".⁷¹⁰

Die Beschreibung einer weithin beseelten Welt ist ein typisches Stilmittel von Clemens Setz, das in allen seinen Texten raumgreifend vorhanden ist.⁷¹¹ Während die genannten Beispiele vielleicht eher Ausdruck von Einfallsreichtum und Fabulierlust sind und allenfalls deshalb unheimlich wirken, weil sie auf einen Wahrnehmungsmodus hinweisen, der potentiell alle Wesen, Dinge und Vorgänge der Welt mit menschlichen Eigenschaften ausgestattet sieht, führt das wiederkehrende Puppen-Motiv näher an den von Jentsch beschriebenen Effekt des Unheimlichen, der in der „Nachahmung eines organischen Wesens" besteht. Zwar werden sie hier nicht wie die Olimpia im „Sandmann" als belebt wahrgenommen, aber metaphorisch als Abbild des Menschen strukturiert.

Roberts Großvater philosophiert über den Sinn des Lebens und des Sterbens, der sich einzig und allein aus der Existenz von Nachkommen ergebe, denen es wiederum „vorzusterben" gelte, um ihnen frühzeitig die Erkenntnis zu vermitteln, „dass so etwas möglich und notwendig sei: eine Nachwelt, in der

---

709 Alle Zitate Indigo: 323, 44, 334, 425.
710 Alle Zitate Indigo: 337, 44–46, 105, 90, 419, 335, 180.
711 Vgl. die Untersuchung zu den *Frequenzen* sowie zu *Indigo* von Mikocki: „Anthropomorphismen von Dingen bei ausgewählten Vertretern der deutschsprachigen Gegenwartsliteratur", bes. Kap. 5.1. Mikocki diskutiert Anthropomorphismen als „Mikrogeschichten" und „konstitutive Elemente einer textuellen Kosmologie, die die Grenzen der Realität bricht und die Fiktionalität auf selbstreferenzielle Weise plakativ zur Schau stellt." Ebd., S. 136. Entlang von Gumbrechts Präsenz-Begriff erscheinen sie zudem als lesend erfahrbare, ästhetische Epiphanien beziehungsweise in den Worten Gumbrechts: als das körperliche Bedürfnis, „im gleichen Rhythmus zu schwingen wie die Dinge dieser Welt." Vgl. ebd., S. 139; das Zitat stammt aus Hans Ulrich Gumbrecht: *Diesseits der Hermeneutik. Die Produktion von Präsenz*. Frankfurt a. M.: Suhrkamp 2004, S. 138 f. In einer Anmerkung verweist Mikocki auf eine Parallele zur kognitiven Metapherntheorie von Lakoff und Johnson, die, ähnlich wie es Gumbrecht für seine Präsenz-Theorie veranschlagt, davon ausgeht, dass sich metaphorische Strukturen „vor allem dort wiederfinden, wo das Körperliche und die Wahrnehmung noch nicht durch Begriffe formuliert wurden." Ebd., S. 119, vgl. Anm. 272.

der tote Mensch noch immer weiterexistiert, hochgehalten wird wie eine Handpuppe, zusammengenäht aus den Erinnerungsfetzen im Gedächtnis der Leute, die ihn gekannt haben." (Indigo: 257) Ein bemerkenswert finsteres, jedenfalls unbehagliches Bild für die Idee des Andenkens an einen verstorbenen Menschen, das eher an den Totenkult des Voodoo erinnert. Ähnlich ergeht es dem Lehrer Setz in einem Telefonat mit Christoph Stennitzers Mutter, die währenddessen mehrfach „krachend[ ]" in einen Apfel beißt und damit unangenehme Assoziationen in Setz auslöst, darunter die, dass einer „Voodoopuppe mit meinen Gesichtszügen [...] irgendwo, in einem entfernten Land, eine Nadel ins Auge gestochen" wurde (Indigo: 291). Die Apfel-Auge-Episode wird im letzten Abschnitt dieses Kapitels noch einmal genauer zu untersuchen sein.

Der Schulleiter Dr. Rudolph illustriert dem Lehrer Setz bei dessen Ankunft im Helianau-Institut seine Erwartungen in Bezug auf den Umgang mit den Indigo-Kindern anhand von Thomas Edisons Erfindung der ersten sprechenden Puppen für Kinder Ende des neunzehnten Jahrhunderts:

> Es war leider ein sehr schauriges Geschöpf, das mit einem winzigen Wachszylinder in der Brust einige Worte sagen konnte. Und zum Wechseln des Zylinders musste man den Oberkörper der Puppe aufklappen. Also ziemlich gruselig. Nach drei-, viermal Abspielen hat die Qualität der Tonaufnahme so stark abgenommen, dass die Puppe nur noch ein entsetzliches Kreischen von sich gegeben hat, wie weit entferntes Kindergeschrei. Nach wenigen Monaten wurde die Produktion eingestellt, aber das hat ihn nicht demotiviert, wissen Sie? Edison war niemals in seinem Leben demotiviert. [...] Er war, zumindest in dieser Hinsicht, genau wie die Natur selbst. Die Natur hat diese Kinder hervorgebracht. Und in gewissem Sinn sind sie wie Glühbirnen. Irgendwann einmal brennt es sich aus, sie brennen durch, die Wirkung erlischt. (Indigo: 194 f.)

Es ist also ein Appell an den Lehrer, sich von den ‚gruseligen' und möglicherweise sogar dysfunktionalen oder jedenfalls defizitären Indigo-Kindern nicht entmutigen zu lassen, sondern an der aus seiner Sicht ‚schöpferischen' Idee festzuhalten. Zuvor hatte der Schulleiter bereits gefordert, sich stets bewusst zu machen, „dass diese Kinder die Zukunft darstellen. Sie müssen sich immer wieder fragen: Zu was werden sie wohl heranwachsen?" (Indigo: 194) Dass es sich bei diesem Vorhaben allerdings um ein ausbeuterisches, an Megalomanie grenzendes und zutiefst unmenschliches Ansinnen handelt, an deren Umsetzung Dr. Rudolph in Kollaboration mit Ferenc und einigen anderen zu arbeiten scheint, ist womöglich die einzige Lösung für ebenjenes Rätsel, das der Roman aufgibt.

Mehrfach tauchen Wendepuppen, sogenannte „Elis-Puppen",[712] auf: Kaum in der Helianau angekommen, begegnen sie dem Lehrer Setz in der Empfangskabine als Motive eines Kalenders, den er wiederum später auch in der Wohnung des Herrn Ferenc in Brüssel entdeckt, diesmal mit der Notiz „ARRIVÉ!!! C. S. – 9:00" auf dem aktuellen Kalenderblatt (Indigo: 378).[713] Ob es der Lehrer Clemens Setz selbst war, der diesen Eintrag vorgenommen hat, oder ob er dem verstorbenen Christoph Stennitzer galt, dessen Name ja dieselben Initialen aufweist, bleibt offen. Letztlich ungeklärt ist auch der grausame Mord an dem Tierquäler Franz F., dem der Lehrer Setz vermeintlich bei lebendigem Leib die Haut abgezogen haben soll, wie dieser Jahre später, allerdings augenscheinlich in geistiger Umnachtung, seinem ehemaligen Schüler Robert zu gestehen scheint:

> Ich habe [...] dafür gesorgt, dass eine Weile Ruhe ist. Und dafür bezahlt, wie man sieht. Aber natürlich wächst das sofort wieder nach. Der Name ist immer derselbe, der Träger ein anderer. Gemeinsam sind ihnen nur dieser glühbirnenartige Kopf und die schmale Statur. Ich habe ihm unglaubliche Schmerzen zugefügt [...]. Kennen Sie diese elenden Puppen, Herr Tätzel? Diese Elis-Produkte? Die haben alle einen Reißverschluss am Rücken, so dass man sie um sie selbst stülpen kann, das Innere nach außen sozusagen. Und die umgestülpte Form hat dann einen anderen Charakter, einen anderen Gesichtsausdruck. (Indigo: 440 f.)[714]

---

712 Möglicherweise erneut (vgl. Kap. 9.1, Anm. 621) eine Anspielung auf Georg Trakl, und zwar auf dessen Gedicht „An den Knaben Elis" von 1913. Häufig gedeutet als Chiffre für ‚Kindheit', bleiben Wesen und Herkunft der Elis-Gestalt letzlich rätselhaft. Zur Rezeptionsgeschichte und den verschiedenen Interpretationsansätzen vgl. etwa Ulrike Rainer: „Georg Trakls ‚Elis'-Gedichte. Das Problem der dichterischen Existenz", in: *Monatshefte* 72.4 (1980), S. 401–415.
713 Vgl. Indigo: 378; vgl. 173.
714 Vgl. Indigo: 441: „Ich habe vor einiger Zeit die Manufaktur besichtigt. Dort arbeiten noch alle mit der Hand. Und geben jeder einzelnen Puppe einen Namen. Sie denken sich den Namen selbst aus." Das Motiv der Namensnennung/-gebung wird im Roman mehrfach aufgerufen. Es beginnt bereits bei der Namensgleichheit von Autor und Protagonist, die sich wiederum mit anderen Figuren nicht nur die Initialen, sondern auch manche Eigenschaften teilen, und wird im oben bereits erläuterten ‚Prinzip Ferenc' konzeptuell zugespitzt. Bedeutung und Klang sowie die Zuweisung eines Namens gelten auch und besonders in der Magie als einflussreiche Faktoren im Hinblick auf Identität und Individualität einer Person, einer Sache oder eines Vorgangs. Entsprechend bedeutsam sind das Aufrufen, Abändern, Teilen, Verschweigen oder Verraten eines Namens. So lässt sich die Episode um den eingesperrten Hahn im Keller des Nachbarhauses, dessen Namen Robert lange Zeit wie ein dunkles Geheimnis hütet, als metaphorisches Schuldeingeständnis zur Relokation seines Mitschülers Max Schaufler werten. Jahre nach dem Tod des Hahns gibt Robert im Gespräch mit dem Lehrer Setz preis: „Wissen Sie, ich hab mal einen Hahn gekannt [...]. Dem hab ich auch einen Namen gegeben. Max. –

Gemeint ist hier also offenbar das ‚Prinzip Ferenc' in Gestalt eines seiner Repräsentanten, den der Lehrer Setz wie eine dieser Wendepuppen durch gewaltsames Umstülpen in ein neues Wesen, eine neue Form zwingen wollte, die das unheilvolle ‚Prinzip' möglicherweise eine Zeit lang von weiteren Gräueltaten abhält. Die beschriebene Funktion der Puppen dient also auch hier als Analogie für die grausame Misshandlung eines Menschen.

Freud war der Meinung, „dass es in hohem Grade unheimlich wirkt, wenn leblose Dinge, Bilder, Puppen, sich beleben", sofern nicht der (literarische) Kontext – wie im Märchen, in dem ebenfalls „die Hausgeräte, die Möbel, der Zinnsoldat" leben – das Unheimliche qua exponierter Wirklichkeitsferne von vornherein ausschließt. In allen anderen Fällen sei nur, wer sich der ‚primitiven animistischen' Weltauffassung „gründlich und endgültig" entledigt hat, vor der unheimlichen Wirkung dieser Art gefeit. „Es handelt sich hier also rein um eine Angelegenheit der Realitätsprüfung, um eine Frage der materiellen Realität."[715] Diese Frage ließe sich auch auf den Roman übertragen, ist hier jedoch keineswegs, wie von Freud intendiert, als fehlgeleitete kognitive Operation aufgrund mangelnder Rationalität oder einer neurotischen Störung zu verstehen, die es zu heilen gilt, sondern ganz im Gegenteil: als Aufforderung zu einer solchen Realitätsprüfung mit der Möglichkeit neuer Erkenntnisse. Und manchmal, wie schon Quintilian sagte, entsteht „aus solchen Metaphern, die in kühner und beinahe waghalsiger Übertragung gewonnen werden, [...] wunderbare Erhabenheit, wenn wir gefühllosen Dingen ein Handeln und Leben verleihen".[716]

9.4 Grenzgänge

Die Vorstellung einer Seifenblase, von Blasen überhaupt, ist dem Lehrer Setz, wie so vieles, unheimlich. „Die sind eine Weile da, schweben herum. Wie kleine Raumschiffe, und dann platzen sie." (Indigo: 320) Der Anblick einer Seifenblase bringt ihn allerdings auch auf eine möglicherweise folgenreiche Idee – „diese Luft, die da in diese Kugel eingesperrt ist, diese klare Grenze zwischen Innen und Außen [...]. Warte, mir ist gerade etwas klargeworden ..." (Indigo: 321) –, die sich in den oben geschilderten Elis-Puppen und somit auch in den Umständen des Mordes wiederfinden. Wie schon in den beiden Vorgängerromanen kommt

---

Max, der Hahn, wiederholte Herr Setz, als wäre es eine tiefsinnige philosophische Aussage." (ebd.) Vgl. dazu auch das Kap. „Namen und ihre magische Ausstrahlung" in Haarmann: *Die Gegenwart der Magie*, S. 243–252.
715 Freud: „Das Unheimliche", S. 262.
716 Quintilian: *Ausbildung des Redners*. Buch VIII, Kap. 6, 11, S. 221.

den Formen und Flächen, Texturen, Rändern und insbesondere den Grenzen der Dinge eine erhöhte Aufmerksamkeit zu. „Seit meiner Kindheit spielen in meinen Träumen rhomboide Gestalten aller Art eine wiederkehrende und zentrale Rolle", erklärt der Lehrer Setz, als er an der Schwitzkur teilnimmt und von der Gesichtsform seines Sitznachbarns fasziniert ist: „Am liebsten würde ich es vermessen, ihm mit Zirkel und Lineal zu Leibe rücken oder es verschiedenen elementargeometrischen Transformationen unterwerfen wie Spiegelung, Rotation und Parallelverschiebung." (Indigo: 452) Immer wieder werden die runden, eiförmigen oder auch glühbirnenartigen Körperformen beschrieben, hinzukommen neben den genannten Blasen diverse Arten von Ballonen, Bällen, Kugeln, Kreisen, Äpfeln, Augen sowie ein Zeppelin und der Mond.[717] „Alles Runde ist ein Mysterium, eben weil es rund ist" (Indigo: 108), denkt auch Robert. Dabei empfindet der Lehrer Setz manche runde Formen als „angenehm", andere wiederum, wie die Seifenblasen, als „unheimlich", und zwar häufig dann, wenn sie sich ausdehnen, zu platzen drohen oder gar explodieren und damit die existentiell bedeutsame Grenze zwischen Innen und Außen zerstört wird.[718] Oftmals betrifft das die sogenannte Zone der Indigo-Kinder, also den sie umgebenden Radius, bei dessen Übertreten ihre Wirkung für andere spürbar wird. Es tritt auch als psychosomatischer Effekt infolge starker emotionaler Anspannung auf, wenn sich der Brustkorb aufbläht und die Atmung erschwert (vgl. Indigo: 45, 128). Eindringlichstes Beispiel ist aber der Apfel, den Gudrun Stennitzer wäh-

---

[717] Vgl. u. a. Indigo: 22: „ein großformatige[s] abstrakte[s] Gemälde, auf dem runde Formen gegen eckige kämpften"; 96: „Die kreisrunde[ ] Blickwelt eines Fernglases"; 108: die gespannte Haut über den „runden [Schulter]Knochen" von Roberts Freundin Cordula; 238: der „kugelrunde[ ] Welpenbauch" des Lehrers Setz; 317: die „angenehm runde[ ] Erscheinung" des APUIP-Mitarbeiters Oliver Baumherr; 329: Roberts „bleiches, mondrundes Gesicht"; 344: der „Raum mit runden Milchglasfenstern", in dem das Indigo-Mädchen Magda T. eingesperrt ist (vgl. hierzu auch die Erzählung „Milchglas" in MK: 9–38, die von einer folgenschweren Verquickung zwischen einem Kirchenfenster und einer Hostie erzählt); 362: das „kugelrund[e]" Gesicht von Roberts Nachbarin; 397: das „immer runder" werdende Gesicht des alternden Lehrers; 432: der „glühbirnenartige" Kopf des Schulleiters Dr. Rudolph, in den Robert am liebsten beißen möchte.

[718] Die Innen-Außen-Dichotomie wäre anhand der Blasen-Metapher aus Peter Sloterdijks dreibändigem *Sphären*-Projekt näher zu untersuchen, wie es Frank Witzel in seinem Beitrag ansatzweise vornimmt. Nach Sloterdijk sind Blasen – neben Globen und Schäumen – eine fundamentale anthropologische, räumliche Form bei der Ausbildung der Zweisamkeit und damit konstitutiv für die Sphären, also die Dimensionen des Denkens und Seins, in denen sich der Mensch bewegt. Vgl. Peter Sloterdijk: *Sphären*. 3 Bde. Bd. 1: *Blasen*, Bd. 2: *Globen*, Bd. 3: *Schäume*. Frankfurt a. M.: Suhrkamp 2004; vgl. dazu Witzel: „Auf der Suche nach der Subjektlosigkeit". – Dass es sich hier um ein für Setz wichtiges Motiv handelt, bezeugen auch Titel und Motivik seines Erzählungsbandes *Der Trost runder Dinge*.

rend des Telefonats mit dem Lehrer Setz isst und ihn den Stich ins Auge einer Voodoo-Puppe spüren lässt:

> [Sie] nahm einen großen, knackenden Biss von einem Apfel, so nahe am Hörer, dass ich erst den Widerstand und dann das Gefühl platzender Apfelhaut in meinem eigenen Kiefer spüren konnte. [...] Sie nahm einen weiteren Biss vom Apfel, und ich hatte eine plötzliche Vision, in der mir der Apfel rot vor Augen stand. Ein roter Ballon knapp vor Frau Stennitzers Gesicht. Die Falten um ihren Mund, die sich straffen, wenn sie zubeißt. [...] Einer Voodoopuppe mit meinen Gesichtszügen wurde irgendwo, in einem entfernten Land, eine Nadel ins Auge gestochen. [...] Sie nahm einen lauten, krachenden Biss vom Apfel, saugte den überlaufenden Saft ein, entschuldigte sich leise und legte auf. (Indigo: 289–291)

Der Lehrer Setz hat also den Eindruck, dass Frau Stennitzer am anderen Ende der Leitung statt in den Apfel – und bemerkenswerterweise ohne Berücksichtigung der gegebenen räumlichen Distanz zwischen ihnen – in sein Auge beißt; eine Parallele zu Freuds Interpretation des „Sandmann" als literarisch dargestellte Angst vor der Beschädigung des Ichs durch den Verlust der Augen, worin sich das Unheimliche manifestiert, ließe sich hier zweifellos konstatieren. Darüber hinaus ist ähnlich wie beim Riss in den *Frequenzen* (vgl. Kap. 8.2) das Platzen oder Explodieren als das schlagartige Verschwinden einer Objektgrenze ein höchst bedrohlicher Vorgang: Die „geplatzte Ader" im linken Auge von Roberts Mutter infolge seiner früheren Indigo-Wirkung, der Gedanke an einen „aufplatzende[n] Bauchraum" nach einem Gewehrschuss, den Robert ebenso wie die Vorstellung „abplatzende[r] Haut" nach einem Reaktorunfall und eines platzenden Kondoms beim Geschlechtsverkehr mit einer Prostituierten genießt, bis hin zu der wiederum unversehrt gebliebenen Luftmatratze, dem *„weltweit größte[n] Speicher von Atemluft des verstorbenen Christoph Stennitzer"*, aus der seine Mutter fast die Luft gelassen hätte, und dem erwähnten Platzen einer Seifenblase und einer Apfelhaut.[719]

Ayano Inukai bezeichnet dieses „Ich-Auge-Apfel-Spiel" als Ausdruck von Magie und bestimmt *Indigo* mit Blick auf die umfangreiche Grenzthematik als einen „Roman über das ‚‚Ich'" und seine Grenzen", den sie in zwei Beiträgen mit beziehungsweise gegen Wittgensteins *Tractatus logico-philosophicus* liest

---

[719] Indigo: 13, 41, 201, vgl. 328, 471. Wie eine „Explosion in seinem Inneren" erscheint dem Lehrer der blitzartige Sonneneinfall auf die Fenster eines fahrenden Zuges, schon als Kind liebt er „explodierende Häuser", Robert möchte seine Gewaltphantasien irgendjemandem mitteilen, „[s]onst würde er in die Luft gehen. Implodieren und explodieren gleichzeitig." Indigo: 169, 356, 201; vgl. 107.

und dabei zu höchst interessanten Ergebnissen kommt.[720] Ihre These ist, dass Setz seine beiden letzten Romane in dezidierter Auseinandersetzung mit Wittgensteins Theorien über die Grenzen der Sprache aus seinem Frühwerk konzipiert, indem er sie auf die Möglichkeiten der Fiktion überträgt und experimentell erweitert. Deutlichster Hinweis darauf ist ein Gedanke Robert Tätzels, der aufgrund der Spätfolgen seiner Indigo-Belastung mit kognitiven, häufig sprachlichen Einschränkungen, den sogenannten Delays,[721] zu kämpfen hat und ihn in einer dieser Situationen mit einer „wohltuenden Batman-Weisheit" (Indigo: 139)[722] den berühmten Satz denken lässt: *„Die Grenzen unserer Sprache sind nun mal die Grenzen unserer Welt, Robin"*. (Indigo: 161)[723] Als weitere Anhaltspunkte führt Inukai neben der intertextuellen Bezugnahme auf Thomas Pynchon und David Foster Wallace, deren Beschäftigung mit Wittgenstein als verbrieft gilt,[724] und der Äußerung des Autors Setz im Rahmen eines Interviews zahlreiche Beispiele aus den Texten selbst an.[725]

Inwiefern es zulässig ist, Wittgensteins streng organisierte Bedeutungstheorie auf die Logik fiktionaler Welten zu übertragen, ist an anderer Stelle bereits

---

720 Vgl. Inukai: „Lügende Figuren", S. 108; vgl. dies: „Clemens J. Setz und seine Grenzen der Sprache".
721 Auch „Dingo-Delay" oder „Gap-delay", vgl. Indigo: 49, 73, 147, 323. Mit Roman Jakobson wären sie als Aphasien zu bezeichnen.
722 Indigo: 139: „Das bizarre innere Licht dieser schlauen Sprüche war mit nichts in der Wirklichkeit zu vergleichen." Vgl. auch Indigo: u. a. 40, 46, 72, 331, 335, 360, 419, 473.
723 Indigo: 161; vgl. Ludwig Wittgenstein: „Tractatus logico-philosophicus" [im Folgenden TLP], S. 67: „[5.6] *Die Grenzen meiner Sprache* bedeuten die Grenzen meiner Welt".
724 Zu Pynchon, insb. seinem Roman *Gravity's Rainbow* (1973; dt. *Die Enden der Parabel*, 1981), vgl. Martin Paul Eve: *Pynchon and Philosophy. Wittgenstein, Foucault and Adorno*. Basingstoke: Palgrave Macmillan 2014; vgl. außerdem David Foster Wallace' Wittgenstein-Roman: *The Broom of the System* (1987; dt.: *Der Besen im System*, 2004) sowie die Einleitung von James Ryerson: „A Head That Throbbed Heartlike: The Philosophical Mind of David Foster Wallace" zu Wallace' posthum unter neuem Titel veröffentlichten Essay *Fate, Time, and Language. An Essay on Free Will*. Hg. von Steven M. Kahn, Maureen Eckert. New York: Columbia Univ. Press 2011, S. 1–34. Inukai verweist auf den aus *Gravity's Rainbow* entlehnten Titel des Artikels „In der Zone", den der Lehrer Setz über seine Indigo-Recherchen im *National Geographic* veröffentlicht hat und in zwei Kapiteln des Romans wiedergegeben wird; vgl. Indigo: 83–104, 119–135, sowie auf die ebenfalls *Gravity's Rainbow* entstammende Glühbirnen-Metapher; vgl. Inukai: „Lügende Figuren", S. 13.
725 Vgl. das Interview „Ich habe jetzt schon genug von mir selbst" von Renate Graber mit Clemens J. Setz im *Standard* vom 18./19.08.2012; online unter: https://www.derstandard.at/story/1343744988426/clemens-setz-ich-habe-jetzt-schon-genug-von-mir-selbst (22.11.2019). Auf die Frage, ob das genannte Wittgenstein-Zitat auch auf ihn zutreffe, antwortet Setz: „Nein, ich weiß definitiv mehr als ich sagen kann."

diskutiert worden und wäre mit Blick auf Setz sicherlich noch einmal gewinnbringend zu vertiefen.[726] Ausgehend von dem universalen Anspruch, jedes Zeichensystem einschließlich aller logisch kontingenten Tatsachen zu erfassen, den Wittgenstein in seinem Frühwerk erhebt, und auch ungeachtet zahlreicher kritischer Betrachtungen sowie eigener Revisionen, die Wittgenstein später vornahm, sei die Rechtmäßigkeit einer gemeinsamen Lektüre aufgrund der genannten Indizien hier vorerst angenommen.

Inukai zufolge verweist schon die Komposition von *Indigo* in einer „Mischung von real scheinendem Irrealen und irreal scheinendem Realen" auf Wittgenstein, insofern hier auf dessen grundlegende Ausführungen über das Verhältnis von Bildern, die wir uns über die Tatsachen der Welt machen, und der Wirklichkeit, die übereinstimmen oder nicht und folglich verglichen werden müssen, rekurriert werde, will man herauszufinden, was wahr und was falsch ist.[727] Dass aber gerade dieser Realitätsabgleich ein höchst kompliziertes Unterfangen ist und nicht zwangsläufig zu eindeutigen Ergebnissen führt, darin sieht Inukai eine Provokation des Romans, der die Thesen aus dem *Tractatus* literarisch auf den Prüfstand stelle.

Es sind die oben bereits erläuterten Spiegelungen der Figuren und Episoden, die nach dem „Gesetz der Projektion" eine innere Verbundenheit im Sinne Wittgensteins zwar durchaus erkennen lassen: „Die Möglichkeit aller Gleichnisse, der ganzen Bildhaftigkeit unserer Ausdrucksweise, ruht in der Logik der Abbildung".[728] Auf allen Ebenen präsentiert der Roman jedoch überwiegend variable und auch variierende, das heißt „sphärische Grenzen", die durch Interferenzen gestört werden, woraus wiederum Konflikte entstehen. Bedeutsam daran ist, dass sich diese Grenzvorstellung von der Wittgensteins insofern eklatant unterscheidet, als dieser die Grenzen der erfassbaren und beschreibbaren Welt als notwendig übereinstimmend mit den Grenzen der Sprache des Subjekts definiert. Setz hingegen stellt in *Indigo* genau diese einheitliche Beschränkung von Welt, Sprache und Subjekt in Frage, indem er den Satz „Ich bin meine Welt.

---

726 Vgl. dazu etwa: Alex Burri: „Fakten und Fiktionen. Überlegungen zum ‚Tractatus'", in: *Wittgenstein und die Literatur*. Hg. von John Gibson, Wolfgang Huemer. Frankfurt a. M.: Suhrkamp 2006, S. 423–447; Dale Jaquette: „Wittgensteins ‚Tractatus' und die Logik der Fiktion", in: ebd., S. 448–467.
727 Inukai: „Lügende Figuren", S. 14, vgl. TLP 2.21, TLP 2.223; vgl. dazu auch Jaquette: „Wittgensteins ‚Tractatus'", S. 450 f.: „Damit räumt Wittgenstein mindestens implizit die Möglichkeit bewusster Lügen und unbeabsichtigter Irrtümer ein, wovon es unzählige Beispiele selbst in den Wissenschaften von der wirklichen Welt gibt und mithin in der Kunst, die sich mit nichtwirklichen, aber potentiell durchaus logischen Welten befasst".
728 TLP 4.014 und TLP 4.015.

(Der Mikrokosmos.)" um die Dimension des Makrokosmos in sprachlicher und konzeptioneller Analogie erweitert.

Die isolierten Indigo-Kinder erscheinen dabei zunächst als paradigmatische Einlösung von Wittgensteins Diktum, dass das Subjekt nicht von der Welt isoliert zu betrachten sei, weil es ihr gar nicht angehöre, sondern deren Grenze selbst sei. Die Missachtung ihrer Zone[729] hat überdies fatale Folgen – und doch erzählt der Roman von den verschiedenen Versuchen, in den Bereich jenseits dieser Markierung zu gelangen, um konkrete Aussagen darüber machen zu können. Dazu zählt auch die Gesichtsfeld-Metapher, die, wie Inukai belegt, ebenfalls dem *Tractatus* entnommen ist. Wittgenstein illustriert damit die Unmöglichkeit für das Subjekt, sich selbst zu erkennen (vgl. TLP 5.633 f.). Ähnlich ergeht es dem Lehrer Setz, der „undefinierbare Dinge" (Indigo: 270) am Rand seines Gesichtsfelds wahrnimmt, aber trotz Anstrengungen nicht zu fassen vermag. In einem dieser Fälle ist es sein Alter Ego Robert Tätzel, aus dessen Perspektive angedeutet wird, was der Lehrer Setz da womöglich peripher wahrgenommen hat; in einem anderen führt dieser das optische Phänomen auf die „Parallelwelt" eines Migräneanfalls zurück, der „blinde Flecken" produziert. Auch „Lesen und Sprechen wird schwierig, Wörter bleiben zwar erkennbar, wirken aber wie ihre Binnen-Anagramme, Apfel erscheint zum Beispiel als Afpel, auch dann, wenn ich das Wort Buchstabe für Buchstabe untersuche, komme ich einfach nicht auf den Fehler [...]." (Indigo: 458)

„Es gibt allerdings Unaussprechliches", schreibt Wittgenstein am Ende des *Tractatus*: „Dies *zeigt* sich, es ist das Mystische." (TLP 6.522) Das Unaussprechliche darzustellen, so ließe sich festhalten, ist das große Projekt nicht nur dieses Romans von Clemens Setz. Inukais Fazit lautet daher: „Durch die Entgrenzungen erweitert [Setz] metaphorisch seine Sprachwelt und ermöglicht auch darüber zu sprechen, wovon Wittgenstein schweigen musste" beziehungsweise zu schweigen riet (vgl. TLP 7).[730] „Das magische Sprachspiel geht im letzten Roman *Die Stunde zwischen Frau und Gitarre* weiter, und zwar noch komplizierter",[731] warnt Inukai. Beiläufig prophezeit Ijoma Mangold in Anbetracht solcher Sätze

---

[729] Auch hier macht Inukai eine Analogie zu den Tatsachen (Bestandteilen) der Welt im Sinne Wittgensteins aus: TLP 2.0251: „Raum, Zeit und Farbe (Färbigkeit) sind Formen der Gegenstände." Die Indigo-Krankheit wird dem entsprechend „zeitlich (I-Zahl), räumlich (I-Raum) und farbig (indigoblau) definiert"; Inukai: „Lügende Figuren", S. 17.
[730] Inukai: „Lügende Figuren", S. 19.
[731] Inukai: „Clemens J. Setz und seine Grenzen der Sprache", S. 108; ähnlich auch Hermann: „,Es gibt Dinge, die es nicht gibt'", S. 10, die Setz' gesamtes Werk als „komplexes Sprachspiel" bezeichnet, das „in seinen mannigfaltigen Facetten beobachtbar ist", sich aber letztlich „nicht verstehend öffnet".

wie: „Jetzt hörte sie einen lauten, tief ins Rückenmark gehenden Schluck Wasser, gefolgt von einem Biss in einen Apfel, so welthaltig und intim wie ein Zahnwehimpuls mitten in der Nacht" (FuG: 213): „Künftige Seminararbeiten werden der Frage ‚Clemens Setz und Wittgensteins Privatsprachenargument' nachgehen...".[732] Obwohl sich dieser Roman von *Indigo* in vielerlei Hinsicht unterscheidet, was im nun folgenden Kapitel auszuführen sein wird, kehren viele Motive und Konzepte wieder, darunter nicht nur der „welthaltige" Apfel, Mond, Ball oder Ballon, sondern auch der Akt des Umstülpens („wie eine Socke, von innen nach außen"; Indigo: 213) oder die Voodoopuppen mit Nadelstichen (vgl. FuG: 268), vor allem aber wird die sprachliche Grenzüberschreitung weiter vorangetrieben.

9.5 Zusammenfassung

Nicht nur die inhaltlich konsistente Zusammenfassung von Clemens Setz' drittem Roman *Indigo* ist, wie eingangs dieses Kapitels beschrieben, ein nahezu aussichtsloses Unterfangen, sondern auch die Wiedergabe seiner narratologischen Koordinaten und insbesondere die Inventarisierung der unzähligen Motive und Referenzen, die auf dem extrem schmalen Grat zwischen Faktizität und Fiktion jeweils zu verorten und überdies potentiell als poetologisch signifikant zu verwerten sind. Evidenz erhält dieser Umstand auch von Seiten der literaturwissenschaftlichen Beiträge, die hier ganz unterschiedliche Ansätze verfolgen (vgl. Kap. 2.2).

„*Indigo* in ein Roman der Sinnstiftung und der tausendfachen Verzweigung des Sinns durch Lektüre, durch genannte und angespielte Texte: Es findet eine Bedeutungsexplosion statt durch das Lesen im Lesen",[733] erklärt Kay Wolfinger und konzentriert sich damit auf die erzählerische Anordnung des Romans, die auf einem Konvolut aus verschiedenen Mappen mit Dokumenten, Kopien, Abbildungen und Aufzeichnungen beruht und teils auf real existente, teils auf fiktiv-fingierte Quellen zurückzuführen ist – mit entsprechenden Konsequenzen für Funktion und Interpretation der intertextuellen Referenzen.[734] Trotz akribischer Recherche der Figuren (gefolgt von Leser:innen, Literaturkritik und

---

732 Ijoma Mangold: „Die Freaks sind zurück", in: *Die Zeit* vom 27.08.2015; online unter: https://www.zeit.de/2015/35/clemens-setz-tandem-graz (05.08.2019).
733 Wolfinger: „Zu den Lektüren von Clemens J. Setz", S. 53.
734 Überdies ließe sich dieses narrative Konglomerat samt seiner optischen Umsetzung als Indiz für das phantastische Genre deuten; vgl. die Studie von Anne Siebeck: *Das Buch im Buch. Ein Motiv der phantastischen Literatur*. Marburg: Tectum 2009, sowie Kap. 13.1 in diesem Band.

-wissenschaft) bleibt vieles letztlich ambivalent, diffus oder gänzlich im Dunkeln. Am Ende weiß niemand so genau, was es mit den Indigo-Kindern auf sich hat, mehr noch: ob es ihre Geschichte wie auch die der Recherche über sie, die im Roman dokumentiert ist, überhaupt gegeben hat. Paul Schäufele macht in diesem wiederholten „Haarscharf-Daneben" (Indigo: 159) eine „Poetik des Unwohlseins" beziehungsweise der „Verfehlung"[735] aus, wenn sich der sprachlich, motivisch wie strukturell konstitutive Effekt des *uncanny valley* im Sinne der *Theory of Mind* von der Wahrnehmungsebene der Figuren auf die der Leser:innen überträgt: Simulierte Menschenähnlichkeit wird in starker Abstraktion zunächst noch als angenehm empfunden, wirkt dann aber ab einem bestimmten Grad befremdlich und erfährt erst nach der Überwindung dieses ‚unheimlichen Tals' auf einem sehr hohen Niveau wieder Akzeptanz. Zentrales Verfahren, das sich mit dieser kognitionsästhetisch wirksamen Metapher des *uncanny valley* beschreiben lässt, ist hier demnach die Inszenierung von „Unsicherheiten in Bezug auf den ontologischen Status von Elementen der erzählten Welt", wie Leonhard Herrmann in seinem Beitrag über fantastisches Erzählen in der Gegenwartsliteratur mit konkretem Bezug auf *Indigo* richtigerweise erläutert.[736] Das betrifft in erster Linie die unheimlichen Indigo-Kinder selbst, die aufgrund ihrer krankmachenden ‚Aura', deren Ursprung spekulativ bleibt, niemandem zu nahe kommen dürfen. Unsicherheiten bestehen aber auch gegenüber allen anderen Figuren des Romans, ihren Aussagen, Handlungen und geschilderten Erlebnissen, sowie im Hinblick auf ihre Kompetenzen und Beweggründe bis hin zu ihrer eigentlichen Identität beziehungsweise tatsächlichen Existenz. Und obwohl sie um Aufklärung bemüht sind, geraten auch die beiden Protagonisten, der Lehrer Clemens J. Setz und sein ehemaliger Schüler Robert Tätzel, unter Verdacht, gespiegelte und letztlich unzuverlässige Erzähler zu sein – ganz zu schweigen von ihrem real existenten Erfinder Clemens J. Setz, der besonders mit diesem Buch den Fiktionsvertrag mit seinen Leser:innen weit über den üblichen Geltungsbereich hinaus auslegt. Somit steht die Plausibilität des Geschehens grundsätzlich in Frage.

Aus kognitionsästhetischer Perspektive ist das Indigo-Syndrom eine den gesamten Text durchdringende Megametapher, der sich weitere metaphorische Konzepte im Verbund mit magischen Vorstellungen zuordnen lassen und zusammengenommen, so die These, Alterität als iterativen Grenzgang konzeptualisieren. Denn gerade das altbekannte, aber befremdlich beziehungsweise entfremdet erscheinende „Längstvertraute", wie Freud es nennt und auch im

---

735 Schäufele: „Haarscharf daneben: Poetik des Unwohlseins", S. 105.
736 Herrmann: „Andere Welten, fragliche Welten", S. 56.

uncanny-valley-Effekt zutage tritt, lässt den Eindruck des Unheimlichen entstehen, das in *Indigo* wie in vielen anderen Texten von Clemens Setz eine maßgebliche Rolle spielt. Hier entsteht er insbesondere durch vielfältige Doppelgängerfigurationen, darunter vor allem der reale Autor Clemens J. Setz in Verbindung mit den beiden genannten Protagonisten als jeweiliges Alter Ego, das unheilvolle „Prinzip Ferenc" als Chiffre für mehrere Personen, Ideen und Vorkommnisse sowie verschiedene wiederkehrende Orte, Objekte und Begebenheiten, die sich (metaphorisch) in Gänze oder zumindest (metonymisch) teilweise in ihren Eigenschaften stark ähneln, die sich aber kausallogisch weder eindeutig noch als identisch bestimmen lassen. Das wiederum entspricht, wie im theoretischen Teil dieses Bandes dargelegt, magischen wie metaphorischen Konfigurationen: Die ‚Entfremdung des Längstvertrauten', ob durch Verzerrung, Verdopplung, Verschmelzung oder Vitalisierung gemeinhin klar fixierter Entitäten, ist für magische Vorstellungen konstitutiv – inklusive der unheimlichen Wirkung; im Kontext der Metapherntheorie lässt sich hier insbesondere an Weinrichs Definition der *kühnen* Metapher anschließen, der nach die Irritation umso größer ist, je näher sich die verknüpften Konzepte sind, aber letztlich doch unvereinbar bleiben.[737]

Mit den inzwischen zu Recht in die Kritik geratenen Begriffen (magischer) ‚Animismus' und (metaphorische) ‚Personifikation' werden zwei Seiten derselben Medaille beschrieben, nämlich die Zuschreibung menschlicher Attribute an nichtmenschliche und sogar unbelebte Objekte oder abstrakte Prozesse. Eine solche Anthropomorphisierung ist mit Gerhard Melzer als ein „Prinzip der Setzschen Metaphorik" zu klassifizieren: „Bäume werden zu Giraffen, die Flora wird zur Fauna nobilitiert. Diese Nobilitierung oder Beseelung kann allem zuteil werden."[738] Freud hingegen sah darin nichts Veredelndes oder Erhabenes, sondern den Ausdruck einer entweder ‚primitiven' magischen Weltauffassung oder neurotischen Störung, die für das Empfinden des hochgradig Unheimlichen verantwortlich sind und daher allenfalls im literarisch-ästhetischen Umfeld ihre Berechtigung haben. Im Zuge der Analyse ist diese Vermenschlichung wiederum als zunächst kognitiv funktionales sowie als ästhetisch und epistemisch

---

[737] Vgl. Weinrich: *Sprache in Texten*, S. 298–306. In Weinrichs Bildfeldtheorie sind es genau genommen, wie oben erläutert, „Bildspender" und „Bildempfänger", die hier miteinander in Beziehung gesetzt werden. Ungeachtet terminologischer Unterschiede beansprucht auch die in dieser Studie konsultierte CTM diesen Vorgang als fundamental für den metaphorischen Prozess; vgl. Kap. 5.1.2 in diesem Band.
[738] Gerhard Melzer: „Nichts bleibt unversehrt. Die Regenschirme des Clemens J. Setz", in: ders.: *Von Äpfeln, Glasaugen und Rosenduft: Literaturgeschichten*. Wien: Sonderzahl 2020, S. 433–439, hier S. 437.

fruchtbares Verfahren beschrieben worden. Denn der gesamte Roman beruht auf der grundlegenden Ungewissheit über das graduell schwer bestimmbare Verhältnis von Wahrheit und Erfindung, Fremdheit und Vertrautheit, Identität und Verdopplung beziehungsweise Aufspaltung sowie von tatsächlich humaner oder doch nur künstlich erzeugter Beseelung, das seitens der Leser:innen immer wieder neu erkannt und konzeptuell integriert werden muss. Mit diesem „Haarscharf-Daneben" wird eine ‚Krise der Wahrnehmung' ausgelöst, die im Roman selbst zwar immer wieder reflektiert, aber nicht behoben wird und sich somit in der außerfiktionalen Rezeption fortsetzt.[739]

Felix Forsbach zufolge kann daher „das poetologische Projekt Setz' in *Indigo* als eine Aufhebung der Grenze von Poesie und Realität verstanden werden",[740] die wechselseitig – mit einem Begriff Derridas – ihre „Spuren" ineinander hinterlassen und auf diese Weise systematisch verbunden sind. Ähnlich argumentiert Inukai, die Setz' Texte als Gegenentwurf zu Wittgensteins Thesen aus dem *Tractatus* liest, dass sprachliche Grenzen notwendigerweise auch die Grenzen der Welterfassung markieren.[741] Besonders in *Indigo*, aber auch in seinen anderen Büchern, stellt Setz die (vermeintliche) Unerreichbarkeit beziehungsweise Unvermittelbarkeit der Welt jenseits dieser Grenzen immer wieder auf der sprachlichen wie auf der Handlungsebene zur Disposition. Mit diesen literarischen Grenzgängen werden iterativ Irritationen ausgelöst und laut Eke ganz beiläufig „Differenzen markiert, die sich im Einbruch des Anderen, Unbewussten, Körperlichen, Irrationalen in die gehegten, rational regierten und regulierten Ordnungen Ausdruck verschaff[en]".[742]

Kognitionsästhetisch betrachtet, lässt sich dieses Ringen um Identifizierung, Aufrechterhaltung oder Überwindung (sphärischer) Grenzen mit Blick auf Magie und Metapher bestätigen. Überall tauchen im Roman runde oder gerun-

---

739 Vgl. Schäufele: „Haarscharf daneben: Poetik des Unwohlseins", S. 109; Steinort: *Die Krise der Darstellung*.
740 Forsbach: „Poetische Realität | realistische Poesie", S. 86. Forsbach entwickelt seine These entlang von Derridas sprachphilosophischem Begriff der „Spuren", die in einem ‚totalen System' – wie in der mit Zeichen operierenden Literatur – Realität und Fiktion miteinander verbinden, behauptet aber dezidiert nicht, „dass der Roman *Indigo* eine literarische Exemplifizierung der Thesen Derridas sei" (ebd., S. 88), zumal er am Ende seiner Ausführungen einräumt, dass – anders als Derrida es vorsieht – Clemens J. Setz bei aller Sphären- und Grenzverwischung stets als Autor dieses literarischen Spiels erkennbar bleibt (vgl. ebd., S. 88 f.).
741 Eine tiefergehende und auch sprachphilosophisch versierte Auseinandersetzung mit der Frage, inwiefern sich die Theorien von Derrida und Wittgenstein in Setz' Texten niederschlagen, wäre in jedem Fall lohnenswert, kann hier aber aus naheliegenden Gründen nicht weiterverfolgt werden.
742 Eke: „Wider die Literaturwerkstättenliteratur?", S. 35.

dete Formen wie Blasen, Ballone, Äpfel, Augen oder Gesichtsfelder auf, deren Ränder mal als inexistent oder gefährdet, mal als störend registriert werden, und zwar immer dann, wenn das Auflösen ihrer begrenzenden Funktion das zu verhindernde oder auch das erwünschte Aufeinandertreffen zweier oder mehrerer „Sphären" (oder Personen, Objekte, Zeiten, Ereignisse etc.) auch und gerade unabhängig von logischen oder physikalischen Gesetzen bedeuten würde (vgl. dazu schon Kap. 8.2 über dieses Phänomen in DF). Magische Vorstellungen der Fernwirkung und metaphorische Konzeptualisierungen durch die Kopplung gemeinhin nicht zusammengehöriger Bereiche gehen hier erneut Hand in Hand: So wird beispielsweise der via Telefon vernommene Biss in einen Apfel zum Biss in den eigenen Augapfel am anderen Ende der Leitung. „Merkwürdige, in letzter Konsequenz unerklärliche Beeinflussung durch Fernwirkung ist einer der Hauptpunkte auf der Handlungsebene des Romans",[743] die sich, um Schäufeles zutreffende Beobachtung zu ergänzen, auch in der sprachlichen Gestaltung als magisch-metaphorische Formationen wiederfindet. Insofern ist *Indigo* in der Tat „ein übergriffig agierendes Buch" im Sinne der Energieübertragung.[744]

---

[743] Schäufele: „Haarscharf daneben: Poetik des Unwohlseins", S. 103.
[744] Ebd.

10 *Die Stunde zwischen Frau und Gitarre* (2015)

Clemens J. Setz' vierter Roman beginnt spektakulär: „Folgen Sie diesem Heißluftballon!" (FuG: 9), lautet der erste Satz, der schon vieles in sich trägt, was in diesem umfangreichen und erneut extrem verdichteten Buch präsentiert wird. Als Zitat „unzählige[r] Filmszenen", allerdings „übersteigert" zu einer „absurden, aber deshalb nicht unmöglichen Situation", kündigt er ein „eigenständiges, im Verfahren realistisches, aber keineswegs triviales Erzählen an, ein Erzählen, das um Genreregeln weiß und mit ihnen zu spielen versteht", erläutert Moritz Baßler.[745] Mit „klassischen Mitteln der Interpretation" habe man hier „wenig Chancen", warnt wiederum Klaus Kastberger alle künftigen Exeget:innen in seiner Laudatio anlässlich des Wilhelm Raabe-Literaturpreises, den Setz für *Die Stunde zwischen Frau und Gitarre* 2015 erhielt.[746] Dem widerspricht Hubert Winkels, Literaturkritiker und Jurymitglied, denn man müsse nur akribisch darauf achten, die „klassischen Relationen" umzukehren, nämlich jene, „die von der Absicht zum Ereignis führen, von der Ursache zur Wirkung, vom Detail ins Ganze, vom Subjekt zum anderen, vom Partialobjekt zum integrierten Körper".[747]

Dieser Vorschlag trifft direkt ins Zentrum dieser Studie, die sich mit der Frage nach Chronologie, Kausalität und Kohärenz der Ereignisse sowie mit den kognitionsästhetischen Formen ihrer Wahrnehmung und Darstellung befasst, die bei Setz so häufig von allen erwartbaren Konventionen abweichen. Dass es sich dabei allerdings nicht um eine reine ‚Umkehr der Relationen' handelt, sondern vielmehr um eine potentielle Offenheit in der Interaktion der beteiligten Faktoren, war bereits an den drei Vorgängerromanen zu beobachten, deren Handlung multiperspektivisch und gewissermaßen kreisend entfaltet wird. Obwohl nun *Die Stunde zwischen Frau und Gitarre* erstmals nahezu linear und in relativ strikter Verknüpfung mit nur einer Hauptfigur eine Geschichte von Verfolgung und Rache erzählt, stehen die von Winkels benannten Verhältnismäßigkeiten in der Tat erneut zur Disposition. Wer hier wen und mit welchen Absichten *stalkt* (die Leser:innen eingeschlossen), bleibt letztlich unklar.[748] Kurz

---

[745] Baßler: „Realistisches *non sequitur*", S. 59; vgl. auch Marx: „Folgen und Verfolgtwerden", S. 157.
[746] Kastberger: „Being Clemens Setz", S. 22.
[747] Winkels: „Vorwort", in: ders. (Hg.): *Clemens J. Setz trifft Wilhelm Raabe*, S. 7–13, hier S. 8.
[748] Vgl. u. a. Kastberger: „Being Clemens Setz", S. 21: „Die psychische Struktur des Textes ist die Paranoia, [...] denn jeder vermag hier von jedem verfolgt werden". Ähnlich argumentiert Mangold mit Verweis auf die „untergründige Rolle" von Stephen King: „Der Roman [...] hat die

vor dem finalen Showdown gelangt die Protagonistin Natalie Reinegger beim Gedanken an eine Computersimulation des spieltheoretischen „Gefangenendilemmas"[749] zu einer Art *best practice* für die Geschehnisse – eine Einsicht, die ihr großes Unbehagen bereitet: „Und am Ende war das beste Programm jenes, das immer nur das tat, was das andere Programm ihm in der Vorrunde angetan hatte. [...] Das war alles. Das war die beste Strategie auf Erden. Was für ein Elend." (FuG: 972)

Die Komplexität des Romans besteht auf der Handlungsebene in der undurchsichtigen Beziehung zweier Männer, in die Natalie immer tiefer verwickelt wird, weitaus stärker aber noch in der Erzählanlage, die sich als intrikates Frequenzprotokoll von Natalies kognitiven Prozessen im Lichte zahlreicher magisch-metaphorischer Vorstellungen beschreiben ließe. Häufig kündigen sich diese durch die iterative Sentenz „sie stellte sich vor, wie..." an, die in allen hier untersuchten Texten auffallend oft zu finden ist. Dabei werden kognitive Konzepte wie die *Theory of Mind* (im Folgenden zumeist kurz: ToM) und das Wechselspiel mit körperlichen Bedürfnissen, Funktionen und Gegebenheiten (*embodiment*) geradezu exemplifiziert (Kap. 10.2). Wie in den Texten zuvor, werden hier erneut das komplizierte Gefüge aus Nähe und Distanz, Ursache und Wirkung im Rahmen einer letztlich universellen Verbundenheit literarisch beschrieben (Kap. 10.3) und Machtverhältnisse ausgelotet (Kap. 10.4). Und schließlich ist es Natalie selbst, die – wie bei dem erwähnten Beispiel des „Gefangenendilemmas" – immer wieder literarische Strategien und Metaphern von poetologischer Signifikanz zu ihrer eigenen Geschichte formuliert (Kap. 10.5).

Paranoiastruktur eines Thrillers"; Mangold: „Die Freaks sind zurück". Vgl. auch Kämmerlings' Diagnose in seiner Rezension „Der helle Wahnsinn": „Es ist der Roman selbst, der uns stalkt".

[749] Das „Gefangenendilemma" ist eine spieltheoretische Überlegung mit verschiedenen Spielweisen, die sich mathematisch darstellen lassen. Ausgangssituation ist das getrennte Verhör zweier Gefangener, die sich entscheiden müssen, die Tat entweder zu leugnen oder zu gestehen oder den jeweils anderen zu verraten, was wiederum ein je unterschiedliches, das heißt höheres oder geringeres Strafmaß zur Folge hat. In iterativer Spielanordnung ist die sogenannte *Tit for Tat*-Strategie, an die sich Natalie hier erinnert, eine der erfolgreichsten: Auf kooperatives Verhalten wird ebenfalls kooperativ reagiert, auf Verrat folgt Vergeltung usf. Vgl. etwa Thomas Riechmann: *Spieltheorie*. München: Franz Vahlen ⁴2014, S. 42–44, S. 148 f.; vgl. auch Anatol Rapoport et al.: *Prisoner's Dilemma. A Study in Conflict and Cooperation*. Ann Arbor: Univ. of Michigan Press ²1970.

10.1 „Die unbeobachtbare Welt": Zu Inhalt und Struktur des Romans

Mit über 1000 Seiten, bestehend aus zwei Teilen und insgesamt 101 Kapiteln, ist *Die Stunde zwischen Frau und Gitarre* das bislang umfangreichste Buch von Clemens Setz, dessen Handlung in größtenteils konsistenter Diegese mit zumeist starker interner Fokalisierung der Hauptfigur, der 21-jährigen Natalie Reinegger, erzählt wird, in deren Bewusstsein die Leser:innen gewissermaßen ‚eingeloggt' werden, wie es das häufig multimediale Metaphernrepertoire des Romans nahelegt.[750] „Und doch bleibt dahinter immer eine auktoriale Instanz spürbar, die das Heft nicht aus der Hand gibt",[751] schreibt Baßler, denn es handelt sich in der Tat um einen „starken Erzähler", der sich ganz und gar auf Natalies Perspektive konzentriert und nur hier und da diskret durchscheint. Diese hat soeben ihre Ausbildung zur diplomierten Behindertenpädagogin abgeschlossen und tritt zu Beginn des Romans eine Teilzeitstelle (mit „sechsundsechzig magische[n] Prozent" Beschäftigung; FuG: 37)[752] als Betreuerin in einem privaten Wohnheim an. Schauplatz ist – wie in den Büchern zuvor – das österreichische Graz der Gegenwart. In der dort ansässigen (fiktiven) Villa Koselbruch, so der Name der Einrichtung, der nicht zufällig an die sorbische und durch Otfried Preußlers Bearbeitung von 1971 zum modernen Jugendbuchklassiker avancierte *Krabat*-Sage erinnert,[753] leben Menschen mit ganz unterschied-

---

[750] „Alle Wirklichkeit ist medial vermittelt. Das ist der bestimmende Leitsatz, dem sich Clemens Setz verschrieben hat. [...] Natalie Reinegger ist sprachlich-kommunikative Oberfläche, psychologische Erklärungsmuster haben in ihrer hoch gegenwärtigen Welt aus Neuen Medien und alten menschlichen Herkünften ausgedient", so Kastberger in seiner Laudatio „Being Clemens Setz", S. 22. „Hier wird ‚nach den Medien' erzählt", schreibt auch Baßler in seinem Beitrag „Realistisches *non sequitur*", S. 59.
[751] Baßler: „Realistisches *non sequitur*", S. 60.
[752] In Natalies metaphorischer Vorstellung: „Das bedeutete, drei Angestellte würden sich zusammen zwei ganze Stellen teilen. Von diesem Bild ging etwas Heimeliges aus: zusammenstehen, sich aneinanderdrücken unter einem Regendach, Schutz vor den Elementen." FuG: 17 f. Im Übrigen ist die Berufsbezeichnung „Behindertenpädagogin" dem Roman entnommen, für die inzwischen alternativ zumeist Heil- oder Sonderpädagogin gebräuchlich ist und die Arbeit mit Menschen mit besonderem Förderbedarf meint.
[753] Anfänglich fasziniert von den Möglichkeiten der Magie erweist sich Krabat als gelehriger Schüler. Doch als er erkennt, dass jedes Jahr der talentierteste unter den zwölf Zauberlehrlingen auf mysteriöse Weise ums Leben kommt, wendet er sich gemeinsam mit seiner Geliebten Kantorka gegen den Meister, verliert daraufhin zwar die magischen Fähigkeiten, erlangt aber im Gegenzug für sich und seine Mitgesellen die Freiheit. Vgl. auch die Studie zum ‚sorbischen Faust-Stoff' von Susanne Hose: *Erzählen über Krabat: Märchen, Mythos und Magie*. Bautzen: Lusatia 2013.

lichen psychischen wie physischen Krankheiten und Beeinträchtigungen, um die sich ein kleines Team von Betreuerinnen kümmert, dem nun auch Natalie angehört. Ähnlich wie der Mühle im Koselbruch in Preußlers Text, wo der Lehrling Krabat von seinem Meister in Schwarzer Magie unterwiesen wird, haftet auch diesem Ort etwas Unheimliches und zutiefst Verstörendes an.[754] Im Zentrum der Handlung steht ein rätselhaftes „Arrangement" zwischen Natalies „Bezugi", wie die offiziell eigentlich „Klienten" genannten Bewohner im internen Jargon heißen, Alexander Dorm, der im Rollstuhl sitzt, wegen Stalking verurteilt und nach einem Aufenthalt in der Psychiatrie im Betreuten Wohnheim untergebracht wurde, und seinem Opfer Dr. Christopher Hollberg, dessen Frau aufgrund von Dorms krankhaften Nachstellungen und misogynen Erniedrigungen Selbstmord begangen hatte. Im Laufe von gut sechs Monaten, in denen sich die Geschehnisse des umfangreichen Buches lediglich ereignen, begibt sich Natalie immer tiefer in diese unheilvolle Beziehung der beiden Männer, die letztlich in einer Katastrophe mündet. Ein zwei Jahre später einsetzender Epilog berichtet vordergründig von einem Triumph Natalies in diesem Machtspiel, lässt aber auch die Wiederholung des finsteren Arrangements mit neuer Rollenverteilung erahnen.

Im Vergleich mit den Vorgängerromanen sind Erzählhaltung und Komposition hier also ungewöhnlich schlicht und stringent definiert. Baßler vermutet in der ausführlich entwickelten Exposition über mehrere Kapitel, mit der Setz seinen Roman in aller Ruhe aufbaut, einen „Kunstgriff", um die „Konstruiertheit der erzählten Welt auszustellen".[755] Die ausführlichen Schilderungen von Natalies Alltag und Umgebung, ihrer sozialen Beziehungen, vermittelt durch wort- und temporeiche sowie häufig elliptische Dialoge, die ebenso typisch für Setz sind wie die lückenhafte, sukzessive Zusammensetzung des eigentlichen Handlungsgeschehens, mögen dem Umstand geschuldet sein, dass sich der Erzähler „im personalen Erzählmodus [...] ja nicht selbst zu Wort melden kann". Zugleich bindet es die Leser:innen natürlich noch eindringlicher an Natalies Perspektive, was zweifellos die Intention des Textes ist.[756]

Den beiden Hauptteilen sind jeweils zwei Zitate vorangestellt, von denen diesmal nur eines fiktiv ist, nämlich der kurze Bericht über eine bestimmte

---

[754] Goggio verschärft diese Beobachtung noch, wenn sie schreibt, dass sich Betreuer:innen und Bewohner:innen der Villa Koselbruch im Grunde sogar austauschen ließen, was „die Heime genau in das Gegenteil von ihrer ursprünglichen sprachlichen Bedeutung verwandelt, nämlich in ‚unheimliche' Stätten". Goggio: „Unheimliche Heime", S. 143.
[755] Baßler: „Realistisches *non sequitur*", S. 64.
[756] Vgl. Kastberger: „Being Clemens Setz", S. 22.

Baumart in Australien, die sich bei Sturm von Zeit zu Zeit mit einzelnen Ästen bewirft, was manche, wie es in dem Text heißt, „in ihrem Verständnis solcher Naturvorgänge vielleicht etwas fehlgeleitet, auch als *Rache*" bezeichnen (FuG: 7). Damit ist ein wesentliches Motiv des Romans benannt. Auch das nachfolgende authentische Zitat Ezra Pounds zu seiner literarischen Methode der *luminous details* (vgl. Kap. 10.5) und ein diesmal korrekt wiedergegebener Absatz aus Frazers *Der goldene Zweig* über den Brauch eines südafrikanischen Volkes, „sich einen Mann zu halten, den sie ihren Gott nannten" (FuG: 529),[757] bis hin zu einigen Zeilen aus dem Gedicht „A Green Light" des zeitgenössischen US-amerikanischen Dichters Matthew Rohrer und schließlich einem Zitat aus Djuna Barnes' Roman *Nachtgewächs* von 1936 (vgl. Kap. 10.2) enthalten mehr oder weniger eindeutig Bezüge beziehungsweise Hinweise zu Inhalt und Interpretation des Erzählten, was noch im Einzelnen aufzuschlüsseln sein wird.

Reduzierter als in *Indigo* und den *Frequenzen* ist auch der Umgang mit Abbildungen, Zeichnungen sowie typographischen und para- beziehungsweise metatextuellen Besonderheiten. Gezeigt wird lediglich das realiter illustrierende Bild aus dem *Wikipedia*-Artikel zum Begriff „Parallaxe", den Natalie – nicht ganz so zufällig, wie es den Anschein hat – nachschlägt; es ist ein unheimliches Schwarz-Weiß-Foto eines Uferwegs im Nebel (vgl. FuG: 638),[758] sowie der Ausdruck einer Geschichte samt Zeichnung des „weißen Fellballwesens", die Natalies Ex-Freund Markus ihr gewidmet und per Post zugeschickt hat (vgl. FuG: 957 f.; Näheres dazu in Kap. 10.5). In den Text eingewoben sind außerdem noch einige bizarre Gedichte, die Hollberg für Dorm geschrieben hatte (vgl. FuG: 589 f.).

Dass trotz der eng auf die Hauptfigur fixierten internen Fokalisierung dennoch der Eindruck geradezu polyphoner Intensität entsteht, liegt an der minutiös ausgeführten Zeugenschaft von Natalies hochfrequenten und hypersensiblen Gedanken- und Gefühlswelten, zu der sich die Leser:innen geradezu gezwungen sehen. Hinzu kommt, dass Natalies ‚Wahrnehmungsapparat' einigen besonderen Prägungen unterliegt, wie es bei den meisten von Setz' Figuren der Fall ist: Sie ist Epileptikerin und pflegt auch infolgedessen einen höchst aufmerksamen Kontakt zu ihrem Körper; sie ist außerdem Scheidungskind, fühlt sich oft einsam und vermisst vor allem ihren nach Dänemark ausgewan-

---

[757] Vgl. Frazer: *Der goldene Zweig*, S. 142. Frazer zitiert hier aus den Berichten (gemeint ist vermutlich die 1609 erstmals erschienene Schrift *Aethiopia Orientalis*) des portugiesischen Missionars João dos Santos.
[758] Vgl. den *Wikipedia*-Artikel zum Begriff ‚Parallaxe' unter: https://de.wikipedia.org/wiki/Parallaxe (17.01.2020).

derten Bruder Karl sehr; sie war kurzzeitig Mitglied einer Sekte und betäubt sich spaßeshalber oder aus psychosomatischer Not heraus häufig mit verschiedenen Medikamenten; sie bevorzugt neben allerlei sonderbar anmutenden Arten des Zeitvertreibs durchaus ungewöhnliche Sexualpraktiken, deren detaillierte Beschreibungen bisweilen unangenehm ausfallen; überhaupt begibt sie sich physisch und mental am liebsten in die verschiedensten Randgebiete; schließlich ist sie Synästhetin und deshalb stets darum bemüht, ihre vielfältigen Sinneseindrücke und daraus resultierenden Phantasien in geeignete Sprache und Bilder zu übersetzen. Ein Umstand, der erheblichen Einfluss auf die Diktion des Textes hat, weil hier in der Figurenrede noch akribischer als zuvor mit sprachlichen Mitteln experimentiert wird. „Ich bin voll geisteskrank", sagt sie sich an einer Stelle, und schließt daraus: „Perfekt für den Job" (FuG: 130). Darin offenbart sich zugleich ein weiterer motivischer Diskurs, den der Roman ausstellt: Was ist, von einem normativen Standpunkt aus gesehen, normal, was bedeutet gesund?[759]

Für den frauenfeindlichen Dorm ist Natalie schon allein aufgrund ihrer mageren Gestalt mit den verschieden großen Brüsten, wie er stets betont, ein einziges Ärgernis, und das, obwohl sie noch nicht einmal die ihm so widerwärtige frauentypische Gitarrenform besitze,[760] wie er ihrer Kollegin aufgebracht mitteilt: Wenn das nämlich „alles fehle, diese ganzen Aspekte einer weiblichen Figur, dann sei die Frau verwirrend und man werde wütend, denn [...] sie sei zum Fürchten, sie sehe aus wie irgendwas dazwischen, man könne sie überhaupt nicht anschauen." (FuG: 270) Mehr noch missfällt ihm jedoch die scheinbar komplizenhafte Nähe, die sich zwischen Natalie und Hollberg entwickelt. Natalie ist tatsächlich gleichermaßen fasziniert wie zutiefst befremdet von dem seltsamen Verhältnis der beiden Männer, dessen Genese und Beweggründe sie nachzuvollziehen versucht. Trotz der schrecklichen Ereignisse besucht Hollberg den von ihm besessenen Dorm seit vielen Jahren mehrmals pro Woche, entstanden ist eine institutionell befürwortete, aber zugleich höchst ambivalente Beziehung aus Gehässigkeiten, Demütigungen bis hin zu sadistischer Quälerei

---

759 Vgl. Goggio: „Unheimliche Heime".
760 Vgl. FuG: 171: „So hatte es in einem Brief gestanden. Dorm beschwor Hollberg darin, sich nicht mit *solchen Gebilden* abzugeben, die Form sei falsch und auch die Verteilung des Gewichts, Frauen seien überhaupt nur hohle, unerträgliche Dinge, ein entsetzlicher Fehler der Evolution. Diese gitarrenartige Form des weiblichen Körpers, die Fettansammlungen an Stellen, wo überhaupt kein Fett hingehörte. Und so weiter." Marie Gunreben bemerkt dazu: „Bezeichnenderweise stellt dieses Argument einen klassischen ästhetischen Entwurf von Weiblichkeit geradezu auf den Kopf, erinnert Dorms Gitarrenmetapher doch an Man Rays berühmte Fotographie *Le Violin d'Ingres* von 1924." Gunreben: „Abscheu und Faszination", S. 169.

einerseits, gepaart mit Schmerz und Mitleid, möglicherweise Heilung durch Verständnis oder sogar Vergebung andererseits, in deren unheilvollen Sog Natalie gerät beziehungsweise sich hineinbegibt. Wer hier wen mit bösen Absichten verfolgt oder doch, ganz im Gegenteil, völlig fehlgeht in dieser Annahme, ist das große Rätsel des Romans. „Das heißt, es bewegt sich in einer Art Graubereich. Und die können manchmal recht groß sein" (FuG: 70), erklärt Natalies Chefin einführend.[761] Ein Beziehungsmuster, das sich auch auf anderen Ebenen wiederholt und sich über den gesamten Text perpetuiert.[762]

Hauptanliegen des Romans scheint daher nicht die Auflösung des mysteriösen „Arrangements" zu sein, sondern vielmehr der Versuch, einem Menschen gewissermaßen in den Kopf zu schauen, seine kognitiven Prozesse genau zu beobachten und adäquat wiederzugeben – ein literarisch wie wissenschaftlich höchst kompliziertes Unterfangen.[763] „[D]ie unbeobachtbare Welt" wird hier sichtbar gemacht, die auch Natalie stark fasziniert, wie beispielsweise der kurze Moment, in dem sie ihre im Dunkeln geweiteten Pupille sich gerade noch zusammenziehen sieht („wie der O-Mund eines überraschten Insekts"), sobald man das Licht anschaltet, außerdem: „[d]as eigene Gesicht mit geschlossenen Lidern; der eigene Nacken; Porträtköpfe auf Gemälden, die fähig waren, sich zu bewegen und einem eine Nase zu drehen, wenn man nicht hinschaute." (FuG: 20)[764] Indem man als Leser:in zumeist ja freiwillig, hier aber tatsächlich unter spürbar erhöhtem Druck dazu angehalten ist, Natalie bei der Aufklärung

---

[761] Das Wort „Graubereich" ruft in Natalie unmittelbar die Vorstellung eines „kilometerlange[n] Wurmwesen[s] mit grauem Fell und offenem Rachen" hervor: „ein Graubereich, der Städte schluckte", die sie zur Beruhigung schnell mit dem Gedanken an „Eselsflanken" vertreibt; FuG: 71.

[762] Laut Hermann ließen sich die „Grauzonen" auch als Ausweis eines literarischen Programms deuten, wie sie mit Blick auf „Milchglas" erläutert, die folgendermaßen beginnt: „Es gab sie wie Sand am Meer, sie waren überall und allgegenwärtig, die Grauzonen von Traurigkeit, Wahnsinn und Einsamkeit in Gegenständen, Gebäuden und Situationen...". Hermann erklärt dazu: „Diese Grauzonen werden nicht negiert, sie werden nicht übersehen, sie werden vielmehr bemerkt, beobachtet, aufgesucht und genau beschrieben [...]. Setz fordert uns heraus, indem er unseren Blick auf diese Grauzonen richtet, seine Sprache uns daran fesselt. Aus solchen Grauzonen entspringen Geschichten, weil sie letztlich den Blick freigeben auf das Ungewöhnliche. Was dabei herauskommt, ist mitunter zutiefst verstörend, weil es mit einer mikroskopischen Genauigkeit Unaushaltbarkeiten auslotet." Hermann: „„Es gibt Dinge, die es nicht gibt"", S. 11.

[763] Literarisch-explorative Experimente dieser Art finden sich literaturgeschichtlich insbesondere in der Moderne, etwa bei Arthur Schnitzler, James Joyce, Marcel Proust oder Virginia Woolf.

[764] Im weiteren Verlauf auch noch „Geruch und Geschmack [des eigenen] Ellenbogens", die man „niemals selbst erfahren kann"; FuG: 224.

einer Stalker-Geschichte zu folgen, im Laufe derer sie ihrerseits anderen Figuren nachstellt beziehungsweise wiederum von ihnen gestalkt wird, gerät man unweigerlich selbst in diesen Reigen. Jede von Natalies Regungen wird zwangsläufig observiert, wir dringen in innere Bereiche ihres Seelenlebens vor, die wir bei den meisten Menschen nur höchst selten oder nie erreichen würden.

10.2 *Theory of Mind* im Kopf von Natalie Reinegger

Die exzentrische Fülle an Details und Verknüpfungen, darunter Banalitäten ebenso wie höchst Originelles, die Natalie aufgrund ihres feinsinnigen Sensoriums einsammelt und verarbeitet, überfordert sie mitunter selbst. Während sie beim Antritt der Stelle auf die verklausulierten Warnungen ihrer Chefin bezüglich des „Arrangements" zwischen Dorm und Hollberg noch mit den ziemlich abgeklärten Worten reagiert: „Es gab mehr Dinge zwischen Mensch und Mensch als zwischen Himmel und Erde" (FuG: 70), verliert sie im weiteren Verlauf immer mehr die Sicherheit und Orientierung. Zunehmend wird deutlich, wie treffend diese anfangs lakonisch anmutende Einsicht angesichts von Natalies Bemühungen ist, sich durch die zahlreichen sozialen Verwicklungen zu navigieren. Die ausführlichen Schilderungen dieser ‚hochtourigen' kognitiven Prozesse stellen auch für die Leser:innen eine immense Herausforderung dar, mit deren Nachvollzug und Einordnung wir der *Theory of Mind* nach alltäglich und eben auch bei der Lektüre literarischer Texte befasst sind.[765] Die Erzählanlage des Romans eröffnet hierin gewissermaßen einen metatheoretischen Diskurs, wenn man bedenkt, dass sich *Theory*, wie Jannidis erläutert, konzeptionell „auf den Umstand [bezieht], dass Menschen sich bekanntlich nie direkt an das Bewusstsein anderer anschließen können, sie also stets Annahmen über die

---

765 Vgl. Zunshine: *Why We Read Fiction*, S. 156: „Theory of Mind is a cluster of cognitive adaptations that allows us to navigate our social world and also structures that world." Ergänzend dazu sei auf die Definition des britischen Psychologen und Autismus-Forschers Simon Baron-Cohen verwiesen: „By theory of mind we mean being able to infer the full range of mental states (beliefs, desires, intentions, imaginations, emotions, etc.) that cause action. In brief, having a theory of mind is to be able to reflect on the contents of one's own and other's minds." Simon Baron-Cohen: „Theory of Mind in Normal Development and Autism. A Fifteen Year Review", in: ders. et al. (Hg.): *Understanding Other Minds. Perspectives from Developmental Cognitive Neuroscience*. Oxford, New York: Oxford Univ. Press ²2000, S. 3–20, hier S. 3. Vgl. auch Huber/Winko: *Literatur und Kognition*, S. 14: „Prämisse ist hier, dass Figuren über dieselben psychischen Mechanismen verfügen wie Menschen und dass es daher möglich ist, ausgehend von Informationen im Text auf Beweggründe zu schließen oder Handlungsantriebe zu erklären, über die im Text nicht explizit gesprochen wird."

Gefühle, Überzeugungen und andere interne Zustände ihrer Mitmenschen machen müssen".[766]

Wir beobachten beziehungsweise verfolgen also Natalie dabei, wie sie in einem außergewöhnlich komplizierten Setting ihrerseits versucht, die Instrumentarien der ToM innerfiktional anzuwenden, und sind gleichzeitig damit befasst, all das mit unseren außerfiktionalen *frames* abzugleichen und entsprechende Schlüsse daraus zu ziehen.[767] Dabei stellen sich häufig Unbehagen, Zweifel und Irritationen ein, die wir entweder unisono *mit* Natalie erleben oder *gegen* ihre Wahrnehmung und ihr Verhalten überhaupt erst entwickeln.[768] Es mag zum einen die erzwungene Nähe zur Figur sein, die hier Reflexe der Zurückweisung provoziert, es mag zum anderen an ‚weltanschaulichen' Diskrepanzen liegen, die sich zu Natalies zahlreichen Idiosynkrasien ergeben.[769] Mit Baßler ist festzuhalten: „Die vermeintlich realistische Darstellung einer personalen Idiosynkrasie produziert nämlich eine idiosynkratische Textur, die als solche Aufmerksamkeit beansprucht und also artifiziell wirkt. Der Übergang von der Textebene zur Diegese wird in diesem Verfahren tendenziell entautomatisiert – wir entfernen uns vom selbstverständlich Realistischen."[770]

---

766 Jannidis: „Verstehen erklären?", S. 47.
767 Im Sinne der Frame-Semantik als Organisationseinheit von Weltwissen, die auf abrufbaren mentalen Repräsentationen stereotypischer Situationen beruht. Vgl. u. a. Dietrich Busse: *Frame-Semantik. Ein Kompendium*. Berlin, Boston: De Gruyter 2012; Alexander Ziem: *Frames und sprachliches Wissen. Kognitive Aspekte der semantischen Kompetenz*. Berlin, New York: De Gruyter 2008 (zugl. Diss. Univ. Düsseldorf).
768 Kämmerlings urteilt in seiner Rezension zu FuG: „sympathisch" sei Natalie nicht, aber „faszinierend" aufgrund ihres „enzyklopädischen Wissen[s]" und ihrer „staunenswerten Bild- und sprachschöpferischen Fantasie", weshalb sie „nicht im psychologisch-wahrscheinlichen Sinne realistisch" sei, „sondern eher eine Schnittmenge von Diskursen, von Perspektiven auf die Realität"; Kämmerlings: „Der helle Wahnsinn".
769 Für Natalie wie für weitere Figuren aus Setz' Romanen ließe sich veranschlagen, was Baßler über die „Sonderlinge" des Spätrealismus schreibt, in dem es kaum noch „Normalbürger" gebe: „Wir haben es offenkundig mit einer paradoxalen Situation zu tun: Der realistische Sonderling soll zugleich exzentrisch und charakteristisch für das Ganze sein. Er ist anders als die anderen, aber nur, um für deren wesentliche Züge stehen zu können. Er repräsentiert keine irgendwie partikulare, sondern immer emphatisch die eine Wirklichkeit; und genau das bleibt ja programmatisch auch der Anspruch des Realismus selbst. Tatsächlich personifiziert sich in der Außenseiterfigur die [...] Aporie des realistischen Textes: zugleich metonymisch-realistisch und metaphorisch-bedeutsam sein zu müssen." Baßler: „Figurationen der Entsagung", S. 73. Vgl. zu den Außenseiterfiguren im Werk von Clemens Setz auch Dinger: *Die Aura des Authentischen*.
770 Baßler: „Zeichen auf der Kippe", S. 17.

Dass wir nicht nur an ihre synästhetische Gedanken- und infolgedessen Gefühlswelt gekoppelt werden, sondern auch an ihre Körperlichkeit, ist eine Auffälligkeit des Textes, die schon bei *Indigo* hervorstach und auch in den ersten beiden Romanen zu beobachten ist. Gleich zu Anfang heißt es: „Natalie kontrollierte gern ihre Reflexe, ihre Wachheit, die kleinen Inseln von mysteriösem Eigenleben, die ihr Körper unterhielt." (FuG: 20) Dazu gehören etwa Verspannungen im Nacken- und Schulterbereich, die sie entweder mit einer imaginären Maus auf der Schulter (vgl. u. a. FuG: 27) oder mit Muskelrelaxantien – in ihren eigenen Worten: „Zaubermedikamente" (FuG: 12) – in oft unguter Kombination mit Alkohol zu lindern versucht (vgl. FuG: 149, 909, 993), weiterhin ASMR-stimulierende Aufnahmen ihrer eigenen Essgeräusche („Crunch-crunch-crunch", FuG: 213; vgl. dazu auch Kap. 2.3.3 in diesem Band) oder auch der Gespräche und Laute bei der regelmäßigen Fellatio mit fremden Männern (von ihr selbst als „Streunen" bezeichnet, vgl. u. a. FuG: 212), bis hin zum „aurigen" Gefühl (vgl. u. a. FuG: 11), das sich in ihrer Vergangenheit immer kurz vor einem Grand-Mal-Anfall einstellte und sich inzwischen seltener als der Eindruck, „kurz vom Tod gestreift" zu werden, äußert, wenn sie sich bückt, „denn dann rollte eine Murmel in ihrem Kopf in eine falsche Ecke." (FuG: 20)

In seiner Abhandlung über das Unheimliche verweist Ernst Jentsch im Zusammenhang mit der Angst vor fehlender beziehungsweise ‚unnatürlicher' Beseelung eines Lebewesens beziehungsweise Objekts auf den „dämonischen Eindruck", den der epileptische Anfall bei den Anwesenden hinterlasse, weil er den ansonsten „so sinnreich, zweckentsprechend und einheitlich unter Leitung seines Bewusstseins functionirenden menschlichen Körper als einen ungeheuer complicirten und feinen Mechanismus" enthülle, der von einer ‚heiligen Macht' besessen ist: „Nicht mit Unrecht hat man daher von der Epilepsie als dem ‚Morbus sacer' gesprochen, als der nicht der Menschenwelt, sondern fremden räthselhaften Sphären entstammenden Krankheit",[771] konstatiert Jentsch und rekurriert damit auf die kontroversen Ansichten zur Epilepsie im Kontext antiker Magievorstellungen, die sie „als eine durch göttlichen Eingriff erfolgte spirituelle Besitzergreifung verstehen und sie in eine allgemeine kosmogonische Erklä-

---

[771] Jentsch: „Zur Psychologie des Unheimlichen", S. 205. Freud ist von Jentschs Ausführungen, wie oben bereits thematisiert, zwar nicht „voll überzeugt", knüpft seine eigenen Überlegungen aber daran an; Freud: „Das Unheimliche", S. 237; vgl. Kap. 9.3.1 in diesem Band. Der Schriftsteller Frank Witzel bezeichnet die drohenden Anfälle in seinem Beitrag zum Wilhelm Raabe-Literaturpreis für Clemens Setz treffend als „Heimsuchungen"; vgl. Witzel: „Auf der Suche nach der Subjektlosigkeit", S. 49.

rung aufnehmen", während sich die hippokratische Medizin „ausschließlich an die Beobachtung der Körperfunktionen" hielt.[772]

Auch wenn diese Ansichten inzwischen als überholt gelten und obwohl Natalie das ‚mysteriöse Eigenleben' des Körpers mit seinen starken, teils unkontrollierbaren Auswirkungen auf ihre emotionale und rationale Verfassung selbst bisweilen unheimlich erscheint,[773] steht sie als Figur ebenfalls unter dem Verdacht des Unheimlichen. Ihr beständiger Balanceakt, die ohnehin permanent variierenden Eindrücke von Innen- und Außenwelt miteinander in Einklang zu bringen, wirkt häufig obsessiv und getrieben, ablesbar an sich wiederholenden Formulierungen des Zwangs: Ständig hat sie ein dringendes oder plötzliches Bedürfnis, muss sich beherrschen oder unbedingt etwas tun beziehungsweise unterlassen, drängen sich ihr bestimmte Visionen und Worte, Gefühle oder Gedanken auf und verlangen nach Resonanz. Wie schon Robert Tätzel aus *Indigo* verfügt sie über ein Repertoire „radioaktiver" Formeln („Aids, dachte sie und hielt sich die Hand vor den Mund, als ob sie rülpsen musste. Aids Aids Aids Aids Aids"; FuG: 130) und ritueller Handlungen („Manchmal ließ es sich nicht vermeiden, dass sie alle möglichen Dinge antippte wie Mikrofone. Ein genereller Soundcheck der Welt"; FuG: 156),[774] mit denen sie solche inneren Spannungen auflöst. Manche dieser *Trigger*, beispielsweise etwas höchst Ekelerregendes zu tun, hat sie inzwischen erfolgreich neutralisiert:

---

772 Rincón: „Magisch/Magie", S. 732.
773 Vgl. FuG: 471 f.: „Und je mehr sie las, je mehr sie im Internet und in Diskussionsforen recherchierte, desto unheimlicher wurden ihr der menschliche Körper und das Zusammenspiel seiner Einzelteile. [...] Da musste man kein Genie sein, um einzusehen, dass die Wahrscheinlichkeit einer Fehlfunktion steil anstieg, Jahr für Jahr. Jeden Abend musste sie an diese Wahrscheinlichkeit denken, sie erschien ihr als eine unsichtbare Strahlung, die von allen Seiten gleichzeitig kam. Öffnete man ein Fenster, wehte sie einem ins Gesicht. Drückte man eine Teppichfalte mit dem Fuß glatt, wölbte sie sich einem von unten entgegen." Manchmal sind ihr diese ständigen Herausforderungen ihres Körpers schlicht zu viel: „Im Badezimmerspiegel begegnete sie für eine Sekunde ihrem nackten Körper, aber sie hatte keine Lust, sich mit ihm auseinanderzusetzen; es war eine zu einseitige Angelegenheit"; FuG: 439.
774 Vgl. hierzu u. a. auch FuG: 334: „Es gab einige Möglichkeiten, wie man sich nach einem anstrengenden Tag abkühlen konnte. Streunen, *check*. Ziellose Non-sequitur-Gespräche, *in progress*. Cleverbot. Und später konnte sie noch verschiedene technische Hotlines anrufen und Probleme erfinden, die sich mittendrin in Luft auflösten. Sich wiederholt bei jemandem bedanken, der dadurch glücklicher und glücklicher wurde"; sowie FuG: 418: „Nach der Arbeit fuhr Natalie laut fluchend auf dem Fahrrad dahin. Ölverschmierter Vogel, ölverschmierter Vogel. Als sie an einer roten Ampel stand, musste sie sich beherrschen, um nicht einem etwa zehnjährigen Jungen, der zufällig neben ihr stand, mit der flachen Hand einen kräftigen Klaps auf den Hinterkopf zu geben."

> In der Kindheit hatten solche sekundenlangen Halbzwangsvorstellungen noch etwas Unheimliches, man fürchtete, dass sie sich irgendwann in einen Befehl verwandeln würden. Aber das Gegenteil war der Fall, sie wurden mit der Zeit schwächer und angenehmer, vermengten sich mit alltäglichen Wahrnehmungen, [...] kein dunkler Magnetismus der verbotenen Vorstellung, kein Stachel eines inneren Befehls. (FuG: 276)

Einerseits scheint sie mit einigem Vergnügen immer neue solcher Phantasien zu produzieren, andererseits wird sie regelrecht von ihnen heimgesucht – die genauen Umstände, unter denen sie sich ausbilden, bleiben letztlich ungeklärt. Ambivalent gestaltet sich auch ihre Einstellung zu sich selbst zwischen massiver Selbstkritik („[d]ummes, nutzloses Vieh"; u. a. FuG: 994), die sie mit geduldigem Zuspruch entkräften muss („Ich kann alles aushalten, ich werde erwachsen"; FuG: 22; vgl. 767) und gelegentlich ebenso entschiedener Selbstbehauptung, etwa gegenüber dem Taxifahrer gleich auf den ersten Seiten, der von ihr innerlich als „Idiot" und „[e]lender Weltbürger" beschimpft wird; ihrem Ex-Freund Markus gegenüber, den sie zwar „davongejagt" (FuG: 27) hat, aber noch immer nach Belieben einspannt und dabei ziemlich grob, geradezu bösartig behandelt (vgl. u. a. FuG: 30 f.); und schließlich auch ihrem Beruf und den Bewohner:innen gegenüber, die bei ihr schon mal den Eindruck hinterlassen hatten, „als wäre man der einzige Punkt im Universum, der noch nach den Prinzipien von Logik und Vernunft funktionierte." (FuG: 15) Selbst ihrer Lieblingskollegin B. gesteht sie in einem Moment leichter „Grenzüberschreitung" und im Beisein der gemeinsamen Chefin: „Ich würde dich gern per Gedanken steuern können" (FuG: 680) – ein zumindest zweifelhafter Ausdruck ihrer Zuneigung. Zwei Jahre nach der Eskalation des „Arrangements" zwischen Dorm und Hollberg, in der sie eine ebenfalls zwiespältige Rolle gespielt hat, sitzt sie wieder in einem Taxi, um diesmal den verurteilten Hollberg in einer psychiatrischen Einrichtung zu besuchen. Obwohl es zunächst so wirkt, als sei sie als Siegerin aus diesem vertrackten Machtspiel hervorgegangen, ist die gesamte Situation von einer tiefen Resignation bestimmt („Geht gut, log Natalie"; FuG: 1016). In Erinnerung an Hollbergs Demütigungen gegenüber Dorm fragt sie sich: „Werde ich ihn wieder besuchen? Immer wieder, über die Jahre, und immer so weiter. Jede Woche. Bis er mir aus der Hand frisst" (FuG: 1018; vgl. 690, 935 sowie Kap. 10.4). Doch ähnlich wie ihre Überlegungen zur Beschaffenheit des „desktopblauen Firmaments" erscheinen ihr die Erklärungsansätze „seltsam unscharf", „langweilig" und letztlich als „Irrtum" (FuG: 1018).

Dem Epilog ist ein Zitat aus Djuna Barnes' metaphernreichen Roman *Nachtgewächs* von 1936 vorangestellt, das sich als die Essenz aller kognitiven Kategorisierungsbemühungen – sowohl derjenigen Natalies als auch der Leser:innen – im Sinne der ToM erweist: „Genau wie Kinder: sobald sie nur ein wenig vom

Leben wissen, zeichnen sie eine Scheune und einen Menschen gleich groß." (FuG: 1009).[775] Entnommen ist dieser zunächst zusammenhanglos erscheinende Satz einem Dialog zwischen dem „Baron" Felix Volkbein und dem Doktor Matthew O'Connor, in dem es um die Frage geht, was man wirklich über einen Menschen wissen kann, von dem man sich aufgrund von Erzählungen eine womöglich trügerische Vorstellung gemacht hat: „Ein Bild ist die Rast des Geistes zwischen zwei Ungewißheiten", erklärt der Baron und folgert daraus: „Je mehr wir über einen Menschen erfahren, desto weniger wissen wir."[776] Diese Erfahrung macht Natalie selbst in Bezug auf ihr Umfeld, und sie gilt ebenso für ihre im Roman geschilderte Perspektive auf das Geschehen. Denn obwohl es so minutiös auf vielen Seiten ausgebreitet wird, was extreme Nähe und nahezu Vollständigkeit suggeriert, haben die Leser:innen doch alles, was sich im Roman ereignet oder erzählt wird, nicht wirklich erlebt, nicht in Gänze erfasst oder korrekt durchdrungen: „ich hab oft diese inneren Gedankensprünge und vergesse, dass mir andere Leute nicht folgen können. Weil sie nicht in meinem Kopf wohnen" (FuG: 668, vgl. 44), sagt Natalie entschuldigend zu ihrer Chefin, was metatextuell zugleich als Mahnung an die Leser:innen zu deuten ist. Das meint auch der Baron aus Barnes' Roman mit seiner Analogie von Mensch und Scheune für eine allzu leichtfertige Fehleinschätzung der tatsächlichen Proportionen im Sinne einer vielmehr dynamischen als statischen Architektur zwischenmenschlicher Beziehungen (vgl. dazu auch die Ausführungen zur Parallaxe in Kap. 10.5).

10.3 Zur Verbundenheit von Mikro- und Makrokosmos

Im Rahmen der sorgfältigen Exposition werden im zweiten Kapitel mit dem Titel „Arbeit" grundlegende Charakteristika der Hauptfigur vermittelt. Wir erfahren von ihrer Begeisterung für die ‚unbeobachtbare Welt', die oben schon als eines der Leitmotive angesprochen wurde; ein seltsames Zwischenreich, in das sich Natalie ehrgeizig – oder auch: getrieben – immer mal wieder Zutritt zu verschaffen versucht. „Natalie konnte keinen Lichtschalter betätigen, ohne ihn nicht zumindest für ein paar Sekunden genau an der Übergangskante zwischen Strom und Nichtstrom zu balancieren." (FuG: 20) Die seltenen Momente des Gelingens bereiten ihr das Gefühl von Glück und Triumph, so auch im Falle des Lichtschalters, den sie bislang tatsächlich nur ein einziges Mal ins „Niemandsland

---

775 Djuna Barnes: *Nachtgewächs* (1936). Roman. Frankfurt a. M.: Suhrkamp 2009, S. 124.
776 Beide Zitate ebd.

zwischen Ein und Aus" versetzen konnte. Die beharrliche *trial-and-error*-Methode zeigt endlich einmal Wirkung: „Nach Jahren geduldigen Balancespiels ein kleiner, bizarrer Erfolg." Meistens jedoch flößt ihr die Unentschiedenheit solcher Schwebezustände Angst ein, weil die Konsequenzen ihrer Auflösung unwägbar sind. Auch das „eigenartige Gefühl, das der Kippschalter-in-Balance ihr vermittelte" (FuG: 21), möchte sie am liebsten sofort durch ein Niesen verjagen.[777]

„Die Überschneidung von zwei Welten oder Gegenständen scheint der Anlass zu magischen Handlungen zu sein", vermutet Inukai und konstatiert: „Natalie mag eher das ‚Zwischending'".[778] Obwohl die Identifikation eines Zusammenhangs richtig ist, muss Inukai hier in zweierlei Hinsicht widersprochen werden. Denn zum einen hat Natalie den ‚magischen' Zustand des Lichtschalters absichtlich selbst herbeigeführt, ihm geht also bereits eine magisch motivierte Handlung voraus. Den eingetretenen ‚Zaubereffekt' durch Niesen wieder aufzulösen, entspricht dann schon einer zweiten magischen Handlung, die aus der ersten resultiert. Niesen befreit ja von einem unangenehmen Gefühl, wird dieser Reflex unterdrückt oder verhindert, läuft man, wie Natalie es beschreibt, „den ganzen Tag unerlöst herum." (FuG: 832) Hollberg bezeichnet diesen Effekt als „rätselhafte Zauberkraft desjenigen [...], der Gesundheit sagt, bevor jemand niest, und ihn dadurch vom Niesreflex befreit. Meist natürlich, haha, zu dessen Ärger und Enttäuschung. Seine Magie liegt genau in der Umkehrung der normalen kausalen Folge." (FuG: 701) Erleichterung verspricht sich Natalie übrigens auch vom Räuspern, das sie beispielsweise zur Vertreibung von Enttäuschung einsetzt (vgl. FuG: 489) oder auch gegen die Unvollständigkeit einer Gewittersequenz, die ihrer Ansicht nach mit extremen Folgen verbunden wäre: „Jedes Mal wenn einem weit entfernten Blitz, dem letzten Wetterleuchten des abziehenden Gewittersturms, kein Donner mehr folgte, musste sie sich räuspern, weil die Welt sonst aus dem Takt geriet und asymmetrisch wurde." (FuG: 517) Zum anderen hegt sie ja, wie schon der schwebende Lichtschalter zeigt, ambivalente Gefühle gegenüber dem „Zwischending". Letzteres ist überdies ein Zitat, das sich auf eine Textstelle bezieht, in der Natalie über den Bewohner Matthias sagt, er sei „das schmerzhafte Zwischending zwischen Klient und Betreuer" (FuG: 64), weil er das Verhalten der Betreuerinnen zwar aufmerksam studiere und zu imi-

---

[777] Zum konstitutiven Glauben an die magische Wirksamkeit von Ritualen trotz dieser widersprechenden Erfahrungen des Scheiterns vgl. Boesch: *Das Magische und das Schöne*, bes. Kap. 2.3.2: „Die magische Wirkung".
[778] Inukai: „Clemens J. Setz und seine Grenzen der Sprache", S. 108.

tieren versuche, dabei aber immer wieder an seinen krankheitsbedingt begrenzten Fähigkeiten scheitere.

Nur eine bestimmte Form von Gleichzeitigkeit erscheint ihr also erstrebenswert. „Natalie liebte alles, was weltumspannend war, wie Live-Sendungen, Mondphasen oder die Romane von Stephen King. All die Dinge, die in jedem beliebigen Augenblick von möglichst vielen Menschen wahrgenommen und gemocht wurden." (FuG: 21) Solche Momente kosmischer Verbundenheit geben ihr Halt und Geborgenheit.[779] Insbesondere gegen Abend, wenn „etwas Ungutes mit der Atmosphäre" geschieht, empfindet sie einen „unbeherrschbar stark[en]" Drang nach Live-Sendungen:

> Denn wenn etwas live war, sah und hörte man genau das, was gerade jetzt im selben Augenblick irgendwo anders geschah. Man war also an zwei Orten gleichzeitig. Bei einer aufgezeichneten Sendung war man dagegen zugleich in der Vergangenheit und in der Gegenwart, und das war nie eine große Hilfe; im Gegenteil, man wurde davon nur innerlich astronautig und einsiedlerisch. (FuG: 22)[780]

Das stets eng korrespondierende Verhältnis von Mikro- und Makrokosmos ist das Bauprinzip einer magisch-metaphorischen Weltsicht. Unabhängig davon, ob man Einfluss auf diese tiefe Verbindung hat, wird sie als omnipräsent und wirkmächtig wahrgenommen. Für Natalie manifestieren sich Fernwirkung und Übertragungsmagie in der Vorstellung eines armen, vom Leben gebeutelten Mannes namens Juan irgendwo am anderen Ende der Welt, dem sie unwillkürlich durch die kleinste Körperbewegung, wie das morgendliche Zehenwackeln im Bett, Schaden zufügt. Sie bedauert diesen folgenreichen ‚Schmetterlingsef-

---

779 Auch ihre regelmäßigen Gespräche mit einem Cleverbot zählen dazu, dessen Antworten „aus Gesprächszeilen [bestanden], die andere User irgendwann einmal in der Vergangenheit als Reaktion auf eine bestimmte Frage oder Bemerkung eingetippt hatten. [...] Im Grunde unterhielt man sich hier mit allen, mit der ganzen Welt." FuG: 80.
780 Für Robert Pfaller gehört das Bedrüfnis nach Live-Sendungen zu den dem Bewusstsein entzogenen beziehungsweise vermeintlich rational überwundenen alltäglichen magischen Praktiken, die indes nicht immer manifest seien und sich daher nicht leicht erkennen ließen, sondern „viel eher am Moment des Zwangs" sichtbar würden. Als Beispiel führt er den Sportfan an, der den Drang verspürt, „Übertragungen von Fußballspielen, Auto- oder Skirennen etc. im Fernsehen immer live verfolgen [zu] müssen." Der Grund für diese und andere rituelle Verhaltensweisen, wie etwa dem Zurufen von Anweisungen, Kritik und Ermunterungen an die Fußballer:innen während der Spielübertragung, besteht nach Pfaller in einer magischen Illusion, die rational zwar als solche erkannt, in ihrer Wirkungsmacht als Illusion aber umso effektiver Bestand hat: „Mit dem Live-Zuschauen ist die Vorstellung der Beeinflußbarkeit des Ereignisses verbunden. Man muß live zusehen, um den Spielverlauf mitbestimmen zu können." Pfaller: „Die Rationalität der Magie", S. 394.

fekt' einerseits: „Oft dachte sie daran, sich einfach, Juan zuliebe, nicht mehr zu bewegen", zieht aber beim Gedanken an die undurchsichtige „kausale Kette" andererseits auch in Erwägung, dass ihr „fernes, unbekanntes Opfer" ein grausamer Mensch ist und diese Peinigung verdient haben könnte (FuG: 25). Die Wirksamkeit des magischen Vorgangs wird auch hier ohne Kenntnis und Kontrolle über die beteiligten Faktoren als gegeben angesehen, Macht und Ohnmacht liegen somit sehr nah beieinander, was Natalie durchaus bewusst ist: „Sie fragte sich, ob es theoretisch möglich wäre, Juan zu helfen. Aber sie konnte ja in keinem Augenblick ihres Lebens wissen, welche Entscheidung, welche noch so minimale Lageveränderung ihn erreichen würde, und wann, und mit welcher Heftigkeit." (FuG: 25) Fest steht allerdings auch, dass sie selbst ebenfalls Opfer einer solchen ungewollten oder auch vorsätzlichen Verkettung gegenseitiger Beeinflussung sein könnte, denn: „Jeder Mensch auf der Welt hatte einen Juan. Auch Juan hatte einen Juan. Auch sie war jemandes Juan." (FuG: 25) Diese Einsicht bezieht sich eindeutig auch auf die erst viel später entfaltete Stalking-Thematik des Romans. Natalies Vision des auf diese sonderbare Weise – ob nun zu Recht oder zu Unrecht – malträtierten Juan lässt sich erst retrospektiv als eine der konzeptuellen Metaphern für die kommenden Ereignisse deuten.[781]

So wie sie versucht, hinter das Geheimnis um Dorm und Hollberg zu kommen, spürt sie auch allen anderen Vorgängen nach und räsoniert über potentielle Interventionsmöglichkeiten. Die ihr auferlegte Notwendigkeit, jede der plakatierten Vermisstenanzeigen eines Haustiers zu lesen („*auch das noch* [...]. *Der heutige Tag fuhr wirklich schwere Geschütze auf*"; FuG: 96), führt sie zu der Überlegung: „Was geschah eigentlich, wenn das vermisste Wesen gefunden wurde? Ging man dann die Straßen ab und entfernte die Flyer? Wahrscheinlich. Aber vielleicht konnte man, indem man die kausale Folge umkehrte und die Flyer einfach so einsammelte, das Universum übertölpeln und es dazu bringen, das verlorene Tier zurückzugeben." (FuG: 50) Die alles durchdringende Macht des Universums ist ein Gedanke, der sich seit dem Debütroman konsequent durch alle Texte von Clemens Setz zieht.

10.4 Machtverhältnisse

Das Thema Machtausübung im vielfältigen Sinne von jemanden dominieren, verfolgen, kontrollieren, manipulieren, zwingen, demütigen, bedrängen und

---

[781] Hierin dem Riss im Hause Kerfuchs ähnlich; vgl. Kap. 8.2 zu DF in diesem Band.

bedrohen, also derart in seiner Autonomie einzuschränken, dass eine psychische und physische Beschädigung eintritt, steht im Zentrum einer jeden Stalking-Geschichte und so auch in der hier geschilderten. Dass es dabei graduelle Unterschiede in Ausführung und Motivation gibt, die aus der individuellen psychischen Verfassung sowie aus der Beziehung von Täter:in und Opfer resultiert, ist bei der juristischen Bewertung der Straftat – wie in Dorms Fall ja offenbar geschehen (vgl. FuG: 760) – sicherlich einzubeziehen. Seit 2017 wird die beharrliche Nachstellung jedoch verschärft als Eignungs- und nicht mehr als Erfolgsdelikt eingestuft, das heißt, die Beeinträchtigung muss nicht erst tatsächlich erfolgt sein, sondern als möglich beziehungsweise ‚dafür geeignet' gelten.[782] Dass sich innerhalb des Romans mehrere Personen zum Teil gegenseitig stalken, worin auch die Leser:innen involviert werden, ist eine Besonderheit auf der Ebene der Haupthandlung und narrativen Komposition. Darüber hinaus geht es aber auch und gerade um Machtverhältnisse, die zunächst unabhängig von diesem Geschehen ausgefochten werden beziehungsweise ihm mit Blick auf Natalie zugrundliegen. Diese erlebt beides, wie sie selbst Macht ausübt, aber eben auch der anderer unterliegt – wobei zu den auf sie einwirkenden Instanzen neben Dorm und Hollberg auch ihre Arbeitskolleginnen, ihre Familie und Freunde ebenso wie ihr unbekannte Menschen gehören, außerdem die Pflanzen und Tiere, Gebäude und Gegenstände sowie alle sonstigen Vorgänge in ihrer Umgebung und schließlich ihre eigenen physischen, psychischen und kognitiven Prozesse bis hin zum letztlich alles in sich versammelnden Universum.[783] Es ist ihr permanentes Ringen um die Symmetrie all dieser miteinander verschränkt wahrgenommenen Entitäten und Relationen, das magische Vorstellungen und Handlungen anzeigt, angefangen bei ihrem Körper („Natalie musste sich schütteln und sich aufrecht und symmetrisch hinsetzen, damit kein innerer Wirbel entstand"; FuG: 301), über die Anordnung bestimmter Objekte („Das Muster im Deckenholz war unregelmäßig, und in Gedanken rückte sie es ständig gerade und ordnete es symmetrisch an"; FuG: 843) bis hin zu sozialen Interaktionen („Entweder du streichelst mich sofort in die Gegenrichtung [...] oder ich muss eine Dusche nehmen. [...] Du hast kein Gefühl für Symmetrie";

---

[782] Vgl. die Ergänzung zu § 238, Abs. 1, StGB durch das „Gesetz zur Verbesserung des Schutzes gegen Nachstellungen" vom 1. März 2017; veröffentlicht im *Bundesgesetzblatt*, Jg. 2017, Teil 1, Nr. 11, S. 386; online unter: https://www.bgbl.de (26.01.2019).
[783] Vgl. u. a. FuG: 969: „War es möglich, das Hollberg-Dorm-Schema zu durchbrechen? Denn selbst wenn alles nur Einbildung war und sie in Wirklichkeit die Erste war, die sich so verhielt, war es doch ein Schema, in dem sie sich bewegte. Noch hatte das Universum keine Gelegenheit gehabt, daraus ein Muster zu bilden. Sie war das erste Element in einer langen Reihe von Ereignissen, die kommen würden."

FuG: 850) und der Wahrung des universalen Gleichgewichts im Allgemeinen, wie beim oben geschilderten Gewitter. Diese Kräfte beziehungsweise deren Folgen können sowohl positiv als auch negativ aufgeladen sein, was dem Dualismus von (‚böser') Schwarzer und (‚guter') Weißer Magie entspricht. Zum ambivalenten Wesen der Magie beiderlei Ausrichtung gehört auch, dass die unterstellte Gleichung Magie = Macht ihre Konditionen undefiniert lässt: Wer konkret übt sie (il-)legitimerweise auf der Grundlage welcher geltenden Regeln aus?

Obwohl Natalie – wie auch alle anderen Figuren in den hier untersuchten Texten – keine Magierin im eigentlichen Sinne ist,[784] zumal immer die Option besteht, alles Beschriebene auf die Literarisierung physikalischer Gesetze, auf verschrobenes beziehungsweise vielmehr neurotisches Verhalten oder auch auf Strategien der Kontingenzbewältigung zurückzuführen (zu Letzterem vgl. Kap. 12.2), spricht vieles dafür, ihre Wahrnehmung und ihr Handeln einer magischen Vorstellungswelt zuzuordnen. Stärkstes Mittel darin ist die Sprache, denn Natalie ist davon überzeugt: „Man kann Menschen mit dem richtigen Satz umbringen." (FuG: 653) Grund für diese Annahme ist zum einen sicherlich ihre synästhetisch geprägte Sensibilität für Sprache, die sie Begriffe unmittelbar mehrdimensional mit allen Sinnen erfahren lässt und daher auch entsprechend emotionale Reaktionen auslöst beziehungsweise diese begleitet. Die „besondere, speisekammerhafte Kühle assoziierte Natalie mit dem *ch* in dem Wort *getüncht*. Es war ein und dieselbe Empfindung." (FuG: 23) In Erwartung ihrer Kündigung oder zumindest einer strengen Maßregelung aufgrund eines Vorfalls im Wohnheim „geistert" ihr das Wort „*Seebestattung* [...] durch den Kopf, ein hässliches, haariges Wort von dunklem, borstigem Braun." (FuG: 653; vgl. 685). Häufig „stellen sie sich plötzlich ein", „kommen von irgendwo her" oder „drängen sich ihr auf",[785] können aber zugleich auch gezielt therapeutisch eingesetzt

---

[784] In einem kurzen Exkurs weist Stockhammer im Übrigen auf eine Asymmetrie der Geschlechterverteilung hin: Um 1900 seien „die wenigen eigenmächtig magisch handelnden Frauen [...] fast ausnahmslos außer Kontrolle geratene Medien, deviante, unregelmäßige Spielarten des Schamanen, die ex negativo nur umso deutlicher die herrschende Ordnung bestätigen." Stockhammer: *Zaubertexte*, S. 238.

[785] Darunter etwa „Bregenz" (FuG: 165), „Geschwader" (FuG: 378), „Hitzerekorde" (FuG: 630), „Jazzfestival" (FuG: 631), „Osterinseln" (FuG: 702), „Husaren" (FuG: 918) und „Kellerfenster" (FuG: 945). Die meisten Wörter führen in Natalies Wahrnehmung ein „Eigenleben" (FuG: 452), beispielsweise das „rotgoldene Wort Köcher" (FuG: 361) oder das „hellweiße" *ewiglich* (FuG: 691); weiterhin solche, „die irgendwie gewellt und lockig waren: *Kamillentee, Feuerwehr, Ballettteuse, Wildwechsel, Maultierzucht*" (FuG: 437); innerhalb des ovalen, roten und gebäudeartigen Wortes *Polizei* „konnte man nach links oder rechts abbiegen" (FuG: 705); *bitterlich* wiederum ist ein „schönes, gefranstes Wort mit Kiemen an den Seiten" (FuG: 384); ebenfalls „kiemenbewehrt", geriffelt und „außerdem schlangengrün" erscheint der Begriff

werden: „Um sich zu beruhigen, dachte sie an ein schönes Wort. *Papiermühle*. Das war wirklich ein majestätisches Wort, spindeldürr und auf eine würdevolle Art unvollständig, wie das Fragment eines Strohsterns." (FuG: 880 f.)

Die relative Leichtfertigkeit ihrer Mitmenschen im Umgang mit Sprache ist ihr ein Ärgernis und zugleich Ausdruck ihrer eigenen Andersartigkeit und bisweilen Isolation:

> Wenn sie eines dem Rest der Menschheit nicht verzeihen konnte, dann, dass sie alle, und zwar ausnahmslos, nicht dasselbe Bild sehen konnten wie sie, wenn sie *Arboretum* dachte. Es war ein sich starksehnig nach vorne neigendes, muldenhaft sanftes, aber hitzeflimmerndes Wort, ein Wort wie heißer Gummi und Asphaltgeruch, gleichzeitig cremig und rein und von imponierender Größe. (FuG: 269)

Die synästhetische Wahrnehmung kennzeichnet, wie die Beispiele zeigen, die Diktion des Romans, die Natalies Sprachauffassung in allen Effekten abzubilden versucht. Als Ideal gilt ihr der „karleske" Satz, eine Bezeichnung für eine perfekt passende Formulierung, „die genau am richtigen Schräubchen drehte." (FuG: 352) Benannt ist diese Fähigkeit nach ihrem Bruder Karl, der ihr damit insbesondere nach ihren epileptischen Anfällen geholfen hatte. „Nur ein einziges Mal hatte sie ihn auf dem Gebiet bezwungen." (FuG: 654) Bei anderen Menschen gelingt ihr das häufiger, etwa bei ihrem Ex-Freund („Sätze mit Wirkung. Markus war da auch immer zu Wachs geworden"; FuG: 122) oder auch bei einem jungen Mann namens Boris, den sie im „Souterrain" kennenlernt. Nachdem sie ihm das Prinzip „karlesk" einigermaßen wirr erläutert hat, versucht sie zunächst, ihn mit einem entsprechend drastischen Satz zum Oralverkehr zu bewegen („Du spürst die Wirkung, oder? Eben. Ja, und das ist *karlesk*. Eben speziell zugeschnitten auf unseren Fall"; FuG: 121), um sodann seine Erektion erfolgreich durch eine weitere gezielte Formulierung wieder aufzulösen. Am Ende triumphiert sie, weil ihr etwas gelingt, woran Gabi aus den *Frequenzen* scheiterte (vgl. Kap. 8.3): „Natalie war stolz. Ich kann das, dachte sie. Ich habe diese Wirkung. Ich kann genau die richtige Frequenz finden." (FuG: 126) Solche Sätze sind allerdings stark kontextabhängig, isoliert entfalten sie kaum Wirkung und sind daher nicht mit Aphorismen oder ähnlichen für sich stehenden Sinnsprüchen zu vergleichen.

Carrerabahn (FuG: 985). Das „rechthaberischste Wort von allen" ist das *und*: „Es klebte Sinnloses aneinander. Andererseits musste man es dafür lieben. Es war ein Wort, das die Hoffnung nie aufgab" (FuG: 173); das Wort „*Molch* war so dunkel, feucht und höhlig, dass es im Grunde eine genaue Vorstellung des Habitats jenes Wesens auslöste, das es selbst bezeichnete: In *Molch* hätten ohne weiteres Molche einziehen und leben können." (FuG: 82)

Zu den ritualisierten Handlungen, wie im Fall des Lichtschalters, die keine kalkulierbare Wirkung zeigen, sondern nur durch beharrliche Wiederholung zum Erfolg führen, kommt auch hier die Macht der Sprache, die Natalie gleichermaßen als auf sie qua synästhetischer Effekte unwillkürlich einwirkend empfindet wie gezielt anzuwenden versucht. Grund für ihren Glauben an die enorme Kraft der richtigen Formulierung ist daher die grundlegende Überzeugung sprachmagischer Wirksamkeit. Die „karlesken" Sätze sind dabei nur eines von mehreren poetologischen Prinzipien, die Natalie im Laufe des Romans erläutert, anwendet und kommentiert, was Thema des nun folgenden, die Textanalyse abschließenden Kapitels ist.

10.5 *Luminous details* und poetologische Metaphern

„Wer einmal einen karlesken Satz fand, vergaß ihn nie wieder. Den meisten Menschen begegnete in ihrem ganzen Leben nicht ein einziger." (FuG: 657) Umso ehrgeiziger sucht Natalie nach diesen situationsentscheidenden Formulierungen, die ihr Bruder so meisterhaft beherrscht. „Aber er schien, im Unterschied zu ihr, dabei nie nachdenken zu müssen. Er lebte in der Sprache wie ein Fisch im Wasser." (FuG: 654) Auch Natalie ist ständig von ihr umgeben und auf sie angewiesen, um ihren reichhaltigen, hochfrequenten Sinneseindrücken eine Form zu geben. Begriffliche Fixierungen sind für sie eine „Stabilisierungsmaßnahme" (FuG: 27), wie beispielsweise Namen, mit denen sie sich oft beschäftigt, ihrer (synästhetischen) Gestalt und Symbolkraft nachspürt und dabei auf Passform und Angemessenheit prüft. Ihr falsch erscheinende, vergessene oder gänzlich fehlende Namen stellen folglich ein Problem dar, weil es den ontologischen Status des jeweils zu Bezeichnenden in Zweifel zieht: „Wie war es wohl, wenn man allmählich all die Namen der Dinge, denen man begegnete, vergaß und nur die Dinge selbst blieben zurück?" (FuG: 439; vgl. 14, 786) Deshalb verleiht sie etwa ihrer imaginären Schultermaus einen Namen oder erfindet neue, ihrer Ansicht nach bessere für ihre Freunde, für Shampoo-Düfte und alle Gegenstände auf dem Weg zur Arbeit (vgl. FuG: 27, 31, 51). Auch dies ist also eine Art Machtspiel, denn Namen zeigen Identität, Zugehörigkeit und mitunter auch Qualität und Status sozialer Relationen an – so zum Beispiel das Spezialvokabular ihrer Arbeitsstätte, „wie Disneyworld-Geld, das in der Außenwelt wertlos war" (FuG: 18) –, die gestört oder in Frage gestellt werden können, wie es bei ihrem eigenen Namen zu Beginn ihres neuen Jobs der Fall war, als dieser während der Orientierungsphase „mysteriöserweise in Anführungszeichen [...] auf dem Whiteboard im Sozialraum" stand (FuG: 19). Das Nominieren als Akt des Be- beziehungsweise Ernennens kündigt sich bedeutungsvoll auch im kurzen

Zitat aus Frazers Studie über Magie und Religion zu Beginn des zweiten Teils an, das von dem „eigentümlichen" Brauch der Mashouas handelt, „sich einen Mann zu halten, den sie ihren Gott nannten", nachdem der vorherige von einem offenbar gegnerischen Volk vertrieben wurde (FuG: 529). Und Frank, einem der Verantwortlichen für den gemeinsamen Treffpunkt namens „Souterrain", ein sogenannter *Open Space*, der ihr und anderen als eine Art Begegnungsraum mit Bar Zuflucht bietet, erzählt Natalie von einem Stamm im Amazonasgebiet, die „kein eigenes Wort für *Mond* haben":

> Sie geben ihm einfach Namen, so wie Personennamen. Und alle nennen ihn anders, jede Familie hat ihre eigene Bezeichnung. Weil, er gehört natürlich allen. Totale Demokratie. Aber wenn eine Person mit genau diesem Namen stirbt, dann darf der Name nicht mehr ausgesprochen werden, weil der Tote sonst zurückkehrt und sich an den Lebenden rächt, also müssen sie auch den Mond dauernd umbenennen. (FuG: 336 f.)

In Natalies Kopf hallt das Wort „Mond" wider und lässt sie augenscheinlich an die bizarre Aktion aus Dorms Stalking-Episoden denken, als er sich von Unbekannten vor dem Haus von Hollberg und seiner Frau samt Rollstuhl auf die Höhe des Küchenfensters hat heben lassen, um hineinzusehen („Mond im Küchenfenster"; FuG: 305; vgl. 267, 418, 731, 950). Der zunächst nahezu beliebig, jedenfalls souverän erscheinenden Benennung des Mondes oder eines Gottes durch den Menschen drohen in beiden Fällen Konsequenzen, nämlich Verlust oder Vergeltung – Themen also, die auch die Geschehnisse des Romans bestimmen.

Solche Abwägungen dominieren Natalies Gedanken und sprachliche Praxis. Dazu zählen die „Betreuerinnengespräche" voller kontextuell tabuisierter Themen und gemeinhin unzulässiger Schimpfwörter (auch eine Art ‚Katalog des Unheimlichen'; vgl. Kap. 9.3): „Diese Gespräche sind Gott" (FuG: 345), denkt sie über den ihr heiligen Schlagabtausch, während dem ihre Lieblingskollegin gesteht: „Ich verstehe nicht [...], warum man die Wörter nicht mehr sagen darf. Neger, Zigeuner, Stalker, Medium. Wenn man nichts Abwertendes dabei denkt, ist es doch nicht schlimm, oder? Wie soll das Wort selbst wissen, was man sich dabei denkt?" (FuG: 101 f.) Dazu gehören weiterhin Sprachspiele wie „Dictionary" (vgl. das gleichnamige Kapitel in FuG: 850–859), bei dem man sich möglichst glaubwürdige Definitionen für seltene Fremdwörter und eher unbekannte Fachausdrücke ausdenken muss; weiterhin Ohrwürmer wie unvollständige oder fehlerhafte Liedzeilen (vgl. u. a. FuG: 235) und hängengebliebene Versatzstücke aus Gesprächen, Gelesenem oder Geträumtem, die ihr immer wieder auf mal quälende, mal unterhaltsame Weise durch den Kopf geistern und sich nur schwer vertreiben beziehungsweise ‚überschreiben' lassen (vgl. u. a. FuG: 72).

Im glücklichen Fall lassen sie sich jedoch zu einem Phänomen zusammenfügen, das Natalie in einen ASMR-ähnlichen „angenehmen flow" (FuG: 672) versetzt: „golden-majestätisches Non sequitur" (FuG: 80). Die Perfektion eines solchen Dialogs besteht *gerade nicht* im Gelingen einer semantisch sinnvollen Abfolge, sondern im Entgegengesetzten, auf das Gesagte folgt nichts dazu Passendes, jede Logik wird bewusst und kunstvoll ausgehebelt: „Prinz Albert. Mehl. Ich löse Eiswürfel auf. Deshalb so viele zahme Hirsche" (FuG: 37; vgl. Kap. 2.3.2 in diesem Band). Meistens zieht sie eine solche Kommunikation dem konventionellen Gespräch vor, versucht sie sogar zu lancieren, doch gibt es auch hier bestimmte Situationen, in denen ihr die kausale Unwägbarkeit zu schaffen macht, nämlich dann, wenn sich das sonst von ihr favorisierte Unvollständige und Zufällige nicht in ihr System ‚geplanter Willkür' integrieren lässt, wie im Fall des „Arrangements". Bei der mühsamen Rekonstruktion der Geschichte zwischen Dorm und Hollberg stößt sie immer wieder auf Ungereimtheiten: „Hier war wieder dieser Sprung passiert. Ein Glitch. Non sequitur. Warum zum Teufel hatte sich [Hollbergs] Frau umgebracht?" (FuG: 408)

Bei der Suche nach einer Erklärung zieht sie ihren Ex-Freund Markus zurate, der sich, ebenfalls mit „Negerzigeuner-Tendenzen" (FuG: 345) ausgestattet, meistens als aufgeschlossener und talentierter Gefährte bei ihren Wort- und Gedankenspielen erwiesen hatte. Er lässt sich auf *Non-sequitur*-Chat-Dialoge ein, folgt ihrer Anweisung, „sich den Namen auf jedem *Hund-vermisst*-Flyer zu merken" (FuG: 30), und erfindet mit ihr die omnipräsenten Alephs, „Roboterwesen in der Zukunft, die mit allem verbunden waren, das heißt, sie sahen das ganze Netz der Gegenstände und Menschen vor sich, alles zur gleichen Zeit", bis sie eines Tages mutmaßlich wegen eines technischen Defekts an „substanzlosen Einzelheiten hängen[blieben]", statt sich wie zuvor „gleichmäßig auf alle virtuell und *satellitär* überwachbaren Weltvorgänge" zu konzentrieren (FuG: 131 f.). Unschwer ist hier der Bezug zur gleichnamigen Erzählung des magischen Realisten Jorge Luis Borges über einen Punkt im Keller, der alle Punkte der Welt enthält, zu erkennen.[786]

Wichtiger noch als die Alephs ist für Markus und Natalie „das weiße Ding", ein imaginäres Geschöpf, „das ausschließlich aus einem runden Körper be-

---

[786] Vgl. Jorge Luis Borges: „Das Aleph", in: ders.: *Gesammelte Werke in zwölf Bänden*. Bd. 5: *Der Erzählungen erster Teil: Universalgeschichte der Niedertracht, Fiktionen, Das Aleph*. München, Wien: Hanser 2000, S. 369–386. Solche Vorstellungen universeller Verbundenheit sind, wie im vorherigen Kapitel bereits erörtert, typisch für Setz: Natalies Überlegungen zur Aufteilung und Pflege der Gehirnzellen ihres Klienten Mike nach dessen schwerem Unfall folgen beispielsweise dieser Idee (vgl. FuG: 645–648), ebenso Alexanders vernetzte Glühbirnen und Badezimmerspiegel (vgl. DF: 66).

stand, eine weiße Fellkugel" ohne jeden erkennbaren Zugang zur Welt, um deren „Abgeschiedenheit", „begrenztes Weltwissen" und „das Rätsel ihrer vollkommenen Bedürfnislosigkeit" sich Natalie ab und an Sorgen macht (FuG: 28 f.). Die gemeinsame Betreuung des weißen Dings hält ihre Beziehung eine ganze Weile aufrecht, gerade wenn sie Auseinandersetzungen „viel zu weit ins Reale hineingedrängt" hatten (FuG: 29), ist dann aber schließlich ausschlaggebend für ihre Trennung. Als nämlich Markus, der „Amateurdichter", der zu Natalies Missfallen John Updike und J. D. Salinger verehrt, ihr eine Liebeserklärung mit der Erzählung „Gedanken eines weißen Kugeltiers" macht, das immer mehr wächst und dabei die gewohnte Berührung einer Hand vermisst („Vielleicht fülle ich inzwischen das ganze Universum aus, und es berührt mich deshalb niemand"; FuG: 957), macht sie mit ihm Schluss. Trotz allem ist es Markus, der ihr weiterhin Halt gibt, wenn sie ihn braucht, und ihre Recherchen immer wieder mit bestimmten Ideen begleitet, wie dem „hässlich[en]" Wort „Parallaxe" (FuG: 637–639), das einen optischen Effekt beschreibt, hier jedoch – ähnlich wie die weiße Fellkugel und die Alephs – als poetologische Metapher auf die Relevanz des Standpunkts hinweist, von dem aus die Ereignisse betrachtet und beurteilt werden. Durch eine veränderte Beobachterposition entsteht bei der Parallaxe die täuschende Annahme, dass sich auch die Position des beobachteten Objekts verändert hat.[787] Anhand der bereits erwähnten Abbildung aus dem dazugehörigen realen *Wikipedia*-Artikel entwickelt Natalie im Chat mit Markus die unheimliche Vorstellung, dass das Bild den Ausblick aus ihrer eigenen Wohnung festhält: „stell dir vor wie das wäre wenn man in einem alten LEXIKON ARTIKEL ein bild findet das eindeutig vom eigenen fenster aus aufgenommen wurde!" (FuG: 638)

Einen entscheidenden Hinweis zum Rätsel um Dorm und Hollberg liefert Markus mit dem Stichwort „luminous details", eine Methode, die Ezra Pound in seiner Sammlung poetischer Essays mit dem Titel „I Gather the Limbs of Osiris" 1911/12 formuliert und die zu Beginn des ersten Teils zitiert wird.[788] In Markus'

---

[787] Die Entfernungsschätzung durch den sogenannten Daumensprung basiert beispielsweise auf einer Parallaxe.
[788] Vgl. FuG: 7: „... varying as the fashions, but the luminous details remain unaltered." Pound schrieb den *luminous details* eine stabile Signifikanz und demzufolge eine besondere epistemologische Qualität zu. Die entsprechende Passage beginnt mit einer entschiedenen ästhetischen Abgrenzung: „[...] the method of Luminous Detail [is] a method most vigorously hostile to the prevailing mode of today – that is, the method of multitudinous detail, and the method of yesterday, the method of sentiment and generalisation. The latter is too inexact and the former too cumbersome to be of much use to the normal man wishing to live mentally active. [...] Any fact is, in a sense, ‚significant'. Any fact may be ‚symptomatic', but certain facts

Worten, der Pound nicht erwähnt, sind *luminous details* „eine gängige Technik" aus (vermutlich: Schreib-)„Workshops": „Man hänge, erklärte er, das Geschehen nicht an sich selbst oder an Wendepunkten auf, sondern an leuchtenden Details. Das heißt nicht nur leuchtend, sondern oft einfach *unbestimmt*. [...] Man weiß nicht, wozu sie da sind", was, wie er weiter ausführt, allerdings mit der Schwierigkeit einhergehe, „wie man so was Unbestimmtes erschafft. Weil, das muss man natürlich bestimmt tun und nicht unbestimmt. Aber gerade das ist eben ein bisschen paradox. So wie eine Sonnenfinsternis." (FuG: 481 f.) Gemeinsam überlegen sie, welche der aktuellen Geschehnisse in Natalies Leben unter diese Kategorie fallen könnten, wie etwa der halbtote, „ölverschmierte Vogel", den Dorm Hollberg geschickt hatte (FuG: 417) und der Natalie immer wieder in Gedanken und schließlich in Form einer Zeitungsabbildung heimsucht (vgl. FuG: 420 f.). Da dieser aber tatsächlich existiert habe, vermutet Markus, dass es sich hierbei nicht um ein solches Detail handele, und schlägt stattdessen die Episode um Dorms Vergleich von Frau und Gitarre vor (vgl. FuG: 482 f.). Natalie nimmt diesen Hinweis dankbar an, zumal sie nun einen Begriff für die ohnehin in ihrem Kopf permanent grell aufscheinenden Bilder wie den bereits erwähnten Mond-Kopf hat (vgl. u. a. FuG: 418, 556). Später bezeichnet sie diese als den „Moment, wenn eine spannende Geschichte plötzlich nicht weitergeht. Luminous Details. Die man aber nicht sieht. Blinde Stellen, an die man sich hängt" (FuG: 535) und deren Wirkung sie folgendermaßen beschreibt:

> Ein solches Detail gab einem das Gefühl, in die Geschichte hineinsteigen zu können, aber da es eine Geschichte war und kein reales Zimmer, konnte man dort keinen Gegenstand verrücken oder befühlen, man konnte nichts und niemanden befragen. Man konnte nur nehmen, was da stand. Wie einen heiligen Text. (FuG: 731)

Die leuchtenden Details werden fortan zum Inbegriff ihrer Aufklärungsbemühungen oder auch zum ‚Schlachtruf' („Suck on that luminous detail, motherfucker"; FuG: 555) ihres einsam ausgetragenen Widerstands gegen ihre beschwichtigende Chefin Astrid und den zynischen Hollberg, den sie nun ihrerseits zu irritieren beziehungsweise zu bezwingen versucht, beispielsweise mit einer geschickt ausgedachten Umdeutung von Dorms Ansichten über Frauen in Gitarrenform, die sie als „Parabel" beziehungsweise „Gleichnis" bezeich-

---

give one a sudden insight into circumjacent conditions, into their causes, their effects, into sequence and law." Ezra Pound: „I Gather the Limbs of Osiris", in: ders.: *Selected Prose 1909–1965*. Hg. und mit einer Einleitung von William Cookson. New York: New Directions 1973, S. 21–43, hier S. 21 f.

net und so gegen Hollberg wendet (vgl. FuG: 552–555). Je mehr sie sich von Hollbergs rätselhaften Erzählungen voller leuchtender Details und Astrids vermeintlicher Komplizenschaft in Bedrängnis gebracht sie, umso energischer hält sie dagegen: „Ich kann das. Man muss nur wissen, wie man die Dinge richtig formuliert. Er glaubt, er kann mich genauso durch ein paar Geschichten kontrollieren wie die anderen Weiber. Luminous Details. Blut zwischen den Beinen! Ich geb dir Blut zwischen den Beinen." (FuG: 764)[789]

Mit den leuchtenden Details, auch „ideogrammatische Methode" genannt, die den Rezipient:innen unmittelbar Einsicht in die Zusammenhänge des Dargestellten gewähren soll, hatte sich Pound gegen die „method of multitudinous details", also das Anhäufen vieler Details, ausgesprochen.[790] Seine Ausführungen stehen im Zeichen des Imagismus, zu dessen bedeutendsten Mitbegründern er gehörte. Im Kontext avantgardistischer Bestrebungen in der Kunst zu Beginn des zwanzigsten Jahrhunderts, insbesondere mit Nähe zum Kubismus, plädierten die Imagisten für präzise Bildlichkeit und sprachliche Ökonomie, die sich als *„Poesie der Dinge"* versteht und somit „gegen die romantische Dichtung mit ihrer Betonung von Gefühlen absetzt".[791]

Setz' Roman bahnt sich dazwischen einen eigenen Weg, indem solche poetologischen Prinzipien thematisiert und in ihrer Anwendung gleichsam beobachtet, allerdings nicht streng exemplifiziert werden. Denn obwohl er sich dieser Methode bedient, zeichnet sich *Die Stunde zwischen Frau und Gitarre* ja gerade durch immensen Detailreichtum, sprachliche Opulenz und den Nachvollzug kognitiver Prozesse aus.[792] Mit Blick auf den Untersuchungszusammenhang dieser Studie ist außerdem das Verhältnis der *luminous details* zur Metapher im folgenden Kapitelabschnitt noch einmal knapp resümierend zu bestimmen.

---

[789] „Blut zwischen den Beinen" bezieht sich auf eine Aussage Astrids, die die fassungslose Natalie mit einer bizarren Offenbarung um mehr Verständnis für Hollbergs Verhalten bitten will: Dieser habe eines Tages auf unerklärliche Weise zwischen seinen Beinen geblutet, was er – und Astrid mit ihm – als mahnendes Zeichen seiner toten Frau interpretiert und ihn davon abgehalten habe, selbst zum Verbrecher zu werden; vgl. FuG: 760 f.
[790] Vgl. Pound: „I Gather the Limbs of Osiris", S. 21.
[791] Gabriele Rippl: *Beschreibungs-Kunst. Zur intermedialen Poetik angloamerikanischer Ikontexte (1880–2000)*. München: Fink 2005, S. 191. Zu Pound vgl. Ellen Stauder: „Poetics", in: Ira B. Nadle (Hg.): *Ezra Pound in Context*. New York: Cambridge Univ. Press 2010, S. 23–32.
[792] Rippl vermutet in ihrer Auseinandersetzung mit den Texten von Antonia S. Byatt, die sich in diesem Punkt explizit gegen Pound wendet, dass es sich diese als Romanautorin „leisten konnte, Platz für Beschreibungen zu verwenden, der einem Lyriker nicht zur Verfügung steht". Demnach würden hier also neben poetologischen auch gattungsbedingte Entscheidungen greifen. Rippl: *Beschreibungs-Kunst*, S. 301.

Zusammen mit den „karlesken" Sätzen, den Namen und ‚verbotenen' Wörtern sowie dem *Non sequitur* bilden die *luminous details* das Instrumentarium für Natalies sprachliche Welterschließung – wahlweise auch ihr ‚Waffenarsenal'. Wenn sie ihren Dienst erfüllen, fühlt sie sich gut, was in ihrem Fall bedeutet: „gelöster, weltumspannender, netzmäßiger. Non-sequituristischer" (FuG: 395). Baßler erkennt darin das poetologische Begehren des Romans: „Statt Referenz auf Wirklichkeit [entfaltet sich hier] eine magische Wirkung",[793] die durch Sprache erzielt, dabei jedoch „keineswegs allein im freien Spiel der Erkenntniskräfte, als rein ästhetischer Flow eingesetzt [wird], sondern durchaus auch gezielt und funktional".[794] Auf diese Beobachtungen wird im Folgenden noch einmal zurückzukommen sein (vgl. Kap. 12).

10.6 Zusammenfassung

Die Handlung dieses über tausend Seiten starken Romans ist erstaunlicherweise relativ rasch zusammengefasst: Die Behindertenpädagogin Natalie Reinegger verstrickt sich in die prekäre Beziehung zwischen ihrem Klienten Alexander Dorm und dessen regelmäßigem Besucher Christopher Hollberg, deren dunkle Geheimnisse und undurchsichtige Machtverhältnisse sie erst zu ergründen, dann aufzulösen versucht und schließlich in neuer Rollenverteilung fortführt – nun mit sich selbst als Teil einer prekären Beziehung zu Hollberg, wobei der tatsächliche Triumph dieses Racheakts höchst zweifelhaft bleibt. Ebenfalls ungewöhnlich sind die stringente, im Unterschied zu den vorherigen Romanen geradezu schlicht anmutende Konstruktion und Erzählperspektive, die größtenteils linear in weithin konstanter heterodiegetischer und zugleich starker interner Fokalisierung durch Natalie die Geschehnisse entfalten. Eben darin liegt aber die Besonderheit: In nahezu zwanghafter Intimität mit allen kognitiven und körperlichen Vorgängen folgen wir Natalie, die hartnäckig um Eindeutigkeit und Einvernehmen mit sich und ihrer Umwelt ringt – und dabei häufig scheitert, gelegentlich triumphiert. Ihre starke Faszination für „die unbeobachtbare Welt",[795] wie sie die vielen kleinen und großen Geheimnisse ihres

---

[793] Baßler: „Realistisches *non sequitur*", S. 70.
[794] Ebd., S. 69.
[795] Die Faszination für die Erkundung solcher Randzonen und Gegenwelten spielt also auch hier wie schon in den Texten zuvor – als „Wirbelbewegung hinter den Dingen" (SuP: 155), als „verborgene Herzsaite der Dinge" (DF: 274) sowie mit den umfangreichen Grenzgängen in *Indigo* – eine bedeutende Rolle und wird von Clemens Setz selbst poetologisch begründet; vgl. Kap. 2.3.2 in diesem Band.

Alltags bezeichnet, machen gleichermaßen das Faszinosum und auch die Herausforderung der Lektüre aus. Es entsteht eine Art „Sehzwang",[796] der vor nichts Halt macht – ganz so, wie auch Natalie sich permanent gezwungen sieht, die vielfältigen Eindrücke ihrer exzentrischen und überdies synästhetischen Wahrnehmung aufzunehmen und in geeignete Worte zu fassen.

Im Rahmen der auf literarisch-fiktionale Textwelten angewendeten *Theory of Mind*, also der Fähigkeit, sich selbst und die Figuren als „einander ähnlich wahrzunehmen und zu verstehen",[797] die eng mit dem kognitionstheoretischen *embodiment* verknüpft ist, entsteht hier eine paradoxe Extremsituation: Die narrative Komposition suggeriert (oder simuliert) authentische Nähe und Vollständigkeit, die schließlich weder real noch fiktional zu erreichen ist.[798] Der Eindruck extrem mimetischen Erzählens durch die detaillierte Schilderung innerer Vorgänge erweist sich letztlich doch als Schaustück antimimetischen Erzählens, was der Roman allerdings immer wieder selbst reflektiert. Gerade an der radikalen, ja hyperrealistischen Offenlegung von Natalies psychischem wie physischem Erleben zeigt sich die Aporie dieses Vorhabens, was in der Folge Distanz schafft. Natalie leidet unter dieser kognitiv-kommunikativen Unvereinbarkeit mit ihren Mitmenschen, obwohl sie die Gründe dafür durchaus kennt: „Weil sie nicht in meinem Kopf wohnen." (FuG: 668) Und dennoch wehrt sie sich dagegen und versucht, nicht nur die Vorgänge im verborgenen Zwischenreich der Dinge zu ertappen, wie die sich zusammenziehende Pupille bei plötzlichem Lichteinfall oder den Kippschalter zwischen Ein und Aus, sondern mit allen ihr zur Verfügung stehenden Mitteln Mikro- und Makrokosmos in eins zu bringen, kausale Zusammenhänge aufzudecken und für Symmetrie, Balance und Vollendung zu sorgen: Auf einen Blitz muss Donner folgen, auf ein erlösendes Niesen das obligatorische „Gesundheit!". Im Umkehrschluss vermutet sie, dass auch ihre geringsten körperlichen Regungen folgenreich für einen ihr unbekannten Menschen sind und das Einsammeln von „Vermisst"-Zetteln ein

---

[796] Eke: „Wider die Literaturwerkstättenliteratur?", S. 37.
[797] Wege: *Wahrnehmung*, S. 53.
[798] In seinem Beitrag „Computerspiele im Werk von Clemens J. Setz" argumentiert Nico Prelog für eine „Poetik der Simulation" (S. 106), die auf einem „spielerische[n] Zugang zur Wirklichkeit" (S. 98) beruht. Diese *Gamification* schlage sich in Setz' Roman trotz zahlreicher Anspielungen weniger inhaltlich als vielmehr auf narratologischer Ebene sowie in der Darstellung der Figurenwahrnehmung nieder, wodurch die „spezifische und besondere Ästhetik von Videospielen" (S. 97) literarisch verarbeitet und infolgedessen nobilitiert werde. Auf diese Weise werde schließlich die „in der Alltagssprache fälschliche Trennung von Virtualität und Realität" (S. 101) aufgehoben, um die „poetischen Möglichkeiten auszuweiten" (S. 106). Vgl. auch Kap. 2.3.1 in diesem Band.

verloren gegangenes Tier zurückbringen könnte. Kausalität ist – wie in magischen und metaphorischen Konstruktionen – zwar kein beliebiges, aber ein dynamisches und vielseitig modifizierbares Prinzip der Sinnstiftung und Welterklärung.

In dieser ihr eigenen Logik und mit experimenteller Neugier entwickelt sie zahlreiche magische Vorstellungen und Rituale, um sich mit der Welt in Verbindung und vor allem ins Gleichgewicht zu bringen. Wenn es ihr gelingt, etwa durch das imaginierte Ordnen eines Deckenholzmusters oder das Anschauen einer Live-Sendung im Fernsehen, ist sie zufrieden; wenn sie scheitert, wird sie ängstlich, fühlt sich einsam und unverstanden – es sei denn, sie provoziert solche Friktionen, Dissonanzen und Verschiebungen ganz bewusst selbst. Denn Natalie ist zutiefst von der Macht der Gedanken und der Sprache überzeugt, und zwar in wechselseitiger Einflussnahme, je nachdem, wer diese Macht auf wen ausübt. Unvollständige oder fehlerhafte Ohrwürmer quälen sie ebenso sehr wie diffamierende, ‚verbotene' Wörter sie reizen, die ostentative Sinnlosigkeit ihres *Non-sequitur*-Sprachspiels sie erheitert, die synästhetische Gestalt mancher Begriffe sie stabilisiert oder aus der Fassung bringt; Bezeichnungen und Namen für die Dinge zu erfinden oder zu korrigieren, ist ein Akt der Ermächtigung, und mit einem sogenannten „karlesken Satz" kann man einen Menschen beliebig steuern, sogar umbringen.

Der „eigentümliche Sog" des Romans entsteht weniger aus der durchaus spannungsgeladenen Handlung, nämlich Natalies detektivischer Aufklärungsarbeit zur Causa Dorm/Hollberg, der eine Straftat und ein Selbstmord vorausgegangen sind und die einen ziemlich katastrophalen Ausgang nimmt, als aus der narrativ erzeugten Verquickung der Leser:innen mit den kognitiven Idiosynkrasien der Hauptfigur und den „einprägsamen magisch-poetischen Sätzen".[799] Zwischen Hollberg und Natalie entbrennt ein „Kampf um das Erzählen", beide sind sie „begnadete Erzähler" auf der Suche nach „magischen Sätze[n]",[800] mit denen sie ihre Mitmenschen nach ihrem Willen manipulieren können. Und dieser innerfiktionale Kampf setzt sich außerfiktional in der Auseinandersetzung zwischen Text und Leser:innen fort. „Setz' Roman will das performativ bieten, wovon er handelt: eine Geschichte, die sich bei den Lesern einnistet."[801]

---

799 Gunreben: „Abscheu und Faszination", S. 173.
800 Ebd., S. 172.
801 Marx: „Folgen und Verfolgtwerden", S. 165. Vgl. dazu auch wieder Gunreben: „Abscheu und Faszination", S. 173.

Diese Infiltration geschieht mithilfe poetologischer Metaphern, wie den *Non-sequitur*-Dialogen, die nicht nur Natalie faszinieren, sondern vor allem, wie Iris Hermann feststellt, den Leser:innen gegenüber eine Warnung im Hinblick auf den „Text selbst und seine Deutung" aussprechen, sich nicht nur auf die üblichen Plausibilitätskriterien zu verlassen.[802] Auch die auf Ezra Pound zurückgehenden *luminous details* gehören als „Techniken durativer Manipulation"[803] zum Repertoire narrativer Machtstrategien, deren unheimliche Wirkung Natalie am eigenen Leib erfährt und folglich gegenüber anderen anzuwenden versucht.[804] Insofern lassen sich diese leuchtenden Details, die trotz beziehungsweise gerade wegen ihrer kontextuellen Unbestimmtheit langanhaltend im Gedächtnis bleiben, durchaus als eine Form der Sprachmagie bezeichnen. In dieser stark verdichteten und geradezu ‚infektiösen'[805] Visualisierung besteht wiederum eine Verwandtschaft zu metaphorischen Konzeptualisierungen, wie etwa im Fall von Dorms Gitarrenmetapher für den Körper einer Frau. Obwohl sie also ganz ähnliche Funktionen innerhalb eines literarisch-fiktionalen Textes übernehmen können, sind zumindest für ihre im Roman selbst rekapitulierte Anwendung Unterschiede zu konstatieren: Die hier für die *luminous details* verordnete semantische „Unbestimmtheit" gilt für die Metapher nicht in dieser strikten Form, selbst wenn sie gerade im poetischen Umfeld nicht selten bewusst opak bleiben soll. Infolgedessen kann sich das sinnstiftende Potential einer Metapher über den gesamten Text erstrecken, während das leuchtende Detail stets punktuell auftritt und gewissermaßen in semantischer Anarchie auf seiner – zweifellos vielsagenden – Erklärungslosigkeit beharrt.[806]

Festzuhalten bleibt: „*Die Stunde zwischen Frau und Gitarre* ist ein poetologischer Roman, der die manipulative Verführungskraft des Erzählens auf die Spitze treibt und sie zugleich reflektiert".[807] So lässt sich auch dieser Text in

---

802 Hermann: „‚Es gibt Dinge, die es nicht gibt'", S. 10.
803 Lehmann: „Rauschen, Glitches, non sequitur", S. 137.
804 Vgl. Marx, S. 161 f.
805 Vgl. ebd.
806 Wie Marx ebd. ausführt, vermitteln Pound zufolge die *luminous details* – ähnlich wie die Metapher – „a sudden insight", eine „einerseits plötzliche Erkenntnis auf Seiten der Lesenden, andererseits Macht auf Seiten des Erzählers." Obwohl sich Setz in seinem Roman „diese Form der Steuerung zu eigen" mache, zielten die „Fernsteuerungsversuche", die Hollberg mithilfe solcher verstörenden Details gegenüber Natalie unternimmt, „nicht auf plötzliche Einsicht und Erkenntnis", und sie „beherrschen nicht nur das Wissen", wie Pound es vorsah, „sie steuern den ganzen Menschen."
807 Ebd., S. 165.

mehrfacher Hinsicht als übergriffig[808] bezeichnen, in seiner konspirativen, ja komplizenhaften Erzählweise, die Beiläufiges ebenso wie Abgründiges und Ekelerregendes auf mitunter schwer erträgliche Weise scharfstellt, in der rekursiven Stalking-Thematik und in der festen Überzeugung, die Welt mit Sprache beherrschen zu können.

---

[808] Marie Gunreben geht in ihrem Beitrag unter Einbeziehung theoriegeschichtlicher Aspekte der Ästhetik des Ekels im Roman auf verschiedenen Ebenen nach und zeigt, dass der Text zahlreiche Ekel-Topoi aufruft und ironisiert (Handlungsebene), darin als „narrative Superkraft" (ebd., S. 174) fungiert (Darstellungsebene) und bei der Lektüre ambivalente Effekte zwischen „Abscheu und Faszination" – so der Beitragstitel – hervorruft (Wirkungsebene). Die Empfindung des Ekels durchbricht reflexhaft „die Grenze zwischen Innen und Außen, zwischen dem Eigenen und dem Fremden" (ebd., S. 168) sowie zwischen „Fiktion und Wirklichkeit" (ebd., S. 175), weil dieses Empfinden – darin dem Unheimlichen ähnlich – „nie fiktiv, sondern immer real" (ebd., S. 180) ist, selbst wenn es literarisch erzeugt wird. Die Auslösung von Ekelgefühlen beim anderen ist demnach ein erzählerisches Machtinstrument, das die Figuren gegeneinander anwenden ebenso wie es der Text gegenüber seinen Leser:innen einsetzt. Auf diese Weise wird eine „übergriffige[ ] Nähe" hergestellt, ja erzwungen, die „einen direkten Zugriff auf die Lesenden" ermöglicht, „der insofern unvermittelt ist, als er qua Vorstellungskraft auf ihre körperlichen Reaktionen zielt." (Ebd.) – Ein klarer Fall von Energieübertragung.

11 Zwischenbilanz

Im buchstäblichen Sinne *großräumig* sind die Synthetisierungsleistungen bereits im analogischen Verfahren von Magie und Metapher angelegt, die es in diesem Kapitel zusammenzufassen und ihrerseits in Beziehung zu den Erkenntnissen aus Theorie und Analyse zu setzen gilt. Die Vielfalt der Deutungsansätze zu den Romanen von Clemens J. Setz ist nicht zuletzt diesem intendierten ‚Schwebezustand' metaphorischer Konzeptionen geschuldet (vgl. Kap. 6), der sich analytisch als ebenso problematisch wie programmatisch erweist. Semantische Ambiguität soll hier dennoch respektive genau deshalb als literarische Strategie und somit als poetologisches Kennzeichen magisch-metaphorischen Schreibens entwickelt werden.

Großräumig wird damit das Verhältnis zur Welt beziehungsweise zum Universum erfasst, das grundsätzlich auf der Einheit von Mikro- und Makrokosmos beruht – als übergreifendes metaphorisches Konzept werden hier gleich alle drei Funktionsklassen im Sinne der CTM organisiert: strukturell, ontologisch und räumlich. Aufgrund dieser universalen Teilhabe aneinander unterliegt alles denselben Gesetzmäßigkeiten, steht ungeachtet zeitlicher, räumlicher, also prinzipiell physikalischer Wahrscheinlichkeiten miteinander in dauerhafter Verbindung. So werden soziale Beziehungen, psychische Befindlichkeiten, überhaupt der gesamte Lebensweg magisch-metaphorisch strukturiert, indem sie durch Planetengesetze (nach der CTM etwa: BEZIEHUNGEN SIND ASTRONOMISCHE KÖRPER), maschinell-mechanische Abläufe (DAS LEBEN IST EINE MASCHINE), Frequenzen und Interferenzen (DAS LEBEN IST EINE MESSBARE EINHEIT; LEBENSEREIGNISSE SIND PERIODISCHE VORGÄNGE),[809] plötzliche Zeitsprünge und Parallelverschiebungen, Schmetterlingseffekte und Möbius-

---

[809] Aus kommunikationstheoretischer Perspektive ließe sich hier, wie Carsten Gansel herausstellt, mit Ludwig Jäger von einer „Differenz zum Signal" sprechen. „Unter dem Begriff des ‚Rauschens' (*noise*)" werden Phänomene der Störung versammelt „wie etwa das Eigenrauschen des Radioempfängers, Bildstörungen im TV oder Funklöcher im Mobilfunknetz [...], aber auch Räuspern, Versprecher und Missverständnisse in gesprochener Rede." – Allesamt Störfaktoren, die in Setz' Texten vorkommen und metaphorisch strukturiert eine zumindest temporäre Entkopplung von kommunikativer Kontinuität und semantischer Kohärenz ausstellen. Carsten Gansel: „Zu Aspekten einer Bestimmung der Kategorie ‚Störung' – Möglichkeiten der Anwendung für Analysen des Handlungs- und Symbolsystems Literatur", in: ders., Norman Ächtler (Hg.): *‚Das Prinzip Störung' in den Geistes- und Sozialwissenschaften*. Berlin, Boston: De Gruyter 2013, S. 31–56, hier S. 38. Vgl. Ludwig Jäger: „Störung und Transparenz. Skizze zur performativen Logik des Medialen", in: Sybille Krämer (Hg.): *Performativität und Medialität*. München: Fink 2004, S. 35–73.

schleifen sowie räumliche Anordnungen und Muster konzeptuell integriert sind (HANDLUNGEN/GEFÜHLE SIND MATHEMATISCH-PHYSIKALISCHE GLEICHUNGEN/GESETZE). Die Konstruktion eines Riesenrads („der Abstand zwischen den Kabinen bleibe immer derselbe, sie können sich einander nicht annähern [...]. Und so fahre man eben im Kreis, die ganze Zeit, mehr oder weniger getrennt voneinander, jeder für sich"; Indigo: 128)[810] bestimmt somit auf die gleiche Weise wie die Umlaufbahnen der Planeten oder das Quincunx-Muster die Architektur zwischenmenschlicher Beziehungen.

Wer diese Systeme und Regeln erdacht hat und das Leben der Figuren darin konfiguriert, bleibt letztlich offen. Es ist zumeist das (in der Entropie begriffene) Universum an sich, selten Gott, häufig der Zufall oder die Natur bis hin zu den individuellen Träumen, Phantasie- und Wahnvorstellungen. Fest steht aber, *dass* es eine Macht gibt, die steuert. Diese Einsicht wird von den Figuren bisweilen als traumatisch oder auch beglückend erlebt, mal nehmen sie es resigniert zur Kenntnis, dann wieder versuchen sie, sich dagegen aufzulehnen oder zumindest Mittel und Wege der Beeinflussung ausfindig zu machen. Grundlage ihrer Überlegungen ist hier wie schon bei den angenommenen universalen Gesetzmäßigkeiten vornehmlich Plausibilität, das heißt, sinnhaft und zweckmäßig erscheinende Strategien stehen vor strikter Logik und empirisch nachweisbarer Effektivität und Wahrscheinlichkeit. Ihr Movens ist gewissermaßen *non sequitur* und darin dennoch vom sinnstiftenden Ideal des Einheitlichen, der Symmetrie und Balance (LEBEN IST GLEICHGEWICHT) geprägt, die es zu wahren oder wiederherzustellen gilt, wenn plötzlich Risse in Wänden (DAS LEBEN IST EINE FLÄCHE) oder in der Raumzeit auftreten, Objektgrenzen am Rande des Gesichtsfelds verschwimmen, fragile Formen wie Ballone, Blasen oder Augen beschädigt (DER MENSCH IST EINE RUNDE, GEFÜLLTE HÜLLE) werden und zu platzen drohen, sich ungewollt Zeitsprünge und Verschiebungen der Parameter in der maschinellen Taktung des Lebens oder sogar grauenhafte Verwandlungen (KONTROLLE IST OBEN, KONTROLLVERLUST IST UNTEN) vollziehen und überall unheimliche Doppelgänger lauern (KONTROLLVERLUST IST EINE MULTIPLIKATION/SPIEGELUNG).

Der vermuteten Allmacht des Universums werden die latenten Allmachtsphantasien des Individuums gegenübergestellt, das stetig zwischen Vulnerabilität und Resilienz schwankt und daher versucht, an den identifizierten Strategien zu partizipieren, sie zu imitieren und zu wiederholen, nach denselben Spielregeln umzukehren oder per Fernwirkung auf andere zu übertragen. Während eines

---

810 Vgl. auch die Ausarbeitung dieses Motivs in der Erzählung „Das Riesenrad" in MK: 216–238; darin lebt eine vereinsamte Frau in einer der zu teuren Appartements umgebauten Gondeln eines Riesenrads.

Telefonats durch den Hörer berührt (vgl. Kap. 8.2) oder auch angegriffen zu werden (vgl. Kap. 9.4), ist daher ebenso möglich wie die Übertragung von Unglück (wie bei Natalies „Juan"; vgl. Kap. 10.3) beziehungsweise „Unheil" (wie es mit Bezug auf Frazer für die Indigo-Kinder gilt; vgl. Kap. 9.1 – hier wäre zudem ANDERSSEIN IST EINE KRANKHEIT auszumachen); via Fernwirkung kann man Menschen zum Anhalten zwingen (vgl. Kap. 8.4) oder ihnen das berauschende Gefühl der Anbetung übermitteln (GEDANKEN/WORTE SIND MACHT), das einen selbst glücklich zurücklässt (vgl. FuG: 277). „Wer behauptet, er hätte niemals versucht, einen Gegenstand telepathisch zu bewegen, der lügt ganz einfach" (FuG: 680), dekretiert Natalie und weiß natürlich, wovon sie spricht.[811] Und weil fast alles anthropomorphisiert wird, also mit menschlichen Attributen wie Geist und Seele, mit einem Willen, mit Absichten und Gefühlen ausgestattet ist, finden sich in allen Dingen sowohl Gegner als auch Verbündete in diesem Ringen um Deutungshoheiten (OBJEKTE/LEBEWESEN SIND MENSCHEN).

Obwohl sie sich häufig ängstigen und um die Stabilität der Verhältnisse fürchten, sind die Figuren bisweilen von einer nahezu anarchischen Neugier getrieben, den Bereich jenseits der Grenzen ihrer Wahrnehmung und Handlungsmöglichkeiten zu erkunden. Dann werden – magisch wie metaphorisch konzeptualisiert – die Sprache zur Waffe und der Gedanke zur Tat. Auf diese Weise entstehen einerseits zahlreiche neue Metaphern, die häufig nicht bloß punktuelle Effekte setzen, sondern den gesamten Text durchwirken; zum poetologischen Vorhaben gehört es andererseits aber auch, ‚tote' Metaphern wiederzubeleben und zugleich die verkannten magischen Vorstellungen in ihrer Funktionalität und Poetizität bewusst zu machen.[812] Durch die konstante Wiederholung dieser kognitiven Konzepte werden sie poetisch etabliert, und in dieser Ritualisierung offenbart sich zugleich das magische Potential, weil ihre starken Suggestionen rational nicht auflösbar sind und dennoch beziehungsweise vielmehr deshalb Wirkung entfalten.[813]

---

[811] Das ist im Sinne der Fernwirkung natürlich ein typischer Fall magischen Denkens; vgl. Frazer: *Der goldene Zweig*, S. 32: „Der Glaube an die Telepathie ist einer ihrer obersten Grundsätze."
[812] Vgl. hierzu etwa Katrin Kohls Beispiel aus *Harry Potter* für die „Infiltrierung der normalen Welt durch die Magie" mithilfe einer lexikalisierten Metapher – hier *to drive something out of one's mind*, im spezifischen Kontext einerseits auf ‚mit dem Auto fahren' und andererseits auf ‚jemanden verrückt machen' bezogen. Auf diese Weise rücke der „gemeinsame Nenner ‚über etwas Kontrolle haben' in den Vordergrund" und ermögliche den Leser:innen Zugang zu den Denkprozessen einer Figur, über die die „magische Welt" nun die Kontrolle übernimmt. Kohl: *Metapher*, S. 61.
[813] Vgl. Joachim Jacob: „Triumf! Triumf! Triumf! Triumf! Magie und Rationalität des wiederholten Wortes", in: Károly Csúri, ders. (Hg.): *Prinzip Wiederholung. Zur Ästhetik von System- und Sinnbildung in Literatur, Kunst und Kultur aus interdisziplinärer Sicht*. Bielefeld: Aisthesis 2015, S. 61–78.

Teil IV: **Diskussion und Ergebnisse**

12 Magie und Metapher als epistemische Instrumentarien transgressiver Wahrnehmung

Um die Evidenz magischer und metaphorischer Formationen nicht nur isoliert, sondern in ihrer ästhetisch-programmatischen Bedeutung zu erfassen, werden die Ergebnisse aus Theorie und Analyse in diesem letzten Teil in einen größeren Zusammenhang gestellt und diskutiert. Anhand epistemologischer und wirkungsästhetischer Überlegungen sollen die bisherigen Erkenntnisse zur Gestaltung und Funktion von Magie und Metapher innerhalb der Romane von Clemens J. Setz schließlich in eine poetologische Konzeption überführt werden. Nicht zuletzt aufgrund ihrer Ubiquität und Adaptivität sowie der ‚konzisen Unschärfe' ihrer Definitionen (vgl. Kap. 5.1) greifen Magie und Metapher in ganz verschiedene Phänomenbereiche und theoretische Ansätze über, zu deren Realitäts- und Rationalitätsauffassungen sie ein konkurrierendes, alternatives oder auch kooperatives Verhältnis ausbilden. Indem sie zu Diskursfeldern wie Wissenspoetik, Kontingenz, Synästhesie, Devianz und Epistemologie in Beziehung gesetzt werden (Kap. 12), sollen ihre spezifischen Wirkungsweisen (Kap. 13) und schließlich ihre kognitionsästhetischen Leistungen im Umfeld literarisch-fiktionaler Texte bestimmt werden (Kap. 14).

Vielfach war bereits von einem disruptiven Vermögen die Rede, das Magie und Metapher inhärent ist, so dass der Gedanke naheliegt, sie als Konstituenten einer ‚Poetik der Störung' aufzufassen, weil sie sprachliche und/oder konzeptuelle Irritationen erzeugen und somit das vermeintlich Eindeutige und Konsensuale zur Disposition stellen. Das epistemische Potential dieses Vorgangs ist dabei terminologisch keineswegs unmittelbar konnotiert: „Weithin gilt ‚Störung' als pejorativer Begriff, der in Verbindung steht mit Devianz, Dysfunktion, Unfall", konstatiert Carsten Gansel zu Beginn seines systemtheoretisch perspektivierten Beitrags zur „Kategorie ‚Störung'" im „Handlungs- und Symbolsystem Literatur".[814] Gansel sondiert zunächst verschiedene Qualitäten von Störungen (als *Auf*störung, *Ver*störung oder *Zer*störung mit je unterschiedlichen Konsequenzen) und plädiert dafür, ihnen eine durchaus konstruktive Funktion bei der Sinnbildung beizumessen, da sie zur Klärung von Intentionen sowie zur Entwicklung von Bewältigungsstrategien aufforderten. Anhand von Victor Turners Begriff der ‚Liminalität', also dem Schwellenzustand nach der Lossagung von etablierten Ordnungen, beschreibt er Kulturräume als Räume der Störung, das heißt als „liminale Bereiche, in denen Entstrukturierung von Ordnung und das Durchspielen von Störungen in

---

[814] Gansel: „Zu Aspekten einer Bestimmung der Kategorie ‚Störung'", S. 32.

spezifischer Weise erprobt werden." Auch literarische Texte gelten demnach als „kommunikative Konfliktzonen", in denen „Toleranzgrenzen" gegenüber Störfaktoren „symbolisch ausgehandelt" werden können.[815] Mit Luhmann seien Störungen stets als „Selbstirritationen" aufzufassen, die individuell wahlweise als Lernprozess angenommen wie auch als bloßes Zufallsprodukt abgetan werden können oder sich nach der Identifizierung ihrer Quelle als nützlich erweisen beziehungsweise eliminieren lassen.[816]

In den Romanen von Clemens Setz wird ein breites Spektrum an Metaphern der Störung aufgerufen, etwa in planetaren Gesetzmäßigkeiten, Frequenzen und Interferenzen sowie Kommunikationsabfolgen, die soziale Beziehungen und psychische Zustände beschreiben und darin zugleich normative Ordnungen von Wirklichkeit kontrastieren. Demnach sind, wie Lehmann schreibt, „Störungen, Störfälle und anverwandte Störphänomene (Noise/Rauschen, Glitches und Nonsens-Kommunikation) motivisch, diegetisch und narrativ konstitutiv".[817] Auf diese Weise wird „das Fehlerhafte poetisiert" und „etwa zum Gegenstand der Handlung" gemacht; „es geht folglich um den epistemologischen Status der Störung, zu dessen Reflexion Literatur (und Kunst) anregen kann".[818]

---

[815] Ebd., S. 36. Vgl. auch Victor Turner: *From Ritual to Theatre. The Human Seriousness of Play*. New York: PAJ Publications 1982. Exemplarisch analysiert Gansel die literarische Verarbeitung von Störungen anhand von Erwin Strittmatters drittem Teil seines seinerzeit umstrittenen Romans *Der Wundertäter* von 1980 und an Christa Wolfs 1987 erschienener Erzählung *Störfall. Nachrichten eines Tages*, die auf die Nuklearkatastrophe von Tschernobyl reagiert. Intensiv befasst sich auch Setz mit dem realen Ausmaß nachhaltiger Zerstörung durch die Reaktorunfälle in Tschernobyl (1986) und Fukushima (2011), die darüber hinaus als vielschichtige metaphorische Konzeptualisierungen immer wieder Eingang in seine literarischen und publizistischen Texte finden. Vgl. Kap. 2.3.4; vgl. weiterhin die Passagen in Setz, *Bot*, u. a. S. 64 f.

[816] Vgl. Gansel: „Zu Aspekten einer Bestimmung der Kategorie ‚Störung'", S. 41 f., vgl. dazu Niklas Luhmann: *Die Gesellschaft der Gesellschaft*. 2 Bde. Frankfurt a. M.: Suhrkamp 1997, Bd. 2, S. 790.

[817] Lehmann: „Rauschen, Glitches, non sequitur", S. 120. Mit Bezug auf das Sender-Empfänger-Modell nach Shannon/Weaver beschreibt Lehmann ‚Rauschen' (engl.: *Noise*) als akzidentelle Störgröße, insbesondere durch akustische Verzerrung, innerhalb eines Kommunikationssystems, die „die Materialität eines Mediums erfahrbar macht" (ebd., S. 123) und literaturgeschichtlich bereits in der Romantik (vgl. ebd., S. 124 f.) sowie in den „Stör-Poetiken" der Moderne, wie Symbolismus und Dada, ästhetisch verarbeitet wurden (ebd., S. 137). „Literatur kann über das Rauschen sprechen, kann Störungen beschreiben, sie kann aber auch selbst rauschen und stören, bisweilen sogar über das System ‚Literatur(-betrieb)' hinaus, was dann geschieht, wenn literarische Texte gesellschaftliche Debatten entfachen. Auch bei Clemens J. Setz mag der Lesegenuss sich aus dem Unverständlichen, Rätselhaften gerieren." Ebd., S. 125.

[818] Ebd., S. 134.

Insbesondere für das kognitive Metaphernverständnis gilt: „Sprachansichten sind immer auch Vorstellungen von der Ordnung der Sprache. Insofern entsprechen sie den Weltansichten, welchen sie entstammen und die Ordnungsvorstellungen der Wirklichkeit darstellen."[819] Dem soll im Folgenden nachgegangen werden, doch ist zuvor zu klären, ob und welche kollektiven beziehungsweise konventionalisierten Vorstellungen von der Welt hier literarisch problematisiert, gänzlich erschüttert und ggf. sogar neu aufgebaut werden. Konkret ist zu fragen: Welches Wissen von der Welt wird mitgeteilt beziehungsweise aufgerufen (Kap. 12.1)? Ließen sich die entstandenen Kohärenz-brüche und semantischen Verunsicherungen nicht auch – oder sogar treffender – als Ausdruck von Kontingenz (Kap. 12.2) und/oder synästhetischer Wahrnehmung beschreiben, mit der gerade in Setz' Texten die Figuren nicht nur explizit ausgestattet sind, sondern die auch sprachlich praktiziert wird (Kap. 12.3)? Wie und wodurch genau werden in magisch-metaphorischen Konzeptionen schließlich Ordnungssysteme unterlaufen beziehungsweise überschritten? (Kap. 12.4)

12.1 Poetik des Wissens

Ausgehend von der im literaturkritischen Kontext vielfach geäußerten Beobachtung, die sich durch die Textanalysen bestätigen lässt, dass Clemens Setz in seinen Büchern ein nahezu ‚enzyklopädisches Wissen'[820] präsentiere und damit verschiedenste Wissensfelder amalgamiere, woraus sich wiederum neue Per-

---

819 Berteau: *Sprachspiel Metapher*, S. 14.
820 ‚Enzyklopädisches Wissen' ist im Rahmen der literaturkritischen Resonanz zunächst als Ausdruck der Bewunderung für das beachtliche Aufgebot verschiedenster Wissensfelder aufzufassen und fand sich unlängst auch in der Jurybegründung der Deutschen Akademie für Sprache und Dichtung wieder, die Clemens Setz mit dem Georg-Büchner-Preis 2021 ausgezeichnet hat; https://www.deutscheakademie.de/de/auszeichnungen/georg-buechner-preis/clemens-j-setz (03.09.2021). Insofern steht diese Formulierung den seit dem achtzehnten Jahrhundert zunehmend kritischen begriffsgeschichtlichen Implikationen des Enzyklopädischen als eine unsystematische, teils assoziative und oberflächlich-verkürzte Ansammlung von Wissen, die sich von dem Anspruch auf Vollständigkeit bereits konsequenterweise verabschiedet hat, entgegen. Vgl. dazu die Studie von Andreas B. Kilcher: mathesis *und* poiesis. *Die Enzyklopädik der Literatur 1600–2000*. München: Fink 2003. Kilcher bezeichnet die Enzyklopädie aus literaturwissenschaftlicher Perspektive als Wissens- und Schreibform und differenziert drei Formen der ‚enzyklopädischen Literatur': Die systematisch mit Wissen aufgeladene und geformte „Litteratur", das selbsttätig neue enzyklopädische Formen entwickelnde „Alphabet" und die das Wissen selbst und seine Formen arbitrarisierende „Textur". Letztere beschreibt er zudem als die romantische „Problematisierung der pragmatischen Wissensordnung der Aufklärung". Zur Unterscheidung der drei genannten Formen vgl. ebd., S. 11–29, Zitat auf S. 22.

spektiven auf Welt und Wirklichkeit ergeben,[821] drängt sich eine Forschungsfrage auf, mit der sich die Literaturwissenschaft seit geraumer Zeit intensiv und diskursiv befasst: Kann fiktionale Literatur eine Quelle von Wissen über die Welt und infolgedessen erkenntnisfördernd sein? Ohne die umfangreiche Debatte und daraus resultierende Ausdifferenzierung dieses Themenkomplexes als bedeutsames literaturwissenschaftliches Betätigungsfeld hier näher erläutern zu können,[822] soll in diesem Kapitel einigen Impulsen nachgegangen werden, die für die Begriffsfelder Magie und Metapher relevant erscheinen, insofern beide, wie bereits dargestellt, in einem teils oppositionellen, teil instrumentellen Verhältnis zu Wissen und Wissenschaft stehen (vgl. Teil II).

Wissen, im Sinne eines verfügbaren Bestands von Fakten, Theorien und Regeln, die als gewiss, gültig und wahr angesehen werden, spielt ohne Zweifel in Setz' Texten eine gewichtige Rolle. Die Figuren denken und lesen viel und teilen ihre Gedanken und Eindrücke darüber mit. Es geht um medizinisches Wissen, um historische Begebenheiten, botanische, zoologische, mathematische, physikalische und astronomische Erkenntnisse, um Musik, bildende Kunst, Architektur, Computerspiele, Filme, Literatur und vieles mehr, was den Leser:innen in Form von Anekdoten, Paratexten, als Bestandteil von Figurendialogen oder Gedankenwelten mitgeteilt wird oder ihrerseits zu assoziieren respektive zu inferieren ist. Häufig steht dabei die Verlässlichkeit der dargebotenen Informationen in Frage; insbesondere *Indigo* spielt mit der Idee von Fakt und Fiktion, die ineinander aufgehen. Einer der vielen Einwände gegen Literatur als Quelle von Wissen ist die ästhetische Autonomie, die Literatur als Kunst beansprucht: Weder habe Literatur einen Bildungsauftrag noch entspreche das in literarischen Texten verarbeitete Wissen der systematischen, allgemein gültigen Definition, sondern sei allenfalls als genuin *literarisches* Wissen aufzufassen. *Indigo* als wohl deutlichstes Beispiel scheint diese Bedenken zunächst zu bestätigen, denn das Vorhaben, zu dem der Roman ja wiederholt provoziert, eine anhand

---

821 Dinger deutet dieses „Herzeigen von Wissen" in Setz' Texten vor allem als Authentifizierungsstrategie im Rahmen einer „spezifischen Außenseiter-Inszenierung"; vgl. Dinger: *Die Aura des Authentischenv*, S. 236.

822 Vgl. u. a. Tilmann Köppe (Hg.): *Literatur und Wissen. Theoretisch-methodische Zugänge*. Berlin, New York: De Gruyter 2011; Roland Borgards et al. (Hg.): *Literatur und Wissen. Ein interdisziplinäres Handbuch*. Stuttgart: Metzler 2013; vgl. auch die Debatte in mehreren aufeinander bezugnehmenden Beiträgen von Köppe, Borgards und Andreas Dittrich in der *Zeitschrift für Germanistik* 2 (2007) und 3 (2007); sowie Heinz Schlaffer: *Poesie und Wissen. Die Entstehung des ästhetischen Bewußtseins und der philologischen Erkenntnis*. Erw. Ausgabe. Frankfurt a. M.: Suhrkamp 2005; und Petra Renneke: *Poesie und Wissen. Poetologie des Wissens der Moderne*. Heidelberg: Winter 2011.

des literarischen Textes gewonnene Annahme zu verifizieren oder zu falsifizieren, lenke vom Werk selbst ab und widerspreche somit einer ästhetischen Einstellung gegenüber dem Text. Dem ist aber zu entgegnen, dass gerade die Überlegungen zur Plausibilität des Dargestellten bereits als epistemischer Akt aufzufassen sind und Rezeptionseinstellungen außerdem (affektiv) vertiefen können.

Demnach ist der Erwerb von theoretischem und praktischem Wissen als grundlegendes kognitives Ziel zu beschreiben.[823] Von Interesse ist dabei neben dem ‚Was' und ‚Wie' auch die Frage, inwiefern literarische fiktionale Texte neues Wissen generieren können. Kognitionstheoretisch betrachtet ist Produktion und Rezeption von Literatur ohnehin schon ein Vorgang der Wissensanwendung, weil bestehende Wissensspeicher konsultiert, rekonstruiert und ggf. sogar zu neuen Bedeutungen zusammengefügt werden müssen, selbst wenn dieser Prozess keinen streng wissenschaftlichen Regeln unterliegt, sondern einer im Einzelfall je näher zu bestimmenden ästhetischen Eigengesetzlichkeit folgt. In Setz' Romanen sind es die Analogien, die seinen erzählerischen Kosmos organisieren. „Unser Weltwissen wird konstituiert durch die Form der Umschreibung. Eines ist ein Anderes. [...] Die Metapher ist in diesem Sinne ein Medium des Wissens. Eine Form, in der das Medium Wissen sich alltagspraktisch und wissenschaftlich äußern kann."[824] Dem aristotelischen Diktum gemäß gelingt das Erkennen solcher Ähnlichkeiten nur unter der Voraussetzung einer gewissen Begabung (vgl. Kap. 5.1.2); in Erweiterung dieser Feststellung ist aus kognitionsästhetischer Sicht zu betonen, dass sich ihre Aussagekraft hier nicht an ihrer real-logischen Rechtmäßigkeit bemisst, sondern an ihrer *poetischen* Plausibilität und Anschaulichkeit.[825]

Doch wäre es verfehlt, in Setz' Fall von einer Art ‚Privatlogik' zu sprechen, die sich nur Eingeweihten oder besonders Befähigten erschließt und somit dem Verdacht eines okkulten Geheimwissens das Wort redet. Denn die Texte machen

---

823 Vgl. Tilmann Köppe: *Literatur und Erkenntnis. Studien zur kognitiven Signifikanz fiktionaler literarischer Werke*. Paderborn: Mentis 2008 (zugl. Diss. Univ. Göttingen).
824 Junge: „Einleitung", S. 7; vgl. ausführlich zur Erkenntnisleistung der Metapher auch Klausnitzer: *Literatur und Wissen*, S. 267–295.
825 In kritischer Auseinandersetzung mit Lisa Zunshines Monographie *Why We Read Fiction* akzentuiert Yvonne Wübben, dass die „Wahrheitsbedingungen des Romangeschehens [...] komplizierter als die von Zuschreibungsakten im Alltag [sind]" und dass in Romanen „die Plausibilität der dargestellten Handlung [...] somit letztlich auf einen ästhetischen Wahrheitswert bezogen" bleibt, „der eine mögliche Differenz zwischen der Romanlektüre auf der einen und alltäglichen Zuschreibungen auf der anderen Seite indiziert." Wübben: „Lesen als Mentalisieren?", S. 38.

aus ihrem Wissen keinen Hehl, sie zeigen sich ganz im Gegenteil enorm mitteilsam beziehungsweise beziehen die Leser:innen in ihre Überlegungen über die Welt im Allgemeinen und ihre Recherchen zum konkreten Geschehen im Besonderen mit ein, indem sie ihr (Noch-)Nichtwissen kommunizieren. Insofern ist eher von einer ‚Poetik des Ungewissen' zu sprechen, die erkenntnisfördernd sein kann, weil sie sich dem Unaussprechlichen und Undarstellbaren (vgl. Kap. 9.4) anzunähern versucht und dabei „kausale wie teleologische Deutungsmuster" unterläuft.[826]

Dem Vorhaben, Wissen als poetologische Kategorie zu fassen, wie es in jüngerer Zeit etwa von Nicolas Pethes und Joseph Vogl vorgeschlagen wurde, geht es weniger um den überprüfbaren Wahrheitsgehalt der literarisch inszenierten Objekte des Wissens als um die Diskurse, die dieses Wissen durch ästhetisch-performative Strategien erst erzeugen.[827] Kontextrelevantes Wissen wie die Kepler'schen Planetengesetze, die Rube-Goldberg-Maschine, der esoterische Indigo-Mythos oder das spieltheoretische Gefangenendilemma bis hin zu dezidiert poetologischen Erläuterungen werden in Setz' Texten zur Verfügung gestellt. Prinzipiell offen bleiben ihre Richtigkeit und Authentizität sowie die Festlegung ihres metaphorischen Gehalts, der sich häufig auf verschiedenen Interpretationsebenen entfaltet. Die ausgestellten Brüche und Lücken einerseits und die gesteigerte Aufmerksamkeit für abseitig erscheinende Details und unkonventionelle Deutungen andererseits sind die Effekte, die eine magisch-metaphorische Wahrnehmung ausmachen, indem sie zu Erklärungsmodellen werden, die nur mit der Bereitschaft zu innovativen Transferleistungen nachzuvollziehen sind.

Diese Forderung stellt auch das Magische, weil es auf abweichenden Vorstellungen von Kausalität und Bedeutung beruht. Obwohl es weder notwendig ist, den konkreten kognitiv evolvierten Prozess der Übertragung, der sich in Magie und Metapher vollzieht, zu identifizieren, noch deren spezifische kulturgeschichtliche Genese zu kennen, sind Wissen und Erkenntnis, die sie mit ihren

---

[826] Klausnitzer: *Literatur und Wissen*, S. 151.
[827] Vgl. u. a. Nicolas Pethes: „Literatur- und Wissenschaftsgeschichte. Ein Forschungsbericht", in: *Internationales Archiv für Sozialgeschichte der deutschen Literatur* 28.1 (2003) S. 181–231; ders. „Poetik/Wissen – Konzeptionen eines problematischen Transfers", in: Gabriele Brandstetter, Gerhard Neumann (Hg.): *Romantische Wissenspoetik. Die Künste und die Wissenschaften um 1800*. Würzburg: Königshausen & Neumann 2004, S. 341–372; Joseph Vogl: „Für eine Poetologie des Wissens", in: Karl Richter et al. (Hg.): *Die Literatur und die Wissenschaften*. Festschrift zum 75. Geburtstag von Walter Müller-Seidel. Stuttgart: Metzler 1997, S. 107–129; ders. (Hg.): *Poetologien des Wissens um 1800*. München: Fink 1999; vgl. kritisch dazu: Klausnitzer: *Literatur und Wissen*, S. 151–154.

analogischen Verfahren transportieren wollen, unweigerlich kultur- beziehungsweise kontextabhängig, mitunter sogar gänzlich individuell. Diese grundsätzliche Einsicht mit den daraus resultierenden Konsequenzen für ein immer auch mögliches *Un*verständnis gegenüber literarisch-fiktionalen (wie auch aller anderen Formen von) Texten, ist nun natürlich kein Spezifikum der Romane von Clemens Setz. Wohl aber ist festzuhalten, dass diese ihren Leser:innen schon aufgrund der Vielfalt und häufig auch Eigentümlichkeit der aufgerufenen Wissensbezirke und mehr noch aufgrund der Ambiguität ihrer Darstellung eine erhöhte Bereitschaft abverlangen, die jeweilige kontextuelle Bedeutung zu ergründen, ohne die sich keine kohärente Erzählung ausmachen lässt.

Aufschlussreich auch mit Blick auf Setz sind die drei Fallstudien, die Ralf Klausnitzer in seinem Buch zum Verhältnis von Literatur und Wissen vornimmt: Anhand verschiedener Metaphernkomplexe bei Goethe, Schiller, Tieck, Adam Smith und Karl Marx (darunter die „unsichtbare Hand", das „Gespenst" und der „Fetisch"), tradiert aus Geheimgesellschaften in Politik, Ökonomie und Wissenschaft, zeichnet er die damit verbundenen komplexen Zirkulationen und Referenzen dieses Arkanwissens nach, die schließlich zur Demaskierung und Entzauberung oppressiver Mystizismen führen sollen. Über Marx' große theoretische Schriften konstatiert Klausnitzer: „Die bildgewaltige Sprache mit ihren konstitutiven Metaphern eröffnet [...] den *epistemischen Raum*, in dem sich ein die Differenz von Schein und Sein deklinierendes Entdeckungswissen entfalten kann. Sie zielt [...] auf die *überzeugende* Visibilisierung verborgener Prozesse, deren Spezifik eben darin besteht, dass sie nicht mehr personal zurechenbar sind."[828] Die Einbeziehung magisch-metaphorischer Strukturen ist also dezidiert Instrument wie Fluchtpunkt sozialkritischer Anliegen. Diese Beobachtung ist deshalb interessant, weil sie noch einmal klar betont, dass Magie und Metapher gleichsam Hilfsmittel wie Angriffspunkt bestehender Wissensordnungen und ihrer Reflexion sein können, was historisch immer schon zwiespältig betrachtet wurde (vgl. Kap. 5.1). Bei Setz sind sie daher immer auch alternative Interpretationsangebote einer insgesamt fluiden, allerdings zunächst ideologisch wertfreien Bedeutungskonstitution, die auf eine kontingente Wahrnehmung schließen lässt.

---

[828] Klausnitzer: *Literatur und Wissen*, S. 407. Am Ende gelangt er zu dem Schluss, dass die von Marx und in seinem Gefolge anvisierte Auflösung der ‚Verblendungszusammenhänge' gerade durch das rhetorische Pathos in Verbindung mit Magie, Fetischismus und Idolatrie dazu geführt habe, dass diese „zumindest partiell jenem Bann verhaftet [bleiben], den sie analytisch aufzuheben suchen." Ebd., S. 416.

12.2 Vom Zauber des Zufälligen – oder: Spielarten der Kontingenz

Clemens J. Setz hat selbst verschiedentlich auf seine Vorliebe für die „kostbare[ ] Kategorie absichtslos entstandener Kunst" hingewiesen, die er in plötzlich auftretenden Programmierfehlern eines Computerspiels („Glitches"), in den bisweilen bizarren Momentaufnahmen von *Google Street View* oder in sogenannten *Non-sequitur*-Erzeugnissen verwirklicht sieht, also in der Verkettung nicht zusammenpassender Elemente in Wort-, Bild- und sogar Handlungsfolgen (vgl. Kap. 2.3.2).[829] In den Romanen spielt der Zufall als eine der universellen Gesetzmäßigkeiten eine durchaus wichtige Rolle: In *Söhne und Planeten* kommt dem alternden Schriftsteller Ernst Mauser „beim Anblick des frühen Sternenhimmels" zum „hundertsten Mal" der für ihn „unerträglich dumm[e] und kindisch[e]" Gedanke einer gottgemachten Welt: „Was man gerade noch gelten lassen konnte, war, dass all das ohne Absicht entstanden war", auch wenn das dann in der Folge „nichts anderes als das Chaos [bedeutete], den geistlosen Zufall." (SuP: 85) In den *Frequenzen* ist es Gabis Suche – und mit ihr auch die der anderen Figuren – nach dem rettenden „Zusammenhang von Zufall und Ordnung in der Welt" (DF: 307). Am deutlichsten steht diese kaum kalkulierbare und dabei unhintergehbare Macht Natalie Reinegger in *Die Stunde zwischen Frau und Gitarre* vor Augen: Bei ihren „Streunereien", also dem Oralverkehr mit Unbekannten unter Brücken und in Parks, „war es wichtig, dass der Zufall zu seinem Recht kam" (FuG: 35) – gleichwohl bereitet sie diese zufälligen Begegnungen sorgfältig vor, wie überhaupt fast alle zufällig erscheinenden oder als solche bezeichneten Begebenheiten im Roman unter Verdacht stehen, letztlich doch Glieder einer undurchsichtigen Kausalkette zu sein. Wie aus der Analyse hervorgeht, gefällt Natalie diese Vorstellung unter gewissen Umständen, etwa im Modus des *Non sequitur* in Chat-Dialogen: „Wenn sie sich vertippte, ließ sie es meist so stehen. Ein Tippfehler bedeutete nur, dass der Zufall gehört werden wollte, das Universum räusperte sich, und die Sterne wurden unruhig an ihren

---

[829] Im Gespräch mit Cécile Schortmann über sein Buch *Bot. Gespräch ohne Autor* im Rahmen des 3sat-Magazins „Kulturzeit" bezeichnet Setz den Zufall als eine in Vergessenheit geratene „Königsdisziplin" der Poesie, die früher selbstverständlicher Bestandteil ästhetischer Werke gewesen sei, heute aber „extra bemüht werden [müsse] in einem Akt künstlerischer Entscheidung". Das Internet habe sie schließlich wiederbelebt, als Beispiel nennt er den Mikrobloggingdienst *Twitter*, wo sich zufällig entstandene Beiträge zu einer „Säule von Dingen" arrangierten, die sich als „sich ewig fortschreibende Gedichte" lesen ließen. Vgl. den Mediatheksbeitrag auf der Website der Sendung „Kulturzeit", online unter: https://www.3sat.de/kultur/kulturzeit/gespraech-mit-clemens-setz-100.html (14.09.2019).

Ketten." (FuG: 491) Sogar die gesamte menschliche Existenz beruht ihrer Ansicht nach auf einem Zufall: „Und die sich so weit nach hinten erstreckende Vergangenheit ist eine ungeheure molekulare Verschwörung, die zum Ziel hat, dich hervorzubringen, alles konspiriert und spielt zusammen, der Zufall strengt sich eine Million Jahre lang an und am Ende: plopp. Das Licht der Welt." (FuG: 713)

Schon an den wenigen Beispielen zeigt sich die Bipolarität des Phänomens: Der Zufall kann Glücksfälle ebenso wie Katastrophen bedeuten; Kontingenz eröffnet einen „Spielraum der offenen Möglichkeiten" und ist ebenso „Synonym für Chaotisches und Regelloses, für existenzielle Orientierungslosigkeit".[830] Beide Begriffe werden bei Setz tatsächlich häufig synonym gebraucht, auch wenn nach Ansicht der Forschung der Zufall genau genommen ein ohne Notwendigkeit eingetretenes Ereignis und damit ein Spezialfall der Kontingenz ist.[831]

Der gott- und geistlose Zufall, wie ihn Ernst Mauser als Ursprung aller Existenz in Erwägung zieht, entspricht demnach eher rational-wissenschaftlichen Ansichten über die Beschaffenheit der Welt, ihren Zusammenhängen und Prinzipien der Hervorbringung. Darin ließe sich ein deutlicher Widerspruch zu magischen Vorstellungen ausmachen: „Magische Handlungen und magisches Denken beruhen [...] auf einer von der naturwissenschaftlichen abweichenden Axiomatik [...], die das wissenschaftliche Konstrukt des Zufalls nicht kenn[en]. Ereigniszusammenhänge, die für die Naturwissenschaftler zufällig auftreten, sind für den Magier materieller Ausdruck spiritueller Kausalbeziehung."[832]

---

830 Eugenio Spedicato: *Kompensation und Kontingenz in deutschsprachiger Literatur.* Heidelberg: Winter 2016, S. 189.
831 Vgl. Sascha Michel: *Ordnungen der Kontingenz. Figurationen der Unterbrechung in Erzähldiskursen um 1800 (Wieland – Jean Paul – Brentano).* Tübingen: Niemeyer 2006, S. 11 f.; vgl. auch Spedicato: *Kompensation und Kontingenz,* S. 8. Vgl. weiterhin die grundlegenden Studien von Michael Makropolous: *Modernität und Kontingenz.* München: Fink 1997; ders.: „Modernität als Kontingenzkultur. Konturen eines Konzepts", in: Gerhard von Graevenitz, Odo Marquard (Hg.): *Kontingenz* (= *Poetik und Hermeneutik* Bd. 17) München: Fink 1998, S. 55–79; ders.: „Kontingenz. Aspekte einer theoretischen Semantik der Moderne", in: *European Journal of Sociology/Archives Européennes de Sociologie* 45.3 (2004), S. 369–399; sowie Odo Marquard: „Apologie des Zufälligen", in: ders.: *Apologie des Zufälligen. Philosophische Studien.* Stuttgart: Reclam 1986, S. 118–139.
832 Horst Figge: „Magische und magiforme Zeichenkonstitution. Beispiele aus dem brasilianischen Spiritismus", in: Annemarie Lange-Seidl (Hg.): *Zeichen und Magie.* Tübingen: Stauffenburg 1988, S. 11–27, hier S. 18. Vgl. auch Bernhard Schrettle et al. (Hg.): *Zufall und Wissenschaft. Interdisziplinäre Perspektiven.* Weilerswist: Vellbrück 2019.

In Bezug auf die hier als magisch-metaphorisch beschriebenen Strukturen in Setz' Romanen stellt sich daher die Frage, ob es sich dabei nicht vielmehr um die Darstellung kontingenter Wahrnehmungen handelt. Denn es bleibt letztlich offen, ob René Templ wirklich geschrumpft ist, ob es die ganze Geschichte um die Indigo-Kinder überhaupt so gegeben hat und ob Natalie das ‚Arrangement' zwischen Dorm und Hollberg zu Recht als unheilvoll beurteilt oder es erst durch ihre Intervention zu einem solchen macht, weil ihr dieser kontingente „Graubereich", wie ihre Chefin es nennt, tiefes Unbehagen bereitet. Zudem wäre genauer zu untersuchen, ob magische Denkformationen Zufälle und Kontingenzen streng genommen überhaupt zulassen, führen sie doch ihre Wirksamkeit auf bestimmte, wenn auch rational unerklärliche oder gänzlich unbekannte Kräfte zurück. Dann wäre Kontingenz nur eine Folge, nicht aber inhärentes Prinzip.

Aus systemtheoretischer Perspektive wird Kontingenz von Luhmann bestimmt als das, „was weder notwendig noch unmöglich ist; was also so, wie es ist (war, sein wird), sein kann, aber auch anders möglich ist. Der Begriff bezeichnet mithin Gegebenes (zu Erfahrendes, Erwartetes, Gedachtes, Phantasiertes) im Hinblick auf mögliches Anderssein; er bezeichnet Gegenstände im Horizont möglicher Abwandlungen."[833] Demnach ließe sich beispielsweise das von Natalie lediglich angenommene folgenreiche ‚Zehenwackeln', für das sie ja selbst verschiedene Deutungsmöglichkeiten in Erwägung zieht, durchaus in den genannten, stets parallel existierenden Optionen verorten.

Während Kontingenz lange Ägide theologischer, philosophischer und soziologischer Betrachtungen war, hat sich inzwischen auch die Literaturwissenschaft dem komplexen Phänomen zugewandt und sich ausgehend von Aristoteles modallogischen Bestimmungen darangemacht, die zunehmende Präsenz und Ausdifferenzierung des Zufälligen im ästhetischen Diskurs der Neuzeit auch in literarischen Texten nachzuvollziehen. Als Reaktion auf den ontologischen „Ordnungsschwund"[834] hat sich seit dem achtzehnten Jahrhundert „ein für die Moderne konstitutives Kontingenzbewußtsein artikuliert",[835] das sich zu Beginn des zwanzigsten Jahrhunderts im „Möglichkeitssinn" aus Robert Musils

---

833 Niklas Luhmann: *Soziale Systeme. Grundriß einer allgemeinen Theorie*. Frankfurt a. M.: Suhrkamp ⁶1996, S. 152.
834 Hans Blumenberg: *Die Legitimität der Neuzeit*. Erneuerte Ausgabe. Frankfurt a. M.: Suhrkamp 1996, S. 152 f. Der Begriff geht auf den 1962 erstmals veröffentlichten Aufsatz „Ordnungsschwund und Selbstbehauptung. Über Weltverstehen und Weltverhalten im Werden der technischen Epoche" zurück.
835 Michel: *Ordnungen der Kontingenz*, S. 8.

Roman *Der Mann ohne Eigenschaften* paradigmatisch manifestiert.[836] Kontingenz wird bei Musil als Krisensemantik[837] diskutiert oder als Kontrast zwischen Kompensations- beziehungsweise Entlastungstrategien gegenüber vorgefertigten Narrativen und vermeintlichen Gewissheiten einerseits und einer „Ästhetik des Aleatorischen und Bedrohlichen"[838] in der als zunehmend komplex und chaotisch empfundenen Moderne andererseits, und schließlich auch als „Poetik der Unterbrechung",[839] die ein kausal erwartbares Handlungskontinuum innerhalb einer als gegeben angenommenen Ordnung unterbricht. Abgesehen von divergierenden Ansätzen zu Definition und Funktion sei am Kontingenzbegriff literaturwissenschaftlicher Ausrichtung insbesondere der im Umfeld poststrukturalistischer Bestimmungen vertretene Umstand problematisch, „daß es ‚echte' Zufälle in der Literatur nicht geben kann", weil sie sich immer nur relational zu den narratologischen Ordnungsprinzipien des Textes ergeben und insofern die planvolle Gemachtheit des „kausal bzw. teleologisch motivierten Handlungszusammenhang[s]" indizieren.[840] Daher könne es „keine Kontingenz im Bereich

---

836 Die viel zitierte Passage lautet: „Wenn es aber Wirklichkeitssinn gibt, und niemand wird bezweifeln, daß er seine Daseinsberechtigung hat, dann muß es auch etwas geben, das man Möglichkeitssinn nennen kann. Wer ihn besitzt, sagt beispielsweise nicht: Hier ist dies oder das geschehen, wird geschehen, muß geschehen; sondern er erfindet: Hier könnte, sollte oder müßte geschehn; und wenn man ihm von irgend etwas erklärt, daß es so sei, wie es sei, dann denkt er: Nun, es könnte wahrscheinlich auch anders sein. So ließe sich der Möglichkeitssinn geradezu als Fähigkeit definieren, alles, was ebensogut sein könnte, zu denken und das, was ist, nicht wichtiger zu nehmen als das, was nicht ist." Robert Musil: *Der Mann ohne Eigenschaften* (1930/1933). Roman. Erstes und Zweites Buch. Hg. von Adolf Frisé. Neuausg. Reinbek bei Hamburg: Rowohlt 2014, S. 16.
837 Vgl. Michael Makropoulos: „Krise und Kontingenz. Zwei Kategorien im Modernitätsdiskurs der Klassischen Moderne", in: Moritz Föllmer, Rüdiger Graf (Hg.): *Die „Krise" der Weimarer Republik. Zur Kritik eines Deutungsmusters*. Frankfurt a. M.: Campus 2005, S. 45–76.
838 Spedicato: *Kompensation und Kontingenz*, S. 233. Zum ‚Möglichkeitssinn' in Musils *Der Mann ohne Eigenschaften*, vgl. bes. Kap. 14, S. 185–188.
839 Michel: *Ordnungen der Kontingenz*, S. 255; vgl. S. 7 f.
840 Ebd., S. 5. Der komplexe und theoretisch durchaus umkämpfte Begriff der ‚Aleatorik' etabliert sich Mitte des zwanzigsten Jahrhunderts zunächst im Umfeld der Neuen Musik um Karlheinz Stockhausen, Pierre Boulez, John Cage und andere, hat aber bereits Einflüsse aus Literatur, Linguistik und Malerei in sich aufgenommen. Etymologisch von lat. *alea* verknüpft mit ‚Würfel(-Spiel)', ‚Risiko' und ‚Zufall', bezeichnet er eine Form musikalischer beziehungsweise kompositorischer Praxis, die eine grundsätzliche Mobilität der einzelnen Elemente, Strukturvariabilität, Experimentalität und Improvisation enthalten kann. Inwiefern Aleatorik mit Zufälligkeit gleichzusetzen ist, wurde breit diskutiert, zumal im Hinblick auf die Forderung nach einer ‚neutralen Instanz' im kompositorischen beziehungsweise in jedem künstlerischen Schaffensprozess. Vgl. Wolf Frobenius: [Art.] „Aleatorisch, Aleatorik", in: Hans-Heinrich Egge-

des Ästhetischen ohne immer schon vorausgesetzte Ordnung" geben, denn insbesondere dann, „wenn Texte besonders chaotisch und semiologisch kontingent sein wollen, müssen sie einen hohen rhetorischen (Ordnungs-)Aufwand betreiben".[841] Für den Möglichkeitssinn in den Romanen von Clemens Setz lässt sich diese Diagnose zweifellos bestätigen, deren ausgefeilte kompositorische und narrative Gestaltung seit dem Debüt stetig zunimmt. Damit ist aber noch nicht geklärt, welche kognitionsästhetische Funktion und Wirkung diese bewusst ambivalent gehaltenen Wahrnehmungs- und Ereignisstrukturen einnehmen, wenn man davon ausgeht, dass das „Fiktionale, verstanden als eigenständiger ontologischer Raum, in dem Welterzeugung alternativ oder in Kontiguität zu außerfiktionalen Wirklichkeiten stattfindet, trotzdem – wenn auch hochgradig vermittelte – Aussagen über unsere Wirklichkeit macht".[842] Als Ergebnis der Untersuchung lässt sich formulieren, dass Magie und Metapher konzeptuell nicht im Widerspruch zur kontingenten Wahrnehmung stehen, sondern als deren Spielarten gelten könnten, weil sie gleichsam bestrebt sind, „dem Kausaldenken ein Möglichkeitsdenken gegenüberzustellen".[843]

Obwohl gerade neuere Studien gegen das ,domestizierende' Kontingenzverständnis der metaphysischen Tradition im Anschluss an Aristoteles argumentieren, weil der Zufall entweder als vernachlässigbare oder als rein zweckmäßig zu integrierende Größe galt,[844] finden sich darin interessante Hinweise zu einer Verbindung von Magie und Kontingenz. In der *Poetik* differenziert Aristoteles

---

brecht (Hg.): *Terminologie der Musik im 20. Jahrhundert*. Sonderband I. Stuttgart: Steiner 1995, S. 30–43.
841 Michel: *Ordnungen der Kontingenz*, S. 6. Da es aber auf der Ebene der *histoire* keine ,echte' Kontingenz gebe, müsse man sich laut Michel dem *discours* zuwenden. Vgl. dazu auch die Ausführungen zu den *luminous details* im Sinne Pounds in Kap. 10.5 in diesem Band, deren charakteristische ,Unbestimmtheit' ja paradoxerweise zunächst dezidiert entworfen werden muss.
842 Silke Horstkotte, Leonhard Herrmann: „Poetiken der Gegenwart? Eine Einleitung", in: dies. (Hg.): *Poetiken der Gegenwart*, S. 1–11, hier S. 6. Der Begriff der ,Welterzeugung' bezieht sich auf das 1978 erschienene Buch *Ways of Worldmaking* des US-amerikanischen Philosophen Nelson Goodman, der Titel der dt. Übersetzung lautet *Weisen der Welterzeugung*. Frankfurt a. M.: Suhrkamp 1984.
843 Spedicato: *Kompensation und Kontingenz*, S. 185. Für die Metapher lässt sich mit Birkmeyer festhalten: „Kontingent ist Metapherndeutung, weil nichts an der Metapher sei, das eine spezielle Deutung eindeutig erzwinge und kontingent ist sie auch hinsichtlich des metaphorischen Stimulus für den Empfänger." Birkmeyer: „Metaphern verstehen", S. 513.
844 Vgl. Rüdiger Bubner: „Die aristotelische Lehre vom Zufall. Bemerkungen in der Perspektive einer Annäherung der Philosophie an die Rhetorik", in: Graevenitz et al. (Hg.): *Kontingenz*, S. 3–21, hier bes. S. 8–11; vgl. Michel: *Ordnungen der Kontingenz*, S. 11 f.

wunderbare Ereignisse, die sich „wider Erwarten auseinander ergeben", von einem solchen Geschehen, das „wie von selbst oder durch Zufall eintritt". Doch auch „von den zufälligen Ereignissen" erregen gerade diejenigen „am meisten Staunen [...], die den Anschein haben, gleichsam aus Absicht zu geschehen".[845] Hieraus ließe sich also ein wirkungsästhetisches Qualitätsmerkmal ableiten: Die durchscheinende ‚Gemachtheit' eines Zufalls erhöht seine magische Wirkung – das klingt paradox, untermauert aber die Beobachtungen der Untersuchung, dass innerhalb einer realistischen Diegese, wie sie Setz' Romane präsentieren, die Irritation da am größten ist, wo durch magisch-metaphorische Darstellungsweisen Bedeutungsvielfalt entsteht.

Stefan Tetzlaff bemerkt in seinem Beitrag zur Poetik Daniel Kehlmanns, „dass Kontingenz in der Regel da explizit angesprochen wird, wo der Verdacht einer allegorischen Struktur [...] entstehen kann".[846] Er betont weiterhin, dass der Zufall, hier bezeichnet als das „zum Motiv geronnene Prinzip der Kontingenz", an der Fragestellung beteiligt ist, was solche Texte der Gegenwartsliteratur „magisch realistisch macht",[847] und stellt fest:

> Der Zufall sitzt im Realismus nicht an der Stelle der Kausalität. [...] Die realistische Textur breitet sich in einem Netz von Kontiguitätsverhältnissen aus und spielt mit der vermeintlich symbolischen Überhöhung von Elementen, Figuren oder Konstellationen, indem sie diese unmittelbar und plakativ in einen rationalen Erklärungszusammenhang einbettet, sobald sich allegorische Metakodes anbieten.[848]

Zentraler Gedanke ist hier also: Wenn die Kategorie des Zufalls oder des Kontingenten in einem Text gänzlich eliminiert wird, ist er als Allegorie oder Parabel aufzufassen und damit ein gewissermaßen formal und semantisch geschlossenes System, das auch den interpretatorischen Rahmen absteckt. Dem ist mit Blick auf Setz' Romane zuzustimmen, weil sie die spezifischen formalen und inhaltlichen Anforderungen nicht oder allenfalls partiell erfüllen.[849] Zutreffend

---

[845] Aristoteles: *Poetik*, Kap. 9, 1452a, S 15. Was Schmitt hier mit dem Begriff ‚(Er-)Staunen' wiedergibt, wird in Fuhrmanns Übersetzung als ‚das Wunderbare' bezeichnet; vgl. Aristoteles: *Poetik*, S. 33.
[846] Stefan Tetzlaff: „Messen gegen die Angst und Berechnung des Zufalls. Grundgedanken der Poetik Daniel Kehlmanns", in: *Textpraxis – Digitales Journal für Philologie* 4.1 (2012), S. 2–10, hier S. 3; online unter: https://www.textpraxis.net/stefan-tetzlaff-messen-gegen-die-angst-und-berechnung-des-zufalls-grundgedanken-der-poetik-daniel-kehlmanns (17.02.2020).
[847] Ebd., S. 1.
[848] Ebd., S. 2.
[849] Im Hinblick auf Figurationen ‚uneigentlichen Sprechens' wären am ehesten Indigo sowie manche der Erzählungen aus MK und TrD entlang konkreter Bestimmungen zu Allegorie und

ist auch Tetzlaffs Beobachtung, dass „das Moment des Nichtrealistischen" im ansonsten stabilen realistischen Gefüge als „metaphorischer Rest in einer metonymisch konstruierten Diegese" sichtbar wird und sich insofern vom Phantastischen im Sinne Todorovs abhebt, als „dieser metaphorische Rest eben nicht aus einer kommentarlosen Vagheit heraus wirkt",[850] sondern ein Deutungsmuster explizit anbietet: Unsicherheiten und alternative Erklärungen werden von Figuren und Erzähler in der Regel thematisiert, der metaphorische und damit tendenziell auch magische Gehalt der Geschehnisse wird dadurch zwar angezeigt, unterdrückt dadurch aber *gerade nicht* die grundsätzlich kontingente Sicht darauf. Obwohl oftmals insinuiert wird, dass es eine:n Urheber:in des Geschehens gibt, fällt letztlich keine Entscheidung darüber, wer oder was das konkret ist. Demnach ist eine derart strenge Rückführung auf „rationale Erklärungszusammenhänge", wie Tetzlaff sie bei Kehlmann registriert, für Setz nicht zweifelsfrei zu konstatieren. Häufig bleibt der ontologische Status der präsentierten Ereignisse offen, und zwar sowohl hinsichtlich der Frage, ob das ‚Übernatürliche', von dem der Text erzählt, tatsächlich geschehen ist, als auch im Hinblick darauf, ob das, was dort geschildert wird, denn überhaupt als übernatürlich anzusehen ist. Eine Abweichung zu Tetzlaffs Ausführungen ergibt sich schließlich auch in der Überlegung zu den dahinterstehenden poetologischen Konzeptionen realistischen Erzählens. Während sie bei Kehlmann laut Tetzlaff als berechenbare Ausnahmen von der Wahrscheinlichkeit „für eine Art Weltformel transparent" und infolgedessen als „‚magischer' Realismus" in der „Spielart textueller Selbstreferenz lesbar" werden, nähert sich Setz' Realismusbegriff eher dem Musils an, zu dem ihm ja gelegentlich schon eine spezifische Nähe attestiert wurde. Es geht nicht um ein streng realistisches Wirklichkeitsbild, sondern um eine sprachlich vermittelte Realität, „die das Disparate zusammenzwingt" und Präzision nicht durch eine möglichst authentische Abbildung erreichen will, sondern indem sie „die Ambivalenzen, die verwirrend mitklingenden Gegentöne, die verborgenen Beziehungen eines Phänomens" mithilfe einer Metaphorik darstellt, die die „oft unausweichliche Isolierung der Dinge" aufhebt und ihre inneren Zusammenhänge sichtbar macht.[851]

Parabel genauer zu untersuchen. Im theoretischen Teil dieses Bandes wurde jedoch das Metaphorische als alle Formen umfassender Leitbegriff begründet; vgl. dazu die Ausführungen in Kap. 5.1.1.
850 Tetzlaff: „Messen gegen die Angst", S. 9.
851 Wolfdietrich Rasch: *Über Robert Musils Roman „Der Mann ohne Eigenschaften"*. Göttingen: Vandenhoeck & Ruprecht 1967, S. 102.

„Folgen Sie niemals dem Storymodus!", lautet eine Empfehlung aus Setz' Poetikvorlesungen, die er sich selbst zu eigen gemacht habe (vgl. Kap. 2.3.1). Vorteil dieses Abweichens vom vorgegebenen Weg innerhalb einer fiktiven Welt seien die unvorhersehbaren Entdeckungen, die man dank dieses Erkundungswillens gerade in den nur unzureichend oder fehlerhaft ‚programmierten' Bereichen mache. Der Grad ihrer tatsächlichen Absichtslosigkeit wäre sicherlich im Einzelfall genauer zu betrachten. Zudem lässt sich an dem reinen Umstand eines unmotivierten Erscheinens nicht zwangsläufig ein ästhetischer Wert ermitteln, denn letztlich bedarf es doch wieder einer ordnenden Instanz, die das auf diese Weise unerwartet Aufgefundene und Verstreute zu einer Bedeutungsstruktur zusammenfügt.[852] Mit dieser Einschränkung lässt sich erzählerische Digression, die kontingente Effekte nach sich ziehen kann, durchaus zur poetologischen Maxime erheben, wie sie Clemens J. Setz offenbar im Sinn hat.

12.3 Exkurs(ion) zum „synästhetischen Sonderplaneten"

Die Woche „des Synästheten Alexander Kerfuchs" aus den *Frequenzen* beginnt nicht mit dem Montag, und zwar nicht etwa deshalb, weil er den gemeinhin unliebsamen Anfang der Arbeitswoche markiert, sondern „weil er der hässlichste Tag der Woche ist und den ersten Platz nicht verdient hat, er ist rot und nackt, wie ein Stück Fleisch." (DF: 19) Es sind also ästhetische Gründe, die Alexander den Dienstag vorziehen lassen, genau genommen *syn*-ästhetische:

> Der Dienstag ist ein alter Mann mit Blumen am Hut, sehr gelb im Gesicht, und seine Augen sind fast nur Zwinkern. Das Gelb erinnert an die Farbe von giftigem Weizen, eine albtraumhafte Schattierung von dunklem Gold. Der Mittwoch hat die seltsamste Farbe, wahrscheinlich weil er als einziger Tag der Woche nicht auf die helle Silbe *-tag* endet. Er ist gesprenkelt, ein wenig wie ein Wollknäuel aus verschiedenfarbigen Fäden. Der Donnerstag ist majestätisch und rein, seine Farbe ist ein helles Silber, das irgendwie mit dem Tastgefühl der Fingerspitzen verwandt ist. Der Freitag ist entschieden grün, aber sonst fehlt es ihm an Charakter, er ist das fünfte Rad am Wagen, er übertritt gewissermaßen eine Symmetrie. Der Samstag ist dunkel, fast braun, manchmal auch schwarz, aber es ist ein schönes Schwarz, die Farbe eines Wundschorfs, kurz bevor er sich löst und neu gewachsene rosa Haut freigibt. Der Sonntag schließlich ist dunkelblau, aber trotzdem hat er was von einem Stück Schokolade, in das man beißen möchte. (DF: 19)

---

852 Darunter fällt beispielsweise auch die Komposition von Setz' Journal respektive Interviewband *Bot. Gespräch ohne Autor* von 2018, bei dem Angelika Klammer als Herausgeberin fungiert und die Antworten auf ihre Fragen mittels Volltextsuche in Setz' digitalem Tagebuch nach dem Zufallsprinzip arrangiert hat; vgl. auch die poetologischen Ausführungen in Kap. 2.3 in diesem Band.

Diese Passage ist exemplarisch für eine Vielzahl solcher Wahrnehmungsweisen im Werk von Clemens Setz, deren sinnliche Dimension auf einen „synästhetischen Sonderplaneten"[853] führe, wie eine Rezensentin über den Erzählungsband *Der Trost runder Dinge* schrieb. Synästhesie ist ein höchst komplexes, mithin kein rein ästhetisches, sondern vielmehr wahrnehmungspsychologisches und daher transdisziplinär aufwendig zu erforschendes Phänomen, das gegenwärtig mit Bezug auf seine Etymologie (von griech. *syn-aisthēsis*: Mit-Empfindung) als „the union of the senses" beschrieben wird.[854] In ganz groben Zügen sei in diesem kompakten Exkurs wiedergegeben, was Heinz Paetzold in seinem grundlegenden Artikel auf immerhin fast 30 Seiten für Synästhesie in Literatur, Kunst und Musik entfaltet.[855]

Obwohl schon Aristoteles mit dem Begriff des „Gemeinsinns" das Vermögen bezeichnete, Sinneseindrücke sowohl zu unterscheiden als auch miteinander zu verbinden,[856] war die Beschäftigung mit synästhetischer Wahrnehmung allenfalls Domäne der (Natur-)Ästhetik im Anschluss an Baumgarten und hier nur insbesondere dank Herders Plädoyer für den Einbezug der Sinne im Rahmen einer anthropologischen Wende in der Philosophie, die den Menschen als „denkendes sensorium commune" begreift, das sich der Einheit der Sinne nur in Ausnahmesituationen, „extremen Anwandlungen", in „Krankheiten oder Phantasie" gewahr werde.[857] Inspiriert von Herders ‚sinnlichem Universum', in dem der Terminus Synästhesie allerdings noch nicht auftaucht, schließt sich unter dem Ideal einer ‚Universalpoesie' zuerst die Romantik in ästhetischer Theorie und Praxis an. Programmatisch steht hierfür die Passage aus Novalis'

---

853 Die Wendung stammt von Birte Mühlhoff, die TrD in ihrer Besprechung „Normal ist das nicht" für die *Süddeutsche Zeitung* als „Reise auf den synästhetischen Sonderplaneten von Clemens J. Setz" bezeichnet; vgl. auch die Einleitung zu diesem Band.
854 Vgl. Richard E. Cytowic: *Synesthesia. A Union of the Senses*. New York: Springer 1989; vgl. auch ders., David M. Eagleman: *Wednesday is Indigo Blue. Discovering the Brain of Synethesia*. Cambridge (MA): MIT Press 2009; ders.: *Farben hören, Töne schmecken. Die bizarre Welt der Sinne*. Ungek. Ausgabe. München: dtv 1996, sowie ders.: „Wahrnehmungs-Synästhesie", in: Hans Adler, Sabine Gross (Hg.): *Synästhesie. Interferenz – Transfer – Synthese der Sinne*. Würzburg: Königshausen & Neumann 2002, S. 7–24.
855 Paetzold, Heinz: [Art.] „Synästhesie", in: Karlheinz Barck et al. (Hg.): *Ästhetische Grundbegriffe* (ÄGB). Bd. 5: *Postmoderne – Synästhesie*, S. 840–868.
856 Vgl. Aristoteles: *Über die Seele*. Griech./Dt. Mit einer Einl., Übers. (nach Willy Theiler) und Kommentar hg. von Horst Seidl. Hamburg: Meiner 1995, Buch III, Kap. 7, 431b 5–6.
857 Johann Gottfried Herder: „Abhandlung über den Ursprung der Sprache", in: ders.: *Werke in zehn Bänden*. Hg. von Martin Bollacher et al. Bd. 1: *Frühe Schriften 1764–1772*. Hg. von Ulrich Gaier. Frankfurt a. M.: DKV 1985, S. 695–810, hier S. 743 f.

Fragment gebliebenem Roman *Heinrich von Ofterdingen* (1802): „Alle Sinne sind am Ende Ein Sinn. Ein Sinn führt wie Eine Welt allmälich zu allen Welten."[858]

Im Symbolismus wird ein zweiter Höhepunkt der synästhetischen Beschäftigung lokalisiert, prominent etwa bei Charles Baudelaire und Arthur Rimbaud, nun erstmals nicht nur als poetischer Prozess, sondern auch vermehrt aus wissenschaftlicher Perspektive, und führt in der Folge auch zu der avantgardistischen Idee einer Synästhesie der Künste. Methodischer Leitfaden wurde sie für die phänomenologischen Theorien von Helmuth Plessner und Maurice Merleau-Ponty, die sich unter Rückgriff auf Herder gegen eine sinnesvergessene idealistische Konzeption des Geistes wandten und an die *Aisthesis* als Wurzel aller Ästhetik der sinnlichen Wahrnehmung erinnerten. Für das wachsende Interesse an der Synästhesie in der Postmoderne zeichnen laut McLuhan technologische Innovationen verantwortlich, weil deren neue Multimedialität intermodale Wahrnehmungsprozesse stimuliere, die der Synästhesie stark ähnelten. „So diffus das, was mit ‚Postmoderne' gemeint ist, auch sein mag, sie hat in ihrer Aufmerksamkeit für die ‚Sinnlichkeit' und den ‚Körper' – die sinnliche Dimension des menschlichen Weltzugangs – sicherlich eines ihrer Zentren",[859] ergänzen Hans Adler und Ulrike Zeuch im Vorwort zu ihrem interdisziplinären Sammelband zur Synästhesie, der diese neue Epistemologie des Sinnlichen kritisch beleuchtet.

Darin geht Sabine Gross der Frage nach dem Verhältnis zwischen Literatur und Synästhesie in einem breit angelegten Beitrag nach und diskutiert deren komplexe historische und gegenwärtige Verschränkung aus der Sicht verschiedener Disziplinen, die sich inzwischen eindringlicher mit dem Problemfeld befasst haben. Im Kontext dieser Studie sind vor allem ihre ausführlichen Erläuterungen zur literaturwissenschaftlich größtenteils anerkannten Verwandtschaft mit Analogie und Metapher interessant (vgl. auch Kap. 5.1.2 und Kap. 6.1 in diesem Band), die wiederum aus der Sicht der Neurowissenschaften, aber auch von manchen Vertreter:innen der Linguistik und Literaturwissenschaft skeptisch und „mit einer gewissen Geringschätzung der sprachlichen Dimension der synästhetischen Metapher" betrachtet wird.[860] Nach ersten Versuchen, das „Farbenhören" und die „Kolorisierung von Vokalen" systematischer zu

---

858 Novalis [Friedrich von Hardenberg]: *Heinrich von Ofterdingen*, in: ders.: *Schriften*. Historisch-kritische Ausgabe. Bd. 1: *Das dichterische Werk*. Hg. von Paul Kluckhohn et al. Rev. von Richard Samuel. Darmstadt: WBG 1977, S. 195–334, hier S. 331.
859 Hans Adler, Ulrike Zeuch: „Vorwort", in: dies. (Hg.): *Synästhesie*, S. 1–6, hier S. 1.
860 Sabine Gross: „Literatur und Synästhesie: Überlegungen zum Verhältnis von Wahrnehmung, Sprache und Poetizität", in: Adler/Zeuch (Hg.): *Synästhesie*, S. 57–94, hier S. 60.

erforschen, kann die Neurowissenschaft mittlerweile aufschlussreiche Erkenntnisse zur synästhetischen Wahrnehmung vorlegen. Die erste Verwendung des Begriffs Synästhesie geht auf den Neurophysiologen Alfred Vulpian zurück, der ihn erstmals 1864 in einer Vorlesung gebrauchte und damit etwa Phänomene wie „den Kitzel in der Nase, wenn man in grelles Licht sieht", zu erläutern versuchte – das häufig daran anschließende erlösende Niesen gehört, wie die Analyse in Kapitel 9 dieses Bandes erörtert hat, zu Natalie Reineggers Weltbewältigungsrepertoire. Geblieben sei von Vulpians Ausführungen heute noch „die Vorstellung eines Energie-Transfers eines Sinnesreizes auf Neuronetze, die nicht direkt mit dem empfangenen Sinn verbunden sind", und zwar in Form von „Kooperation, Kollision, Interferenz, wechselseitige[r] Stützung oder als Parallelaktion der Sinneseindrücke".[861]

Mit konkretem Bezug auf Metapher und Kreativität erläutert Tanja Baudson den Stand der Forschung von psychologischer Warte. Unter Synästhesie wird heute nicht mehr nur das „Farbenhören" verstanden, sondern die unwillkürliche, objektiv stimulierte Kopplung zweier getrennter Sinnesmodalitäten, die weder unterdrückt noch willentlich heraufbeschworen werden kann, etwa die Assoziation von Buchstaben beziehungsweise Zahlen mit Farben (‚Graphem-Farb-Synästhesie'), die räumliche Anordnung bestimmter Sequenzen (sogenannte *Number forms*, zum Beispiel Zahlen, Wochentage) oder die Verbindung von Wörtern mit geschmacklichen Phänomenen (‚Lexikalisch-gustatorische Synästhesie'). Dabei sind nahezu alle Kombinationen der verschiedenen Typen – wie das Beispiel von Alexander Kerfuchs zeigt – denkbar.[862] Die individuelle, subjektive Darstellung des Wahrgenommenen durch die Betroffenen ist dabei, wie Baudson weiter ausführt, zumeist notwendig metaphorischer Gestalt, zunächst aber ohne jeden literarischen Anspruch: „[D]ie Beschreibungen des synästhetischen Erlebens sind häufig Versuche, das Perzept gleichsam *post hoc* so

---

[861] Adler/Zeuch: „Vorwort", S. 1.
[862] Vgl. Tanja Gabriele Baudson: „Synästhesie, Metapher und Kreativität", in: Martin Dresler (Hg.): *Kognitive Leistungen. Intelligenz und mentale Fähigkeiten im Spiegel der Neurowissenschaften*. Heidelberg: Spektrum 2011, S. 125–148. Bei Menschen mit einer derart besonderen Wahrnehmung sind die neuronalen Verbindungen verschiedener Hirnareale im pränatalen Stadium, in dem Sinnesmodalitäten noch nicht differenziert werden, dauerhaft erhalten geblieben, während sie beim Großteil der Menschen im Säuglingsalter zugunsten effizienterer Wege gewissermaßen gekappt werden. Es ist zwar ein seltenes, aber zunächst weder pathologisches noch etwa drogeninduziertes Phänomen (selbst wenn beides durchaus synästhetische Effekte zur Folge haben kann), sondern eine individuelle, dabei stabile, generische Form der Wahrnehmung, die eine konkordante neurologische Entsprechung hat und sich mittels bildgebender Verfahren auch objektiv nachweisen lässt.

in Worte zu fassen, dass es für Nichtsynästheten nachvollziehbar ist, somit nicht einfach nur poetisch."[863] Kulturelle und empirische Prägungen mögen dabei durchaus eine Rolle spielen, in jedem Fall gilt es inzwischen „als Konsens, dass Synästhesie keine Einbildung ist, sondern ein reales perzeptuelles Phänomen".[864] Dieses diskutiert Baudson im Hinblick auf ähnliche kreative Prozesse intermodaler Verknüpfungen und erläutert unter Verweis auf literarische Beispiele die verschiedenen Ausprägungen ‚tatsächlicher' Synästhesie (bei Nabokov) im Unterschied zu extern induzierter (bei Baudelaire) oder willentlich herbeigeführter Pseudosynästhesie (bei Rimbaud). Zentrale Bezugspunkte ihrer Überlegungen sind Metaphern und Kreativität, die im Umfeld synästhetischer Ausdrucksformen in der Kunst allzu schnell im Sinne der Romantik als kalkulierte künstlerische Techniken aufgefasst werden, zumal empirische Studien nahelegen, dass Synästhet:innen ein höheres kreatives Potential aufweisen als Nichtsynästhet:innen. Auch Gross erwähnt, dass „Formen angeborener Synästhesie bei einer Reihe von Künstlern"[865] belegt sei, plädiert aber dafür, dies nicht als Kriterium beziehungsweise Bedingung für sprachliche Synästhesie anzusetzen, zumal gerade viele „‚echte' Synästheten immer wieder an die Grenzen der Mitteilbarkeit" stießen, „wenn sie versuchen, ihre idiosynkratischen Wahrnehmungs-Mitaktivierungen zu verbalisieren".[866]

Demnach wäre Clemens J. Setz als ‚Sonderfall' in mehrfachem Sinne zu bezeichnen, weil er nicht nur synästhetische Darstellungsweisen literarisch anwendet und zudem manche seiner Figuren explizit als Synästhet:innen ausweist, sondern nach eigenem Bekunden selbst Synästhet ist. Insofern trifft Gross' Feststellung nur teilweise zu, wenn sie schreibt: „Poetische Synästhesie-Metaphern existieren nur sprachlich, nicht als tatsächliche Wahrnehmung: aber auch sie sind in gewissem Sinne exzessiv, repräsentieren mehr als die Summe ihrer Signifikate, lassen sich nicht umschreiben oder auf ‚neutrale' Sprache reduzieren."[867] In diesem umfassenden Sinne wäre Setz' als „exzessiv" bezeichneter Metapherngebrauch zu verstehen, der sich quantitativ durch häufiges Auftreten und eben auch qualitativ als einzig mögliche sprachliche Darstellungsform für die außergewöhnlich vielfältig miteinander interagierenden sinnlichen Wahrnehmungen erweist.

---

863 Ebd., S. 128.
864 Ebd., S. 126.
865 Gross: „Literatur und Synästhesie", S. 84 f.
866 Ebd., S. 85.
867 Ebd.

Lange Zeit wurde Synästhesie als Abnormität stigmatisiert, eine Auffassung, gegen die sich exemplarisch die breit rezipierten Arbeiten des amerikanischen Neurologen Richard E. Cytowic stellen. Inzwischen ist sie immerhin als eine „unter vielen Arten von Wahrnehmung und sinnlicher Erkenntnis oder als Zusatzbegabung denkbar".[868] Im Kontext der sozialen Komponente führt Baudson Untersuchungen an, die auf die psychosoziale Erfahrung des Andersseins aufmerksam machen, die Synästhet:innen aufgrund ihrer von der Mehrheit abweichenden Wahrnehmung häufig machten – hierin ließe sich möglicherweise eine interessante Fährte zu Setz' Roman *Indigo* legen, der ja sowohl die synästhetisch interpretierte blaue Aura als auch daraus resultierende Ausgrenzungserfahrungen zum Thema hat (vgl. Kap. 9.2).

Theoretische und empirische Legitimation hat die Synästhesie also vornehmlich aus Neurophysiologie und Kognitionswissenschaft erhalten. Was Baudson noch in aller Vorsicht formuliert, steht für die kognitive Metapherntheorie außer Frage: Es sei ziemlich wahrscheinlich, dass die Fähigkeit zum intermodalen *Matching* beim Verständnis von synästhetischen wie anderen Metaphern für alle Menschen eine bedeutende Rolle spielt.[869] Interessant dabei ist, ob sich für Synästhet:innen die aufgerufenen Verbindungen zwingend und daher unfreiwillig vollziehen, während andere sie lediglich als *mögliche* Assoziationen und Analogien produzieren und rezipieren *können*. Baudson legt verschiedene Forschungsansätze dar, die davon ausgehen, dass Metaphern semantisch generiert und kulturell geformt sind, sich also häufig aus prinzipiellen synästhetischen Beziehungen entwickeln, ihren kreativen Impuls jedoch aus der „Fähigkeit des Geistes [beziehen], diese intrinsischen Entsprechungen zu überschreiten und neue Bedeutungen auf mehreren Sinnesebenen zu schaffen. Intrinsische, synästhetische Beziehungen drücken die Entsprechungen aus, die *sind*, extrinsische Beziehungen machen die Entsprechungen geltend, die *sein können*."[870] Gross akzentuiert hier eine Unterscheidung, die man der kognitiven Metapherntheorie bei aller zugestandenen Grundsätzlichkeit ebenfalls mit Recht nahegelegt hat, nämlich die Differenzierung in Alltagsmetaphern und

---

868 Adler/Zeuch: „Vorwort", S. 1.
869 „Möglicherweise deutet Synästhesie – und dafür sprechen auf die Befunde zu Kreativität und Metapher – auf eine grundlegende Beziehung zwischen zwei nur scheinbar unverbundenen Bereichen hin." Baudson: „Synästhesie, Metapher und Kreativität", S. 143. Entschiedener konstatiert Cytowic in seinem Buch *Synesthesia*, S. 152: „[...] multiple mapping is most relevant to synesthesia".
870 Lawrence E. Marks: *The Unity of the Senses: Interrelations Among the Modalities*. New York: Academic Press 1978, S. 233; hier zitiert nach der Übersetzung von Baudson: „Synästhesie, Metapher und Kreativität", S. 147.

poetische Metaphern. Beide können auf synästhetischen Verknüpfungen beruhen, dabei aber in ihrer Ausprägung zwischen „pragmatisch-automatisiert" und auffällig, poetisch, sprachlich innovativ beziehungsweise idiosynkratisch variieren, weshalb sie nicht immer kommensurabel beziehungsweise überhaupt auf Nachvollziehbarkeit ausgelegt sind.[871] „In ihnen offenbart sich das wahrnehmungsüberschreitende Potential der Sprache",[872] schlussfolgert Gross, und zwar gänzlich unabhängig von literarischen Programmen, Epochen oder Genres. Gegen die Abqualifizierung der „Metapher als trügerische Stiefschwester der tatsächlich erlebten Wahrnehmungssynästhesie" spricht sich Gross also für den literaturwissenschaftlichen Impuls aus, „sie als Repräsentation von Wahrnehmung zu legitimieren",[873] die „Erlebnisqualitäten mitteilbar" macht.[874]

Auch Ines Theilen beschreibt diese spezifischen Sinnesverknüpfungen am Ende ihrer Studie zur literarischen Synästhesie in Texten von Wolfgang Hilbig, Rainer Braune und Don DeLillo als „eine Spur des Unverfügbaren, das sich in den Text einschreibt [...], eine Spur, die es nicht zu erkennen, sondern (als Störung) zu erfahren gilt".[875] Das Visuelle als das dominante Paradigma der Wahrnehmung ist dabei zu verlassen, um stattdessen den Blick auf die Unschärfen zu richten, die durch literarische Synästhesie in Form von „Unsichtbarkeiten", „Grenzgängen" und „Rhythmusstörungen" fokussiert wird.[876] Obwohl sie für ihre Untersuchung drei theorieleitende Metaphern ansetzt, lehnt Theilen die Zuordnung der Synästhesie zu dieser und anderen rhetorischen Stilfiguren ab, weil sie dadurch nur unzureichend repräsentiert und nicht in ihren vielen Facetten, insbesondere in dem ihr eigenen Widerständigen, berücksichtigt sei.

Im Rahmen dieses kurzen Exkurses ist hier natürlich keine endgültige Entscheidung zu treffen, zumal die sorgfältige Klärung zu weit vom anvisierten Untersuchungsziel wegführte. Festzuhalten ist daher zumindest, dass die einschlägige Literatur zum Thema Metapher und Synästhesie mindestens ebenso oft deutliche Parallelen nachweist, wie sie Differenzierungen vornimmt, insbesondere im Hinblick auf ihre wahrscheinlich abweichende neuronale Entstehung, was wieder andere Positionen dazu veranlasst, sie gänzlich voneinander getrennt zu betrachten. Mit Blick auf Setz sei die Synästhesie in dessen Texten

---

871 Gross: „Literatur und Synästhesie", S. 57.
872 Ebd., S. 85.
873 Ebd., S. 59.
874 Ebd., S. 65.
875 Ines Theilen: *White Hum – literarische Synästhesie in der zeitgenössischen Literatur*. Berlin: Frank & Timme 2008 (zugl. Diss. Univ. Potsdam), S. 224.
876 Vgl. ebd.; zu den drei genannten Aspekten ihrer Neudefiniton der Synästhesie vgl. insb. S. 19, S. 82 f.

Bernhard Oberreither zufolge oftmals „[v]ordergründig eine gewagte Metapher", die aber durch ihre Herkunft plausibel werde: „Viele, vielleicht die meisten der Figuren bei Setz sind auf die eine oder andere Weise psychisch oder in ihrer Wahrnehmungsapparatur beeinträchtigt; indem Metaphern und Vergleiche auf die derart verschobene Perspektive zurückzuführen sind, hat die Rhetorik des Textes hier zumindest eine Schlagseite in Richtung ,Pathologie der Darstellung'",[877] schreibt Oberreither. Metaphorische Konzeptionen sind jedoch keine reine Angelegenheit synästhetischer Wahrnehmung, sondern gehören zur kognitiven Grundausstattung eines jeden Menschen und sind insofern, wie oben bereits erläutert, auch in synästhetischer Ausprägung nicht zwangsläufig als pathologische Beeinträchtigung zu kennzeichnen.

Ungeachtet dessen und auch unabhängig davon, ob es sich um ,echte' oder um ,nur' literarisch inszenierte Synästhesie handelt, hat die Tatsache Bestand, dass sie auf besondere Weise sinnliche Verknüpfungen herzustellen und diese als komplexe „Ähnlichkeitsgleichungen"[878] sprachlich zu artikulieren vermag, die wiederum sprachmagische Qualitäten annehmen können.[879]

12.4 Subversion der Ordnungen

Von ihren Kritiker:innen wie von ihren Verteidiger:innen wird die Magie als akausal, präkausal, suprakausal oder sogar als „totale[ ] Kausalität" bezeichnet.[880] Ihr Verhältnis zu Ursache und Wirkung ebenso wie zur Logik ist demnach mindestens angespannt, weil sie den ihr jeweils sinnhaft erscheinenden Bezügen stets den Vorzug vor den rationalen und verifizierbaren gibt. „Tatsächlich hat es den Anschein, als wäre die Magie eine gigantische Variation über das Thema des Kausalprinzips", schreiben Mauss und Hubert in ihrem „Entwurf einer allgemeinen Theorie der Magie".[881] Diese Vermutung lässt sich fruchtbar auf die Romane von Clemens J. Setz übertragen, die in verschiedener Ausrichtung über Gesetzmäßigkeiten räsonieren, wechselseitige Bedingtheiten registrieren, Chronologien und größere Zusammenhänge ausfindig machen wollen,

---

877 Oberreither: „Irritation – Struktur – Poesie", S. 128.
878 Vgl. Heinz Werner: *Die Ursprünge der Metapher*. Leipzig: Engelmann 1919, S. 16.
879 Auch Jakobson widmet sich diesem linguistischen Phänomen in einem Kapitel, das bezeichnenderweise mit „Der Zauber der Sprachlaute" überschrieben ist. Vgl. Roman Jakobson, Linda R. Waugh: *Die Lautgestalt der Sprache*. Berlin, New York: De Gruyter 1986, S. 195–256, bes. S. 207–214.
880 Figge: „Magische und magiforme Zeichenkonstitution", S. 18.
881 Mauss/Hubert: „Entwurf einer allgemeinen Theorie der Magie", S. 303.

um die grundsätzliche Beschaffenheit der (fiktionalen) Welt, die individuelle Situation der Figuren darin und ihre Beziehungen untereinander zu ergründen. Dass dabei eine prinzipielle Offenheit gegenüber verschiedensten Erklärungsmodellen und Interventionsmöglichkeiten besteht, ist eines ihrer Kennzeichen, das eine bemerkenswerte thematische und diskursive Vielfalt zur Folge hat. Zudem scheitern die Figuren auf häufig dramatische Weise an ihren Bemühungen, das Geschehene zu rekonstruieren, ihm Sinn zu verleihen, geschweige denn es kontrollieren oder auch nur gelegentlich beeinflussen zu können: Die Söhne scheitern an ihren unverfügbaren Vätern, diese wiederum an deren Ansprüchen auf Zugewandtheit und Nähe, beide an der Unentrinnbarkeit ihrer Prägungen und vorgängigen Entscheidungen, die den weiteren Lebensweg bestimmen; sie verzweifeln an der Rätselhaftigkeit eines instrumentellen und zutiefst inhumanen Umgangs mit dem Anderen und verirren sich in der emotionalen wie moralischen Ambivalenz und Instabilität zwischenmenschlicher Beziehungen, die ebenso wenig aufzulösen ist wie ihre eigene gleichermaßen schuldhafte wie schuldlose Verstrickung darin. Dieses sequentielle Suchen und Scheitern wird sprachlich sowohl konkret wie hochgradig vermittelt präsentiert und spiegelt sich in Aufbau und Anordnung des erzählten Geschehens wider. Kohärenz und Ordnung sind dabei das Ziel, werden aber bei Erreichen umgehend wieder in Frage gestellt oder bleiben gänzlich unerreichbar.

Wie die Kontingenz auf die Disponibilität jeglicher gesichert erscheinender Ordnungsformationen verweist und darin potentiell „ordnungssubversive" Aufgaben übernimmt,[882] ist auch die Magie von jeher „Kristallisationspunkt einer grundlegenden epistemologischen Problematik",[883] weil sie die Relativität von Objektivität und Rationalität in radikaler Weise zum Vorschein bringt und die Grenzen von Wahrnehmung, Erkenntnis und Wissen markiert. Somit wohnt ihr eine „potenziell anarchische Qualität" inne, wie sie auch für das verwandte Wunder veranschlagt wurde. Sie muss darin aber ebenfalls „nicht zwingend destabilisierend" wirken, sondern kann auch „zur Restauration oder Erneuerung einer gefährdeten oder aus den Fugen geratenen Welt beitragen".[884] Im

---

[882] Michel: *Ordnungen der Kontingenz*, S. 3; vgl. auch Markus Holzinger: *Kontingenz in der Gegenwartsgesellschaft. Dimensionen eines Leitbegriffs moderner Sozialtheorie*. Bielefeld: Transcript 2007, S. 11 f., S. 17; Martin Dillmann: *Poetologien der Kontingenz. Zufälligkeit und Möglichkeit im Diskursgefüge der Moderne*. Köln u. a.: Böhlau 2011.
[883] Otto: *Magie*, S. 113.
[884] So beschreiben es Geppert/Kössler mit Bezug auf die religionsgeschichtlichen Arbeiten Robert A. Orsis im der Einleitung zu dem von ihnen herausgegebenen Sammelband *Wunder*, S. 38; vgl. Robert A. Orsi: „Everyday Miracles. The Study of Lived Religion", in: David D.

Rahmen einer ‚Poetik der Störung' oder ‚Abweichung' kann die Magie daher eine wichtige Funktion erfüllen. Gleiches gilt für die Metapher, der Lakoff und Johnson eine geradezu revolutionäre Kraft zuweisen, mit der diese Handlungsmaximen für neue Realitäten implementieren kann.[885] Demnach geht es nicht nur um *de-* oder *re*stabilisierende Maßnahmen, sondern auch und insbesondere in poetischer Ausrichtung um die Idee der Überwindung herkömmlicher Sprach- und Vorstellungsgrenzen. Dass dabei jederzeit die Gefahr der unwillkürlichen Opazität und auch der willentlichen Manipulation besteht, die zu weitläufigen Missverständnissen bis hin zum völligen Unverständnis führen, ist in der Konzeption – im ‚Wesen', wenn man so will – beider angelegt und hat maßgeblich zur Kritik an beiden Phänomenen beigetragen. So entkräften auch Mauss und Hubert ihre eingangs zitierte und so unmittelbar einleuchtende Vermutung über das Spiel mit Kausalitätsprinzipien gleich im Anschluss mit dem Hinweis, dass die Magie ja auch nichts anderes sein könne als das, weil sie ausschließlich auf Wirkungen aus sei. Mit diesen ästhetisch kalkulierten Effekten wird sich das folgende Kapitel befassen.

Hall (Hg.): *Lived Religion in America. Toward a History of Practice.* Princeton: Princeton Univ. Press 1997, S. 3–21, hier S. 12 f.
885 Vgl. Lakoff/Johnson: *Leben in Metaphern*, S. 167 f., sowie Kap. 5.1.1 in diesem Band.

13 Magie oder Trickserei? Wahrnehmungs- und Wirkungsweisen

Zu den einschlägigen Forschungsinteressen der KLW gehört das Lesen, verstanden als genuin kognitiver Prozess, in dem literarisch kommunizierte Formen von Denken, Wissen und Fühlen identifiziert und unter Rückgriff auf mentale Repräsentationen und kognitive Universalien verarbeitet werden. Aussagen über die Wirkung literarischer Texte ohne empirische Befunde zu treffen, wird allerdings bis dato auch unter Vertreter:innen der KLW kritisch diskutiert, weil sie als spekulativ, allenfalls hypothetisch modelliert gelten und damit wieder in die Nähe hermeneutischer Betrachtungen rücken.[886] Umgekehrt ergeht der Vorwurf an die empirisch ausgerichtete Forschung, durch strikte Kategorisierungen allzu pauschal und reduktionistisch die Besonderheiten literarischen Schreibens zu übergehen.[887] Die Auseinandersetzung um die theoretische und methodologische Legitimität von Wirkungszuschreibungen findet also auch und gerade im Rahmen der leserfokussierten KLW ihre Fortsetzung, ungeachtet dessen hat sich die Emotionsforschung innerhalb wie außerhalb kognitionstheoretischer Perspektiven in Literatur- und Kulturwissenschaft als breites und beliebtes Forschungsfeld etabliert.[888]

---

[886] Dies gilt insbesondere für das Kernthema der KLW, die Metapher, deren Spezifikum auch in hermeneutischer Literaturbetrachtung verstärkt den von ihr induzierten Vorgang der „Wahrnehmung als Wahrnehmung" zu fokussieren beabsichtigt: „Befasste sich die poetisch interessierte Deutungsabsicht metaphorischer Rede mit der Metapher unter dem Aspekt einer wahrnehmbaren Wahrnehmung, deren mimetischer Grund eine Ähnlichkeitsbeziehung reklamiert, die ihrerseits wieder Unähnlichkeit hervorbringt, wäre sie immer schon im ästhetischen Feld und nicht allein in semantischen Bedeutungsbereichen angesiedelt." Birkmeyer: „Metaphern verstehen", S. 525.
[887] Vgl. hierzu etwa die Kritik an Lisa Zunshines Studie *Why We Read Fiction* in Hartner: *Perspektivische Interaktion*, S. 33–38.
[888] Vgl. exemplarisch Martin Huber: „‚Noch einmal mit Gefühl'. Literaturwissenschaft und Emotion", in: Walter Erhart (Hg.): *Grenzen der Germanistik. Rephilologisierung oder Erweiterung?* (DFG-Symposium 2003). Stuttgart: Metzler 2004, S. 343–357; Simone Winko: *Kodierte Gefühle. Zu einer Poetik der Emotionen in lyrischen und poetologischen Texten um 1900*. Berlin: Erich Schmidt 2003; Eva Weber-Guskar: *Die Klarheit der Gefühle. Was es heißt, Emotionen zu verstehen*. Berlin, New York: De Gruyter 2009; Ute Frevert et al.: *Gefühlswissen. Eine lexikalische Spurensuche in der Moderne*. Frankfurt a. M., New York: Campus 2011; Jan Plamper: *Geschichte und Gefühl. Grundlagen der Emotionsgeschichte*. München: Siedler 2012; Martin von Koppenfels, Cornelia Zumbusch (Hg.): *Handbuch Literatur & Emotionen*. Berlin: De Gruyter 2016.

Dieses Kapitel befasst sich mit den Effekten magisch-metaphorischer Wahrnehmungs- und Darstellungsweisen im Hinblick auf Erwartungshaltungen an die Lektüre (Kap. 13.1), Aufmerksamkeitssteuerungen und Erkenntnisinteressen (Kap. 13.2) sowie paradigmatischen Diskursordnungen (Kap. 13.3). Dabei geht es nur vereinzelt um die Begutachtung bestimmter Textsequenzen, deren Wirkungsweisen bereits Teil der Analysen war, im Vordergrund stehen die übergeordneten Bezugssysteme, die Magie und Metapher aufrufen.

13.1 Magische Lektüren

„Ein Kopf macht ein Buch, und dieses Buch wird dann vor einen anderen Kopf gehalten. Das ist eine zauberhafte, magische Situation", sagt Clemens J. Setz in einem Gespräch mit der *Zeit*.[889] Darin finden sich erneut Anklänge an die eingangs zitierte Energieübertragung, die sich durch Literatur beziehungsweise beim Lesen vollzieht, auch wenn Setz diesen geheimnisvollen, „magischen" Prozess jeweils nicht näher erläutert. Dass es ihn gibt, ist historisch verbrieft, etwa unter Zuhilfenahme des oben bereits erwähnten Grimoire.[890] Unter dem Stichwort „Magische Lektüren" erörtert das von Alexander Honold und Rolf Parr herausgegebene Handbuch zum literaturwissenschaftlichen Grundthema Lesen diese *„außergewöhnliche* Form des Lesevorgangs und -verhaltens" in Abgrenzung von *„normalen* Lektüreprozessen", die sich mitunter auch in divergierenden „textuellen Gegebenheiten" und „außertextuellen Rahmenbedingungen, Voraussetzungen und Wirkungen" niederschlagen.[891] Das bis ins achtzehnte Jahrhundert einflussreiche Grimoire ist darin nur eine mediale Ausprägung unter vielen, die sowohl in vorschriftlichen beziehungsweise schriftlosen Kulturen oral, gestisch oder in Form von ‚lesbaren' Gegenständen und Artefakten als auch schriftlich fixiert in Form von Bildern, Zeichen und Symbolen, Zahlen, Formeln und natürlich Texten, einschließlich digitaler beziehungsweise virtueller Pendants und Novitäten, vom Altertum bis in die Ge-

---

889 Das von den Feuilleton-Redakteur:innen Iris Radisch und Ijoma Mangold initiierte Gespräch zwischen Setz und den Autor:innen Juli Zeh und Thomas Hettche erschien unter dem Titel „Reden wir über das Schreiben" in *Die Zeit* vom 04.10.2012; online unter: https://www.zeit.de/2012/41/Werkstattgespraech-Radisch-Mangold-Zeh-Hettche-Setz (04.09.2019).
890 Ein prominentes Beispiel ist das sogenannte *Picatrix* von 1256, ein Zauberbuch, das auf der Übersetzung einer noch älteren arabischen Kompilation antiker astral-magischer Texte beruht; vgl. Daxelmüller: *Zauberpraktiken*, S. 249–261.
891 Nelles: „Magische Lektüren", S. 346.

genwart Magie und magisches Wissen nicht nur beheimateten, sondern qua Lektüre auch ab- und sogar hervorrufbar machten. Neben der Materialität des Mediums können Zeit, Ort und Ambiente sowie die Präsenz/Absenz bestimmter Personen den Akt des Lesens beeinflussen. „Von magischen Lektüren werden jedenfalls über rationale Lesevorgänge hinausgehende übernatürliche Effekte erwartet, oder solche werden, wenn sie unerwartet eingetreten sind, zu vorangegangenen Lesestoffen und/oder Lektürepraktiken in Beziehung gesetzt."[892] Im Mittelpunkt steht dabei das Verhältnis des oder der Lesenden zum jeweiligen Lesestoff:

> Magische Lektüren können entweder reale Lesende oder auch im weitesten Sinne *literarische* oder *virtuelle* Figuren unternehmen, die einem Text- und/oder Zeichensystem sich verbunden fühlen, ausgeliefert oder verfallen sind, und die spezielle Befürchtungen, Hoffnungen oder Erwartungen hegen, die mit ihrer Lektüre einhergehen, von ihr ausgehen oder durch sie vermieden werden können oder sollen.[893]

Zu unterscheiden ist weiterhin zwischen mehr oder weniger bewusster, willentlicher Versenkung in einen anderen, eben magischen und von der ‚wirklichen' Welt abweichenden Kosmos, wovon sich Leser:innen dieser für magisch gehaltenen Texte eine entsprechende Wirkung erwarten, und der intellektuell stimulierenden oder lustvoll-unterhaltsamen Lektüre nichtmagischer Texte, die zwar gleichsam mit Versenkung einhergehen kann, aber eher im übertragenen Sinne an die Erwartung kognitiv-emotionaler Erkenntnisse geknüpft ist. „Being transported", so wäre hier mit einer Bezeichnung aus der Kognitionspsychologie zu ergänzen, die das vollständige Eintauchen in die *Story World* eines literarischen Textes meint, ist ein zunächst prinzipieller Vorgang beim Lesen, der die Aufmerksamkeit fokussiert und mit der Konstruktion mentaler Bilder, Vorstellungen und Gefühle einhergeht.[894] Der Unterschied zu der Immersion bei magischen Lektüren ist also vornehmlich graduell – darin indes eklatant – und bezieht sich auf die Erwartungshaltungen an den Text, auf die Intensität des lesend Erlebten und schließlich auf die angenommenen Wirkungen all dessen.[895]

---

[892] Ebd., S. 349.
[893] Ebd., S. 346.
[894] Vgl. Eder: „Kognitive Literaturwissenschaft", S. 323, mit Bezug auf Richard J. Gerrig: *Experiencing Narrative Worlds. On the Psychological Activities of Reading.* London, New Haven: Yale Univ. Press 1993.
[895] Vgl. ebd., S. 324.

Dass die Romane von Clemens Setz ihrer Gestalt, ihrem Inhalt oder Anspruch nach nicht als Zauberbücher weder im historischen Sinne noch in gegenwärtiger Rubrizierung gelten können, wurde bereits erörtert (vgl. Kap. 2.2.2). Mit magischen Lektüren sind aber die Figuren befasst: Natalie Reineggers Liebe zu den Büchern von Stephen King beruht zwar weniger auf deren Geschichten als auf der Vorstellung, die sie von deren Verfasser als ungemein produktivem und „mit Abstand meistgelesene[m] Schriftsteller des Jahrhunderts" hat. Die Lektüre, aber auch bereits die schiere Anwesenheit von Kings Büchern empfindet sie als angenehm weltumspannend:

> Er war wie eine ständig weltweit empfangbare Live-Sendung, in deren Stream man sich einklinken konnte, und dann wusste man, dass man genau das tat, was Millionen Menschen in diesem Augenblick ebenfalls taten. Man konnte sich an Stephen Kings konstanter Allgegenwart wärmen wie an der Übertragung der Eröffnungsfeier der Olympischen Spiele. Er war ein zweiter Erdenmond. (FuG: 448 f.)

Im weiteren Sinne lassen sich auch ihre kontemplativen Gespräche mit dem Cleverbot hier zuordnen, der ja im Grunde nur ein mitunter orakelndes Textarchiv der Gedanken von Millionen von Menschen ist, was ebenfalls eine beruhigende Wirkung auf Natalie ausübt (vgl. FuG: 80 f., 201, 207, 712).

Eindeutiger liegt der Fall bei René Templ in *Söhne und Planeten*, der nach der unheimlichen Schrumpfung nur mithilfe magischer Lektüren seine ursprüngliche Größe zurückerlangt. Magisch im herkömmlichen Sinn ist an der Passage aus Defoes fiktivem Bericht *Tagebuch des Pestjahrs* von 1772 tatsächlich nichts, sie entfaltet aber in der Rezeption metaphorischen Charakter, weil sie auf Templs Unzulänglichkeit als Familienvater Bezug nimmt. Es geht um einen Fischer, dessen Frau und Kinder von der Pest befallen sind, während er bislang von Gott verschont geblieben ist, weshalb er sie nur aus der Ferne mit mühsam erwirtschaftetem Geld und Lebensmitteln unterstützen kann. Woher Templ weiß, dass er überhaupt durch dieses Ritual und auch nur dann erlöst wird, wenn er den Sinn des Gelesenen erfasst, weshalb er Teile des Auszugs unter größten Anstrengungen zweimal lesen muss, bleibt ungeklärt, scheint aber eine Art Sanktionsmaßnahme für sein Versagen zu sein: „Nur so würde es funktionieren. Nur so konnte er sich selbst und seinen Mangel an Aufmerksamkeit bestrafen. Es blieb ihm nichts anderes übrig." (SuP: 51) Beim zweiten Mal ist es ein Band mit – ebenfalls nicht als magisch zu bezeichnenden – ausgewählten Erzählungen Tschechows, dessen Titel er begutachtet („Er strich über die riesigen erhabenen Buchstaben des Bucheinbands. Sie waren ein wenig pelzig und fühlten sich gut an. Besonders das große M."; SuP: 31) und unzählige Male hintereinander liest, so dass er „wie ein Ohrwurm, nur visuell", in seinem Gedächtnis festhängt: „Der Mensch im Futteral'" (SuP: 32) erzählt von einem verschrobenen Lehrer namens Belikow, der seine Gebrauchsgegenstände in Futteralen aufbewahrt und nach seinem Tod analog dazu selbst in einem solchen – dem Sarg – gebettet ist. Bezugspunkte zu Setz' Roman ergeben sich aus dem situativen Umstand, dass Templ sich zur Erholung vom Schrumpfungsakt in eine Schublade rollt, die einem Futteral ähnlich ist, wo er dann neben Tschechows Buch einschläft (vgl. Kap. 7.4), sowie übergeordnet durch die Komposition aus Rahmen- und Binnenerzählung(en), die auch *Söhne und Planeten* bestimmt (vgl. Kap. 7.1).

Die unheimliche Wirkung von *Indigo* wiederum, von dem sich die Literaturkritik weithin provoziert, infiziert, jedenfalls auch körperlich stark angesprochen fühlte, spielt wohl am ehesten mit der Idee einer magischen Einflussnahme sowohl auf der Ebene des Textes als auch in seiner Gestaltung: Das Konglomerat aus verschiedenen Quellen und Dokumenten, auf zwei Mappen aufgeteilt, kennzeichnet die unterschiedlichen Textebenen, verdoppelt damit erneut den Lektürevorgang und nährt die Hoffnung, dem Geheimnis der Geschichte beim Lesen dessen, was die Figuren ihrerseits lesen, auf die Spur zu kommen (vgl. Kap. 9).[896] Auf welchen literarischen Strategien und ideengeschichtlichen Konzepten diese Reaktionen beruhen, wird im nun folgenden Kapitelabschnitt näher ausgeführt. Mit Uwe Japp lässt sich damit der Eindruck der Unzugänglichkeit und Verrätselung begründen, den eine solche hermetische Text-im-Text-Gestaltung mit sich bringt und der im gleichen Zuge dazu auffordert, das Verhältnis von Realität und Fiktion kontinuierlich neu zu justieren.[897]

---

[896] Das „Buch im Buch" als Tor zu einer anderen Welt spielt gerade in der phantastischen Jugendliteratur eine bedeutende Rolle, wie Anne Siebeck anhand verschiedener Beispiele – von Michael Endes *Die unendliche Geschichte* über Cornelia Funkes *Tintenherz* bis zu Walter Moers' *Die Stadt der träumenden Bücher* – herausarbeitet; vgl. Siebeck: *Das Buch im Buch*.

[897] Die auf diese Weise provozierte Einsicht, „daß die Welt nie so, wie sie ist, im Buch widergespiegelt werden kann", verabschiedet Japp zufolge die Idee eines „naiven Naturalismus": „Die Verdopplung der Lektüre im Buch ist deshalb als Kritik an diesem Glauben zu lesen. Die Literatur ist nicht der klare Spiegel der Realität, sondern die perspektivische Brechung, als welche der Leser die Realität im Buch erfährt. Das Buch im Buch, dort wo es Teil der Handlung ist, bringt genau diese für alle Lektüre grundlegende Brechung ins Bewußtsein." Japp: „Das Buch im Buch. Eine Figur des literarischen Hermetismus", in: *Neue Rundschau* 86 (1975), S. 651–670, hier S. 658.

13.2 „Kognitive Leidenschaften" und die Provokationen der Vernunft

Wie eng verknüpft die Geschichte der Rationalität mit der spezifischen Gerichtetheit von Aufmerksamkeit und Wahrnehmung in historischen Kontexten und ihren jeweiligen wissenschaftlichen Erkenntnisinteressen ist, zeigen eindrucksvoll die Studien von Lorraine Daston im Rahmen ihres großangelegten Projekts zur Objektivität.[898] An Phänomenen des Unerklärlichen, Außergewöhnlichen und Wunderbaren, deren kennzeichnende Bedeutungsfelder in Baumgartens Ästhetik *novitas*, *curiositas* und *admiratio* sind,[899] erörtert sie diese im sechzehnten und siebzehnten Jahrhundert positiv konnotierten Effekte als Katalysatoren der sich ausdifferenzierenden Wissenschaften. Indem Daston Neugier, Staunen und Bewunderung prägnant als „kognitive Leidenschaften" bezeichnet, weil sie „Vorstellungen von einer bestimmten Ordnung in der natürlichen und moralischen Welt voraussetzen",[900] wird die traditionelle Dichotomie von Emotionalität und Rationalität unterlaufen. Kognitiv an diesen Gefühlsregungen, bei denen es „ebenso sehr um Wissen wie um Fühlen ging", wie Daston betont, ist ihre Beziehung zum Prozess des Wissens. „Ein Wunder zu bemerken bedeutete, das Durchbrechen einer Grenze zu bemerken, den Umsturz einer Klassifizierung".[901] Im Zuge der Aufklärung wurde nicht nur das Wunder als vulgär abqualifiziert, sondern galten auch die kognitiven Leidenschaften unter redlichen Wissenschaftlern und Intellektuellen zunehmend als unschicklich. ‚Sich zu wundern' war für die sich formierende wissenschaftliche Elite fortan kein adäquater Reflex, geschweige denn Ausgangspunkt für ernstzunehmende Forschung.

---

[898] Vgl. Lorraine Daston, Peter Galison: *Objektivität*. Frankfurt a. M.: Suhrkamp 2007.
[899] Vgl. Karlheinz Barck: [Art.] „Wunderbar", in: ders. et al. (Hg.): *Ästhetische Grundbegriffe: Historisches Wörterbuch in sieben Bänden*. Bd. 6: *Tanz-Zeitalter/Epoche*. Stuttgart, Weimar: Metzler 2005, S. 730–775, hier S. 751.
[900] Lorraine Daston: „Die kognitiven Leidenschaften", in: dies.: *Wunder, Beweise und Tatsachen. Zur Geschichte der Rationalität*. Frankfurt a. M.: S. Fischer 2001, S. 77–97, hier S. 77. Vgl. auch dies., Katharine Park (Hg.): *Wunder und die Ordnung der Natur 1150–1750*. Frankfurt a. M.: Eichborn 2002. Alexander Ziem stützt diesen Gedanken gerade im Hinblick auf die kognitive Ästhetik: „Wissenschaft beginnt im Idealfall mit Staunen. Im Fall der literarischen Ästhetik ist das Staunen besonders groß: Wie ist es möglich, dass ein Gedicht mit einem Minimum an Form ein Maximum an Inhalt ‚produziert'? Warum lässt sich die Interpretation eines literarischen Textes nicht auf eine letztgültige festlegen?" Alexander Ziem: „Konzeptuelle Integration als kreativer Prozess: Prolegomena zu einer kognitiven Ästhetik", in: Huber/Winko (Hg.): *Literatur und Kognition*, S. 63–84, hier S. 63.
[901] Daston/Park (Hg.): *Wunder und die Ordnung der Natur 1150–1750*, S. 15.

Dastons Überlegungen eignen sich für die Studie deshalb so gut, weil sie zum einen ihren Ausgang von der Magie verwandten Phänomenen nehmen und weil sie zum anderen die kognitive Verfasstheit von Emotionen hervorheben und in Beziehung zu rationaler Erkenntnisfähigkeit setzen. Ihrer Zurückdrängung, Vulgarisierung und Popularisierung zum Trotz haben das Wunderbare wie das Magische womöglich gerade aufgrund ihrer spannungsgeladenen Position zwischen Glauben und Wissen ihre sublimen Qualitäten bewahren können, jedenfalls erhalten sie nahezu paradoxerweise verstärkt im zwanzigsten Jahrhundert und bis heute kontinuierlich neuen Auftrieb, sind sie doch fester Bestandteil gegenwärtiger Wissenschaftsrhetorik.[902] Ihre zumeist rätselhafte und geheimnisvolle Herkunft und Erscheinung kann gleichermaßen Bewunderung wie Schrecken auslösen, sichert ihnen aber stets eine gewisse Faszination, die aus dieser „Differenz zum Normalzustand" resultiert.[903]

Von solcherart Gefühlen handeln auch die Romane von Clemens J. Setz, die sich zunächst einigermaßen sachlich und kompakt als ‚Irritationen' beschreiben lassen, genau genommen aber die ganze Bandbreite der kognitiven Leidenschaften aufrufen angesichts des Unheimlichen, Befremdlichen, Ekelerregenden und Grausamen einerseits und des Phantasievollen, Naiven, Lustvollen und Absurd-Komischen andererseits. Sie finden überwiegend im Inneren der Figuren statt und reflektieren ihre Wahrnehmung des Geschehens, ergeben sich daher leserseitig sowohl im Mitempfinden wie im Kontrast zum Denken und Handeln der Figuren, werden aber auch über atmosphärische Beschreibungen der Geschehnisse außerhalb der Figurenwahrnehmung sowie über Thema, Setting und Komposition evoziert. Wie schon für Freud, der sich ausgiebig mit literarisch evolvierten Emotionen befasste und seine Erkenntnisse daraus für die psychoanalytische Praxis fruchtbar machen wollte, ist auch aus der Perspektive der Kognitionspsychologie interessant, in welcher Relation diese durch fiktionale Texte ausgelösten Emotionen mit solchen angesichts realer Ereignisse stehen.[904] Neben diesen „Fiktionsemotionen", die sich auf die *Story World* be-

---

[902] Vgl. Alexander Gall: „Wunder der Technik. Wunder der Natur. Zur Vermittlungsleistung eines medialen Topos", in: Geppert/Kössler (Hg.): *Wunder*, S. 270–301, bes. S. 299–301.
[903] Ebd., S. 300. Vgl. weiterführend auch Nicola Gess et al. (Hg.): *Poetiken des Staunens. Narratologische und dichtungstheoretische Perspektiven.* München: Fink 2019.
[904] In deutlicher Anknüpfung an die kathartische Funktion der Poetik, wie sie schon Aristoteles beschrieb, besteht nach Ansicht Freuds ein wesentlicher Grund für den ästhetischen Lustgewinn durch fiktionale Literatur in der „Befreiung von Spannungen in unserer Seele", indem uns „der Dichter in den Stand setzt, unsere eigenen Phantasien nunmehr ohne jeden Vorwurf und ohne Schämen zu genießen." Freud: „Der Dichter und das Phantasieren", S. 223. Vgl. dazu auch Eder: „Kognitive Literaturwissenschaft", S. 325, sowie Kap. 5.2.3 in diesem Band.

ziehen, sind gerade für die Romane von Clemens J. Setz auch die sogenannten Artefaktgefühle in Betracht zu ziehen, „die aus der Einstellung auf die Gemachtheit des literarischen Kunstwerks herrühren".[905] Insbesondere *Indigo* ist ein Text, der sich als Palindrom lesen lässt und sich durch paratextuelle und typographische Besonderheiten hervorhebt, aber auch die rasch wechselnden Erzählperspektiven in *Söhne und Planeten* und den *Frequenzen* sowie nicht zuletzt die extrem intime Verschaltung der Leser:innen mit der Hauptfigur in *Die Stunde zwischen Frau und Gitarre* lenken die Aufmerksamkeit immer wieder weg vom literarischen Geschehen auf die Gestaltung *als* literarische Texte. Magische Vorstellungen und Ereignisse sowie die umfassende metaphorische Konzeptualisierung auf Mikro- und Makroebene tragen ihrerseits deutlich dazu bei, die Reflexion dessen, *was* erzählt wird, um die Reflexion dessen, *wie* es erzählt wird, zu ergänzen. Letzteres wird von Ryan narratologisch unter dem Begriff „metasuspense" gefasst, die entsteht, wenn das Hauptinteresse der Gestaltung, nicht dem Geschehen gilt.[906] Dass sich Immersion („Flow-Erleben" als ästhetische Lust) und Reflexion (kritisch-rationale Betrachtung) dabei nicht ausschließen müssen, ist bereits vielfach diskutiert worden und gilt kognitionstheoretisch nicht als Widerspruch.[907]

Insofern lässt sich im Hinblick auf die Frage, ob es sich bei Setz' literarischen Strategien um Magie oder Trickserei handelt, die ja eine Kritik an der ausgestellten Gemachtheit impliziert, an dieser Stelle konstatieren, dass das Magische im Verbund mit einer in der Tat raffinierten Konstruktion auftritt, was ihren Effekt aber nur befördert, nicht aufhebt. Die Bewertung der durch sie ausgelösten weitläufigen Provokationen der Vernunft ist, wie gezeigt wurde, schon historisch ambivalent ausgefallen und changiert letztlich bis heute zwischen der Anerkennung ihrer heuristischen Qualitäten und der Ablehnung aufgrund ihrer mutmaßlich fatalen illusorischen, antirationalen Tendenzen.

---

905 Eder: „Kognitive Literaturwissenschaft", S. 324; vgl. Raoul Schrott, Arthur Jacobs: *Gehirn und Gedicht. Wie wir unsere Wirklichkeit konstruieren.* München: Hanser 2011, S. 508.
906 Vgl. Marie-Laure Ryan: *Narrative as Virtual Reality. Immersion and Interactivity in Literature and Electronic Media.* Baltimore (MD), London: The Johns Hopkins Univ. Press 2001, S. 145.
907 Vgl. u. a. die Einführung in das Themenheft „Immersion im Mittelalter" des Herausgebers Hartmut Bleumer, in: *Zeitschrift für Literaturwissenschaft und Linguistik* 167 (2012), S. 5–15; zur ästhetischen Lust als spezifische kognitive Form von „Flow-Erleben" vgl. das Kap. 5.4.2 „Eine Taxonomie von Lektüregefühlen" in Friederike Worthmann: *Literarische Wertungen: Vorschläge für ein deskriptives Modell.* Wiesbaden: Deutscher Universitätsverlag 2004 (zugl. Diss. Univ. Göttingen).

13.3 Technizistische Strukturen: *Two Cultures* unter einem Dach

Magie als Technik aufzufassen, ist ein Gedanke, der sich schon bei den Sophisten findet und sich durch alle Diskussionen um Irrationalität und Manipulation hindurch eher noch verhärtet hat. Auch Frazer gesteht am Ende des *Goldenen Zweigs* das intrikate Verhältnis zwischen Magie und Wissenschaft ein, wenn er schreibt: „Die Träume der Magie mögen eines Tages die wachen Wirklichkeiten der Wissenschaft sein"[908] – freilich nicht, ohne zuvor in mahnendem Gestus darauf zu verweisen, dass der Magie und Wissenschaft gemeinsame Glaube „an die Ordnung als das Grundprinzip" nicht darüber hinwegtäuschen sollte, „daß die von der Magie angenommene Ordnung wesentlich von denjenigen abweicht, die die Grundlage der Wissenschaft bildet".[909] Das verbindende Element ist daher weniger die theoretische Basis als ihr experimenteller Charakter: „Magicians were perhaps the first to experiment", suggeriert Thorndike in seinem achtbändigen Opus magnum zur Geschichte der Magie und experimentellen Wissenschaft.[910] Mauss und Hubert bezeichnen die Magie als eine Art Refugium der „alten Techniken", in dem sich diese weiterhin ungestört entfalten können:

> Die Magie hängt mit der Wissenschaft ebenso zusammen wie mit den Techniken. Sie ist nicht nur eine praktische Kunst, sondern ein Schatz von Ideen, sie mißt der Erkenntnis eine äußerst große Bedeutung bei, und in ihr sieht sie eine ihrer wichtigsten Aufgaben, denn wir haben ja gesehen, daß Wissen für sie gleich Macht ist.[911]

Auch Stockhammer beginnt seinen „Entwurf einer allgemeinen Theorie der modernen Magie" mit einem Kapitel zu Magie, Wissenschaft und Technik, in dem er die verschiedenen, oftmals holprigen Ansätze zur Bestimmung dieses Verhältnisses diskutiert, und kommt zu dem Ergebnis, dass gerade die Uneindeutigkeit für die „Attraktionskraft" der Magie um 1900 verantwortlich ist. Flankiert werde diese anhaltende Faszination aber von einer bedeutsamen Aus-

---

[908] Frazer: *Der goldene Zweig*, S. 1035.
[909] Ebd., S. 1034.
[910] Lynn Thorndike: *A History of Magic and Experimental Science*. 8 Bde. New York: Columbia Univ. Press 1923–1958, S. 977, vgl. S. 651.
[911] Mauss/Hubert: „Entwurf einer allgemeinen Theorie der Magie", S. 396. Zuvor hatten sie die Magie indes als „kindlichste der Techniken" beschrieben, die zudem von einer gewissen Faulheit oder Trägheit gekennzeichnet sei: „Sie meidet die Anstrengung, weil es ihr gelingt, die Realität durch Bilder zu ersetzen. Sie tut nichts, oder fast nichts, weil sie alles glauben macht, und dies umso leichter, als sie kollektive Ideen und Kräfte in den Dienst der individuellen Einbildungskraft stellt." Ebd., S. 395.

differenzierung, denn Technik und Wissen spalten sich zu Beginn des zwanzigsten Jahrhunderts zusehends voneinander ab, wie Stockhammer beobachtet und folglich abwägt: „Magie wäre Technik, insofern sie als Mittel zu einem direkt damit erreichbaren Zweck gilt. Sie unterschiede sich von der Technik (der Maschinen oder der neueren Speicher- und Übertragungsmedien), insofern sie sich nicht auf die Erkenntnisse der modernen europäischen Naturwissenschaften gründet."[912] Am Beispiel des Erfinders Thomas Edison, der den Beinamen „Zauberer von Menlo Park" trug und von ihm in Abgrenzung zum Renaissance-Magus als moderner „trial-and-error-Magier"[913] bezeichnet wird, stellt Stockhammer fest, dass die moderne Magie im Zeitalter der modernen Technik ihr Tun immer weniger begründen und kontrollieren kann. Darin sieht Stockhammer zugleich die Essenz der Weber'schen „Entzauberung", die ja nur besagt, dass der Mensch trotz steigender Rationalisierung, Intellektualisierung und Technologisierung nicht zwingend mehr über seine Lebensbedingungen *weiß*, aber dadurch in der Zuversicht bestärkt wird, es jederzeit in Erfahrung bringen zu *können*.[914] Entzauberung im „naturwissenschaftlichen Zeitalter" (Werner von Siemens) bedeutet also das Ende der Ohnmacht gegenüber dem Unwissen, das

---

[912] Stockhammer: *Zaubertexte*, S. 5. Die Etikettierung als „Zauberer" scheint sich in der Tat für verschiedene intellektuelle und künstlerische Fähigkeiten um 1900 großer Beliebtheit zu erfreuen. Prominentes Beispiel aufseiten der Literatur ist Edisons Zeitgenosse Thomas Mann, der von seiner Familie bekanntlich den Beinamen „Zauberer" erhielt. Auch Arthur Rimbaud wird verschiedentlich mit der Bezeichnung „Magier" in Verbindung gebracht. Vgl. u. a. Harald Weinrich: „Semantik der kühnen Metapher", in: *Deutsche Vierteljahresschrift für Literaturwissenschaft* 37 (1965), S. 325–344; sowie daran anschließend Rolf Kloepfer: „Das trunkene Schiff. Rimbaud – Magier der ‚kühnen' Metapher?", in: *Romanische Forschungen* 80.1 (1968), S. 147–167. In seinem 2018 erschienenen Buch über die Philosophen Ernst Cassirer, Ludwig Wittgenstein, Walter Benjamin und Martin Heidegger beschreibt Wolfram Eilenberger deren intellektuelles Charisma als ambivalenten Zauber zwischen Faszination und Verführung. Vgl. Wolfram Eilenberger: *Zeit der Zauberer. Das große Jahrzehnt der Philosophie 1919–1929*. Stuttgart: Klett-Cotta 2018. Zum Begriff des Charismas, das Max Weber synonym mit dem magischen *mana* setzt, vgl. wiederum Stockhammer: *Zaubertexte*, S. 225–232.
[913] Ebd., S. 8, vgl. S. 3.
[914] Vgl. Max Weber: „Wissenschaft als Beruf", in: ders.: *Wissenschaft als Beruf (1917/1919), Politik als Beruf (1919)*, Studienausgabe der Max Weber-Gesamtausgabe (MWS), Bd. I/17. Hg. von Wolfgang J. Mommsen, Wolfgang Schluchter in Zusammenarb. mit Birgitt Morgenbrod, Tübingen: Mohr 1994, S. 1–23, hier S. 9: Die „Entzauberung der Welt" beruht Weber zufolge auf dem Glauben, „daß es also prinzipiell keine geheimnisvollen unberechenbaren Mächte gebe, die da hineinspielen, daß man vielmehr alle Dinge – im Prinzip – durch Berechnen beherrschen könne. [...] Nicht mehr, wie der Wilde, für den es solche Mächte gab, muß man zu magischen Mitteln greifen, um die Geister zu beherrschen oder zu erbitten. Sondern technische Mittel und Berechnung leisten das."

zuvor religiöse, magische, esoterische, jedenfalls irrationale Erklärungsmuster befeuert hat.

Webers Diktum ist auch einer der Dreh- und Angelpunkte in den Beiträgen des Sammelbands zum Phänomen des mit der Magie verwandten Wunders, der schon mehrfach zur Sprache kam. Darin wird dem Wunder – ebenfalls in konstanter Abgrenzung zu Ereignissen mit Zaubereieffekt im Rahmen von Illusions- und Trickkunst – eine gewisse technizistische Struktur und damit einhergehend auch ein performatives wie manipulatives Vermögen zugeschrieben,[915] das die analytische Fragestellung weg von Wahrheit und Wahrscheinlichkeit hin zu „Aspekten von Inszenierung, Vermittlung und Aneignung, gewissermaßen ihrem *making*" lenken soll und damit auch „Poetik und performative (Eigen-) Logiken" berücksichtigt.[916] Ausgangspunkt ist wie bei Stockhammer die von wissenschaftlicher Seite bestätigte und umso bemerkenswertere Beobachtung einer globalen „Renaissance des Wunderglaubens" im zwanzigsten Jahrhundert, die „unserer eigenen Gegenwart eine wahre Sehnsucht nach Wundern und innerweltlicher Transzendenzerfahrung" attestiert.[917] Obwohl sich die Herausgeber in ihrer Einleitung dezidiert dagegen aussprechen, Webers „,Entzauberung der Welt' schlicht durch das Alternativtheorem einer ‚Verzauberung' oder ‚Wiederverzauberung' zu ersetzen", kommen doch gerade die Beiträge, die sich mit dem Verhältnis zu Technik und (Natur-)Wissenschaft befassen, nicht umhin, die Entwicklungen bis hin zum Topos des postmodernen *re-enchantment* als Reaktion und Konsequenz an Weber entlang kritisch zu diskutieren.[918] In einer detaillierten Analyse der „teilweise fast überbordenden Wunder- und Wiederverzauberungsrhetorik" zwischen geschickter Kommunikationsstrategie, enthusiastischem Entdeckergeist und Wissenschaftsfaszination erläutert Alexander Gall die Vermittlungsleistung der heute fest etablierten Topoi vom „Wunder der Natur" und „Wunder der Technik".[919] Es zeigt sich, dass auch die hochtechnisierte und weithin verwissenschaftlichte Gegenwart keineswegs frei von metaphysischen Tendenzen ist, und sei es nur, worin Gall im Anschluss an Luhmann einen Grund unter vielen für die erfolgreiche Behauptung des Wunders in der Moderne ausmacht, um Komplexität zu reduzieren.

---

915 Geppert/Kössler: „Einleitung: Wunder der Zeitgeschichte", S. 39.
916 Ebd. mit Verweis auf Gabriela Signori: *Wunder. Eine historische Einführung.* Frankfurt a. M.: Campus 2007, S. 10.
917 Ebd., S. 11.
918 Vgl. Eva Johach: „Verzauberte Natur? Die Ökonomien des Wunder(n)s im naturwissenschaftlichen Zeitalter", in: Geppert/Kössler (Hg): *Wunder*, S. 179–210, bes. S. 179, S. 202–206.
919 Gall: „Wunder der Technik", S. 288.

Nicht ohne eine gewisse Abschätzigkeit formuliert der Philosoph Karl Senegger aus Setz' Roman *Söhne und Planeten* den Umgang mit „Dinge[n], die wir lieben oder die für uns von Bedeutung sind" folgendermaßen: „Wir vereinfachen sie und fassen sie großzügig zusammen, um sie immer mit uns herumtragen zu können", was er auf das „kindliche Bedürfnis, alle geliebten Dinge unter ein Dach zu bringen", zurückführt, das er mit Dantes Himmel, Goethes Sammelleidenschaft und der Idee einer physikalischen Supertheorie gleichsetzt, denn „im Grunde funktioniert alles Denken nur unter dieser stillschweigend vorausgesetzten Annahme." (SuP: 70; vgl. Kap. 7.2) So sind Keplers Planetengesetze, Rube Goldbergs Weltmaschine oder die Glühbirnen des „Zauberers" Edison in Setz' Romanen ebenso wenig Garanten für eine auf Vernunft und Wissenschaft basierende Welt wie Natalie Reineggers technisch, digital und multimedial erzeugtes Geborgenheitsgefühl tatsächlich ein Refugium vor den Zudringlichkeiten irrationaler Einflüsse bietet (im Gegenteil).[920] Die Präsenz technisch, mathematisch, geometrisch oder physikalisch herleitbarer Regeln und erklärbarer Phänomene ist zwar nicht systematisch angelegt und deshalb gelegentlich eher anekdotisch, häufig aber doch, wie die Analysen dargelegt haben, metaphorisch zu lesen, weil sich die daran gekoppelten Realitätsbrüche als „Beschreibung epistemologischer Defizite innerhalb der positivistischen Naturwissenschaft der Moderne" lesen lassen.[921] Sie bilden eine konstante Folie für die zahlreichen Analogien; Figuren und Erzähler weisen hier eine besondere Neigung und erhöhte Aufmerksamkeit sowie zum Teil entsprechende Kenntnisse auf. Natalie beispielsweise verehrt Primzahlen als „was Heiliges" (FuG: 228), die endlose Zahlenfolge nach dem Komma ihrer 66-Prozent-Stelle erscheint ihr „magisch"[922] (FuG: 37), überhaupt gefällt ihr die Rechnung, sich mit drei ande-

---

[920] Vgl. dazu Vera Bachmann: „‚Das Internet sprach immer mit vollem Munde' – Schnittstellen zwischen Digitalem und Analogem in Clemens Setz' Roman *Die Stunde zwischen Frau und Gitarre*", in: Jan-Oliver Decker, Amelie Zimmermann (Hg.): *Schnittstelle/n zwischen Literatur, Film und anderen Künsten*. Beiträge der Sektion „Literatur" des 15. Internationalen Kongresses der Deutschen Gesellschaft für Semiotik (DGS) e.V. in Passau, 12.–15. September 2017 (= Themenheft der Zeitschrift *KODIKAS/Code. An International Journal of Semiotics*). Tübingen: Narr Francke Attempto 2020, S. 20–29.

[921] Leonhard Herrmann: „Vom Zählen und Erzählen, vom Finden und Erfinden Zum Verhältnis von Mathematik und Literatur in Daniel Kehlmanns frühen Romanen", in: Franziska Bomski, Stefan Suhr (Hg.): *Fiktum versus Faktum. Nichtmathematische Dialoge mit der Mathematik*. Berlin: Erich Schmidt 2012, S. 169–184, hier S. 181.

[922] Mit der „Magie" der Zahl und des Messens überhaupt hat sich beispielsweise die Psychoanalyse eingehend befasst; vgl. dazu Vera King et al.: „Psychische Bedeutungen des digitalen Messens, Zählens und Vergleichens", in: *Psyche. Zeitschrift für Psychoanalyse und ihre Anwendungen* 73.9 (2019), S. 744–770.

ren zwei Stellen zu teilen: „Von diesem Bild ging etwas Heimeliges aus: zusammenstehen, sich aneinanderdrücken unter einem Regendach, Schutz vor den Elementen." (FuG: 18) Dass sie den armen Juan auf „molekular-planetarem Weg" (FuG: 25) durch ihre Körperbewegungen quält, könnte ihren Überlegungen nach auch auf dem sogenannten Schmetterlingseffekt aus der Chaostheorie (genauer: aus der Nichtlinearen Dynamik, Natalie allerdings als „Sci-Fi-Story" bekannt) beruhen, „der einen Wirbelsturm am anderen Ende der Welt verursacht" (FuG: 24).

Das Bedürfnis, Formen und Flächen zu vermessen, Abstände und Wahrscheinlichkeiten zu berechnen, Parallelverschiebungen und Zeitsprünge zu vollziehen beziehungsweise zu verhindern oder optischen Phänomenen auf den Grund zu gehen, ist vielen von Setz' Figuren gemein. All diese Vorgänge sind zumeist magisch-metaphorisch aufgeladen (und darin häufig synästhetisch fundiert: „Das Wort *Parallaxe* drängte sich auf, es sah so aus wie blutendes Zahnfleisch und terminatormäßige Metallteile in Haut"; FuG: 637) und werden selten oder nur scheinbar zugunsten rationaler, ‚wahrer' Erklärungen aufgelöst. Offen bleibt auch, wie die Unkenntnis oder Unsicherheit der Figuren über die verantwortlichen Größen und Prinzipien zu interpretieren ist: Als rein metaphorischer Rest, der – im Sinne Webers – eine bloße Erkenntnislücke anzeigt, die durch potentiell verfügbares Wissen rasch geschlossen werden könnte, oder doch – gegen Weber – als wiederum metaphorisch konzeptualisierter Hinweis auf die Anwesenheit der Magie.

C. P. Snows folgenreiche und viel diskutierte Sentenz von den *two cultures*[923] präsentiert sich bei Setz in spezifischer Allianz, wie sie bereits August Wilhelm Schlegel in seinen *Vorlesungen über Ästhetik* prägnant formuliert hat: „Eben so wie die Astrologie fodert die Poesie von der Physik die *Magie*. Was verstehen wir unter diesem Worte? Unmittelbare Herrschaft des Geistes über die Materie zu wunderbaren unbegreiflichen Wirkungen." Die Magie sei „durch den schlechten Zauber in Miscredit" gekommen", stellt Schlegel weiterhin fest und appelliert:

> Die Natur soll uns aber wieder magisch werden, d. h. wir sollen in allen körperlichen Dingen nur Zeichen, Chiffren geistiger Intentionen erblicken, alle Naturwirkungen müssen uns, wie durch höheres Geisterwort, durch geheimnißvolle Zaubersprüche hervorgerufen erscheinen, nur so werden wir in die Mysterien eingeweiht, so weit unsre Beschränktheit

---

[923] Charles Percy Snow: *The Two Cultures and the Scientific Revolution*. London: Cambridge Univ. Press 1959; dt. *Die zwei Kulturen. Literarische und naturwissenschaftliche Intelligenz*. Stuttgart: Klett 1967.

es erlaubt, und lernen die unaufhörlich sich erneuernde Schöpfung des Universums aus Nichts wenigstens ahnden.[924]

Anhand der kontextualisierenden Ausführungen dieses und des vorherigen Kapitels lässt sich für die magisch-metaphorische Struktur der Texte von Clemens J. Setz ein Zusammenschluss von theoretischen Ideen und ästhetischen Idealen insbesondere aus der Frühen Neuzeit und der Romantik über die Moderne bis in die Gegenwart (und darüber hinaus) behaupten, die im letzten Teil dieses Bandes zu einer poetologischen Standortbestimmung gebündelt werden.

---

924 August Wilhelm Schlegel: „Ueber Litteratur, Kunst und Geist des Zeitalters. Dritte Vorlesung: *Untergang der Ideen* [...]", in: ders.: *Kritische Ausgabe der Vorlesungen*. Hg. von Georg Braungart. Begr. von Ernst Behler in Zusammenarbeit mit Frank Jolles. Bd. 2.1: *Vorlesungen über Ästhetik* (1803–1827). Paderborn u. a.: Schöningh 2007, S. 195–253, hier S. 228 f.

14 Fazit: Magie und Metapher als poetologische Konzepte

Der Zusammenfassung der Ergebnisdiskussion geht eine kompakte Reflexion poetologischer Zielsetzungen im Allgemeinen und der hier besprochenen Romane von Clemens J. Setz im Besonderen voraus, die den Blick noch einmal auf einen zentralen Aspekt lenken sollen: Unweigerlich sind mit den als konstitutiv identifizierten Begriffsfeldern Magie und Metapher Fragen nach dem zugrundliegenden Realismuskonzept zu stellen (Kap. 14.1). Nach diesen vorbereitenden Überlegungen werden ihre poetologischen Dimensionen anhand von drei einschlägigen Kriterien erörtert, die sich aus den Ergebnissen profilieren lassen, nämlich *was* damit erzählt wird (Kap. 14.2), *wie* es erzählt wird (Kap. 14.3) und schließlich *wozu* es auf eben diese Weise erzählt wird (Kap. 14.4).

14.1 Ordnungsarbeiten

Ziel dieser Studie war es, magische und metaphorische Wahrnehmungs- und Darstellungsweisen in dem bislang noch weitgehend unerforschten Romanwerk von Clemens J. Setz kognitionsästhetisch zu begründen. Im Sinne poetologischer Reflexionen der Gegenwartsliteratur, die darum bemüht sind, „explizite wie immanente Poetologien"[925] auszumachen und sie in enger Verknüpfung mit der „dichterische[n] Arbeit" zu betrachten,[926] wurde ein theoretischer wie analytischer Zugang entwickelt, der grundlegende Einsichten in die hier wirksamen literarischen Strategien bieten soll. Einer der Schwerpunkte dieser vielfältigen Vermessungen liegt traditionell auf dem Verhältnis zwischen Literatur und Wirklichkeit, „der ‚Welthaltigkeit' von Literatur und der poetologischen Ordnung kontingenter Wirklichkeiten", und damit auf Fragestellungen, die sich zwangsläufig aus der Lektüre der Romane von Clemens Setz ergeben. Zu deren ‚Kosmologie' im Sinne konstitutiver Strukturen und Gesetzmäßigkeiten eines literarischen Universums gehören, das sollte deutlich geworden sein, magische und metaphorische Vorstellungen, mit denen die fiktionale Welt großräumig und zugleich detailreich ausgeleuchtet wird. Dass im gleichen Zuge etablierte Welterklärungsmodelle irritiert und in ihrem kontingenten Status sichtbar wer-

---

[925] Horstkotte/Herrmann: „Poetiken der Gegenwart? Eine Einleitung", S. 5.
[926] Schmitz-Emans et al.: „Vorbemerkung der Herausgeber: ‚Poetik' und ‚Poetiken'", in: dies. (Hg.): *Poetiken*, S. VII–XII, hier S. X.

den, ist Teil des Programms: „Denn mit ihrer poetologischen Ordnungsarbeit partizipiert die Literatur immer auch an den Ordnungsmodellen und -problemen metaphysischer Diskurse."[927]

Somit lässt sich für Setz' prinzipiell realistische Prosa eine Beobachtung reklamieren, die aus einer Reihe ähnlich gelagerter Studien zu extrahieren ist, nämlich „dass sich Gegenwartsliteratur keineswegs mit der ‚realistischen' Repräsentation wiedererkennbarer Wirklichkeiten bescheidet, sondern die Möglichkeiten eines literarischen Wirklichkeitsbezugs immer wieder kritisch hinterfragt und dabei vielfältig an Traditionen der literarischen Fantastik, des magischen Realismus und der Fantasy anknüpft".[928] Dass sich der prinzipiell ‚realistische' Erzählmodus von der Moderne bis in die post(-post-)moderne Gegenwart hinein als die bevorzugte, jedoch angesichts diskursiver Wirklichkeitsvorstellungen – wie im Fall von Clemens Setz – auch als erklärungsbedürftige Form erweist, zeigen die Arbeiten von Moritz Baßler, der sich im Anschluss an Jakobson mit den metaphorischen und metonymischen Verfahrensweisen im Zusammenspiel mit aktualisierten Varianten der Phantastik und des magischen Realismus befasst.[929] In strenger Auslegung der Jakobson'schen Theorie wäre zu konstatieren: „Metaphern sind nicht realistisch, und Realismus ist nicht metaphorisch, und zwar *per definitionem*."[930] Ein realistischer Text bewegt sich Baßler zufolge in vorgegebenen kulturellen *frames* und *codes*, zu denen er in einem Kontiguitätsverhältnis und damit in metonymischer Relation steht; die Metapher hingegen zeige in ihrer Uneigentlichkeit einen mindestens kurzzeitigen Bruch mit diesem *frame* an, was wiederum zur Folge habe, dass ein streng ver-

---

[927] Michel: *Ordnungen der Kontingenz*, S. 3.
[928] Horstkotte/Herrmann: „Poetiken der Gegenwart?", S. 8. Mit Blick auf FuG konstatiert Baßler: „Setz' Roman zweifelt zwar nicht an der Wirklichkeit, ist sich aber der Tatsache bewusst, dass jeder Text und vor allem jeder literarische Text diese Wirklichkeit erst mit sprachlichen Mitteln zu konstruieren hat und dass die Art dieser Konstruktion einen erheblichen Einfluss auf die Gestalt ausübt, in der sich diese Wirklichkeit dann darstellt." Baßler: „Realistisches *non sequitur*", S. 64 f. Vgl. auch Oberreither, der mit Baßler argumentiert: „Setz' Texte verfahren damit trotz hoher Dichte an Vergleichen, Metaphern, Chiffren grundsätzlich realistisch, soll heißen: Poesie als Verfremdung auf der Sprachebene, als Irritation dieser Verbindung vom Text zur erzählten Welt." Oberreither: „Irritation – Struktur – Poesie", S. 129.
[929] Vgl. Moritz Baßler: „Magischer Realismus als Realismus der späten Moderne", in: Torsten W. Leine (Hg.): *Magischer Realismus als Verfahren der späten Moderne. Paradoxien einer Poetik der Mitte*. Berlin, Boston: De Gruyter 2018, S. 17–28; ders.: „Moderne und Postmoderne. Über die Verdrängung der Kulturindustrie und die Rückkehr des Realismus als Phantastik", in: Sabina Becker, Helmuth Kiesel (Hg.): *Literarische Moderne. Begriff und Phänomen*. Berlin: De Gruyter 2007, S. 435–450.
[930] Baßler: „Metaphern des Realismus", S. 217.

fahrender Realismus ausschließlich in metonymischer Nachbarschaft von ‚immer schon Bekanntem' erzählen könne und jede Form von Abweichung darin stets als solche markiert beziehungsweise explizit von der realistischen Bedeutungskonstitution ausgeklammert werden müsse. Theoretisch mit Barthes und analytisch anhand einer Erzählung von Wilhelm Raabe kommt Baßler zu dem Schluss, dass moderne realistische Literatur in dieser strikten Auffassung hinter ihren Möglichkeiten zurückbliebe: „Realismus ist nicht metaphorisch, aber Poesie ist es."[931] Ein Dilemma, dem sich der Poetische Realismus des späten neunzehnten und beginnenden zwanzigsten Jahrhunderts bewusst zu sein scheint und daraufhin bestimmte Strategien entwickelt, um die potentiell „auf ‚unendlich'" gestellte Kippfigur aus metaphorischen ‚Übercodierungen' und metonymisch-realistischen Texturen doch noch zu einem befriedigenden Abschluss zu bringen. „Entsagung" ist laut Baßler eine davon und meint das Belassen des literarischen Geschehens im metonymischen, das heißt für die Figuren real „lebbaren" Gefüge, das zugleich auf metaphorischer Ebene ein Defizit oder gar Desiderat ausstellt.[932] Eine weitere Option bilden die „Routines", ein Begriff, den Baßler poetologischen Überlegungen William S. Burroughs entnimmt: Darunter sind gestaltete Idiosynkrasien zu verstehen, die sich „deviationsästhetisch deuten" lassen, nämlich „als Texte mit Freude an der Abweichung." Dabei werde der im Realismus gebotene Normdiskurs „überhaupt nicht mehr mitgeschrieben", sondern vielmehr das Deviante zur literarischen Norm erhoben.[933]

Beide Strategien, wie die Analysen der Romane in Teil III dieses Bandes gezeigt haben, sind für den Realismus von Clemens J. Setz zu veranschlagen: „Das Real-Geheimnisvolle, das daraus entsteht, macht zum einen seinen ästhetischen Reiz aus und verweist zum anderen immer aufs Neue auf seine epistemologische Aporie", weil er „in durchaus vormoderner Weise ein einheitliches Wesensgesetz der Wirklichkeit immer schon voraussetzt" und deshalb seine ‚eigentliche' Bedeutungskonstitution nur in Form des ‚uneigentlichen' Metaphorischen bannen kann.[934] Dass die Aufrechterhaltung dieser Dichotomie zwischen ‚eigentlich' und ‚uneigentlich' mit Blick auf kognitive Ansätze zur Metapher und auch zur Magie mindestens heikel ist, wurde im theoretischen Teil

---

931 Ebd., S. 231. Zum Begriff „Poetischer Realismus" vgl. ders.: „Gegen die Wand. Aporien des Poetischen Realismus und das Problem der Repräsentation von Wissen", in: Michael Neumann, Kerstin Stüssel (Hg.): *Magie der Geschichten. Weltverkehr, Literatur und Anthropologie in der zweiten Hälfte des 19. Jahrhunderts*. Konstanz: Konstanz Univ. Press 2001, S. 429–442.
932 Baßler: „Figurationen der Entsagung", S. 67; vgl. ders.: „Zeichen auf der Kippe", S. 9.
933 Baßler: „Zeichen auf der Kippe", S. 15 f.
934 Baßler: „Metaphern des Realismus", S. 231.

ausführlich dargelegt (vgl. Kap. 5.1). Auch Baßler führt an anderer Stelle und nun enger fokussiert auf phantastische Elemente im realistischen Erzählen aus, dass hier nicht zwangsläufig ein Widerspruch besteht, denn gerade phantastische Literatur müsse „im Kern realistisch verfahren, um die in ihr vorgeführten Abweichungen von den Regeln der Wirklichkeit als real zu beglaubigen. Nur über die allerstabilsten Frames und Codes werden die fantastischen Dinge als solche lesbar und damit zu den Regeln einer roman- oder genrespezifischen neuen Wirklichkeit."[935]

Obwohl Setz' Romane zwar nicht als phantastische Literatur im engen Sinne gelten dürfen, ist an Baßlers Argumentation anschlussfähig, dass das Magische mit dem Phantastischen insofern einen gemeinsamen Nenner hat, als es geltende Gesetze und herkömmliche Vorstellungen von empirisch erfahrbarer Kausalität und Wahrscheinlichkeit zugunsten alternativer Erklärungsmodelle, die benannt werden oder abzuleiten sind, vorübergehend oder gänzlich suspendiert. Darin ergibt sich wiederum eine Schnittstelle mit dem epistemischen Potential des Metaphorischen: „Wie bei Metaphern erzeugt ja das prima facie Nicht-Zusammenpassende beim Leser den interessanten Reflex, doch einen irgendwie gearteten Konnex herstellen zu wollen, und das macht Spaß und fördert die Erkenntnis", schreibt Baßler über die poetologische Metapher des *Non sequitur* in *Die Stunde zwischen Frau und Gitarre* (vgl. Kap. 10.5). „Nun praktiziert Setz' Romanprosa dieses Verfahren allerdings selbst gar nicht, sondern

---

[935] Baßler: „Realismus – Serialität – Fantastik", S. 35. Baßler argumentiert weiterhin und wiederholt gegen Leslie Fiedlers Prognose aus seinem Essay „Cross the Border, Close the Gap" von 1968, dass in Anbetracht der überbordend und „übervollen" phantastischen zeitgenössischen Epik (exemplarisch stehen ihm gegenwärtig dafür etwa *Der Herr der Ringe*, *Harry Potter* oder *Tintenherz*) die „postmodernen Mythen" keineswegs von Maschinen statt von Zauberern regiert würden, sondern wir uns vielmehr im „Zeitalter der Fantasy" befänden, das noch erfolgreicher als der Magische Realismus sei und zudem „ohne schlechtes Gewissen" „munter seine eigenen Genreregeln" ausbilde, indem es sich vom allegorischen Charakter längst verabschiedet habe. Clemens J. Setz verortet er – namentlich neben Kehlmann, Murakami und anderen – zwar nicht in der Fantasy, aber im „populärrealistischen Erzählen", das seine „zeitlosmagische Sphäre" stets „mit einem hochliterarischen Authentizitätsanspruch" verbinde, was im Grunde längst eine Genreregel sei, „die den Durchschnittsleser bei der Stange hält und ihm zusätzlich noch tiefere Literarizität und damit Teilnahme an einer gehobenen Kultur suggeriert." Ebd., S. 38–43. Diese durchaus polemisch-pejorative Sicht, die vor allem mit Marktkonformität argumentiert, wird hier allerdings nicht befürwortet und lässt sich im Anschluss an die Textanalysen der Romane von Clemens Setz aufgrund ihrer erkennbar ästhetisch-programmatischen Durcharbeitung einerseits und der vielfach von Irritation und Unverständnis gekennzeichneten Resonanz andererseits auch nicht bestätigen.

stellt es bloß innerhalb seiner (wie gesagt: konsistenten) Diegese aus."[936] Das ist für den genannten Text und auch für die *Frequenzen* zutreffend, gilt aber nur mit Differenzierungen für *Indigo*, der auf beiden Ebenen, also im Rahmen der Diegese *und* der Diegesis, mit dem ‚Nichtzusammenpassenden' spielt. Wieder anders verhält es sich bei *Söhne und Planeten*, in dem mit Templs Schrumpfung und Auers Weizenähre zumindest ‚unwirklich' erscheinende Ereignisse innerhalb der erzählten Welt stattfinden und letztlich unerklärt bleiben.

‚Epistemologische Aporien', oder vielleicht weniger absolut formuliert: Herausforderungen, ergeben sich wiederum bei allen vier Romanen auf semantischer Ebene – und das sowohl in voller Absicht als auch aus konzeptueller Notwendigkeit heraus, wie sie die kognitive Metapherntheorie für die poetische Ausgestaltung der geforderten Übertragungsleistung nahelegt. Das *tertium comparationis* des ‚Nichtzusammenpassenden' lässt sich auch und gerade in Setz' Erzählwelten nicht durch Buchstäbliches substituieren und auch nicht immer durch metonymische Auflösung neutralisieren. Und genau deshalb werden darin nicht formalstrategische ‚Zaubertricks' inszeniert, sondern magische Vorstellungen als potentielle Bedeutungsträger konzeptualisiert. Von literaturwissenschaftlicher Warte werden darin einerseits Anklänge an die Ästhetik der Weltumspannung aus der Romantik verzeichnet, andererseits aber auch der Anschluss an die ästhetisch explorativen Bestrebungen der Moderne gegenüber einer undurchsichtig, fragmentarisch und kontingent erscheinenden Wirklichkeit.[937] In der literarischen Öffentlichkeit hat ihm das selbst von wohlmeinender Seite den Ruf als ‚Sonderling' eingebracht, weil „das Feld der deutschsprachigen Gegenwartsliteratur von einem Realismus-Paradigma dominiert [ist], in dem Setz' Texte zumindest als ungewöhnlich bezeichnet werden dürfen",[938] und „weil sein Werk den Realismus oft so genau nimmt, dass er schon wieder ans Magische rührt".[939] Wichtiger noch als die Fragen, wo man den Setz'schen Realismus letztlich literaturgeschichtlich lokalisiert oder mit welchem Epitheton

---

936 Baßler: „Realistisches *non sequitur*", S. 67.
937 Vgl. Lehmann: „Rauschen, Glitches, non sequitur".
938 Ebd., S. 137. Eke widerspricht dieser abseitigen Positionierung von Setz seitens der Literaturkritik mit Hinweisen auf Clemens Meyer, „mit dessen Prosa Setz' Werk den genauen Blick auf die Dinge gemein hat", und Georg Klein, „dessen doppelbödige Fiktionen die Tagseiten der Realität eindunkeln – wenn auch in seinem Fall um ihre magische Unter- und Nachwelt zum Leuchten zu bringen." Eke: „Wider die Literaturwerkstättenliteratur", S. 49. Letzteres ist jedoch vielmehr als Gemeinsamkeit denn als Unterschied zu konstatieren.
939 Felix Stephan: „Was Dichter von Wrestlern lernen können", in: *Süddeutsche Zeitung* vom 27.06.2019; online unter: https://www.sueddeutsche.de/kultur/clemens-setz-bachmannpreis-eroeffnungsrede-1.4501704 (14.06.2020).

man ihn versieht (magisch, neu, progressiv, gebrochen), ist die Tatsache, dass es sich in seinen Texten um einen realistischen Erzählmodus handelt, der sich mit radikaler Durchlässigkeit für alle denkbaren Welterklärungen in seinem Verhältnis zur Wirklichkeit selbst beobachtet.

14.2 Das Wesen nichtexistenter Dinge

Zu den täglichen Beschäftigungen eines Schriftstellers oder einer Schriftstellerin gehört es, Clemens J. Setz zufolge, „das Wesen nichtexistenter Dinge" zu ergründen (vgl. Kap. 2.3.5). Insofern fiktionale Welten real nichtexistente Räume des Erzählens sind, liegt darin zunächst nichts Außergewöhnliches. Dass er sich damit auch tief in philosophische Gefilde der ontologischen Ungewissheiten begibt, liegt ebenfalls auf der Hand, zwingt ihn indes nicht dazu, sein literarisches Interesse am *Sosein* und *Dasein* beziehungsweise dessen Umsetzung auch von einem philosophischen Standpunkt aus zu legitimieren. Das überstiege auch den Kompetenzbereich dieses Bandes und wird daher vornehmlich als literarisches Verfahren und ästhetische Idee begründet.

Einige wiederkehrend fokussierte Themen- und Phänomenbereiche konstituieren das literarische Universum von Clemens Setz: Die erhöhte Aufmerksamkeit für die intrinsische Motivation einer universal agierenden Kraft oder Substanz, die Mikro- und Makrokosmos zusammenführt und stets fest im Griff hat; für den suggestiven Symbolgehalt bestimmter Vorkommnisse, die Träumen und Visionen ebenso entstammen wie der realen Welt und sich in der Folge als häufig untrennbar ineinander verwoben darstellen; für telepathisch respektive sympathetisch wirksame Zusammenhänge und die Durchlässigkeit beziehungsweise Wandelbarkeit geometrischer Formen und topologischer Dimensionen, die die Stabilität gefährden können; sowie für das Andere, Ausgegrenzte und Randständige einerseits und das ‚vertraute Unvertraute' als Charakteristikum des Unheimlichen in Verbindung mit einer weithin anthropomorph wahrgenommenen Welt andererseits.[940] Die Strategie ist Zusammenschau, und die kreative Synthetisierung beruht auf dem Erkennen und Darstellen von Gleichheits- und Ähnlichkeitsbeziehungen als elementare Bindemittel. Jenseits historischer Bedingungen ließen sich hierin durchaus Anklänge an barocke Motivik und Stilistik ausmachen mit ihrem Ideal der alles durchdringenden Antithetik sowie dem intensiven Betrachten und Umkreisen eines Leitgedankens durch die

---

[940] Mehrfach ist die Relevanz des Unheimlichen für Setz' Schreiben Thema im Interview-Journal *Bot*, vgl. u. a. S. 61–65.

Häufung und Wiederholung bestimmter Begriffe, Metaphern und Vergleiche, also einer prinzipiell starken Neigung zum Mystischen sowie zum Figurativen unter dem Eindruck der Vergänglichkeit.[941]

Setz' Blick auf die Welt zeuge von einem „Urvertrauen auf die Macht des Bildes", heißt es in der Jurybegründung zum Kleist-Preis, der ihm 2020 zugesprochen wurde, ein literarischer „Grenzgang zwischen dem Visionären und dem Pathologischen".[942] Figuren und Figurationen der Alterität und Devianz stehen dabei im Zentrum: „Er sieht überall nur Ähnlichkeiten und Zeichen der Ähnlichkeit", schreibt Foucault in *Die Ordnung der Dinge* über die Gestalt des kulturell funktionalisierten ‚Irren', denn er ist derjenige, „der sich in der *Analogie entfremdet* hat [...], der regellose Spieler des Gleichen und des Anderen. Er nimmt die Dinge für das, was sie nicht sind, und die Leute verwechselt er miteinander."[943] Verwechseln jedoch, so lässt es Clemens J. Setz den gleichnamigen Lehrer in *Indigo* sagen, „ist immer ein gutes Zeichen", was schon als poetologische Maxime indiziert wurde (Indigo: 454, vgl. Kap. 9.3.2). Auch Foucault gesteht der Literatur am Beginn der Neuzeit in diesem Punkt eine besondere Freiheit der Wahrnehmung zu, wenn er weiterhin schreibt:

---

941 Vgl. Herbert Jaumann: [Art.] „Barock", in: *Reallexikon der deutschen Literaturwissenschaft*, Bd. 1: A–G, S. 199–204. Vgl. auch Christiane Caemmerer, Walter Delabar (Hg.): *Ach, Neigung zur Fülle. Zur Rezeption ‚barocker' Literatur im Nachkriegsdeutschland*. Würzburg: Königshausen & Neumann 2001. Im Hinblick auf das besonders in der Lyrik der Moderne rezipierte Konzept der ‚absoluten Metapher' (vgl. Kap. 5.1.1 in diesem Band) konstatiert Neumann: „Der Umgang mit dem modernen Erscheinungsbild der Metapher schärfte gleichzeitig den Blick für eine merkwürdige Übereinstimmung solcher modernen Verfahrensweisen mit barocker Dichtung. Der Begriff der ‚absoluten Metapher' schien auch dort anwendbar, jener feste Bezug zwischen ‚uneigentlich Gesagtem' und ‚eigentlich Gemeintem' in der Metapher auch im Barock weitgehend aufgehoben. [...] Aber der Schein trügt: Im Barock ist der übermäßige Abstand zwischen Wort und Sache als entscheidendes, von den Autoren bewußt eingesetztes ästhetisches Moment anzusehen; es stellt ein wichtiges Mittel der ästhetischen Wirkung dar; Eigentlichkeit und Uneigentlichkeit brechen gerade nicht auseinander, sondern werden durch diese Über-Spannung erst zusammengezwungen." Die Metapher im modernen Gedicht hingegen „chiffriert nichts mehr": „Sie geben allenfalls Sinntendenzen, Auflösungsmöglichkeiten und -reflexe an, niemals aber eine unwiderlegbare, dem Eingeweihten einleuchtende Lösung." Neumann: „Die ‚absolute Metapher'", S. 194 f. Wollte man Setz' Metaphernverständnis zwischen barocker und moderner Metaphorik verorten, wäre dieser Einwand zweifellos zu berücksichtigen.
942 Jurybegründung zum Kleist-Preis 2020; online unter: https://www.heinrich-von-kleist.org/kleist-gesellschaft/kleist-preis/ (27.05.2020).
943 Foucault: *Die Ordnung der Dinge*, S. 81.

> In dem anderen Extrem des kulturellen Raums, das aber durch seine Symmetrie völlig nahe ist, ist der Dichter derjenige, der unterhalb der genannten und täglich vorhergesehenen Unterschiede die verborgenen Verwandtschaften der Dinge und ihre verstreuten Ähnlichkeiten wiederfindet. Unter den etablierten Zeichen, und trotz ihnen, hört er eine andere und viel tiefere Rede, die an die Zeit erinnert, in der die Worte in der universalen Ähnlichkeit der Dinge glitzerten: die Souveränität des Gleichen, die so schwierig auszusagen ist, löscht in ihrer Sprache die Trennung der Zeichen aus.[944]

Aus anthropologischer und psychologischer Sicht um 1900 ist magisches Denken und metaphorisches Sprechen ebenfalls Sache der Irren und der Dichter, ergänzt um das noch in der Entwicklung begriffene Kind und den ‚primitiven Wilden'. Möglicherweise hat sich daran – abgesehen von der dringend notwendigen Revision immanenter ethnozentristischer und pathologisierender Pejorationen – bis heute nicht viel geändert. Umso wichtiger erscheinen Einsichten in die grundlegenden, das heißt für alle Menschen geltenden kognitiven Prozesse abweichender Wahrnehmungskonzeptionen, die das analogische Verfahren neben das normativ-logische stellen und beiden kreative sowie epistemische Qualitäten zubilligen.

Was für die konzeptuell-metaphorische Verfasstheit menschlicher Kognition bereits in großen Teilen erreicht wurde, wäre im Fall weithin verbreiteter magischer Vorstellungsmuster losgelöst von einer Verunglimpfung des Irrationalen noch zu etablieren. Die Literatur mit ihren „nützlichen Fiktionen" von „möglichen Welten"[945] stellt hier schon traditionell eine Art Testgelände zur Verfügung, das unter Berücksichtigung ihrer Besonderheiten Ausgangspunkt interdisziplinärer Forschung sein kann.

14.3 Sprachgrenzen und Weltgrenzen

Dass wir nicht alle dasselbe wahrnehmen und infolgedessen immer wieder an die Grenzen der Mitteilbarkeit stoßen, ist eins der großen Themen ins Setz' Romanen. Am deutlichsten formuliert es Natalie Reinegger, die sich über den Sonderstatus ihres synästhetischen Weltzugangs zwar bewusst zu sein scheint, aber

---

944 Ebd.
945 Zum erkenntnistheoretischen Denkfigur der „nützlichen Fiktionen" vgl. Hans Vaihinger: *Die Philosophie des Als Ob*. Neudruck des Originals von 1918. Paderborn: Salzwasser 2013; sowie den religionsphilosophischen Essay von William James: „Der Wille zum Glauben", in: Ekkehard Martens (Hg.): *Philosophie des Pragmatismus. Ausgewählte Texte*. Leipzig: Reclam 2002, S. 128–160. Zur *Possible-World*-Theorie vgl. u. a. wieder Goodman: *Weisen der Welterzeugung*.

die Tatsache, dass es wirklich niemanden gibt, der ihre Wahrnehmung exakt teilt, als „unverzeihlich" beschreibt (vgl. Kap. 10.4). In dieser Einsicht liegt ein Moment der Epiphanie, der literaturhistorisch Tradition hat: „Mein Geist zwang mich, alle Dinge [...] in einer unheimlichen Nähe zu sehen", heißt es im *Brief des Lord Chandos*, „nichts mehr ließ sich mit einem Begriff umspannen." So werden ihm nicht nur die Menschen und ihre Handlungen, sondern auch die gewöhnlichen Gegenstände, sogar „die bestimmte Vorstellung eines abwesenden Gegenstandes", zu ‚Gefäßen der Offenbarung', für deren Beschreibung „mir alle Worte zu arm scheinen".[946] Hofmannsthals fiktiver Brief von 1902 hat als Dokument der Krise und zugleich als poetologisches Manifest der Moderne zahlreiche literaturwissenschaftliche Interpretationen erfahren. Im Mittelpunkt steht zumeist die Klage über den unversöhnlichen Bruch zwischen Sprache und Wirklichkeit, den auch Wittgenstein in seinen sprachskeptischen Ausführungen des *Tractatus* registriert und wie Chandos feststellt, dass die Welt durch Sprache nicht adäquat vermittelbar ist. Unterschiedlicher Auffassung scheinen sie allerdings in der Bewertung des Mystischen zu sein. Während sich für Wittgenstein darin gerade nicht die Welt zeigt, wie sie ist, „sondern *daß* sie ist" (TLP 6.44, vgl. 6.522), worin sich gleichsam das Unaussprechliche offenbart, wähnt Chandos darin die – allerdings unerreichbare – Möglichkeit einer neuen Sprache, „die unmittelbarer, glühender ist als Worte"[947] und somit die Begrenzungen der sprachlichen Wahrnehmung und Ausdrucksmöglichkeiten überwindet.[948]

Das ästhetische Anliegen von Clemens J. Setz ist zwar weder mit der systematischen Strenge Wittgensteins noch mit den Sprachutopien Hofmannsthals vergleichbar, scheint aber daraus hervorgegangen zu sein. Die sprachlich-konzeptuelle Erweiterung des Wahrnehmbaren und Darstellbaren wird durch metaphorische Imagination und magische Vorstellungen immer wieder an die Grenze der Nachvollziehbarkeit getrieben und manchmal sogar darüber hin-

---

946 Hugo von Hofmannsthal: *Ein Brief* (1902), in: ders.: *Sämtliche Werke*. Kritische Ausgabe. Hg. von Rudolf Hirsch et al. Bd. 31: *Erfundene Gespräche und Briefe*. Hg. von Ellen Ritter. Frankfurt a. M.: S. Fischer 1991, S. 45–55, hier S. 49 f.
947 Ebd., S. 54.
948 Christine Kanz rückt Wittgensteins im *Tractatus* vertretene Sprachauffassung – trotz gravierender Unterschiede, zumal im Mystischen – wiederum „in die Nähe des so genannten magischen, von unreflektierter Totalität gekennzeichneten Sprachverhältnisses [...], wie es Chandos früher besaß"; vgl. dies: [Kap.] „Die literarische Moderne (1890–1920)", in: Wolfgang Beutin et al.: *Deutsche Literaturgeschichte. Von den Anfängen bis zur Gegenwart*. Stuttgart, Weimar: Metzler [6]2001, S. 342–386, hier S. 358.

aus.[949] Der Eindruck entsteht durch die zumeist sprachlich sorgfältige und originelle Verschaltung der konzeptuellen metaphorischen Bereiche und steigert sich durch die Verbindung mit magischen Elementen in jenen Bereich hinein, der von Wittgenstein als das Mystische beschrieben wurde. Anders als im Chandos-Brief wollen Setz' Romane davor aber nicht kapitulieren, sondern das Unaussprechliche doch noch sprachlich einfangen oder zumindest erahnen lassen. Gänzlich neue Weltentwürfe entstehen dadurch nicht und scheinen auch nicht beabsichtigt zu sein, denn selbst *Indigo*, der noch am deutlichsten von der empirischen Wirklichkeit abweicht, indem er ein realiter bereits zweifelhaftes Syndrom literarisch auskleidet und zum Zentrum des Geschehens macht, spielt zwar mit Fakt und Fiktion, verlässt aber letztlich nicht den realistischen Referenzrahmen zugunsten einer fiktional errichteten Alternativwelt.

„*Grenz*erhaltung" ist, wie Luhmann sagt, immer auch „Systemerhaltung", indem sie die *„Differenz zwischen System und Umwelt"*, auf der sie beruht, zugleich und notwendigerweise stabilisiert.[950] Dieser kontinuierliche Prozess wird in Setz' Romanen mithilfe von Magie und Metapher thematisiert, mehr noch: hinterfragt und bisweilen auf die ‚sphärische' Durchlässigkeit der statuierten Grenzen hin getestet. Insofern sind durch das Geheimnisvolle, Rätselhafte und Unheimliche der magisch-metaphorischen Phänomene – allen voran das Indigo-Syndrom, aber auch der Schrumpfungsakt, die chaotischen Frequenzen, die undurchdringlichen Verfahrenslogiken der Weltmaschine, der Stalking-Strategien, des Universums im Allgemeinen und viele weitere – immer auch Grenzfiguren gekennzeichnet, die ‚kognitive Leidenschaften' aktivieren. Dass dabei überwiegend keine eindeutigen Lösungen geboten werden, keine intellektuelle Enttarnung oder affektive Neutralisierung stattfinden, widerspricht vehement dem insinuierten Trickbegriff. Poetologisch betrachtet wird hier demnach nicht horizontal mit dem Ziel der Auflösung erzählt, sondern es werden vielmehr vertikal ganz verschiedene Erklärungsmöglichkeiten ausgebreitet und Reflexionen eingefordert. Der engen Verbindung von Wunder, Rätsel, Geheimnis und Spannung misst Gall eine spezifische Qualität in der (wissenschaftlichen) Vermittlungstätigkeit bei: „Das *Rätsel* macht den Leser ähnlich wie das Wunder von Anfang an neugierig, für die Wissenschaftsvermittlung besitzt es

---

949 Vgl. Dinger: *Die Aura des Authentischen*, S. 246: „Setz' Poetik der Störung, die Glitches, die Brüche, die gescheiterte Kommunikation, das Dissoziative – all das mündet nicht in einer universellen Sprachskepsis, hat aber dennoch subversives Potential. Das Konzept von Authentizität, das auf dem Erfüllen von Erwartungshaltungen beruht, wird hier zielsicher unterlaufen durch eine Poetik, die sich jeder Affirmation verweigert."
950 Luhmann: *Soziale Systeme*, S. 35.

aber im Gegensatz zum Wunder den Vorteil, den Leser auf einen Lösungsweg zu führen, der durchaus eine Entsprechung im Gang der Forschung findet, und ihn damit auch geistig zu fordern."[951] In ihrer Studie zur Enigmatik befasst sich Doren Wohlleben mit den „poetischen Formen des Rätsels und deren philosophisch-poetologischen Reflexionen" anhand diachroner, komparatistischer Lektüren von der Antike über die Frühe Neuzeit bis zur Moderne. Das Primat der Lösungsorientiertheit bezeichnet sie am Ende ihrer Untersuchungen als zu eindimensional: „Nicht auf die Lösung, sondern auf den Rat setzt das Rätsel, ein Rat, der sich im literarischen Dialog der Zeiten und Kulturen stets neu und anders bewährt."[952] Unter exemplarischem Verweis auf die Vorliebe der publizistischen Wissenschaftsrhetorik für das Rätselhafte, die auch Gall in seinem Beitrag in den Blick nimmt, konstatiert Wohlleben: „Ein Rätsel, das zwar thematisiert, aber nicht ästhetisch umgesetzt wird, ist Motiv, Metapher, Symbol. Eine Rätselstruktur ohne inhaltliche oder poetologische Bezugnahme auf das Rätsel bleibt bloß *quest*, Erzählmodus."[953] Mit der bedeutsamen Einschränkung, dass die Metapher aus kognitionsästhetischer Sicht kein bloßes Oberflächenphänomen ist, sondern stets auf tieferliegende Strukturen verweist, ließe sich diese Feststellung auf Setz' Romane übertragen. Die zumeist rätselhaften magisch-metaphorischen Ereignisse und Vorstellungen sind darin ästhetisch wirksam, werden innerfiktional häufig reflektiert und auch mit außerfiktionaler Referenz poetologisch beleuchtet.

14.4 Energieübertragung als Kulturtechnik

Die weit verbreitete Auffassung, dass man über Metaphern nur in Metaphern sprechen kann, gilt in besonderer Weise auch für die von Setz so benannte ‚Energieübertragung' durch Literatur. Außerhalb ihrer Bestimmung als konkret messbare physikalische Größe, deren Übertragung die Umwandlung in eine andere Energieform oder auf einen anderen Körper meint, der häufig mit Energieverlust einhergeht, erscheint Energie als ebenso metaphorisch-multifunktionaler wie diffuser, häufig auch esoterischer Begriff. C. G. Jung ging von einer im kollektiven Unbewussten verankerten seelischen Energie aus, die sich aus kontinuierlich auszugleichenden Gegensatzspannungen speiste, aber

---

951 Gall: „Wunder der Technik", S. 298.
952 Doren Wohlleben: *Enigmatik – Das Rätsel als hermeneutische Grenzfigur in Mythos, Philosophie und Literatur. Antike – Frühe Neuzeit – Moderne.* Heidelberg: Winter 2014, S. 306.
953 Ebd., S. 301.

im Laufe des Lebens dem Prinzip der Entropie nach abnimmt.[954] Am ehesten wäre hier noch die aristotelische *energeia* heranzuziehen, die in der *Metaphysik* als Tätigkeit im Sinne einer wirkenden und sich im Wirken verändernden Kraft (‚Verwirklichung') definiert wird (vgl. Kap. 5.1.2) und als zentraler Begriff der „inneren Sprachform" in Wilhelm von Humboldts sprachphilosophischen Schriften Niederschlag findet.[955] Bei Setz gehören Magie und Metapher zu den ‚Katalysatoren' – um noch eine weitere Metapher zu bemühen – dieses eigentümlichen Vorgangs der literarischen Energieübertragung, die überdies nach dem gleichen Prinzip verfahren: Einer bestimmten Kraftquelle werden Elemente entnommen und auf einen anderen Körper übertragen, wo sie durch kognitive Leistungen neue Eigenschaften erhalten. Eben deshalb eignet sie sich durchaus als poetologische Metapher für die Literatur und das Lesen, wie es das Zitat von Setz eingangs beschreibt. Mit Lotman ließe sich hier zudem von der „Energie künstlerischer Strukturen" sprechen, die sich gerade durch wiederholte Abweichungen von der Sprachnorm beziehungsweise durch Verletzungen konventioneller Vorstellungen aktiviert und in „gedankliche[r] Anspannung" als wirkungsästhetischer Effekt zum Ausdruck kommt.[956]

Dass sich Clemens J. Setz literarisch mit ‚prekärem Wissen' befasst, wie es Martin Mulsow in seiner gleichnamigen ideengeschichtlichen Monographie bezeichnet, führt zu der Frage nach „Involviertheit und Distanz", ob also derjenige, „der sich mit einer Sache beschäftigt", auch tatsächlich an sie glaubt oder sich ihr „nur von außen" nähert: „Diese Unterscheidung gilt insbesondere für die Beschäftigung mit der Magie. Ist ein Wissen um Zauberpraktiken, Talismanherstellung, Wahrsagerei ein Insiderwissen von ‚religiösen Spezialisten' oder wird es von Personen verwaltet, die die Prämissen der Magie nicht teilen?"[957] Hier ließen sich allenfalls Vermutungen anstellen, die an dem dominant realis-

---

954 Vgl. Carl Gustav Jung: „Über die Energetik der Seele", in: ders.: *Gesammelte Werke*. Bd. 8, S. 11–78.
955 Vgl. Wilhelm von Humboldt: *Werke in fünf Bänden*. Hg. von Andreas Flitner, Klaus Giel. Bd. 3: *Schriften zur Sprachphilosophie*. Darmstadt: WBG ³1969, bes. Kap. 8: „Ueber die Verschiedenheit des menschlichen Sprachbaues und ihren Einfluss auf die geistige Entwicklung des Menschengeschlechts [1830–1835]". In Rückgriff auf Aristoteles formuliert er: „Die Sprache, in ihrem wirklichen Wesen aufgefasst, ist etwas beständig und in jedem Augenblicke Vorübergehendes. Selbst ihre Erhaltung durch die Schrift ist immer nur eine unvollständige, mumienartige Aufbewahrung, die es doch erst wieder bedarf, dass man dabei den lebendigen Vortrag zu versinnlichen sucht. Sie selbst ist kein Werk (Ergon), sondern eine Thätigkeit (Energeia). Ihre wahre Definition kann daher nur eine genetische seyn." Ebd., S. 418.
956 Jurij Lotman: *Die Struktur literarischer Texte*. München: Fink ⁴1993, S. 277, S. 282.
957 Martin Mulsow: *Prekäres Wissen. Eine andere Geschichte der Frühen Neuzeit*. Berlin: Suhrkamp 2012, S. 323 (Abschnittsüberschrift kursiv i. Orig.).

tischen Referenzrahmen der Texte auszurichten wären; eine Antwort ist im Rahmen dieser Studie aus Gründen des Umfangs wie des Forschungsansatzes allerdings nicht zu erwarten. Um aber möglichen Missverständnissen vorzugreifen, ist abschließend noch einmal in aller Deutlichkeit zu betonen, dass Clemens Setz hier nicht als *Magus* präsentiert wird, ebenso wenig wie seine Romane als Zauberbücher zu bezeichnen sind; beides sind Kategorien, die allenfalls literaturkritisch oder leserseitig eine Berechtigung haben. Die Idee des Sprachmagiers mit all ihren poetologischen Implikationen wie sie sich schon bei den Sophisten und Mystikern sowie späterhin bei so unterschiedlichen Dichtern wie Jean Paul, Edgar Allan Poe und Hugo Ball bis hin zu Octavio Paz und Peter Rühmkorff finden, wird von Clemens Setz nicht realisiert.[958] Auch wohnt der magischen Dimension in seinen Texten, um auch diesem möglichen Einwand zu entgegnen, kein antiaufklärerisches oder eskapistisch-esoterisches Moment inne, sondern zielt im Gegenteil auf progressive, ‚transgressive' Wahrnehmung und Darstellung beziehungsweise Infragestellung von Wirklichkeit, gedanklich und insofern auch sprachlich durchaus experimentell, ohne jedoch die Gesetzmäßigkeiten der Welt beziehungsweise des literarischen Realismus gänzlich zu verwerfen.

Energieübertragung ist eine vielseitig einsetzbare Kulturtechnik, die Clemens J. Setz mit Magie und Metapher literarisch in Gang setzt. Im glücklichen Fall des Transfers sieht man die Welt, oder zumindest Teile von ihr, danach in einem anderen Licht.

---

[958] Vgl. zur poetologischen Konzeption der Dichter-Magier-Beziehung Kohl: *Poetologische Metaphern*, Kap. 13: „Bezüge zum Übernatürlichen".

Schlusswort

Das breite Spektrum an Themen- und Begriffsfeldern von der Warte unterschiedlichster theoretischer Perspektiven, die in diesem Band zur Sprache kamen und immer mal wieder Abwägungen, Exkurse und Zugeständnisse an die ‚Uneigentlichkeit' ihrer definitorischen Abgrenzungen erforderlich machten, resultiert zum einen aus der schieren Masse der Literatur zu Magie und Metapher samt ihrer immensen theoretischen Friktionen, zum anderen aus dem beträchtlichen Umfang, den vielfältigen Impulsen und dem enormen Ideenreichtum der Romane von Clemens J. Setz. Gerade Letzteres führt daher vermehrt zur Einbeziehung interdisziplinärer Erklärungsansätze, will man die vielen ausgelegten Fährten nicht schlichtweg ignorieren und damit die semantische Tiefe der Texte in ungerechtfertigter Weise vereinfachen.

Woher aber stammt diese Fülle an Einfällen? Iris Hermann vermutet, Setz habe einen „Zettelkasten", wie ihn schon Jean Paul besaß, oder auch die besagte „blaue Schachtel" (vgl. Kap. 9.3), „die grausame Bilder enthält, die paradoxerweise beruhigen und Erzählanlässe generieren" können. „Aber woher seine Sprachartistik kommt", resümiert sie, „das weiß nur er allein. Sie nutzt immer wieder Synästhesien, dann können auch blinzelnde Augen so laut sein, dass man das Blinzeln hören kann. So entstehen Bilder, die man mit Blumenberg Sprengmetaphern nennen kann, Metaphern und Allegorien am Rande der Welt."[959] Mit Anklängen an magische Vorstellungen bezeichnet Günther Höfler Setz' Prosa als „Fortsetzung der Alchemie" unter multimedialen Gegebenheiten, die das Erkunden diachroner Traditionseinflüsse nahezu obsolet machten: „Die Grenzen zwischen Werk und Netzwerk diffundieren."[960] Durchlässig zeigt sich

---

[959] Hermann: „,Es gibt Dinge, die es nicht gibt'", S. 15.
[960] Höfler: „Harold Blooms ödipale Einflussmystik", S. 20. Die Formulierung geht auf einen poetologischen Essay des Grazer Schriftstellers Peter Glaser zurück, der seinen Gedanken folgendermaßen ausführt: „Mit dem Netz hat der Mensch eine vollkommen neue Dimension des Durcheinanders erschaffen – einen reichen, schöpferischen Humus. Das Netz ermöglicht es uns nun, nicht mehr nur Bücher und Zettel durcheinanderzuschmeißen, sondern auch Bilder aller Art, Animationen, Videos und komplette Diskurse. [...] Als Schriftsteller fühle ich mich zutiefst aufgerufen, aktiv an dieser Art von Anarchie teilzunehmen. Und dann ist das Schreiben doch auch wieder etwas wie die Fortsetzung der Alchemie: Man fügt Teile zueinander und hofft, dass daraus Gold oder etwas Lebendiges wird. Es geht um die Qualität der Teile, wie sie zusammengefügt sind, und man soll den Leser nie spüren lassen, was einen viel Arbeit gekostet hat." Peter Glaser: „Überall Schreiben", online unter: http://www.literaturhaus-graz.at/peter-glaser-ueberall-schreiben/ (27.05.2020).

darin auch der Autor selbst, wird zur Figur, zur Spiegelung, zur steten autofiktionalen Referenz.

„Dies alles bestärkte mich in der Ansicht, dass man auch mich dereinst würde rekonstruieren können aus dem Material, das ich hinterlassen habe."[961] Worauf Clemens Setz hier im Vorwort zu seinem Buch *Bot* abhebt, sind die revolutionären Visionen sowie die bereits tatsächlich erfolgten Fortschritte der anthropotechnischen und künstlichen Intelligenzforschung, die in vielleicht gar nicht allzu ferner Zukunft aus den Sicherungskopien der Sinnesdaten eines Menschen Rückschlüsse auf dessen Wesen erlauben, so dass er in seinem Denken, Fühlen und Handeln nachvollziehbar, womöglich sogar ‚wiederherstellbar' wird. So weit reichen die literaturwissenschaftlichen Ambitionen bislang nicht, das Material, das hier von Interesse ist, sind natürlich seine Texte, anhand derer ästhetisch-literarische Zielsetzungen, Strategien und Effekte rekonstruiert werden können. Zur Orientierung in diesem reichhaltigen und weitverzweigten literarischen Kosmos hat sich der theoretische Ansatz der Kognitiven Literaturwissenschaft als nützlich erwiesen, weil damit zunächst weitgehend unabhängig von ästhetischen Strömungen und Programmen grundlegende Prozesse der Produktion und Rezeption literarischer Texte fokussiert werden, ohne dabei existente Erkenntnisse anderer Forschungsansätze zwangsläufig korrigieren, geschweige denn gänzlich negieren zu müssen.

Darüber hinaus eignet sich die gut aufgestellte Kerndisziplin der KLW, die kognitive Metapherntheorie, insbesondere für Setz' Romane, deren Darstellungsprinzipien wesentlich auf konzeptuellen Übertragungen im Modus der Analogie beruhen. Dass sich hierin wiederum Gemeinsamkeiten mit der strukturellen Beschaffenheit magischer Vorstellungen ergeben, ist entlang einer ausgreifenden Begriffsgeschichte von der antiken Rhetorik über die Frühe Neuzeit und den (romantischen) Aufbruch in die Moderne bis in die (postmoderne) Gegenwart sichtbar geworden. Die theoretisch begründete Verschaltung beider Phänomene ist Roman Jakobson zu verdanken, der Frazers und Freuds Studien zum magischen Denken aufgreift und mit den sprachlichen Übertragungsleistungen von Metapher und Metonymie strukturell verbindet. Hier findet denn auch die CTM von Lakoff und Johnson unmittelbar Anschluss und hat zudem Resonanz in rezenten kognitionstheoretischen Untersuchungen zur Magie gefunden.

Methodisch ergab sich dabei die Herausforderung, zunächst die verstreuten Theoriestränge aufzunehmen und zu einer geeigneten Basis zusammenzuführen, von der aus die Analyse des bislang nahezu unerforschten Romanwerks

---

961 Setz: *Bot*, S. 9.

von Clemens J. Setz erfolgen kann, deren Ergebnisse sich wiederum plausibel auf das theoretische Fundament rückführen lassen. Daran hat sich zeigen lassen, dass Magie und Metapher als kognitionsästhetische Verfahrensweisen vielfältige Variationen über Kausalprinzipien hervorbringen, Wahrnehmungen steuern und Realismuskonzepte kontrastieren. Aufgabe der anschließenden Ergebnisdiskussion war es daher, die diskursiven Fähigkeiten beider Phänomene mit ähnlich gelagerten Konzepten in Beziehung zu setzten. Bedeutsam ist hier die Einsicht, dass die hinzugezogenen theoretischen Erläuterungen darum bemüht sind, nicht nur die vermeintlich irreführende oder sogar destruktive Seite des Unheimlichen und Undarstellbaren, der Störung und Abweichung, des Uneigentlichen und Kontingenten in den Blick zu nehmen, sondern vielmehr deren kreative Leistungen, ästhetische Effekte und epistemischen Nutzen zu betonen.

Wie schon eingangs angekündigt: Clemens J. Setz macht es uns nicht immer leicht. Infolgedessen stehen auch die analytischen Distinktionsbemühungen enorm unter Druck, ihre theoretischen Prämissen und Begrifflichkeiten immer wieder zu prüfen. Doch konnte die Verortung von Magie und Metapher innerhalb dieses Diskursnetzes schließlich die These stützen, dass ihre poetologische Wirksamkeit keinesfalls auf einem ‚Trick' beruht, sondern in Setz' Texten strukturell verankert und reflektiert wird.

Zum Abschluss dieses Buches, das auch als Einführung in das facettenreiche Romanwerk von Clemens J. Setz gedacht ist und somit Anstoß für weitere ‚Rekonstruktionen' anhand seiner bisherigen und künftigen literarischen ‚Hinterlassenschaften' bieten soll, sei auf eine poetologisch wie analytisch verwertbare Erkenntnis aus einer seiner Erzählungen verwiesen: „Wir hatten alles aus der Wirklichkeit herausgeholt. Nun blieb nichts mehr zu sagen, nichts mehr zu tun. Aber auch das stellte sich sehr bald als Irrtum heraus."[962]

---

962 Clemens J. Setz: „Die Blitzableiterin oder *Éducation Sentimentale*", in: MK: 124–172, hier S. 172.

Verzeichnis der Abkürzungen und Siglen

CTM	*Cognitive/Conceptual Theory of Metaphor*; dt.: Kognitive/Konzeptuelle Metapherntheorie
ICM	*Idealized Cognitive Models*; dt.: Idealisierte Kognitive Modelle
KLW	Kognitive Literaturwissenschaft
ToM	*Theory of Mind*
SuP	Setz, Clemens J.: *Söhne und Planeten*. Roman. München: btb ²2010 (1. Aufl. Salzburg: Residenz 2007).
DF	Setz, Clemens J.: *Die Frequenzen*. Roman. München: btb ²2011 (1. Aufl. Salzburg: Residenz 2009).
MK	Setz, Clemens J.: *Die Liebe zur Zeit des Mahlstädter Kindes*. Erzählungen. Berlin: Suhrkamp 2011.
Indigo	Setz, Clemens J.: *Indigo*. Roman. Berlin: Suhrkamp 2012.
FuG	Setz, Clemens J.: *Die Stunde zwischen Frau und Gitarre*. Roman. Berlin: Suhrkamp 2015.
TrD	Setz, Clemens J.: *Der Trost runder Dinge*. Erzählungen. Berlin: Suhrkamp 2019.
TLP	Wittgenstein, Ludwig: „Tractatus logico-philosophicus", in: ders.: *Werkausgabe*. Bd. 1: *Tractatus logico-philosophicus, Tagebücher 1914–1916, Philosophische Untersuchungen*, Frankfurt a. M.: Suhrkamp ²³2019, S. 7–85.

Literaturverzeichnis

Adams, David: „Metaphern für den Menschen. Die Entwicklung der anthropologischen Metaphorologie Hans Blumenbergs", in: *Germanica* 8 (1990), S. 171–191.
Adler, Hans, Sabine Gross: „Adjusting the Frame. Comments on Cognitivism and Literature", in: *Poetics Today* 23.2 (2002), S. 195–220.
Adler, Hans, Ulrike Zeuch: „Vorwort", in: dies. (Hg.): *Synästhesie. Interferenz – Transfer – Synthese der Sinne*. Würzburg: Königshausen & Neumann 2002, S. 1–6.
Adorno, Theodor W., Max Horkheimer: *Dialektik der Aufklärung. Philosophische Fragmente*, in: Theodor W. Adorno: *Gesammelte Schriften*. Bd. 3. Hg. von Rolf Tiedemann. Frankfurt a. M.: Suhrkamp 1981.
Alsen, Katharina, Nina Heinsohn: „Deutungspotenziale von Trennungsmetaphorik. Interdisziplinäre Perspektiven", in: dies. (Hg.): *Bruch – Schnitt – Riss. Deutungspotenziale von Trennungsmetaphorik in den Wissenschaften und Künsten*. Berlin, Münster: Lit 2014, S. 1–37.
Antosen, Jan Erik: *Poetik des Unmöglichen. Narratologische Untersuchungen zu Phantastik, Märchen und mythischer Erzählung*. Paderborn: Mentis 2008.
Anz, Thomas: *Literatur und Lust. Glück und Unglück beim Lesen*. München: dtv 2002.
Aristoteles: *Poetik*. Griech./Dt. Übers. und hg. von Manfred Fuhrmann. Stuttgart: Reclam 1982.
Aristoteles: *Über die Seele*. Griech./Dt. Mit einer Einl., Übers. (nach Willy Theiler) und Kommentar hg. von Horst Seidl. Hamburg: Meiner 1995.
Aristoteles: *Poetik*, in: ders: *Werke in deutscher Übersetzung*. Begr. von Ernst Grumach. Hg. von Hellmut Flashar. Bd. 5. Übers. und erläutert von Arbogast Schmitt. Berlin: Akademie 2008.
Aristoteles: *Metaphysik*. Zweiter Halbband. Bücher VII (Z)–XIV (N). Griech./Dt. Neubearb. der Übers. von Hermann Bonitz. Mit Einl. und Kommentar von Horst Seidl. Hamburg: Meiner ^{4}2009.
Auffermann, Verena: „Die Gefahr der seelischen Überlastung", in: *Deutschlandfunk Kultur* im Rahmen der Sendung „Buchkkritik" vom 08.10.2012; online unter: https://www.deutschlandfunkkultur.de/die-gefahr-der-seelischen-ueberlastung.950.de.html?dram:article_id=223593 (31.05.2020).
Bachmann, Vera: „,Das Internet sprach immer mit vollem Munde' – Schnittstellen zwischen Digitalem und Analogem in Clemens Setz' Roman Die Stunde zwischen Frau und Gitarre", in: Jan-Oliver Decker, Amelie Zimmermann (Hg.): *Schnittstelle/n zwischen Literatur, Film und anderen Künsten*. Beiträge der Sektion „Literatur" des 15. Internationalen Kongresses der Deutschen Gesellschaft für Semiotik (DGS) e.V. in Passau, 12.–15. September 2017 (= Themenheft der Zeitschrift *KODIKAS/Code. An International Journal of Semiotics*). Tübingen: Narr Francke Attempto 2020, S. 20–29.
Bachter, Stephan: „Wie man Höllenfürsten handsam macht. Zauberbücher und die Tradierung magischen Wissens", in: Achim Landwehr (Hg.): *Geschichte(n) der Wirklichkeit. Beiträge zur Sozial- und Kulturgeschichte des Wissens*. Augsburg: Wißner 2002, S. 371–390.
Bachter, Stephan: *Anleitung zum Aberglauben. Zauberbücher und die Verbreitung magischen „Wissens" seit dem 18. Jahrhundert* (Diss. Univ. Hamburg 2005); online unter: https://ediss.sub.uni-hamburg.de/bitstream/ediss/1653/1/DissBachter.pdf (22.09.2019).
Baldauf, Christa: *Metapher und Kognition. Grundlagen einer neuen Theorie der Alltagsmetapher*. Frankfurt a. M.: Lang 1997 (zugl. Diss. Univ. Saarbrücken).

Barck, Karlheinz: [Art.] „Wunderbar", in: ders. et al. (Hg.): *Ästhetische Grundbegriffe. Historisches Wörterbuch in sieben Bänden*. Bd. 6: *Tanz–Zeitalter/Epoche*. Stuttgart, Weimar: Metzler 2005, S. 730–775.
Barnes, Djuna: *Nachtgewächs* (1936). Roman. Frankfurt a. M.: Suhrkamp 2009.
Barthes, Roland: *S/Z*. Frankfurt a. M.: Suhrkamp ³1998.
Bartsch, Christoph: „Das Unheimliche in Daniel Kehlmanns Mahlers Zeit – ein Gefühl der Figur oder des Lesers? Narratologische Betrachtungen einer nicht-narratologischen Kategorie", in: Florian Lehman (Hg.): *Ordnungen des Unheimlichen. Kultur – Literatur – Medien*. Würzburg: Königshausen & Neumann 2016, S. 201–218.
Baßler, Moritz: „Realismus – Serialität – Fantastik. Eine Standortbestimmung gegenwärtiger Epik", in: Silke Horstkotte, Leonhard Herrmann (Hg.): *Poetiken der Gegenwart. Deutschsprachige Romane nach 2000*. Berlin, Boston: De Gruyter 2013, S. 31–46.
Baßler, Moritz: „Gegen die Wand. Aporien des Poetischen Realismus und das Problem der Repräsentation von Wissen", in: Michael Neumann, Kerstin Stüssel (Hg.): *Magie der Geschichten. Weltverkehr, Literatur und Anthropologie in der zweiten Hälfte des 19. Jahrhunderts*. Konstanz: Konstanz Univ. Press 2001, S. 429–442.
Baßler, Moritz: „Moderne und Postmoderne. Über die Verdrängung der Kulturindustrie und die Rückkehr des Realismus als Phantastik", in: Sabina Becker, Helmuth Kiesel (Hg.): *Literarische Moderne. Begriff und Phänomen*. Berlin: De Gruyter 2007, S. 435–450.
Baßler, Moritz: „Figurationen der Entsagung. Zur Verfahrenslogik des Spätrealismus bei Wilhelm Raabe", in: *Jahrbuch der Raabe-Gesellschaft* 51 (2010), S. 63–80.
Baßler, Moritz: „Zeichen auf der Kippe. Aporien des Spätrealismus und die Routines der Frühen Moderne", in: ders. (Hg.): *Entsagung und Routines. Aporien des Spätrealismus und Verfahren der frühen Moderne*. Berlin, Boston: De Gruyter 2013, S. 3–21.
Baßler, Moritz: „Metaphern des Realismus – realistische Metaphern. Wilhelm Raabes *Die Innerste*", in: Benjamin Specht (Hg.): *Epoche und Metapher. Systematik und Geschichte kultureller Bildlichkeit*. Berlin: De Gruyter 2014, S. 219–231.
Baßler, Moritz: „Realistisches *non sequitur*. Auf der Suche nach einer kostbaren Substanz", in: Hubert Winkels (Hg.): *Clemens J. Setz trifft Wilhelm Raabe. Der Wilhelm Raabe-Literaturpreis 2015*. Göttingen: Wallstein 2016, S. 59–81.
Baßler, Moritz: Magischer Realismus als Realismus der späten Moderne", in: Torsten W. Leine (Hg.): *Magischer Realismus als Verfahren der späten Moderne. Paradoxien einer Poetik der Mitte*. Berlin, Boston: De Gruyter 2018, S. 17–28.
Bareis, J. Alexander, Frank Thomas Grub (Hg.): *Metafiktion: Analysen zur deutschsprachigen Gegenwartsliteratur*. Berlin: Kadmos 2001.
Baron-Cohen, Simon: „Theory of Mind in Normal Development and Autism. A Fiveteen Year Review", in: ders., Helen Tager-Flusberg, Donald J. Cohen (Hg.): *Understanding Other Minds. Perspectives from Developmental Cognitive Neuroscience*. Oxford, New York: Oxford Univ. Press ²2000, S. 3–20.
Bastian, F.: „Defoe's *Journal of the Plague Year* Reconsidered", in: *The Review of English Studies* 16.62 (1965), S. 151–173.
Baudson, Tanja Gabriele: „Synästhesie, Metapher und Kreativität", in: Martin Dresler (Hg.): *Kognitive Leistungen. Intelligenz und mentale Fähigkeiten im Spiegel der Neurowissenschaften*. Heidelberg: Spektrum 2011, S. 125–148.
Bauman, Zygmunt: *Unbehagen in der Postmoderne*. Hamburg: Hamburger Edition 1999.
Behrendt, Eva: „Angriff auf die Vernunft" [Rez. zu Indigo], in: *taz – Die Tageszeitung* vom 15.09.2012; online unter: https://taz.de/!558475/ (14.12.2019).

Benjamin, Walter: „Über Sprache überhaupt und über die Sprache des Menschen", in: ders.: *Gesammelte Schriften*. Bd. 2.1: *Aufsätze, Essays, Vorträge*. Hg. von Rolf Tiedemann, Hermann Schweppenhäuser. Frankfurt a. M.: Suhrkamp 1991, S. 140–157.

Benjamin, Walter: *Das Passagen-Werk*, in: ders.: *Gesammelte Schriften*. Bde. 5.1 und 5.2. Hg. von Rolf Tiedemann, Hermann Schweppenhäuser. Frankfurt a. M.: Suhrkamp 1991.

Bennett, Maxwell R., Peter M. S. Hacker: *Die philosophischen Grundlagen der Neurowissenschaften*. Darmstadt: WBG 2015.

Bergs, Alexander, Peter Schneck: [Art.] „Kognitive Poetik", in: Achim Stephan, Sven Walter (Hg.): *Handbuch Kognitionswissenschaft*. Stuttgart, Weimar: Metzler 2013, S. 518–522.

Bernfeld, Siegfried, Sergej Feitelberg: „Der Entropiesatz und der Todestrieb", in: *Imago* 16.2 (1930), S. 187–206.

Berteau, Marie-Cécile: *Sprachspiel Metapher. Denkweisen und kommunikative Funktion einer rhetorischen Figur*. Wiesbaden: Springer 1996 (zugl. Diss. Univ. München).

Bickenbach, Matthias, Harun Maye: *Metapher Internet. Literarische Bildung und Surfen*. Berlin: Kadmos 2009.

Bilda, Thomas: *Figurationen des ‚ganzen Menschen' in der erzählenden Literatur der Moderne. Jean Paul – Theodor Storm – Elias Canetti*. Würzburg: Königshausen & Neumann 2014.

Birkmeyer, Jens: „Metaphern verstehen. Probleme literarischer Hermeneutik", in: Anne Betten, Ulla Fix, Berbeli Wenning (Hg.): *Handbuch Sprache in Literatur*. Berlin: De Gruyter 2017, S. 509–527.

Black, Max: „Die Metapher" (1954), in: Anselm Haverkamp (Hg.): *Theorie der Metapher*. Darmstadt: WBG 1975, S. 55–79.

Black, Max: „More About Metaphor", in: Andrew Ortony (Hg.): *Metaphor and Thought*. Cambridge: Cambridge Univ. Press ²1993, S. 19–42.

Bleumer, Hartmut: „Immersion im Mittelalter. Zur Einführung", in: *Zeitschrift für Literaturwissenschaft und Linguistik* 167 (2012), S. 5–15.

Bloom, Harold: *Einflussangst. Eine Theorie der Dichtung*. Basel, Frankfurt a. M.: Stroemfeld 1995.

Blume, Peter: *Fiktion und Weltwissen. Der Beitrag nichtfiktionaler Konzepte zur Sinnkonstitution fiktionaler Erzählliteratur*. Berlin: Erich Schmidt 2004 (zugl. Diss. Univ. Wuppertal).

Blumenberg, Hans: *Arbeit am Mythos*. Frankfurt a. M. 1979.

Blumenberg, Hans: *Die Legitimität der Neuzeit*. Erneuerte Ausgabe. Frankfurt a. M.: Suhrkamp 1996.

Blumenberg, Hans: *Paradigmen zu einer Philosophie*. Frankfurt a. M.: Suhrkamp 1997.

Blumenberg, Hans: „Anthropologische Annäherung an die Aktualität de Rhetorik", in: ders.: *Ästhetische und metaphorologische Schriften*. Auswahl und Nachwort von Anselm Haverkamp. Frankfurt a. M.: Suhrkamp 2001, S. 406–431.

Blumenberg, Hans: *Theorie der Unbegrifflichkeit*. Aus dem Nachlaß hg. und mit einem Nachwort von Anselm Haverkamp. Frankfurt a. M.: Suhrkamp 2007, S. 72–75.

Boesch, Ernst E.: *Das Magische und das Schöne. Zur Symbolik von Objekten und Handlungen*. Stuttgart-Bad Cannstatt: Frommann-Holzboog 1983.

Bölker, Michael, Mathias Gutmann, Wolfgang Hesse (Hg.): *Menschenbilder und Metaphern im Informationszeitalter*. Münster, Berlin: Lit 2010.

Böttiger, Helmut: „Batman, du hast recht" [Rez. zu Indigo], in: *Süddeutsche Zeitung* vom 14.09.2012.

Borgards, Roland: „Wissen und Literatur. Eine Replik auf Tilmann Köppe", in: *Zeitschrift für Germanistik* 17.2 (2007), S. 425–428.

Borgards, Roland, Harald Neumeyer, Nicolas Pethes, Yvonne Wübben (Hg.): *Literatur und Wissen. Ein interdisziplinäres Handbuch.* Stuttgart: Metzler 2013.

Borges, Jorge Luis: „Das Aleph", in: ders.: *Gesammelte Werke in zwölf Bänden.* Bd 5: *Der Erzählungen erster Teil: Universalgeschichte der Niedertracht, Fiktion, Das Aleph.* München, Wien: Hanser 2000, S. 369–386.

Brandstetter, Gabriele, Bettina Brandl-Risi, Kai van Eikels: *Szenen des Virtuosen.* Bielefeld: Transcript 2017.

Braungart, Wolfgang: „Was für ein Theater! Versuch zur geschichtlich-kulturellen Ökologie der sozialen und dramatischen Rolle", in: Karl Eibl, Katja Mellmann, Rüdiger Zymner (Hg.): *Im Rücken der Kulturen.* Paderborn: Mentis 2007, S. 467–501.

Breitling, Andris: „Impertinente Prädikate Davidson, Ricœur und der Streit um die kognitive Funktion der Metapher", in: Matthias Junge (Hg.): *Metaphern in Wissenskulturen.* Wiesbaden: VS 2010, S. 187–202.

Bremer, Manuel: [Art.] „Kognition/Kognitionstheorien", in: Helmut Reinalter, Peter J. Brenner (Hg.): *Lexikon der Geisteswissenschaften. Sachbegriffe – Disziplinen – Personen.* Wien u. a.: Böhlau 2011, S. 405–413.

Brône, Geert, Jeroen Vandaele (Hg.): *Cognitive Poetics: Goals, Gains and Gaps.* Berlin, Boston: De Gruyter 2009.

Brückner, Wolfgang: [Art.] „Magie", in: *Brockhaus Enzyklopädie.* Bd. 11: *L–Mah.* Wiesbaden: Brockhaus [17]1970, S. 786–788.

Brückner, Wolfgang: *Bilddenken. Mensch und Magie oder Missverständnisse der Moderne.* Münster: Waxmann 2013.

Bruno, Giordano: *Die Magie. Die verschiedenen Arten des Bannens und Bezauberns* (1586–1591). Peißenberg: Skorpion 1998.

Brusotti, Marco: *Wittgenstein, Frazer und die „ethnologische Betrachtungsweise".* Berlin, Boston: De Gruyter 2014.

Bubner, Rüdiger: „Die aristotelische Lehre vom Zufall. Bemerkungen in der Perspektive einer Annäherung der Philosophie an die Rhetorik", in: Gerhart von Graevenitz, Odo Marquard (Hg.): *Kontingenz* (= *Poetik und Hermeneutik* Bd. 17). München: Fink 1998, S. 3–21.

Burke, Michael: „Literature as Parable", in: Joanna Gavins, Gerard Steen (Hg.): *Cognitive Poetics in Practice.* London, New York: Routledge 2003, S. 115–128.

Burri, Alex: „Fakten und Fiktionen. Überlegungen zum ‚Tractatus'", in: John Gibson, Wolfgang Huemer (Hg.): *Wittgenstein und die Literatur.* Frankfurt a. M.: Suhrkamp 2006, S. 423–447.

Busch, Carsten: *Metaphern in der Informatik: Modellbildung – Formalisierung – Anwendung.* Wiesbaden: Springer 1997 (zugl. Diss. TU Berlin).

Busch, Carsten: „Zur Bedeutung von Metaphern in der Entwicklung der Informatik", in: Dirk Siefkes, Peter Eulenhöfer, Heike Stach, Klaus Städtler (Hg.): *Sozialgeschichte der Informatik. Studien zur Wissenschafts- und Technikforschung.* Wiesbaden: DUV 1998, S. 69–83.

Busch, Kathrin: „Dingsprache und Sprachmagie. Zur Idee latenter Wirksamkeit bei Walter Benjamin", in: *Politics of Translation* (2006); online unter: https://transversal.at/transversal/0107/busch/de#_ftn2 (14.06.2020).

Busse, Dietrich: *Frame-Semantik. Ein Kompendium.* Berlin, Boston: De Gruyter 2012.

Butter, Stella: *Kontingenz und Literatur im Prozess der Modernisierung: Diagnosen und Umgangsstrategien im britischen Roman des 19.–21. Jahrhunderts.* Tübingen: Narr 2013.

Caemmerer, Christiane, Walter Delabar (Hg.): *Ach, Neigung zur Fülle. Zur Rezeption ‚barocker' Literatur im Nachkriegsdeutschland*. Würzburg: Königshausen & Neumann 2001.
Callois, Roger: „Das Bild des Phantastischen: Vom Märchen bis zur Science Fiction", in: Rein A. Zondergeld (Hg.): *Phaicon I. Almanach der phantastischen Literatur*. Frankfurt a. M.: Insel 1974, S. 44–82.
Calvino, Italo: „Kybernetik und Gespenster", in: ders.: *Kybernetik und Gespenster. Überlegungen zu Literatur und Gesellschaft*. München: Hanser 1984, S. 7–26.
Campe, Rüdiger: „Robert Walsers Institutionenroman *Jakob von Gunten*", in: Rudolf Behrens, Jörn Steigerwald (Hg.): *Die Macht und das Imaginäre. Eine kulturelle Verwandtschaft in der Literatur zwischen Früher Neuzeit und Moderne*. Würzburg: Königshausen & Neumann 2005, S. 235–250.
Cassirer, Ernst: *Philosophie der symbolischen Formen*. 3 Bde. Teil. I: *Die Sprache*; Teil II: *Das mythische Denken*; Teil III: *Phänomenologie der Erkenntnis*. Hg. von Birgit Recki. Text und Anmerkungen bearb. von Claus Rosenkranz. Hamburg: Meiner 2010.
Cersowsky, Peter: *Magie und Dichtung: zur deutschen und englischen Literatur des 17. Jahrhunderts*. München: Fink 1990.
Cixous, Hélène: „Die Fiktion und ihr Geister. Eine Lektüre von Freuds Das Unheimliche", in: Klaus Herding, Gerlinde Gehrig (Hg.): *Orte des Unheimlichen*. Göttingen: Vandenhoeck & Ruprecht 2006, S. 37–59.
Coenen Hans Georg: *Analogie und Metapher. Grundlegung einer Theorie der bildlichen Rede*. Berlin, New York: De Gruyter 2002.
Crisp, Peter: „Allegory and Symbol – A Fundamental Opposition?", in: *Language and Literature* 14.4 (2005), S. 323–338.
Crisp, Peter: „Between Extended Metaphor and Allegory: Is Blending Enough?", in: *Language and Literature* 17.4 (2008), S. 291–308.
Cytowic, Richard E.: *Synesthesia. A Union of the Senses*. New York: Springer 1989.
Cytowic, Richard E.: *Farben hören, Töne schmecken. Die bizarre Welt der Sinne*. Ungek. Ausgabe. München: dtv 1996.
Cytowic, Richard E.: „Wahrnehmungs-Synästhesie", in: Hans Adler, Ulrike Zeuch (Hg.): *Synästhesie. Interferenz – Transfer – Synthese der Sinne*. Würzburg: Königshausen & Neumann 2002, S. 7–24.
Cytowic, Richard E., David M. Eagleman: *Wednesday is Indigo Blue. Discovering the Brain of Synethesia*. Cambridge (MA): MIT Press 2009.
Czernin, Franz Josef, Thomas Eder (Hg.): *Zur Metapher. Die Metapher in Philosophie, Wissenschaft und Literatur*. München: Fink 2007.
Daston, Lorraine: „Die kognitiven Leidenschaften", in: dies.: *Wunder, Beweise und Tatsachen. Zur Geschichte der Rationalität*. Frankfurt a. M.: S. Fischer 2001, S. 77–97.
Daston, Lorraine, Katharine Park (Hg.): *Wunder und die Ordnung der Natur 1150–1750*. Frankfurt a. M.: Eichborn 2002.
Daston, Lorraine, Peter Galison: *Objektivität*. Frankfurt a. M.: Suhrkamp 2007.
Davidson, Donald: „Was Metaphern bedeuten", in: ders.: *Wahrheit und Interpretation*. Frankfurt a. M.: Suhrkamp 1986, S. 343–371.
Davis, Owen: *Grimoires. A History of Magic Books*. New York: Oxford Univ. Press 2009.
Daxelmüller, Christoph: *Zauberpraktiken. Eine Ideengeschichte der Magie*. Zürich: Artemis & Winkler 1993.
Debatin, Bernhard: *Die Rationalität der Metapher. Eine sprachphilosophische und kommunikationstheoretische Untersuchung*. Berlin, New York: De Gruyter 1993.

Defoe, Daniel: *Die Pest zu London*. Frankfurt a. M., Berlin: Ullstein 1990.
Dinger, Christian: „Die Ausweitung der Fiktion. Autofiktionales Erzählen und (digitale) Paratexte bei Clemens J. Setz und Aléa Torik", in: Sonja Arnold, Stephanie Catani, Christoph Jürgensen (Hg.): *Sich selbst erzählen. Autobiographie – Autofiktion – Autorschaft*. Kiel: Ludwig 2017, S. 361–377.
Dinger, Christian: „Das autofiktionale Spiel des *poeta nerd*. Inszenierung von Authentizität und Außenseitertum bei Clemens J. Setz", in: Iris Hermann, Nico Prelog (Hg.): „*Es gibt Dinge, die es nicht gibt." Vom Erzählen des Unwirklichen im Werk von Clemens J. Setz*. Würzburg: Königshausen & Neumann 2020, S. 65–75.
Dinger, Christian: *Die Aura des Authentischen. Inszenierung und Zuschreibung von Authentizität auf dem Feld der deutschsprachigen Gegenwartsliteratur*. Göttingen: V&R unipress 2021 (zugl. Diss. Univ. Göttingen).
Dittrich, Andreas: „Ein Lob der Bescheidenheit. Zum Konflikt zwischen Erkenntnistheorie und Wissensgeschichte", in: *Zeitschrift für Germanistik* 17.3 (2007), S. 631–637.
Doubrovsky, Serge: „Nah am Text", in: Alfonso de Toro, Claudia Gronemann (Hg.): *Autobiographie revisited. Theorie und Praxis neuer autobiographischer Diskurse in der französischen, spanischen und lateinamerikanischen Literatur*. Hildesheim u. a.: Olms 2004, S. 117–128.
Drewer, Petra: *Die kognitive Metapher als Werkzeug des Denkens. Zur Rolle der Analogie bei der Gewinnung und Vermittlung wissenschaftlicher Erkenntnisse*. Tübingen: Narr 2013 (zugl. Diss. Univ. Hildesheim).
Durkheim, Émile: *Die elementaren Formen religiösen Lebens*. Frankfurt a. M.: Suhrkamp 1994.
Durst, Uwe: *Das begrenzte Wunderbare. Zur Theorie wunderbarer Episoden in realistischen Erzähltexten und in Texten des „Magischen Realismus"*. Münster: Lit 2008.
Eagleton, Terry: *Die Illusionen der Postmoderne. Ein Essay*. Stuttgart, Weimar: Metzler 1997.
Eckermann, Johann Peter: *Gespräche mit Goethe in den letzten Jahren seines Lebens. 1823–1832*. Hg. von Christoph Michel unter Mitwirkung von Hans Grüters. Frankfurt a. M.: DKV 1999.
Eco, Umberto: *Lector in fabula. Die Mitarbeit der Interpretation in erzählenden Texten*. München, Wien: dtv 1987.
Eder, Thomas: „Zur kognitiven Theorie in der Literaturwissenschaft. Eine kritische Bestandsaufnahme", in: Franz Josef Czernin, ders. (Hg.): *Zur Metapher. Die Metapher in Philosophie, Wissenschaft und Literatur*. München: Fink 2007, S. 167–195.
Eder, Thomas: [Art.] „Kognitive Literaturwissenschaft", in: Hans Feger (Hg.): *Handbuch Literatur und Philosophie*. Stuttgart, Weimar: Metzler 2012, S. 311–332.
Eke, Norbert Otto: „Wider die Literaturwerkstättenliteratur? – Der Autor als ‚Obertonsänger'. Clemens J. Setz und die Gegenwartsliteratur", in: Hermann/Prelog (Hg.): „*Es gibt Dinge, die es nicht gibt*", S. 35–49.
Ellison, David: *Ethics and Aesthetics in European Modernist Literature: From the Sublime to the Uncanny*. Cambridge: Cambridge Univ. Press 2001.
Endres, Franz Carl, Annemarie Schimmel: *Das Mysterium der Zahl. Zahlensymbolik im Kulturvergleich*. Kreuzlingen, München: Eugen Diederichs 2005.
Ernst, Ulrich: „Sprachmagie in fiktionaler Literatur. Textstrukturen – Zeichenfelder – Theoriesegmente", in: *Arcadia* 30.2 (1995), S. 113–185.
Evans-Pritchard, Edward E.: *Hexerei, Orakel und Magie bei den Zande*. Frankfurt a. M.: Suhrkamp 1978.

Eve, Martin Paul: *Pynchon and Philosophy. Wittgenstein, Foucault and Adorno.* Basingstoke: Palgrave Macmillan 2014.

Fasthuber, Sebastian: „Geklingel beim Sex und Umwege beim Eierköpfen" [Rez. zu DF], in: *Falter* vom 15.09.2009; online unter: https://shop.falter.at/detail/9783701715152 (14.12.2019); unter dem Titel „...Oh!" auch veröffentlicht in: *Frankfurter Rundschau* vom 25.09.2009; online unter: https://www.fr.de/kultur/oh-11525373.html (05.08.2019).

Fauconnier, Gilles, Mark Turner: *The Way We Think. Conceptual Blending and the Mind's Hidden Complexities.* New York: Basic Books 2002.

Fauth, Søren R., Rolf Parr (Hg.): *Neue Realismen in der Gegenwartsliteratur.* Paderborn: Fink 2016.

Figge, Horst: „Magische und magiforme Zeichenkonstitution. Beispiele aus dem brasilianischen Spiritismus", in: Annemarie Lange-Seidl (Hg.): *Zeichen und Magie.* Tübingen: Stauffenburg 1988, S. 11–27.

Flader, Dieter: „Metaphern in Freuds Theorien", in: *Psyche* 54.4 (2000), S. 354–389.

Forsbach, Felix: „Poetische Realität | realistische Poesie. Über das Feld zwischen Fakt und Fiktion in Clemens J. Setz *Indigo*", in: Hermann/Prelog (Hg.): *„Es gibt Dinge, die es nicht gibt"*, S. 77–89.

Foster Wallace, David: *Der Besen im System.* Roman. Köln: Kiepenheuer & Witsch 2004.

Frasca, Gonzalo: „Ludology Meets Narratology: Similitude and Differences Between (Video) Games and Narrative", [ursprünglich in finnischer Sprache publiziert] in: *Parnasso* 3 (1999), S. 365–371; engl. Version online unter: http://www.ludology.org/articles/ludology.htm (11.01.2020).

Frazer, James G.: *Der goldene Zweig: Das Geheimnis von Glauben und Sitten der Völker* (1890). Reinbek bei Hamburg: Rowohlt 2000.

Frevert, Ute et al.: *Gefühlswissen. Eine lexikalische Spurensuche in der Moderne.* Frankfurt a. M., New York: Campus 2011.

Freud, Sigmund: *Die Traumdeutung*, in: ders.: *Gesammelte Werke*: Bde. 2 und 3. Hg. von Anna Freud et al. Frankfurt a. M.: S. Fischer ³1966.

Freud, Sigmund: „Der Dichter und das Phantasieren", in: ders.: *Gesammelte Werke*. Bd. 7: *Werke aus den Jahren 1906–1909.* Hg. von Anna Freud et al. Frankfurt a. M.: S. Fischer ⁴1966, S. 213–223.

Freud, Sigmund: „Animismus, Magie und Allmacht der Gedanken", in: ders.: *Gesammelte Werke*. Bd. 9: *Totem und Tabu. Einige Übereinstimmungen im Seelenleben der Wilden und Neurotiker* (1912/1913). Hg. von Anna Freud et al. Frankfurt a. M. 1999, S. 93–121.

Freud, Sigmund: „Aus der Geschichte einer infantilen Neurose" (1918), in: ders.: *Gesammelte Werke*. Bd. 12: *Werke aus den Jahren 1917–1920.* Hg. von Anna Freud et al. Frankfurt a. M.: S. Fischer ³1966, S. 27–157.

Freud, Sigmund: „Das Unheimliche" (1919), in: ders.: *Werke*. Bd. 12: *Werke aus den Jahren 1917–1920.* Hg. von Anna Freud et al. Frankfurt a. M.: S. Fischer ³1966, S. 229–268.

Freud, Sigmund: „Die endliche und die unendliche Analyse" (1937), in: ders.: *Gesammelte Werke*. Bd. 16: *Werke aus den Jahren 1932–1939.* Hg. von Anna Freud et al. Frankfurt a. M.: S. Fischer ²1961, S. 57–99.

Friedrich, Alexander: „Das Internet als Medium und Metapher. Medienmetaphorologische Perspektiven", in: Annette Simonis, Berenike Schröder (Hg.): *Medien, Bilder, Schriftkultur. Mediale Transformationen und kulturelle Kontexte.* Würzburg: Königshausen & Neumann 2012, S. 227–251.

Friedrich, Alexander: *Metaphorologie der Vernetzung. Zur Theorie kultureller Leitmetaphern.* Paderborn: Fink 2015 (zugl. Diss. Univ. Gießen).
Friedrich, Hugo: *Die Struktur der modernen Lyrik. Von der Mitte des neunzehnten bis zur Mitte des zwanzigsten Jahrhunderts.* Neuausg. Reinbek bei Hamburg: Rowohlt 2006.
Frobenius, Wolf: [Art.] „Aleatorisch, Aleatorik", in: Hans-Heinrich Eggebrecht (Hg.): *Terminologie der Musik im 20. Jahrhundert.* Sonderband 1. Stuttgart: Steiner 1995, S. 30–43.
Foucault, Michel: *Die Ordnung der Dinge. Eine Archäologie der Humanwissenschaften.* Frankfurt a. M.: Suhrkamp 1974.
Foucault, Michel: „Die Heterotopien" (1966), in: ders.: *Die Heterotopien. Der utopische Körper. Zwei Radiovorträge.* Berlin: Suhrkamp 2013, S. 7–22.
Fuhrmann, Manfred: *Die antike Retorik. Eine Einführung.* Mannheim: Artemis & Winkler [6]2011.
Gaderer, Rupert: „Sigmund Freuds ‚Momente' und ‚Technik der Magie'", in: Martin Doll, Fabio Camilletti, ders., Jan Niklas Howe (Hg.): *Phantasmata. Techniken des Unheimlichen.* Wien, Berlin: Turia & Kant 2011, S. 145–153.
Gall, Alexander: „Wunder der Technik. Wunder der Natur. Zur Vermittlungsleistung eines medialen Topos", in: Alexander C. T. Geppert, Till Kössler (Hg.): *Wunder. Poetik und Politik des Staunens im 20. Jahrhundert.* Berlin: Suhrkamp 2011, S. 270–301.
Gansel, Carsten: „Zu Aspekten einer Bestimmung der Kategorie ‚Störung' – Möglichkeiten der Anwendung für Analysen des Handlungs- und Symbolsystems Literatur", in: ders., Norman Ächtler (Hg.): *‚Das Prinzip Störung' in den Geistes- und Sozialwissenschaften.* Berlin, Boston: De Gruyter 2013, S. 31–56.
Gansen, Peter: „Vier aus 25? – Vom (Un-)Sinn einer Typologie der Metapherntheorien" [Rez. zu Eckhard Rolf: *Metapherntheorien*], in: *KULT-online. The Review Journal* 15 (2008); online unter: http://kult-online.uni-giessen.de/archiv/2008/ausgabe-15/rezensionen/vier-aus-25-vom-un-sinn-einer-typologie-der-metapherntheorien (07.11.2019).
Gavins, Joanna, Gerard Steen (Hg.): *Cognitive Poetics in Practice.* London, New York: Routledge 2003.
Gehlen, Arnold: *Der Mensch. Seine Natur und seine Stellung in der Welt.* Frankfurt a. M., Bonn: Athenäum 1962.
Gehring, Petra: „Erkenntnis durch Metaphern? Methodologische Anmerkungen zur Metaphernforschung", in: Junge (Hg.): *Metaphern in Wissenskulturen,* S. 203–220.
Genette, Gerard: *Paratexte. Das Buch vom Beiwerk des Buches.* Frankfurt a. M.: Suhrkamp 2001.
Genette, Gerard: *Die Erzählung.* München: Fink [3]2010.
Gentner, Dedre: „Are Scientific Analogies Metaphors?", in: David Miall (Hg.): *Metaphor. Problems and Perspectives.* Brighton: Harvester Press 1982, S. 106–132.
Gentner, Dedre: „Structure-Mapping. A Theoretical Framework for Analogy", in: *Cognitive Science* 7.2 (1983), S. 155–170.
Geppert, Alexander C. T., Till Kössler „Einleitung: Wunder der Zeitgschichte", in: dies. (Hg.): *Wunder,* S. 9–68.
Geppert, Hans Vilmar: *Der realistische Weg: Formen pragmatischen Erzählens bei Balzac, Dickens, Hardy, Keller, Raabe und anderen Autoren des 19. Jahrhunderts.* Tübingen: Niemeyer 1994.
Gerrig, Richard J.: *Experiencing Narrative Worlds. On the Psychological Activities of Reading.* London, New Haven: Yale Univ. Press 1993.
Gess, Nicola: „‚Magisches Denken' im Kinderspiel. Literatur und Entwicklungspsychologie im frühen 20. Jahrhundert", in: Thomas Anz, Heinrich Kaulen (Hg.): *Literatur als Spiel. Evolu-*

tionsbiologische, ästhetische und pädagogische Aspekte. Berlin: De Gruyter 2009, S. 295–314.

Gess, Nicola, Mireille Schnyder, Hugues Marchal, Johannes Bartuschat (Hg.): *Poetiken des Staunens. Narratologische und dichtungstheoretische Perspektiven*. München: Fink 2019.

Gibbs, Raymond W.: *The Poetics of Mind. Figurative Thought, Language, and Understanding*. New York: Cambridge Univ. Press 1994.

Gibbs, Raymond W. (Hg.): *The Cambridge Handbook of Metaphor and Thought*. New York: Cambridge Univ. Press 2008.

Glaser, Peter: „Überall Schreiben", online unter: http://www.literaturhaus-graz.at/peter-glaser-ueberall-schreiben/ (27.05.2020).

Glavinic, Thomas: *Das bin doch ich*. Roman. München: Hanser 2007.

Gloy, Karen: *Alterität: Das Verhältnis von Ich und dem Anderen*. München: Fink 2019.

Goethe, Johann Wolfgang von: *Werke*. Hamburger Ausgabe in 14 Bänden. Bd. 3: *Dramen I: Faust: Der Tragödie erster Teil. Der Tragödie zweiter Teil. Urfaust*. Textkritisch durchges. und kommentiert von Erich Trunz. München: C. H. Beck [16]1986.

Göttert, Karl-Heinz: *Magie. Zur Geschichte des Streits um die magischen Künste unter Philosophen, Theologen, Medizinern, Juristen und Naturwissenschaftlern von der Antike bis zur Aufklärung*. München: Fink 2001.

Götz, Uschi: „Im Maschinenraum der Literatur" [zur Poetikdozentur 2015 in Tübingen], in: *Deutschlandfunk Kultur* im Rahmen der Sendung „Fazit" vom 24.11.2015; online unter: https://www.deutschlandfunkkultur.de/tuebinger-poetik-dozentur-im-maschinenraum-der-literatur.1013.de.html?dram:article_id=337876 (15.09.2019).

Goggio, Alessandra: „Eine Überwindung der Postmoderne? Neue Tendenzen der österreichischen Literatur am Beispiel von Clemens J. Setz und Wolf Haas", in: Olivia C. Díaz Pérez, Ortrud Gutjahr, Rolf G. Renner, Marisa Siguan (Hg.): *Deutsche Gegenwarten in Literatur und Film. Tendenzen nach 1989 in exemplarischen Analysen*. Tübingen: Stauffenburg 2017, S. 29–45.

Goggio, Alessandra: „Unheimliche Heime. Die Heilanstalt als Ort der Gewalt im Werk von Clemens J. Setz", in: Hermann/Prelog (Hg.): *„Es gibt Dinge, die es nicht gibt"*, S. 139–156.

Goodman, Nelson: *Weisen der Welterzeugung*. Frankfurt a. M.: Suhrkamp 1984.

Graber, Renate: „Ich habe jetzt schon genug von mir selbst" [Interview mit Clemens J. Setz], in: *Der Standard* vom 18./19.08.2012; online unter: https://www.derstandard.at/story/1343744988426/clemens-setz-ich-habe-jetzt-schon-genug-von-mir-selbst (22.11.2019).

Graf, Fritz: „Theories of Magic in Antiquity", in: Paul Mirecki, Marvin Meyer (Hg.): *Magic and Ritual in the Ancient World*. Leiden u. a.: Brill 2015, S. 93–104.

Greenwood, Susan: *The Anthropology of Magic*. London, New York: Bloomsbury Academic 2012.

Greenwood, Susan, Erik D. Goodwyn: *Magical Consciousness. An Anthropological and Neurobiological Approach*. New York, London: Routledge 2016.

Grimm, Jacob: *Deutsche Mythologie*. Zweiter Band. Göttingen: Dieterichsche Buchhandlung 1844.

Gruber, Dominik: „Die Geist-Maschine-Analogie in Geschichte und Gegenwart", in: Johannes Klopf, Monika Frass, Manfred Gabriel (Hg.): *Mythos – Mensch – Maschine*. Salzburg: Paracelsus 2012, S. 113–143.

Gross, Sabine: „Literatur und Synästhesie: Überlegungen zum Verhältnis von Wahrnehmung, Sprache und Poetizität", in: Adler/Zeuch (Hg.): *Synästhesie*, S. 57–94.

Gumbrecht, Hans Ulrich: *Diesseits der Hermeneutik. Die Produktion von Präsenz*. Frankfurt a. M.: Suhrkamp 2004.
Gumbrecht, Hans Ulrich: [Art.] „Postmoderne", in: *Reallexikon der deutschen Literaturwissenschaft*. Neubearbeitung des Reallexikons der deutschen Literaturgeschichte. Hg. von Klaus Weimar et al. Bd. 3: *P–Z*. Berlin, New York: De Gruyter ³2007, S. 136–140.
Gunreben, Marie: „Abscheu und Faszination. Zur Ästhetik des Ekels in *Die Stunde zwischen Frau und Gitarre*", in: Hermann/Prelog (Hg.): *„Es gibt Dinge, die es nicht gibt"*, S. 167–180.
Haberl, Tobias: „Das Selbstmitleid ist weg" [Interview mit Clemens J. Setz], in: *Süddeutsche Zeitung Magazin* 38 (24.09.2015); online unter: https://sz-magazin.sueddeutsche.de/literatur/das-selbstmitleid-ist-weg-81674 (31.05.2020).
Haferland, Harald: „Kontiguität. Die Unterscheidung vormodernen und modernen Denkens", in: *Archiv für Begriffsgeschichte* 51 (2009), S. 61–104.
Haarmann, Harald: *Die Gegenwart der Magie. Kulturgeschichtliche und zeitkritische Betrachtungen*. Frankfurt a. M., New York: Campus 1992.
Haas, Franz: „Seelenabgründe aus dem Erzählbaukasten" [Rez. zu MK], in: *Neue Zürcher Zeitung* vom 29.03.2011; online unter: https://www.nzz.ch/seelenabgruende_aus_dem_erzaehlbaukasten-1.10064363 (21.12.2019).
Haas, Franz: „Im grausigen Irrgarten der Einsamkeit" [Rez. zu FuG], in: *Neue Zürcher Zeitung* vom 27.10.2015; online unter: https://www.nzz.ch/feuilleton/buecher/im-grausigen-irrgarten-der-einsamkeit-1.18635989 (05.08.2019).
Haas, Wolf: *Verteidigung der Missionarsstellung*. Roman. Hamburg: Hoffmann & Campe 2012.
Hartner, Marcus: *Perspektivische Interaktion im Roman. Kognition, Rezeption, Interaktion*. Berlin, Boston: De Gruyter 2012 (zugl. Diss. Univ. Bielefeld unter dem Titel „Kognition und Perspektive").
Haverkamp, Anselm (Hg.): *Theorie der Metapher*. Darmstadt: WBG 1996.
Haverkamp, Anselm: *Metapher. Die Rhetorik der Ästhetik*. München: Fink 2007.
Haverkamp, Anselm: *Metapher – Mythos – Halbzeug. Metaphorologie nach Blumenberg*. Berlin: De Gruyter 2018.
Heidmann Vischer, Ute: [Art.] „Mythos", in: *Reallexikon der deutschen Literaturwissenschaft*. Neubearb. des Reallexikons der deutschen Literaturgeschichte. Bd. 2: *H–O*. Hg. von Klaus Weimar et al. Berlin, New York: De Gruyter ³2007, S. 664–668.
Heidemann, Gudrun: „,The Gadget Lover. Rauschen, Echos und Phantome in *Die Stunde zwischen Frau und Gitarre*", in: Hermann/Prelog (Hg.): *„Es gibt Dinge, die es nicht gibt"*, S. 181–192.
Hellgardt, Ernst: [Art.] „Zahlensymbolik", in: Klaus Kanzog et al. (Hg.): *Reallexikon der deutschen Literaturgeschichte*. Bd. 4: *Sl–Z*. Berlin, New York: De Gruyter ²1984, S. 947–957.
Hentschel, Klaus: „Die Funktion von Analogien in den Naturwissenschaften, auch in Abgrenzung zu Metaphern und Modellen", in: *Acta Historica Leopoldina* 56 (2010), S. 13–66.
Herder, Johann Gottfried: „Abhandlung über den Ursprung der Sprache", in: ders.: *Werke in zehn Bänden*. Hg. von Martin Bollacher et al. Bd. 1: *Frühe Schriften 1764–1772*. Hg. von Ulrich Gaier. Frankfurt a. M.: DKV 1985, S. 695–810.
Herding, Klaus, Gerlinde Gehrig (Hg.): *Orte des Unheimlichen. Die Faszination verborgenen Grauens in Literatur und bildender Kunst*. Göttingen: Vandenhoeck & Ruprecht 2006.
Herman, David (Hg.): *Narrative Theory and the Cognitive Science*. Stanford: CSLI Publ. 2003.
Hermann, Iris: „,Es gibt Dinge, die es nicht gibt'. Vom Erzählen des Irrealen im Werk von Clemens Setz", in: dies./Prelog (Hg.): *„Es gibt Dinge, die es nicht gibt"*, S. 7–17.

Herrmann, Leonhard: „Vom Zählen und Erzählen, vom Finden und Erfinden Zum Verhältnis von Mathematik und Literatur in Daniel Kehlmanns frühen Romanen", in: Franziska Bomski, Stefan Suhr (Hg.): *Fiktum versus Faktum. Nichtmathematische Dialoge mit der Mathematik*. Berlin: Erich Schmidt 2012, S. 169–184.

Herrmann, Leonhard: „Andere Welten – fragliche Welten. Fantastisches Erzählen in der Gegenwartsliteratur", in: Horstkotte/ders. (Hg.): *Poetiken der Gegenwart*, S. 47–66.

Höbel, Wolfgang: „Haus der Qual. Buchkritik: Clemens J. Setz berichtet in seinem Erzählband ‚Die Liebe zur Zeit des Mahlstädter Kindes' aus einer surrealen Schreckenswelt", in: *Der Spiegel* 12/2011 vom 21.03.2011; online unter: https://www.spiegel.de/kultur/haus-der-qual-a-f3b46461-0002-0001-0000-000077531720 (08.12.2019).

Höffe, Otfried: „Bild – Metapher – Modell. Eine philosophische Einführung mit einigen Exempla", in: *Nova Acta Leopoldina* 386 (2012), S. 9–21.

Höfler, Günther A.: „Harold Blooms ödipale Einflussmystik", in: Joanna Drynda, Alicija Krauze-Olejniczak, Sławomir Piontek (Hg.): *Zwischen Einflussangst und Einflusslust. Zur Auseinandersetzung mit der Tradition in der österreichischen Gegenwartsliteratur*. Wien: Praesens 2017, S. 1–22.

Hoffstadt, Christian: *Denkräume und Denkbewegungen. Untersuchungen zum metaphorischen Gebrauch der Sprache der Räumlichkeit* (zugl. Diss. Univ. Karlsruhe 2008). Karlsruhe: Universitätsverlag 2009.

Hofmannsthal, Hugo von: *Ein Brief* (1902), in: ders.: *Sämtliche Werke. Kritische Ausgabe*. Hg. von Rudolf Hirsch, Edward Reichel, Christoph Perels, Mathias Mayer, Heinz Rölleke. Bd. 31: *Erfundene Gespräche und Briefe*. Hg. von Ellen Ritter. Frankfurt a. M.: S. Fischer 1991, S. 45–55.

Hogan, Patrick C.: *Cognitive Science, Literature, and the Arts. A Guide for Humanists*. London, New York: Routledge 2003.

Holzinger, Markus: *Kontingenz in der Gegenwartsgesellschaft. Dimensionen eines Leitbegriffs moderner Sozialtheorie*. Bielefeld: Transcript 2007.

Hoppe, Felicitas: *Hoppe. Roman*. Frankfurt a. M.: S. Fischer 2012.

Horstkotte, Silke, Leonhard Hermann: „Poetiken der Gegenwart? Eine Einleitung", in: dies. (Hg.): *Poetiken der Gegenwart*, S. 1–11.

Hose, Susanne: *Erzählen über Krabat: Märchen, Mythos und Magie*. Bautzen: Lusatia 2013.

Huber, Martin: „‚Noch einmal mit Gefühl'. Literaturwissenschaft und Emotion", in: Walter Erhart (Hg.): *Grenzen der Germanistik. Rephilologisierung oder Erweiterung?* (DFG-Symposium 2003). Stuttgart: Metzler 2004, S. 343–357.

Huber, Martin, Simone Winko: „Literatur und Kognition. Perspektiven eines Arbeitsfeldes", in: dies. (Hg.): *Literatur und Kognition. Bestandsaufnahmen und Perspektiven eines Arbeitsfeldes*. Paderborn: Mentis 2009, S. 7–26.

Humboldt, Wilhelm von: *Werke in fünf Bänden*. Hg. von Andreas Flitner, Klaus Giel. Bd. 3: *Schriften zur Sprachphilosophie*. Darmstadt: WBG 2010.

Hutcheon, Linda: *Narcissistic Narrative. The Metafictional Paradox*. London: Methuen 1980.

Inukai, Ayano: „Clemens J. Setz und seine Grenzen der Sprache", in: *Jimbun-Gakuho. The Journal of Social Sciences and Humanities. German Studies* 513–514 (2017), S. 101–111. (= Abdruck des Vortrags unter dem Titel „Clemens J. Setz und die Zukunft der Literatur" beim 25. Seminar zur österreichischen Gegenwartsliteratur mit Clemens J. Setz am 13. November 2016 in Nozawa Onsen, Japan.

Inukai, Ayano: „Lügende Figuren – Überlegungen zum Verhältnis von Fakten und Fiktionen im Roman *Indigo* von Clemens J. Setz und dem frühen Wittgenstein", in: *Beiträge zur österreichischen Literatur* 34 (2018), S. 12–23.
Iser, Wolfgang: „Das Komische: ein Kipp-Phänomen", in: Wolfgang Preisendanz, Rainer Warning (Hg.): *Das Komische*. München: Fink 1976, S. 398–402.
Jabłkowska, Joanna: „Die Möglichkeit des Unmöglichen. Zu Clemens J. Setz' ‚Essayistik'", in: Hermann/Prelog (Hg.): *„Es gibt Dinge, die es nicht gibt"*, S. 193–203.
Jacob, Joachim: „Triumf! Triumf! Triumf! Triumf! Magie und Rationalität des wiederholten Wortes", in: Károly Csúri, ders. (Hg.): *Prinzip Wiederholung. Zur Ästhetik von System- und Sinnbildung in Literatur, Kunst und Kultur aus interdisziplinärer Sicht*. Bielefeld: Aisthesis 2015, S. 61–78.
Jäger, Ludwig: „Störung und Transparenz. Skizze zur performativen Logik des Medialen", in: Sybille Krämer (Hg.): *Performativität und Medialität*. München: Fink 2004, S. 35–73.
Jäkel, Olaf: *Wie Metaphern Wissen schaffen. Die kognitive Metapherntheorie und ihre Anwendung in Modell-Analysen der Diskursbereiche Geistestätigkeit, Wirtschaft, Wissenschaft und Religion*. Verb., aktual. und erw. Neuauflage, Hamburg: Kovač 2003 (erschienen unter dem Titel *Metaphern in abstrakten Diskurs-Domänen: eine kognitiv-linguistische Untersuchung anhand der Bereiche Geistestätigkeit, Wirtschaft und Wissenschaft* bei Peter Lang, Frankfurt a. M. 1997; zugl. Diss. Univ. Hamburg).
Jaklová, Helena: „Im Prosalabor von Clemens J. Setz", in: Alexandra Millner, Dana Pfeiferová, Vincenza Scuderi (Hg.): *Experimentierräume in der österreichischen Literatur*. Pilsen: Westböhmische Universität Pilsen 2019, S. 308–328.
Jakobson, Roman: „Zwei Seiten der Sprache und zwei Typen aphatischer Störungen", in: ders., Moritz Halle: *Grundlagen der Sprache*. Berlin: Akademie 1960, S. 47–70.
Jakobson, Roman, Krystyna Pomorska: *Poesie der Grammatik. Dialoge*. Frankfurt a. M.: Suhrkamp 1982.
Jakobson, Roman, Linda R. Waugh: *Die Lautgestalt der Sprache*. Berlin, New York: De Gruyter 1986, S. 195–256.
Jakobson, Roman: „Linguistik und Poetik" (1960), in: ders.: *Poetik. Ausgewählte Aufsätze 1921–1971*. Hg. von Elmar Holenstein, Tarcisius Schelbert. Frankfurt a. M., später Berlin: Suhrkamp ^{5}2016, S. 83–121.
Jakobson, Roman: „Über den Realismus in der Kunst", in: ders.: *Poetik*, S. 129–139.
James, William: „Der Wille zum Glauben", in: Ekkehard Martens (Hg.): *Philosophie des Pragmatismus. Ausgewählte Texte*. Leipzig: Reclam 2002, S. 128–160.
Jaminet, Jérôme: „Obotobot" [Rez. zu *Bot*], in: *Spiegel online* vom 12.02.2018; online unter: https://www.spiegel.de/kultur/literatur/clemens-j-setz-bot-gespraech-ohne-autor-ein-tagebuchinterview-vom-literaturwunderling-a-1192208.html (19.08.2019).
Jandl, Paul: „Die Hölle ist immer zu Hause" [Rez. zu TrD], in: *Neue Zürcher Zeitung* vom 13.2.2019; online mit anderem Titel unter: https://www.nzz.ch/feuilleton/clemens-setz-erzaehlt-von-der-hoelle-die-immer-zu-hause-ist-ld.1458842 (19.08.2019).
Jannidis, Fotis, Gerhard Lauer, Simone Winko: „Einleitung: Radikal historisiert: Für einen pragmatischen Literaturbegriff", in: dies. (Hg.): *Grenzen der Literatur. Zu Begriff und Phänomen des Literarischen*. Berlin, New York 2009, S. 3–37.
Jannidis, Fotis: „Verstehen erklären?", in: Huber/Winko (Hg.): *Literatur und Kognition*, S. 45–62.
Japp, Uwe: „Das Buch im Buch. Eine Figur des literarischen Hermetismus", in: *Neue Rundschau* 86 (1975), S. 651–670.

Jaquette, Dale: „Wittgensteins ‚Tractatus' und die Logik der Fiktion", in: John Gibson, Wolfgang Huemer (Hg.): *Wittgenstein und die Literatur*. Frankfurt a. M.: Suhrkamp 2006, S. 448–467.
Jarvie, Ian C., Joseph Agassie: „Das Problem der Rationalität von Magie", in: Hans G. Kippenberg, Brigitte Luchesi (Hg.): *Magie. Die sozialwissenschaftliche Kontroverse über das Verstehen fremden Denkens*. Frankfurt a. M.: Suhrkamp 1978, S. 120–149.
Jaumann, Herbert: [Art.] „Barock", in: *Reallexikon der deutschen Literaturwissenschaft*, Bd. 1: A–G, S. 199–204.
Jay, Martin: „The Uncanny Nineties", in: *Salmagundi* 108 (1995), S. 20–29.
Jean Paul: „Vorschule der Ästhetik nebst einigen Vorlesungen in Leipzig über die Parteien der Zeit", in: ders.: *Sämtliche Werke*. Abt. 1, Bd. 5. Hg. von Norbert Miller. München: Hanser ^{4}1980, S. 7–514.
Jean Paul: *Blumen-, Frucht und Dornenstücke oder Ehestand, Tod und Hochzeit des Armenadvokaten F. St. Siebenkäs im Reichsmarktflecken Kuhschnappel*, in: ders.: *Sämtliche Werke*. Abt. 1, Bd. 2. Hg. von Norbert Miller. München: Hanser ^{4}1987, S. 7–576.
Jędrzejewski, Maciej: „Zwischen Gesellschaftskritik, Provokation und Pornografie. Die Erotik im literarischen Werk von Clemens Setz", in: Edward Białek, Monika Wolting (Hg.): *Erzählen zwischen geschichtlicher Spurensuche und Zeitgenossenschaft. Aufsätze zur neueren deutschen Literatur*. Dresden: Neisse Verlag 2015, S. 341–367.
Jędrzejewski, Maciej: „‚Es geht generell sehr viel um Freiheit' – ein Interview mit dem österreichischen Schriftsteller Clemens Setz", in: *Studia Niemcoznawcze – Studien zur Deutschkunde* 56 (2015), S. 311–327.
Jędrzejewski, Maciej: „Die Illusion der Wirklichkeit. Elemente des Science-Fiction-Genres in Clemens Setzs Werk", in: Paweł Wałowski (Hg.): *Der (neue) Mensch und seine Welten. Deutschsprachige fantastische Literatur und Science-Fiction*. Berlin: Frank & Timme 2017, S. 197–215.
Jędrzejewski, Maciej: „Anormalität als Normalität. Sexualästhetik in *Die Stunde zwischen Frau und Gitarre* von Clemens Setz", in: Albrecht Classen, Wolfgang Brylla, Andrey Kotin (Hg.): *Eros und Logos. Literarische Formen sinnlichen Begehrens in der (deutschsprachigen) Literatur vom Mittelalter bis zur Gegenwart*. Tübingen: Narr Francke Attempto 2018, S. 308–322.
Jędrzejewski, Maciej: „Geniekult versus Sprachkritik. Zur Rezeption vom Clemens Setz im deutschsprachigen Raum", in: Anke Bosse, Elmar Lehnhart (Hg.): *literatur JETZT. Sechs Perspektiven auf die zeitgenössische österreichische Literatur*. Klagenfurt u. a.: Ritter 2020, S. 155–185.
Jentsch, Ernst: „Zur Psychologie des Unheimlichen", in: *Psychiatrisch-Neurologische Wochenschrift* 22 (15.08.1906), S. 195–198 (= Teil 1), und ebd., 23 (01.09.1906), S. 203–205 (= Schluss).
Jessen, Jens: „Kinder zum Kotzen. Wovor sich Eltern schon immer gefürchtet haben: Clemens J. Setz' unheimliches. Meisterwerk ‚Indigo'" [Rez. zu Indigo], in: *Die Zeit* (Literaturbeilage) vom 04.10.2012; online unter: https://www.zeit.de/2012/41/Clemens-Setz-Indigo (21.12.2019).
Johach, Eva: „Verzauberte Natur? Die Ökonomien des Wunder(n)s im naturwissenschaftlichen Zeitalter", in: Geppert/Kössler (Hg.): *Wunder*, S. 179–210.
Johnson, Mark: *The Body in the Mind: The Bodily Basis of Meaning, Imagination, and Reason*. Chicago: Univ. of Chicago Press 1987.

Jung, Carl Gustav: „Über die Energetik der Seele", in: ders.: *Gesammelte Werke*. Bd. 8: *Die Dynamik des Unbewußten*. Hg. von Marianne Niehus-Jung, Lena Hurwitz-Eisner, Franz Riklin, Lilly Jung-Merker, Elisabeth Rüf. Olten, Freiburg i. Br.: Walten 1971, S. 11–78.

Jung, Carl Gustav: „Synchronizität als ein Prinzip akausaler Zusammenhänge", in: ders.: *Gesammelte Werke*. Bd. 8., S. 475–577.

Jung, Carl Gustav: *Gesammelte Werke*. Bd. 9.1: *Die Archetypen und das kollektive Unbewußte*. Hg. von Lilly Jung-Merker, Elisabeth Rüf. Ostfildern: Patmos [8]2019.

Junge, Matthias: „Der soziale Gebrauch der Metapher", in: ders. (Hg.): *Metaphern in Wissenskulturen*. Wiesbaden: VS 2010, S. 266–279.

Junge, Matthias: „Die metaphorische Rede: Überlegungen zur ihrer Wahrheit und Wahrheitsfähigkeit", in: ders. (Hg.): *Metaphern und Gesellschaft. Die Bedeutung der Orientierung durch Metaphern*. Wiesbaden: VS 2011, S. 205–218.

Jungen, Oliver: „Die geheime Lust der Stiefmütterchen" [Rez. zu *Bot*], in: *Frankfurter Allgemeine Zeitung* vom 29.03.2018; online unter: https://www.faz.net/aktuell/feuilleton/buecher/clemens-j-setz-die-kuenstliche-intelligenz-des-autoren-15517473.html (07.12.2019).

Juul, Jesper: *Half-Real. Video Games Between Real Rules and Fictional Worlds*. Cambridge (MA): MIT Press 2005.

Kanz, Christine: [Kap.] „Die literarische Moderne (1890–1920)", in: Wolfgang Beutin et al.: *Deutsche Literaturgeschichte. Von den Anfängen bis zur Gegenwart*. Stuttgart, Weimar: Metzler [6]2001, S. 342–386.

Kastberger, Klaus: „Ich schalte das Meer aus" [Rez. zu MK], in: *Die Presse* vom 12.03.2010; online unter: https://www.diepresse.com/641244/ich-schalte-das-meer-aus (07.12.2019).

Kastberger, Klaus: „Being Clemens Setz. Laudatio", in: Winkels (Hg.): *Clemens J. Setz trifft Wilhelm Raabe*, S. 14–24.

Kastberger, Klaus: „Der blinde Fleck auf der Netzhaut" [Rez. zu TrD], in: *Die Presse* vom 09.02.2019; online unter: https://diepresse.com/home/spectrum/literatur/5576595/Clemens-J-Setz_Der-blinde-Fleck-auf-der-Netzhaut (19.08.2019).

Kämmerlings, Richard: „Clemens J. Setz: Die Frequenzen. Vor den eigenen Fiktionen gibt es kein Entrinnen", in: *Frankfurter Allgemeine Zeitung* vom 18.09.2009; online unter: https://www.faz.net/aktuell/feuilleton/buecher/rezensionen/belletristik/clemens-j-setz-die-frequenzen-vor-den-eigenen-fiktionen-gibt-es-kein-entrinnen-1855473.html?printPagedArticle=true#pageIndex_0 (05.08.2019).

Kämmerlings, Richard: „Frühjahr ohne Romane?" [Kommentar zu den Nominierungen für den Preis der Leipziger Buchmesse 2011], in: *Die Welt* vom 11.02.2011; online mit leicht abgeänderter Überschrift unter: https://www.welt.de/print/welt_kompakt/kultur/article12506061/Ein-Fruehjahr-ganz-ohne-Romane.html (07.12.2019).

Kämmerlings, Richard: „,Quälerei? Das ist doch ganz normal'" [Rez. zu MK], in: *Welt am Sonntag* vom 13.03.2011; online unter: https://www.welt.de/print/wams/kultur/article12797879/Quaelerei-Das-ist-doch-ganz-normal.html (07.12.2019).

Kämmerlings, Richard: „Nur keine Einflussangst, mein Sohn" [Rez. zu SuP], in: *Frankfurter Allgemeine Zeitung* vom 30.07.2011; online unter: https://www.faz.net/aktuell/feuilleton/buecher/rezensionen/belletristik/nur-keine-einflussangst-mein-sohn-1493153.html (14.12.2019).

Kämmerlings, Richard: „Der helle Wahnsinn" [Rez. zu FuG], in: *Die Literarische Welt* vom 29.08.2015; online unter: https://www.welt.de/print/welt_kompakt/kultur/article 145764922/Der-helle-Wahnsinn.html (05.08.2019).

Kegel, Sandra: „Am Riesenrad des Lebens gedreht" [Rez. zu MK], in: *Frankfurter Allgemeine Zeitung* vom 17.03.2011; online unter: https://www.faz.net/aktuell/feuilleton/buecher/ rezensionen/belletristik/clemens-j-setz-die-liebe-zur-zeit-des-mahlstaedter-kindes-am-riesenrad-des-lebens-gedreht-1613002.html (05.08.2019).

Kepler, Johannes: *Weltharmonik*. [*Harmonice mundi*]. Übers. und eingel. von Max Caspar. 6., unveränd. reprographischer Nachdr. der Ausgabe von 1939. Hg. im Auftr. der Bayerischen Akademie der Wissenschaften in München. München: Oldenbourg 2006.

Kepler, Johannes: *Der Traum, oder: Mond-Astronomie. Somnium sive astronomia lunaris*. Mit einem Leitfaden für Mondreisende von Beatrix Langner. Berlin: Matthes & Seitz 2011.

Kilcher, Andreas B.: *mathesis und poiesis. Die Enzyklopädik der Literatur 1600–2000*. München: Fink 2003.

Kilcher, Andreas B., Philipp Theisohn: „Die Enzyklopädik der Esoterik. Eine Einleitung", in: dies. (Hg.): *Die Enzyklopädik der Esoterik. Allwissenheitsmythen und universalwissenschaftliche Modelle in der Esoterik der Neuzeit*. München: Fink 2010, S. 7–22.

King, Vera et al.: „Psychische Bedeutungen des digitalen Messens, Zählens und Vergleichens", in: *Psyche. Zeitschrift für Psychoanalyse und ihre Anwendungen* 73.9 (2019), S. 744–770.

Kippenberg, Hans G.: [Art.] „Magie", in: Hubert Cancik, Burkhard Gladigow, Karl-Heinz Kohl (Hg.): *Handbuch religionswissenschaftlicher Grundbegriffe*. Bd. 4: *Kultbild–Rolle*, Stuttgart: Kohlhammer 1998, S. 85–98.

Kistner, Ulrike: „Das Ereignis des Unaussprechlichen. Traumdeutung, Sprachmagie, Poesie – und Kritik", in: Carlotta von Maltzan (Hg.): *Magie und Sprache*. Bern u. a.: Peter Lang 2012, S. 239–258.

Klausnitzer, Ralf: *Literatur und Wissen. Zugänge – Modelle – Analysen*. Berlin, New York: De Gruyter 2008.

Klopf, Johannes: „*Anima machinae*: Gsellmanns Grab der Seele und die technische Zivilisation", in: ders. et al. (Hg.): *Mythos – Mensch – Maschine*, S. 241–260.

Köppe, Tilmann: „Vom Wissen in der Literatur", in: *Zeitschrift für Germanistik* 17.2 (2007), S. 398–410.

Köppe, Tilmann: „Fiktionalität, Wissen, Wissenschaft. Eine Replik auf Roland Borgards und Andreas Dittrich", in: *Zeitschrift für Germanistik* 17.3 (2007), S. 638–646.

Köppe, Tilmann: *Literatur und Erkenntnis. Studien zur Signifikanz fiktionaler literarischer Werke*. Paderborn: Mentis 2008 (zugl. Diss. Univ. Göttingen).

Köppe, Tilmann (Hg.): *Literatur und Wissen. Theoretisch-methodische Zugänge*. Berlin, New York: De Gruyter 2011.

Köppe, Tilmann, Simone Winko: *Neuere Literaturtheorien. Eine Einführung*. Stuttgart, Weimar: Metzler ²2013.

Koppenfels, Martin von, Cornelia Zumbusch (Hg.): *Handbuch Literatur & Emotionen*. Berlin: De Gruyter 2016.

Kövecses, Zoltán: „Metaphor. Does it Constitute or Reflect Cultural Models?", in: Raymond Gibbs, Gerard J. Steen (Hg.): *Metaphor in Cognitive Linguistics*. Elected Papers From the Fifth International Cognitive Linguistics Conference. Amsterdam, July 1997. Amsterdam, Philadelphia: Benjamins 1999, S. 167–188.

Kövecses, Zoltán: *Language, Mind, and Culture. A Practical Introduction*. New York: Oxford Univ. Press 2006.
Kövecses, Zoltán: *Metaphor. A Practical Introduction*. New York, Oxford: Oxford Univ. Press ²2010.
Kohl, Katrin: *Poetologische Metaphern. Formen und Funktionen in der deutschen Literatur*. Berlin, New York: De Gruyter 2007.
Kohl, Katrin: *Metapher*. Stuttgart, Weimar: Metzler 2007.
Koller, Hans-Christoph: „Antworten auf den Anspruch des Fremden? Zur (Un-)Darstellbarkeit von Fremdheitserfahrungen und Bildungsprozessen in Clemens J. Setz' Roman *Indigo*", in: Sara Vock, Robert Wartmann (Hg.): *Ver-antwortung im Anschluss an poststrukturalistische Einschnitte*. Paderborn: Schöningh 2017, S. 59–75.
Krekeler, Elmar: „Sieg eines Abstürzers" [Kommentar zur Verleihung des Preises der Leipziger Buchmesse 2011], in: *Die Welt* vom 18.03.2011; online unter: https://www.welt.de/print/die_welt/kultur/article12871925/Sieg-eines-Abstuerzers.html (07.12.2019).
Kupczyńska, Kalina: „,Einfluss' und seine Frequenzen in der Postmoderne – zur Prosa von Clemens J. Setz", in: Drynda et al. (Hg.): *Zwischen Einflussangst und Einflusslust*, S. 23–33.
Kupczyńska, Kalina: „Ohne Rückenwind. Über Kausalität in der Prosa von Clemens J. Setz", in: Hermann/Prelog (Hg.): *„Es gibt Dinge, die es nicht gibt"*, S. 107–118.
Lacan, Jacques: „Das Drängen des Buchstabens im Unbewussten oder die Vernunft seit Freud", in: ders.: *Schriften II*. Hg. von Norbert Haas. Olten, Freiburg i. Br.: Walter 1975, S. 15–55.
Lakoff, George, Mark Johnson: *Metaphors We Live By*. Chicago: Chicago Univ. Press 1980; dt.: *Leben in Metaphern. Konstruktion und Gebrauch von Sprachbildern*. Heidelberg: Carl Auer ³2003.
Lakoff, George: *Women, Fire, and Dangerous Things. What Categories Reveal About the Mind*. Chicago: Univ. of Chicago Press 1987.
Lakoff, George, Mark Turner: *More Than Cool Reason. A Field Guide to Poetic Metaphor*. Chicago: Univ. of Chicago Press 1989.
Lakoff, George: „The Contemporary Theory of Metaphor", in: Andrew Ortony (Hg.): *Metaphor and Thought*. Cambridge: Cambridge Univ. Press ²1993, S. 202–251.
Lakoff, George, Mark Johnson: *Philosophy in the Flesh. The Embodied Mind and Its Challenge to Western Thought*. New York: Basic Books 1999.
Langer, Otto: [Art.] „Mystik", in: Matías Martínez (Hg.): *Formaler Mythos. Beiträge zu einer Theorie ästhetischer Formen*. Paderborn u. a.: Schöningh 1996, S. 653–659.
Lanwerd, Susanne: *Mythos, Mutterrecht und Magie. Zur Geschichte religionswissenschaftlicher Begriffe*. Berlin: Friedrich Reimer 1993.
Lausberg, Heinrich: *Handbuch der literarischen Rhetorik. Eine Grundlegung der Literaturwissenschaft*. Stuttgart: Steiner ³1990.
Lehmann, Florian: „Einführung: Das Unheimliche als Phänomen und Konzept", in: ders. (Hg.): *Ordnungen des Unheimlichen*, S. 9–28.
Lehmann, Florian: „Rauschen, Glitches, non sequitur. Clemens J. Setz' Poetik der Störung", in: Hermann/Prelog (Hg.): *„Es gibt Dinge, die es nicht gibt"*, S. 119–137.
Lehmkuhl, Tobias: „Das Knie küssen. Clemens J. Setz' brillantes Debüt ‚Söhne und Planeten'", in: *Süddeutsche Zeitung* vom 04.08.2008.
Lehmkuhl, Tobias: „Von Ironie durchzogen" [Rez. zu DF], in: *Deutschlandfunk* im Rahmen der Sendung „Büchermarkt" vom 31.08.2009; online unter: https://www.deutschlandfunk.de/von-ironie-durchzogen.700.de.html?dram:article_id=84223 (05.08.2019).

Lehnert, Herbert: *Struktur und Sprachmagie. Zur Methode der Lyrik-Interpretation*. Stuttgart u. a.: Kohlhammer ²1972.
Leine, Thorsten: *Magischer Realismus als Verfahren der späten Moderne. Paradoxien einer Poetik der Mitte*. Berlin, Boston: De Gruyter 2018 (zugl. Diss. Univ. Münster).
Leinen, Angela: „Lost in Natalie" [Rez. zu FuG], in: *taz – Die Tageszeitung* vom 06.09.2015; online unter: https://taz.de/Neuer-Roman-von-Clemens-J-Setz/!5228449/ (03.05.2020).
Lejeune, Philippe: *Der autobiographische Pakt*. Frankfurt a. M.: Suhrkamp 1994.
Lévy-Bruhl, Lucien: *La mentalité primitive*. Paris: Félix Alcan 1922.
Lévy-Bruhl, Lucien: „Das Gesetz der Teilhabe" (1922), in: Leander Petzoldt (Hg.): *Magie und Religion. Beiträge zu einer Theorie der Magie*. Darmstadt: WBG 1978, S. 1–26.
Lévi-Strauss, Claude: *Strukturale Anthropologie*. Frankfurt a. M.: Suhrkamp 1967.
Lévi-Strauss, Claude: *Das wilde Denken*. Frankfurt a. M.: Suhrkamp 1973.
Lévi-Strauss, Claude: „Der Zauberer und seine Magie", in: ders.: *Das wilde Denken*, S. 183–203.
Lickhardt, Maren: [Art.] „Sprachkritik in der Literatur", in: Thomas Niehr, Jörg Kilian, Jürgen Schiewe (Hg.): *Handbuch Sprachkritik*. Berlin: Metzler 2020, S. 156–162.
Liebert, Juliane: „Amokläufer am Nordpol" [Rez. zu TrD], in: *Die Zeit* vom 07.02.2019; online unter: https://www.zeit.de/2019/07/clemens-j-setz-der-trost-runder-dinge-erzaehlungen-rezension (19.08.2019).
Lotman, Jurij: *Die Struktur literarischer Texte*. München: Fink ⁴1993.
Luhmann, Niklas: *Soziale Systeme. Grundriß einer allgemeinen Theorie*. Frankfurt a. M.: Suhrkamp ⁶1996.
Luhmann, Niklas: *Die Gesellschaft der Gesellschaft*. 2 Bde. Frankfurt a. M.: Suhrkamp 1997.
Macho, Thomas H.: „Bemerkungen zu einer philosophischen Theorie der Magie", in: Hans Peter Duerr (Hg.): *Der Wissenschaftler und das Irrationale*. Bd. 1: *Beiträge aus Ethnologie und Anthropologie*. Frankfurt a. M.: Syndikat, S. 330–350.
Magenau, Jörg: „Der Jungstar gibt gern Rätselhaftes auf" [Rez. zu MK], in: *taz – die Tageszeitung* (Literaturbeilage) vom 17.03.2011; online unter: https://taz.de/!313633/ (05.08.2019).
Makropolous, Michael: *Modernität und Kontingenz*. München: Fink 1997.
Makropolous, Michael: „Modernität als Kontingenzkultur. Konturen eines Konzepts", in: Graevenitz/Marquard. (Hg.): *Kontingenz*, S. 55–79.
Makropolous, Michael: „Kontingenz. Aspekte einer theoretischen Semantik der Moderne", in: *European Journal of Sociology/Archives Européennes de Sociologie* 45.3 (2004), S. 369–399.
Makropolous, Michael: „Krise und Kontingenz. Zwei Kategorien im Modernitätsdiskurs der Klassischen Moderne", in: Moritz Föllmer, Rüdiger Graf (Hg.): *Die „Krise" der Weimarer Republik. Zur Kritik eines Deutungsmusters*. Frankfurt a. M.: Campus 2005, S. 45–76.
Malinowski, Bronisław: „Magie Wissenschaft und Religion", in: ders.: *Magie, Wissenschaft und Religion. Und andere Schriften*. Frankfurt a. M.: S. Fischer 1983, S. 3–74.
Malinowski, Bronisław: *Eine wissenschaftliche Theorie der Kultur. Und andere Aufsätze*. Frankfurt a. M.: Suhrkamp ²1985.
Maltzan, Carlotta von: „Einleitung: Magie und Sprache", in: dies. (Hg.): *Magie und Sprache*, S. 7–14.
Mangold, Ijoma: „Die Freaks sind zurück" [Portrait/Rez. zu FuG], in: *Die Zeit* vom 27.08.2015; online unter: https://www.zeit.de/2015/35/clemens-setz-tandem-graz (05.08.2019).

Mansour, Julia: "Stärken und Probleme einer kognitiven Literaturwissenschaft", in: *KulturPoetik* 1 (2007), S. 107–116.

Mansour, Julia: "Chancen und Grenzen des Transfers kognitionspsychologischer Annahmen und Konzepte in die Literaturwissenschaft – das Beispiel Theory of Mind", in: Huber/Winko (Hg.): *Literatur und Kognition*, S. 155–163.

Marks, Lawrence E.: *The Unity of the Senses: Interrelations Among the Modalities*. New York: Academic Press 1978.

Martin, Luther H., Donald Wiebe (Hg.): *Religion Explained? The Cognitive Science of Religion After Twenty-Five Years*. London: Bloomsbury 2017.

Martínez, Matías (Hg.): *Formaler Mythos. Beiträge zu einer Theorie ästhetischer Formen*. Paderborn u. a.: Schöningh 1996.

Marquard, Odo: "Apologie des Zufälligen", in: ders.: *Apologie des Zufälligen. Philosophische Studien*. Stuttgart: Reclam 1986, S. 118–139.

Marx, Friedhelm: "Folgen und Verfolgtwerden. Stalking in Clemens J. Setz' Roman *Die Stunde zwischen Frau und Gitarre*", in: Hermann/Prelog (Hg.): *„Es gibt Dinge, die es nicht gibt"*, S. 157–165.

Masschelein, Anneleen: "The Concept as Ghost. Conceptualization of The Uncanny in Late-Twentieth-Century Theory", in: *Mosaic* 35.1 (2002), S. 53–68.

Masschelein, Anneleen: *The Unconcept. The Freudian Uncanny in Late Twentieth-Century Theory*. New York: State Univ. of New York Press: 2011.

Meurer, Jonas: "Tiersensible Lektüren des Werks von Clemens J. Setz", in: Hermann/Prelog (Hg.): *„Es gibt Dinge, die es nicht gibt"*, S. 205–224.

Meurer, Jonas: "Tierversuche und Versuchstiere in Clemens J. Setz' *Indigo* (2012)", in: Björn Hayer, Klarissa Schröder (Hg.): *Tierethik transdisziplinär. Literatur – Kultur – Didaktik*. Bielefeld: Transcript 2018, S. 269–279.

Mauss, Marcel, Henri Hubert: "Entwurf einer allgemeinen Theorie der Magie (1904)", in: Marcel Mauss: *Schriften zur Religionssoziologie*. Hg. und eingeleitet von Stephan Moebius, Frithjof Nungesser, Christian Papilloud. Berlin: Suhrkamp 2012, S. 243–402.

Mayer, Robert: "The Reception of *A Journal of the Plague Year* and the Nexus of Fiction and History in the Novel", in: *ELH* 57.3 (1990), S. 529–555.

Melzer, Gerhard: "Nichts bleibt unversehrt. Die Regenschirme des Clemens J. Setz", in: ders.: *Von Äpfeln, Glasaugen und Rosenduft: Literaturgeschichten*, Wien: Sonderzahl 2020, S. 433–439.

Menninghaus, Winfried: *Walter Benjamins Theorie der Sprachmagie*. Frankfurt a. M.: Suhrkamp 1995.

Merten, Victor: *Eine gezielte Beschreibung. Edward E. Evans-Pritchards Beitrag zur Theorie der Magie*. Zürich: Fadenspiel 1996.

Michalski, Anja-Simone: *Die heile Familie. Geschichten vom Mythos in Recht und Literatur*. Berlin, Boston: De Gruyter 2018 (zugl. Diss. Univ. Tübingen).

Michel, Sascha: *Ordnungen der Kontingenz. Figurationen der Unterbrechung in Erzähldiskursen um 1800 (Wieland – Jean Paul – Brentano)*. Tübingen: Niemeyer 2006.

Middleton, John F. M., Robert Andrew Gilbert, Karen Louise Jolly: [Art.] "Magic", in: *Britannica Online Encyclopedia*; https://www.britannica.com/topic/magic-supernatural-phenomenon (14.10.2019).

Mikocki, Timon: "Anthropomorphismen von Dingen bei ausgewählten Vertretern der deutschsprachigen Gegenwartsliteratur". Diplomarbeit bei Michael Rohrwasser an der Universität Wien; online unter: https://othes.univie.ac.at/26697/ (24.08.2019).

Mikuláš, Roman, Sophia Wege: „Vorwort", in: dies. (Hg.): *Schlüsselkonzepte und Anwendungen der kognitiven Literaturwissenschaft*. Paderborn: Mentis 2016, S. 7–12.

Mongardini, Carlo: „Über die soziologische Bedeutung des magischen Denkens", in: Arnold Zingerle, ders. (Hg.): *Magie und Moderne*. Berlin: Guttandin & Hoppe 1987, S. 11–62.

Mori, Masahiro: „The Uncanny Valley", in: *IEEE Robotics & Automation Magazine* 2 (2012), S. 98–100.

Mühlhoff, Birthe: „Normal ist das nicht" [Rez. zu TrD], in: *Süddeutsche Zeitung* vom 09./10.02.2019; online unter: https://www.sueddeutsche.de/kultur/deutsche-gegenwartsliteratur-normal-ist-das-nicht-1.4322595 (19.08.2019).

Müller, Lothar: „mudel tudel vedel" [Rez. zu *Die Bienen und das Unsichtbare*], in: *Süddeutsche Zeitung* vom 12.11.2010; online unter: https://www.sueddeutsche.de/kultur/clemens-setz-buch-esperanto-1.5114131 (20.01.2021).

Mulsow, Martin: *Prekäres Wissen. Eine andere Geschichte der Frühen Neuzeit*. Berlin: Suhrkamp 2012.

Munz, Regine: „Ludwig Wittgenstein: Vom *Vortrag über Ethik* zu *Vorlesungen über den religiösen Glauben*", in: Wilhelm Lütterfelds, Thomas Mohrs (Hg.): *Globales Ethos. Wittgensteins Sprachspiele interkultureller Moral und Religion*. Würzburg: Königshausen & Neumann 2000, S. 125–145.

Muschg, Walter: „Vom magischen Urprung der Dichtung", in: ders.: *Pamphlet und Bekenntnis. Aufsätze und Reden*. Ausgewählt und hg. von Peter André Bloch in Zusammenarbeit mit Elli Muschg-Zollihofer. Olten, Freiburg i. Br.: Walter 1968, S. 154–165.

Musil, Robert: „Denkmale", in: ders.: *Gesammelte Werke*. Bd. 2: *Prosa und Stücke. Kleine Prosa, Aphorismen. Autobiographisches. Essays*. Hg. von Adolf Frisé. Reinbek bei Hamburg: Rowohlt 1978, S. 506–509.

Musil, Robert: *Der Mann ohne Eigenschaften* (1930/1933). Roman. Erstes und Zweites Buch. Hg. von Adolf Frisé. Neuausg. Reinbek bei Hamburg: Rowohlt 2014.

Nelles, Jürgen: [Art.] „Magische Lektüren", in: Alexander Honold, Rolf Parr (Hg.): *Grundthemen der Literaturwissenschaft: Lesen*. Berlin, Boston: De Gruyter 2018, S. 346–370.

Neuhuber, Christian: „Autorschaft, Auto(r)fiktion und Selbstarchivierung in Clemens J. Setz' Erzählwerk", in: Klaus Kastberger, ders. (Hg.): *Archive in/aus Literatur. Wechselspiele zweier Medien*. Berlin: De Gruyter 2021, S. 177–188.

Neumann, Gerhard: „Die ‚absolute Metapher'. Ein Abgrenzungsversuch am Beispiel Stéphane Mallarmés und Paul Celans", in: *Poetica* 3 (1970), S. 188–225.

Novalis [Friedrich von Hardenberg]: *Schriften. Die Werke Friedrich von Hardenbergs*. Historisch-kritische Ausgabe (HKA) in vier Bänden. Bd. III: *Das philosophische Werk*, 2. Hg. von Richard Samuel. Stuttgart u. a.: Kohlhammer ²1968.

Novalis [Friedrich von Hardenberg]: *Heinrich von Ofterdingen*, in: ders.: *Schriften*. Bd. 1: *Das dichterische Werk*. Hg. von Paul Kluckhohn und Richard Samuel unter Mitarbeit von Heinz Ritter und Gerhard Schulz. Rev. von Richard Samuel. Darmstadt: WBG 1977, S. 195–334.

Oberrheither, Bernhard: „Irritation – Struktur – Poesie. Zur Poesie erzählter Welten bei Clemens Setz". in: *Dossier Graz 2000+. Neues aus der Hauptstadt der Literatur*. Hg. von Gerhard Fuchs, Stefan Maurer, Christian Neuhuber. Erstellt am 16.01.2020 (= Dossier*online*), S. 125–143.

Orsi, Robert A.: „Everyday Miracles. The Study of Lived Religion", in: David D. Hall (Hg.): *Lived Religion in America. Toward a History of Practice*. Princeton: Princeton Univ. Press 1997, S. 3–21.

Ortony, Andrew (Hg.): *Metaphor and Thought*. Cambridge: Cambridge Univ. Press ²1993.

Otto, Bernd-Christian: *Magie. Rezeptions- und diskursgeschichtliche Analysen von der Antike bis zur Neuzeit*. Berlin, New York: De Gruyter 2011 (zugl. Diss. Univ. Heidelberg).

Otto, Bernd-Christian, Michael Stausberg: „Einleitung", in: dies. (Hg.): *Defining Magic. A Reader*. London, New York: Routledge 2014, S. 1–13.

Paetzold, Heinz: [Art.] „Synästhesie", in: Karlheinz Barck et al. (Hg.): *Ästhetische Grundbegriffe* (ÄGB). Historisches Wörterbuch in sieben Bänden. Bd. 5: *Postmoderne – Synästhesie*. Stuttgart, Weimar: Metzler 2003, S. 840–868.

Parnes, Ohad, Ulrike Vedder, Stefan Willer: *Das Konzept der Generation. Eine Wissenschafts- und Kulturgeschichte*. Frankfurt a. M.: Suhrkamp 2008.

Pascal, Blaise: *Gedanken*. Kommentar von Eduard Zwierlein. Berlin: Suhrkamp 2012.

Paß, Manuel, Max Rhiem: „Kognition", in: Patrick Durdel et al. (Hg.): *Literaturtheorie nach 2001*. Berlin: Matthes & Seitz 2020, S. 58–65.

Person, Jutta: „Anmutige Erstarrung" [Rez. zu FuG], in: *Süddeutsche Zeitung* vom 05./06.09.2015; online unter: https://www.sueddeutsche.de/kultur/literatur-anmutige-erstarrung-1.2634534?reduced=true (05.08.2019).

Pethes, Nicolas: „Literatur- und Wissenschaftsgeschichte. Ein Forschungsbericht", in: *Internationales Archiv für Sozialgeschichte der deutschen Literatur* 28.1 (2003), S. 181–231.

Pethes, Nicolas: „Poetik/Wissen – Konzeptionen eines problematischen Transfers", in: Gabriele Brandstetter, Gerhard Neumann (Hg.): *Romantische Wissenspoetik. Die Künste und die Wissenschaften um 1800*. Würzburg: Königshausen & Neumann 2004, S. 341–372.

Petterson, Olof: „Magie – Religion. Einige Randbemerkungen zu einem alten Problem", in: Petzoldt (Hg.): *Magie und Religion*, S. 313–324.

Petzoldt, Leander: „Einleitung", in: ders. (Hg.): *Magie und Religion*, S. VI–XVI.

Pfaller, Robert: „Die Rationalität der Magie und die Entzauberung der Welt in der Ideologie der Gegenwart", in: Brigitte Felderer, Ernst Strouhal (Hg.): *Rare Künste. Zur Kultur- und Mediengeschichte der Zauberkunst* [anlässlich der Ausstellung „Rare Künste. Zauberkunst in Zauberbüchern" im Ausstellungskabinett der Wienbibliothek im Rathaus, 29. Mai–24. November 2006]. Wien, New York: Springer 2007, S. 385–408.

Piaget, Jean: *Das Weltbild des Kindes*. Vollst. durchges., überarb. und erw. Neuausgabe. Stuttgart: Klett Cotta 2015.

Piaget, Jean, Bärbel Inhelder: *Die Entwicklung des räumlichen Denkens beim Kinde*. Stuttgart: Klett-Cotta 1975.

Pilar Blanco, María del, Esther Pereen: „Introduction: Conceptualizing Spectralities", in: dies. (Hg.): *The Spectralities Reader. Ghosts and Haunting in Contemporary Cultural Theory*. New York, London: Bloomsbury Academic 2013, S. 1–27.

Plamper, Jan: *Geschichte und Gefühl. Grundlagen der Emotionsgeschichte*. München: Siedler 2012.

Platthaus, Andreas.: „Es geht ums nackte Leben", in: *Frankfurter Allgemeine Zeitung* vom 07.08.2012; online unter: https://www.faz.net/aktuell/feuilleton/buecher/vorschau-auf-den-literaturherbst-es-geht-ums-nackte-leben-11845777.html (05.08.2019).

Plinius d. Ä.: *Naturkunde*. Lat.-dt. Bücher 29/30: *Medizin und Pharmakologie: Heilmittel aus dem Tierreich*. Hg. und übersetzt von Roderich König in Zusammenarbeit mit Joachim Hopp. München, Zürch: Artemis & Winkler 1991.

Pöhlmann, Matthias: „,Indigo-Kinder' – Künder eines neuen Zeitalters?", in: *Materialdienst* 12 (2002), S. 355–369.

Pottbeckers, Jörg: *Der Autor als Held. Autofiktionale Inszenierungsstrategien in der deutschsprachigen Gegenwartsliteratur*. Würzburg: Königshausen & Neumann 2017.

Pound, Ezra: *Guide to Kulchur*. New York: New Directions 1970.
Pound, Ezra: „I Gather the Limbs of Osiris", in: ders.: *Selected Prose 1909–1965*. Hg. und mit einer Einleitung von William Cookson. New York: New Directions 1973, S. 21–43.
Prelog, Nico: „Computerspiele im Werk von Clemens J. Setz", in: Hermann/ders. (Hg.): *„Es gibt Dinge, die es nicht gibt"*, S. 91–106.
Pynchon, Thomas: *Die Enden der Parabel*. Roman. Reinbek bei Hamburg: Rowohlt 1981.
Pyysiainen, Ilkka, Veikko Anttonen (Hg.): *Current Approaches in the Cognitive Science of Religion*. London: Continuum 2002.
Quintilian: *Ausbildung des Redners*. Zwölf Bücher. Lat./Dt. Hg. und übersetzt von Helmut Rahn. Zweiter Teil. Buch VII–XII. Darmstadt: WBG 1975.
Rank, Otto: *Der Doppelgänger. Eine psychoanalytische Studie*. Leipzig u. a.: Internationaler Psychoanalytischer Verlag 1925.
Rapp, Ursula: *Mirjam. Eine feministisch-rhetorische Lektüre der Mirjamtexte in der hebräischen Bibel*. Berlin, New York: De Gruyter 2002 (zugl. Diss. Univ. Graz).
Radisch, Iris: „Einsam sind die Hochbegabten" [Rez. zu MK], in: *Die Zeit* vom 10.03.2011; online unter: https://www.zeit.de/2011/11/L-B-Setz (07.12.2019).
Radisch, Iris, Ijoma Mangold, Juli Zeh, Thomas Hettche, Clemens J. Setz: „Reden wir über das Schreiben", in: *Die Zeit* vom 04.10.2012; online unter: https://www.zeit.de/2012/41/Werkstattgespraech-Radisch-Mangold-Zeh-Hettche-Setz (04.09.2019).
Rainer, Ulrike: „Georg Trakls ‚Elis'-Gedichte. Das Problem der dichterischen Existenz", in: *Monatshefte* 72.4 (1980), S. 401–415.
Rapoport, Anatol, Albert M. Chammah, Carol J. Orwant: *Prisoner's Dilemma. A Study in Conflict and Cooperation*. Ann Arbor: Univ. of Michigan Press ²1970.
Rameil, Lukas: „Kippbilder des Clemens J. Setz", in: *Furios. Studentische Campuszeitung an der FU Berlin*; online unter: https://furios-campus.de/2019/05/06/kippbilder-des-clemens-j-setz/ (22.09.2019).
Rasch, Wolfdietrich: *Über Robert Musils Roman „Der Mann ohne Eigenschaften"*. Göttingen: Vandenhoeck & Ruprecht 1967.
Reidy, Julian: „Mehr als ein ‚unendlicher Spaß': Figurationen von David Foster Wallace in Clemens Setz' Erzählung *Kleine braune Tiere*. Von Interauktorialität, Intertextualität und Selbstmorden", in: *Glossen* 34 (2012); online unter: http://blogs.dickinson.edu/glossen/archive/most-recent-issue-glossen-342012/julian-reidy-glossen-34/ (15.03.2021).
Reidy, Julian: *Rekonstruktion und Entheroisierung. Paradigmen des ‚Generationenromans' in der deutschsprachigen Gegenwartsliteratur*. Bielefeld: Aisthesis 2013.
Renneke, Petra: *Poesie und Wissen. Poetologie des Wissens der Moderne*. Heidelberg: Winter 2011.
Rhees, Rush: „Wittgenstein über Sprache und Ritus", in: Ludwig Wittgenstein: *Schriften*, Beiheft 3: *Wittgensteins geistige Erscheinung*. Hg. von Hans Jürgen Hering, Michael Nedo. Frankfurt a. M.: Suhrkamp 1979, S. 35–66.
Reichmann, Wolfgang: [Art.] „Clemens J. Setz", in: Kalina Kupczyńska (Hg.): *Junge und jüngere Literatur aus Österreich*. (= KLG-Extrakt. Hg. von Hermann Korte). München: edition text+kritik 2017, S. 143–164.
Reimer, Marga, Elisabeth Camp: „Metapher", in: Czernin/Eder (Hg.): *Zur Metapher*, S. 23–44.
Richards, Ivor A.: „Die Metapher" (1936), in: Haverkamp (Hg.): *Theorie der Metapher*, S. 31–52.
Richardson, Alan, Francis F. Steen (Hg.): *Literature and the Cognitive Revolution*. Sondernummer der Zeitschrift *Poetics Today* 23.1 (2002).
Ricœur, Paul: *Die lebendige Metapher*. München: Fink 1986.

Riechmann, Thomas: *Spieltheorie*. München: Franz Vahlen ⁴2014.
Rincón, Carlos: [Art.] „Magisch/Magie", in: Barck et al. (Hg): *Ästhetische Grundbegriffe* (ÄGB). Bd. 3: *Harmonie – Material*, S. 724–760.
Rippl, Gabriele: *Beschreibungs-Kunst. Zur intermedialen Poetik angloamerikanischer Ikontexte (1880–2000)*. München: Fink 2005.
Rolf, Eckhard: *Metapherntheorien. Typologie, Darstellung, Bibliographie*. Berlin, New York: De Gruyter 2005.
Rosch, Eleanor: „Natural Categories", in: *Cognitive Psychology* 4.3 (1973), S. 328–350.
Rosch, Eleanor: „Cognitive Representations of Semantic Categories", in: *Journal of Experimental Psychology* 104.3 (1975), S. 192–233.
Roth, Gerhard: *Gsellmanns Weltmaschine*. Mit Fotografien von Franz Killmeyer. Wien u. a.: Böhlau 2004.
Rüdenauer, Ulrich: „Literatur ist eine Sache der Ehrlichkeit", in: *Börsenblatt* 12 (2011), S. 44 f.
Rühmkorff, Peter: *agar agar – zaurzaurim. Zur Naturgeschichte des Reims und der menschlichen Anklangsnerven*. Reinbek bei Hamburg: Rowohlt 1981.
Ryan, Marie-Laure: *Narrative as Virtual Reality. Immersion and Interactivity in Literature and Electronic Media*. Baltimore (MD), London: The Johns Hopkins Univ. Press 2001.
Ryerson, James: „A Head That Throbbed Heartlike: The Philosophical Mind of David Foster Wallace", in: David Foster Wallace: *Fate, Time, and Language. An Essay on Free Will*. Hg. von Steven M. Kahn, Maureen Eckert. New York: Columbia Univ. Press 2011, S. 1–36.
Scarinzi, Alfonsina: *Das Thema als Brücke zum Leser. Themenforschung zwischen klassischer Kognitionswissenschaft und Postkognitivismus*. Wiesbaden: Springer VS 2016.
Scarinzi, Alfonsina: „*Going Cognitive* in der Themenforschung Das Thema eines Textes der Literatur zwischen Manifestness und Interestingness", in: *ORBIS litterarum* 71.3 (2016), S. 189–214.
Schäfer, Jörgen: „Die bedingten Buchstaben. Sprachreflexion und kombinatorische Literatur", in: ders., Thomas Kamphusmann (Hg.): *Anderes als Kunst. Ästhetik und Techniken der Kommunikation*. München: Fink 2010, S. 195–233.
Schäufele, Paul: „Haarscharf daneben: Poetik des Unwohlseins. Zu Clemens J. Setz' Indigo", in: Stefan Brückl, Wilhelm Haefs, Max Wimmer (Hg.): *METAfiktionen. Der experimentelle Roman seit den 1960er Jahren*. München: edition text+kritik 2021, S. 102–124.
Scheffel, Michael: *Magischer Realismus. Die Geschichte eines Begriffes und ein Versuch seiner Bestimmung*. Tübingen: Stauffenburg 1990 (zugl. Diss. Univ. Göttingen).
Schell, Jesse: „Die Zukunft des Erzählens. Wie das Medium Geschichten formt", in: Benjamin Beil, Gundolf Freyermuth, Lisa Gotto (Hg.): *New Game Plus. Perspektiven der Game Studies. Genres – Künste – Diskurse*. Bielefeld: Transcript 2015, S. 357–374.
Schelling, Friedrich: *Philosophie der Mythologie* (1842). Bd. 2. Darmstadt: WBG 1976.
Schlaffer, Heinz: *Poesie und Wissen. Die Entstehung des ästhetischen Bewußtseins und der philologischen Erkenntnis*. Erw. Ausgabe. Frankfurt a. M.: Suhrkamp 2005.
Schlaffer, Heinz: *Geistersprache. Zweck und Mittel der Lyrik*. München: Hanser 2012.
Schlüter, Reinhard: *Sieben. Eine magische Zahl*. München: dtv 2011.
Schlegel, August Wilhelm: „Ueber Litteratur, Kunst und Geist des Zeitalters. Dritte Vorlesung: *Untergang der Ideen. Wissenschaftlicher Zustand: Geschichte, Philologie, physikalische Wissenschaften. Prüfung der sonst gepriesenen Vorzüge. Gesellige Verfassung. Pädagogik. Aufklärung, Toleranz, Humanität, Denkfreiheit.*", in: ders.: *Kritische Ausgabe der Vorlesungen*. Hg. von Georg Braungart. Begr. von Ernst Behler in Zusammenarbeit mit Frank

Jolles. Bd. 2.1: *Vorlesungen über Ästhetik II/1* (1803–1827). Paderborn u. a.: Schöningh 2007, S. 195–253.
Schmidt, Siegfried J.: *Grundriß der Empirischen Literaturwissenschaft*. Frankfurt a. M.: Suhrkamp 1991.
Schmitz-Emans, Monika: „Phantastische Literatur: Ein denkwürdiger Problemfall", in: *Neohelicon* 22.2 (1995), S. 53–116.
Schmitz-Emans, Monika, Uwe Lindemann, Manfred Schmeling: „Vorbemerkung der Herausgeber: ‚Poetik' und ‚Poetiken'", in: dies. (Hg.): *Poetiken. Autoren – Texte – Begriffe*. Berlin: De Gruyter 2009, S. VII–XII.
Schrettle, Bernhard, Christian Bachhiesl, Sonja Maria Bachhiesl, Stefan Köchel (Hg.): *Zufall und Wissenschaft. Interdisziplinäre Perspektiven*. Weilerswist: Vellbrück 2019.
Schröder, Christoph: „Magie und Masche" [Rez. zu. MK], in: *Der Tagesspiegel* vom 14.03.2011; online unter: https://www.tagesspiegel.de/kultur/buchkritk-magie-und-masche/3943972.html (15.08.2019).
Schrott, Raoul, Arthur Jacobs: *Gehirn und Gedicht. Wie wir unsere Wirklichkeit konstruieren*. München: Hanser 2011.
Schumann, Michael: „Die Kraft der Bilder. Gedanken zu Hans Blumenbergs Metaphernkunde", in: *DVjs* 69 (1995), S. 407–422.
Schwarcz, Chava Eva: „Der Doppelgänger in der Literatur. Spiegelung, Gegensatz, Ergänzung", in: Doris Fichtner (Hg.): *Von endlosen Spielarten eines Phänomens*. Bern u. a.: Paul Haupt 1999, S. 1–14.
Schwarz-Friesel, Monika: „Metaphern und ihr persuasives Inferenzpotenzial", in: Constanze Spieß, Klaus-Michael Köpcke (Hg.): *Metonymie und Metapher. Theoretische, methodische und empirische Zugänge*. Berlin u. a.: De Gruyter 2015, S. 143–160.
Senarclens de Grancy, Moritz: *Sprachbilder des Unbewussten. Die Rolle der Metaphorik bei Freud*. Gießen: Psychosozial Verlag 2015 (zugl. Diss. HU Berlin).
Semino, Elena, Jonathan Culpeper (Hg.): *Cognitive Stylistics: Language and Cognition in Text Analysis*. Amsterdam: John Benjamins 2002.
Setz, Clemens J.: *Söhne und Planeten*. Roman. München: btb ²2010 (1. Aufl. Salzburg: Residenz 2007).
Setz, Clemens J.: „Der Dauerton. Dankesrede zum Bremer Literaturpreis", in: *Literatur und Kritik*, 443/444 (2010), S. 21–23.
Setz, Clemens J.: *Mauerschau*. UA: Schauspielhaus Wien, 13.01.2010. Regie: Sebastian Schug.
Setz, Clemens J.: *Die Frequenzen*. Roman. München: btb ²2011 (1. Aufl. Salzburg: Residenz 2009).
Setz, Clemens J.: *Die Liebe zur Zeit des Mahlstädter Kindes*. Erzählungen. Frankfurt a. M.: Suhrkamp 2011.
Setz, Clemens J.: „Die Erde, vom Mond aus betrachtet. Johannes Keplers Traumerzählung über eine Reise zu unserem kalten Nachbargestirn", in: *Die Zeit* vom 07.07.2011; online unter: https://www.zeit.de/2011/28/L-B-Kepler?utm_referrer=https%3A%2F%2Fwww.google.com (19.08.2019).
Setz, Clemens J.: *Indigo*. Roman. Berlin: Suhrkamp 2012.
Setz, Clemens J.: *Die Vogelstraußtrompete*. Gedichte. Berlin: Suhrkamp 2014.
Setz, Clemens J.: *Glücklich wie Blei im Getreide*. Nacherzählungen. Zeichnungen von Kai Pfeiffer. Berlin: Suhrkamp 2015.
Setz, Clemens J.: „Drehungen. Dankrede", in: Winkels (Hg.): *Clemens J. Setz trifft Wilhelm Raabe*, S. 27–32.

Setz, Clemens J.: "Die Poesie der Glitches", online mit abspielbaren Beispielen erschienen im Blog des Verlags "Suhrkamp Logbuch"; https://www.logbuch-suhrkamp.de/clemens-j-setz/die-poesie-der-glitches/ (15.09.2019); abgedruckt in: Winkels (Hg.): *Clemens J. Setz trifft Wilhelm Raabe*, S. 33–41.

Setz, Clemens J.: "High durch sich räuspernde Menschen", in: *Süddeutsche Zeitung* vom 06.04.2015; https://www.sueddeutsche.de/kultur/gastbeitrag-das-namenlose-gefuehl-1.2423469 (21.09.2019); wiederabgedruckt unter dem Titel "Die Poesie des ASMR" in: Winkels (Hg.): *Clemens J. Setz trifft Wilhelm Raabe*, S. 42–46.

Setz, Clemens J.: *Till Eulenspiegel. Dreißig Streiche und Narreteien*. Mit Illustrationen von Philip Waechter. Berlin: Insel 2015.

Setz, Clemens J.: *Die Stunde zwischen Frau und Gitarre*. Roman. Berlin: Suhrkamp 2015.

Setz, Clemens J.: [1. Vorlesung:] "Strahlenkatzen und Literatur", in: Kathrin Passig, ders.: *Verweilen unter schwebender Last. Tübinger Poetik-Dozentur 2015*. Hg. von Dorothee Kimmich, Alexander Ostrowicz. Künzelsau: Swiridoff 2016, S. 7–32.

Setz, Clemens J.: [2. Vorlesung] "'Der Tag begann in der Sub-Luft'. Über Beginne, Schreibanlässe, Überschriften, Kombinationen", in: Kathrin Passig, ders.: *Verweilen unter schwebender Last*, S. 33–67.

Setz, Clemens J.: "Frühe und späte Spiele". Unveröffentlichtes Skript zur 1. Vorlesung im Rahmen der Bamberger Poetikprofessur am 16.06.2016 [unpag.]; zitiert mit freundlicher Genehmigung des Autors.

Setz, Clemens J.: "Fiktion und ihr Double", in: Hermann/Prelog (Hg.): *"Es gibt Dinge, die es nicht gibt"* [2. Vorlesung im Rahmen der Bamberger Poetikprofessur am 23.06.2016], S. 19–44.

Setz, Clemens J.: "Abschaltung einer Welt" [über Dennis Cooper], in: *taz – Die Tageszeitung* vom 31.07.2016; online unter: https://taz.de/Dennis-Coopers-Blog-ist-offline/!5322442/ (31.05.2020).

Setz, Clemens J.: *Vereinte Nationen*. UA: Nationaltheater Mannheim, 11.01.2017. Regie: Tim Egloff.

Setz, Clemens J.: *Zauberer*. Drehbuch (zusammen mit Sebastian Brauneis und Nicholas Ofczarek) für den gleichnamigen Kinofilm unter der Regie von Sebastian Brauneis. Premiere am 24.01.2018 beim 39. Filmfestival Max Ophüls Preis in Saarbrücken.

Setz, Clemens J.: *Bot. Gespräch ohne Autor*. Hg. von Angelika Klammer. Berlin: Suhrkamp 2018.

Setz, Clemens J.: "Weltmaschine", in: Monika Sommer, Heidermarie Uhl, Klaus Zeyringer (Hg.): *100 x Österreich. Neue Essays aus Literatur und Wissenschaft*. Wien: Kremayr & Scheriau 2018, S. 388 f.

Setz, Clemens J.: *Erinnya*. UA: Schauspielhaus Graz, 15.11.2018. Regie: Claudia Bossard.

Setz, Clemens J.: *Die Abweichungen*. UA: Staatsschauspiel Stuttgart, 18.11.2018. Regie: Elmar Goerden.

Setz, Clemens J.: *Der Trost runder Dinge*. Erzählungen. Berlin: Suhrkamp 2019.

Setz, Clemens J.: "QuickType", in: *Suhrkamp Logbuch*; online unter: https://www.logbuch-suhrkamp.de/clemens-j-setz/quicktype/ (22.09.2019).

Setz, Clemens J.: "Grimmoire", in: *Suhrkamp Logbuch*; online unter: https://www.logbuch-suhrkamp.de/clemens-j-setz/grimmoire/ (22.09.2019).

Setz, Clemens J.: "Die Landung der Sojus, betrachtet als Herbstfest und Mysterienspiel", in: *Suhrkamp Logbuch*; https://www.logbuch-suhrkamp.de/clemens-j-setz/die-landung-der-sojus/ (22.09.2019).

Setz, Clemens J.: „I RANAR TIMAN TERIE", in: *Suhrkamp Logbuch*; online unter: https://www.logbuch-suhrkamp.de/clemens-j-setz/i-ranar-timan-terie/ (22.09.2019).
Setz, Clemens J.: „Der neue Kübelreiter", in: *Suhrkamp Logbuch*; online unter: https://www.logbuch-suhrkamp.de/clemens-j-setz/der-neue-kuebelreiter/ (22.09.2019).
Setz, Clemens J.: „Kayfabe und Literatur". Rede zur Literatur am Eröffnungsabend der 43. Tage der deutschsprachigen Literatur 2019 in Klagenfurt; online unter: https://bachmannpreis.orf.at/v2/stories/2987078/ (16.09.2019).
Setz, Clemens J.: *Die Bienen und das Unsichtbare*. Berlin: Suhrkamp 2020.
Setz, Clemens J.: *Flüstern in stehenden Zügen*. UA: Schauspiel Graz, 19.05.2021. Regie: Anja Michaela Wohlfahrt.
Sexl, Martin (Hg.): *Einführung in die Literaturtheorie*. Wien: WUV 2004.
Siebeck, Anne: *Das Buch im Buch. Ein Motiv der phantastischen Literatur*. Marburg: Tectum 2009.
Signori, Gabriela: *Wunder. Eine historische Einführung*. Frankfurt a. M., New York: Campus 2007.
Sørenson, Jesper: *A Cognitive Theory of Magic*. Lanham (MD): AltaMira Press 2007.
Sørenson, Jesper: „Magic Reconsidered: Towards a Scientifically Valid Concept of Magic", in: Otto/Stausberg (Hg.): *Defining Magic*, S. 233–247.
Sloterdijk, Peter: *Sphären*. 3 Bde. Bd. 1: *Blasen*, Bd. 2: *Globen*, Bd. 3: *Schäume*. Frankfurt a. M.: Suhrkamp 2004.
Snow, Charles Percy: *The Two Cultures and the Scientific Revolution*. London: Cambridge Univ. Press 1959; dt. *Die zwei Kulturen. Literarische und naturwissenschaftliche Intelligenz*. Stuttgart: Klett 1967.
Sontag, Susan: *Krankheit als Metapher*. München, Wien: Hanser 1978.
Spedicato, Eugenio: *Kompensation und Kontingenz in deutschsprachiger Literatur*. Heidelberg: Winter 2016.
Spehr, Tanja: „Indigo-Kinder: Ein neuer Esoterik-Trend"; online auf der Website der Sekten-Informations- und Beratungsstelle Nordrhein-Westfalen unter: http://www.sekten-info-essen.de/texte/indigokinder.htm (10.09.2019).
Spieß, Constanze, Klaus-Michael Köpcke: „Metonymie und Metapher. Theoretische, methodische und empirische Zugänge. Eine Einführung in den Sammelband", in: dies. (Hg.): *Metonymie und Metapher*, S. 1–21.
Stadler, Ulrich: „,Ich lehre nicht, ich erzähle'. Über den Analogiegebrauch im Umkreis der Romantik", in: *Athenäum. Jahrbuch der Romantik* 3 (1993), S. 83–105.
Stang, Harald: *Einleitung – Fußnote – Kommentar. Fingierte Formen wissenschaftlicher Darstellung als Gestaltungselemente moderner Erzählkunst*. Bielefeld: Aisthesis 1992 (zugl. Diss. Univ. Bonn).
Stauder, Ellen: „Poetics", in: Ira B. Nadle (Hg.): *Ezra Pound in Context*. New York: Cambridge Univ. Press 2010, S. 23–32.
Staun, Harald: „Unerträgliche Vertrautheit" [Rez. zu Indigo], in: *Frankfurter Allgemeine Sonntagszeitung* vom 07.10.2012.
Staun, Harald: „Der Autor und sein Avatar" [Rez. zu Bot], in: *Frankfurter Allgemeine Sonntagszeitung* vom 15.04.2019.
Steen, Gerard, Joanna Gavins: „Contextualising Cognitive Poetics", in: dies. (Hg): *Cognitive Poetics in Practice*, S. 1–12.
Steinort, David: *Die Krise der Darstellung. Untersuchung der unheimlichen Wirkung von Clemens J. Setz' „Indigo"*. München: GRIN 2019.

Stephan, Achim, Sven Walter (Hg.): *Handbuch Kognitionswissenschaft.* Stuttgart, Weimar: Metzler 2013.
Stephan, Felix: „Was Dichter von Wrestlern lernen können" [Über die Eröffnungsrede „Kayfabe und Literatur" zum Bachmannpreis 2019], in: *Süddeutsche Zeitung* vom 27.06.2019; online unter: https://www.sueddeutsche.de/kultur/clemens-setz-bachmannpreis-eroeffnungsrede-1.4501704 (14.06.2020).
Stockhammer, Robert: *Zaubertexte. Die Wiederkehr der Magie und die Literatur 1880–1945.* Berlin: Akademie 2000.
Stockhammer, Robert: „Magie", in: ders. (Hg.): *Grenzwerte des Ästhetischen.* Frankfurt a. M.: Suhrkamp 2002, S. 87–117.
Stockwell, Peter: *Cognitive Poetics. An Introduction.* London: Routledge 2002.
Strigl, Daniela: „Das Leben als Kettenreaktion" [Rez. zu DF], in: *Der Standard* vom 06.03.2009; online unter: https://www.derstandard.at/story/1234508859947/die-frequenzen-das-leben-als-kettenreaktion (19.09.2019).
Strigl, Daniela: „Mann, Kind und Hund" [Rez. zu DF], in: *Die Zeit* vom 08.10.2009; online unter: https://www.zeit.de/2009/42/L-B-Setz-TAB/komplettansicht (05.08.2019).
Strigl, Daniela: „Schrauben an der Weltmaschine", in: *Volltext – Zeitung für Literatur* vom 29.03.2011, S. 1 und S. 38 f.
Strobel, Jochen: *Gedichtanalyse. Eine Einführung.* Berlin: Erich Schmidt 2015.
Tambiah, Stanley J: „Form und Bedeutung magischer Akte. Ein Standpunkt (1970)", in: Kippenberg/Luchesi (Hg.): *Magie,* S. 259–296.
Tambiah, Stanley J: *Magic, Science, Religion, and the Scope of Rationality.* Cambridge: Cambridge Univ. Press 1990.
Tarras, Peter: „‚Philosophie' grammatisch betrachtet. Wittgensteins Begriff der Therapie", in: *Kriterion* 28 (2014), S. 75–97.
Taureck, Bernhard H. F.: *Metaphern und Gleichnisse in der Philosophie. Versuch einer kritischen Ikonologie der Philosophie.* Frankfurt a. M.: Suhrkamp 2004.
Tetzlaff, Stefan: „Messen gegen die Angst und Berechnung des Zufalls. Grundgedanken der Poetik Daniel Kehlmanns", in: *Textpraxis – Digitales Journal für Philologie* 4.1 (2012), S. 2–10; online unter: https://www.textpraxis.net/stefan-tetzlaff-messen-gegen-die-angst-und-berechnung-des-zufalls-grundgedanken-der-poetik-daniel-kehlmanns (17.02.2020).
Theilen, Ines: *White Hum – literarische Synästhesie in der zeitgenössischen Literatur.* Berlin: Frank & Timme 2008 (zugl. Diss. Univ. Potsdam).
Thomé, Horst, Winfried Wehle: [Art.] „Novelle", in: *Reallexikon der deutschen Literaturwissenschaft.* Bd. 2: *H–O,* S. 725–731.
Thorndike, Lynn: *A History of Magic and Experimental Science.* 8 Bde. New York: Columbia Univ. Press 1923–1958.
Till, Dietmar „Aktualität der Metapher, Wiederkehr der Rhetorik. Zum ‚rhetorical turn' in den Humanwissenschaften", in: *literaturkritik.de* 3 (2008); online unter: https://literaturkritik.de/id/11725 (29.09.2019).
Todorov, Tzvetan: *Einführung in die fantastische Literatur* (1970). Berlin: Wagenbach 2013.
Torik, Aléa [d. i. Claus Heck]: *Aléas Ich.* Roman. Berlin: Osburg 2013.
Tschechow, Anton: *Der Mensch im Futteral und andere Erzählungen.* München: Goldmann 1959.
Tsur, Reuven: *Toward a Theory of Cognititve Poetics.* Amsterdam: North-Holland 1992.
Tsur, Reuven: „Lakoff's Road Not Taken", in: *Pragmatics and Cognition* 7.2 (1999), S. 339–359.

Turner, Mark: *Death Is the Mother of Beauty: Mind, Metaphor, Criticism*. Chicago: Univ. of Chicago Press 1987.
Turner, Mark: *The Literary Mind. The Origins of Thought and Language*. Oxford: Oxford Univ. Press 1996.
Turner, Victor: *From Ritual to Theatre. The Human Seriousness of Play*. New York: PAJ Publications 1982.
Tylor, Edward Burnett: *Die Anfänge der Cultur. Untersuchungen über die Entwicklung der Mythologie. Philosophie, Religion, Kunst und Sitte*. Leipzig: Winter 1873.
Ueding, Gert, Bernd Steinbrink: *Grundriß Rhetorik. Geschichte – Technik – Methode*. Stuttgart, Weimar: Metzler ⁴2005.
Vaihinger, Hans: *Die Philosophie des Als Ob*. Neudruck des Originals von 1918. Paderborn: Salzwasser 2013.
Varela, Francisco J., Evan Thompson, Eleanor Rosch: *The Embodied Mind. Cognitive Science and Human Experience*. Cambridge (MA): MIT Press 1991.
Vax, Louis: „Die Phantastik", in: Zondergeld (Hg.): *Phaicon I*, S. 11–41.
Vetter, Helmuth: „Psychoanalyse und Rhetorik", in: *IWK-Mitteilungen* 51.1 (1996), S. 17–23.
Vidler, Anthony: *unHEIMlich: über das Unbehagen in der modernen Architektur*. Hamburg: Edition Nautilus 2002.
Vogl, Joseph: „Für eine Poetologie des Wissens", in: Karl Richter, Jörg Schönert, Michael Titzmann (Hg.): *Die Literatur und die Wissenschaften*. Festschrift zum 75. Geburtstag von Walter Müller-Seidel. Stuttgart: Metzler 1997, S. 107–129.
Vogl, Joseph: (Hg.): *Poetologien des Wissens um 1800*. München: Fink 1999.
Wagner-Egelhaaf, Martina: *Autobiographie*. Stuttgart, Weimar: Metzler ²2005.
Wagner-Egelhaaf, Martina: „Einleitung: Was ist Auto(r)fiktion?", in: dies. (Hg.): *Auto(r)fiktion. Literarische Verfahren der Selbstkonstruktion*. Bielefeld: Aisthesis 2013, S. 7–21.
Waldenfels, Bernhard: *Topographie des Fremden. Studien zur Phänomenologie des Fremden 1*. Frankfurt a. M.: Suhrkamp 1997.
Waugh, Patricia: *Metafiction. The Theory and Practice of Self-Conscious Fiction*. New York, London: Methuen 1984.
Wax, Murray, Rosalie Wax: „Der Begriff der Magie", in: Petzoldt (Hg.): *Magie und Religion*, S. 325–353.
Weber, Max: „Wissenschaft als Beruf", in: ders.: *Wissenschaft als Beruf (1917/1919), Politik als Beruf (1919)*, Studienausgabe der Max Weber-Gesamtausgabe (MWS), Bd. I/17. Hg. von Wolfgang J. Mommsen, Wolfgang Schluchter in Zusammenarb. mit Birgitt Morgenbrod, Tübingen: Mohr 1994, S. 1–23.
Weber, Samuel: „Das Unheimliche als dichterische Struktur: Freud, Hoffmann, Villiers de l'Isle-Adam", in: Claire Kahane (Hg.): *Psychoanalyse und das Unheimliche. Essays aus der amerikanischen Literaturkritik*. Bonn: Bouvier 1981, S. 122–147.
Weber-Guskar, Eva: *Die Klarheit der Gefühle. Was es heißt, Emotionen zu verstehen*. Berlin, New York: De Gruyter 2009.
Wege, Sophia: „Die kognitive Literaturwissenschaft lässt sich blenden. Anmerkungen zum Emergenz-Begriff der Blending-Theorie", in: Huber/Winko (Hg.): *Literatur und Kognition*, S. 243–260.
Wege, Sophia: *Wahrnehmung – Wiederholung – Vertikalität. Zur Theorie und Praxis der Kognitiven Literaturwissenschaft*. Bielefeld: Aisthesis 2013 (zugl. Diss. Univ. München).
Weinrich, Harald: *Sprache in Texten*. Stuttgart: Klett 1976.
Werner, Heinz: *Die Ursprünge der Metapher*. Leipzig: Engelmann 1919.

Wiele, Jan: „Die X-Akten des postmodernen Romans" [Rez. zu Indigo], in: *Frankfurter Allgemeine Zeitung* vom 20.09.2012; online unter: https://www.faz.net/aktuell/feuilleton/buecher/rezensionen/belletristik/clemens-j-setz-indigo-die-x-akten-des-postmodernen-romans-11896226.html (07.12.2019).

Wiele, Jan: „Wer ist hier eigentlich krank?" [Rez. zu FuG], in: *Frankfurter Allgemeine Zeitung* vom 03.09.2015; online unter: https://www.faz.net/aktuell/feuilleton/buecher/rezensionen/belletristik/clemens-setz-die-stunde-zwischen-frau-und-gitarre-13782080.html (05.08.2019).

Wimmer, Marta: „Spielarten männlicher Interaktion im Romanwerk von Clemens J. Setz", in: Joanna Drynda, dies. (Hg.): *Neue Stimmen aus Österreich. 11 Einblicke in die Literatur der Jahrtausendwende*. Frankfurt a. M.: Lang 2013, S. 102–110.

Wimmer, Marta: [Art.] „Clemens J. Setz", in: *Kindler Kompakt. Deutsche Literatur der Gegenwart*. Ausgewählt von Christiane Freudenstein-Arnold. Stuttgart: Metzler 2016, S. 184 f.

Wimmer, Marta: „Textsex. Literaturwissenschaftliche ‚Stellensuche' im Werk von Clemens J. Setz", in: Arnulf Knafl (Hg.): *Literatur als Erotik. Beispiele aus Österreich*. Wien: Praesens 2018, S. 134–145.

Winkels, Hubert: „Vorwort", in: ders. (Hg.): *Clemens J. Setz trifft Wilhelm Raabe*, S. 7–13.

Winko, Simone: *Kodierte Gefühle. Zu einer Poetik der Emotionen in lyrischen und poetologischen Texten um 1900*. Berlin: Erich Schmidt 2003.

Wittgenstein, Ludwig: „Tractatus logico-philosophicus", in: ders.: *Werkausgabe*. Bd. 1: *Tractatus logico-philosophicus, Tagebücher 1914–1916, Philosophische Untersuchungen*, Frankfurt a. M.: Suhrkamp ^{23}2019, S. 7–85. [TLP]

Wittgenstein, Ludwig: „Philosophische Untersuchungen", in: ders.: *Werkausgabe*. Bd. 1, S. 237–580.

Wimsatt, William K., Monroe Beardsley: „The Affective Fallacy", in: *Sewanee Review* 57.1 (1949), S. 31–55.

Wimsatt, William K., Monroe Beardsley: *The Verbal Icon: Studies in the Meaning of Poetry*. Lexington: Univ. of Kentucky Press 1954.

Wittig, Frank: *Maschinenmenschen. Zur Geschichte eines literarischen Motivs im Kontext von Philosophie, Naturwissenschaft und Technik*. Würzburg: Königshausen & Neumann 1997.

Witzel, Frank: „Auf der Suche nach der Subjektlosigkeit. Natalie Reineggers Welt der Sphären und Blasen", in: Winkels (Hg.): *Clemens J. Setz trifft Wilhelm Raabe*, S. 47–58.

Wohlleben, Doren: *Enigmatik – Das Rätsel als hermeneutische Grenzfigur in Mythos, Philosophie und Literatur. Antike – Frühe Neuzeit – Moderne*. Heidelberg: Winter 2014.

Wolfinger, Kay: „Der Lesebesessene. Zu den Lektüren von Clemens J. Setz", in: Hermann/Prelog (Hg.): *„Es gibt Dinge, die es nicht gibt"*, S. 51–63.

Worthmann, Friederike: *Literarische Wertungen: Vorschläge für ein deskriptives Modell*. Wiesbaden: Deutscher Universitätsverlag 2004 (zugl. Diss. Univ. Göttingen).

Wübben, Yvonne: „Lesen als Mentalisieren? Neuere kognitionswissenschaftliche Ansätze in der Leseforschung", in: Huber/Winko (Hg.): *Literatur und Kognition*, S. 29–44.

Wünsch, Marianne: *Die fantastische Literatur der frühen Moderne (1890–1930). Definition; Denkgeschichtlicher Kontext; Strukturen*. München: Fink 1991.

Ziem, Alexander: *Frames und sprachliches Wissen. Kognitive Aspekte der semantischen Kompetenz*. Berlin, New York: De Gruyter 2008 (zugl. Diss. Univ. Düsseldorf).

Ziem, Alexander: „Konzeptuelle Integration als kreativer Prozess: Prolegomena zu einer kognitiven Ästhetik", in: Huber/Winko (Hg.): *Literatur und Kognition*, S. 63–84.

Zill, Rüdiger: „Der Vertrakt des Zeichners. Wittgensteins Denken im Kontext der Metapherntheorie", in: Ulrich Arnswald, Jens Kertscher, Matthias Kroß (Hg.): *Wittgenstein und die Metapher*. Berlin: Parerga 2004, S. 138–164.

Zipfel, Frank: „Autofiktion. Zwischen den Grenzen von Faktualität, Fiktionalität und Literarität?", in: Winko et al. (Hg.): *Grenzen der Literatur*, S. 285–314.

Zunshine, Lisa: *Why We Read Fiction. Theory of Mind and the Novel*. Columbus: Ohio State Univ. Press 2006.

Zunshine, Lisa (Hg.): *The Oxford Handbook of Cognitive Literary Studies*. Oxford, New York: Oxford Univ. Press 2015.

Zymner, Rüdiger: *Uneigentlichkeit. Studien zur Semantik und Geschichte der Parabel*. Paderborn u. a.: Schöningh 1991.

Zymner, Rüdiger: *Gattungstheorie. Probleme und Positionen der Literaturwissenschaft*. Paderborn: Mentis 2003.

Zymner, Rüdiger: „Uneigentliche Bedeutung", in: Fotis Jannids, Gerhard Lauer, Matías Martínez, Simone Winko (Hg.): *Regeln der Bedeutung. Zur Theorie der Bedeutung literarischer Texte*. Berlin, Boston: De Gruyter 2003, S. 128–168.

Zymner, Rüdiger: [Art.] „Uneigentlichkeit", in: *Reallexikon der deutschen Literaturwissenschaft*, Bd. 3: *P–Z*. Berlin, New York: De Gruyter ³2007, S. 726–728.

Zymner, Rüdiger: „Körper, Geist und Literatur. Perspektiven der ‚Kognitiven Literaturwissenschaft' – eine kritische Bestandsaufnahme", in: Huber/Winko (Hg.): *Literatur und Kognition*, S. 135–154.

Zymner, Rüdiger: (Hg.): *Handbuch Gattungstheorie*. Stuttgart: Metzler 2010.

Quellen und Links o. V.

[Ankündigung ETH] Veranstaltung zum Thema „Literatur und Mathematik" im Rahmen des 3. Science in Perspective-Talk unter dem Motto „Zählen und Erzählen" mit Clemens J. Setz, Christian Jany, Michael Hampe Norman Sieroka und Josef Teichmann, moderiert von Gesa Steinbrink, am 9. November 2017 an der ETH Zürich; online unter: https://gess.ethz.ch/news-und-veranstaltungen/sip-talk/sip-talk-3.html (02.08.2019).

[Art.] „Ähre/Ährenfeld", in: *Lexikon literarischer Symbole*. Hg. von Günter Butzer, Joachim Jacob. Stuttgart, Weimar: Metzler 22012, S. 7 f.

[Art.] „Alraune", in: Wolfgang Pfeifer et al.: *Etymologisches Wörterbuch des Deutschen* (1993), digitalisierte und überarbeitete Version im *Digitalen Wörterbuch der deutschen Sprache*; https://www.dwds.de/wb/Alraune (26.02.2020).

[Art.] „Magie", in: Denis Diderot, Jean Baptiste le Rond d'Alembert (Hg.): *Encyclopédie ou Dictionnaire raisonné des sciences, des arts et des métiers*. Bd. 9: *JU–MAM*. Paris: 1765, S. 852a–854a; online unter: Édition Numérique Collaborative et Critique de l'Encyclopédie ou Dictionnaire raisonné des sciences, des arts et des métiers (1751–1772) [ENCCRE]; http://enccre.academie-sciences.fr/encyclopedie/article/v9-2385-0/ (26.04.2020).

[Art.] „Magie", in: Grimm, Jacob, Wilhelm Grimm: *Deutsches Wörterbuch* (DWB). 16 Bde. in 32 Teilbänden. Leipzig 1854–1961. Quellenverzeichnis Leipzig 1971. Bd. 12: *magie bis magnetenkraft*, Sp. 1445–1447; online unter: https://woerterbuchnetz.de/?sigle=DWB&lemma=magie#0 (26.04.2020).

[Art.] „Magie", in: *Meyers Konversations-Lexikon. Eine Encyclopädie des allgemeinen Wissens.* Bd. 11: *Luzula–Nathanael.* Leipzig, Wien: Verlag des Bibliographischen Instituts ⁴1890, S. 71 f.

[Art.] „Parallaxe", in: *Wikipedia – Die freie Enzyklopädie*; https://de.wikipedia.org/wiki/Parallaxe (17.01.2020).

[Art.] Ergänzung zu § 238, Abs. 1, StGB durch das „Gesetz zur Verbesserung des Schutzes gegen Nachstellungen" vom 1. März 2017; veröffentlicht im Bundesgesetzblatt, Jg. 2017, Teil 1, Nr. 11, S. 386; online unter: https://www.bgbl.de (26.01.2019).

[Beitrag Indigo] Website des Suhrkamp Verlags: Judith Schalansky und Clemens J. Setz im Gespräch zur Gestaltung von *Indigo*: https://www.suhrkamp.de/mediathek/clemens_j_setz_und_judith_schalansky_im_gespraech_571.html (02.09.2019).

[Begleittext Indigo] Website des Suhrkamp Verlags: https://www.suhrkamp.de/buch/clemens-j-setz-indigo-t-9783518464779 (02.09.2019).

[Bibel] *Die Heilige Schrift.* Elberfelder Bibel. Rev. Fassung. Wuppertal: Brockhaus ⁶1999.

[DGV] „27. Deutscher Germanistentag": https://deutscher-germanistenverband.de/verbandsprofil/deutscher-germanistentag/ (02.09.2021).

[Gsellmanns Weltmaschine] Website der Steirischen Tourismus GmbH; https://www.weltmaschine.at (26.02.2020).

[Interview] Clemens J. Setz im Gespräch mit Cécile Schortmann über sein Buch *Bot. Gespräch ohne Autor* im Rahmen des 3sat-Magazins „Kulturzeit"; https://www.3sat.de/kultur/kulturzeit/gespraech-mit-clemens-setz-100html (14.09.2019).

[Max-Planck-Institut für empirische Ästhetik] Forschungsprogramm der Abteilung „Sprache & Literatur" unter der Leitung von Winfried Menninghaus; online unter: https://www.aesthetics.mpg.de/forschung/abteilung-sprache-und-literatur.html (26.10.2019).

[Pressemeldung] „Bremer Literaturpreis" 2010; online unter: https://www.rudolf-alexander-schroeder-stiftung.de/bremer-literaturpreis/preistraeger/2010 (23.08.2019).

[Pressemeldung] „Preis der Leipziger Buchmesse" in der Kategorie „Belletristik"; online unter: https://www.preis-der-leipziger-buchmesse.de/de/archiv/index-2 (23.08.2019).

[Pressemeldung] „Wilhelm Raabe-Literaturpreis" 2015; online unter: http://www.braunschweig.de/literaturzentrum/literaturpreis/literaturpreis/setz_clemens.php (23.08.2019).

[Pressemeldung] „Merck-Kakehashi-Literaturpreis" 2018 des Goethe-Instituts Tokyo: https://www.goethe.de/resources/files/pdf161/pressemitteilung_merck-mit-fotos_1dt.pdf (23.05.2019).

[Pressemeldung] „Berliner Literaturpreis" 2019; online unter: https://www.geisteswissenschaften.fu-berlin.de/we03/media/pdf/Berliner-Literaturpreis-2019-verliehen_PM.pdf (01.03.2022).

[Pressemeldung] „Kleist-Preis" 2020; online unter: https://www.heinrich-von-kleist.org/kleist-gesellschaft/kleist-preis/ (10.04.2020).

[Pressemeldung] „Georg Büchner-Preis 2021; online unter: https://www.deutscheakademie.de/de/auszeichnungen/georg-buechner-preis/clemens-j-setz (03.09.2021).

[Programmübersicht Nozawa Onsen] 28. Seminar zur österreichischen Gegenwartsliteratur unter dem Titel „Clemens J. Setz – Am Nullpunkt des Menschseins" vom 15.–17.11.2019 in Nozawa Onsen/Japan; online unter http://www.onsem.info/seminar2016/ (25.08.2019).

[Programmübersicht Workshop LMU]: „‚Something weird …' – Eine Tendenz der Gegenwartsliteratur", Workshop von Kay Wolfinger und Francesca Goll am Institut für Deutsche Philologie der LMU München, 12. September 2019; Programm online unter: https://www.kay-wolfinger.de/archive/583 (03.09.2021).

[Rube Goldberg] www.rubegoldberg.com (10.06.2020).

Personenregister

Abe, Kobo 159
Adler, Hans 291
Adorno, Theodor W. 97, 147
Agrippa von Nettesheim 96, 104, 145
Aichinger, Ilse 26
Alembert, Jean-Baptiste Le Rond d' 97
Almodóvar, Pedro 24
Alsen, Katharina 184
Antonius von Padua 57
Anz, Thomas 74
Aristoteles 91, 108 f., 111, 116, 144, 284, 286, 290, 305, 324
Ashberry, John 159
Auffermann, Verena 37
Augustinus 109

Bach, Johann Sebastian 156
Bahr, Hermann 27
Ball, Hugo 100 f., 325
Barnes, Djuna 243, 250
Baron-Cohen, Simon 246
Barthes, Roland 33, 133, 315
Baßler, Moritz 11, 42 f., 132 f., 142, 239, 241, 247, 264, 314–316
Baudelaire, Charles 101, 112, 291, 293
Baudson, Tanja 292–294
Bauman, Zygmunt 207
Baumgarten, Alexander Gottlieb 290, 304
Bayer, Konrad 28
Beardsley, Monroe C. 70
Beckett, Samuel 25, 28
Behrendt, Eva 37
Benjamin, Walter 101, 104, 169, 308
Bennett, Maxwell R. 70
Bergs, Alexander 80
Bernhard, Thomas 27, 29, 40
Birkmeyer, Jens 286
Black, Max 110, 116, 139, 143 f.
Blavatsky, Helena P. 104
Bloom, Harold 50 f.
Blume, Peter 83
Blumenberg, Hans 110, 112, 125, 137 f., 327

Boesch, Ernst E. 130
Borges, Jorge Luis 26–28, 33, 260
Bosch, Hieronymus 28
Böttiger, Helmut 37, 82
Boulez, Pierre 285
Braune, Rainer 295
Braungart, Wolfgang 5
Broch, Hermann 62
Brückner, Wolfgang 99, 125
Bruno, Giordano 96
Burroughs, William S. 28, 59, 315
Burton, Robert 206
Byatt, Antonia S. 263

Cage, John 285
Callois, Roger 184
Camus, Albert 28
Carroll, Lee 203
Carroll, Lewis 171
Cassirer, Ernst 107, 124, 136, 184, 308
Celan, Paul 111
Cersowsky, Peter 145 f.
Chomsky, Noam 134
Cooper, Dennis 28
Crisp, Peter 118
Crowley, Aleister 104
Cytowic, Richard E. 294

Dalí, Salvador 28
Dante Alighieri 32, 162, 310
Daston, Lorraine 14, 304 f.
Dath, Dietmar 27
Davidson, Donald 138
Davis, Owen 45
Daxelmüller, Christoph 93, 97, 106
Debord, Guy 59
Defoe, Daniel 28, 159, 170 f., 302
Delany, Samuel R. 55
DeLillo, Don 295
Derrida, Jacques 237
Diderot, Denis 97
Dinger, Christian 5, 31 f., 200

Dostojewski, Fjodor M. 28
Drewer, Petra 110
Durkheim, Émile 99, 126
Dylan, Bob 28

Eco, Umberto 36, 90
Eder, Thomas 68, 70
Edison, Thomas 226, 308, 310
Eggers, Dave 28
Eilenberger, Wolfram 308
Eke, Norbert Otto 1, 4 f., 30, 210, 237, 317
Ellis, Bret Easton 34
Ende, Michael 45
Escher, M. C. 28, 162 f.
Evans-Pritchard, Edward E. 99, 123

Fauconnier, Gilles 114, 116
Ficino, Marsilio 96, 145
Fiedler, Leslie 316
Flader, Dieter 131
Forsbach, Felix 237
Foucault, Michel 40, 146, 319
Frazer, James G. 7 f. 64, 83, 99, 106, 120–123, 128 f., 132 f., 137, 201, 204 f., 223, 243, 259, 307
Freud, Sigmund 7, 128–132, 135, 138, 160, 180, 195, 213–216, 220, 223, 228, 230, 236, 248, 305
Frisch, Max 25
Fuhrmann, Manfred 74, 108, 287
Funke, Cornelia 45, 167, 303

Gall, Alexander 309, 322 f.
Gansel, Carsten 269, 275 f.
Gavins, Joanna 75
Gehlen, Arnold 137
Gehring, Petra 138
Geiger, Arno 26
Genette, Gérard 32, 51, 191
Gentner, Dedre 143
Geppert, Alexander C. T. 107
Geppert, Hans Vilmar 132 f.
Glaser, Peter 327
Glavinic, Thomas 28, 34

Gloy, Karen 209
Goethe, Johann Wolfgang von 98, 158, 281, 310
Goggio, Alessandra 35 f. 40 f., 200, 206, 242
Goldberg, Rube 175, 177–181, 187, 195, 280, 310
Goll, Francesca 11
Goodman, Nelson 139, 286
Goodwyn, Erik D. 148
Gorgias von Leontinoi 95, 104
Göttert, Karl-Heinz 93
Goya, Francisco de 28
Grass, Günter 40
Greenwood, Susan 148
Grimm, Jacob 64, 127
Grimm, Wilhelm 64
Gross, Sabine 291, 293–295
Gsellmann, Franz 178
Gumbrecht, Hans Ulrich 225
Gunreben, Marie 48, 244, 268

Haarmann, Harald 106
Haas, Franz 26
Haas, Wolf 35
Hacker, Peter M. S. 70
Halle, Moritz 134
Handke, Peter 26, 29, 56
Hebel, Johann Peter 37, 201, 206
Hegel, Georg Wilhelm Friedrich 109
Heidegger, Martin 308
Heinsohn, Nina 184
Hentschel, Klaus 143
Herbeck, Ernst 60
Herder, Johann Gottfried 290 f.
Hermann, Iris 11, 28, 36, 90, 173, 245, 327
Hermann, Judith 26
Herrmann, Leonhard 78, 133, 235
Hettche, Thomas 300
Hilbig, Wolfgang 295
Höbel, Wolfgang 26
Hoffmann, E. T. A. 26, 37, 128, 212, 216, 219, 223
Höfler, Günther 27, 327
Hofmannsthal, Hugo von 100, 321

Hogan, Patrick C. 72
Honold, Alexander 300
Horkheimer, Max 97, 147
Houellebecq, Michel 34
Hubert, Henri 43, 126 f., 147, 209, 218, 296, 298, 307
Humboldt, Wilhelm von 324
Hutcheon, Linda 77

Inukai, Ayano 34, 208, 220, 230–233, 252
Iser, Wolfgang 74, 133

Jäger, Ludwig 269
Jäkel, Olaf 110, 116
Jakobson, Roman 8, 11, 79 f., 130–134, 142, 163 f., 231, 296, 314, 328
Jaminet, Jérôme 82
Jannidis, Fotis 70, 80, 246
Japp, Uwe 303
Jauß, Hans Robert 74
Jay, Martin 215
Jean Paul 146, 222 f., 325, 327
Jędrzejewski, Maciej 41, 46–48, 52, 206
Jelinek, Elfriede 29
Jentsch, Ernst 212–214, 216, 225, 248
Jessen, Jens 37
Johnson, Mark 8, 75, 79, 110, 112–116, 139, 142, 172, 225, 298, 328
Joyce, James 26, 28, 245
Jung, Carl Gustav 122, 160, 182 f., 323

Kafka, Franz 24 f., 28, 56, 58, 159, 169
Kämmerlings, Richard 50, 247
Kant, Immanuel 97, 109 f.
Kanz, Christine 321
Kastberger, Klaus 22, 25 f., 35, 239
Kavafis, Konstantino 55
Kawabata, Yasunari 61
Kehlmann, Daniel 26 f., 43, 287 f., 316
Kepler, Johannes 104, 155, 157–159, 161, 163, 173, 187, 280, 310
Kilcher, Andreas B. 4, 277
King, Stephen 239, 253, 302

Kippenberg, Hans G. 103, 126
Klammer, Angelika 289
Klausnitzer, Ralf 281
Klein, Georg 317
Kohl, Katrin 70, 75, 109, 219, 271
Koller, Hans-Christoph 51, 207–209
Köpcke, Klaus-Michael 118
Kössler, Till 107
Kövecses, Zoltán 134
Kubrick, Stanley 25
Kumpfmüller, Michael 40
Kupczyńska, Kalina 28, 51, 83 f., 181, 191

La Mettrie, Julien Offray de 178
Lacan, Jacques 130, 160, 220
Lakoff, George 8, 75, 79, 110, 112–116, 118, 120, 134, 139, 142, 172, 225, 298, 328
Lang, Andrew 129
Lang, Fritz 28
Langgässer, Elisabeth 43
Lanwerd, Susanne 124
Lauer, Gerhard 80
Lausberg, Heinrich 141
Lehmann, Florian 78, 189, 195, 202, 216 f., 276
Lehmkuhl, Tobias 19
Lenin, Wladimir Iljitsch 206
Lévi-Strauss, Claude 99, 133, 135, 193
Lévy-Bruhl, Lucien 99, 122
Lickhardt, Maren 48
Lotman, Jurij M. 324
Lugowski, Clemens 107
Luhmann, Niklas 276, 284, 309, 322
Lynch, David 28, 210

Mach, Ernst 27
Macho, Thomas 102, 127
Mädler, Peggy 49
Magenau, Jörg 82
Malinowski, Bronisław 99, 102, 120 f., 123, 126
Mallarmé, Stéphane 100 f., 112
Maltzan, Carlotta von 145
Man Ray 244

Mangold, Ijoma 233, 239, 300
Mann, Thomas 40, 62, 308
Mansour, Julia 69
Marcellus von Bordeaux 205
Martínez, Matías 106
Marx, Friedhelm 192, 267
Marx, Karl 281
Mauss, Marcel 43, 99, 126 f., 147, 209, 218, 296, 298, 307
McLuhan, Marshall 291
Meinong, Alexius 65
Méliès, Georges 28
Melville, Herman 28
Melzer, Gerhard 236
Merleau-Ponty, Maurice 173, 291
Merrick, Joseph 210
Mesmer, Franz Anton 4
Meurer, Jonas 38
Meyer, Clemens 317
Meyerhoff, Joachim 40
Miano, Sarah Emily 57
Michalski, Anja-Simone 49, 162–164
Mikocki, Timon 52, 225
Möbius, August Ferdinand 187
Moers, Walter 303
Mongardini, Carlo 94
Mori, Masahiro 199
Mozart, Wolfgang Amadeus 28, 177
Mühlhoff, Birte 290
Mulisch, Harry 43
Müller, Lothar 82
Mulsow, Martin 324
Murakami, Haruki 43, 316
Murnau, Friedrich Wilhelm 28
Musil, Robert 24, 27, 40, 90, 188 f., 284, 288

Nabokov, Vladimir 25, 293
Neumann, Gerhard 319
Novalis 98, 146, 290

Oberreither, Bernhard 3, 46, 90, 296, 314
Orsi, Robert A. 297
Ort, Claus-Michael 132 f.
Otto, Bernd-Christian 103 f., 150

Paetzold, Heinz 290
Paracelsus 96
Parr, Rolf 300
Pascal, Blaise 155, 159, 166, 194
Passig, Kathrin 18
Paz, Octavio 325
Pessoa, Fernando 56
Pethes, Nicolas 280
Petterson, Olof 124
Pfaller, Robert 104, 106, 148, 253
Piaget, Jean 164
Pico della Mirandola, Giovanni 96
Platon 95
Platthaus, Andreas 37
Plessner, Helmuth 291
Plinius d. Ä. 95
Plotin 96
Poe, Edgar Allan 101, 159, 325
Pottbeckers, Jörg 31, 33 f., 200, 202
Pound, Ezra 28, 180, 191, 243, 261–263, 267
Preisendanz, Wolfgang 74
Prelog, Nico 38, 55, 265
Preußler, Otfried 241 f.
Proust, Marcel 28, 177, 245
Pynchon, Thomas 28, 55, 231

Quintilian 108 f.

Raabe, Wilhelm 132, 315
Radisch, Iris 300
Rank, Otto 220, 223
Reichmann, Wolfgang 181
Reidy, Julian 24, 28, 49 f., 220
Richards, Ivor A. 109 f., 116
Ricœur, Paul 111
Rimbaud, Arthur 291, 293, 308
Rohrer, Jason 55
Rohrer, Matthew 243
Rolf, Eckhard 110
Rowling, Joanne K. 45, 104, 167
Rühmkorff, Peter 325
Russell, Bertrand 65
Ryan, Marie-Laure 306

Salinger, J. D. 261
Santos, João dos 243
Schalansky, Judith 32, 198
Schäufele, Paul 235, 238
Scheffel, Michael 43
Schelling, Friedrich Wilhelm Joseph 213
Schiewer, Gesine Lenore 85
Schiller, Friedrich 281
Schlegel, August Wilhelm 98, 311
Schlegel, Friedrich 98
Schmitt, Arbogast 108, 287
Schneck, Peter 80
Schnitzler, Arthur 245
Schortmann, Cécile 282
Searle, John R. 139
Sebald, Winfried Georg 29, 57
Shakespeare, William 28
Siebeck, Anne 303
Siemens, Werner von 308
Simic, Charles 159
Singer, Isaac Bashevis 56
Šklovskij, Viktor B. 104
Sloterdijk, Peter 229
Smith, Adam 281
Snow, Charles Percy 311
Sontag, Susan 207, 216
Sørenson, Jesper 142, 148
Spencer, Herbert 129
Spieß, Constanze 118
Stamm, Peter 26
Staun, Harald 42, 200
Stausberg, Michael 150
Steen, Gerald 75
Steinort, David 52, 214
Stifter, Adalbert 132
Stockhammer, Robert 7, 11, 43 f., 95, 100–102, 104, 131 f., 142, 145, 148, 256, 307–309
Stockhausen, Karlheinz 285
Stockwell, Peter 67, 71, 75, 117 f.
Strigl, Daniela 19, 21, 24, 35, 179,
Strittmatter, Erwin 276

Tambiah, Stanley J. 99, 144
Tappe, Nancy Ann 203
Tarantino, Quentin 24

Tertullian 104
Tetzlaff, Stefan 287 f.
Theilen, Ines 295
Theisohn, Philipp 5
Thomas von Aquin 109
Thorndike, Lynn 307
Tieck, Ludwig 281
Till, Dietmar 70
Tober, Jan 203
Todorov, Tzvetan 288
Tolkien, J. R. R. 104
Toro, Guillermo del 167
Trakl, Georg 29, 198, 227
Tschechow, Anton 28, 159, 169 f., 302 f.
Tsur, Reuven 115
Turner, Mark 79, 114, 116, 118
Turner, Victor 275
Tylor, Edward B. 99, 120–123, 128 f., 223

Updike, John 261

Vermeer, Jan 156, 190 f.
Vidler, Anthony 216
Vogl, Joseph 280
Voltaire 191
Vulpian, Alfred 292

Wagner, David 40
Waldenfels, Bernhard 207 f.
Wallace, David Foster 25, 28, 61, 231
Walser, Robert 25, 29, 40
Ware, Chris 28
Waugh, Patricia 77
Wax, Murray 124
Wax, Rosalie 124
Weber, Max 97, 308 f., 311
Weber, Samuel M. 214 f.
Wege, Sophia 9, 10, 69
Weinrich, Harald 110 f., 236
Wiele, Jan 37
Wimmer, Marta 47–49, 195, 206
Wimsatt, William K. 70
Winkels, Hubert 239
Winkler, Josef 29

Winko, Simone 80
Wittgenstein, Ludwig 34, 89, 107, 120, 133, 136 f., 230–234, 237, 308, 321 f.
Witzel, Frank 38, 229, 248
Wohlleben, Doren 323
Wolf, Christa 276
Wolfinger, Kay 11, 29, 198, 234
Woolf, Virginia 61, 245
Wübben, Yvonne 61, 279
Wundt, Wilhelm 129

Yeats, William Butler 100, 159

Zander, Judith 49
Zeh, Juli 300
Zeuch, Ulrike 291
Ziem, Alexander 304
Zill, Rüdiger 137
Zunshine, Lisa 61, 279
Zymner, Rüdiger 71, 91 f.

Dank

Großer Dank gebührt zuallererst meinem Doktorvater, Prof. Dr. Jochen Strobel, der mich von Anfang an zu diesem Promotionsvorhaben ermutigt und auf dem langen Weg zu dessen Einlösung kontinuierlich unterstützt und beraten hat.

Bedanken möchte ich mich weiterhin bei der *MArburg University Research Academy* (MARA) für das fünfmonatige Abschlussstipendium, das durch die finanzielle Entlastung auch für die notwendige Fokussierung gesorgt hat, dieses Projekt zeitnah zu beenden.

Dem Verlagsteam von De Gruyter, insbesondere Dr. Anja-Simone Michalski, Dr. Marcus Böhm und Stella Diedrich, danke ich für die Aufnahme in die Reihe *Gegenwartsliteratur* und für die höchst professionelle und immer geduldige Unterstützung bei der Veröffentlichung dieses Buches.

Radu Belcin und Uwe Goldenstein (*Selected Artists Gallery*) danke ich sehr für die Bereitstellung des Coverbildes.

Mehr als dankbar bin ich meiner Familie und meinen Freund:innen für viele Inspirationen, unermüdlichen Zuspruch und Geduld über die Jahre, darunter insbesondere Rosalin-Christine Lange, Maximilian Mengeringhaus und Marianne Steinbrink für ihre wachsame und wertvolle Kritik. Schließlich danke ich von Herzen Alessandro Trebo, der mit Heiterkeit, Begeisterung und Fürsorge über Bücherstapel und Launen hinweggesehen und dabei immer an mich geglaubt hat. Dilan.

www.ingramcontent.com/pod-product-compliance
Lightning Source LLC
Chambersburg PA
CBHW020606300426
44113CB00007B/533